PD DR. Udo Gansloßer

Grundlagen
moderner
Ethologie

# VERHALTENS BIOLOGIE
## FÜR HUNDETRAINER

MIT KOSMOS MEHR ENTDECKEN
**EVOLUTION**
und **FUNKTION**
hundlichen
Verhaltens
SEIT 1822

KOSMOS

# ☞ *Inhalt*


6 **Zu diesem Buch**

8 **MODERNE VERHALTENSBIOLOGIE**
**— Grundlagen und neue Ansätze**

9 **Überprüfung eines Verhaltens**
9 Beschreibung eines Phänomens
10 Funktionskreise nach Tembrock
12 Aufstellen von Hypothesen
13 Das Sparsamkeitsprinzip
14 Versuche, Langzeitbeobachtungen und Experimente

17 **Tinbergens vier berühmte Fragen**
17 Frage 1 – „Woher?"
18 Frage 2 – „Wozu?"
22 Frage 3 – „Wie?"
23 Frage 4 – „Wodurch?"

24 **Grundlagen der „klassischen Ethologie"**
24 Ethologie nach Konrad Lorenz
28 Neue Forschungsmethoden

30 **Grundbegriffe der Verhaltensphysiologie**
31 Homöostatische Regulation
37 Hormone und Bindungsfähigkeit
39 Kognition

42 **GENE ODER UMWELT?**
**— Wie Verhalten beeinflusst wird**

43 **Angeborenes Verhalten – ja oder nein?**
43 Entwicklungsprozesse
46 Gene und Verhalten
47 Domestikationsversuche
50 Erblichkeit bzw. Heritabilität
62 Einfluss vorgeburtlicher Faktoren

65 **Der Hund, ein Getriebener?**
65 Probleme des Triebkonzeptes
66 Reizwahrnehmung und Verarbeitung
68 Die Handlungsbereitschaft
72 Was bedeutet Motivation?
80 Biologische Rhythmen

83 **Ontogenetische Prozesse**
83 Stereotypien und Zwangsstörungen
86 Plastizität im Erwachsenenstadium

88 **REIZAUFNAHME, KOMMUNIKATION UND LERNEN**

89 **Reizaufnahme und -verarbeitung**
90 Verarbeitung des Gesehenen
94 Sinnesorgane

95 **Kommunikation – Grundlage einer Beziehung**
96 Kommunikationssystem
97 Eigenschaften von Signalen
100 Sender und Empfänger
101 Fälschungssicherheit
104 Lauschangriffe
104 Ritualisierung von Signalen

106 **Lernen**
106 Verhaltensplastizität
106 Grenzen und Vorurteile
112 Motivation
113 Selbstkontrolle
114 Kreativität

115 **Formen des Lernens**
115 Klassifikation der Lernformen
115 Gedächtnis
123 Gewöhnung und Sensitivierung
124 Klassische Konditionierung
125 Operante Konditionierung
128 Räumliches Lernen
129 Einsichtiges Lernen

132 Prägung
133 Fressfeindlernen
133 Nachahmung und Tradition

137 **Soziale Kognition**
138 Der soziale Blick
139 Theory of Mind

140 **Social brain – Soziales Gehirn**
140 Kommunikation und soziale Intelligenz
140 Täuschung

142 **STRESS UND PERSÖNLICHKEIT — sowie deren Wechselwirkungen**

143 **Stress- und Stressbewältigung**
143 Stress
143 Stressbewältigung (Coping)

146 **Stress- und Hormonachsen**
146 Sympathicus-Nebennierenmark-Achse
148 Hypothalamus-Hypophysen-Nebennierenrinden-Achse
152 Hypophysen-Gonaden-Achse

153 **Reaktion auf Stress, Furcht und Angst**
153 Akutstressreaktion
154 Stress, Furcht und Angst

161 **Stresserscheinungen und Depressionen**
161 Endogene Depressionen
162 Trennungstraumata
163 Erlernte Hilflosigkeit
163 Rangposition und Stressanfälligkeit

164 **Persönlichkeiten und ihre Beeinflussungen**
164 Definition Persönlichkeit
165 Scheu und Wagemutig
167 Fünf-Faktoren-Modell
168 Tinbergen und Persönlichkeit

179 **Verhaltenstests bei Haushunden**
179 Unwesen der Wesenstests
181 Persönlichkeitsmuster
187 Sinn und Unsinn von Wesenstests

**188 EMOTIONEN UND GEFÜHLE**
**— Wie sie entstehen und was sie bewirken**

**189 Ebenen und Arten von Emotionen**
189 Emotionalität im Tierreich?
191 Filtermechanismen
192 Positive und negative Emotionen
194 Einteilung von Emotionen

**199 Neurobiologische und chemische Zusammenhänge**
199 Basisemotionssysteme
203 Bewertung der Lebensqualität

**204 SOZIALBEZIEHUNGEN UND GRUPPENMECHANISMEN**

**205 Das Sozialsystem – Beschreibung nach Hinde**
205 Beobachtbare Verhaltenselemente
206 Interaktionen
207 Soziale Beziehungen
224 Soziale Struktur

**227 Vorteile von Gemeinschaften**
227 Schutz vor Feinden
229 Nahrungsquellen
230 Weitere Ressourcen
230 Fortpflanzungsgemeinschaften
233 Soziale Impulse

**236 Geselligkeit und Sozialverhalten**
236 Komplexität

**239 Soziale Steuerungsmechanismen**
239 Gehirngröße
239 Hormonelle Einflüsse
242 Soziale Kognition

**249 Besondere Beziehungen**
249 Bindung
254 Anführer-Gefolgschafts-Beziehung
259 Demokratie unter Tieren

260 KONFLIKTE
— Vermeidung und Regelung

261 Reviere
261 Mögliche Konflikte
261 Revierbildung
263 Etablierung
264 Verteidigung

266 Egalitäre Systeme
266 Besitzrespektierung
269 Egalitäre Beziehungen

271 Dominanz
271 Was ist Dominanz?
275 Dominanzaktionen und -signale
279 Dominanzbeziehungen
281 Konfliktmanagement
285 Rangordnung
287 Physiologische Aspekte

289 Aggression
290 Aggressionskonzepte
293 Verwechslung von Verhalten
297 Aggressionsformen
300 Funktionen der Aggression
305 Hormonelle Auswirkungen
311 Veränderter Sozialstatus

314 FORTPFLANZUNG UND JUNGTIERENTWICKLUNG

315 Selektion – Partnerwahl und Paarung
315 Fitness
316 Intra- und intersexuelle Selektion
319 Partnerwahl
322 Paarungssysteme

324 Auslösende, proximate Fortpflanzungsfaktoren
324 Tages- und Lichtmenge
326 Kastration

333 Jungtierentwicklung – evolutionäre Aspekte
333 Konflikte: Eltern/Nachkommen
336 Konflikte: Geschwister
337 Mutter-Kind-Bindung
338 Soziale Traditionen
338 Einflüsse auf das Verhalten

340 Stadien der Jungtierentwicklung
340 Entwicklung von Lagerjungen
340 Thermotaktile Orientierung
341 Olfaktorische Kontrolle
341 Optische Kontrolle
342 Ontogenetische Nische
343 Dynamik der Entwicklung

344 Prägung
344 Prägungsvorgang
347 Prägungsformen
352 Sozialisation

356 Spielverhalten
356 Erkennen von Spiel
358 Vorteile des Spiels
361 Spielkriterien
361 Spiel unter Erwachsenen

364 Pubertät
364 „Vorbilder“

366 Abwanderung
366 Funktional-evolutive Ebene
366 Proximate Ebene

72 Plädoyer für den ganzheitlichen Biohund
372 Umwelt- und Sozialkompetenz
373 Verantwortung als Hundebesitzer
374 Verantwortung als Hundetrainer
375 Wohlbefinden eines Tieres
375 Dank des Autors

376 SERVICE
— Wissenswertes für Hundehalter

377 Studienverzeichnis
394 Register
398 Bildnachweis
399 Impressum

# ZU DIESEM BUCH

Im Jahr 2007 erschien der Vorläufer dieses hier vorliegenden Buches unter dem Titel „Verhaltensbiologie für Hundehalter", im Privatjargon sehr schnell als „Schweinchenbuch" bekannt. Seitdem hat sich in der Hundeforschung sehr viel getan, die Zahl der Veröffentlichungen rund um verhaltensbiologische und verwandte Themengebiete des Haushundes nimmt von Woche zu Woche zu.
Zugleich wurde, vor allem auf Veranstaltungen für Hundetrainer/innen, immer wieder der Mangel eines einschlägigen Lehrbuches thematisiert. Daher erschien es naheliegend, aus der ursprünglichen „Verhaltensbiologie für Hundehalter" ein vertieftes und möglichst alle relevanten Bereiche der Verhaltensbiologie umfassendes Lehrbuch für Hundetrainer zu erstellen.

## UNTERSUCHUNGEN, NICHT NUR AM HUND

Der Hund ist zunächst ein Säugetier, sodann gehört er zur Ordnung der *Carnivora*, also der Beutegreifer, und dann ist er Angehöriger der Familie der *Canidae*. Daraus folgt bereits, dass die zoologische Verhaltensforschung ausgesprochen wichtig ist, wenn wir sein Verhalten verstehen und gegebenenfalls auch trainerisch oder erzieherisch beeinflussen wollen.
Wegen der bereits angesprochenen schnellen und bisweilen auch geradezu explosiven Entwicklung unseres Wissens über das Verhalten des Haushundes, erschien es deshalb auch wichtig, Kapitel und Befunde in das Buch einzubringen, über die es derzeit noch keine aktuellen Erkenntnisse speziell aus der Hundeforschung gibt. Möglicherweise kann nämlich bereits in der nächsten Woche eine Veröffentlichung erscheinen, die auch solche Aspekte an Haushunden untersucht und/oder sogar bestätigt.
**Dementsprechend ist dieses Buch nach wie vor keine Verhaltensbiologie des Hundes, sondern eine Verhaltensbiologie, die mit möglichst vielen Hundebeispielen die allgemeinen Grundsätze der genannten Wissenschaft umreißt und umschreibt.** Dort, wo es eben keine Hundebeispiele gibt, ist es aber für Hundetrainer genauso wichtig, allgemeine Gesetzmäßigkeiten zu kennen, auch wenn diese bisher nur an anderen Säugetieren untersucht wurden.
Ein Schwerpunkt des Buches liegt auch auf den verhaltensökologischen und evolutionsbiologischen Betrachtungen. Gerade diese kommen nämlich meistens in der sonst eher lernpsychologisch orientierten Trainerliteratur zu kurz.

*Große und kleine Hunde können durchaus in einer Familie unterschiedliche Rollen und damit unterschiedliche Tätigkeiten erfüllen.*

## MODERNE ERKENNTNISSE?

In den letzten Jahren ist, nicht zuletzt im Zusammenhang mit der insgesamt doch sehr unglücklichen Trainerzertifizierung, sehr viel von moderner wissenschaftlicher Erkenntnis die Rede, auf der Hundetraining und Hundeerziehung aufbauen muss, um den Genehmigungsvoraussetzungen zu entsprechen. Leider verstehen viele unter diesen sogenannten modernen wissenschaftlichen Erkenntnissen letzten Endes Erkenntnisse, die vor 50 Jahren im Zusammenhang mit sehr streng reglementierten Laborexperimenten gewonnen wurden. Der enormen Komplexität sozialen Verhaltens, aber auch anderer höherer geistiger Leistungen, sowie den emotionalen Voraussetzungen, über deren Existenz auch im Hundegehirn wir heute Bescheid wissen, werden diese einfachen, mechanistischen Lernmodelle einfach nicht gerecht. Niemand würde doch einen Ernährungsplan, der nur auf Reagenzglasversuchen zur Enzymaktivität beruht, oder gar eine nur darauf basierende Therapie komplexer Verdauungsbeschwerden als „auf neuesten wissenschaftlichen Erkenntnissen beruhend" akzeptieren!
Deshalb möchte ich mit diesem Buch das Bewusstsein für die Komplexität der Verhaltensbiologie wecken, die viel stärkere Einflüsse auf die Ergebnisse von Trainings- oder gar Erziehungsprozessen hat. Die Zusammenhänge mit Lebensweise, Lebensgeschichte und Haustierwerdung sollten immer im Blick behalten werden.

Fürth,
**Udo Gansloßer**

# MODERNE VERHALTENSBIOLOGIE — *Grundlagen und neue Ansätze*

# ÜBERPRÜFUNG EINES VERHALTENS

Verhalten zu definieren, mag trivial erscheinen. Kappeler (2006) zitiert einige Versuche dazu, am besten finde ich noch Folgendes: *„Verhalten ist das, was tote Tiere nicht mehr tun."*

Weniger leicht zu umreißen ist, was die Verhaltensbiologie oder Ethologie tut. Denn es gibt eine ganze Reihe von Wissenschaften, von der Psychiatrie bis zur Soziologie, die sich mit dem Thema Verhalten beschäftigen. Das spezifisch Biologische an der Ethologie muss also schon genauer beschrieben werden. Richtungsweisend dafür war eine Arbeit von Nico Tinbergen (1963), in der er erstmals seine inzwischen berühmt gewordenen vier Fragen als Forschungsrahmen der Verhaltensbiologie aufstellte (siehe S. 17 ff.).
**Erst wenn alle vier Fragen von Tinbergen für ein Merkmal, sei es Verhalten, Organ oder Aussehen eines Tieres beantwortet sind, könnte man dieses als erklärt betrachten.**

## BESCHREIBUNG EINES PHÄNOMENS

Vorausgehen muss jedoch eine ganze Menge an Vorarbeit: Zunächst gilt es, das zu erklärende Phänomen exakt, umfassend und so interpretationsarm wie möglich zu beschreiben. Diese Beschreibung ist eine notwendige Voraussetzung für die wissenschaftliche Erklärung. Doch allein durch Beschreiben und Begriffsbildung ist noch nichts erreicht. Schon die Beschreibung des Verhaltens ist ausgesprochen schwierig, wenn man es wirklich exakt definieren will. Das sichtbare Verhalten sollte in messbare Einheiten zerlegt werden. Es ist nicht nur die **Struktur** jedes Verhaltens zu erfassen, sondern auch die **Latenz** (Zeitabstand zu vorherigem Verhalten des äußeren Ereignisses), die **Dauer**, die **Häufigkeit** und wenn möglich die **Intensität** (Kappeler, 2006; Wehnelt und Beyer, 2002). Und schließlich gibt es, sobald man diese Beschreibungen für jedes erkennbare Verhalten erstellt hat, verschiedene Aufzeichnungsmethoden.

### BESCHREIBEN, NICHT INTERPRETIEREN!

**Elemente sollten bei Beschreibungen immer neutral sein („Kopf hoch bei gespitzten Ohren"), nicht interpretierend („Überlegenheitsgeste").**
Erst wenn z. B. die Statistik zeigt, dass mit an Sicherheit grenzender Wahrscheinlichkeit Hund B, nachdem Hund A dieses Verhalten gezeigt hat, jenen Platz verlassen oder sonstige eigene Interessen nicht ausüben wird, darf man festlegen, dass dieses Verhalten die Überlegenheit von A auszudrücken scheint. Der statistische Wahrscheinlichkeitswert sowie die Stichprobe, also auf wie vielen Beobachtungen meine Aussage beruht, sollten angegeben sein! Ich überlasse es den Lesern, mit Hilfe dieser Qualitätskriterien die einschlägigen Hundeverhaltenstheorien genau zu überprüfen.
Die eingehende Beschreibung der Verhaltenselemente, die eine Tierart zum Besten gibt, wird als Ethogramm bezeichnet (siehe S. 10). Hat man diese Beschreibungen ausführlich und wertneutral erstellt, kann im nächsten Schritt die Einteilung in die sogenannten

**ETHOGRAMM**

Ein Ethogramm ist die vollständige Beschreibung aller Verhaltenskategorien, die eine Tierart zeigt, und muss daher zu der Erstellung mit einer langwierigen Beobachtung möglichst vieler Individuen, unter möglichst vielen verschiedenen Bedingungen bearbeitet werden.

**Beispiele für ein Ethogramm**

**Anstupsen** (ANST) (Nose Nudge) (E) Ein relativ sanfter aufwärts gerichteter Schubser mit der Nase gegen einen Menschen oder einen anderen Hund. Dies kann an verschiedenen Körperteilen geschehen. Schnell ausgeführte Stupsbewegungen mit der Schnauze haben einen hohen Spielaufforderungscharakter.

**Mäuselsprung** (MS) (Pounce) (E) Plötzlich auf ein sich bewegendes kleines Beutetier stürzen. Es kann auch auf ein Geraschel außer Sicht gesprungen werden. Typisch für diesen Bewegungsablauf ist der 45°-Sprung bei der Mäusejagd. Das Ergriffene wird häufig mit dem Maul festgehalten.

Funktionskreise erfolgen. Die Häufigkeit und die Richtung der Verhaltensweisen festzuhalten und hinterher statistisch auszuwerten, ist noch vergleichsweise einfach, wenn auch zeitaufwendig. Ein nahezu vollständiges Ethogramm des Hundes findet sich z. B. bei Barbara Handelman (2010).

## FUNKTIONSKREISE NACH TEMBROCK

Schwieriger wird es, wenn es darum geht, den Verhaltensweisen Bedeutungen, also Funktionen z. B. im Zusammenleben der betreffenden Tiere, zuzuordnen. Hier helfen uns nur ein hoher Arbeitsaufwand und die Statistik. Der erste Schritt besteht darin, Verhaltenselemente aus dem Katalog herauszusuchen, deren Bedeutung unbestritten ist. Zum Beispiel ein ganz heftiges, ungehindertes Zubeißen, das man sicher als „aggressiv" bezeichnen darf (oder eben im Zusammenhang des Beutefangs). Im nächsten Schritt werden Verhaltenselemente, die sich in der unmittelbaren Umgebung dieser eindeutig zuzuordnenden Zentralelemente immer wieder finden lassen, der gleichen Bedeutung zugeordnet. So kann ein Gesichtsausdruck, der immer vor diesem Zubeißen im sozialen Zusammenhang stattfindet, als Drohsignal, und ein lautes Kreischen, das ein Tier immer dann äußert, wenn es vor einem Artgenossen schnell wegläuft, als submissive Vokalisation interpretiert werden. Durch das Heraussuchen von nicht zufälligen, sondern häufiger als statistisch zu erwartenden Koppelungen und Aneinanderreihungen von Verhaltenselementen, kann eine gemeinsame Bedeutung identifiziert werden. Der Begriff der **Funktionskreise**, im verhaltensbiologischen Sinn, wurde von dem früheren Berliner Verhaltensforscher Günter Tembrock eingeführt (Tembrock, 1982). Tembrock unterteilt die Verhaltensweisen innerhalb der Funktionskreise noch weiter. Er geht davon aus, dass die Grundlage der Funktionskreise das motivierte Verhalten ist, das mit inneren Ungleichgewichten zusammenhängt. **Die Motivationen führen dann zum Auftreten arttypischer Verhaltensmuster, die jedoch durchaus auch individuelle Züge tragen können.** Im Idealfall wird mit dem Vollzug dieser Verhaltensmuster das innere Ungleichgewicht eingeschränkt oder behoben, und das innere Gleichgewicht wieder hergestellt. Der Handlungsvollzug selbst, oder die Wirkung der Handlung, liefern eine negative Rückkopplung zur Motivation. So ist zumindest die allgemeine Überlegung. Jedoch gibt es, wie wir gerade im Bereich des aggressiven Verhaltens sehen werden, durchaus auch Fälle, in denen der Vollzug der Handlung zu einer Steigerung der Motivation führen kann (siehe S. 72).

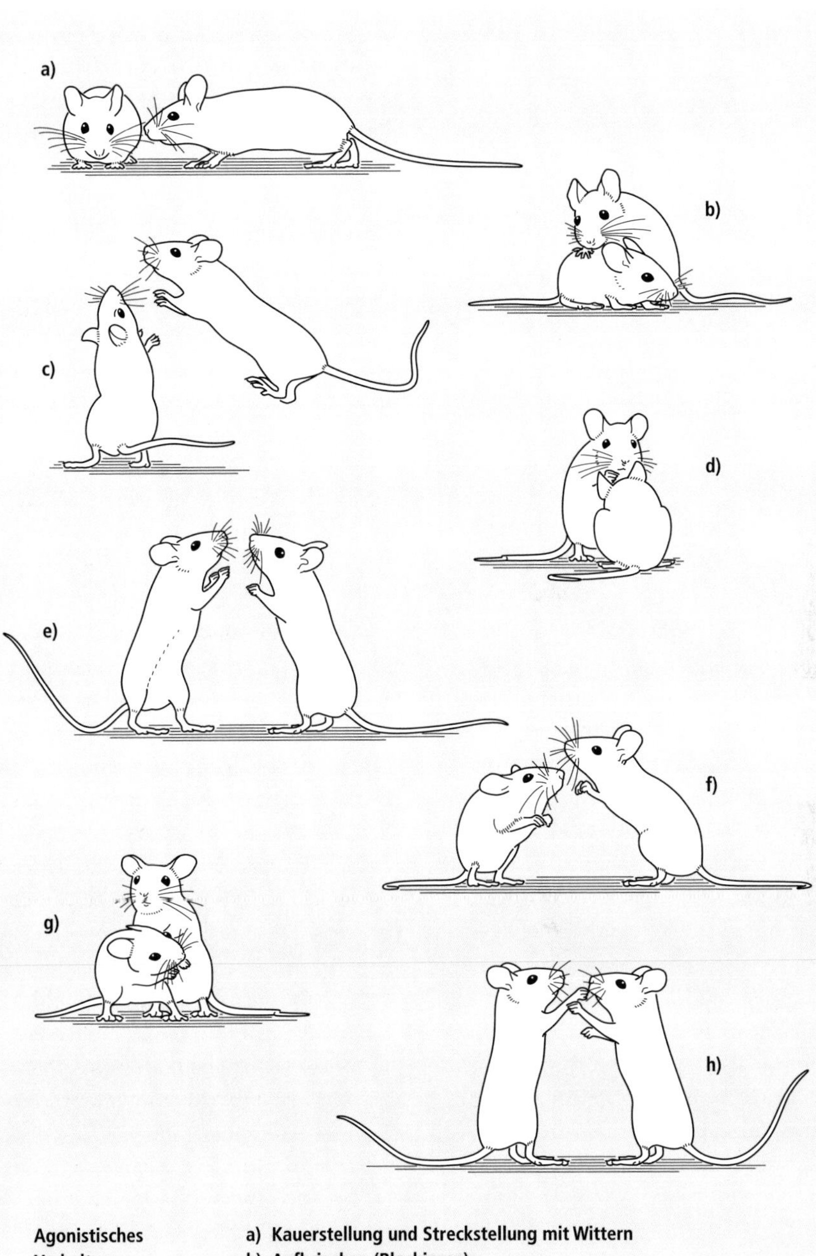


**Agonistisches Verhalten:**

- a) Kauerstellung und Streckstellung mit Wittern
- b) Aufkriechen (Blockieren)
- c) Anspringen und Aufrechthaltung
- d) Abwehrhaltung, vorne Streckhaltung
- e) Neutrale Aufrechtstellung
- f) Subdominanzaufrechtstellung und aggressive Aufrechtstellung
- g) Aggressive Aufrechtstellung gegen Meidestellung
- h) Pfotenschlagen („Boxen")

*Die Abbildung, aus Tembrock 1982, zeigt verschiedene Elemente des aggressiven Verhaltens als Beispiel für zeichnerische Darstellung eines Verhaltenskreises bzw. einzelner Ethogrammelemente.*

### DREIPHASIGES MODELL

Im Allgemeinen findet die Ausführung der Verhaltensweisen, so Tembrock, in einem dreiphasigen Modell statt:

- Zunächst erfolgt das orientierende Verhalten, das auch als Appetenzverhalten I bezeichnet wird.
- Danach folgt das von Tembrock als Appetenzverhalten II bezeichnete orientierte Verhalten.
- Schließlich folgt die Endhandlung, die, so das Tembrocksche Modell, das Verhalten dann auch beendet.

### AUFSTELLEN VON FUNKTIONSKREISEN

Nehmen wir an, Sie interessieren sich dafür, in welcher Reihenfolge die Menschen in unserem Kulturkreis normalerweise die verschiedenen Arten von Speisen zu sich nehmen. Sie setzen sich also mit einer Strichliste in ein Restaurant, in die jedes Mal eingetragen wird, wenn ein Mensch eine bestimmte Speise bestellt. Im Laufe der Zeit füllt sich die Liste z. B. dort, wo zunächst eine Suppe, dann ein Fischgericht, dann ein Fleischgericht und schließlich eine Süßspeise bestellt werden. Nur selten wird ein Mensch zunächst die Süßspeise und dann die Suppe bestellen. Durch eine statistische Auswertung, die als **Sequenzanalyse** bezeichnet wird, kann man schließlich berechnen, wie häufig welche der verschiedenen Speisen, nach welcher anderen bestellt wurde und daraus eine statistische Koppelung errechnen. Sobald diese statistische Koppelung häufiger als vom Zufall zu erwarten auftritt, können die beiden Elemente einer gemeinsamen Funktion zugeordnet werden. Auch Speisen, die einander gegenseitig ersetzen, z. B. Schweinebraten, Schnitzel oder Rinderroulade, können dann in eine gemeinsame Überkategorie „Fleischgericht" einsortiert werden.

Streng genommen kann eine wissenschaftliche Untersuchung eines tierlichen Verhaltens erst dann beginnen, wenn das Ethogramm, oder zumindest ein für die betreffenden Bereiche aufgestellter Verhaltenskatalog, vorliegen. Danach beginnt die Überprüfung der eigentlichen Forschungsfragen, deren Zielrichtung wir im Folgenden noch besprechen werden. Aus statistischen Gründen sollte man sich bemühen, möglichst viele Verhaltensweisen mit Zeitdauer, oder mit einer genauen Festlegung des Abstandes zwischen den beiden Tieren festzuhalten, und nicht einfach nur als sogenanntes Ereignis in einer Strichliste.

## AUFSTELLEN VON HYPOTHESEN

Hat man das Phänomen, etwa ein bestimmtes Verhalten („männliche Hunde heben zum Pinkeln meist das Bein, weibliche selten"), exakt beschrieben (das heißt, **wie genau** tun beide Geschlechter das), dann geht es darum, **testbare Hypothesen** aufzustellen, also Erklärungsversuche, die überprüfbar sind. Auch das Aufstellen von Hypothesen und Spekulationen ist noch keine Wissenschaft, behaupten lässt sich schließlich viel. Eine gute Hypothese muss daher mehrere Anforderungen erfüllen:

- Sie muss allgemeingültig für das zu erklärende Phänomen sein,
- sie muss testbar sein,
- sie muss einen biologischen Sinn ergeben,
- sie muss eine Gegenhypothese haben, das heißt, es muss möglich sein, durch die folgende Datensammlung zwischen ihr und einer alternativen Erklärungsmöglichkeit zu unterscheiden.

### VON DER HYPOTHESE ZUR THEORIE

Meist stellt man seine **Hypothese (H1)** einer **Alternativhypothese (H2)** gegenüber, die ein anderes Erklärungsmodell zur Grundlage hat, oder eine **Nullhypothese (H0)**, die besagt,

dass der behauptete Effekt meiner Überlegung über das zu erklärende Phänomen nicht bestätigt werden kann.
Durch die Zusammenführung vieler bestätigter Hypothesen und durch eigene Daten, sowie die Kenntnis und Auswertung bereits veröffentlichter Literatur zum gleichen Thema, kann schließlich eine **Theorie** aufgestellt werden. Im Gegensatz zum allgemeinen Sprachgebrauch, ist eine Theorie keineswegs nur eine nutzlose und realitätsferne Überlegung. **Eine Theorie im wissenschaftlichen Sinn, ist eine möglichst schlüssige, widerspruchsfreie Erklärung, die alle bisher bekannten Tatbestände zusammenfasst und daraus eine gemeinsame Erklärung formuliert.** Eine Theorie muss mit allen oder der Mehrzahl der beschriebenen und beobachteten Phänomene am besten im Einklang stehen, einen gemeinsamen roten Faden zwischen diesen Phänomenen herstellen, und mit möglichst wenig bis keinen unbelegbaren oder in sich widersprüchlichen Hilfsannahmen gestützt werden.

## DAS SPARSAMKEITS-PRINZIP

Zu den gängigen wissenschaftlichen Standardverfahren gehören noch einige weitere, einschränkende Aspekte. So ist es ein seit Jahrhunderten gepflogenes Verfahren, das sogenannte „Sparsamkeitsprinzip" oder „Prinzip der sparsamsten Erschließung" walten zu lassen. Dieses besagt, dass im Zweifelsfall von mehreren alternativen Erklärungen diejenige zu bevorzugen ist, die mit den wenigsten (vor allem den wenigsten derzeit nicht testbaren) Hilfsannahmen auskommt.
Das Sparsamkeitsprinzip wurde bereits im Mittelalter von dem Mönch John Occam formuliert, im Bereich der Verhaltenswissenschaften hat am Ende des 19. Jahrhunderts Lloyd Morgan diese Regel formuliert. Eine Verhaltensweise immer auf der einfachsten möglichen Erklärungsebene zu erklären und höhere oder gar unerklärliche Phänomene nur dann ins Spiel zu bringen, wenn die Erklärung auf der unteren Ebene nicht funktioniert, ist durchaus kein schlechter Arbeitsansatz. Gerade beim Umgang mit vielen, eher populär bis emotional formulierten Hundeerziehungskonzepten und Verhaltensbeschreibungen, wäre eine stärkere Anwendung dieses wissenschaftstheoretischen Kernprinzips sicher sehr hilfreich. Jedoch hat gerade das Morgan-Prinzip auch den strikten Behaviorismus vorangetrieben, der sich in Folge der Untersuchungen von Skinner und seiner Schule entwickelte. Verhalten wird hier nur als Reaktion auf äußere Reize und auf der Reflexebene beschrieben, und jeglichem Verhalten wird nur das Ergebnis frühester Lernprozesse und Erfahrungen zugestanden. Begriffe wie Motivation, Kognition und Emotion werden nicht beachtet. Gerade in diesen Bereichen werden wir jedoch sehen, dass die neuere Forschung auch und gerade an Hunden uns etwas anderes lehrt. Hier muss nochmals in die Wissenschaftsgeschichte zurückgegriffen werden: Lloyd Morgan hat nämlich die Existenz solcher höher geistiger Leistungen im Verhalten keineswegs verneint. Er hat in einer zweiten, weniger beachteten Arbeit durchaus darauf hingewiesen, dass solche Phänomene als Erklärung herangezogen werden dürfen, wenn sie in anderen, unabhängig veröffentlichten und validierten Studien bereits bestätigt sind. Wenn also aus anderen Untersuchungen die Existenz von Emotionen bei Hunden nachgewiesen ist, kann durchaus in einer von uns durchgeführten Betrachtung einem Hund eine Emotion zugestanden werden. Auch darüber werden wir im Laufe des Buches immer wieder stolpern. Dies gilt z. B. für die Annahme sogenannter höherer geistiger Leistung. Außerdem ist, und das gilt für die Verhaltensbiologie ganz besonders, die Biologie in weiteren Bereichen eine sogenannte **probabilistische Wissenschaft**, also eine,

*Über Langzeitbeobachtungen einer Hundegruppe kann man die Gruppendynamik genauer verstehen.*

die mit Wahrscheinlichkeiten arbeiten muss, im Gegensatz etwa zur klassischen Physik, deren Ergebnisse als Naturgesetze von Zeit und Raum unabhängig sind. **Zwar folgen auch Lebewesen den Naturgesetzen, aber durch die biologiespezifischen Einflüsse der Vorgeschichte jeden Tieres einerseits und hierarchische Organisation und ihre Wechselwirkungen (zwischen Zellen, von Zellen zu Organen, von Organen zu Organkomplexen, zu ganzen Tieren, die wieder in ein Sozialsystem, dann eine Population und schließlich ein Ökosystem eingebunden sind) andererseits, kommt es hier zu mehr Variabilität.** Deshalb sind die Aussagen der Verhaltensbiologie grundsätzlich nur mit Hilfe analysierend-schließender Statistik zu überprüfen und dazu bedarf es vor allem größerer Datenmengen. Wer sich genauer zu diesen wissenschaftstheoretischen Aspekten und dem methodischen Vorgehen informieren will, dem sei Lamprecht (1999) zur Methodik und Mayr (2000) empfohlen.
Ich habe diese Zusammenhänge als kleinen Umweg an den Anfang gestellt, weil gerade im Bereich des Hundeverhaltens viele sogenannte Konzepte mit viel Erfolg verkauft und angeboten werden, die diesen simplen Anforderungen einer wissenschaftlichen Arbeit überhaupt nicht gerecht werden.

## VERSUCHE UND EXPERIMENTE

Hat man die Hypothesen testbar gemacht, geht es an die Überprüfung durch systematische und unabhängige Datensammlung, sei es durch Versuche, Langzeitbeobachtungen oder Experimente.
Am Ende steht die Annahme oder Zurückweisung bzw. Nichtbestätigung der Hypothese(n). Erst dann, wenn die Hypothesen zweifelsfrei bestätigt werden, kann man die Sache als in diesem Aspekt erklärt betrachten. Mit welcher Forschungsmethodik man die jeweiligen Untersuchungen durchführen möchte, ist der Fragestellung und den Möglichkeiten der Untersuchenden überlassen. Im Bereich der Verhaltensbiologie bieten sich im Wesentlichen drei Vorgehensweisen oder deren Kombinationen an:

1. Gerade bei der Betrachtung von Persönlichkeitstypen und ähnlichen, allgemein auf großer Individuenzahl zu bestimmender Verhaltensmerkmale, können gut gestaltete, und unabhängig statistisch überprüfte **Fragebögen** eine wichtige Rolle spielen. Diese Fragebögen werden zunächst auf der Basis der Erfahrungen und der Literaturkenntnis des jeweiligen

Untersuchers erstellt, dann von einer Testgruppe, z. B. Hundehaltern, bearbeitet und anschließend durch statistische Ähnlichkeitsanalysen untersucht („Welche der betreffenden Fragen lassen sich in bestimmte Überkategorien einsortieren"). Diese Überkategorien können dann den noch zu besprechenden Persönlichkeitsachsen, unterschiedlichen Bindungs- oder Beziehungstypen, oder sonstigen Verhaltenskategorien zugeordnet werden.

2. Durch **Versuche**, oder in manchen Fällen auch durch **exakt standardisierte Experimente**, kann der Versuchsleiter alle Faktoren, die ihn nicht interessieren, konstant halten, und nur einen, der ihn interessiert, verändern. Beispielsweise kann in einem solchen Versuch herausgefunden werden, ob sich die Futterbevorzugung eines Hundes vom Verhalten seines Halters ableiten lässt oder nicht. Wichtig ist, dass der Begriff „Versuch" keineswegs gleichbedeutend mit einem tierschutzwidrigen oder quälerischen Eingreifen in das Wohlbefinden des Tieres sein muss. **Unter Versuch versteht man lediglich das Vorgehen, möglichst alle derzeit nicht interessierenden Umweltbedingungen konstant zu halten, und nur eine Bedingung, die einen interessiert, zu verändern.** Dies zu betonen ist deshalb wichtig, weil gerade die Untersuchung an unseren Hunden oder auch Katzen immer noch darunter leidet, dass viele tierschutzmotivierte Menschen glauben, einen Versuch aus ethischen Gründen grundsätzlich ablehnen zu müssen. Der berühmte Schweizer Verhaltensbiologe Hans Kummer hat einmal in einem Gespräch gesagt: **„Ein Versuch ist dann gut, wenn Versuchstier und Versuchsleiter ein gemeinsames Interesse an der Lösung des betreffenden Problems haben.**" Mit dieser Richtschnur sollte es tierschutzmotivierten Menschen einfacher möglich sein, wissenschaftliche Untersuchungen mit ihren Hunden, Katzen oder anderen Kumpantieren zu unterstützen.

3. **Langzeitbeobachtungen** an möglichst wenig beeinflussten Tiergruppen sind die dritte, wenn auch zeitaufwendigste Möglichkeit der Datensammlung. Diese Langzeitbeobachtungen ermöglichen uns z. B. die Gruppendynamik einer Hundegruppe genauer zu verstehen, die Entwicklungsprozesse in einem Wurf Welpen bis zum Pubertätsalter zu verfolgen, oder die Streifgebietsnutzung verwilderter Haushundgruppen zu studieren.

In der Regel werden alle diese Maßnahmen und Möglichkeiten parallel, oder in unterschiedlichen Teilprojekten angewendet, wenn man ein möglichst vollständiges Verständnis eines biologischen Problems im Verhalten haben möchte.
Unabhängig davon, mit welcher Forschungsmethodik man sich dem Problem nähert, am Ende steht immer die Statistik.
**Nur dann, wenn wir mit Hilfe von einschlägigen Berechnungen zeigen können, dass die von uns gefundenen Effekte nicht vom**

**Zufall, sondern mit hoher Wahrscheinlichkeit wirklich von den von uns aufgestellten und angenommenen Zusammenhängen beeinflusst sind, können wir ein Ergebnis als wissenschaftlich fundiert betrachten.**

## ZUFALLSWAHRSCHEINLICHKEIT UND EFFEKTSTÄRKE

Es hat sich in biowissenschaftlichen Untersuchungen eingebürgert, nur solche Ergebnisse als statistisch bedeutsam zu betrachten, deren **Zufallswahrscheinlichkeit** unter 5 % liegt. Dies ist der häufig zu findende p-Wert: p kleiner 0,05, also kleiner 5 %, sagt uns, dass mit mindestens 95 % Wahrscheinlichkeit die von uns angenommenen Zusammenhänge, und nicht der Zufall, für das Zustandekommen dieser Datenverteilung verantwortlich sind.

Ein zweites, vor allem in Untersuchungen an größeren Tierzahlen häufig errechnetes Maß, ist die **Effektstärke**. Diese sagt uns, ob die gefundenen Zusammenhänge auch wirklich eine biologische Bedeutung haben. Wer behauptet, es gäbe „da eine Studie", die seine Überlegungen unterstützt, der sollte zumindest auf Nachfragen und Nachsuchen auch die notwendigen p-Werte und eventuell die Effektstärken dafür liefern können. Es gibt mehrere Formen der wissenschaftlichen Studien, die mit unterschiedlicher Aussagekraft belegt sind:

— Die sozusagen edelste Form ist die sogenannte **Metaanalyse**, eine Untersuchung, bei der die Ergebnisse vieler verschiedener Studien nochmals mit einschlägigen statistischen Methoden miteinander verglichen und bewertet werden. Solche Metaanalysen liegen z. B. im Zusammenhang mit der Erblichkeit des Verhaltens, mit Persönlichkeitsunterschieden oder Rasseunterschieden bei Hunden vor.

— Die unter der Metaanalyse angeordneten Ebenen einer Studie sind diejenigen, bei denen auf **Zufallsbasis** Versuch- und Kontrolltiere ausgewählt, und dann jeweils der Versuchsbehandlung unterzogen wurden. Dies ist das häufigste Vorgehen in klinischen Studien in der Medizin, wird jedoch oftmals in verhaltensbiologischen Untersuchungen nicht realisierbar sein, vor allem wenn man es mit kleineren, seltenen oder wertvollen Tieren zu tun hat.

— Hier ist oftmals die nächste Ebene der wissenschaftlichen Qualität, eine sogenannte **Kohortenstudie** angebracht. Bei der Kohortenstudie vergleicht man verschiedene Versuchsgruppen, die ohnehin in ihrer Alltagssituation einer der beiden zu untersuchenden Bedingungen angehören. Anstatt in einer klinisch randomisierten Studie z. B. auszuwürfeln, welche Hunde kastriert werden und welche intakt bleiben, um dann die Verhaltens- und medizinischen Unterschiede der beiden Versuchsgruppen vergleichen zu können, nehmen wir bei den Kohortenstudien Hunde, die ohnehin schon kastriert sind, und vergleichen ihre Verhaltenseigenschaften oder auch die medizinischen Auswirkungen mit denen einer zweiten Gruppe von unkastrierten Hunden gleicher Rasse, gleichen Alters oder sonst wie vergleichbarer Bedingungen (vgl. Kaufmann et al. 2017).

— Manchmal sind aber auch einfache **Fallstudien** wichtig, vor allem, wenn es um seltenere und nur ab und an zu beobachtende Verhaltenseigenschaften geht. Es wird kaum möglich sein, in einer Kohortenstudie hinreichend viele Beobachtungen zu sammeln, die z. B. die Trauer nach dem Verlust des Paarpartners dokumentieren. Der amerikanische Verhaltensbiologe Marc Bekoff hat in diesem Zusammenhang von der **episodischen Ethologie** gesprochen, wenn eine Vielzahl solcher Einzelbeobachtungen sich zum Schluss zu einer gemeinsamen wahrscheinlichen Erklärung zusammenfügen lässt.

# TINBERGENS VIER BERÜHMTE FRAGEN

Die ersten beiden der vier Fragen von Nico Tinbergen befassen sich mehr mit den geschichtlichen bzw. mit den evolutionsbiologischen Aspekten. Frage drei und vier befassen sich mit den Mechanismen, die das Verhalten steuern.

## FRAGE 1 – „WOHER?"

Die erste Frage ist die nach dem stammesgeschichtlichen „Woher?" Dabei wird untersucht, wie sich das betreffende Merkmal, z. B. ein Verhaltenskomplex, von den Vorfahren der betreffenden Art her weiterentwickelt hat und welche gemeinsamen Vorstufen dieses Verhalten im Laufe der stammesgeschichtlichen Entwicklung von unseren heute zu betrachtenden Tieren angenommen hat.
Diese Frage nach dem stammesgeschichtlichen „Woher?" ist zugegebenermaßen für Verhaltensmerkmale schwerer zu beantworten als z. B. für Organe oder andere Merkmale des äußeren Aussehens. Schließlich lassen sich Verhaltensmerkmale nur in seltenen Fällen als Fossilien finden. In Bezug auf den Haushund haben wir hier, übrigens auch bei der Hauskatze, eine etwas glücklichere Situation: Die wilde Stammform lebt nach wie vor und kann in Freilandstudien und, wie z. B. die Wiener Arbeitsgruppe oder früher auch die Budapester Kollegen/innen gezeigt haben, mit verschiedenen Versuchs-

*Hunde sind an das Leben mit uns Menschen bestens angepasst.*

fragestellungen im Labor gegenüber den Haushunden getestet werden. Trotzdem muss gerade in diesem Zusammenhang betont werden, dass Hunde eben keine degenerierten und zivilisationsgeschädigten Couchwölfe sind, sondern eine eigenständige Lebensform, deren ökologische Nische das Leben bei und mit dem Menschen darstellt. Dass sie dabei verschiedene Verhaltensunterschiede zum Wolf aufweisen, ist durchaus als Anpassung an das Leben bei und mit dem Menschen zu verstehen. Hunde sind nicht dümmer oder träger als Wölfe, sie sind einfach anders. Beispiele dafür und die Ableitung in Kurzform finden sich bei Ádám Miklósi (2018) oder Kurt Kotrschal (z. B. 2012).

### HOMOLOGIEMETHODE

In der Biologie gibt es eine ebenso erprobte und akzeptierte Methode, wie man stammesgeschichtliche Vergleiche anstellen kann, nämlich die sogenannte Homologiemethode. Hierbei werden die Ausprägungen bestimmter Merkmale bei nahe verwandten Arten verglichen. Aus den Gemeinsamkeiten bzw. Unterschieden dieses betreffenden Merkmals bei den verwandten Arten wird auf die wahrscheinlichen Vorstufen bei den Vorfahren im Laufe der Stammesgeschichte zurückgeschlossen. Mit diesem Verfahren kann man z. B. Lautgebungen oder komplexe Verhaltensmuster des Werbe- oder Drohverhaltens, aber auch Bewegungsmuster in anderen Zusammenhängen vergleichen. Wenden wir diese Methode auf das Verhalten der Hundeartigen an, so stellen wir z. B. fest, dass innerhalb der Untergruppe der Wolfsartigen (*Canini*) das Hervorwürgen von Nahrung an die Jungtiere entstanden ist, während die Füchse (*Vulpini*) dieses Verhalten nicht zeigen. So kann auf eine Trennung der beiden großen Entwicklungslinien vor dem stammesgeschichtlichen Entstehen dieses Futterhochwürgeverhalten geschlossen werden (Ganslоßer, 2006).

## FRAGE 2 – „WOZU?"

Die zweite Frage ist derzeit in der Verhaltensbiologie besonders interessant, nämlich die Frage nach dem „Wozu?" Hier wird letzten Endes nach der Bedeutung des betreffenden Merkmals für den Fortpflanzungserfolg gefragt. Denn nur der Fortpflanzungserfolg zählt als Erfolgskontrolle der evolutionsbiologischen Prozesse. Die dabei stattfindenden Prozesse führen im Laufe vieler Generationen zu einer zunehmend besseren Anpassung einer Art an ihren jeweiligen Lebensraum. Nur dann, wenn ein Verhaltensmerkmal zumindest einen gewissen Anteil von Erblichkeit aufweist, kann die Selektion wirken, und dieses Merkmal im Laufe vieler Generationen besser, das heißt wirkungsvoller, angepasst werden. Verhaltensmerkmale, die keine erbliche Komponente aufweisen, können auch nicht im Laufe der Selektion verändert werden. Das bedeutet aber nicht, wie wir noch sehen werden, dass Verhaltensmerkmale unmittelbar und in ihrer vollständigen Ausprägung von den Genen abhängig sind. **Gene bedingen immer nur bedingte Eiweißstoffe, die dann als Hormone, andere Botenstoffe, Bindungsstellen für Botenstoffe oder sonstige biochemische Wirkfaktoren im Organismus tätig werden. Das daraus entstehende Verhalten ist immer die Konsequenz, und nicht etwa der Inhalt des Gens!**

### INDIVIDUALSELEKTION

Diejenigen Mitglieder der Art, die besonders gut mit den vorhandenen Umweltbedingungen klarkommen, werden durchschnittlich mehr Nachkommen in die nächste Generation bringen als ihre Konkurrenten, deren Anpassungsfähigkeit nicht so vorteilhaft ist. Sind diese Anpassungsfähigkeiten zumindest erblich verankert, so wird im Laufe der Generationen der Erbanteil der besser Angepassten größer und die weniger gut Angepassten der Population sterben nach und nach aus.

*Wölfe leben in Familienverbänden – die gemeinsame Kooperation bringt viele Vorteile für den Einzelnen.*

Dieser Prozess wird als **natürliche Auslese** oder **natürliche Selektion** bereits von Darwin beschrieben. Die Selektion wirkt hier zunächst einmal auf das Individuum. Jedes einzelne Tier muss sich mit seiner Erbausstattung und seinen Eigenschaften bewähren.

## ARTERHALTUNG?

Eine positive Wirkung auf die Arterhaltung ist stets nur eine Konsequenz, aber nie eine Ursache des jeweiligen Verhaltens. Insofern ist die Aussage „dieses oder jenes Verhalten dient dem Arterhalt" als Erklärung wertlos. Der sogenannte „Kampf ums Dasein" besteht normalerweise nicht aus direkten und blutigen Auseinandersetzungen, sondern eher aus einem Wetteifern um „Marktanteile". Dabei darf man jedoch nicht den Fehler machen, anzunehmen, dass alle Merkmale, die wir bei einem Lebewesen finden, auch adaptiv, also vorteilhaft sein müssen. Es genügt, wenn sie keine Nachteile haben. Viele Merkmale, die Tierarten in den Genen verankert haben, sind neutral. Das bedeutet, dass sie den Fortpflanzungserfolg ihres Trägers weder positiv noch negativ beeinflussen. Bisweilen wird auch immer noch von der Gruppe, also einer größeren Zahl an Individuen, als gemeinsame Ebene der Selektion ausgegangen. Dies ist jedoch in vielen Fällen rechnerisch und auch evolutionstheoretisch schwer begründbar. Möglicherweise stellt aber ein Wolfsrudel in gewisser Weise eine Ausnahme von dieser Regel dar. Denn das Zusammenwirken aller, manchmal auch nicht verwandter Angehöriger dieser Gruppe, kann gemeinsam den Fortpflanzungserfolg der Elterntiere steigern, und damit eventuell wirklich einen individuellen Beitrag verbessern. Hier sind jedoch die theoretischen Überlegungen noch nicht weit genug fortgeschritten. Wir sollten uns also darauf beschränken, das Individuum, oder wie gleich noch zu sehen ist, die Verwandtschaftsgruppe als die Basis der Selektion zu betrachten. Auch hier gibt es selbstverständlich wieder Wechselwirkungen. Wenn ein Individuum, vor allem gegenüber einem langjährigen Sozialpartner, sich altruistisch, also diesen unterstützend verhält, kann nach dem Gegenseitigkeitsprinzip durchaus das individuelle Überleben des Betreffenden verbessert werden. Kooperation ist also keineswegs durch diese individualselektionistische Betrachtung ausgeschlossen. Die Kooperation muss nur, zumindest über die lange Lebensgeschichte des Betreffenden hinweg, auch Vorteile bringen. Kurzfristig kann man dann auch einmal Nachteile in Kauf nehmen (siehe S. 207 ff.).

### VERWANDTSCHAFTSSELEKTION

Zusätzlich zur Individualselektion gibt es die Verwandtenselektion, denn jeder hat ja auch einen gewissen Anteil seiner Erbeigenschaften mit seinen Verwandten gemeinsam (z. B. 50 % mit Vollgeschwistern, 25 % mit Neffen/Nichten). Über diese indirekte Selektion ist z. B. erklärbar, dass man evolutiv gesehen mehr Vorteile hat, wenn man drei Neffen/Nichten aufzieht als ein eigenes Kind. Durch diese Verwandtschaftsselektion werden z. B. die Brutpflegehelfersysteme der Hundeartigen (siehe S. 315 ff.) begründbar.

*Gemeinsam kann man seine Beute viel schneller verschlingen, bevor sie die Konkurrenz findet.*

## GRUNDBEGRIFFE DER EVOLUTIONSBIOLOGIE

### Fitness

Der Fortpflanzungserfolg wird als die sogenannte Fitness eines Tieres bezeichnet. Wobei man unter Fitness den Anteil des eigenen Erbgutes am gesamten Genpool der nächsten Generation, also den Anteil eigener Erbeigenschaften im Vergleich zu denen, die von Konkurrenten vererbt wurden, gesehen wird. Hier muss nochmals darauf hingewiesen werden, dass der Begriff „Fitness" im evolutionsbiologischen Sinn eben nicht das darstellt, was man im allgemeinen Sprachgebrauch darunter versteht. Fitness ist nicht die körperliche Kondition, auch nicht die geistige Wendigkeit oder andere Fähigkeiten, sich im Alltag zu behaupten. Das ist vor allem das Missverständnis, das von evolutionskritischen Kreisen immer wieder an der Darwinschen Theorie geäußert wird. **Wenn man den Fitnessbegriff so versteht, dass eben derjenige der Fitteste ist, der seine eigenen genetischen Eigenschaften am besten in die nächste Generation platzieren kann, dann ist „Survival of the Fittest" nicht das Überleben des Überlebensfähigsten.** Stattdessen ist das langfristige, in den vielen Generationen der Evolutionslinie stattfindende Ausbreiten von Merkmalen, die ihrem Träger zur verbesserten Platzierung seines Erbguts in der nächsten Generation verhelfen, gemeint. Betont werden muss außerdem, dass bei diesen sogenannten funktionalen Erklärungen, also bei Erklärungen, die den Fortpflanzungserfolg und die Anpassungsfähigkeit einer Art betreffen, Begriffe verwendet werden, die aus der Wirtschaftsmathematik und Wahrscheinlichkeitsrechnung stammen, etwa der Begriff der **Strategie** oder das **Optimierungsprinzip.** Dies bedeutet jedoch nicht, dass die betreffenden Tiere sich der zugrundeliegenden Prozesse und Entscheidungen bewusst sein müssen. Es genügt, wenn sie sich richtig verhalten, auch wenn das „richtige“ Verhalten „nur“ im Erbgut verankert ist, anstatt dass es durch bewusste oder rationale Entscheidungen ausgewählt wurde. Betrifft das betrachtete Verhalten nur ein einzelnes Individuum, z. B. bei der Nahrungssuche oder sonstigen Auseinandersetzungen mit der nichtsozialen Umwelt, so können einfache Optimierungsmodelle herangezogen werden. Ist z. B. bekannt, wie viel Energie ein Tier zur Nahrungssuche pro gelaufenem oder geflogenem Kilometer verbraucht, dann kann errechnet werden, für welchen Nahrungsbrocken es sich lohnt, wie weit zu laufen. Sind jedoch zwei oder mehr Individuen an der Entscheidung beteiligt, so müssen die Entscheidungen der jeweils anderen Artgenossen mitberücksichtigt werden. Dies ist dann das Feld der evolutionären Spieltheorie, auf die wir im Kapitel über Kampf und Aggressionsverhalten noch näher eingehen werden (siehe S. 289 ff.).

## Strategien

Strategien sind im Sprachgebrauch der Verhaltensökologie solche Entscheidungen, die durch genetische Vorgaben fixiert sind und nach dem Motto „wenn Situation A, dann tue X, wenn Situation B, dann tue Y“ ablaufen. Die Strategien, die sich im Laufe der Evolution durchsetzen und erhalten bleiben, werden als **evolutionär stabile Strategien** (ESS) bezeichnet (siehe Kappeler, 2012). ESS müssen nicht jeweils den individuellen Vorteil jedes Beteiligten an der Auseinandersetzung maximieren, sie sind vielmehr häufig auch Kompromisse zwischen den Anforderungen verschiedener Mitbewerber.

### EVOLUTIONÄR STABILE STRATEGIEN

Evolutionär stabile Strategien sind solche Strategien, die unter den Lebensbedingungen der Population durch keine andere denkbare Alternative ersetzt werden können, weil jede andere denkbare Alternative für die beteiligten Individuen weniger Vorteile oder mehr Nachteile bringen würde.

## Kosten-Nutzen-Analyse

Bei allen Betrachtungen zur Frage nach dem „Wozu?“ werden Kosten-Nutzen-Analysen angestellt, die den Ausgang einer möglichen Entscheidung oder die Folgen einer Verhaltensentscheidung berücksichtigen müssen. Dies ist das Arbeitsgebiet der **Verhaltensökologie**, bzw. wenn Sozialverhalten dabei betrachtet wird, spricht man auch von **Soziobiologie.** In neuester Zeit werden die Erkenntnisse der Verhaltensökologie insbesondere durch Artvergleiche von nahe verwandten Arten in anderen Lebensräumen oder nahe verwandten Arten mit unterschiedlichen Sozialsystemen noch weiter überprüft. Verhaltensökologische Betrachtungen erlauben z. B. eine Aussage über den Anpassungswert der Rudelbildung, der gemeinsamen Jungenaufzucht oder der gemeinsamen Revierverteidigung bei Hundeartigen (siehe S. 261; sowie Macdonald, 2006). Diese Untersuchungen haben z. B. starke Zweifel an der häufig geäußerten Meinung aufkommen lassen, dass die gemeinsame Jagd oder die gemeinsame Jungenaufzucht die Fortpflanzungserfolge und damit die evolutionsbiologischen Antriebsmotoren der Rudelbildung bei Hundeartigen beeinflusst hätten. Vielmehr erscheint die gemeinsame Revierverteidigung oder das schnellstmögliche Fressen der einmal geschlagenen Beute, ein wichtigerer evolutionsbiologischer Antrieb zu sein. Die Rudelbildung wäre also eher eine Anpassung an Revier und Nahrungsverteidigung.

## FRAGE 3 – „WIE?"

Die Fragen drei und vier werden häufig als die beiden proximaten Fragen zusammengefasst, um den ultimaten, den evolutionsbiologisch-evolutionsgeschichtlichen Fragen gegenübergestellt zu werden.
Bei Frage drei geht es um die beteiligten Mechanismen, die die Ausprägung eines bestimmten Verhaltensmerkmals steuern. Ob es sich dabei um beteiligte Sinnesorgane, Hirnregionen, Nerven oder Hormonimpulse handelt, ob es um auslösende Reize und auslösende Situationen geht, immer wird die Frage nach dem „Wie funktioniert das Tier in dieser Situation?" gestellt. Auch Fragen nach dem Einfluss von Jahreszeiten, Sonneneinstrahlung, Temperatur und anderen Klimafaktoren sind hier zu nennen.
Gerade in diesem Bereich sind in den letzten Jahren durch die neueren und verfeinerten Analysemethoden der Laboranalytik erhebliche Fortschritte erzielt worden. So ist es heute möglich, Hormone, seien es Stress- oder Fortpflanzungshormone aus Kot, Urin, Speichel und sogar Haaren zu bestimmen, ohne dass eine Blutabnahme erfolgen muss. Solche Verbesserungen haben erheblich dazu beigetragen, die Frage nach den Verhaltensmechanismen aus der „Black box" der frühen Verhaltensbiologie zu überarbeiten und wiederum in eine testbare und damit dem wissenschaftlichen Erforschen zugängliche Form zu überführen. Umso wichtiger ist es, die Begriffe in diesem Zusammenhang exakt zu definieren und der wissenschaftlichen Analyse im hier geschilderten Sinne zugänglich zu machen.
Eine weitere, in den vergangenen Jahren von mehreren Arbeitsgruppen (z. B. Gregory Berns an der University of Georgia, oder die Gruppe von Ádám Miklósi in Budapest) angewendete physiologische Methode ist die **fMRI-Untersuchung von Gehirnaktivitäten**. Hierbei wird die Aktivität von Gehirnregionen aufgrund der dort stattfindenden Stoffwechselvorgänge und der daraus entstehenden Temperaturänderungen gemessen, und die Stoffwechselaktivität dann in einem dreidimensionalen Gehirnbild dargestellt. Man sieht also buchstäblich, wo und wie das Gehirn arbeitet. Die Hunde werden völlig freiwillig, mit Hilfe von Beobachtungs- und Nachahmungslernen, dazu gebracht, sich ruhig in den Hirnscanner zu legen, und bekommen dann akustische, geruchliche oder optische Signale präsentiert. Die Reaktion der Hunde auf diese Signale, eventuell sogar in Abhängigkeit davon, wer sie sendet, kann dann z. B. im Studium der emotionalen Bewertung dieser Signale im Hundegehirn herangezogen werden. (Näheres siehe Gansloßer und Kitchenham, 2019).

*Jungtiere sind keine passiven Empfänger…*

### MOTIVATIONSANALYSE

Begriffe wie Trieb oder auch Motivation sind überdies so verwaschen und schwammig, dass sie kaum einer messbaren und damit exakt quantifizierbaren Analyse zugänglich sind. Die sogenannte Motivationsanalyse galt früher als die Königsdisziplin der klassischen Ethologie. Sie war mit sehr großem methodischem Aufwand, sehr viel Arbeit und mit einem sehr guten Gespür für das Verhalten der zu untersuchenden Tierart verbunden. Man musste versuchen, das zu untersuchende Verhalten in möglichst vielen verschiedenen Situationen mit genau quantifizierbaren Außenreizen in Verbindung zu bringen, um durch diese Außenreize unterschiedliche Ausprägung auszulösen.

*... von Umwelteinflüssen. Sie sind Mitgestalter ihrer eigenen Umwelt.*

Wenn heute vorschnell von **Motivation** oder sogar von **Trieb** gesprochen wird, so hat sich fast niemand die Mühe gemacht, auch nur ansatzweise diese Aufwände zu betreiben. In der Grundlagenforschung der Verhaltensbiologie wird der Motivationsbegriff ohnehin fast nicht mehr verwendet. Die gängigen Lehrbücher der Verhaltensbiologie versuchen ganz ohne ihn auszukommen. Hogan (2005) ist einer der wenigen Autoren in einem grundlegenden Lehrbuch der Verhaltensbiologie, der ein ganzes Kapitel über das Motivationsproblem verfasst hat. Wir werden diese Thematik noch ausführlicher behandeln (siehe S. 112 ff.).

## FRAGE 4 – „WODURCH?"

Die vierte und letzte Frage wendet sich an das „Wodurch?", an die Frage nach der individualgeschichtlichen Entwicklung eines Merkmals. Hier werden vor- und nachgeburtliche Reifungs- und Lernprozesse, genetische Einflüsse und Umweltfaktoren auf das Verhalten, sowie das Zusammenwirken mehrerer Faktoren des sozialen und nichtsozialen Umfeldes analysiert. Die sogenannte Ontogenese, also die Individualentwicklung des betreffenden Merkmals, soll nicht nur beschrieben werden. Sondern es soll auch untersucht werden, welchen Einfluss welcher Faktor auf die Ausbildung des betreffenden Merkmals hat.

Dieser Frage nach dem „Wodurch?" werden wir noch nachgehen (siehe S. 340 ff.), so dass wir an dieser Stelle nicht weiter darauf eingehen müssen. Es sollte jedoch schon hier betont werden, dass diese Faktoren in einem sehr komplexen wechselseitigen Zusammenwirken das zukünftige Individuum formen. Stamps (2003) hat betont, dass Jungtiere keineswegs passive Empfänger der einschlägigen Umwelteinflüsse seien. Jungtiere suchen und formen vielmehr die Umwelt, die dann wiederum in einem nächsten Schritt die Lern- und Sozialisationseinflüsse auf das Jungtier, sein Nervensystem und seine Verhaltensausstattung prägt. In der Ökologie wurde für die Erklärung dieser Wechselwirkungen der Begriff der **ontogenetischen Nische** geschaffen (Gansloßer, 1998), das heißt, man betrachtet jedes Entwicklungs- und Altersstadium so, dass es den in diesem Alter herrschenden Anforderungen und Bedingungen möglichst optimal angepasst sein sollte. Jungtiere sind keine unfertigen Erwachsenen, sondern sie sind Tiere, die mit den Anforderungen des momentanen Alters- und Reifezustandes möglichst optimal zurande kommen. Nur dann kann bereits während der ontogenetischen Entwicklung auch die Anpassung und damit die Fitnessmaximierung vorbereitet werden. Die Durchgangsstadien der Entwicklung sind also immer zugleich auch Stadien der momentanen Optimierung. Diese Doppelanforderung ist es, die die Interpretation von Jungtierverhalten so schwer macht.

# GRUNDLAGEN DER „KLASSISCHEN ETHOLOGIE"

Im Laufe ihrer Geschichte hat die Verhaltensbiologie eine Reihe von Stadien durchlaufen, die jeweils mit bestimmten Konzepten und theoretischen wie methodischen Eigenmerkmalen verbunden waren (Hinde, 1982; Kappeler, 2012). Nach einer Frühphase, die überwiegend von Vogelbeobachtern und Ornithologen bestimmt war (O. Heinroth hat damals z. B. den Prägungsbegriff geschaffen), folgte eine getrennte Entwicklung in Europa und Nordamerika. Die nordamerikanische Richtung, die überwiegend psychologisch/lerntheoretisch ausgerichtet war, betonte die Bedeutung der Umwelt. In der Extremform des Behaviorismus wurde sogar angenommen, jedes Lebewesen käme als weißes Blatt auf die Welt und müsste alles lernen.

In Europa entwickelte sich die sogenannte klassische Ethologie, die in den 1930er Jahren vorwiegend von Lorenz und Tinbergen vorangetrieben wurde. Hier wurde sehr stark der angeborene Teil des Verhaltens sowie die innere Verursachung (Lorenz schuf dafür den Begriff der „reaktionsspezifischen Energie") betont. Viele Extrempositionen, sowohl in der Gegenüberstellung des angeborenen im Gegensatz zum erworbenen Verhalten wie in der Betonung der inneren Antriebe, sind vorwiegend als gezielte und teilweise überspitzte Gegenreaktionen gegen die Behavioristen zu verstehen.

## ETHOLOGIE NACH KONRAD LORENZ

Wer die Denkweise und die wichtigsten Konzepte der traditionellen, vorwiegend bei uns auf Lorenz beruhenden Ethologie verstehen möchte, dem sei das Buch von Konrad Lorenz „Vergleichende Verhaltensforschung – Grundlagen der Ethologie (1978)" empfohlen. Dort wird unter anderem auch auf die Wichtigkeit der Verhaltenselemente in der stammesgeschichtlichen und zoologisch-systematisch orientierten Verhaltensbiologie hingewiesen. Auch Verhaltensweisen können, wie Lorenz darstellt, z. B. zur Rekonstruktion von zoologischen feinsystematischen Beziehungen zwischen verschiedenen Tierarten herangezogen werden, in ähnlicher Weise, wie das Merkmale der Anatomie oder des äußeren Köperbaus ermöglichen. Auch dies ist ein wesentliches Merkmal der Lorenzschen Ethologie, wenn auch eines, das in der heutigen Zeit weniger Beachtung findet. Andere Bestandteile seines wissenschaftlichen Konzeptes werden wesentlich stärker diskutiert, und auch viel stärker in der Öffentlichkeit berücksichtigt.

Hierzu gehört z. B. die Frage nach den in der Koordination unveränderlichen, leicht wiedererkennbaren Bewegungsfolgen, die er als **Erbkoordinationen** bezeichnet, und den dazugehörigen angeborenen Auslösemechanismen. Für Lorenz war klar, dass diese als Instinktbewegungen bezeichneten Abläufe bei verschiedenen Erregungsgraden in unterschiedlicher Intensität ablaufen können. Die sogenannte Intentionsbewegung wurde bei geringer Motivation nur angedeutet, der volle, dann auch zielführende Bewegungsablauf wurde nur bei stärkerer Intensität der inneren Handlungsbereitschaft und der äußeren Reize gezeigt. Konstant, so sagt Lorenz, blieben aber die Phasenbeziehung und die Größenrelation der verschiedenen Bewegungsabläufe zueinander. Dass die verschiedenen Intensitätsstufen aber auf einer gemeinsamen, von ihm als Instinktbewegung bezeichneten Handlung und nicht einer Reihe von aufeinander folgenden kettenartig hintereinander geschalteten Reflexen beruhe, zeigt sich nach seiner Ansicht darin, dass der gleiche Auslösemechanismus je nach Intensität die unterschiedlichen Abstufungen hervorrufen kann.

Ein wesentlicher Teil seiner Überlegungen war, dass die von ihm als **reaktionsspezifische Energie** bezeichnete innere Komponente durch das erfolgreiche Abhandeln der Bewegung erst einmal abnähme, und dadurch auch bei jeder Instinktbewegung nach ihrem einmaligen Zeigen ihre Ermüdungsreaktion einsetzen würde. Die Bereitschaft zur Ausführung, so schreibt er, wäre also nach jedem Ablauf abnehmend, ohne dass dabei der Organismus als Ganzes ermüdet wird, oder die Bereitschaft zu anderen Instinktbewegungen abnimmt (Lorenz, 1978, S. 119). Ebenso schreibt er im Folgenden, „... die aktionsspezifische Ermüdbarkeit der Instinktbewegungen unterscheidet sich von gewöhnlicher Ermüdung darin, dass bei längerem, experimentell erzwungenem Nicht-Gebrauch, der Schwellenwert auslösender Reize bis tief unter das beim freilebenden Organismus durchschnittliche Maß absinkt. Die Reaktion kann dann durch inadäquate Ersatzobjekte ausgelöst werden“ (Lorenz, 1978, S. 119). Dadurch wird die von ihm immer wieder beschriebene Leerlaufaktion erklärt.

Ebenso gibt er an, dass beim längeren Nicht-Gebrauch einer Instinktbewegung sich nicht nur die Schwellenwerte verändern, sondern

*Welches Verhalten ist angeboren, welches erworben? Diese Frage beschäftigte schon früh Ethologen wie K. Lorenz.*

## APPETENZVERHALTEN

Unter Appetenz versteht man das Verlangen nach Trieb- und/oder Bedürfnisbefriedigung. Appetenzverhalten ist die Bezeichnung für erblich angelegte Verhaltensweisen, die auch ohne einen Schlüsselreiz (Auslöser) ablaufen können, z. B. Suchverhalten in der Brunftphase (Instinkt). Das Appetenzverhalten ist ein spezifisches Suchverhalten nach dem auslösenden Schlüsselreiz. Das Suchverhalten endet, wenn die angestrebte Handlung beginnt. Beispiel: Das Suchverhalten ist beendet, wenn die Paarung zwischen den Tieren beginnt.

*Zwischenartliche Beziehungen sind durchaus …*

der Organismus als Ganzes in Unruhe käme und aktiverweise nach den auslösenden Reizsituationen suchen würde. Dieses Verhalten, so schreibt er weiter, könnte im einfachsten Fall aus motorischer Unruhe bestehen, im komplexesten aber die höchsten Lernleistungen und einsichtsvolles Handeln in sich schließen, die Wallace Craig als Appetenzverhalten bezeichnet. Lernen durch Belohnung, so schreibt Lorenz, kommt nur im Rahmen von Appetenzverhalten vor.

## ECKPUNKTE DER ORGANISMISCHEN VERHALTENSBIOLOGIE

Viele dieser Überlegungen sind heute, wie wir im Folgenden sehen werden, nicht mehr auf der Höhe der derzeitigen wissenschaftlichen Erkenntnis. Trotzdem hat Konrad Lorenz mit seiner Theorie eine wesentliche Grundlage für die zoologische Untersuchung tierlichen Verhaltens geliefert. Zwei wesentliche Eckpunkte seines Konzeptes sind es denn, die auch heute noch die organismische Verhaltensbiologie kennzeichnen:

1. Die Betonung des **systemischen Zusammenhangs**, wonach Verhaltensweisen innerhalb eines Organismus, auch wenn sie unterschiedlichen Funktionskreisen angehören, immer in einer Wechselwirkung miteinander und auch mit unterschiedlichen Verhaltenssystemen stehen, um das Tier als Ganzes in seinem Alltagsverhalten zu steuern.

2. Überlegung, dass Verhalten durchaus einem Zweck dient, nämlich dem evolutiv bedingten Überleben des jeweiligen Lebewesens. Diese **Zweckgerichtetheit des Verhaltens** wird von Lorenz überwiegend im Arterhalt gesehen, während, wie wir noch sehen werden, heute das

*... spielerisch und, wie der Gesichtsausdruck dieses Hundes zeigt, von lässiger Entspanntheit gekennzeichnet.*

Überleben des Individuums, oder noch besser die Weitergabe seiner genetischen Eigenschaften in die nächste Generation als Zweck des Verhaltens und anderer Anpassungsleistungen gesehen werden.

Die an vielen Stellen, durchaus auch zu Recht formulierte Kritik an dem Lorenzschen Gedankengebäude darf also nicht darüber hinwegtäuschen, welche wichtigen Ansichten in das Funktionieren des tierlichen Organismus und seiner Verhaltensleistungen durch die letztgenannten zentralen Bestandteile seiner Theorie entstanden sind. Ein modernes Beispiel dafür, wie Lorenzsches Gedankengut und Lorenzsche Forschungsansätze uns gerade zum Verständnis von doch recht komplizierten Bewegungs- und Verhaltensabläufen bei Hunden verhelfen können, sind die von Ray Coppinger (Coppinger und Feinstein, 2015) durchgeführten Untersuchungen über die Steuerung des Hüteverhaltens und andere Bewegungsabläufe rund um die Arbeit von Hütehunden, Herdenschutzhunden und anderen, dem Hirten zuarbeitenden Hundetypen.

Seit den 1950er Jahren kam es langsam zu einer Annäherung beider Extrempositionen und es wurde zunehmend klar, dass Begriffe wie **„angeborener Auslösemechanismus"**, **„Erbkoordination"** oder **„xy-Trieb"** viel zu grobe Vereinfachungen darstellten. Als gegen Ende der 1960er Jahre die sich auf Fortpflanzungsoptimierung und Individualselektion beziehenden Theorien der Verhaltensökologie und Soziobiologie zunehmend Anerkennung fanden, war zugleich der Streit um die Existenz angeborenen Verhaltens entschieden. **Nur wenn Verhalten zumindest eine erbliche Komponente hat, kann Selektion wirken und Anpassungsprozesse beeinflussen.**

# NEUE FORSCHUNGS-METHODEN

## KOGNITIONSFORSCHUNG

Die neuesten Entwicklungen der Verhaltensbiologie betreffen einerseits neuere und präzisere Verfahren zur Auswertung der Daten, sowie verbesserte Berechnungsmethoden für stammesgeschichtlich-evolutionsbiologische Fragen, die konsequente Anwendung von Kosten-Nutzen-Analysen und Optimierungsmodellen und die Aufdeckung von lebensgeschichtlichen Strategien, das heißt die Frage, mit welchen Entscheidungsmöglichkeiten die Tiere in einem jeweiligen Lebensabschnitt konfrontiert werden.

Ein anderer stark beachteter Bereich betrifft die sogenannten kognitiven Aspekte, das heißt komplexere Prozesse der Informationsgewinnung und -verarbeitung im Gehirn. Die Erkenntnis, dass Lernprozesse auch bei anderen Tieren, außer unserer eigenen Art, auf Einsicht, Vorausplanung, episodischem Gedächtnis, Verallgemeinerungen etc. beruhen können, hätte, wenn sie denn weiter verbreitet würde, enorme Bedeutung für die Ausbildung von Tieren, gerade weil bei Hunden solche Erkenntnisse besonders stark sind (Miklósi et al., 2018; Horowitz, 2014; Kaminski und Marshall-Pescini, 2014; u. a.).

## UNTERSUCHUNGEN IM FMRI

Die methodischen Fortschritte beziehen sich hier durchaus sowohl auf die Verfahren zur Datengewinnung als auch zur Datenauswertung. Erhebliche Beiträge zum besseren Verständnis des Verhaltens eines Hundes oder anderen Säugetieres haben in den letzten Jahren die Techniken der funktionellen Magnetresonanztomographie (fMRI) geliefert. Gerade die Untersuchungen an wachen, völlig uneingeschränkten Hunden, die sich bereitwillig in eine Magnetresonanzröhre legen, um dann verschiedene Signale ihres Menschen, oder auch Tonbandaufnahmen, Gerüche oder Ähnliches zu bewerten, um im Gehirn deutliche Reaktionen zu zeigen, werden wir z. B. im Kapitel über die Bedeutung der Bindung oder der Emotionen kennenlernen (siehe S. 209).

## BESTIMMUNG VON HORMONEN

Auch die Auswertungsmethoden zum Bestimmen minimaler Hormonkonzentrationen, aber auch der Konzentration von Immunglobulinen und anderen Eiweißen nicht nur im Blut, sondern auch im Urin, im Speichel oder sogar in den Haaren wären hier zu nennen. Gerade die Stressforschung hat von diesen Techniken erheblich profitiert.

## KOMPLEXE STATISTISCHE VERFAHREN

Auch modernere, komplexere statistische Verfahren können uns helfen, nicht zuletzt aufgrund der verbesserten Computerkapazitäten. Wenn es früher noch sehr schwer war, mehrere Einflussfaktoren gleichzeitig statistisch zu betrachten, kann heute in groß angelegten Ähnlichkeitsanalysen eine Vielzahl unterschiedlicher Merkmale gemeinsam betrachtet, und nach ihren wichtigsten Gemeinsamkeiten hinterher grafisch dargestellt werden. Sowohl bei der Stammbaumanalyse, z. B. bei der Aufklärung der wirklichen Verwandtschaftsbeziehungen zwischen Hunderassen und verwandten Arten der Hundeartigen, als auch bei der Erstellung von Persönlichkeitstypen, wird uns diese Methode wieder begegnen.

## MATHEMATISCHE MODELLE

Auch die mathematischen Modelle der theoretischen Verhaltensökologie waren anfänglich noch sehr grob und kaum in der Lage, das Verhalten hoch entwickelter Tierarten sofort zu erklären. Zudem fehlte es lange Zeit an Vorstellungen und Messmethoden, um die in diesen Modellen geforderte (und auch oft beobachtbare) Verhaltensplastizität zu bearbeiten. Seit Beginn der 1990er Jahre ist nun eine zunehmende Annäherung der proximat und ultimat forschenden bzw. argumentierenden Teile der Verhaltensbiologie zu beobachten, wobei sich viele ehemals als „Black-Box-Begriffe" betrachteten Erscheinungen, etwa Bindung oder Beziehung, durchaus als (z. B. hormonphysiologisch) messbare wie auch mit Kosten und Nutzen für das betreffende Tier funktional bewertbare Größen erweisen. Jedoch darf diese (sehr wichtige) Annäherung der Standpunkte nicht zu einer Vermischung der Argumente führen. Wer eine Frage nach dem Selektionswert eines Verhaltens stellt (Was hat die Hündin davon, die Welpen ihrer Konkurrenten umzubringen, Frage „Wozu?"), darf nicht mit einem Mechanismus (Das ist nur der Stress, Antwort „Wie?") antworten.

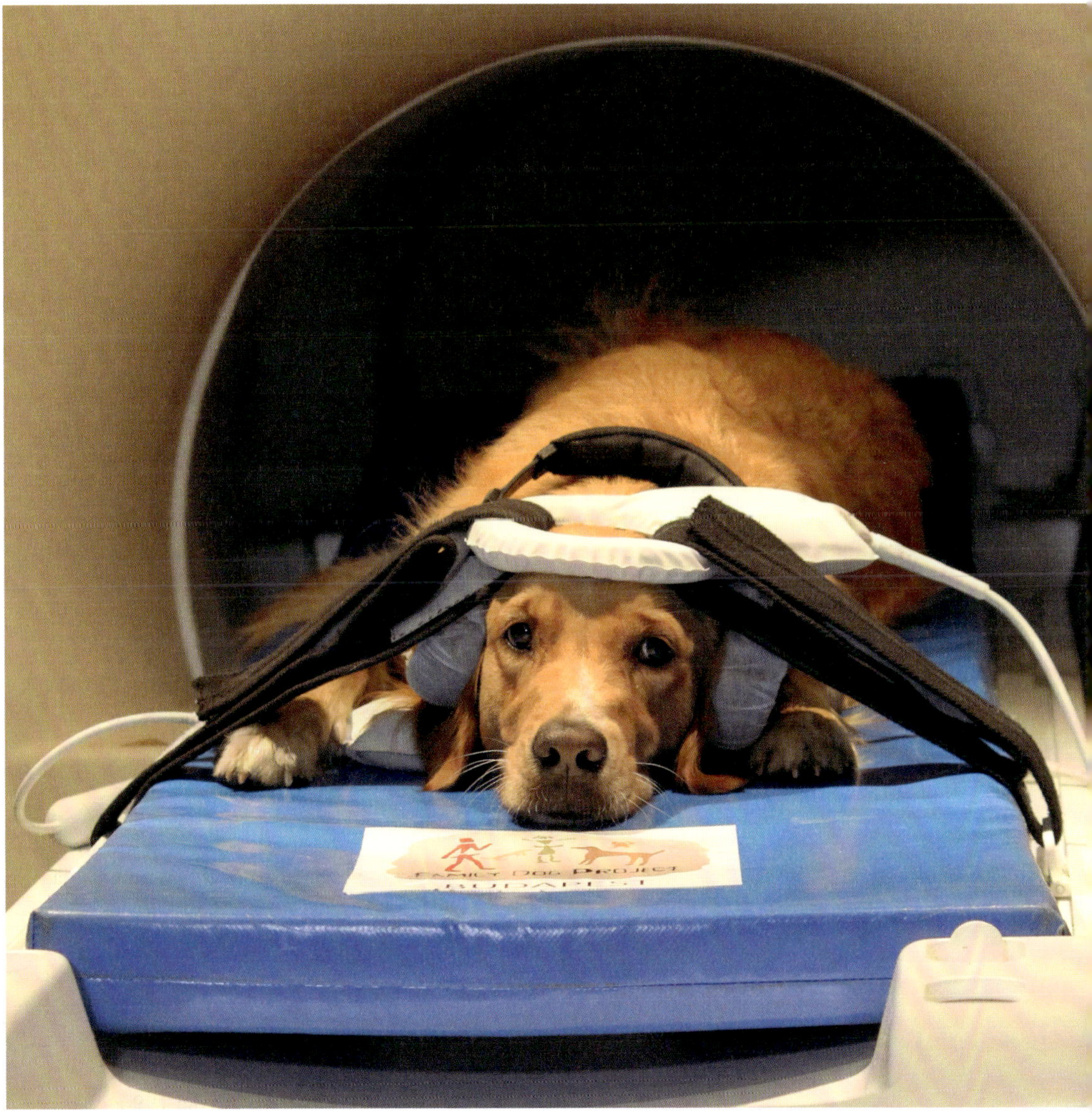


*Die funktionelle Magnetresonanztomographie ist ein großer Fortschritt zum Verstehen von hundlichem Verhalten.*

# GRUNDBEGRIFFE DER VERHALTENSPHYSIOLOGIE

Das Verhalten eines Tieres ist nicht verständlich erklärbar, wenn man nicht weiß, wie es funktioniert. Und so werden wir uns nun zunächst mit einigen Grundbegriffen und -gegebenheiten der Verhaltensphysiologie allgemein beschäftigen. Denn viele dieser Aspekte werden wir in ganz verschiedenen Zusammenhängen später immer wieder benötigen. Zuerst werden wir uns mit dem Aufrechterhalten und Regulieren der Lebensvorgänge und inneren Zustände eines Tieres beschäftigen.

*Um nicht zu viel Energie zu verbrauchen, fliegen Vögel nicht mit Maximalgeschwindigkeit zum Nest.*

# HOMÖOSTATISCHE REGULATION

Der Schlüsselbegriff der Regulierungsvorgänge war lange Zeit die sogenannte **Homöostase.**

## OPTIMIERUNGSPROZESSE

Zur Regulation wird vielfach neben den physiologischen Möglichkeiten (Wärmeproduktion, Verdauung, Nerven, Hormone), auch das Verhalten eingesetzt. Hier sind die schon erwähnten Optimierungsprozesse und -betrachtungen besonders wichtig. Schließlich sind Zeit und Energie eines Tieres immer begrenzt. Es muss also auswählen, wann es wofür wie viel Energie und Zeit einsetzen will. Letztlich sollte das alles natürlich der Fitnessmaximierung dienen, messbar aber wird es für uns z. B. anhand des Nährstoffbedarfs oder -gewinnes, oder des Zeitaufwandes. Wildlebende Tiere, und teilweise auch Haustiere, haben hier zwei grundsätzliche Möglichkeiten, die Optimierung zu erreichen, nämlich durch Optimierung der Effizienz des betreffenden Vorganges oder Maximierung der Energiegewinnungsrate. Ein Beispiel hierfür zeigt sich bei Vögeln, die auf dem Weg zum Nest (wo die Jungen warten) nicht mit Maximalgeschwindigkeit fliegen, weil sie dabei mehr Energie verbrauchen. Solche Vorgänge sind zwar nicht exakt gemessen, aber beschrieben. Dieses Phänomen ist auch von im Rudel jagenden

### ☞ HOMÖOSTASE

Unter Homöostase (= gleicher Stand) versteht man ein reguliertes Gleichgewicht, wobei die lebenswichtigen Funktionen innerhalb bestimmter, möglichst optimaler Grenzwerte gehalten werden. Ändert sich einer der regulierten Werte, z. B. die Körpertemperatur, dann wird durch verschiedene innere (Zittern, Schwitzen) oder äußere (Schatten suchen) Vorgänge versucht, den „ausgerissenen" Wert wieder „zu regulieren". Die Regelung der Homöostase wird oft als rein reaktiver Prozess gesehen, der nur durch Zustandsänderungen aufgrund von anderen Ursachen ausgelöst wird. Wir werden jedoch sehen, dass dies z. B. bei der Tagesrhythmik nicht stimmt.

**Begriff der Allostase**

Der Begriff der Homöostase wird in der modernen physiologischen Literatur meistens durch den der Allostase ersetzt. Hintergrund dieser begrifflichen Veränderung ist die Erkenntnis, dass die Sollwerte eines Regelkreises sich durchaus in Abhängigkeit von verschiedenen Umweltfaktoren, aber auch in Abhängigkeit von den derzeit gerade aktiven Regulierungsvorgängen verändern können. Wer freiwillig in die Sauna geht, wird eine andere Vorstellung von wünschenswerter Umgebungstemperatur haben, als jemand, der momentan gerade mit der Aufgabe betraut ist, zwei Festmeter Kaminholz zu hacken.
Und gerade bei der Regulierung sozialer Bedürfnisse und sozialer Gegebenheiten, spielt diese Allostase eine wichtige Rolle. Wer abends freiwillig in die Disco geht, hat wahrscheinlich eine andere Vorstellung von wünschenswerter Individualdistanz zu seinen Artgenossen, als jemand, der sich vor einer schwierigen Prüfung auf einer Parkbank konzentrieren und nochmals das Gelernte Revue passieren lassen möchte. Gerade im Zusammenhang mit den Regulationsmodellen des aggressiven Verhaltens oder auch im Zusammenhang mit der Betrachtung von Stress und Belastung, wird uns das Konzept der Allostase mehr helfen können als die starren festgelegten Sollwertbetrachtungen, die der Begriff der Homöostase beinhaltet.

*Schlittenhunde können ihren Stoffwechsel an die Jahreszeit anpassen. Im Winter ist ihr Leistungsstoffwechsel erhöht.*

Raubtieren bekannt, deren Laufgeschwindigkeit bei der Suche erheblich geringer ist als die Spitzengeschwindigkeit bei der Jagd.

### Stoffwechsel von Schlittenhunden

Gerade die Untersuchungen von Ray Coppinger (Coppinger und Feinstein, 2015) zum Stoffwechsel von arbeitenden, das heißt laufenden Schlittenhunden in Nordamerika, und die stoffwechselphysiologischen Arbeiten von Matthias Starck (Starck und Gerth 2012) veranschaulichen sehr deutlich die feinen Zusammenhänge. Schlittenhunde sind gerade bezüglich ihrer Körpergröße, aber auch ihrer anatomischen Verhältnisse bestens optimierte Lebewesen, die den Geschwindigkeitsaufbau und die Ausdauer bei sehr tiefen Temperaturen optimal bewältigen. Ray Coppinger konnte zeigen, dass die Körpergröße eines Alaskan Malamute den optimalen Kompromiss zwischen Oberfläche und Volumen, also Körpermasse und Körperoberfläche darstellt. Größere Hunde könnten zwar mehr Kraft ausüben, würden aber noch schneller überhitzen. Kleinere Hunde könnten die bei der Arbeit entstehende Wärme besser abstrahlen, würden aber zu viel durch die Umgebungskälte verlieren und auch weniger Muskelkraft aufbringen können. Gleichzeitig sind bei Schlittenhunden die Arbeitsmuskeln, also insbesondere die Muskeln an den Extremitäten, noch besser durchblutet als bei anderen Hunderassen. Dadurch werden die Muskeln mit mehr Sauerstoff und Nährstoffen versorgt, überhitzen aber auch schneller. Deshalb ist die Empfehlung, Schlittenhunde oberhalb des Temperaturbereichs von 8 bis 10 Grad Celsius möglichst nicht mehr, oberhalb von 15 Grad Celsius keinesfalls mehr in schnelleren Gangarten zu bewegen, verständlich. Die Untersuchungen der Arbeitsgruppe von Matthias Starck haben gezeigt, dass zwischen Sommer und Winter bei den Schlittenhunden erhebliche Unterschiede in den Stoffwechselbedingungen herrschen. Im Winter sind die Schlittenhunde an Höchstleistungen angepasst, und haben dann auch einen sehr effektiven Leistungsstoffwechsel. Im Sommer, beim Gammeldienst, müssen sie zum Teil sogar an körpereigenen Muskel- und Knochenreserven zehren, um ihre schlechten Futterbedingungen auszugleichen.

Coppinger zeigt auch an Beispielen seiner eigenen Schlittenhunde, dass diese im Tiefschnee und bei tiefen Minusgraden während des Rennens ab und zu ein Maul voll Schnee aufnehmen, um die Kühlung von innen zu unterstützen.
Im Zusammenhang mit der Energiegewinnung tritt auch die Frage der **Energiespeicherung** auf: Soll man lieber Energie im Körper in Form von Fett speichern, dadurch weniger beweglich werden und etliche Krankheiten riskieren, oder soll man sie in externe Nahrungsspeicher bringen, wie dies auch Hundeartige durch Vergraben tun. Dabei besteht das Risiko der Plünderung durch andere, und man muss sich den Ort merken. Welche Möglichkeit ergriffen wird, hängt wieder von den derzeitigen und zum Teil auch den vorhersagbaren Umweltbedingungen ab.

## Grundstoffwechsel eines Tieres

Wichtige Bereiche, in denen homoöstatische Regelungen auftreten, sind natürlich zuerst Energiehaushalt und Wasser. **Der Energiebedarf eines Tieres setzt sich aus dem Grundstoffwechselbedarf und dem Bedarf für die jeweilige Tätigkeit zusammen.** Der Grundstoffwechsel wiederum hängt unter anderem von der Körpergröße und der Hirngröße ab, aber auch von bestimmten Verhaltenseigenschaften (vgl. Kappeler, 2012). So haben Tiere, die zu energieaufwendigem Verhalten befähigt sind, auch einen höheren Grundstoffwechsel.
Die Zusammenhänge zwischen Grundstoffwechsel, Lebensdauer und Persönlichkeit werden im Kapitel über Persönlichkeitstypen noch ausführlicher besprochen (siehe S. 142 ff.). Die wichtigsten Erkenntnisse dieser Studie wurden nicht umsonst in der Allgemeinpresse unter dem Schlagwort „Gehorsame Hunde leben länger" zusammengefasst. Letztlich geht es hier auch um die chemischen Zusammenhänge zwischen den für den Verhaltensablauf wichtigen steuernden Botenstoffen und deren gleichzeitiger Auswirkung auf den Grundstoffwechsel, wodurch aktive, eher vorwärts-naseweis orientierte Hunde (sogenannter A-Typ) auch einen schnelleren Grundstoffwechsel und damit schnellere Abläufe im gesamten Organismus aufweisen. Zellteilungsprozesse laufen also schneller ab, und die Zahl der durchlaufenden Zellteilungszyklen ist einer der beeinflussenden Faktoren für die Alterung.

## Thermische Neutralzone

Ein wichtiger Bestandteil der stoffwechselphysiologischen Anpassung an Umwelttemperaturen ist die Lage der thermischen Neutralzone. Jedes Säugetier besitzt einen solchen Temperaturbereich, innerhalb dessen keinerlei Energie zur Temperaturregulation, weder zum Kühlen noch zum Heizen, zusätzlich eingesetzt werden muss.
Für die meisten Säugetierarten liegt die thermische Neutralzone in der Umgebungstemperatur, die in ihrem natürlichen Lebensraum meistens vorhanden ist. Sie kann sich eventuell sogar durch jahresperiodische Veränderungen verschieben. Sie verschiebt sich

*Windhunde, z. B. Galgos, sind nicht an kalte Temperaturen angepasst. Sie können jedoch durch einen Mantel geschützt werden.*

aber auf jeden Fall, wenn man verschiedene Populationen der gleichen Art vergleicht, die in Lebensräumen mit unterschiedlichen Temperaturbedingungen leben. **Die Thermische Neutralzone ist derjenige Temperaturbereich, der aus energetischen Gründen wegen der nicht vorhandenen Notwendigkeit zum Heizen oder Kühlen, für die Tiere die günstigsten Bedingungen liefert.** Auch dieser Bereich ist nicht beliebig leicht verstellbar, was wiederum bei der Verlagerung von Hunden, z. B. aus dem Mittelmeerraum ins nördliche Europa, nicht außer Acht gelassen werden darf. Die jahresperiodische Steuerung der Energieaufnahme werden wir im Zusammenhang mit biologischen Rhythmen nochmals kennenlernen (siehe S. 80).

### Anpassung an große Höhen

Neben der Temperaturregulation und dem Wasserhaushalt gibt es noch, zumindest bei Hunderassen aus Extremlebensräumen, eine andere bemerkenswerte ökologische Anpassung. Bekanntermaßen ist in Hochgebirgsregionen die Sauerstoffdichte in der Atemluft geringer, was zu erschwerten Atembedingungen in solchen großen Höhenlagen, bisweilen sogar zum Entstehen der berüchtigten Höhenkrankheit führt. Eine mögliche Anpassung an diese Bedingungen in großen Höhen ist eine Veränderung der chemischen Struktur des roten Blutfarbstoffs, um dadurch die Sauerstoffbindung zu verbessern. Diese, bei vielen Hochgebirgstieren zu beobachtende Anpassung finden wir auch z. B. beim tibetischen Do Khyi. Durch die Veränderung des roten Blutfarbstoffs sind diese Hunde in der Lage, auch in der „dünneren Luft" der großen Höhenlagen in ihrem tibetischen Lebensraum noch genug Sauerstoff zu binden, und ihren großen und damit anspruchsvollen Körper zu versorgen.
Wasser als wichtigstes „Lebenselixier" muss ebenfalls sehr haushalterisch eingesetzt werden, und in diesem Zusammenhang spielt auch, unabhängig von der Bedeutung für sonstige Lebensfunktionen, die Temperaturregelung eine Rolle. Wüsten bewohnende Tiere (vgl. Müller, 1997) oder Hochgebirgsbewohner (de Lamo, 1999) zeigen uns hier eine Kombination aus physiologischen Vorgängen und Verhaltensmechanismen, die zumindest teilweise auch genetisch fixiert sind – Tiere ein und derselben Art aus heißeren oder höher gelegenen Gebieten haben unterschiedliche Stoffwechselraten, Wärmeleitfähigkeiten der Haut und Hitzetoleranzen. Auch ein Problem, das bei den derzeit beliebten Hunderettungsaktionen aus dem Mittelmeergebiet völlig missachtet wird.

*Der Do Khyi hat sich an Bergregionen durch mehr Sauerstofftransport in den roten Blutkörperchen angepasst.*

## „KOSTEN" DER NAHRUNGSAUFNAHME

Ein Faktor, der bei der Effektivierung der Nahrungsaufnahme ebenfalls eine Bedeutung hat, sind die Kosten, die die Nahrungsaufnahme selbst bzw. die Gewinnung und „Zubereitung" der Nahrung verursacht, im Vergleich zum Nutzen durch Nährstoffgewinn. Gerade größere Fleischfresser sind hier in einer Zwickmühle; sollen sie kleine, recht leicht zu überwältigende Beute suchen und dafür Zeit und Energie einsetzen, oder

*Die Hunde der Wüstenbewohner halten den hohen Temperaturen stand. Über Generationen haben sie sich an diese heiße Klimazone angepasst.*

sich auf größere, ertragreiche, aber wehrhafte und/oder fluchtbereite Tiere konzentrieren? Von Wölfen ist bekannt, dass sie zwar theoretisch auch Mäuse fangen können, aber erst in Gebieten auch auf Dauer leben, in denen mindestens bibergroße Beutetiere vorhanden sind (Bibikoff, 1992). Sind aber genug große Beutetiere da, werden Beutegreifer sehr wählerisch und fangen nur ausgewählte Tiere oder fressen nur die „wertvollsten" Teile, wie etwa von Bären beim Lachsfang bekannt ist. Dies kann das gleiche Individuum in unterschiedlichen Zeiten sein, je nach Abwägung des Aufwandes zum Ertrag der Nahrung. Die hierbei im Innern des Tieres ablaufenden Entscheidungsprozesse und ihre Mechanismen sind noch nicht in letzter Einzelheit verstanden, die Konsequenzen daraus spielen aber eine bedeutende Rolle. Bemerkenswert bezüglich des Hundes ist, dass z. B. Zimen (1987) feststellt: *Die Fähigkeit zur effektiven Abschätzung von Aufwand und Erfolg sei auf dem Weg vom Wolf zum Hund verlorengegangen, daher die erfolglosen Hetzjagden von Haushunden auf Wild beim Spaziergang.*
Die Optimierung der Nahrungsaufnahme können wir auch besonders gut beim Nahrungsspektrum der menschenferner lebenden, bis verwilderten Haushunde erkennen (Gompper, 2014; Spotte, 2012). Nur in ganz seltenen Ausnahmefällen werden von diesen verwilderten und menschenfern lebenden Haushunden tatsächlich aktive und damit auch energieaufwendige Jagden nach größeren Beutetieren (seien es größere Wildtiere oder auch Nutztiere) beschrieben. Die Nahrungssuchstrategie besteht vielmehr in einer opportunistischen, eher an Füchse oder Kleinbären erinnernden Suche nach verwertbaren Happen, seien es Aas, menschliche Nahrungsreste, Kleintiere oder bisweilen auch pflanzliche Nahrungsbestandteile.

### Jagderfolg

Wie fein abgestimmt die energetischen Bedingungen bei der aktiven Jagd auf Großtiere sein müssen, zeigen unter anderem die Untersuchungen von David Macdonald am Afrikanischen Wildhund (Macdonald, 2006). Dieser, bisweilen auch als Hyänenhund bezeichnete Großkarnivor kann, wie Untersuchungen an wildlebenden Hunden und ihrem Stoffwechsel zeigen, nur dann überleben, wenn er mindestens 3,5 Kilogramm Huftierfleisch pro Tag erbeuten und fressen kann. Verlieren diese Hunde 25 % ihrer Beute an Konkurrenzarten, z. B. an die Tüpfelhyäne, so müssten sie anstatt 3,5 Stunden pro Tag 12 Stunden pro Tag jagen. Damit würde ihr Energieaufwand so groß werden, dass sie ihn selbst bei optimalem Jagderfolg nicht mehr decken könnten. Aus ähnlichen, energetischen Betrachtungen ergibt sich auch, dass für rein karnivore Arten der Familie der Hundeartigen oberhalb eines Körpergewichts von 21 Kilogramm kaum mehr kostendeckend mit kleinen Beutetieren allein der Energiebedarf gedeckt werden kann. Hundeartige mit Körpergewichten oberhalb von 21 kg müssen daher Großtierbeute jagen.

## VERMEIDUNG VON KRANKHEITEN

Auch die Vermeidung von Parasiten und Krankheiten kann ein wichtiger Teil der homöostatischen Regulation sein. Meidung

### DER HUND, EIN OMNIVOR

Nochmals betont werden muss an dieser Stelle allerdings, dass der Haushund nicht zu diesen, als Hyperkarnivor bezeichneten, rein Fleisch fressenden Arten gehört. Er gehört, wie die genannten Beobachtungen an verwilderten Haushunden sowie auch die stoffwechselphysiologischen Bedarfszahlen der Tiermedizin zeigen, zu den Omnivoren, mit einem gewissen fleischlichen Grundanteil.

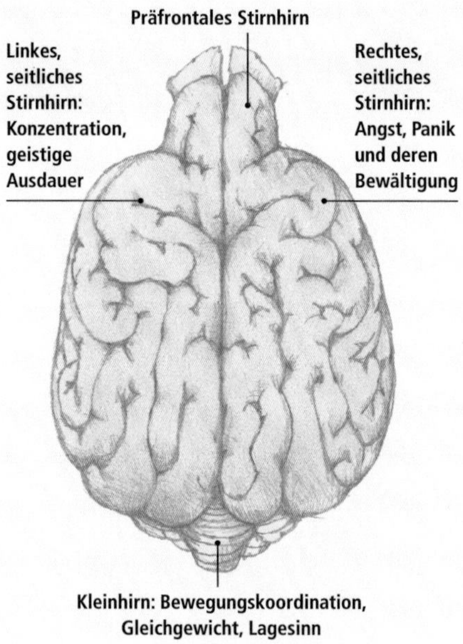


*Blick auf das Gehirn des Hundes (von oben).*

eines von Parasiten befallenen Artgenossen anhand seines Aussehens (vgl. Wehnelt, 2000), Geruchs (Kavaliers et al., 2003) oder Verhaltens, kann nicht nur bei der Partnerwahl eine Rolle spielen. Nunn (2003) zeigt, dass verschiedene Verhaltensweisen nach der Kopulation, z. B. heftiges Urinieren oder Genitallecken, der Verminderung des Infektionsrisikos für Geschlechtskrankheiten dienen können. Auch bei Hunden finden wir diese Verhaltensweisen nach der Paarung. Noch nicht näher untersucht sind dagegen bei Hundeartigen, die allerdings anekdotisch von vielen Trainern und Haltern beschriebenen Beobachtungen, wonach Hunde sehr fein erkennen, wenn ein Artgenosse erkrankt ist, und diesen dann je nach vorangehender Qualität ihrer Beziehungen entweder ausgrenzen oder auch mit intensivem Krankenpflegeverhalten betreuen. Krankenpflegeverhalten wiederum ist durchaus auch von wildlebenden Kaniden, z. B. Wölfen (Bloch, 2009, 2017), Afrikanischen Wildhunden (Rasmussen, 2006) und anderen beschrieben.

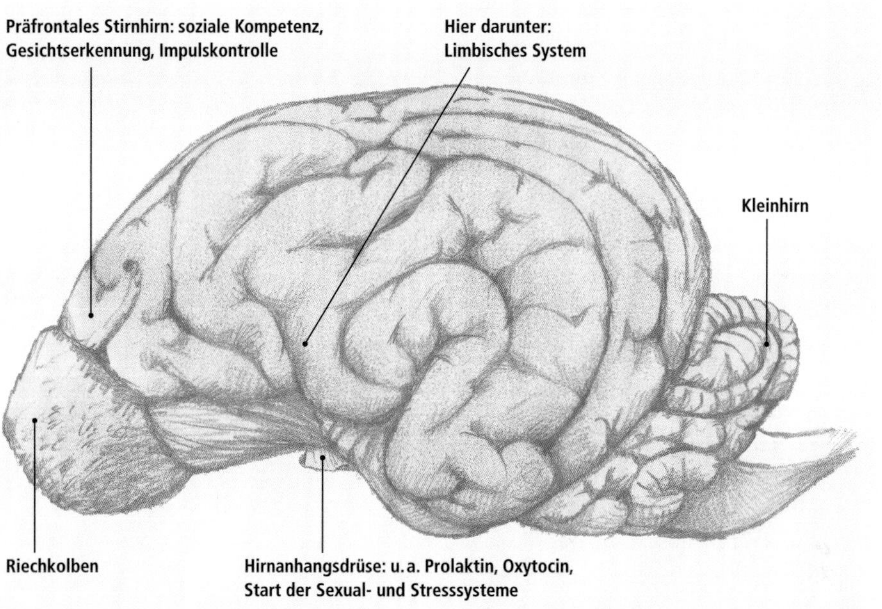


*Das Riechhirn macht beim Hund 10 %, beim Menschen nur 1 % des Gehirns aus.*

## HORMONE UND BINDUNGSFÄHIGKEIT

Ebenso aufregend sind Ergebnisse, die aus einer Zusammenfassung von hormonphysiologischen mit Verhaltens- und modernsten neurobiologischen Forschungsansätzen. Neue Arbeiten dazu zeigen, dass es bestimmte Regionen im Vorderhirn nahezu aller Wirbeltiere gibt, die mit An-/Abwesenheiten von Revierverteidigung, sozialen Bindungen, Aggression/Dominanz oder Sexualverhalten in Beziehung stehen. Diese Regionen sind untereinander vernetzt, und durch Unterschiede in der Ausprägung können Art-/Populations- oder Geschlechtsunterschiede in den genannten Verhaltensbereichen abgebildet und teilweise erklärt werden. Neben einigen Regionen an der Basis von Groß- und Mittelhirn (vgl. Goodson, 2005) scheint auch bei Raubtieren sowie bei Primaten die Größe der Neuhirnrinde (Dunbar und Bever, 1998) eine wichtige Rolle zu spielen. Neuere und detailliertere Betrachtungen der Zusammenhänge zwischen Hirngröße, Hirnregionen, systematischer Position im Tierreich, und verschiedene andere Einflussfaktoren zeigen, dass es hier wohl noch etwas komplizierter zugeht: Shultz und Dunbar (2007, 2010), Finarelli und Flynn (2009) und andere lassen erkennen, dass außerhalb der Ordnung der Primaten, also auch z. B. bei den Karnivoren und damit den Hundeartigen, größere Gehirne in der Regel mit Paarbindungen oder anderen, lang andauernden sozialen Beziehungen einhergehen. Nur bei den Primaten ist offensichtlich auch die Gruppengröße noch ein weiterer Faktor, der die Gehirngröße beeinflusst.
Gerade die Einbeziehung von ausgestorbenen Arten, über deren Sozialsysteme wir selbstverständlich keine direkten Beobachtungen haben, die aber die Zusammenhänge zwischen Körpergröße, Nahrung (am Gebiss erkennbar) und ihren Lebensräumen durch die botanischen Begleitfunde sehr deutlich offenbaren, lassen diese Hypothese der Paarbindungsabhängigkeit der Gehirnentwicklung bei Hundeartigen besonders wahrscheinlich werden.

## SOZIALES NETZWERK IM GEHIRN

Auch die Zusammenhänge zwischen Gehirnregionen und Botenstoffkonzentrationen sind offensichtlich dynamischer, als dies eine weitgehend statische Betrachtung ihrer Funktionen bisher gezeigt hat. Goodson und Kabelik (2009) beschreiben ausführlich die Dynamik des sogenannten sozialen Netzwerks im Gehirn, also der bereits angesprochenen Zusammenschaltung einer Reihe von Gehirnregionen im limbischen System, dem Mittelhirn und dem Vorderhirn. Offenkundig ist, dass nicht jede dieser Regionen für eine bestimmte Option im Sozialverhalten zuständig ist. Stattdessen sind diese Hirnregionen in einer dynamischen Weise miteinander verschaltet, reichen sich gegenseitig Informationen weiter, hemmen und fördern ihre neuronalen Aktivitäten gegenseitig, und dies auch noch in Abhängigkeit von den Konzentrationen der wichtigsten, dabei beteiligten Botenstoffe.

Zu den wichtigen **Botenstoffen**, die in diesem Gehirnnetzwerk aktiv sind, gehören zum einen die **Steroide** (sowohl das Cortisol als auch die Sexualsteroide), aber auch **Oxytocin** und **Vasopressin**, auf die wir im Kapitel über die sozialen Bindungen nochmals treffen werden (siehe S. 210). Die zeitliche Plastizität dieses Systems kann sowohl durch unterschiedliche Rezeptordichten als auch durch unterschiedliche Konzentrationen der Botenstoffe bewirkt werden. Verschiedene Verhaltenstypen (z. B. Persönlichkeiten) können sowohl durch genetische wie auch durch entwicklungsbiologisch bedingte Unterschiede in den Konzentrationen der genannten Bindungsstellen und Botenstoffe entstehen. Art- oder Rasseunterschiede können z. B. dann entstehen, wenn die Verschaltungen, oder auch die Größenverhältnisse der genannten Regionen sich verändern. Teresa Romero und Co-Autoren (2016), sowie Jennifer Smith und Co-Autoren (2017) betonen in diesem Zusammenhang nochmals die unterschiedliche Rolle von Oxytocin und Vasopressin. Auch Oxytocin kann, unter bestimmten Bedingungen, eher antisoziales als prosoziales Verhalten fördern. Vasopressin ist sowohl an der Erkennung und Fixierung individueller Persönlichkeits- und Merkmalseigenschaften des potenziellen Partners

*Oft haben Tiere in einem uns weniger vertrauten Bereich enorme kognitive Fähigkeiten. Kapuzineraffen sind uns etwas ähnlicher, bei Tauben hat man jedoch herausgefunden, …*

als auch an der späteren Verteidigung (daher die Bezeichnung Eifersuchtshormon), aber auch an der Regulation aggressiven Verhaltens allgemein beteiligt.
Gerade durch Untersuchungen an wildlebenden Hundeartigen wird die innerartliche Variabilität sozialer Systeme als wichtiger Bestandteil ökologischer Anpassungen hervorgehoben (vgl. Macdonald, 2006; Macdonald und Sillero-Zubiri, 2004). Es wäre sehr aufregend, wenn dieser Aspekt, verknüpft mit dem vorgenannten, auch bei Hunden neue Einsichten bringen könnte.

## KOGNITION

In den letzten Jahren ist der Begriff der Kognition wieder verstärkt in der biologischen Verhaltenswissenschaft aufgetaucht. Da auch dieser Aspekt zu den „Wie?"-Fragen gehört, die auf viele Verhaltensbereiche einwirken (z. B. Nahrungssuche, Orientierung und Heimfindevermögen, Sozialbeziehungen), soll auch er hier kurz allgemein definiert werden (siehe Kasten).

*... dass sie erst in Anwesenheit von Bäumen besser generalisieren können.*

### KOGNITION

Kognition ist die Art, wie das Verhalten der Tiere durch Lernen, Gedächtnis und Denken beeinflusst und gesteuert wird. Wichtig ist die „innere Repräsentation", d. h. wie das Tier die nötigen Informationen und Erinnerungen verknüpft und bewertet. Einsicht, Vorausplanung und rationale Entscheidungsfindung sind hier wichtige Komponenten. Was Tiere übereinander wissen und was sie über dieses Wissen wissen, ist Gegenstand vieler Veröffentlichungen – vor allem an Primaten.

**Das Prinzip der sparsamsten Erklärung**
In allen Studien zu kognitiven Fähigkeiten ist stets das Prinzip der sparsamsten Erklärung besonders wichtig, denn nirgendwo können Vermenschlichungen so leicht und unbedacht passieren. Andererseits haben viele Tiere oft in einem uns weniger vertrauten Bereich ihre wirklichen kognitiven Fähigkeiten und könnten dort viel besser abschneiden als bei von uns oft bevorzugten optischen Testsituationen.

**Genug „Stoff" zum Generalisieren**
Generell stellt man oft fest, dass Tiere nur dann in der Lage sind, solche höheren Verknüpfungsleistungen wirklich beeindruckend zu meistern, wenn sie durch eine Reihe einschlägiger Erfahrungen mit vergleichbaren Situationen vorher genug „Stoff" zum Generalisieren hatten. Erst ab etwa 150 verschiedenen Musterpaaren können z. B. Tauben generalisieren; Kapuzineraffen, Delfine oder Schimpansen schaffen das schon nach ein bis wenigen Mustern. Viel schneller ging es aber auch bei Tauben, wenn sie etwa die Anwesenheit von Bäumen auf Fotos als generelles Positionsmerkmal generalisieren sollten (vgl. von Fersen, 1995). Eine Reihe guter Beispiele zum Thema Kognition bei verschiedenen Tieren liefern Emery und Clayton (2005).

## RÄUMLICHE ORIENTIERUNG

Auch räumliche Orientierung benötigt eine Reihe kognitiver Aspekte, z. B. bei weit herumstreifenden Tieren oder bei Arten, die Nahrungsvorräte anlegen. Beides trifft für Hundeartige zu, und deshalb ist die Existenz sogenannter **kognitiver Landkarten** sehr wahrscheinlich. Peters und Mech (1975) haben gerade am Beispiel der Orientierungsfähigkeiten von Wolfsrudeln bei der Jagd, die sich trennen und wiederfinden, Abkürzungen benutzen etc., die Bedeutung der Fähigkeit zur Verknüpfung von räumlichen Informationen und deren innerer Repräsentation, sozusagen der Ablageordnung im Speicher des Ortsgedächtnisses, dargelegt.
Eine zweite kognitive Seite kommt noch hinzu, wenn Tiere, wie für Häher sehr gut nachgewiesen, aber auch über Füchse berichtet, zu Nahrungsspeichern nur so lange zurückkehren, bis diese geleert sind. Häher können sogar zwischen Speichern mit verderblicher und nicht verderblicher Nahrung in der Erinnerung (wann wurde wo was versteckt) unterscheiden. Da viele kleine Caniden auch in heißen Gegenden solche Speicher anlegen, wären diese Fähigkeiten auch für sie sehr nützlich. Auch Raben kehren im Experiment zu einer schon „geplünderten" Futterstelle kaum zurück.

*Häher (hier: Eichelhäher) gehen nur so lange zu ihren Nahrungsspeichern zurück, bis sie geleert sind.*

### Mentale Rotation und Zahlen

Tauben sind besonders gut in der Wiedererkennung von Mustern nach Drehung – kein Wunder, je nachdem, aus welcher Richtung sie anfliegen, sehen Landmarken auch anders aus. Diese Fähigkeit wird „mentale Rotation" genannt. Es wäre untersuchenswert, wie z. B. Hundeartige oder andere weit herumstreifende Tiere abschneiden – man denke an die über 2 000 km² großen Streifgebiete des Afrikanischen Wildhundes! Auch die Fähigkeit, sich an Zahlen und Mengen zu erinnern und dann wieder abzuhandeln, kann generalisiert werden. Wenn eine Ratte allgemein auf die Zahl 3 trainiert wurde (z. B. immer drei Futterstücke auf dem Napf fand), öffnet sie die vierte Tür nach der, aus der sie in die Arena gelassen wurde, oder ein Graupapagei antwortet korrekt, wie viele Würfel er gesehen hat! Methodische Unterschiede zwischen Untersuchungen an Hunden, Wölfen und Kojoten (vgl. Miklósi, 2015) lassen noch nicht ganz erkennen, wie es mit der Fähigkeit zum Zahlenerkennen und Zählen bei Hundeartigen wirklich aussieht. Unbestreitbar scheint, dass bis zu einer Zahlenfolge von vier gegenüber fünf die Unterscheidung für Hunde, Kojoten und Wölfe gleichermaßen möglich ist. Oberhalb dieses Zahlenverhältnisses scheinen Wölfe besser abzuschneiden als Kojoten und Haushunde. Bemerkenswert ist, dass ähnliche Ergebnisse auch aus den Freilandbeobachtungen von Roberto Bonanni entstehen (z. B. Bonanni, 2014). Bonanni hat die Begegnun-

*Graupapageien haben ein Zahlengedächtnis und können korrekt benennen, wie viele Gegenstände sie sehen.*

gen von benachbarten und rivalisierenden Hundegruppen in einer Straßenhundepopulation nahe Rom beobachtet. Die Hunde können offensichtlich erkennen, ob ihre derzeit auftretende Gruppe die kopfstärkere oder die zahlenmäßig schwächere ist als die rivalisierenden Nachbargruppen und ihr Verhalten entsprechend darauf einstellen. Auch hier ist bis zu einem Zahlenverhältnis von vier gegen fünf eine deutliche, im Bereich zwischen fünf und acht dagegen noch eine undeutliche und eher auf Mengenverhältnissen als auf exakten Zahlenverhältnissen beruhende Abschätzung beschrieben worden.

## SOZIALE KOGNITION

Gerade im Bereich der sozialen Kognition, also des Verständigens mit Sozialpartnern, des Erkennens von deren inneren Zuständen und zukünftigen Absichten, werden Haushunde derzeit als Untersuchungstiere in sehr vielen Arbeitsgruppen herangezogen. Einen Teil der daraus entstehenden Erkenntnisse werden wir in den Kapiteln über Lernen und Gedächtnisbildung, oder über die Wichtigkeit sozialer Kommunikation für den Beziehungsaufbau und Bindungserhalt noch kennenlernen. Konzepte wie etwa das von Claudia Fugazza entwickelte Beobachtungslernen „do as i do", das Erlernen von sprachlichen Begriffen nach der Methode des „fast mapping", also der schnellen Verknüpfung von Worten und Gegenständen, ein episodisches Gedächtnis für vergangene Handlungen, auch dann, wenn diese zum Zeitpunkt des Beobachtens noch keinerlei Relevanz für den Hund hatten, das Erkennen von emotionalen Zuständen des Sozialpartners und viele andere Erscheinungen sind in diesem Zusammenhang zu nennen. Gerade an diesem Forschungsgegenstand wird auch deutlich, wie sehr sich die wissenschaftlichen Erkenntnisse über die Biologie und Verhaltensleistungen des Hundes heute weiterentwickelt haben, und wie sehr sie von den weitgehend immer noch einfachen Konditionierungsmethoden der praktischen Hundetrainerausbildung entfernt sind.

# GENE ODER UMWELT?

## — *Wie Verhalten beeinflusst wird*

# ANGEBORENES VERHALTEN – JA ODER NEIN?

Die Geschichte der Generalisationsfähigkeit von Tauben hat bereits ein erstes Schlaglicht auf die komplizierten Wechselwirkungen von Vorerfahrung und Leistungsfähigkeit des Gehirns geworfen (siehe S. 40). Die tiefergehende Frage, die sich gerade im Hinblick auf Züchtung und Erziehung von Haustieren, aber auch in vielen anderen Bereichen von Wildtiermanagement bis Pädagogik stellt, lautet: **Können wir den Anteil von Umwelt gegenüber Genetik an der Ausprägung von Verhaltensmerkmalen überhaupt messen?** Diese Frage stand lange Zeit im Zentrum der Diskussionen innerhalb der Verhaltensforschung und wenn man Schullehrpläne der Verhaltensbiologie oder Bücher für Hundehalter liest, könnte man glauben, dies wäre auch heute noch so. Dabei spielt in der modernen Verhaltensbiologie diese Frage praktisch keine Rolle mehr. Neuere Übersichtsarbeiten erwähnen diese Frage nur noch aus geschichtlicher Sicht (Bolhuis, 2005). Ein schöner Vergleich dazu steht bei Johan Bolhuis, er stammt von dem Embryologen Conrad Waddington: *Steht man auf dem Gipfel eines Berges und lässt eine Kugel fallen, rollt diese Kugel eines der davon ausgehenden Täler entlang und kommt irgendwo im Flachland zur Ruhe. Welchen Weg sie dabei genau nimmt, ob sie dem Tal in der Ideallinie folgt oder mal den einen oder anderen Abhang ein Stück mit Schwung hinauf und wieder hinabrollt, ist aber weder vorhersehbar noch hinterher genau zu rekonstruieren (siehe Abb. S. 44).*

## ENTWICKLUNGS-PROZESSE

Genauso geht es mit Entwicklungsprozessen. Der eine Hang wäre der Einfluss des Erbgutes, der andere die Umwelt, und welche genauen Wechselwirkungen in welchen Entwicklungsstadien genommen werden, ist kaum zu verallgemeinern. Gelangt die Kugel etwas zu stark auf einen Hang hinauf, wird sie wieder zur Talsohle abgelenkt. Gelangt sie zu stark auf den anderen, ebenso. Waddington nennt das Ganze eine **epigenetische Landschaft**, und das Bild, das ursprünglich für die Ausbildung von Organmerkmalen entworfen wurde, gilt ähnlich für Verhaltenseigenschaften. Auch einige andere Begriffe der Embryologie spielen in der Verhaltensentwicklung eine Rolle, etwa **Kanalisierung** (ein Merkmal ist in der Richtung seiner Entwicklung vorgegeben), **Induktion** (wie beeinflusst ein schon vorhandenes Merkmal eines, das sich später entwickelt) oder **Differenzierung**.
Eine erste Schwierigkeit mit der alten Frage nach dem Angeborensein ergibt sich schon aus dem Begriff: Er wird allein in der Verhaltensliteratur in sieben verschiedenen Bedeutungen gehandelt, von „bei Geburt vorhanden" bis zu „bei allen Mitgliedern der Art vorhanden". Zwar meinen viele „genetisch irgendwie bestimmt" damit, aber sagen tun sie es nicht, und testen erst recht nicht!

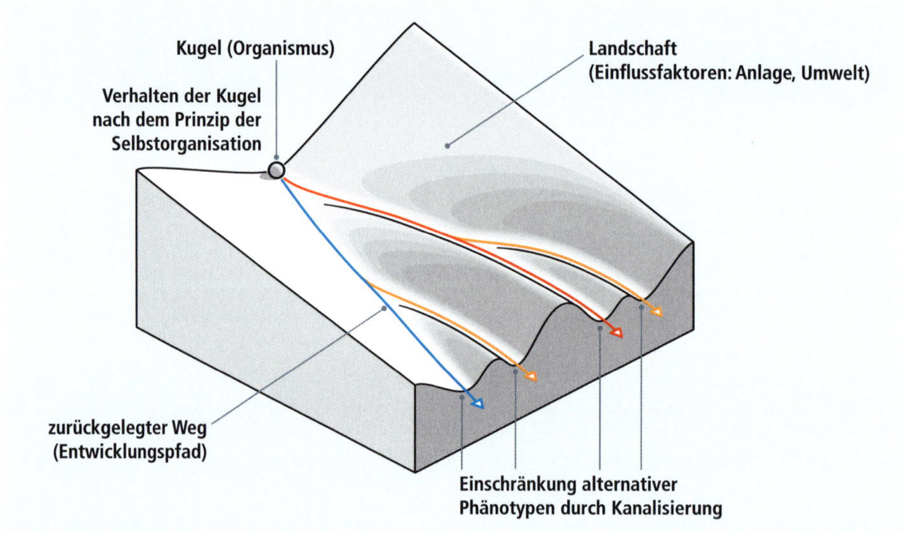


*Waddingtons Epigenetische Landschaft*

## AUSLÖSEN VON ENTWICKLUNGSVORGÄNGEN

Eine ebenfalls in diesem Zusammenhang wichtige Erscheinung der Entwicklungsbiologie ist die Existenz der als **IEGs** (Immediate Early Genes, frühe sofort wirksame Schaltergene) bezeichneten Erbgutabschnitte. **Diese Genabschnitte, wenn einmal oder wenige Male in der sensiblen Phase aktiviert, schalten andere Gene frei, die dann Entwicklungsvorgänge auslösen.** Bekannt ist dies z. B. beim Zusammenhang von dreidimensionaler Bewegung von Junghunden oder Kätzchen mit dem späteren räumlichen Sehen.

Clive Bramham und Co-Autoren (2008) haben ein weiteres, für die zukünftige Verhaltensentwicklung besonders wichtige IEG beschrieben: ARC / ARG 3.1. Unter dieser etwas sperrigen Bezeichnung versteckt sich ein IEG, also ein frühes Schaltergen, das z. B. mit der Gedächtnisentstehung sowohl im noch zu besprechenden Hippocampus als auch Mandelkern, also im Bereich des emotionalen Gehirns, eine wichtige Schaltfunktion hat. Durch die Aktivierung dieses Schaltergens werden z. B. die Bildungen von sekundär verstärkenden Botenstoffen, und die als Langzeitdepression bezeichnete Reizunterdrückung zur Kontrastverschärfung beeinflusst (siehe Lernen, S. 106 ff.). Dadurch wird die Fähigkeit des Gehirns zur Informationsspeicherung und zur plastischen Anpassung der Schaltlandschaft an die speziellen Anforderungen einer gerade herrschenden Lernsituation erleichtert.

## ENTWICKLUNG DES GEHIRNS

Die Entwicklung des Gehirns nimmt einen sehr stark von den umgebenden Reizen abhängigen, unterschiedlichen Weg. Bereits seit längerer Zeit ist bekannt, dass Ratten, die in einer angereicherten Umwelt (z. B. mit Spielzeug, Laufrädern und teilweise auch anderen Artgenossen) aufgewachsen sind, einen stärker entwickelten Neokortex, das heißt, eine stärker entwickelte Großhirnrinde besitzen. Das Gesamtgewicht der Großhirnrinde ist bei diesen Tieren größer und sie haben auch eine stärkere Verschaltung der Nervenzellen über die sogenannten Dendriten. Wie wichtig es ist, die jeweilige Hirnentwicklung für das Studium von Verhaltensentwicklungen mit heranzuziehen, zeigt ein ebenfalls von Bolhuis (2005) erläutertes Beispiel: Sehr lange gab es gegensätzliche Angaben darüber, in welchem Alter ein neugeborenes Menschenkind erstmals auf Gesichter als Umrisszeichnungen reagiert. Manche Forscher vermuteten, dass es zwei bis drei Monate dauern würde, bis ein Baby Gesichter erkennt, andere wollten das schon zehn Minuten nach der Geburt gemessen haben. Die Lösung dieses Widerspruchs lag in der Methode der Präsentation: Wenn das Gesicht einfach nur statisch unbewegt präsentiert wurde, galten die zwei bis drei Monate, wurde es bewegt, galten die zehn Minuten. Dies hängt mit der Ausbildung verschiedener Hirnstrukturen zusammen. Die bereits unmittelbar nach der Geburt funktionsfähigen, sogenannten subkorticalen Strukturen des Gehirns, also solche, die unterhalb der Großhirnrinde liegen, werden nur dann mit Information versehen, wenn das Licht von dem betreffenden Reiz auf den Rand der Netzhaut des Auges fällt. Ein bewegtes Gesicht kommt mit viel größerer Wahrscheinlichkeit auf den Rand der Netzhaut und löst damit Informationen aus, die zu voll entwickelten subkorticalen Strukturen gelangen, während ein unbewegtes, im Zentrum des Gesichtsfeldes des Babys präsentiertes Gesicht nur über den zentralen Teil der Netzhaut abgeleitet wird, und der meldet an die Großhirnrinde selbst, die in diesem Alter noch nicht ausgebildet ist. Dieses Beispiel zeigt, mit welchen Feinheiten der Untersuchung man rechnen muss, bevor man über sogenanntes angeborenes oder nicht angeborenes Verhalten spricht.

*Die intensiven Kontakte zwischen Mutter und Nachwuchs, sind einer der wichtigsten anregenden Faktoren für die Gehirnentwicklung.*

# GENE UND VERHALTEN

## EINZELMUTATIONEN

Es ist keineswegs so, dass es überhaupt keine Hinweise für genetische Zusammenhänge, manchmal sogar für einfache genetische Zusammenhänge zum Verhalten gibt. Ein besonders bekanntes Beispiel betrifft die tagesperiodische Rhythmik von Mäusen. Man fand heraus, dass ein einzelnes Gen die Tagesperiodik steuert, indem es den Beginn und das Ende der jeweiligen Aktivitätszeit festlegt. Mäuse, die mit einem Mutagen behandelt worden waren, hatten hinterher eine um etwa eine Stunde verschobene Tagesperiodik, das heißt, ihre Tagesrhythmik folgte nicht einem 24-Stunden, sondern einem 25-Stunden-Rhythmus. Durch Rückkreuzung dieser abweichenden Mutante konnte man zeigen, dass es sich hier wirklich um ein einzelnes Gen handelt, das als „Clock“ auf dem Chromosom Nummer fünf der Maus sitzt. Auch Verhaltensweisen wie Neugier und Erkundung, Lernverhalten, Ängstlichkeit und Aggressivität wurden in mäusegenetischen Untersuchungen bereits als erblich, teilweise sogar als auf einen einzelnen Genort an einem einzelnen Chromosom zurückführbar gefunden (Vitaterna et al., 1994).
Im hundlichen Zusammenhang sind in den letzten Jahren die Studien zum übermäßig aggressiven Verhalten von Golden Retrievern bekannt geworden. Hier handelt es sich offensichtlich um einen der stärksten Belege für eine genetisch besonders disponierte Aggressionsbereitschaft. Durch genetische Analysen, Stammbaumvergleiche und andere statistische Auswertungen zeigte sich, dass wohl die genetisch überzogene Aggressionsbereitschaft dieser Hunde tatsächlich mit jeweils einer einzigen Mutation verknüpft war. Weitere Untersuchungen zeigten, dass eine übersteigerte Aggression gegenüber Hunden und eine übersteigerte Aggression gegenüber Menschen jedoch getrennte Vererbungswege gingen, sodass die derzeitige Annahme besteht, beide Eigenschaften würden nicht nur durch unterschiedliche Genveränderungen, sondern sogar auf unterschiedlichen Chromosomen hervorgerufen.

## VERGLEICHBARKEIT VON LABORTESTS

Andererseits ist gerade die Genetik des Mäuseverhaltens durch eine aufsehenerregende Untersuchung einer Arbeitsgruppe um John Crabbe (1999) erheblich ins Schwanken geraten. Crabbe und seine Mitarbeiter ließen Daten in ihre Analyse einfließen, bei der die Untersuchungen von verschiedenen Mäuse-Inzuchtstämmen in drei verschiedenen Testlabors in jeweils sechs verschiedenen Standardsituationen verglichen wurden. Soweit wie möglich, wurden die Versuchsvorgehensweisen, Versuchsapparaturen und alle anderen Umweltvariablen konstant gehalten. Trotzdem ergaben sich eine ganze Reihe systematischer Unterschiede in den Ergebnissen der Verhaltensweisen zwischen den verschiedenen Labors. In einigen der untersuchten Tests war die Größenordnung der „genetischen Unterschiede“ nur einzig und allein vom jeweiligen Testlabor abhängig. Der Genotyp, also die genetische Zusammensetzung des jeweiligen Mäuseerbgutes, konnte je nach Test und betrachtetem Verhalten zwischen 30 und 80 % der gesamten Variabilität erklären. Gerade solche Merkmale, die auf eine einzelne Mutation oder andere spezielle Einwirkungen auf das Erbgut zurückzuführen wären, waren jedoch in viel stärkerem Maß von der jeweiligen Laborumgebung abhängig. Es hatte auch keinen Einfluss darauf, ob die Tiere in diesem Labor gezüchtet oder im Alter von etwa fünf Wochen dorthin gebracht wurden. **Insgesamt deutet diese Untersuchung auf jeden Fall darauf hin, dass Vergleichbarkeit von Testergebnissen nur unter ganz rigorosen Randbedingungen möglich ist, und selbst dann nicht für selbstverständlich genommen werden darf.**

*Auch bei Kaniden, die in einem sehr komplexen Sozialsystem aufwachsen, sind positive Sozialkontakte mit Artgenossen gerade in der frühen Jugendentwicklung sehr wichtig.*

## DOMESTIKATIONS-VERSUCHE

Eine zweite Gruppe von Untersuchungen beschäftigt sich mit den Unterschieden, die durch eine generationenüberdauernde, aber sozusagen unter unseren Augen ablaufende, Domestikation bestimmter ehemaliger Wildtiere, den Silberfüchsen, im Verhalten auftreten.

### SILBERFUCHSSTUDIE

Die bekanntesten Untersuchungen dazu stammen aus russischen Labors in Novosibirsk unter Leitung des Genetikers Dmitry Belyayev (eine Zusammenfassung findet sich bei Trut, 1999).
Belyayev konnte über eine Reihe von Zuchtversuchen mit Silberfüchsen, einer bestimmten Farbspielart des Rotfuchses, innerhalb von acht bis 20 Generationen eine besonders zahme Variante erzeugen. Die einzige Selektionsvorgabe war, dass die Füchse während des Versuchs aus der Hand gefüttert wurden und sich vom Menschen streicheln lassen mussten. Füchse, die auf diesen Test positiv reagierten, wurden zur Weiterzucht verwendet. Bereits nach wenigen Generationen änderte sich nicht nur das Verhalten der Füchse, sondern auch eine ganze Reihe körperlicher Merkmale wurden in ähnlicher Weise sichtbar, wie wir das in der Haustierzucht sonst normalerweise sehen (vgl. Gansloßer, 2005). Von besonderer Bedeutung für unsere Betrachtungen war, dass diese Füchse nicht nur wesentlich zahmer dem Menschen gegenüber waren, sondern dass sich auch die Entwicklungsgeschwindigkeit verändert hat. So reagierten sie im Durchschnitt etwa zwei Tage früher auf vorgespielte Geräusche, öffneten ihre Augen einen Tag früher und die Ausprägung von Angstreaktionen wurde anstatt nach sechs Wochen erst nach neun Wochen beobachtet.

Nach der zehnten Generation waren bereits etwa 18 % der Fuchswelpen sogenannte domestizierte Elitefüchse, die bereitwillig von sich aus Kontakt zum Menschen suchten, durch Winseln, Beschnüffeln und Belecken die Aufmerksamkeit der Testpersonen auf sich lenken wollten, dies begann bereits im Alter von weniger als einem Monat. Nach etwa 20 Generationen stieg diese Zahl auf 35 %. Trotzdem betrug die Erblichkeit der Merkmale insgesamt nur etwa 35 %.

*Die Studie an den Silberfüchsen hat erstaunliche Ergebnisse geliefert.*

Der gemeinsame Zusammenhang, der entwicklungsgeschichtlich diese vielen unterschiedlichen Veränderungen erklären könnte, wird durch die als **Neuralleisten-Hypothese** bezeichnete Erklärung geliefert. Die Neuralleiste, eine frühe Embryonalanlage, aus der nicht nur das Gehirn, sondern das gesamte Nervensystem hervorgeht, beeinflusst zusätzlich auch die Bildung der Pigmentzellen. Und gerade der Botenstoff Serotonin, über dessen Bedeutung in der Verhaltenssteuerung wir immer wieder stolpern werden, wird von dieser Neuralleiste bzw. den daraus abgeleiteten differenzierten Zellen erheblich mitproduziert. Verändert sich also durch eine vergleichsweise einfache Mutation die zelluläre Folgeentwicklung im Bereich der Neuralleiste, dann werden davon Bindegewebe (Kippohren und Ringelschwänze!), Haut- und Fellpigmentierung beeinflusst. Und es erklären sich auch die vom Serotonin verursachten Verhaltensänderungen. Näheres dazu siehe Sommerfeld-Stur (2016).

## SEROTONIN UND CORTICOIDE

Der Botenstoff Serotonin ist ein natürliches Antidepressivum und gilt als Stimmungsausgleicher und Stimmungsaufheller. Zudem ist er ein wichtiger Regulationsfaktor von Angst-, Panik- und Aggressionsverhalten.
Ebenso interessant sind die Auswirkungen der Belyayevschen Zuchtexperimente auf die Entwicklung und Wirkung des Gehirns und des Hormonsystems. So ist der Spiegel an Corticosteroiden, also an den Glucocorticoidhormonen der Nebennierenrinde, erheblich niedriger als der von Wildkontrollfüchsen. Bereits nach 12 Generationen der Zucht waren die Ausgangswerte der Glucocorticoide um etwa die Hälfte gegenüber der Kontrollgruppe gesunken, nach nochmals 28 bis 30 Generationen erfolgte eine weitere Halbierung. Auch auf akute Belastung, also auf stressauslösende Ereignisse, reagieren die Nebennieren der selektierten Füchse mit wesentlich schwächerer Aktivierung. Genauso findet man im Gehirn eine Erhöhung des Serotonins, sowie verschiedener mit dem Serotoninstoffwechsel zusammenhängender Enzyme und Zwischenschrittprodukte. Belyayev interpretiert die Veränderungen im Hinblick auf den Zeitablauf der Verhaltensentwicklung, also auf die Zeitpläne der Ontogenese. Auch hier gibt es andere Befunde an Säugetieren, die das Bild etwas verkomplizieren.

*Untersuchungen der russischen Arbeitsgruppe um Dmitry Belyayev, die seit über 50 Jahren laufen, zeigen, wie es möglich ist, aus einem Wildtier ein nicht nur gezähmtes, sondern sogar domestiziertes Tier zu erzeugen.*

## STUDIE AN WILDMEERSCHWEINCHEN

Ein besonders gut geeignetes Modelltier für das Studium der Entwicklung von Verhaltensprozessen unter Labortierzucht ist derzeit das Wildmeerschweinchen (*Cavia aperea*), die wilde Stammform des Hausmeerschweinchens. Diese Tierart wurde in den letzten Jahrzehnten mehrfach aus Südamerika nach Europa gebracht und in mehreren Käfigzuchtlinien etabliert. Eine davon stammt etwa aus den 1960ern, eine andere wurde erst Anfang der 1990er Jahre nach Deutschland gebracht, und beide wurden dann zur Zucht verwendet. Künzel (2002) beschreibt vergleichende Untersuchungen sowohl zur Hormonaktivität wie zum Verhalten der beiden Meerschweinchenpopulationen im Vergleich zum Hausmeerschweinchen, und kommt zu dem Ergebnis, dass in praktisch allen getesteten Verhaltensmerkmalen wie auch Hormonmerkmalen die vor 40 Jahren importierten und dann generationenlang gezüchteten Wildmeerschweine sich von den Anfang der 90er Jahre importierten und nur in wenigen Generationen im Labor gezüchteten Artgenossen praktisch nicht unterscheiden, sich beide aber sehr stark vom Hausmeerschweinchen differenzieren. Zu bemerken ist natürlich, dass hier keine systematische Selektion auf Verhaltensmerkmale stattfand. Trotzdem ist das Wildmeerschweinchen als ausgesprochen scheues und schreckhaftes Tier bekannt, und es ist anzunehmen, dass unter den Bedingungen der Laborzucht eine unbewusste Selektion hin zu weniger scheuen und weniger schreckhaften Individuen stattgefunden haben dürfte.

# ERBLICHKEIT BZW. HERITABILITÄT

## EINFLUSS VON UMWELT-BEDINGUNGEN

Besonders ausführlich untersucht wurden in den letzten Jahren Angehörige verschiedener Mäusestämme jeweils unter standardisierten, aber unterschiedlichen Umweltbedingungen (Marashi et al., 2003; Sachser, 2000b, 2001; Sachser et al., 2011, 2013; Kaiser et al., 2007). Der Standardversuchsansatz dieser Untersuchungen beinhaltete jeweils drei Gruppen von Mäusen aus zwei Stämmen, die sich in der Lernfähigkeit unterschieden. Wir wollen sie für die einfache Argumentation als „intelligente" bzw. „dumme" Mäuse bezeichnen.

**Gruppe 1** Sie wuchs jeweils in dem Standardlaborkäfig auf, der mit keinerlei Einrichtungsgegenständen versehen wurde. Die Tiere haben Sägespäne als Einstreu, eine Wasserflasche und eine über ihren Köpfen gut erreichbar angebrachte Mulde mit Pelletnahrung.

**Gruppe 2** Sie erhielt eine leicht angereicherte Umwelt, das heißt der Käfig war mit ein bis zwei Einrichtungsgegenständen (Röhre zum Durchkriechen, Wand zum dahinter verstecken) ausgestattet.

**Gruppe 3** Sie erhielt einen ideal ausgestatteten Käfig, der nicht nur doppelt so hoch war wie die anderen beiden, sondern auch mit einer Vielzahl von verschiedenen Kletter- und sonstigen Bewegungsmöglichkeiten, einer zweiten Ebene, Treppen und anderen Einrichtungsgegenständen versehen war. Nachdem die Mäuse jeweils ihre Jugendzeit in einem dieser drei Käfige verbracht hatten, wurden die Auswirkungen auf ihr Verhalten getestet. Besonders bemerkenswert ist, dass sich in einigen Merkmalen hierbei Unterschiede zwischen männlichen und weiblichen Mäusen ergaben.

Die Mäuse aus dem angereicherten bzw. superangereicherten Käfig zeigten in vielerlei Hinsicht ein differenzierteres Verhalten als diejenigen aus dem langweiligen Standardkäfig. In Bezug auf Neugier- und Spielverhalten zeigte sich eine deutliche Zunahme, die Mäuse im Standardkäfig spielten fast nie, die im angereicherten ab und zu oder mittelmäßig häufig und die im Idealkäfig sehr häufig. Umgekehrt verhielt es sich mit den Verhaltensstereotypien. Diese traten im Standardkäfig sehr häufig, im angereicherten Käfig selten und im superangereicherten Käfig nicht mehr oder fast nicht mehr auf. Ebenso bemerkenswert waren die Reaktionen auf diverse Lern- bzw. Geschicklichkeitstests,

*Standardlabortierkäfige sind für die geistige Entwicklung von Mäusen nicht gerade förderlich.*

## ERBLICHKEIT

Populations- und Züchtungsgenetiker verstehen unter Erblichkeit = Heritabilität denjenigen Prozentsatz der Variation zwischen den Angehörigen einer Generation, der durch erbliche Merkmale beeinflusst wird.
Eine Erblichkeit von 35 % bedeutet, dass 65 % der Schwankungen zwischen den Angehörigen einer Generation von der Umwelt, und nur 35 % durch Genetik erklärbar sind. Dieser Wert wäre bereits extrem hoch für Verhaltensmerkmale.
Eine Vielzahl von Untersuchungen beschäftigte sich mit der Auswirkung von gezielten Zuchtvorgaben gegenüber Umweltbedingungen auf Verhaltensaspekte des Erkundungs-, Lern- und Neugierverhaltens. Durch die gezielte Zucht von Inzuchtstämmen von Laborratten oder Labormäusen ist es möglich, Tiere zu schaffen, die erstens genetisch weitgehend identisch sind, und zweitens sich nur in wenigen, ganz genau bekannten Genen und damit auch in nur einigen, genau bekannten Merkmalen unterscheiden.
Einige dieser Inzuchtstämme unterscheiden sich auch in Verhaltensmerkmalen, so z. B. in ihrer Fähigkeit oder Bereitschaft, in bestimmten Situationen zu lernen.
Andererseits ist bereits seit Langem bekannt, dass die Aufzuchtbedingungen von Ratten, die aus solchen Inzuchtstämmen stammen, und in unterschiedlichen Umwelten aufwachsen, einen erheblichen Einfluss auf ihr späteres Lern- und Neugierverhalten haben.

sei es die Frage, wie schnell man aus einer Schale klettert oder über ein Seil balanciert, oder wie schnell man ein sogenanntes offenes Feld, also eine unbekannte Fläche, erkundet. In allen diesen Tests schnitten die Mäuse aus dem Superkäfig besser ab, als die aus dem angereicherten, und diese wiederum besser als die Mäuse aus dem Standardkäfig.

**Vergleich zwischen den Mäusestämmen**
Selbstverständlich war innerhalb jeder Testsituation der „intelligente" Stamm besser bzw. schneller als der „dumme" Stamm. Jedoch ergab sich, dass sehr wohl die „dummen" Mäuse aus den Superkäfigen bzw. sogar den angereicherten Käfigen einen besseren Wert erzielten als ihre Artgenossinnen aus dem Standardkäfig, und gerade im „Mittelfeld" gab es durchaus auch Umkehrungen, das heißt, genetisch „dumme" Mäuse, die besser abschnitten als „intelligente" aus schlechterer Haltung. **Das bedeutet, dass die Einflüsse der Umwelt hier einen erheblichen Teil zum Entwickeln des Verhaltens beitragen.**

Die Unterschiede beziehen sich nicht nur auf Bewegungs- und Erkundungsaktivität, auf Lernfähigkeit und Problemlöseverhalten. Auch die Anatomie und Chemie, z. B. Größe, Gewicht des Gehirns, Ausmaß und Dichte der Verzweigungen der Nervenverbindungen, Zahl der Synapsen und Aktivitäten der Botenstoffe im Gehirn sind nachweisbar größer bei den Tieren aus angereicherten oder superangereicherten Käfigen.

*Mäuse, die turnen können, sind geselliger und lernbereiter.*

**Auswirkung auf die „Emotionalität" der Mäuse** Sowohl bei Konfrontation mit potenziellen Fressfeinden, als auch beim Test auf dem Hochlabyrinth zeigen die Mäuse aus den angereicherten Umwelten wesentlich weniger Nervosität und Angstverhalten als diejenigen aus der Standardumgebung. Letztlich wurde auch das Sozialverhalten der Mäuse getestet, und hier ergaben sich auch Geschlechtsunterschiede: Das agonistische Verhalten, also das Verhalten, das mit Angriff, Kampf und Flucht zu tun hat, trat bei den weiblichen Mäusen aus den Standard- und leicht angereicherten Käfigen häufiger auf als bei denen aus den superangereicherten Käfigen. Umgekehrt verhielt es sich mit dem soziopositiven, also freundlichen Verhalten: Standard- und leicht angereicherte Käfige ließen dieses Verhalten seltener auftreten als die superangereicherten, in denen das soziopositive Verhalten sehr häufig ausgelöst wurde.

**Ergebnisse der männlichen Mäuse** Beide Formen der Verhaltensbereicherung steigern das aggressive Verhalten, wobei hier jedoch die Werte für das soziopositive Verhalten im Standard- und im Superkäfig höher waren als im leicht angereicherten Käfig. Spielverhalten war auch bei männlichen Mäusen im angereicherten und im superangereicherten Käfig viel häufiger zu beobachten.
Bemerkenswert ist der Zusammenhang mit den Stresshormonen. Sowohl die Corticosteronkonzentrationen, also die Hormone der Nebennierenrinde, als auch die Tyrosinhydroxelaseaktivität als Maß für die Katecholausschüttung (siehe S. 305) waren bei den Mäuserichen aus den angereicherten und superangereicherten Käfigen höher als bei denen aus den Standardkäfigen. Ebenso waren einige Messwerte des Immunsystems bei den Mäusen aus dem superangereicherten Käfig verändert, und zwar dahingehend, dass manche Immunglobuline, also Antikörper im Blut gegen potenzielle Infektionen und Parasiten, verringert waren. Auch die Aktivität bestimmter Typen von Immunzellen, z. B. spezifische Killerzellen (Cd8-Zellen), war bei den Mäuserichen aus angereicherten Käfigen nachweisbar niedriger als bei den Mäuserichen aus Standardkäfigen. Es muss jedoch betont werden, dass die Messwerte im Immunsystem nicht einheitlich sind, so dass weder in Bezug auf das Immunsystem noch auf die Stressparameter eine eindeutige Aussage über die Qualität der Haltung gemacht werden kann.
Bereits im Jahr 2005 (Jankowsky et al., 2005) wurden erstmals sehr aufregende Untersuchungen zum Zusammenhang zwischen Aufzuchtumgebung und Verhaltenseigenschaften an Labormäusen bekannt: Es gibt genetisch veränderte Mäusestämme, die aufgrund dieser genetischen Veränderungen eine Veranlagung zur Entwicklung einer alzheimerartigen kognitiven Störung, also demenzartige Verhaltensveränderungen aufweisen. Lässt man jedoch Mäuse, die diese genetische Disposition aufweisen, in einem angereicherten oder superangereicherten Käfig aufwachsen, so sind sie vor der Entwicklung dieser Demenzerscheinungen geschützt. Weitergehende Untersuchungen zeigen sogar, dass dieser Schutz noch einige weitere Generationen in einem erneut langweiligen Standard-Mäusekäfig anhält. Erst ca. die Urenkel der ursprünglich im tollen Superkäfig aufgewachsenen Tiere, sind wieder genauso anfällig für die Demenz wie die Kontrolltiere, die den Umweg über den Supermausekäfig nicht erhielten. Auch bei Hunden können geistige Anforderungen die Demenz zumindest verzögern.
Für unsere Diskussion über den Einfluss von Genetik und Umwelt lässt sich deutlich feststellen: **In beiden Geschlechtern werden die Messwerte vieler Parameter des Immunsystems, der Hormone, des Individual- wie auch des Sozialverhaltens ganz eindeutig von den Umweltfaktoren viel stärker beeinflusst als von der Genetik.**

*Die komplexe Umwelt eines Affenjungen, das in einem schwierig strukturierten Waldgebiet aufwächst, ist die ideale Forderung und Förderung für die Entwicklung des Gehirns.*

## Weitere Beispiele an Säugetieren

Letztlich, um die Mäusewelt zu verlassen, noch einige Befunde aus anderen Säugetiergruppen. Bereits seit Längerem ist bekannt, dass die Aufzuchtbedingungen von jungen Affen in ganz erheblichem Maße ihre spätere Persönlichkeit und ihr späteres Problemlöseverhalten beeinflussen (Gansloßer, 1998). So können junge Grüne Meerkatzen, die in einem Raum mit Gleichaltrigen aufwachsen, in einer Testsituation durch Hebeldruck selbst entscheiden, ob sie Futter aus einem Futterspender bekommen wollen oder nicht. Die Kontrollgruppe hat die gleichen Knopfdruckmöglichkeiten, ihr Futter wird ihnen jedoch zufällig von außen zugeworfen, und zwar so, dass sie am Ende des Tages genauso viel Futter bekommen wie die andere Gruppe. Diese einfache Möglichkeit, sein „Schicksal" selbst durch Knopfdruck zu bestimmen, ohne dass man dabei hungern muss, reicht bereits aus, um die Äffchen aus der ersten Gruppe zeitlebens nicht nur wesentlich aktiver, neugieriger, erkundungsfreudiger und damit auch umweltoffener zu machen, sondern diese Äffchen sind auch viel aktiver beim Kennenlernen neuer Artgenossen, neuer Situationen und neuer Gegenstände.

Zimmer und Spencer (2014) zeigen sogar, dass ähnliche Veränderungen der Aufzuchtbedingungen und der nachfolgenden Stressbelastbarkeit bei Zwergwachteln nachweisbar sind. Bereits Belastungen vor dem Schlüpfen konnten die Zahlenverhältnisse der Cortisolrezeptoren in verschiedenen Gehirnregionen der Wachtelküken zeitlebens und nachhaltig verändern.
Betrachtet man die hier zusammengefassten Befunde wieder einmal durch die Brille der Ökologie und Evolutionsbiologie, so wird bereits deutlich, dass es sich durchaus um angepasste Verhaltensreaktionen handelt. Wer in einer gefährlichen, unübersichtlichen oder anderweitig schwierigen Umgebung als Jungvogel schlüpft oder als Jungsäugetier geboren wird, muss mit hoher Wahrscheinlichkeit auch in solchen gefährlichen und unübersichtlichen Bedingungen später sein Auskommen finden. Ein feinfühligeres, und damit auch reaktionsfreudigeres Stresssystem ist durchaus ein Überlebensvorteil. Problematisch wird das Ganze, wenn Hunde, die aus solchen Bedingungen stammen, später in einer durchaus stabilen, ungefährlichen und eigentlich insgesamt hochwertigen Umgebung als Familienhund leben sollen, aber ihre genetischen und entwicklungsbiologischen Risiken nicht mehr ablegen können.

## ERBLICHKEIT VON VERHALTENSMERKMALEN

Bei Hunden hat man bereits eine ganze Reihe von Untersuchungen über die Erblichkeit (= Heritabilität) von Verhaltensmerkmalen durchgeführt. Insbesondere verschiedene Rassen von Hütehunden, Schäferhunden und andere, zu bestimmten Tests herangezogene Hunderassen wurden ausführlich untersucht. Die Zusammenfassung der Ergebnisse findet man z. B. bei Rüfenacht et al. (2004), Brade (2003) sowie in einer Dissertation von Hoffmann (2000). Die Ergebnisse all dieser Untersuchungen sind ausgesprochen ernüchternd. Die Untersuchung von Hoffmann hat sich speziell um die Möglichkeit der genetischen Vorhersage des Hüteverhaltens von Border Collies bemüht. Dabei ergaben sich Heritabilitäten von 0,001 bis 0,13 für die Leistungsmerkmale, und Heritabilitätswerte für unerwünschtes Verhalten von 0,001 bis 0,06. Umgekehrt waren die Wiederholbarkeiten der Leistungsmerkmale innerhalb einer Veranstaltung im Bereich von 0,1 bis 0,5. Bei der Wiederholbarkeit über alle Veranstaltungen hinweg, ergaben sich Werte von 0,1 bis 0,3. Die Abschlussbemerkung der Autorin selbst: „Die Schwierigkeit, Einflüsse des Hundeführers von additiv genetischen Effekten des Tieres infolge einer ungenügend verknüpften Verwandtschaftsstruktur und einer geringen Größe der Nachkommengruppe zu trennen, und Selektionseinflüsse werden als mögliche Ursachen für die niedrigen Heritabilitätsschätzwerte angesehen. Die züchterische Einflussnahme auf Merkmale der Leistungsprüfung ist bei den gefundenen Heritabilitäts-

*Auch bei Vogelküken können Einflüsse bereits vor dem Schlüpfen auf die Leistungsfähigkeit …*

schätzwerten unter vorliegender Struktur der Nachkommen nur in begrenztem Umfang möglich." Ein wahrhaft vernichtendes Urteil! In den Untersuchungen zur Erblichkeit von Verhaltensmerkmalen der Deutschen Schäferhunde im Schweizer Schäferhundeclub (Rüfenacht et al. 2004) ergaben sich Heritabilitäten für sogenannte Wesenssicherheit, Nervenfestigkeit, Schusssicherheit und Temperament zwischen 0,17 und 0,23. Für die sogenannte „Härte oder Schärfe" lagen die Werte zwischen 0,09 und 0,14. Rüfenacht et al. führen andere Studien zu ähnlichen Tests an, die für Nervenfestigkeit Erblichkeiten zwischen 0,17 und 0,58 und für Temperament zwischen 0,10 und 0,51 aufweisen. Die von Brade zusammengestellten Heritabilitäten ergeben z. B. Daten einer amerikanischen Studie von Jagdgebrauchshunden mit Heritabilitäten von 0,02 bis 0,06 für Wittern oder Fährte-Aufnehmen, Folgen des Vogels beim Finnenspitz findet mit 0,1 den höchsten Heritabilitätswert aller Jagdhundeigenschaften in dieser Arbeit. Beim Deutschen Schäferhund gibt Brade zwischen Anpassungsfähigkeit aus verschiedenen Situationen 0,02 und Veranlagung des Vergessens unangenehmer Vorfälle von 0,14 Heritabilitäten an, die ebenfalls weit unter denen z. B. der bereits zitierten Farmfüchse sind. Ebenfalls von Brade stammt eine Übersicht über Heritabilitätswerte beim Labrador Retriever, wobei dort eine Heritabilität von je nach Test 0,2 bis 0,02 für jagdliche Veranlagung, Heritabilitäten von jeweils 0,1 bis 0,15 für Scheu vor Geräuschen oder Erregbarkeit und lediglich eine Heritabilität von 0,2 bis 0,45 für Furcht angegeben wird. Zum Vergleich sei vermerkt, dass die Heritabilität von körperlichen Merkmalen, etwa Körpergewicht, Brusttiefe oder Schulterhöhe zwischen 0,4 und 0,7 liegt. Nur in wenigen Untersuchungen ergibt sich eine Messung für Nervosität und Schreckhaftigkeit, die annähernd in die Nähe dieser Werte für körperliche Merkmale kommt.

*... des Gehirns, aber auch der Stresshormonsysteme nachgewiesen werden. Sie kommen nicht als weißes Blatt zur Welt, sondern haben ein genetisch verankertes Verhalten auf Lager.*

*Untersuchungen zeigen, dass Furchtsamkeit eine höhere Erblichkeit aufweist.*

## Neuere Studien zur Erblichkeit

Neuere Zusammenstellungen zur Erblichkeit des Hundeverhaltens stammen aus Übersichtsartikeln von Lenka Hradecka und Co-Autoren (2015), Linda van den Berg (2017), oder Bridgett vonHoldt und Carlos Driscoll (2016).

Die meisten dieser Vergleichsuntersuchungen, Hradecka und Co-Autoren haben z. B. 48 Studien zu diesem Zweck mit insgesamt über 1 700 verschiedenen Merkmalen ausgewertet, zeigen ebenfalls recht geringe Erblichkeiten für die Verhaltenseigenschaften. Etwas größer sind diese auch hier wieder für die Persönlichkeitsachsen und für einige Ausnahmen: So konnte das Verhaltensmerkmal „passiv in einer Gruppe warten" im Jagdverhalten von schwedischen Flat-Coated-Retrievern mit einer Erblichkeit von 0,7 herausgefunden werden. Die Analysen von Kenth Svartberg und Co-Autoren (2006) fand z. B. für über 10000 Deutsche Schäferhunde und Rottweiler, die den schwedischen Verhaltenstest bestanden hatten (vgl. Gansloßer und Kitchenham, 2012), Erblichkeiten von 0,04 bis 0,19. Auch hier hatte sich die Erblichkeit des Scheu-Wagemutig-Merkmalkomplexes (siehe Persönlichkeit, S. 164) mit 0,25 noch als vergleichsweise hoch erwiesen.

Höher sind die Erblichkeiten in manchen Untersuchungen für problematisches Verhalten. So kann z. B. Furchtsamkeit eine Erblichkeit von fast 0,5 aufweisen, Aggressionsbereitschaft liegt wiederum zwischen 0,06 und 0,12 bzw. 0,16, je nach verwendeter Untersuchungsmethodik. Lediglich in einer Untersuchung erschien eine Erblichkeit von 0,33 für die sogenannte Dominanzaggression, die jedoch, wie wir später sehen werden, über Ungleichgewichte im Serotoninhaushalt eher eine Aggression aus mangelnder Selbstbeherrschung ist (siehe S. 306 f.).

## Präzisere Untersuchungsmöglichkeiten

Die moderne Molekulargenetik liefert jedoch heute wesentlich präzisere Werkzeuge bei der Feststellung möglicher genetischer Einflüsse auf das Verhalten von Hunden. Von Holdt und Driscoll (2016), sowie van den Berg (2016) zeigen hier verschiedene Methoden auf. Eine heute gängige und vielfach gerade bei der Untersuchung von Persönlichkeits- und anderen übergeordneten Verhaltensmerkmalen angewandte Technik ist die sogenannte **genomweite Suche**. Hierbei wird das gesamte Erbgut von Hunden mit unterschiedlichen Eigenschaften durch komplizierte statistische Vergleichsverfahren mit solchen Hunden verglichen, die die genannten Eigenschaften weniger oder gar nicht ausgebildet haben. Unterschiede, die sich zwischen diesen beiden Gruppen (Rassen, Zuchtlinien, oder auch Einzelindividuen mit besonderen Verhaltenseigenschaften bzw. Verhaltensproblemen) ergeben, können dann mit einer gewissen Wahrscheinlichkeit den Eigenschaften dieses jeweiligen

*Im Bereich des Aggressionsverhaltens bei Hunden dagegen, sind die Erblichkeitswerte keineswegs besonders hoch.*

Verhaltenskomplexes als genetische Verbindung zugeordnet werden. Hierdurch würde z. B. ein Genort auf dem Chromosom Nr. 22 mit dem Persönlichkeitsfaktor Wagemut in Verbindung gebracht. Dieser Genort codiert für ein Eiweiß, das mit speziellen Nervenverbindungen und der Signalweiterleitung in diesen Gehirnregionen befasst ist. Auch das Wachstumsgen IGF1 und eines der Gene für den Dopaminrezeptor Typ 1 unterschieden sich zwischen wagemutigen und scheuen Hunden im genomweiten Vergleich.
Eine präzisere Methode ist die Analyse sogenannter **Kandidatengene**. Wenn man aus anderen Untersuchungen über Hormonhaushalt, Hirnstoffwechsel oder sonstige physiologische Grundlagen des Verhaltens bereits weiß, welcher Botenstoff, welcher Rezeptortyp oder anderes physiologisches Merkmal höchstwahrscheinlich eine bestimmte Verhaltenseigenschaft beeinflussen könnte, sucht man gezielt nach den Genen, die für diesen jeweiligen Botenstoff verantwortlich sind. Findet man dann Unterschiede in den Rezeptortypen oder Hormonmolekülen, die mit unterschiedlichen Verhaltenseigenschaften des betreffenden Tieres in Verbindung zu bringen sind, wird aus dem vermuteten Kandidatengen ein ziemlich sicher für die betreffende Eigenschaft wirklich als verantwortlich identifiziertes Gen. Hier ist z. B. wiederum das Serotoninsystem, oder auch das System des Dopamins von besonderer Wichtigkeit:

- Das **Dopamin-D4-Rezeptorgen** konnte in verschiedenen Untersuchungen mit dem Auftreten von ADHS-artiger Symptomatik bei Hunden in Verbindung gebracht werden.
- Die **Serotonin-Rezeptorgene 1D** und **2C** sind mit verschiedenen Formen von Aggressionsverhalten verbunden.
- Das **Catechol-O-Methyltransferase-Gen** ist mit Aktivität und Impulsivität im Erscheinungsbild von Hunden verknüpfbar.

Unabhängig von den Befunden zum aggressiven Verhalten (hier wurde z. B. im ersten Teil unseres Kapitels das Beispiel der besonders aggressiven Golden Retriever bereits behandelt), ergeben sich aus neueren Untersuchungen zur Genetik einzelner Rezeptortypen noch bemerkenswerte Ergebnisse.
So haben Untersuchungen einer Reihe von Arbeitsgruppen (z. B. Kis et al., 2014; von Holdt und Driscoll, 2016) einen Zusammenhang mit bestimmten Oxytocin-Rezeptorgenen und sozialen Tendenzen bei Hunden aufgezeigt. Die Untersuchung geht sogar noch ein Stückchen weiter: Ein Genort für ein Oxytocinrezeptorgen, dessen Mutationen beim Menschen das Williams-Beuren-Syndrom, mit besonderer Geselligkeit und Distanzlosigkeit hervorruft, ist bei Hunden offensichtlich gegenüber den wilden Stammformen (also dem Grauwolf) deutlich verändert. Auch ein auf dem Hundechromosom Nr. 5 sitzendes Gen ist mit dem zahmen Verhalten der geschilderten Silberfüchse in Einklang gebracht worden. Die Veränderungen im Sozialverhalten sind also durch einige genetische Veränderungen nachvollziehbar. Dies sind auch starke Argumente gegen die Rückkreuzung von Hunden mit Wölfen.

*Intensive positive Sozialkontakte zwischen Hund und Mensch, vor allem im Zeitraum der Pubertät, sind sehr wichtig für die Entwicklung sozialer Kompetenz und die Fähigkeit zur Affektkontrolle.*

## ERBLICHKEIT VON SOZIALVERHALTENSMERKMALEN

Auch zum Thema der Erblichkeit von Sozialverhaltensmerkmalen, also Aggression oder allgemeiner sozialer Tendenzen, wurden bereits Untersuchungen an Labornagern, hauptsächlich Mäusen, durchgeführt. So sind mehrere Inzuchtmäusestämme herausgezüchtet worden, die sich zwar insgesamt nur in 0,05 % ihrer Gene unterscheiden, also eine ganz minimale genetische Differenz aufweisen, die sich aber ganz stark in ihren aggressiven Tendenzen unterscheiden. Getestet wurde dies jeweils dadurch, dass man Angehörige dieser beiden Mäusestämme einer Testmaus eines anderen, insgesamt ruhigen und zurückhaltenden Stammes in einen gemeinsamen Käfig gegenüberstellte, und die Angriffsbereitschaft dann mit Stoppuhr und Strichliste verglichen hat. Trifft ein Männchen eines als aggressiv charakterisierten Stammes auf einen solchen gleichgeschlechtlichen Artgenossen, erfolgt normalerweise sofort ein Angriff, bei den Angehörigen des anderen Stammes dagegen passiert meist nichts. Eine genauere genetische Analyse zeigt, dass dieses Merkmal **„konfrontations-induzierte Aggressivität"** wahrscheinlich dominant und monogen vererbt wird (Marashi et al., 1997). Bemerkenswert ist jedoch, dass bei diesen Untersuchungen nicht nur Unterschiede im aggressiven Verhalten gefunden wurden. Auch hier hat man neben den Begegnungstests auch sogenannte Offenfeldtests durchgeführt, bei denen die Mäuse in einem leeren, offenen, unbekannten Raum unterwegs waren. Es zeigte sich, dass die weniger aggressiven Mäuse in dieser unbekannten Umgebung wesentlich aktiver waren. Sie zeigten sich als weniger ängstlich, weniger stressanfällig, und sie zeigten mehr Erkundungsverhalten. Ob dies gleichzeitig auch einen Rückschluss auf eine Kopplung zwischen aggressivem Verhalten und Stressanfälligkeit oder aggressivem Verhalten und Neugierverhalten zeigt, lässt sich bei dieser Art von Untersuchung noch nicht aussagen. Jedenfalls waren die Tests standardisiert genug, um die Unterschiede in beiden Fällen eindeutig auf die genetischen Unterschiede zwischen den beiden Stämmen zurückführen zu können. Zu beachten ist, dass im Gegensatz zu den bereits geschilderten Untersuchungen, hier eine klare Selektion auf Verhalten, nämlich auf Aggressivität, durchgeführt wurde. Die vorher geschilderten Untersuchungen dagegen hatten eine Unterscheidung der Inzuchtstämme nach Lern- und Erkundungsverhalten zum Inhalt, und die Unterschiede in der Aggressivität ließen sich überwiegend auf unterschiedliche Umweltfaktoren zurückführen. Das Lernverhalten der beiden unterschiedlich aggressiven Stämme unterschied sich in den entsprechenden Untersuchungen nicht, die soziale Fellpflege trat bei dem aggressiven Stamm wesentlich seltener auf, ebenso das Erkundungsverhalten. Die Werte für männliche Sexualhormone sowie die Werte für Leukozyten im Blut, also für die unspezifische Immunabwehr, waren bei der aggressiveren Maus höher, einige andere immunologische Parameter dagegen waren bei den nicht aggressiven Mäusen häufiger zu beobachten. Genauere Beschreibungen siehe Sachser (2001, 2002a). In einem gut untersuchten Fall, lässt sich der genetische Unterschied in der Aggressivität auf die geänderten Verhältnisse eines einzigen, für den Hirnstoffwechsel sehr wichtigen Gens zurückführen, nämlich das Strukturgen für ein als **Monoaminooxidase A** bezeichnetes Enzym. Dieses scheint bei seinem Fehlen einen erheblichen Anstieg aggressiven Verhaltens zu bewirken. Jedoch sind bei diesen Monoaminooxidase-A-Mangelmutanten auch andere physiologische und Verhaltensunterschiede vorhanden. Wegen unterschiedlicher Zusammenhänge verschiedener Aggressionsformen mit dem Hormonsystem, können bei Hunden evtl. andere Verhältnisse herrschen.

*Mäuse, die sehr schnell auf Artgenossen zugehen (hier das rechte Tier), zeigen insgesamt eine vorwärtsgerichtetere und neugierigere Grundpersönlichkeit als solche, die eher abwarten, was das Gegenüber so vor hat.*

## Latenzzeit für Angriff auf Artgenossen

Eine andere Gruppe sehr interessanter und vielbeachteter Studien über den Zusammenhang zwischen Genetik, Umwelt und Verhalten, speziell im aggressiven Zusammenhang, entstammt der holländischen Arbeitsgruppe von Gerald van Oortmerssen. Benus (1995) hat die wichtigsten Ergebnisse dieser Untersuchungen zusammengefasst. Durch gezielte Selektionszucht war es möglich, innerhalb von etwas mehr als 15 Generationen zwei Mäusezuchtlinien zu erzeugen, die sich in der Latenzzeit für Angriff auf einen Artgenossen erheblich unterschieden.

Man brachte die wildgefangenen Mäuse zunächst in einem leeren Käfig mit einem unbekannten Artgenossen zusammen.

### UNSINN SOGENANNTER RASSELISTEN

Gerade die verschiedenen, hier dargestellten Zusammenhänge lassen aus genetischer Sicht ganz eindeutig den Unsinn der sogenannten Rasselisten erkennen. In keiner einzigen der damit befassten Studie konnte eine erhöhte Gefährlichkeit der in diesem Zusammenhang meist diskriminierten Rassen, z. B. der schweren Molossertypen, auch nur ansatzweise belegt werden. Viele Untersuchungen zeigen genau das Gegenteil: Rassen wie etwa Chihuahua, Beagle oder auch zumindest einige Zuchtlinien der Retriever-Rassen, der Jack Russel Terrier, der Dackel und andere sind in den verschiedenen Statistiken auch dann weiter vorne anzutreffen, wenn man auf die unterschiedliche Zahl der jeweiligen Rassevertreter in der Gesellschaft Rücksicht nimmt.

Ebenso haben Vergleiche der Unfallstatistiken aus verschiedenen Ländern mehrerer Kontinente eindeutig gezeigt, dass rassebezogene Gesetzgebungen keinerlei positiven Einfluss, also keinen Rückgang der Beißunfälle, bewirkt hätten.

Diejenigen, die mit schneller Angriffslatenz sich sofort oder sehr bald aggressiv verhielten, wurden für die eine Zuchtlinie verwendet. Diejenigen, die sich viel Zeit für den aggressiven Angriff ließen, für die andere. Durch gezieltes Weiterzüchten mit diesen Tieren entstanden die sogenannten **SAL-Mäuse** (short attack latence), also Schnellangriffsmäuse, und die **LAL-Mäuse** (long attack latence), die langsam angreifenden. Diese beiden Mäusezuchtlinien, und das ist das eigentlich Bemerkenswerte daran, unterschieden sich auch in einer ganzen Reihe weiterer Verhaltensmerkmale. So sind die SAL-Mäuse in einer neuen Umgebung wesentlich erkundungsfreudiger, die LAL-Mäuse sind dort sehr viel zurückhaltender. Umgekehrt können sich die LAL-Mäuse einer instabilen, das heißt einer wenig vorhersagbaren Umwelt besser und schneller erfolgreich anpassen. Wir werden auf diese Persönlichkeitsunterschiede im nächsten Kapitel nochmals zurückkommen (siehe S. 164 ff.). Gegenüber der bisher geschilderten genetischen Selektion auf SAL- bzw. LAL-Mäuse, stehen jedoch die Befunde einer ganzen Reihe von Umweltfaktoren, die eine Maus ebenfalls zur SAL- bzw. LAL-Maus programmieren:

— So fördert die Anwesenheit männlicher Geschwister vor der Geburt die Entwicklung aggressiver Tendenzen im erwachsenen Zustand ebenso wie die Tatsache, das einzige männliche unter einer Reihe von weiblichen Geschwistern gewesen zu sein.
— Kampferfahrungen, erlebte Kämpfe, ja selbst der geruchliche Kontakt mit der Einstreu einer „Mäusekampfarena", also eines Käfigs, in dem sich zwei andere Mäuse aggressiv verhielten, all das fördert die SAL-Neigung. Zugucken hinter der Glasscheibe hat dagegen keinerlei Auswirkungen.
— Anwesenheit männlicher Geschwister nach der Geburt und Anwesenheit männlicher Artgenossen nach der Entwöhnung verlangsamt die Aggressionsneigung, ebenso wie die Anwesenheit des Vaters nach der Entwöhnung.
— Unterernährung in einem ganz speziellen Entwicklungszeitabschnitt kurz vor der Entwöhnung fördert die Aggressionsneigung, Unterernährung vor der Geburt oder nach der Entwöhnung hat keinerlei Auswirkungen.
— Wurden Mäuseriche der aggressiven Linie wiederholt in Kämpfe mit Artgenossen verwickelt, so veränderte sich auch ihr Verhalten ihren eigenen Weibchen gegenüber, sie griffen diese Weibchen häufiger an. Die Mäuse der nichtaggressiven Linie dagegen zeigten auch nach einer Reihe von Männchenkämpfen kein geändertes oder verstärkt aggressives Verhalten ihren Weibchen gegenüber.
— Wurden Männchen einer aggressiven Zuchtlinie immer wieder über mehrere Tage hinweg einer Käfigreinigungsroutine unterzogen, so zeigten sie ein erhöhtes Maß an Stereotypien im Vergleich zur nichtaggressiven Linie. Die hier genannten Befunde lassen auch verstehen, wie sich in einer Population beide Typen gleichermaßen genetisch „halten" können.

*Auch die Geselligkeit von Mäusen ist abhängig von ihren Aufzuchtbedingungen.*

## EINFLUSS VORGEBURTLICHER FAKTOREN

### GESCHLECHTSABHÄNGIGKEITEN (VOM NACHBAREMBRYO)

Auch eine Reihe von Studien über den Einfluss vorgeburtlicher Faktoren auf das Verhalten, lassen Zweifel an einer eindeutigen genetischen Festlegung aufkommen. So sind Mäusejungtiere, je nach Geschlecht ihrer Nachbarn im Mutterleib, nicht nur unterschiedlich im Aussehen, sondern auch im Verhalten: Mäuseweibchen, die im Mutterleib zwischen zwei männlichen Geschwistern lagen, sind im Aussehen ihrer äußeren Geschlechtsöffnungen, in Aktivitäts- und Streifverhalten, im Auftreten von Revierverteidigung und anderen aggressiven Verhaltensweisen deutlich vermännlicht, gegenüber solchen, die ein weibliches und ein männliches Geschwister, und erst recht gegenüber solchen, die zwei weibliche Geschwister neben sich liegen hatten. Die Auswirkungen dieser Verhaltensunterschiede wurden mittlerweile auch in Feldversuchen getestet, wo man z. B. auf den Wiesen innerhalb eines Autobahnkreuzes eine vorgegebene Zahl von Tieren des einen und des anderen Typs ausgesetzt hat. Dabei zeigten sich deutliche Unterschiede in den ökologischen Strategien. Diese, zunächst von dem amerikanischen Physiologen F. vom Saal (1980) identifizierten Abhängigkeiten wurden auch in ähnlicher Weise bereits an anderen Tierarten untersucht. Auch hier sind die Meerschweinchenuntersuchungen der Gruppe von Norbert Sachser wieder mit zu benennen (siehe unten).

Bemerkenswert ist aber, dass der amerikanische Forscher Ben Galef (Clark und Galef, 1995) auch ein nennenswertes, gut passendes Modell für die Züchtererfahrungen in umgekehrter Richtung gefunden hat: Die Mongolische Rennmaus. So abstrus es erscheint, mongolische Rennmäuse ähneln in einem Punkt dem Hund tatsächlich, nämlich im Sozialsystem. Auch Mongolische Rennmäuse bilden erweiterte Elternfamilien, bei denen die Jungtiere vorangehender Würfe nach der Entwöhnung noch bei den Eltern bleiben, um als Babysitter zu wirken. Hier beginnt die eigentliche Parallele: Bei Ben Galefs Untersuchungen hatte eine Reihe von männlichen Rennmäusen, die eindeutig als einziges männliches Jungtier in einem Wurf von weiblichen Geschwistern geboren wurden, sehr viel mehr Motivation, als Babysitter zuhause zu bleiben und sich um die jüngeren Geschwister zu kümmern, anstatt gleich nach dem Erreichen der Geschlechtsreife selbst abzuwandern. Diesen Einfluss wiederum können viele Züchter bestätigen, wenn ein einzelner Rüde in einem Wurf von lauter weiblichen Geschwistern fällt. Oft ist dieser dann nicht nur zarter gebaut und graziler, sondern auch als guter Onkel für die Aufzucht nachfolgender Welpenwürfe sehr geeignet.

### VORGEBURTLICHES STRESSNIVEAU

Ebenso bekannt sind mittlerweile die Untersuchungen über die Auswirkungen des vorgeburtlichen Stressniveaus auf die Mutter, in Bezug auf das, was hinterher bei den Jungtieren entsteht. Untersuchungen an Meerschweinchen sind hier am weitesten vorangetrieben (Sachser und Kaiser, 1996; Sachser et al., 2011, 2013). Wird die Mutter in dieser Untersuchung vor der Geburt einem milden sozialen Stress ausgesetzt, der hauptsächlich darin besteht, dass ein anderes Tier in ihre Familiengruppe miteingebracht wird, so zeigen die Töchter nach der Geburt zeitlebens einen erhöhten Spiegel an männlichem Hormon, eine männchentypische Differenzierung im Bereich des limbischen Systems im Gehirn sowie eine ebenfalls unterschiedliche Ausbildung von bestimmten Arealen im Hypocampus, die für Lernen und Gedächtnis verantwortlich sind. Auch das physiologische Nebennierenmarksystem ist von diesen Veränderungen betroffen. Die Gehirndifferenzierung und das daraus folgende

*Mongolische Rennmäuse können durchaus auch als Modell für das Sozialsystem der Hundeartigen dienen. Auch sie haben jugendliche Babysitter und andere, die sich an der Aufzucht des jüngeren Nachwuchses beteiligen.*

pseudomännliche Verhalten, das bis zum männlichen Werbeverhalten (Rumbatanzen) führt, wird offensichtlich durch über die Plazenta in den Kreislauf der Embryonen eindringendes gesteigertes Testosteron veranlasst. Bei männlichen Jungtieren der gestressten Mutter, und auch das deckt sich mit Befunden von anderen Säugetieren, seien es Totenkopfaffen, Ratten oder auch Menschen, wird der gegenteilige Erfolg erzielt: Diese männlichen Jungtiere bleiben in ihrer Entwicklung deutlich zurück, sie sind geradezu retardiert, sie zeigen soziales Verhalten, das ihrem Alter überhaupt nicht mehr angemessen ist, und auch ihre Hirnentwicklung hinkt deutlich erkennbar hinterher. Mittlerweile sind auch in vielen Untersuchungen, vorwiegend an Labromaus- und Rattenstämmen, die genaueren Mechanismen dieser **Veränderungen im Stresssystem** geklärt. Es handelt sich um eine Veränderung im Regelkreis, also im **Rückkopplungssystem des Cortisols**. Diese Veränderungen, die eben durch vor- und frühe nachgeburtliche Stressüberforderung entstehen, verändern epigenetisch die Ablesung und Umsetzung der Bindungsstellen für das Stresshormon Cortisol im Bereich des Gehirns. Dadurch wird die feinfühlige Stressregulation erschwert, weil das Gehirn sozusagen nicht mehr mitbekommt, dass eigentlich bereits genug Stresshormon im Umlauf wäre. Das Gehirn fordert also bei der Nebennierenrinde, der zuständigen Hormondrüse, ständig und immer weiter die Produktion von Cortisol an. Die Nebenniere wiederum folgt dieser Bestellung, und schickt noch mehr Cortisol ins Blut. Da das Gehirn diesen erneuten Anstieg des Cortisols aber wiederum nicht mitbekommt bzw. nur unzureichend messen kann, kann sich der Regelkreis regelrecht aufschaukeln. Günthner et al. (2012) haben diesen Rückkopplungsmechanismus im Zusammenhang mit der Stressantwort ausführlich diskutiert.

Die genannten Befunde an Säugetieren sind bereits sehr umfassend und lassen die Komplexität der Wechselwirkungen zwischen Umwelt und genetischer Ausstattung erahnen. Auch bei Vögeln wurde in einer ganzen Reihe von Studien gezeigt, dass diese Wechselwirkungen existieren. Eines der am besten untersuchten Systeme ist das Gesangslernen von Singvögeln. Hierbei zeigt sich, dass männliche Singvögel offensichtlich über eine Art Prädisposition verfügen, bei der sie erkennen können, welche der vorgespielten Gesänge der arteigene ist. Dieser arteigene Gesang wird dann bevorzugt gelernt. Ähnliche Prädispositionen finden wir z. B. auch bei neugeborenen Menschenkindern in Bezug auf menschliche Gesichtszüge (siehe S. 44).

## IMPONIERVERHALTEN

Die komplexen Zusammenhänge zeigt beispielhaft die Studie von Groothuis (1989) über Entwicklung des „Display"verhaltens, also des Imponier-/Drohverhaltens von Lachmöwenküken. Je mehr Erfahrung mit seinem Imponierverhalten ein Jungvogel hat, desto häufiger zeigt er es, anstatt direkt anzugreifen. Aufzucht in sehr kleinen Gruppen verzögert die Ausbildung des Verhaltens erheblich. Werden die Jungvögel nach Auftreten des vollständigen Bewegungsmusters isoliert, bleibt es erhalten. Ebenso bleiben aber auch abnormale Verhalten, die in Isolation erworben wurden, noch lange nach Rückführung in große Gruppen stabil. Jungvögel können in Isolation das normale Verhalten ebenso entwickeln wie in großen Gruppen. Zieht man sie mit einer anderen Möwenart auf, imitieren sie deren Verhalten nicht. Trotzdem geht die Entwicklung in der großen Gruppe besser als in der kleinen. Aus Schilderungen über Verhaltensunterschiede bei Einzelwelpen lassen sich ähnliche Phänomene ableiten.

### BOTSCHAFT DER STUDIEN

Eine Trennung der Verursachung von bestimmten Verhaltensweisen angeboren „versus" erlernt, Gene „versus" Umwelt, ist sinnlos. Die Wechselwirkungen beider Einflüsse sind selbst in Standardsituationen nur schwer zu trennen. Und selbst da, wo genetische Einflüsse nachweisbar sind, folgen sie äußerst selten den „einfachen" Erbgängen, unter anderem deshalb, weil oft sehr viele Genorte zusammenwirken. Ebenfalls ganz eindeutig betont werden muss, dass es derzeit keinerlei Belege für die im Hundebereich lange Zeit vertretene These der sogenannten angeborenen Rudelstellungen gibt (Gansloßer, 2015). Dies gilt sowohl für Beobachtungen und Aufzeichnungen aus verantwortungsvollen Zuchtstätten, Freilandstudien an Wildcaniden und verwilderten Haushunden wie verhaltensbiologische Ergebnisse. Zudem sind derzeit keinerlei genetische Mechanismen bekannt, wie eine solche Eingruppierung mit immer gerade 7 fixierten Typen vererbt werden könnte, noch dazu bei Vollgeschwistern. Die These geht von der weder ethologisch noch genetisch derzeit belegbaren Annahme aus, dass in einem vollständigen Wurf Hundewelpen immer genau 7 Typen von Persönlichkeiten nur je 1x vorhanden sein müssten. Diese würde man an den Liegepositionen am ersten Lebenstag erkennen. Ist dies nicht der Fall, ist der Zusammenhalt und die Funktion des Wurfes nicht gegeben.

# DER HUND, EIN GETRIEBENER?

## PROBLEME DES TRIEBKONZEPTES

Gerade im Zusammenhang mit hundesportlichen und anderen praktischen Ausführungen, findet sich der Triebbegriff immer noch in sehr unterschiedlichen Zusammensetzungen. Von Wehrtrieb, Schutztrieb, Meutetrieb, Spieltrieb ist die Rede, der Hund scheint nur ein Getriebener zu sein.
In der verhaltensbiologischen Fachliteratur wird dagegen der Triebbegriff bereits seit vielen Jahren nicht mehr benutzt. Bereits im Wörterbuch der Verhaltensbiologie von Klaus Immelmann (1982, S. 244) steht dazu: *„Eine ältere Bezeichnung für die jeweilige Bereitschaft eines Tieres zu einem bestimmten Verhalten. Dieser Begriff ist jedoch durch seine (sehr unterschiedliche) Verwendung in der Umgangssprache vorbelastet und schlecht eingrenzbar. Er wird daher heute in der Verhaltensforschung kaum noch gebraucht, sondern wurde weitestgehend durch den Begriff Motivation ersetzt, obwohl nach Ansicht einiger Ethologen beide Begriffe in ihrer Bedeutung nicht völlig gleichwertig sind.“*
Etwas differenzierter setzt sich mit der Kritik des Triebkonzeptes das Lehrbuch von David McFarland (1989) auseinander. Hier wird zunächst darauf hingewiesen, dass Triebe nicht als einheitliche Variable betrachtet werden können. Denkt man z. B. an Hunger, könnte man sich vorstellen, dass dieser anhand einer einzigen Skala gemessen würde. Gerade im Zusammenhang mit der Regulation der Nahrungsaufnahme als einfaches, aber gut untersuchtes Beispiel werden wir noch erkennen, wo hier die Probleme sind. Ein Tier hat eben nicht nur ganz allgemein Hunger, es kann speziellen Bedarf nach bestimmten Nährstoffen, Mineralien, oder einfach nur eine tagesperiodisch durch die innere Uhr vorgegebene Nahrungssuche zeigen. McFarland schlägt daher vor, viel eher von **Zustandsräumen** zu sprechen, die dann der genaueren Analyse zugänglich sind.
Ein zweites Problem des Triebkonzeptes, so McFarland mit Bezug auf Hinde, ist die Annahme, dass die sogenannten Triebe auch bereits die Energie für das dann gezeigte Verhalten liefern müssten. Aus dieser, mit der Energie Zurverfügungstellung verknüpften Interpretation des Triebkonzeptes, entstehen dann auch die Überlegungen zum Triebstau oder zur Leerlaufhandlung.
Ein drittes wichtiges Problem des Triebkonzeptes ist dann die Frage der Klassifikationsebene. Gibt es einen Sexualtrieb, oder gibt es jeweils einen Trieb für Balzen, Kopulieren und Samenausstoß? Gibt es einen Jagdtrieb, oder gibt es einen Trieb für Suchen, einen für Hetzen und Packen, und einen für Fressen? Gibt es einen Spieltrieb, oder gibt es einen für Objektspiel, Verfolgungsspiel und Sozialspiel? Gerade im Zusammenhang mit den Themen Aggression, Fortpflanzung und Spielverhalten werden wir in den folgenden Kapiteln noch sehen, wie schwierig es wäre, hier jeweils von einem gemeinsamen Trieb auszugehen. Wie viele Triebe es hier geben soll, kann wohl niemand wirklich beantworten. Gibt man aber, so McFarland, das Triebkonzept auf und richtet seine Aufmerksamkeit stattdessen auf die Veränderungen verschiedener motivationaler Zustände, die die Grundlagen für Verhaltensänderungen darstellen, dann kann man sich auch mit dem Problem, die Einzelfaktoren aufzuzählen viel zielführender beschäftigen.

## REIZWAHRNEHMUNG UND VERARBEITUNG

Ein Thema der inneren Funktionen eines Tieres, das uns durch nahezu alle weiteren Kapitel begleiten wird, ist die Sinnes- bzw. Reizwahrnehmung und -verarbeitung.
Eine Vielzahl von Reizen, auf ganz verschiedenen Kanälen (Geruch, Sehen, Hören), muss erkannt und einer Kategorie zugeordnet werden.
Welche Faktoren verursachen aber unmittelbar, dass ein bestimmtes Verhalten so, und genauso stark auftritt? Dass dabei innere und äußere Faktoren zusammenwirken, ist bereits durch das bekannte Lorenzsche psychohydraulische Modell beschrieben worden (siehe S. 73). Jedoch sind einige der Grundaussagen des Modells durch neuere, quantitativere Untersuchungen doch zumindest sehr stark infrage gestellt (Übersicht siehe Hogan, 2005).

**Das beginnt schon mit den äußeren Reizen. Reize können nicht nur auslösen, wie das ursprüngliche Lorenzsche Modell vermuten lässt, sie können auch hemmen, vorbereiten oder lenken. Auch Tageszeit oder andere zurzeit aktive Verhaltenssysteme, Tageslichtstärke oder soziale Einflussfaktoren von außen können die Wirkung eines Reizes verändern.**
Wie bereits erwähnt, lassen sich „Hungergefühle" durch regelmäßige Fütterungszeiten aufbauen, das hellste Tageslicht der Mittagszeit löst besonders leicht Sandbaden bei Hühnern aus, etc. Auch das Pendant im Lorenschen Modell, die innere Motivation (die Lorenz ursprünglich als „reaktionsspezifische Energie" bezeichnete), ist nicht einfach nur ein Reservoir, das gleichmäßig nachgefüllt wird. Zwar steigt für einige Verhaltenssysteme (z. B. Hunger, Schlafbedürfnis) die innere Komponente tatsächlich, je länger das betreffende Verhalten nicht

*Das Balzverhalten, aber auch das Aggressionsverhalten von Buntbarschen, war lange Zeit…*

ausgeführt wurde, und sinkt zeitweise, wenn es stattfinden konnte.

Für andere, gerade für die „konfliktträchtigen" Verhalten wie Aggression oder Sexualverhalten gilt aber diese Zunahme bei „Nichtgebrauch" nicht, im Gegenteil. Reize können nämlich auch verarbeitet werden und die Reaktionsbereitschaft auf folgende Situationen erhöhen, es können zum Teil durch Hormone oder Neurotransmitterausschüttungen erklärbar positive Rückkopplungen auftreten.

Bei manchen Verhalten erhöht sich jedes Mal, wenn die Verhalten gezeigt wurden, die Bereitschaft, sie wieder zu zeigen. Mit der Zeit kann die Bereitschaft aber auch wieder sinken. Besonders elegant, und durchaus auch für das Verständnis hundlicher Verhaltensprobleme besonders wichtig, sind in diesem Zusammenhang die Untersuchungen von Walter Heiligenberg und seiner Arbeitsgruppe über die Auslösbarkeit aggressiven Verhaltens. Lebte ein voll erwachsenes, territorial gestimmtes Buntbarschmännchen mit einer Reihe von halbwüchsigen Jungmännchen zusammen in einem Aquarium, gab es kaum Angriffe des voll erwachsenen auf seine jungen Artgenossen. Wurde er jedoch vorher mit einer Attrappe eines anderen, ebenfalls territorial gefärbten Männchens provoziert, so erhöhte sich die Zahl der Angriffe auf die Jungmännchen in den darauffolgenden Minuten und Stunden erheblich.

*... eines der best untersuchten Verhaltenssysteme.*

## AUSLÖSBARKEIT VON VERHALTEN

Innere Uhren erhöhen die Reaktionsbereitschaft zu bestimmten Zeiten und ultradiane (Periodendauer kürzer als 24 Std.) Rhythmen erlauben, auch zwischen dem gerade vorrangig gezeigten Verhalten andere Aktivitäten einzuschieben. So läuft die Nahrungsaufnahme oder das Brutverhalten oft in „Portionen" von gleichbleibender Dauer. Dazwischen liegen Pausen, in denen Verhaltensmuster wie Körperpflege, Wachsamkeit oder einfach „Nichtstun" auftreten.

Von besonderer Bedeutung für die Auslösbarkeit eines jeweiligen Verhaltens ist es demgemäß, ob gerade ein anderes, stärker motiviertes Verhalten aktiv ist. Oft hemmt (bis auf die Pausen) dieses Verhalten jedes andere. Häufig kommt es aber auch zu verschiedenen Formen von Konfliktverhalten, wobei Umorientierung (Faust auf Tisch statt auf Kopf des Gegners!), ambivalentes Verhalten (das entweder Komponenten beider Verhaltenssysteme zeigt, vgl. die Überlagerung von Angriffsbereitschaft und Furcht in der Drohmimik des Wolfes) oder echtes Übersprungsverhalten (das zur Situation überhaupt nicht passt) auftreten können.

Ein anderes Beispiel, bei dem sich die Bestandteile der zwei konkurrierenden Systeme sehr schnell abwechseln, ist der Zickzacktanz des Stichlings (also der Wechsel zwischen Angriff und Zum-Nest-Führen), oder die Nahrungsaufnahme, die in Konfliktsituationen (Angriff und Flucht) vorkommen kann.

### GEMEINSAME ODER KONKURRIERENDE MOTIVATION

Die auslösenden wie auch inneren Situationen für jede dieser Konfliktverhaltensweisen, kann man durch systematisches Variieren eines Faktors und Konstanthalten aller anderen untersuchen. Solche Studien sind jedoch, gerade bei Großsäugern, selten systematisch zu machen.
Daher bleibt oft nur die sogenannte **Sequenzanalyse**, also die statistische Untersuchung des Aufeinanderfolgens verschiedener Verhaltensweisen in Abhängigkeit von Außensituationen. Wenn dann ein Verhalten häufiger oder seltener als statistisch zur erwarten mit einem anderen zusammen auftritt, kann man daraus eine Aussage über gemeinsame oder eben getrennte und konkurrierende Motivation wagen. Ebenso kann es, wenn ein Verhalten bevorzugt in Abhängigkeit der Stärke bestimmter widersprüchlicher Außenfaktoren auftritt, als Übersprungsverhalten gewertet werden. Die dazu nötigen Mengen an Beobachtungsdaten sind zwar sehr beachtlich, aber immer noch leichter zu erreichen als etwa ein Attrappenversuch. Letzte Klarheit aber schaffen solche rein korrelativen Untersuchungen nie, vor allem deshalb, da sehr viele Verhaltensweisen multiple Ursachen haben und auch im Dienst mehrerer Funktionskreise stehen können.

## DIE HANDLUNGSBEREITSCHAFT

Gerade in der Nutztierethologie, die sich mit dem Wohlbefinden eines möglichst verhaltensgerecht gehaltenen Tieres beschäftigt, wurden vor mehreren Jahrzehnten Konzepte entwickelt, die für die Arbeit mit Hunden in der Erziehung und Ausbildung sehr gut übertragbar scheinen. Vorab muss zunächst eine Unterscheidung, die sich in der ethologischen Fachliteratur regelmäßig findet, dargelegt werden: Der Bedarf eines Tieres und seine Bedürfnisse sind nicht wortgleich. **Der Bedarf ist eindeutig durch körperliche oder auch psychische Notwendigkeiten festgelegt, jede Abweichung von einer vollständigen Bedarfsdeckung führt zu einer Störung der Allostase. Bedürfnisse dagegen werden rein psychisch gefunden, führen aber bei ihrer Nichterfüllung nicht automatisch zu einer Veränderung der Allostase und damit zu einer gesundheitlichen Problematik.** Wir erklären das immer gerne am Beispiel eines Rauchers, der sehr wohl ein Bedürfnis für eine Zigarette haben kann, sein Körper hat aber keinerlei Bedarf für das dabei aufgenommene Nikotin, die Feinstaubbelastung oder andere gesundheitliche Probleme.
In der englischsprachigen Verhaltensliteratur wird hier entsprechend von Necessities versus Needs gesprochen. In der jüngsten Zeit werden gerade im Zusammenhang mit der Deckung von Bedürfnissen, also Needs, oftmals die Vollendungen der Handlungsketten, und die durch den erfolgreichen Abschluss einer Handlung dann entstehende Zufriedenheit als die eigentlich wichtige, und damit für das Tier erstrebenswerte Situation angeführt. Manning und Stamp-Dawkins (2012) geben hier eine recht einfache, aber umfassende Definition tierlichen Wohlbefindens: Die Fragen müssen lauten:

- Ist das Tier gesund?
- Hat es, was es möchte?

Diese doppelte Berücksichtigung sowohl der gesundheitlichen wie auch der psychischen Faktoren führt dann dazu, dass Systeme der Tierhaltung, aber eben auch Praktiken der Hundeerziehung und Hundeausbildung in vielen Fällen sehr viel kritischer hinterfragt werden müssen, als wenn einzig und allein nur die Abwesenheit von körperlichen Krankheitssymptomen als Referenzpunkt dient. Zwei Konzepte sind es vor allem, die in der Nutztierethologie, von besonderer Bedeutung sind:

*Hat dieser Hund, was er braucht, und hat er auch, was er möchte? Die Antwort dürfte hier leicht fallen.*

Das **Bedarfsdeckungs-Schadenvermeidungs-Konzept**, das im Wesentlichen auf den Schweizer Tierschutzprofessor Beat Tschanz zurückgeht, geht von der Überlegung aus, dass ein Organismus für Aufbau, Erhalt und Weitergabe seines Körpers bestimmte Bedarfslagen hat, die durch Nutzung der Umwelt gedeckt werden müssen. „Hat das Tier etwas Bestimmtes nötig, wird es auf Merkmale ansprechbar, welche jenen Dingen in der Umgebung zukommen, deren Nutzung die Beschaffung des Benötigten ermöglicht. Das Tier beginnt nach Trägern solcher Merkmale zu suchen, begibt sich zu den Merkmalsträgern und setzt sich solange mit ihnen auseinander, bis das Benötigte aufgenommen ist. Die weitere Verarbeitung … führt zur Bedarfsdeckung" (Tschanz, 1993; 65-76). Schadenvermeidendes Verhalten tritt zum Teil auf Anhieb, zum Teil erst nach einschlägiger Erfahrung auf. Störungen im biologischen Bereich treten ein, wenn die hier genannten Abläufe beeinträchtigt werden. Verhaltensanpassungen können dazu führen, dass trotz Beeinträchtigung dieselben Leistungen des Organismus erbracht werden wie im Normalzustand. Reicht das veränderte Verhalten nicht zur Bedarfsdeckung und/oder Schadensvermeidung, so ergeben sich Verhaltensstörungen. Diese sind vom arttypischen Normbereich abweichende Verhaltensweisen, die nicht ausreichen, „jene Beiträge zur Gesamtleistung zu erbringen, die für die Entwicklung und Erhaltung der dem Normtyp entsprechenden Körper- und Verhaltensmerkmale beim Individuum oder Artgenossen oder für die Erhaltung von Fortpflanzungsgemeinschaft erforderlich sind" (Tschanz, 1993).

*Auch einmal ein Loch graben, oder anderweitig „Hund sein dürfen", gehört zu einer tierschutzgerechten Hundehaltung unbedingt dazu.*

Etwas anders, aber ähnlich ist das **Handlungsbereitschaftsmodell**, das ursprünglich von der Marburger Schule der Verhaltensbiologie rund um Christiane Buchholtz entwickelt wurde (z. B. Buchholtz, 1993). Aufgrund allgemein anerkannter Homologiekriterien kann angenommen werden, dass wenn homologe Hirnstrukturen vorliegen, auch Schmerz und Belastung ähnlich empfunden werden. Eine zweite Grundannahme des Modells ist die Existenz einer sogenannten Handlungsbereitschaft im Tier, deren Stärke von inneren wie äußeren Faktoren beeinflusst wird. Der Organismus ist nach diesem Modell ein offenes System gegenüber der Umwelt, das ein Mindestmaß an unspezifischen Reizen benötigt, um ohne Schäden zu bleiben. Unspezifische Reize bedeuten, dass ein Hund z. B. die Möglichkeit zum Schnüffeln, Lauschen, Löchergraben und für andere, bisweilen auch ungerichtet erscheinende Tätigkeiten haben muss. Wer seinem Hund dies verbietet, sei es aus Dominanzgebaren, oder um ihm die Lust am Jagen zu nehmen, verstößt in jedem Fall gegen eine wichtige Notwendigkeit, wahrscheinlich sogar gegen einen Informationsbedarf beim Hund (diesen Begriff hat der Berliner Verhaltensbiologe Günther Tembrock mehrfach nutzbringend angewendet).

Unspezifische und endogene Faktoren beeinflussen gleichermaßen die Handlungsbereitschaft, und je nach Höhe der Handlungsbereitschaft werden die der betreffenden Handlung zugeordneten Auslösemechanismen aktiviert. Bei hoher Handlungsbereitschaft tritt also auch Spontanverhalten auf, durch Ausführung der spezifischen Handlung erfolgt eine Rückkopplung auf die Handlungsbereitschaft. Soweit dann das Normalverhalten. Ausführlicher wird die Diskussion um die Themen Motivation, Handlungsbereitschaft und Trieb in einer Diskussionszusammenfassung eines Workshops auf dem Ethologentreffen im September 1970 dargelegt (Becker-Carus et al., 1972). Das Handlungsbereitschaftsmodell, das dort auch in Form einer grafischen Zusammenfassung geliefert wird, geht davon aus, dass ein Tier, wenn es eine bestimmte Verhaltensweise äußert, relativ leicht feststellen und untersuchen lässt, dass diese durch bestimmte gegenwärtige Außenreize ausgelöst wurde. Das Auftreten ist aber außerdem abhängig von einer Reihe anderer, externer und innerer Zustände (z. B. Lebensalter, biologische Zyklen, ökologische Situation). Die inneren Faktoren wiederum sind häufig durch vergangene Einflüsse, auch durch Lerneffekte mit geformt und durch die genetische Disposition bedingt. Handlungsbereitschaft oder auch Motivation oder Trieb, sofern es diesen noch geben soll, sind aber nicht direkt erfassbar. Man kann sie nur aus Eigenarten der Handlung rückwirkend erschließen, und dann als tiefenursächlich ansehen. Das grafische Modell zeigt, wie innere (etwa Hormone, Erregung des autonomen Nervensystems, aber auch vorherige Handlungen und Einflüsse sowie Reifezustand) und äußere Faktoren, die nicht nur in spezifischen auslösenden Reizen, sondern auch ökologischen Einflüssen und jahresperiodischen oder anderen zyklischen Änderungen bestehen können, auf die Handlungsbereitschaft wirken.

Aus dieser Wirkung entsteht dann ein messbarer Ausfluss der Handlung oder einer Handlungsfolge, die sich wiederum sowohl auf die inneren Faktoren als auch durch Reizveränderung auf die äußeren Faktoren auswirken kann.

Es wäre wünschenswert, wenn diese Betrachtungen, z. B. im Zusammenhang mit der immer wieder angestoßenen, beim derzeitigen Stand der ethischen und biologischen Erkenntnis aber oft ziemlich nutzlosen Diskussion über sogenannte artgerechte Hundehaltung, besser berücksichtigt werden würden (siehe Gansloßer, Hinte-Breindl und Felde, 2018).

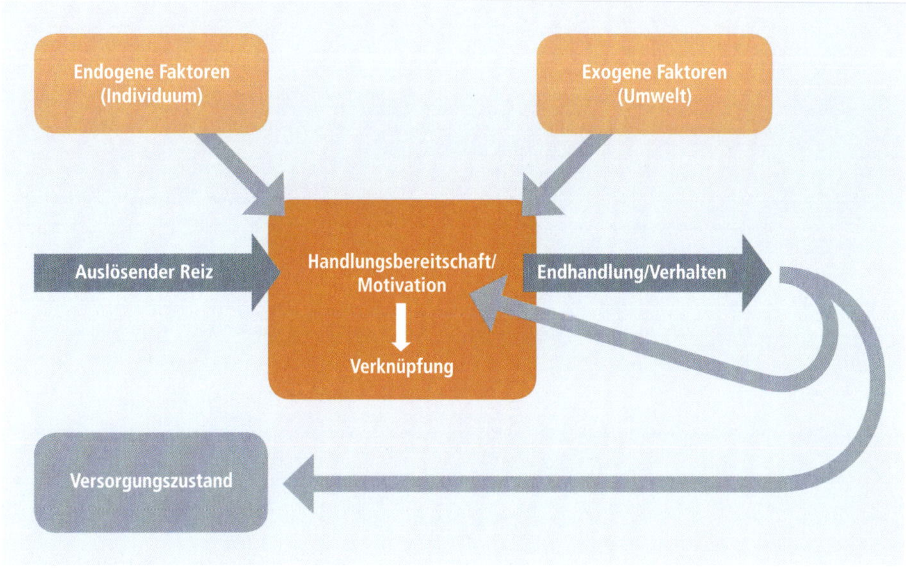


*Handlungsbereitschaftsmodell*

## WAS BEDEUTET MOTIVATION?

Auch der Motivationsbegriff im eigentlichen Sinn wird oftmals im Zusammenhang mit Hundetraining und -ausbildung etwas anders verwendet als in den zuständigen Grundlagenbereichen. Für die wissenschaftliche Diskussion des Motivationsbegriffes sind die Ausführungen von Hogan (2005) und McFarland (1989) besonders aufschlussreich. Hogans Motivationsdefinition umfasst Faktoren, die für die Auslösung, Aufrechterhaltung und Beendigung eines Verhaltens verantwortlich sind. Er nennt als wichtige Bestandteile der Motivationsuntersuchung die Frage

- nach der Rolle der inneren und äußeren auslösenden Faktoren,
- nach spezifischen oder generellen, also eher allgemeinen Wirkungen der genannten Faktoren (braucht es einen spezifischen Schlüsselreiz oder reicht z. B. die passende Umgebung),
- nach der zentralen gegenüber der eher peripheren Wirkungsstätte der genannten Faktoren.

Spezifische gegenüber mehr generellen Wirkungen der genannten Faktoren sind z. B. der Mangel an einem bestimmten Mineralstoff oder Vitamin gegenüber dem mehr allgemeinen Mangel an Nahrung, der gemeinhin als Hunger bezeichnet wird. Zentrale oder eher periphere Wirkung der genannten Faktoren betrifft die Aktivitäten im Gehirn oder zentralen Nervensystem einerseits, andrerseits z. B. Veränderungen der Empfindlichkeit von Sinnesorganen an der Körperoberfläche. Ein Beispiel für die letztgenannte Gegenüberstellung wäre die Wärme- oder Kälteempfindlichkeit. Zentrale Messstellen, die z. B. die Körpertemperatur, Temperatur des umkreisenden Blutes in den großen Hauptschlagadern und Venen messen, stehen den an der Körperoberfläche liegenden Kälte- und Wärmepunkten des Nervensystems gegenüber, die sich durchaus in Abhängigkeit von der Außentemperatur in ihrer Empfindlichkeit ändern können. Wenn ein Hund sich z. B. kratzt, können Hautsinnesorgane einen Juckreiz feststellen. Es kann aber auch im Gehirn ein Konflikt zwischen Angriff und Flucht vorliegen, der den Juckreiz verstärkt wirken lässt.

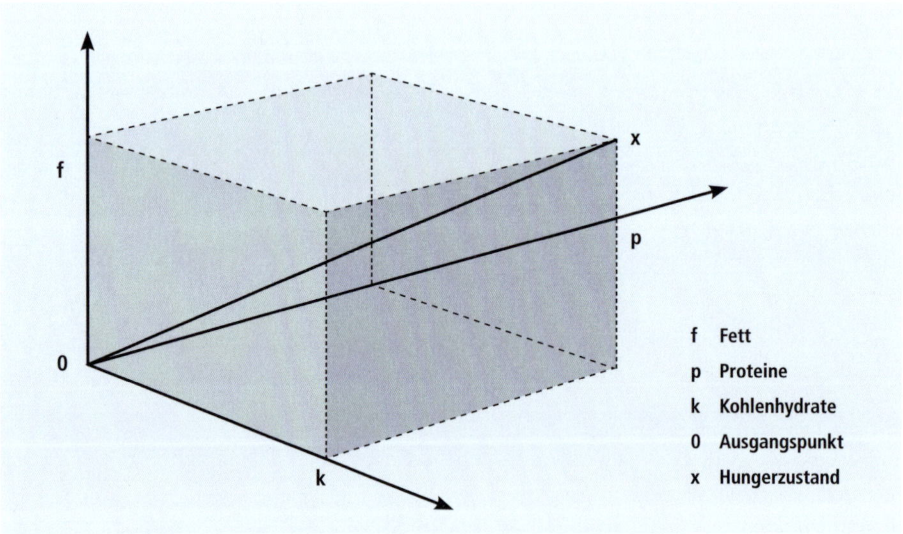


*Hunger als multidimensionaler Vektor dargestellt (nach D. McFarland, 1989)*

## MOTIVATIONSZUSTÄNDE

Zur genaueren Beschreibung von Motivationszuständen bietet sich durchaus der von McFarland vorgeschlagene Begriff des Zustandsraumes an, der viele verschiedene Komponenten und Richtungen enthalten kann. McFarland beschreibt auch dies wiederum am Beispiel des Hungers: Je nachdem, ob gerade ein besonderer Bedarf für Fette, Eiweiße, Kohlenhydrate, spezielle Vitamine, Mineralien oder andere Nährstoffe in unterschiedlicher Stärke empfunden wird, wäre also der Gesamtzustand „Hunger" als Punkt einem vieldimensionalen, von vielen solchen Zustandsachsen und Beschreibungen zusammengefassten Raum zu sehen.
In diesem Zusammenhang kann dann auch die Steuerung durch eine quantitative Gegenüberstellung der Stärke äußerer Reize und innerer Faktoren als Motivationslinie ermöglicht werden. Das Nahrungsbedürfnis kann sich also z. B. aus einem großen Hunger und einer niedrigen Reizstärke, sei diese nun Verfügbarkeit von Futter, Attraktivität der vorgefundenen Futtersorte, leichter oder schwerer Erreichbarkeit des Nahrungssuchgebietes, oder umgekehrt einem hohen Wert für die Verfügbarkeit oder Attraktivität des Futters mit niedrigem Hunger darstellen lassen.
Wie, und in welcher Stärke die genannten unterschiedlichen Faktoren dann zusammenwirken, wird bei diesem Modell nicht in einer festen Annahme, sondern in einem eher allgemeinen Modell gegenseitiger Wechselwirkungen beschrieben. Das ist der große Unterschied zu dem bekannten Lorenzschen Triebstaumodell.

## LORENZSCHES TRIEBSTAUMODELL

Beim Lorenzschen Triebstaumodell nahm man an, dass die Wirkungen der inneren und äußeren Reize in einer sehr einfachen, geradezu linear sich aufaddierenden Weise zusammenkommen. Man nahm an, dass innere und äußere Faktoren einander multiplizieren, die Wahrscheinlichkeit des Auftretens eines bestimmten Verhaltens also gleich null sein kann, wenn zwar der innere Trieb sehr hoch ist, aber keine relevanten äußeren Reize vorhanden sind, oder umgekehrt, wenn das Bedürfnis vernachlässigbar klein, aber die äußeren Reize stark sind.
Das mag in manchen Fällen durchaus in dieser Extremform zutreffen, in den allermeisten Fällen jedoch sind diese Wirkungen sehr viel komplizierter. Erst durch neueste Untersuchungsmethoden, z. B. unter Heranziehung der bereits beschriebenen Magnetresonanzuntersuchungen am Gehirn, können die Beteiligten emotionaler und anderer Systeme identifiziert werden. Auch wenn bestimmte Kombinationen von Faktoren scheinbar die gleiche Verhaltenstendenz hervorrufen, muss es nicht unbedingt einen direkten Zusammenhang zwischen dieser Verhaltenstendenz und dem beobachteten Verhalten selbst geben.

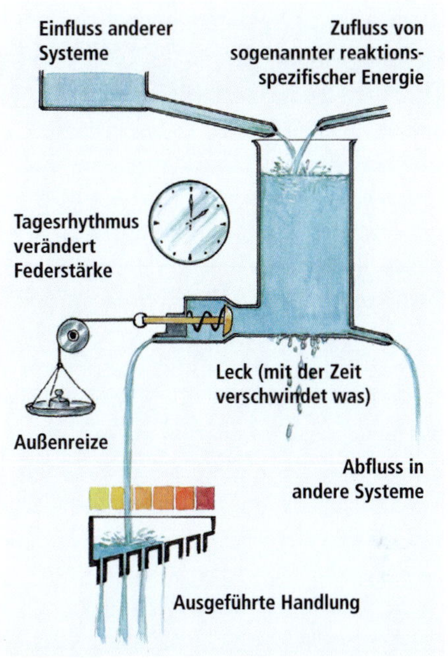


*Durch Zufluss ändert sich im Modell der Druck, der das Ventil öffnet und dadurch das Verhalten auslöst. Je mehr Füllung (= Handlungsbereitschaft), desto geringere Reize reichen aus.*

## DIE FRAGE NACH DEN FOLGEN EINES VERHALTENS

Tiere sind nun mal wahrscheinlich mental wesentlich komplizierter als bisher angenommen, und daher ist die Frage nach den Folgen eines gezeigten Verhaltens oftmals zielführender als die Frage nach seinen Ursachen. Und hier kommt wieder die bereits diskutierte Frage nach der Zufriedenheit im Sinne einer erfolgreich abgearbeiteten Endhandlung ins Spiel. Oftmals ergibt sich die Folge des Verhaltens wiederum aus einer Wechselwirkung zwischen Verhalten und Umwelt. Die Auswirkungen der Nahrungssuche können sowohl von der eingesetzten Suchstrategie, der Verfügbarkeit und Erreichbarkeit der Nahrung, dem gewählten Ort für die Nahrungssuche etc. abhängen, wie von dem bereits genannten Motivationsraum der verschiedenen, gerade in unterschiedlicher Dringlichkeit benötigten Nährstoffkomponenten. Ähnliches gilt, wie McFarland darlegt, z. B. auch für die Auswirkungen des Balzverhaltens, die nicht nur von der Stimmung und der Erfahrung des Balzenden, sondern auch von der An- oder Abwesenheit, aber auch den inneren Zuständen und den Reizkombinationen des potenziellen Paarungspartners abhängig sind. Für den Paarungspartner ist z. B. genauso wichtig, ob er noch potenzielle andere, vielleicht sogar attraktivere Auswahlmöglichkeiten hat, oder ob er sich bereits gegen Ende seines eigenen Fortpflanzungszyklus befindet.

## REIZSUMMATION

Gerade wenn wir verstehen wollen, wie Hunde sich z. B. bei Jagdverhalten (auch fehlgeleitetes Jagd- oder Hüteverhalten) oder im Zusammenhang mit den verschiedenen, noch zu diskutierenden aggressionsauslösenden Faktoren verhalten, müssen wir immer auch die in der Verhaltensbiologie seit langem bekannte Reizsummation betrachten. **Die unabhängigen und durchaus verschiedenen Merkmalscharakteristika einer Reizsituation, können sich in ihrer Auswirkung auf das Verhalten addieren, sie können einander aber auch durchaus in einer multiplikativen Form gegenseitig verstärken, oder in gewissen Zusammenhängen blockieren.** Die Reaktionsstärke, die sowohl eine Funktion der verschiedenen, einander gegenseitig beeinflussenden äußeren Reizkomponenten, als auch der bereits genannten inneren Faktoren in ihren Wechselwirkungen darstellt, wird umso komplexer zu bestimmen oder vorherzusagen sein, je komplexer die Verhaltenszusammenhänge sind, in denen das betreffende Verhalten gezeigt wird. Nochmals komplizierter wird diese Vorhersage bzw. Einschätzung unter der Voraussetzung, dass ja das beobachtete Tier die dargebotenen oder vorhandenen Reize nicht unbedingt in gleicher Weise wahrnimmt und bewertet, wie wir Menschen als Beobachter dies tun. Dies wird später bei Wahrnehmung und Kommunikation nochmals eine wichtige Rolle spielen (siehe S. 89 ff.).

*Das Balzverhalten der japanischen Kraniche…*

*... ist eines der Beispiele für komplexe Wechselwirkungen von Verhaltensketten zwischen Sender und Empfänger.*

Auch hier muss wieder auf die unterschiedlichen Wirkungen peripherer und zentraler Aktivitäten hingewiesen werden. Viele Reize erhöhen in einer sehr unspezifischen Art und Weise die Erregung, und machen das Tier damit ansprechbarer und empfänglicher für ganz unterschiedliche auslösende Situationen. Gerade das scheint unter anderem einer der modulatorischen Effekte des Noradrenalins zu sein, das eben nicht nur die Wirkung als sogenanntes Kampfhormon hat (siehe S. 305 ff.), sondern allgemein die Reizleitung zwischen verschiedenen Sinnesorganen und verarbeitenden Zentren erleichtert.

## DIE FRAGE NACH DER ENTSCHEIDUNGSFINDUNG

Die nächste, in diesem Zusammenhang ebenfalls wichtige und bisweilen sehr schwer zu untersuchende Frage ist die der Entscheidungsfindung, sobald dem Tier entweder mehrere Reaktionsmöglichkeiten oder auch mehrere, für unterschiedliche Verhaltensbereiche auslösende Reize zur Verfügung stehen. Wie bereits erwähnt, ist das Erreichen des Ziels einer zu beobachtenden Handlung oder Handlungskette oftmals eine Art Endpunkt, die dann auch dazu führt, dem Tier andere, zu unterschiedlichen Funktionen und Ziel führende Handlungen zu erleichtern. Wir finden also oftmals negative Rückkopplungsmechanismen, wobei wieder auf die Wirkung der bereits genannten Zufriedenheit als innerer Zustand hinzuweisen ist. In manchen Fällen gibt es aber auch die positiven Rückkopplungsmechanismen, wie wir selbst am einfachen Beispiel der Nahrungsaufnahme noch sehen werden. Die negativen Rückkopplungsmechanismen bestehen in der Regel in einer Verknüpfung zwischen Sinnesorganen, die den Erfolg der Handlung direkt messen können, und den zentral nervösen Entscheidungsinstanzen. Oftmals sind aber auch diese Sinnesorgane durchaus störungsanfällig, wie z. B. Verhaltensstereotypien und Zwangshandlungen immer wieder zeigen.

*Muss ein Huhn sandbaden dürfen? Diese Frage wurde im Zusammenhang mit Hühnerhaltungsverordnungen von Nutztierethologen, Agrarwissenschaftlern und Tierärzten heftig und kontrovers diskutiert.*

In diesen Rahmen passt auch eine, auf den ersten Blick sehr merkwürdige Beobachtung, die als **Contrafreeloading** bezeichnet wird. Viele Tiere sind regelmäßig bereit, sich für Futter oder andere Belohnungen auch dann anzustrengen und z. B. eine Lernapparatur oder eine andere, damit in Zusammenhang stehende aktive Problemlösung zu betätigen, obwohl die gleiche Form der Belohnung in der gleichen Menge auch frei zur Verfügung stehen würde. Beispiele für dieses Phänomen werden derzeit im Zusammenhang mit der Zoo- und Labortierbeschäftigung an vielen Stellen diskutiert. Wie Untersuchungen an Hühnern in Nutztierhaltungen zeigen, betrifft dies aber auch so unterschiedliche Bereiche wie Nestbau, oder Sandbaden, und keineswegs nur den engeren Bereich des Nahrungserwerbs. Auch Schweine verwenden freiwillig und ohne Zwang Zeit und Energie, um im Stroh verstreutes und verstecktes Futter zu finden, anstatt sich die gleiche Menge und Qualität des Futters einfach aus dem Napf zu holen. Im Hundebereich zeigen z. B. Berichte von Stefan Kirchhoff (mündlich), dass sogenannte Straßenhunde im Mittelmeerraum oft in einer Mülltonne nach Futter wühlen, auch wenn nette und wohlmeinende Menschen ihnen eine große Schüssel Hundefutter direkt vor die Mülltonne gestellt haben.

## Handlungskette des Nahrungserwerbs

Gerade am Beispiel der Handlungskette des Nahrungserwerbs (vgl. Coppinger und Coppinger, 2003; Leyhausen, 2005) lässt sich zeigen, dass Handlungsketten noch komplexer aufgebaut sind. Nicht nur das Erreichen der Endhandlung, also z. B. das Töten und anschließende Fressen des Beutetieres, sondern bereits das Erreichen jedes möglichen Zwischenziels dieser langen Handlungskette (die bei den meisten Beutegreifern unter den Säugetieren aus ca. sieben Elementen besteht), bedingt wiederum eine leichtere Auslösbarkeit des nachfolgenden und eine schwerere Auslösbarkeit, also gewissermaßen Hemmung des vorangehenden Elements. **Deshalb ist die Beutefangkette eines Tieres eben auch eine Art Lawine, die leichter nach vorne, also in Richtung der nächstfolgenden Handlung und nicht zurück, also in Richtung der vorangehenden Handlung ablaufen wird.**

Dazu kommt noch, wie gerade die Untersuchungen von Paul Leyhausen gezeigt haben, dass die anfänglichen Elemente der Beutefangkette durchaus mit einer höheren inneren Motivation, die nachfolgenden mehr und mehr mit einer deutlich gerichteten Wirkung der Außenreize versehen sind.
Wie komplex diese Wechselwirkungen selbst bei scheinbar sehr einfachen Systemen sind, lässt sich gut am Beispiel der Regulation der Nahrungsaufnahme darstellen. Hummel (2001), Lutz (2000), Manning und Stamp-Dawkins (2012) und andere haben dies ausführlich beschrieben. Wer sich an dem Begriff der Homöostase (oder eben besser Allostase, wie gerade die jahresperiodischen Schwankungen in der Nahrungsaufnahme zeigen werden) anlehnt, würde zunächst annehmen, dass nach einer Mahlzeit die Fressmotivation langsam wieder ansteigt, bis nach einem gewissen Motivationsniveau erneut Fressverhalten ausgelöst werden würde. Jedoch läuft z. B. bei einem regelmäßigen Tagesablauf die Regulation oft nach einem anderen Grundsatz ab, der durchaus eine vorausschauende Regulierung, die sogenannte **Vorauskoppelung** („Feed Forward"), beinhaltet. Tiere nehmen nicht nur bei höheren Temperaturen vorausschauend mehr Wasser zu sich als bei niederen, sie nehmen auch bereits vor der Nahrungsaufnahme Wasser zu sich, wenn ihr Organismus „die Erfahrung gemacht hat", dass zur Verdauung und anschließenden Verarbeitung der Nahrung ein höherer Wasserpegel notwendig ist. Beim Menschen, wahrscheinlich aber auch vielen anderen Säugetieren, wird der Abbau des als Glykogen bekannten Speicherstoffes in der Leber kurz vor der üblichen Essenszeit gestoppt, sodass der Spiegel an Blutzucker niedriger wird und das Hungergefühl entsteht. Auch die Ausschüttung des Insulins, des für die Zuckeraufnahme in die Zellen notwendigen Bauchspeicheldrüsenhormons, wird vor der üblichen Essenszeit bereits erhöht. Dieser Mechanismus ist es nebenbei bemerkt, der dazu führt, dass eine allzu strenge Vorgabe von Fütterungszeiten oft in der Erwartung der nächsten Fütterung zu Stereotypen und anderen Zwangshandlungen führt, und z. B. dazu geführt hat, dass in den meisten großen und gut geführten Zoos heute Großkatzen, Großbären und viele andere Tiere nicht mehr regelmäßig zur gleichen Zeit gefüttert werden. Fressverhalten kann sich auch im Sinne einer positiven Rückkopplung auf die Fressmotivation auswirken. Dies kann durch Geschmacksreize oder andere, durch die Aufnahme der Nahrung im vorderen Teil des Verdauungstraktes wirksame Reize, ausgeübt werden. Kurzfristig kann dann auch die Nahrungsaufnahmemotivation durch die Messung des Blutzuckerspiegels oder

*Schweine als Allesfresser, genau wie Hunde und Menschen, sind oft bessere Modelle für das Studium der Regulation von Nahrungsaufnahmeverhalten und Sättigung als andere Labortiere.*

anderer, ähnlich im Blut feststellbarer Konzentrationen notwendiger Nährstoffe erfolgen, durch die Berührungsreize im Mund und Schlundbereich, durch das Zusammenwirken von Magen- und Darmspannungsrezeptoren und die dadurch jeweils ausgelösten Produktionen und Transportmechanismen von Hormonen und Enzymen.

Bemerkenswert ist, dass Sättigung keineswegs nur die Abwesenheit von Hunger darstellt. Auch hier können wiederum Vorwärtsregulationen eine Rolle spielen, eine Mahlzeit einer bestimmten Größe, die das letzte Mal sättigend war, kann also auch zur Beendigung des Fressverhaltens beitragen.

### Motivation zur Nahrungssuche

Unabhängig von diesen, meist kurzfristigen Mechanismen, gibt es noch die langfristige Regulation des Nahrungsaufnahmeverhaltens, die wiederum mehr in einer zentralen Steuerung der Fressmotivation, oder auch der Motivation zur Nahrungssuche zu bestehen scheint. Wichtige Bedeutung dabei hat z. B. das in den gefüllten Fettzellen produzierte **Hormon Leptin**, das über einen Rückkopplungsmechanismus im Bereich des Zwischenhirns und des Hirnstamms ein allgemeines Nachlassen und Absinken der Motivation zur Nahrungssuche und zum Nahrungserwerb bewirkt. Es kann aber auch eine allgemeine verhaltens- und erregungsdämpfende Wirkung haben. Bei schnellem Abnehmen wird die Leptinproduktion in den nun geleerten Fettzellen reduziert oder eingestellt, was zu einer stärkeren Futteraufnahmemotivation führt, und den Erfolg der vorangehenden Diät meist sehr schnell zunichte macht.

Gerade in diesem Zusammenhang finden wir wieder die allostatischen Regulationsmechanismen. Die Leptinsollwerte sind offensichtlich bei vielen, in gemäßigten bis kälteren äquatorfern liegenden Gebieten lebenden Tieren im Jahresverlauf unterschiedlich. Daraus entsteht das bei Bären besonders bekannte Phänomen des Festens und Fastens, das heißt, eine sehr viel stärkere, vor allem auf Fettaufbau hinzielende Suche nach fett-, öl- oder anderen besonders energiereichen Futtermitteln im Bereich des Spätsommers und des Herbstes, und eine viel stärkere Suche nach eiweißhaltigeren Futtermitteln im Frühjahr und Frühsommer. Diese saisonale Rhythmik wiederum kann durch jahresperiodisch schwankende Lichtbedingungen ebenso gesteuert werden wie durch Temperatur, oder eben eine innere Uhr.

Dieses nur scheinbar einfache Beispiel zeigt uns nicht nur, wie verschiedenste Reize, Reizaufnahmefähigkeiten und innere Abwägungsentscheidungen gemeinsam zu einem äußerlich sichtbaren Verhalten führen. Es zeigt auch, wie die Veränderungen im Lauf von Tages- und anderen periodischen Syste-

*Nur ein Bär, der (z. B. durch regelmäßiges ...*

men zu einer Veränderung der Motivation beitragen können.
Besonders interessant wird diese Frage, wenn mehrere, zum Teil sogar konkurrierende Systeme miteinander wetteifern und das entstehende Verhalten gemeinsam beeinflussen. Hier werden die hemmenden, auslösenden, dirigierenden und vorbereitenden Effekte sowohl der Auslösereize als auch der nervösen wie hormonellen, zentralen und peripheren Aktivitäten besonders eng miteinander verknüpft.
Auch bei diesen Studien bedarf es einer sehr hohen methodischen und analytischen Begabung und man sollte daher den Motivationsbegriff nach Möglichkeit nur verwenden, wenn man durch einschlägige Studien nachgewiesen hat, dass es sich hier um ein gemeinsames System handelt.

Im Bereich der angewandten Verhaltensforschung wird der Motivationsbegriff noch häufiger verwendet als im Grundlagen-Forschungsbereich, denn für die Beurteilung von Tierhaltungen, seien es Nutztiere oder Zootiere, oder für die Ausbildung von Tieren, seien es Hunde, Pferde oder andere, sind die aus der Motivationsforschung stammenden Erkenntnisse häufig sehr hilfreich. Jedoch sollten auch hier die einschlägigen exakten Untersuchungen vorangehen, bevor man ein bestimmtes Motivationssystem als gegeben hinnimmt oder einen „Trieb" für irgendetwas postuliert. Dies gilt umso mehr, je komplexer das betreffende System ist und je mehr unterschiedliche Verhaltensweisen darin vorkommen. Auch die Verwendung von Futter als „Motivationshilfe" oder Erpressungsmittel in der Hundeerziehung relativiert sich hier.

*... Fressen fetter Lachse) im Sommer genug Fett aufbaut, kann auch im Winter die Ruhezeit überstehen.*

## BIOLOGISCHE RHYTHMEN

Ein besonderes Phänomen der Regelung, sind biologische Rhythmen. Am bekanntesten dabei sind die **Tagesrhythmen**, die man, weil sie meist nicht ganz genau 24-Stunden-Rhythmen sind, als „circadian", als „ungefähr tagesperiodisch" bezeichnet. Sie sind unter konstanten Lichtbedingungen weitgehend stabil, und zumindest bei Tieren mit eigener Temperaturregulation (wie bei Säugern) sind sie auch über ein weites Temperaturspektrum stabil. Die sogenannte Periode, also der stetig wiederkehrende Zeitabschnitt, nach dem Schlaf- und Wachzyklen ablaufen, muss von innen kommen. Die Rhythmen betreffen ja nicht nur Schlafen und Wachen. Auch Körpertemperatur, Hormonausschüttungen, Herzschlag und andere Basiswerte sind hier zu nennen. Besonders wichtig ist der Tagesgang der Glucocorticoidhormone, da diese auch in Bezug auf Lernvorgänge und Stressbewertung auftauchen (siehe S. 148). Etwa ein bis zwei Stunden vor dem Aufwachen steigt der Cortisolspiegel, und dieser, allerdings individuell unterschiedliche Anstieg bereitet den Körper z. B. auch auf Verdauungsvorgänge vor (Eckert et al., 2002).

*Ein gefüllter Kong kann helfen, einen Hund beispielsweise in den Ruhezustand zu versetzen.*

Auch die Wirkung der Sexual- und Brutpflegehormone unterliegt einer Wechselwirkung mit der Tagesrhythmik (Nelson, 2005). So werden Ratten- und Hamsterweibchen unter Östradiolwirkung früher abends aktiv, Progesteron verlängert als Gegenspieler des Östradiol die Tagesperiodik, Testosteron bei Männchen verkürzt die Periodik offenbar, Kastration verlängert sie bei Männchen und auch das Schilddrüsenhormon und die Hirnanhangsdrüse sind bei der regelmäßigen Steuerung von Bedeutung – Wegfall des Schilddrüsenhormons verkürzt die Tagesperiodik usw.

Die Rhythmik des Schlafes ist aber nicht nur eine 24-Stunden-Rhythmik (Fleissner, 2001). Zwar wird aus dem sogenannten *Nucleus suprachiasmatismus*, einem Kerngebiet im Zwischenhirn, der selbstständige 24-Stunden-Rhythmus ausgelöst, der z. B. zu bestimmten Zeiten den Schlaf erleichtert. „Darunter" gibt es dann die bei Menschen ca. 90-minütigen, zyklischen Schlafformwechsel des **REM** (Rapid Eye Movement, schnelle Augenbewegungen bei entspannter Muskulatur, auch Traumschlaf genannt) und des **NREM**-Schlafes (Non Rapid Eye Movement, bis zum Tiefschlaf reichend). Und dann gibt es im Tiefschlaf noch die Wellen im 0,5- bis 4-Sekunden-Bereich. All das hat nach neueren Erkenntnissen große Bedeutung für die Lern- und Gedächtnisleistung – in den Tiefschlafphasen werden vorher gelernte Zusammenhänge nochmals „durchgespielt", wiederholt und damit gefestigt.Zusammenhänge, die man (Mensch, Ratte) vor dem Einschlafen gerade verstanden hat, werden so neuronal fixiert. Umgekehrt werden auch regelmäßig wiederkehrende Ereignisse, z. B. Futter nur immer zur gleichen Zeit, zur Vorhersage für physiologische Prozesse genutzt („Zeitgedächtnis"). Aber das funktioniert z. B. bei Ratten weniger gut, wenn sie ganztägig Futterzugang haben. Ebenso sind sogenannte Zeitgeber (Licht, aber auch soziale Faktoren) an der Synchronisation

*Ein wahres Hundeleben besteht zu 70–80 % aus Nichtstun.*

der gesamten Aktivität beteiligt. Bedeutsam, wenn auch ganz anders gesteuert, sind die Jahreszyklen, etwa der Fortpflanzungsaktivität. Hier ist, auch gerade von Wölfen und Hundeartigen, der Einfluss der Tageslänge als Zeit- oder Taktgeber von Bedeutung. Es gibt jedoch auch circaannuale innere Uhren, wenngleich noch niemand weiß, wo sie sitzen (Mistlberger und Rusak, 2005).

## TAGES- UND NACHTAKTIVITÄT BEI HUNDEN

In den letzten Jahren sind eine Reihe von Untersuchungen über die Rhythmik des Verhaltens bei Haushunden und ihren Verwandten bekannt geworden. Mehrere Arbeitsgruppen beschäftigten sich mit der Zusammensetzung der Tages- und Nachtaktivität bei Hunden in verschiedenen Haltungssystemen (Zusammenfassung siehe Gansloßer, 2018). Die Schlaf-Wach-Rhythmik von jungen, erwachsenen und alten Hunden unterscheidet sich deutlich: tagsüber waren alte Hunde z. B. über 10 % weniger wach als junge, nachts konnten es bis zu 15 % sein. Auch ein Zusammenhang mit der Fütterungspraxis ergab sich: Wurden die Hunde zweimal täglich gefüttert, schliefen sie tagsüber seltener oder länger. Eine zweimal tägliche Fütterung war auch mit einem leichteren Einschlafen abends und einem leichteren Beginn der morgendlichen Aktivität verbunden. Diese Erscheinung war sogar von der Alterszusammensetzung der Testhunde unabhängig. Wachhunde, die sich auf einem zu bewachenden Gelände befanden, waren in der Nacht in 84 %, tagsüber in 70 % der Zeit inaktiv. Die Schlaf-Wach-Zyklen der Hunde betrugen im Schnitt 16 Minuten, und im Laufe einer achtstündigen Nachtphase hatten die Hunde in dieser Untersuchung 23 Schlaf-Wach-Episoden, auch wenn sie menschennäher lebten, änderte sich dies nur wenig. Aufgrund der kürzeren und flexibleren polyphasischen Schlafrhythmik können Hunde, wie eine Untersuchung an Drogenspürhunden zeigte, Schichtarbeit offensichtlich besser wegstecken als Menschen. Trotzdem veränderte sich zumindest in der nächsten nachfolgenden Arbeitsschicht ihr Schlafrhythmus nach einer längeren Urlaubszeit deutlich. Aktuelle Untersuchungen, wiederum mit Hilfe von modernen Methoden der Elektroenzephalogrammbestimmung, Pulsraten und anderer physiologischer Messwerte zeigten in der Budapester Arbeitsgruppe, dass Hunde nach einem aktiven Tag mehr schliefen und früher schläfrig waren als nach einem ruhigen Tag. Hunde, die auswärts schlafen mussten, hatten seltener den tiefen REM-Schlaf, der durch

schnelle Zitterbewegungen der Augäpfel charakterisiert ist. Nach einer positiven sozialen Interaktion mit Menschen, waren die Pulsrate und deren Schwankungsbreite gegenüber dem Schlaf nach negativen Erlebnissen (Trennung, Bedrohungstests) deutlich verändert.
Auch die Jahresperiodik von Hunden lässt sich nach neueren Erkenntnissen durchaus mit verschiedenen Faktoren, beispielsweise wiederum Tageslänge und Temperatur in Einklang bringen. Der Münchner Zoologe Matthias Starck (Starck und Gerth, 2012) konnte an Schlittenhunden in Grönland zeigen, dass bereits vor dem Schneefall sich die Stoffwechselphysiologie der Hunde deutlich gegenüber dem sommerlichen Gammeldienst veränderte (siehe S. 32).

## FORTPFLANZUNGSPERIODIK

Bekannter sind die jahresperiodischen Auswirkungen auf den Fortpflanzungszyklus der Hunde. Während die meisten wild lebenden Hundeartigen eine einmalige, durch eine Frühjahrsläufigkeit gekennzeichnete Fortpflanzungsperiodik aufweisen, werden viele Haushunde, vor allem die modernen Rassen, zweimal im Jahr läufig. Gerade im Bereich der Frühjahrsläufigkeit wird jedoch immer wieder berichtet, dass ein plötzlich nochmals spät einsetzender Wintereinbruch im Februar, oder eben auch in Bezug auf die Herbstläufigkeit ein besonders langer, heißer und trockener Sommer, zu einer Verschiebung der jeweiligen Läufigkeitsintervalle nach hinten führte.
Nicht nur die an Wildhunden durchgeführten Untersuchungen von Cheryl Asa (Asa, 1997), sondern auch Untersuchungen von Eberhard Haase (Haase, 2000) an Haushunden lassen erkennen, dass bei Rüden eine Saisonalität in der Produktion der Fortpflanzungshormone, und daraus auch eine Veränderung im sexuellen Verhalten und der sexuellen Motivation, übriggeblieben ist.
Was man so gemeinhin als „innere Faktoren“ bei der Verhaltensregulation und Verhaltensauslösung zu bezeichnen pflegte, ist also ein komplexes Netzwerk unterschiedlichster Bedingungen und Zusammenhänge. Der Begriff der Motivation sollte also, wie alle hier vorgestellten Überlegungen immer wieder betonen, mit sehr viel mehr Vorsicht benutzt werden, als dies im Zusammenhang mit einer zwar pragmatischen, aber nicht immer theoriegestützten Arbeit mit Hunden häufig geschieht.

*Tageslänge und Temperatur ändern die Stoffwechselphysiologie bei Schlittenhunden.*

# ONTOGENETISCHE PROZESSE

## STEREOTYPIEN UND ZWANGSSTÖRUNGEN

Stereotypieverhalten umfasst anormale Verhaltensweisen, die sich häufig in wiederkehrenden, routinierten oder zwanghaften Verhaltensweisen widerspiegeln. Sie finden sich bei vielen Tierarten.
Stereotypien entwickeln sich z. B. durch eine Steigerung der Aktivität oder einer Verkleinerung des Lebensraums. Zudem scheinen sie sich dann zu entwickeln, wenn eine angemessene Reaktion auf interne oder externe Reize nicht mehr möglich ist (Pomerantz et al., 2013).
Während einer Verhaltensanomalie ist die Aktivität des zentralen Nervensystems, die für die Freisetzung des Adrenocorticotropins (ACTH) zuständig ist, vermindert, und das Gleichgewicht im dopaminergen (Belohnungs-)System ist wieder hergestellt (Cooper & Nicol, 1993). Hier vermutet Garner (2006) sogar, dass es eine Art Schlüsselsystem im präfrontalen Cortex geben muss, dessen Fehlfunktion für stereotypisches Verhalten verantwortlich ist.

### HYPERAKTIVITÄT

Eine andere Störung, die für Stereotypien verantwortlich sein kann, ist eine Fehlfunktion in den Basalganglien (dorsales Striatum), was Hyperaktivität, schnelle sich wiederholende oder sich abwechselnde Verhaltensweisen und Stereotypien zur Folge haben kann (Garner, 2003). Lewis et al. (2006) vermuten ebenfalls, dass eine Veränderung der Basalganglien, genauer gesagt eine Störung im Kreislauf zwischen dem motorischen Cortex und dem dorsalen Striatum, der Grund für Stereotypien in Gefangenschaft sein kann.

### BEWÄLTIGUNGSHYPOTHESE

Neue Situationen können sowohl bei erwachsenen Tieren als auch Kindern zu Aufregung führen und die damit verbundene Veränderung eines routinierten Verhaltens endet oft in Stress. Stereotypien können daraufhin die Anspannung und Unsicherheit wieder vermindern, sie dienen sozusagen der Selbstberuhigung. Sie können uns helfen, mit ungünstigen Umgebungen besser fertig zu werden („Bewältigungshypothese").
Diese „Bewältigungshypothese" geht davon aus, dass Stereotypien die Antwort auf ungünstige oder stressige Umweltbedingungen sind, wobei es verschiedene Formen der Stereotypien gibt, und diese können dementsprechend unterschiedliche Ursachen haben (Cooper und Nicol, 1993):

1. Tiere mit stereotypem Verhalten zeigen weniger Stressanzeichen (wie z. B. Magengeschwüre).
2. Zwanghafte Verhaltensweisen, wie krankhaft gesteigerter Durst, können die Hypophysen-Nebennierenrinden-Aktivität reduzieren (z. B. bei Nagetieren).
3. Opioid-Antagonisten wie Naloxon, können stereotypes Verhalten vermindern, was darauf schließen lässt, dass Stereotypien die Opioid-Aktivität steigern und somit ebenfalls zur Stressverminderung beitragen

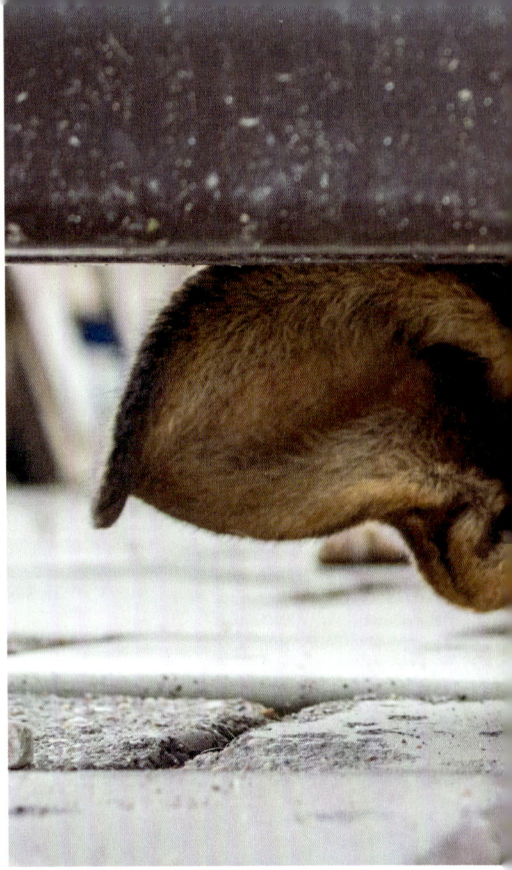

Wie die Opioid-Antagonisten, vermindern auch Dopamin-Antagonisten stereotypes Verhalten (vgl. Wühlmäuse, Schoenecker & Heller, 2001). Demnach setzen stereotype Verhaltensmuster nicht nur Opioide, sondern auch Dopamin im Belohnungszentrum frei (Cooper und Nicol, 1993). Nichtsdestotrotz wird diese Hypothese der positiven Wirkung von Stereotypien von zahlreichen anderen Studien nicht belegt. Hier werden gegenteilig dazu die negativen Folgen stereotypen Verhaltens in den Vordergrund gerückt, jedoch niedrigere Pulsraten ebenfalls genannt (Schouten und Wiepkema, 1991). Es gibt für diese Hypothesen demnach einige Pros und Contras, nichts be- oder widerlegt die Aussage eindeutig. Darüber hinaus gibt es eine große Vielfalt an stereotypem Verhalten. Untersuchungen an flankensaugenden Dobermann-Hunden (Luescher, 2010) zeigen ebenfalls die enorme innerartliche Variabilität der Stereotypien und Zwangshandlungen sogar zwischen Vollgeschwistern.
Viele Faktoren spielen hierbei eine große Rolle. Ein äußerst wichtiger sozialer Faktor bei Affen ist z. B. die Fellpflege, welche u. a. soziale Bindungen ermöglicht. Fehlt die soziale Fellpflege (aufgrund fehlender Sozialpartner oder sozialer Ablehnung), wird die Menge an Endorphinen gesenkt

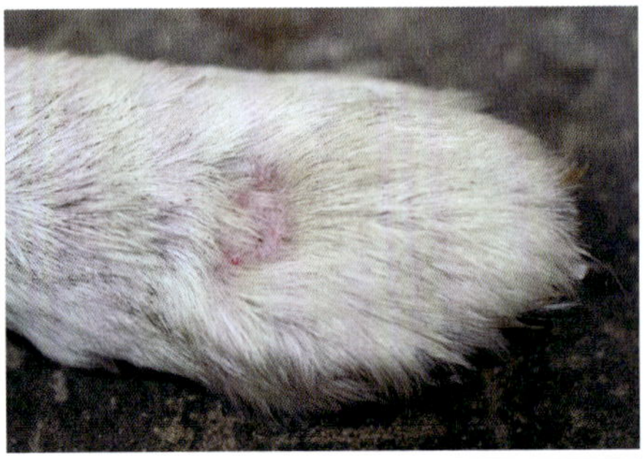

*Übertriebenes Lecken führt häufig zu entzündlichen Hautveränderungen.*

*Oftmals versuchen verunsicherte Hunde auch, ...*

und es kann dazu kommen, dass das Tier schließlich an den eigenen Haaren zieht (Pomerantz et al., 2013).
Tiira et al. (2012) und andere zeigen zur Entstehung von Stereotypieneigungen (oft erst etliche Monate nach den ungünstigen Bedingungen) z. B. Einflüsse durch unsichere Mütter oder Probleme in der Zuchtstätte bei mehreren Hunderassen.

## FRUSTRATION

Zu einer Frustration kann es auch dann kommen, wenn eine negative Rückkopplungsschleife auf ein motiviertes Verhalten nicht mehr funktioniert (im engl.: frustrated motivation hypothesis). Beispielhaft wäre die Flucht eines Tieres, das einer Gefahr entkommen möchte und wegrennt, aber aufhört zu rennen, wenn es erfolgreich entkommen ist. Funktioniert dieses Feedback auf das Verhalten nicht mehr, dann endet es in Frustration und schließlich in stereotypem Verhalten.

*... sich dem störenden Reiz durch Verstecken zu entziehen.*

Außerdem kann es noch zu einer Frustration aufgrund fehlender kognitiver Herausforderungen kommen. Primaten aber auch Carnivoren benötigen z. B. in freier Wildbahn eine ganze Reihe kognitiver Fähigkeiten, insbesondere für ihr räumliches Gedächtnis, was u. a. wichtig für die Futtersuche oder der Vermeidung von Begegnungen mit Feinden ist.

## LINDERUNG VON STEREOTYPIEN

Sind Stereotypien erst einmal ausgebildet, so können sie oft auch durch nachträgliche enorme Verbesserungen der Lebensbedingungen nicht mehr beseitigt werden. So zeigen die Dissertation von Ulrike Richter (2004) an Braunbären und die Laborstudie an Mongolischen Rennmäusen von Christoph Wiedenmayer (1997) ein Beibehalten auch dann, wenn die ursprünglichen Mängel in der Lebensqualität bzw. das Fehlen der spezifischen Reize, deren Appetenz zur Stereotypie führte, beseitigt sind.

Ein Ansatz zur Linderung könnte noch die pharmazeutische Therapie sein. Am häufigsten kommen hier Medikamente zum Einsatz, die entweder das Serotoninlevel erhöhen, die Dopaminaktivität regulieren oder dem Opiatsystem entgegenwirken. Obgleich viele der eingesetzten Pharmaka nur auf ein Neurotransmittersystem oder auf einen spezifischen Rezeptortypen einwirken, können sie auch auf andere Nervensysteme im Körper Einfluss haben. Speziell die über den Mund verabreichten Medikamente haben den Nachteil, nicht nur die Rezeptortypen in den Zielregionen des Gehirns zu beeinflussen, sondern auch weitere Rezeptoren, wie sie in verschiedenen Körperabschnitten zu finden sind, was zu Nebenwirkungen führen kann (Mills und Luescher, 2006). Dementsprechend sollten immer, ehe man in die Medikamententasche greift, verhaltenstherapeutische Maßnahmen vorgezogen werden.

# PLASTIZITÄT IM ERWACHSENENSTADIUM

Die adulte Nervenzellbildung (Neurogenese) wird u. a. von Wachstumsfaktoren und Hormonen reguliert. Im klinischen Bereich ist die Entwicklung von neuen Nervenzellen im Hippocampus bereits für den Einsatz von Pharmazeutika, die über das Neurotransmittersystem wirken, von Bedeutung. Beispielsweise verändern Antidepressiva den Serotoninspiegel und wirken damit nicht nur Depressionen entgegen, sondern steigern zusätzlich die Teilung von Stammzellen im Hippocampus, einer Hirnregion, die normalerweise nicht im Zusammenhang mit Emotionen steht. Nach der Zellteilung bilden sich zunächst Vorläuferzellen, die sich dann zu Neuronen ausdifferenzieren. Zudem erhöhen sie die Entwicklung von dendritischen Verbindungen und verbessern die Überlebenschance neu gebildeter Neuronen im Hippocampus (Sahay und Hen, 2007; Santarelli et al., 2003).

## NERVENZELL-REPARATUR DURCH SEROTONIN

Die Ursache findet sich in einer Art „Nervenzell-Reparatur“ durch das Serotonin. Da Antidepressiva wie Serotonin-Aufnahmehemmer wirken und somit mehr Serotonin „frei“ ist, wird dadurch die Nervenzellbildung im Hippocampus stimuliert. Demzufolge scheint der Hippocampus auch im Gefühlshaushalt eine Rolle zu spielen. Bislang fanden diese Studien allerdings nur an Nagetiermodellen (wie Mäusen und Ratten) statt, die auf einer „erlernten Hilflosigkeit“ basieren (siehe S. 163). Dabei wird den Tieren beim Schwimmen eine sichere Plattform weggenommen, sodass sie irgendwann hoffnungslos aufgeben, weiter zu schwimmen. Da diese sensitiv auf Antidepressiva reagieren, wäre eine ähnliche Wirkung bei depressiven Menschen durchaus denkbar (Schulz et al., 2016).

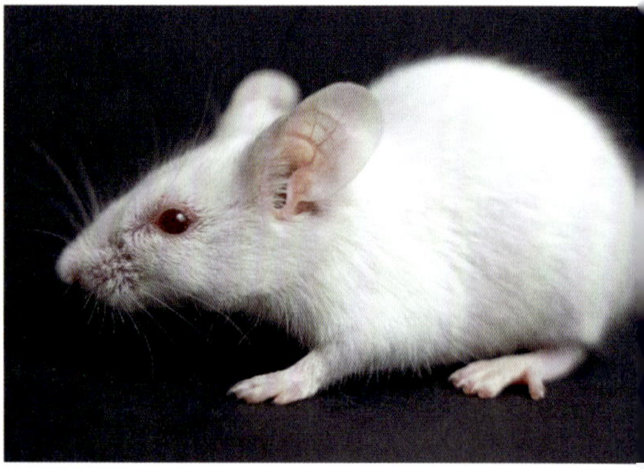

*Auch wenn sie äußerlich gleich aussehen, unterscheiden sich Labormäuse genetisch sehr.*

Veränderungen im neuronalen Netzwerk bilden die Voraussetzung für Gedächtnisleistungen und Lernen. Diese synaptische Plastizität beruht insbesondere auf Veränderungen der synaptischen Verbindungen zwischen den Nervenzellen. Einer der Hauptorte im Gehirn ist der Hippocampus (Takeuchi, 2014).

## NERVENZELLEN BLEIBEN VERÄNDERBAR

Die Hauptfunktionen des Hippocampus betreffen das Lernen, Ängstlichkeit und Stressregulierung sowie Gedächtnisfunktionen. Einst wurde davon ausgegangen, dass strukturelle Veränderungen im Bereich des Hippocampus nur in der Jungtierentwicklung der Säugetiere stattfinden. Doch inzwischen weiß man, dass die Nervenzellen des Hippocampus ein Leben lang plastisch bzw. veränderbar bleiben (Leuner und Gould, 2010). Es zeigte sich, dass die genetisch veränderten Mäuse, bei denen die adulte, neuronale Plastizität im Hippocampus unterdrückt wurde, gestresster waren als die Mäuse, bei denen die neuronale Plastizität noch vorhanden war – ein Beleg dafür, dass die Ausbildung des Stresssystems keineswegs mit der Vollendung der Jungtierentwicklung abgeschlossen ist, sondern noch im Erwachsenenalter durch Strukturveränderungen im Hippocampus verfeinert wird (Leuner und Gould, 2010).

Zudem weisen Mäuse, die vorher in Isolation ohne Sozialkontakte lebten, später in einer angereicherten, komplexen, sozialen Umgebung Änderungen in ihrer Hippocampusregion auf. Es finden sich jetzt mehr und zudem stabilere synaptische Verbindungen zwischen den einzelnen Nervenzellen (Takeuchi, 2014).
Ein vor allem für das räumliche Gedächtnis wichtiger Bestandteil des Hippocampus ist der sogenannte *Gyrus dentatus*, der auch als Eingangsstation des Hippocampus gilt. Insbesondere bei sehr mobilen Säugetierarten mit großen Lebensräumen ist in dieser Hippocampusregion eine große neuronale Plastizität zu erwarten.

## VERÄNDERUNGEN WÄHREND DER SCHWANGERSCHAFT

Eine Schwangerschaft erfordert einige Hormonveränderungen (Oxytocin, Östrogen und Co) und viele weitere biologische Anpassungen. Fühlbar sind die drastischen Umbrüche im Körper zum Teil durch Stimmungsschwankungen oder Unwohlsein. Die Hormonschübe bleiben jedoch nicht ohne Folgen für das weibliche Gehirn: Während der Schwangerschaft wird die weibliche Gehirnstruktur verändert und diese Veränderungen bleiben sogar bis zu zwei Jahren nach der Schwangerschaft bestehen. Bestimmte Bereiche der grauen Substanz sind nachweislich verringert, unter anderem in den Regionen des präfrontalen und temporären Kortex (wichtige Bereiche für die soziale Kognition und für Emotionen). Es handelt sich vermutlich um einen Anpassungsmechanismus, der auf die späteren Aufgaben als Mutter vorbereitet, damit sie den Bedürfnissen der Babys gerecht werden können. Dabei werden einige schwache Synapsen entfernt, um neuen, effizienteren synaptischen Verbindungen Platz zu machen.
Ähnliche Umbauten finden sich in der Pubertät, bei der die Hormonschübe für das Einleiten des weiblichen Zyklus verantwortlich sind. Auch hier verändert sich nachweislich die Funktionsweise des Gehirns.

*Während der Trächtigkeit und frühen Aufzuchtzeit von Labornagern, lassen sich die unterschiedlichen Einflüsse der Umwelt besonders gut darstellen, da die sogenannten Inzuchtstämme genetisch aus identischen Individuen bestehen.*

# REIZAUFNAHME, KOMMUNIKATION UND LERNEN

# REIZAUFNAHME UND -VERARBEITUNG

Soziale Kommunikation ist eines der wichtigsten Elemente des Zusammenlebens, und daher auch für Trainings- und Erziehungsmaßnahmen von außergewöhnlicher Bedeutung. Bevor wir jedoch über die Mechanismen der Informationsweitergabe und -verarbeitung, also Kommunikation im engeren Sinne, sprechen können, muss über Reizaufnahme und Reizverarbeitung im Sinnes- und Nervensystem allgemein gesprochen werden. Eine Vielzahl von Reizen muss erkannt und danach einer Kategorie zugeordnet werden. Die Kategorisierung erfolgt oft durch eine Kombination mehrerer Reize nach dem Schema: Reiz A und B zusammen bedeutet X, Reiz A und C dagegen Y.

Bekanntes Beispiel dafür ist etwa die Bewertung von Reizkombinationen als Feind bzw. keine Gefahr durch Hühnervögel: Wird ein schwarzes Kreuz mit dem kürzeren Arm voran über den Hühnerhof gezogen, bedeutet es: Greifvogel = Flucht. Wird es dagegen mit dem langen Arm voran gezogen, bedeutet es: Gans o. Ä. = harmlos.

Leider sind solche Untersuchungen an großen Säugern noch kaum systematisch gemacht worden. Die Verarbeitung der Reize führt uns in ein komplexes Netzwerk von Hirnzellen und deren Verbindungen, bis schließlich ein Auslösemechanismus entsteht – der wiederum sehr einfache Merkmale haben kann.

So ist, wie zahllose Arbeiten an Carnivoren (Leyhausen (2005) an Katzen, Eisenberg und Leyhausen (1972) an diversen Kleinraubtieren) gezeigt haben, die Reizkombination „kleiner als ich, schnelle geradlinige Bewegung von mir weg" das klassische Auslöseschema für Beutefang, und als solches sehr schwer zu beeinflussen, Antijagdtraining hin oder her!

*Das Üben der arttypischen Kommunikation gehört zu den wichtigsten Ereignissen in der Entwicklung.*

## VERARBEITUNG DES GESEHENEN

Die Einzelbestandteile des Netzwerks an Kommandoelementen im Gehirn dienen sehr verschiedenen Verhaltensweisen, z. B. dem Beutefang, der Flucht oder dem Paarungsverhalten. Durch die dazwischen geschalteten Kommandoauslösesysteme wird, bei Vorliegen der richtigen Reizkombination, das jeweilige Verhalten ausgelöst. Und in vielen Fällen (Ewert, 2005) kennen wir bereits die dafür zuständigen Nervenzellen oder -zentren.

Bei Primaten (und sicher auch vielen anderen optisch orientierten Säugern) erfolgt die Verarbeitung des Gesehenen im Gehirn in sogenannten Säulen, einer Reihe von bis zu neun übereinander geschalteten Zellschichten im zuständigen Zentrum der Hirnrinde. Die Reize werden in jeder Säule von der untersten zur obersten Schicht „durchgereicht" und dabei zunehmend in Schärfe, Kontrast und Form bearbeitet. Manche Säulen sind für die Orientierung von Kontrastunterschieden, andere für Linienverläufe, wiederum andere für Bewegungen etc. zuständig. Zusammen mit bestimmten Erinnerungen an ähnliche, schon gesehene Strukturen (die aus dem limbischen System kommen), wird dann der Gegenstand z. B. als „rote Wurst" erkannt. Eine Reihe von Neuronen sind, bei Primaten und auch Schafen nachgewiesen, für die Gesichtererkennung zuständig – selbst bei fremden Arten (Schafe erkennen Hundegesichter!).

In der Verarbeitung von Reizen aus dem linken und dem rechten Auge finden wir abwechselnd nebeneinander angeordnete optische Säulen, die über die sogenannte **okulare Dominanz** jeweils vorzugsweise Impulse aus einem der beiden Augen verarbeiten, während die aus dem jeweils anderen Auge eher gehemmt oder in schwacher Intensität weitergereicht werden. Diese nebeneinanderliegenden Säulen, mit den beiden okular dominanten linken bzw. rechten Verarbeitungsprioritäten, sind wohl ein weiterer wichtiger Teil in der Entwicklung des räumlichen Sehens. Toyoizumi und Miller (2009) sowie Tomita et al. (2012) haben die molekularen Zusammenhänge dieser optischen Säulen am Beispiel der Entwicklung des Sehsystems von Katzen ausführlicher untersucht. Die Differenzierung der optischen Säulen kann nur dann erfolgen, wenn in einer sensiblen Phase optische Reize über die beiden Augen eingehen. In diesem Fall werden dann die molekularen Entwicklungsmechanismen durch Bildung spezieller Proteine und Freischaltung der nachfolgenden Differenzierungsprozesse eingeleitet. So spielen auch aktivitätsabhängige Lernprozesse eine Rolle, so dass auch hier wieder eine Verzahnung aus Bewegung, Reizaufnahme und Hirnentwicklung ein weiteres Mal deutlich wird.

### SELEKTIVE AUFMERKSAMKEIT

Aber die Erkennung ist nur ein Teil der Abläufe. Denn die nun folgende selektive Aufmerksamkeit ist ebenfalls ein Merkmal der neuralen Systeme: **Was das Tier nicht sehen „will", sieht es nicht.**

Selektive Aufmerksamkeit kann man durch Training beeinflussen: Lernt ein Affe, dass er bei einem roten Balken eine bestimmte Handlung vollbringen soll, dann feuern bestimmte Nervenzellen, wenn ein roter und grüner Balken gleichzeitig zu sehen sind. Ist dagegen das Training auf einen grünen Balken erfolgt, sind die gleichen Zellen beim gleichen Bild still. Ebenso können je nach Motivation bestimmte Neurone still sein, und dann werden bestimmte, z. B. ablenkende Reize, neuronal ausgeblendet. Die dafür verantwortlichen Netzwerke unterliegen einer starken Plastizität, sie können sich im Gehirn je nach Gebrauch oder Nichtgebrauch ausdehnen oder schrumpfen. Dies betrifft Anforderungen durch besondere Tätigkeiten (bei Geigern erweitert sich der der linken Hand zugeordnete Bereich der Hirnrinde)

*Hütehunde zeigen oftmals ein erhöhtes Aufmerksamkeitsverhalten für all diejenigen Reize, die mit ihrer Arbeit zu tun haben.*

oder Ersatz nach Verlust einer Sinnesmodalität (Blindheit). Durch moderne Methoden kann man diese Hirnregionen am lebenden Tier bei der Arbeit beobachten. Bemerkenswert ist hier noch zu vermerken, dass bei Haustieren die Zahl der übereinander angeordneten Zellschichten in der Hirnrinde geringer ist als bei ihren wilden Stammesformen – dadurch kann die Bilderkennung und -bearbeitung schlechter ausfallen (Herre und Röhrs, 1990). In jedem Fall sind diese zentralnervösen Prozesse und ihre Dynamik einer der Hintergründe für mangelnde Reaktion auf Kommandos, sei es bei Phobien, beim Jagen, oder bei intensivem Spiel. Wenn dann Besitzer klagen: „Der hört wieder überhaupt nicht", ist das vielleicht viel wörtlicher zu verstehen, als sie denken!

## DIE BLAUE STUNDE

In vielen Fällen sind solche Aufmerksamkeitsfilter wieder auf unterschiedlichen Ebenen und in unterschiedlichen Teilbereichen des Gesamtsystems zu finden. Zum einen finden wir sie als echte, im engeren Sinne sensorische Filter bereits im Bereich der aufnehmenden Sinnesorgane. Ein gutes Beispiel aus dem Hundebereich ist die Eigenschaft der Sehzellen, speziell der für Farbensehen zuständigen Zapfen auf der Netzhaut des Hundes (und seiner wilden Verwandten): Während für uns Primaten die Empfindlichkeit insbesondere im Bereich Rot und Orange besonders deutlich ist, haben Hunde die größte Sehempfindlichkeit im Bereich blauen Lichtes. Es ist sinnesökologisch durchaus verständlich, da Hundeartige überwiegend in der Dämmerung jagen, und die sogenannte blaue Stunde zeigt ja bereits als allgemein gängiger Begriff, dass dann alle Objekte, auch die Beutetiere, in einem bläulichen Licht erscheinen. Wer in diesem Bereich eine besonders gute Differenzierung und eine besonders hohe Empfindlichkeit auf der Netzhaut aufweist, kann sich bewegende Beutetiere besser erkennen und vor dem Hintergrund identifizieren.

## FILTER IM BEREICH ZENTRALNERVÖSER VERARBEITUNG

Neben diesen, auf der Ebene der Sinnesorgane vorhandenen unterschiedlichen Filter, finden wir noch weitere im Bereich der zentralnervösen Verarbeitung. Auch hier gibt es viele Beispiele in der Nahrungswahl unterschiedlichster Tierarten (vgl. Gansloßer et al., 2019). Jedoch wird auch das Zusammenspiel zwischen diesen Filtermechanismen und den vorangehenden und nachfolgenden Bewegungsabläufen, z. B. im Balz- und anderen Kommunikationsverhalten, im innerartlichen Bereich zunehmend untersucht. Auch die Wirkung von Pheromonen, die durch spezielle Erkennungsmechanismen im Bereich der chemischen Sinnesorgane erst ermöglicht wird, und im strengsten Fall sogar von einem einzigen, genau festgelegten Molekültyp abhängig ist, wird durch solche Filtermechanismen erklärbar (siehe Mills und Braem, 2018). Hier sind wahrscheinlich die Rezeptoren in den Sinnesorganen, speziell im sogenannten Jacobsonschen Organ im Munddach, zu finden. Auch hier wird jedoch in den zentral verarbeiteten Institutionen, z. B. im limbischen System, dem Emotionsgehirn, eine spezifische Reaktion erst noch verstärkt. Wie detailliert und fein abgestimmt solche Filter sein können, zeigen neuere Ergebnisse der Gruppe von Mario Siniscalchi (Siniscalchi et al., 2016): Die Fähigkeit der Hunde, unterschiedlich emotional „aufwühlende" Düfte entweder mit dem linken oder rechten Nasenloch zu untersuchen, werden wir später kennenlernen. Bemerkenswert ist, dass Hunde den Duft eines emotional belasteten Hundes (in Vereinsamung) mit dem **rechten**, den eines emotional aufgewühlten

*Zur Geruchsdifferenzierung, in verschiedenen geruchlichen Umgebungen, muss der Hund ein gutes Unterscheidungsvermögen einsetzen.*

(nach Anschauen eines Furcht oder Freude auslösenden Filmes) oder körperlich angestrengten Menschen (nach 15-minütigem Lauf) mit dem **linken** Nasenloch untersuchten. Die Filterung und Verarbeitung ist also offenbar für beide Arten von Duft ganz verschieden!

Zu den zentralen, im Gehirn und den verarbeitenden Zentren ablaufenden Filter- und Verstärkungsmechanismen gehören z. B. die Phänomene der Kontrastverstärkung. Wenn eine Sinneszelle, oder eine Gruppe von eng miteinander verschalteten Zellen, eine Erregung in das betreffende Zentrum schickt, werden durch parallellaufende hemmende Synapsen an den Nachbarzellen diese in ihrer Empfindlichkeit heruntergeregelt oder sogar auf stumm geschaltet. Dadurch wird das Rauschen, das durch einen unsauberen Reizeingang entstehen könnte, verhindert, und eine scharfe, gut abgegrenzte Wahrnehmung ermöglicht (sei es eine Kontur im optischen oder ein reinerer Ton im akustischen System). Die genannten Vorgänge sind auch durchaus wieder zeitlich und umweltabhängig flexibel.

## KONTRASTWAHRNEHMUNG UND -VERSCHÄRFUNG

Eine Möglichkeit, wie mit Hilfe der Kontrastwahrnehmung und Kontrastverschärfung eine bessere Reizverarbeitung ermöglicht wird, finden wir z. B. in Form der **rezeptiven Felder** im optischen System. Wird ein zentraler Lichtpunkt auf ein solches rezeptives Feld gesetzt, so werden die in der Peripherie dieses Feldes befindlichen Nervenzellen auf stumm geschaltet. Im Dämmerlicht oder bei Dunkelheit dagegen wird diese Kontrastverschärfung ausgeschaltet. Nun spricht eine Zelle am Rand des rezeptiven Feldes genauso auf den Lichtpunkt an, wie die im Zentrum. Dadurch ist bei Schwachlichtbedingungen ein zwar unschärferes, aber eben trotzdem lichtstärkeres Sehen möglich.

Änderungen der rezeptiven Felder sind z. B. auch im Zusammenhang mit der Schmerzwahrnehmung bekannt. Beim Akutschmerz haben viele Schmerzrezeptoren auf der Haut sehr gut abgegrenzte rezeptive Felder, die z. B. im Zentrum des gereizten Feldes den Schmerz weiterleiten, in der Peripherie aber die Reizweiterleitung unterdrücken. Deshalb können wir bei einer Akutverletzung recht gut auch mit geschlossenen Augen beschreiben, wie lange und wo genau z. B. die Schnitt- oder Risswunde ist. Im Laufe einiger Stunden jedoch ändern diese rezeptiven Felder ihre Eigenschaften. Deshalb haben wir plötzlich eine weniger klare, eher diffuse Schmerzwahrnehmung. Kommt dann noch eine leichte Entzündung der Wundränder hinzu, wird auch die weiter entfernte Umgebung der Haut reizbar, und ist z. B. für leichte Berührungen empfindlich geworden.

## EINFLUSS VON OXYTOCIN

Mit solchen und anderen, neurobiologisch sehr komplexen Mechanismen (Näheres in Lehrbüchern der Neurobiologie, z. B. Dudel et al., 2001) können Tiere ihre Umwelt sehr viel differenzierter wahrnehmen, als das mit den rein physikalischen Eigenschaften ihrer Sinnesorgane zu erklären wäre. Ein im Sozialverhalten des Hundes neu entdeckter Filtermechanismus wird offensichtlich durch das auch in anderen Zusammenhängen immer wieder untersuchte Sozialhormon Oxytocin ausgelöst (vgl. soziale Beziehungen, S. 233). Kis et al. (2017) sowie Oliva et al. (2015) beschreiben, dass Hunde unter dem Einfluss einer kurzfristigen Oxytocingabe auf Zeigegesten des Menschen oder auch auf das Verfolgen von Blickkontakt wesentlich besser ansprechen und die damit übermittelten Informationen zielgerichteter anwenden können. Auch hier ist offensichtlich ein Filtermechanismus eingeschaltet, sei es im Bereich der Bindungsstellen für das Oxytocin in den zuständigen Gehirnabschnitten, oder einer veränderten Reizweiterleitung.

*Magnetische Felder steuern z. B. den Beutefang von Füchsen im hohen Gras.*

## SINNESORGANE

Über die Sinnesausstattungen und Sinnesorgane des Hundes liegen eigenständige, sehr umfassende Zusammenfassungen vor (Rauth-Widmann, 2014).

Hier sollen daher nur einige neuere Entwicklungen in der Kenntnis der Sinnesleistung von Hunden besprochen werden, die in der Zwischenzeit noch weiter bekannt wurden. Zwei, erst in den letzten Jahren untersuchte und beschriebene Sinnesleistungen bei Hunden seien deshalb hier erwähnt (Näheres siehe Gansloßer und Kitchenham, 2019). Hunde sind offensichtlich in der Lage, höchstwahrscheinlich mit Hilfe ihrer kalten und feuchten Nase, Wärmereize sehr differenziert aufzunehmen und zwischen unterschiedlich warmen Gegenständen auch auf Distanz zu unterscheiden. Kröger (2015) beschreibt, dass Hunde auf die Distanz von mehreren Metern zwischen zwei, hinter einer Sichtschutzwand abgestellten Plastikkanistern mit heißem bzw. kaltem Wasser, in einem Differenzierungsversuch zielsicher und statistisch signifikant unterscheiden konnten. Die Fähigkeit der kalten und feuchten Hundenase ist, und das war auch für ihn einer der Hinweise darauf, dass die Wärmerezeptoren eben dort sitzen, offensichtlich mit diesem feuchten und kalten Zustand verbunden. Wenn Hunde im Schlaf oder kurz nach dem Aufwachen noch eine warme Nase haben, scheint ihre Fähigkeit zur **Wärmedifferenzierung** noch nicht so gut ausgestaltet.

Ebenso bemerkenswert, eventuell sogar noch bedeutsamer, z. B. für die Ausbildung und Anwendung von Suchhunden, ist die inzwischen deutlich nachgewiesene Fähigkeit zur **Wahrnehmung von magnetischen Feldern** (Martini, 2018; Burda, In: Gansloßer und Kitchenham, 2019). Die Existenz einer Magnetwahrnehmung wurde ursprünglich durch Beobachtungen an Hunden und Rotfüchsen nahegelegt. So ist der Jagderfolg von Rotfüchsen deutlich erkennbar unterschiedlich, wenn sie im hohen Gras oder im Tiefschnee entlang der magnetischen Nord-Süd-Achse auf eine Maus springen, als wenn sie dies mehr oder weniger schräg oder quer zu dieser Achse tun. Bei Hunden war die erste, wenn auch zunächst merkwürdig anmutende Beschreibung im Zusammenhang mit der Ausrichtung der Körperachse entlang des magnetischen Nord-Süd-Gefälles beim Absetzen von Kot und Urin beschrieben worden. Neuere Untersuchungen aus der Arbeitsgruppe von Hynek Burda (Martini, 2018; Burda, In: Gansloßer und Kitchenham, 2019) zeigen aber, dass Hunde z. B. auch in einem Trümmerfeld versteckte Magnetpole finden können, und sich offensichtlich auch in einem Labyrinth entsprechend orientieren.

# KOMMUNIKATION – GRUNDLAGE EINER BEZIEHUNG

Kommen wir nun zu einigen Voraussetzungen, die bei jedem Tier erfüllt sein müssen, bevor es zur Ausbildung von Beziehungen kommen kann. Die erste und unumgängliche Voraussetzung ist soziale Verständigung, also Kommunikation. Der Kommunikationsbegriff wird ebenfalls sehr unterschiedlich verwendet. Es ist daher sinnvoll, sich vorher auf eine gemeinsame Definition zu einigen. Wir verwenden hier eine Definition, die auf den amerikanischen Verhaltensbiologen Peter Marler zurückgeht:

**Kommunikation ist ein Vorgang, mit dem ein Individuum das Verhalten eines anderen beeinflusst, ohne selbst die für diese Verhaltensänderung notwendige Energie zur Verfügung zu stellen.**

Das bedeutet, dass man zwar den Befehl „Spring von der Brücke" als Kommunikationsakt auffassen kann. Wirft man den anderen aber über das Geländer, ist es keine Kommunikation mehr. So banal dieses Beispiel scheint, gerade bei manchen etwas gewaltbereiten Hundeerziehern ist ein ähnlicher Fall durchaus häufig zu beobachten. Und es entsteht eben keine Kommunikation und damit auch keine Unterwerfung, wenn man den Hund gewaltsam auf den Rücken dreht. Wichtig beim Kommunikationsbegriff in unserem Sinne ist, dass keine „Absicht" des Senders beteiligt sein muss. Auch unabsichtliche Mitteilungen können eine Verhaltensänderung beim anderen auslösen. Auf diesen Erscheinungen beruht häufig die Wirkung eines größeren Zusammenschlusses von Tieren als Informationszentrum. Wenn ein Reiher nach dem Beutezug schwer beladen und mit vollem Kropf in die Brutkolonie zurückkehrt, sehen alle, dass er offensichtlich gute Fischgründe gefunden hat. Fliegt dieses Tier dann wieder los, dann folgen ihm sehr viele seiner Koloniegefährten. Fliegt einer los, der schon mit sehr leichtem und lockerem Flügelschlag und offensichtlich leerem Kropf das letzte Mal zurückkam, folgt ihm oder ihr keiner. Dies zeigt, dass Kommunikationsakte durchaus nicht immer den Interessen des Senders gerecht werden müssen, denn der erfolgreiche Reiher würde sicherlich gerne seine Fischgründe weiterhin für sich behalten.

*Welpe und erwachsener Hund in einer für das Kommunikationsrepertoire des Kleinen sehr wichtigen Situation.*

## KOMMUNIKATIONS-SYSTEM

Ein Kommunikationssystem besteht immer aus drei Bestandteilen:

— Sender
— Empfänger
— Signal

So zumindest lehren es die mehr technisch ausgerichteten Handbücher, wobei biologische Kommunikationssysteme aus wesentlich mehr Elementen bestehen (vgl. McGregor, 2005 a, b).
Es gibt meistens auch **Lauscher**, die sich unweit der verbreiteten Informationen bedienen. Es können störende andere Sender, oder auch mehrere, unterschiedlich motivierte Empfänger vorhanden sein. Und, wie bereits die beschriebenen Versuche z. B. von Heiligenberg an seinen Buntbarschen gezeigt haben, kann auch eine positive, und seltener negative, Rückwirkung des Sendens eines Signals auf die Motivation des Senders selbst entstehen. Kein Funk- oder Radiosender wird deshalb leiser oder mit geringerem Energiebedarf senden, weil er dieselbe Botschaft bereits mehrmals ausgestrahlt hat. Und kein Radioempfänger wird entweder automatisch leiser oder lauter empfangen, weil er diese Botschaft bereits gehört hat. Alle diese Rückkopplungssysteme und Mechanismen sind bei lebenden Tieren und ihrer Signalübermittlung und Signalverarbeitung aber allgemein üblich.
Letztlich ist auch für die Definition von Kommunikation nur dann eine klare Aussage möglich, wenn das Tier eine, von Peter Maler geforderte Verhaltensänderung deutlich erkennbar zeigt. Reagiert das Tier nach außen hin erkennbar nicht, kann entweder ein Nichtverstehen, ein Nichtwollen oder ein Nichtkönnen im zentralen Verarbeitungssystem oder in der Aktivierung der dafür notwendigen Muskelbewegungen bestehen. Gerade in lebensgeschichtlich schwierigen Phasen, sei es in der Pubertät oder beim dementen Senior, tritt so etwas viel häufiger ein, als der Hundehalter gemeinhin annimmt. Nicht alles, was als pubertäres Dominanzgehabe oder Altersstarrsinn beschimpft wird, hat wirklich mit einem Nichtwollen oder gar einem Austesten von

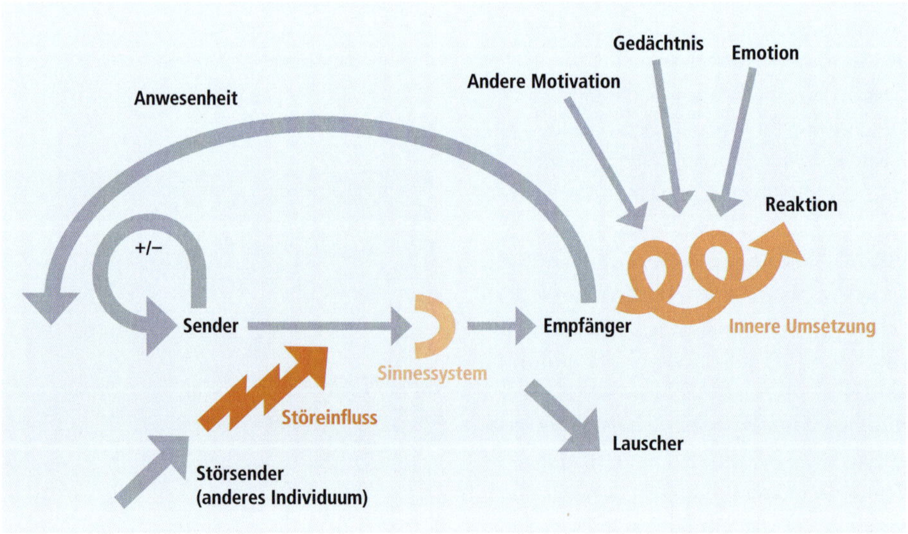


*Sender-Empfänger-Modell*

Grenzen zu tun. Durch die in diesen Altersabschnitten oftmals gestörten Reizweiterleitungen kann ein Signal entweder nur schlecht oder nur schwach ankommen, oder der Zugriff auf die Gedächtnisinhalte, die zur Verarbeitung und Verfolgung des Signals notwendig wären, ist eben kurzfristig oder auch längerfristig gestört.

## EIGENSCHAFTEN VON SIGNALEN

### PHYSIKALISCHE EIGENSCHAFTEN

Das Signal ist eine etwas kompliziertere Geschichte, denn es kann in unterschiedlichen Kanälen gesendet werden, die physikalischen Eigenschaften der verschiedenen Übertragungswege beeinflussen auch die Wirkung des Signals. So sind tiefe Töne über größere Entfernungen wesentlich besser transportabel als hohe Töne, die Fernkommunikation der meisten Tiere findet daher im tieferen Tonbereich statt. Jedoch sind insbesondere kleinere Tiere aus Gründen ihres fehlenden Resonanzraumes nicht in der Lage, tiefe Töne so gut zu produzieren. Wer tiefe Töne produzieren kann, sagt also auch etwas über seine Größe aus. Auf diesem Phänomen beruht z. B. auch die von Taylor et al. (2011) beschriebene Fähigkeit von Hunden, die Größe eines Artgenossen des aufgrund von ihm geäußerten Knurrens deutlich unterscheiden bzw. darauf unterschiedlich reagieren und antworten zu können.

Auch bei der optischen Kommunikation sind die Distanzen von Bedeutung. Fein abgestufte Signale, etwa die ineinander übergehenden verschiedenen Gesichtsausdrücke eines Affen oder auch eines Wolfes, sind über größere Distanzen nicht zu identifizieren. Sie werden daher überwiegend im Innergruppenzusammenhang, im Nahbereich der Kommunikation verwendet. Starre, einigermaßen formkonstante Körperpositionen oder vorgegebene rhythmische Körperbewegungen dagegen sind auch auf größere Distanz gut zu erkennen. Sie werden daher, genau wie die Tieftonkommunikation im akustischen Bereich, auch in der Kommunikation zwischen Gruppen eingesetzt. Man denke an die Heulzeremonien der Hundeartigen oder an die mit heftigen Baumschütteln und Laubrascheln gekoppelten Gesänge der revierabgrenzenden Gibbonpaare.

Signale können, wie wir gesehen haben, entweder diskret oder fein abgestuft sein. Insbesondere die fein abgestuften Signale sind für die Nahkommunikation geeignet, da sie eine sehr große Menge an Information (siehe S. 98) übertragen können. Eine weitere Eigenschaft, in der sich Signalkategorien unterscheiden können, ist die Frage der Willkürlichkeit oder der direkten Zuordenbarkeit.

- **Willkürliche Signale** sind z. B. einfache Warnrufe oder Kopfnickbewegungen.
- **Direkt zugeordnet** werden können solche Signale, die einen direkten Zusammenhang zwischen ihrer Intensität und den Eigenschaften der Situation haben, auf die sie sich beziehen. Etwa, wenn Warnrufe umso lauter oder in umso schnellerem Staccato geäußert werden, je näher der Feind kommt oder je größer er ist. Letzteres ist bei vielen bodenlebenden Nagetieren nachgewiesen. Auch beim Geheul eines Wolfsrudels lassen sich solche anzeigenden Eigenschaften identifizieren, denn das Geheul gibt Aufschluss über Größe, Zusammensetzung und andere Aspekte des Rudels. Solche anzeigenden Signale sind meistens abgestuft graduell, nur selten diskret. Dadurch sind sie allerdings auch wieder einer stärkeren Verzerrung durch physikalische Störeinflüsse der Umwelt unterworfen.
- **Diskrete Signale** sind durch keinerlei Störgrößen der Umwelt aus ihrem Zusammenhang zu reißen. Sie bleiben immer eindeutig.

## SPRACHE

Eine weitere Ungenauigkeit im Zusammenhang mit dem Thema Kommunikation betrifft den Sprachbegriff. In vielen Veröffentlichungen, auch über Hunde und andere Haustiere, wird von deren Sprache, etwa im Sinne von Körpersprache oder anderen Teilen der Kommunikation gesprochen. Es muss hierbei betont werden, dass es sich ganz sicher nicht um eine Sprache handelt. Der Sprachbegriff erfordert nämlich eine Reihe von Voraussetzungen, die einerseits über die Signale, andererseits über die zu den Signalen gehörenden Bezüge definiert werden. Einige dieser Merkmale (siehe Gansloßer et al., 2019) sind:

**Die Signale bei einer Sprache müssen erlernt, durch freie Kombination verwendbar, über die Zeit variabel und in willkürlicher Form, jedoch in geregelten Strukturen verwendet werden.**

Das bedeutet, dass wir bei einer Sprache erwarten können, dass im Laufe der Zeit neue Begriffe, neue Signale, sozusagen neue Modewörter hinzugefügt werden, die es vorher nicht gab. Die Bezüge zu Ereignissen, Zuständen etc. müssen symbolisch sein, sie müssen auch auf abstrakte Ideen und äußere Objekte anwendbar sein, auch sie müssen gelernt und für neue Informationen jederzeit offen sein. Bisher hat man bei keinem anderen Lebewesen, außer dem Menschen, alle Kriterien für Sprache nachweisen können. Es gibt jedoch einige Tierarten, bei denen zumindest Teile dieser Definitionsmerkmale vorhanden sind. So sind die Gesänge der Buckelwale über die Zeit variabel, bestehen aus frei kombinierbaren Einheiten und werden sozusagen durch Modegesänge von einem Jahr zum anderen verändert. Die Warnrufe der Grünen Meerkatzen sind willkürlich, beziehen sich auch auf äußere Objekte, nämlich die verschiedenen Formen der Feinde und sind durch Erfahrung beeinflussbar. Eine Anwendung des Sprachbegriffs auf die Mimik und Körperhaltungen des Hundes dagegen überdehnt den Begriff so sehr, dass er geradezu nutzlos wird. Wir sollten auch das möglichst vermeiden.

### INFORMATION

Wie erwähnt ist der Informationsbegriff im Zusammenhang mit der Signalübertragung bei Tieren sehr wichtig. Allgemein versteht man unter Information die Reduktion der Unsicherheit beim Empfänger. Das heißt, je sicherer sich der Empfänger nach dem Empfang eines Signals über irgendeine Sache ist, im Vergleich zur vorangehenden Unsicherheit, desto mehr Information wurde übertragen. Dies ist bedeutsam, wenn man z. B. Signale wiederholt sendet. Die Unsicherheit wird mit jeder Wiederholung des Signals geringer, aber die größte Reduktion der Unsicherheit findet beim ersten Signal statt. Daher enthält das erste Signal die meiste Information, jede Wiederholung verringert den Informationsinhalt. Man sollte sich also bemühen, Signale von Anfang an eindeutig zu senden und möglichst selten zu wiederholen. Denn sonst nutzen sie sich buchstäblich ab!

## SPRACHVERSTÄNDNIS BEI HUNDEN

Ganz anders, und bei Hunden offensichtlich durchaus vorhanden, ist ein andeutungsweises Sprachverständnis und die Fähigkeit, menschliche Wortsprache zumindest in ihrer Bedeutung zu erlernen. Hunde sind, in einem offensichtlich dem Sprachlernen von Kleinkindern vergleichbaren Prozess, als Fast Mapping (schnelle Verknüpfung) bezeichneten Vorgang, in der Lage, auch die Bedeutung menschlicher Worte mit Handlungen oder Gegenständen zu verknüpfen. Seitdem im Fernsehen bekannt gewordenen Rüden Rico, der nicht nur hunderte von Spielzeugen mit Namen kannte, sondern auch aus einer Reihe

*Die Gesänge großer Buckelwale weisen viele, aber eben auch nicht alle Merkmale einer echten Sprache auf.*

von vorgelegten Spielzeugen mit einem unbekannten Wort zielsicher das damit verbundene unbekannte Spielzeug verknüpfen konnte, sind solche Untersuchungen sehr ausführlich beschrieben worden.
Neue Untersuchungen aus der Budapester Arbeitsgruppe (Näheres siehe Gansloßer und Kitchenham, 2019) gehen jedoch noch weiter: In den dort üblichen Magnetresonanzuntersuchungen, konnten Hunde eindeutig auf lobende Worte des Menschen mit Aktivierung der sowohl emotionalen Bereiche ihres Gehirns als auch der in der Großhirnrinde sitzenden Gehirnregionen antworten. Für lobende und freundlich geäußerte Nonsensworte (Rahbarbar! Banane! BlaBlaBla etc.) dagegen, antworteten sie nur mit dem emotionalen, nicht aber mit dem in der Großhirnrinde angesiedelten Worterkennungszentrum. Auch das, neben vielen anderen auch praktischen Argumenten, ist ein deutlicher Hinweis darauf, dass die von vielen Hundetrainern geforderte nonverbale Kommunikation ganz eindeutig die kognitiven Leistungen eines Hundes unterschätzt und unterfordert. Zusammengefasst zum Sprachthema also: **Hunde sind in der Lage, zumindest Teile der menschlichen Wortsprache zu verstehen und für sich auszuwerten. Ihr eigenes Ausdrucksverhalten sollte jedoch nicht als Körpersprache oder Ähnliches bezeichnet werden.**

## SENDER UND EMPFÄNGER

Signale, so sie denn gesendet werden, wirken meist auch auf den Sender zurück. Ein Tier, das intensiv balzt, imponiert oder sein Revier markiert, hat hinterher eine größere Wahrscheinlichkeit, weitere sexuelle, aggressive bzw. revierverteidigende Verhaltensweisen zu zeigen, als eines, dem diese vorherige Selbststimulation fehlt. Aber auch der Empfänger ist natürlich ein wichtiger Teil des Systems. Hier haben wir wieder einmal ein methodisches Problem: Wir können definitionsgemäß einen Kommunikationsakt im Sinne der vorherigen Definition, also eine Verhaltensänderung, nur erkennen, wenn diese auch stattfindet. Reagiert der Empfänger nicht auf das Signal, dann können wir nicht erkennen, ob er es nicht wahrgenommen, nicht verstanden oder einfach nicht ernst genommen hat. Wir müssen also so lange warten, bis eine Reaktion erfolgt. Vermenschlicht gesagt, wenn ich jemanden den Befehl gebe, tue nichts, was du nicht schon vorher getan hast, dann kann ich nicht feststellen, ob er ohne diesen Befehl nicht plötzlich was ganz anderes getan hätte, dieses ganz andere Tun aber unter dem Eindruck des Befehls eben unterließ. Hier hilft uns wiederum bestenfalls die Statistik weiter, um solche Prozesse zu analysieren.

*Ein röhrender Hirsch in Imponierstellung zeigt auch, dass er kräftemäßig sehr gut aufgestellt ist. Röhren kostet sehr viel Energie.*

## FÄLSCHUNGS-SICHERHEIT

Gerade unter dem Eindruck der „Wozu?"-Frage, also der auf die individuellen Vorteile bezogenen verhaltensökologischen bzw. evolutionsbiologischen Betrachtung, muss man sich auch von der Vorstellung verabschieden, dass Kommunikation immer ein Akt auf Gegenseitigkeit im gemeinsamen Interesse wäre. Es gibt sogar Radikalpositionen unter Verhaltensökologen, die behaupten, dass jede Kommunikation nur Manipulation wäre, dass grundsätzlich bei der Kommunikation, zumindest wenn sie erfolgreich ist, immer nur das Interesse des Senders und niemals das Interesse des Empfängers befolgt werden würde.

**Signale sind über einen längeren Zeitraum, evolutionär gesehen, nur dann stabil und zuverlässig, wenn sie mit einem hohen Grad an Fälschungssicherheit verbunden sind.** Signale, die leicht gefälscht werden können, die auch in unangemessenen Situationen leicht gesendet werden können, oder die auch der „falsche" Sender ohne Nachteile für sich selbst benutzen darf, sind meist über einen längeren Evolutionszeitraum nicht erfolgreich.

Fälschungssicherheit von Signalen kann am besten dadurch erzielt werden, dass sie sehr teuer sind. Das heißt, dass sie entweder sehr viel Energie benötigen, um sie zu senden, oder dass die dafür notwendigen Organe mit sehr viel Aufwand und einem großen Bedarf an Baustoffen hergestellt werden müssen, oder dass es mit den Artgenossen erheblichen Ärger im Sinne von Strafmaßnahmen gibt, wenn man sie falsch benutzt.

Beispiel für die erste Kategorie wären die röhrenden Rothirsche. Das Röhren des Rothirsches kostet so viel an Energie, dass es nur von einem sehr kräftigen Tier im Laufe der Brunft immer wieder und mit ungebremster Intensität zu hören ist.

Auch für die zweite Kategorie sind Rothirsche ein gutes Beispiel. Das Geweih eines großen kräftigen Platzhirsches kostet sehr viel an Mineralien, und ist daher nur für ein gesundes und durchsetzungsfähiges Tier zu leisten.

Beispiele für die dritte Kategorie stammen überwiegend aus der Untersuchung von Vögeln. Dort konnte nachgewiesen werden, dass Artgenossen wesentlich heftiger verprügelt wurden, wenn sie ein Dominanzsignal gesendet haben, das ihrem eigentlichen Status nicht angemessen war, als wenn sie ehrlich signalisierten und trotzdem in einen Kampf verwickelt wurden. Im Kapitel über soziale Mechanismen und Konflikte werden wir ausführlicher das Thema der Bestrafungsmaßnahmen nochmals aufgreifen (siehe S. 246). Im kommunikativen Zusammenhang sind jedoch, neben den genannten Vogelbeispielen, durchaus auch einige Beispiele an Säugetieren bekannt geworden. Möglicherweise sind jedoch auch die aggressiven Reaktionen von Hunden beiderlei Geschlechts auf manche kastrierten Artgenossen unter diesem Aspekt zu sehen (Wörner et al., 2017): Wer durch seine Statur, Körperhaltung und andere äußere, sichtbare Merkmale so tut, als ob er ein potenter Rüde oder eine sexuell aktive Hündin wäre, sich dann aber durch die geänderte Duftstoffzusammensetzung eindeutig als „Es", also sexuell unfähiger Kastrat ausweisen muss, könnte durchaus ebenso mit diesen Strafmaßnahmen rechnen müssen, weil er bzw. sie eben falsche Tatsachen vorgespiegelt hat.

Dass kastrierte Hunde nicht nur sexuell belästigt, sondern oft auch aggressiv ausgegrenzt und gerade im engeren Sinne des Wortes gemobbt werden, kann fast jeder bei seinen Beobachtungen auf der Hundewiese immer wieder bestätigen Allerdings ist hier auch eine andere Erklärung denkbar. Viele Kastraten treten hormonell bedingt eher unsicher auf und könnten sich daher auch für eine „Opferrolle" anbieten.

*Wer sich als Hund problemlos auch von der Seite durch einen unbekannten Artgenossen untersuchen lässt, …*

## FÄLSCHUNGSSICHERE SIGNALE BEI HUNDEN

Im Bereich des Hundeverhaltens sind auch einige Beispiele für teure und damit fälschungssichere Verhaltensweisen bekannt: So ist die Breitseitstellung, die ein sehr selbstsicheres Tier beim Imponieren zeigt, zunächst für den Sender eine gefährliche Position. Denn er kann sehr leicht vom Gegenüber plötzlich in die Flanke gebissen werden. Wer dieses Signal sendet, hat sozusagen genug Selbstbewusstsein, um zu wissen, dass er trotzdem noch einen Kampf bestehen und gewinnen kann, wenn dieser Angriff plötzlich in die Flanke erfolgt.
Ein zweites teures Signal ist das Schwanzheben beim gegenseitigen Beschnuppertwerden. Denn ein übelmeinender Gegner kann einen plötzlich in die sehr empfindlichen Analdrüsen beißen, was nicht nur schmerzhaft ist, sondern auch sehr unangenehme und gefährliche Entzündungsprozesse auslösen kann. So ist zu beobachten, dass ranghohe Wölfe diese beiden Signale, Breitseitsstellung und Schwanzheben beim Beschnuppertwerden, wesentlich häufiger zeigen als Haushunde. Selbst im Umgang mit bekannten Artgenossen ist bei Haushunden der Schwanz viel seltener erhoben als bei Wölfen. Man könnte also daraus entnehmen, dass Wölfe gegebenenfalls ein höheres „Selbstbewusstsein“ in sozialen Auseinandersetzungen haben. Anekdotische Beobachtungen von Hundehaltern zeigen auch, dass Hunderassen, deren Körperposition eine „permanente Provokation“ darstellt, etwa durch permanent erhobenen Schwanz oder permanent gesträubtes Rückenfell, zumindest wenn sie gut sozialisiert sind, wesentlich mehr signalisieren und in wesentlich intensivere Kommunikationsprozesse mit Artgenossen verwickelt zu sein pflegen, als dies bei anderen Hunderassen ohne solche bauartbedingten „Frechheiten“ der Fall ist.

## MORTONSCHE REGEL

Fälschungssichere Signale sind also in der Regel eher solche, bei denen die Physik oder die Chemie eine falsche Aussage erschwert oder unmöglich macht. Gerade deshalb, weil z. B. die Tonhöhe, aber auch die Reinheit des Tones einen recht deutlichen Hinweis auf die Körpergröße oder auch die innere Gestimmtheit des Senders zulässt, dienen diese beiden

*... und dies noch mit erhöhter Rute tut, zeigt seine Sicherheit in der sozialen Begegnung.*

Signalkategorien vor allem unter fremden oder einander weniger gut bekannten Artgenossen oftmals der besseren Verständigung. Im Zusammenhang mit der akustischen Kommunikation ist noch die als Motivations-Struktur-Regel oder Mortonsche Regel von Bedeutung (Morton, 1977): **Hohe Töne wirken eher heranholend, tiefe Töne eher Distanz vergrößernd.** Und zweitens: Befindet sich ein Tier in einer Motivationszwickmühle oder in einem inneren Konflikt, äußert sich das oftmals auch in weniger reinen, eher verrauschten, dadurch auch unschön klingenden Lautgebungen. Ein in hoher, fast kreischender Tonlage kläffender Hund ist in der Regel einer, der sich selbst über seine inneren Stimmungen bezüglich z. B. Angriff oder Flucht nicht im Klaren ist. Ein in tiefem, wohlklingendem Wuff äußernder Hund dagegen ist mit sich im Reinen und wird auch z. B. viel weniger bereit sein, das gerade zu verteidigende Gebiet oder die zu verteidigende Ressource aufzugeben. Kathryn Lord (2009), aus der Arbeitsgruppe von Ray Coppinger, hat diese Zusammenhänge z. B. mit dem Warngebell von Hunden bei Territorialverletzungen, Annäherung von Feinden sehr deutlich dargelegt.

## CHEMISCHE SIGNALE

Auch chemische Signale sind nur schwer zu fälschen (siehe Kastraten, S. 101), und dienen deshalb oftmals auch der deutlicheren Informationsübermittlung. Die Untersuchungen von Markierverhalten bei Hunden (vgl. Gansloßer und Kitchenham, 2012; Stöhr, 2012) zeigen auch, dass nicht nur Urin-, sondern auch Kotmarken als wichtige Hinweise sowohl für gruppeneigene als auch für gruppenfremde Artgenossen hinterlassen werden. Bemerkenswert in diesem Zusammenhang sind besonders die Untersuchungen der italienischen Arbeitsgruppe rund um Mario Siniscalchi (Siniscalchi und Quaranta, 2014), wonach z. B. emotional aufwühlende Duftmarken länger und stärker mit dem rechten, eher langweilige Routinemeldungen eher mit dem linken Nasenloch beschnuppert werden. Diese und andere Erkenntnisse lassen auch einen deutlicheren Zusammenhang mit der Souveränität und der sozialen Position eines Hundes zu, als die häufig geäußerte Gleichsetzung von Duftmarkieren = dominanter Hund. Wenn, dann ist mehr das Interesse an fremden als das Absetzen eigener Duftmarken statusabhängig.

## LAUSCHANGRIFFE

Ebenfalls in den Bereich der Manipulation bzw. unerwünschten Nebenwirkungen von Kommunikationsprozessen gehört die Frage der unbeabsichtigten Mithörer, also der Lauscher an der Wand. Viele Tierarten haben ihre Verhaltensweisen der Kommunikation so ausgerichtet, dass solche Lauscher möglichst ausgetrickst werden. Lauscher können entweder Fressfeinde sein oder Artgenossen, die sich gerne in die ablaufende Kommunikation einschalten und zu ihren eigenen Interessen dabei tätig werden möchten. In beiden Fällen kann man nachweisen, dass die Sender ihre Signale unter solchen Bedingungen so abändern, dass der Lauscher möglichst wenig Information daraus ziehen kann. So sind Warnrufe von Vögeln oftmals genau in dem Frequenzbereich, in dem Sperber oder andere Greifvögel schlecht hören.

Auch im sozialen Bereich kann man feststellen, dass unter bestimmten Bedingungen Vogelgesänge z. B. so leise gegeben werden, dass weiter entfernte Artgenossen davon nichts mitbekommen sollen. Auch hier sind wiederum die Heulstrophen einzelner, vom Rudel versprengter Wölfe ein vergleichbares Hundebeispiel, denn auch diese werden in Frequenzbereichen und Amplitudenbereichen gesendet, die eine Ortung möglichst unwahrscheinlich machen. Dadurch kann ein eventuell in der Nähe befindliches größeres Rudel den Versprengten nicht finden und angreifen, wie es sonst zwischen Reviernachbarn durchaus üblich ist.

Es gibt aber auch Fälle, in denen zwischen Beutetier und Räuber eine Kommunikation gezielt eingesetzt wird, etwa bei dem bekannten Prellspringen afrikanischer Antilopen in Anwesenheit von Feinden. Diese werden so interpretiert, dass der Feind informiert werden soll, wie gut man rennen und springen kann, es sich also nicht lohnt, die Verfolgung aufzunehmen. Ähnliche Aufnahmen gibt es von Hirschen in Anwesenheit eines Wolfrudels.

## RITUALISIERUNG VON SIGNALEN

Als Letztes muss bei der Frage der Kommunikation noch der ebenfalls sehr dehnbar verwendete Begriff der Ritualisierung geklärt werden. Ursprünglich, in der traditionellen Ethologie (siehe Immelmann, 1982), verstand man darunter nur solche Signale, die im Dienste der Kommunikation einen Funktionswandel durchgemacht hatten, also etwa die Übernahme des Fütterungsverhaltens in die Balz (mit Endpunkt Kuss bei höheren Primaten). Eine mögliche vergleichbare Entwicklung bei Haushunden könnte aus unseren eigenen Untersuchungen (Blankenburg und Klatt, 2015) erkennbar sein:

Die Vorderkörpertiefstellung, hat auch als Spielverbeugung bezeichnet, in der Kommunikation von Hund zu Hund, oder auch von Wolf zu Wolf, einen deutlich spielauffordernden Charakter hat. Ray Coppinger et al. (Coppinger und Feinstein, 2015) konnten aber auch belegen, dass Spielaufforderung als Übersprungsverhalten in einem Motivationskonflikt auftritt. Und erste Untersuchungen über Beschwichtigungssignale im Zusammenhang von Hund zu Mensch, wie sie Maria Blankenburg im

*Die Vorderkörpertiefstellung, die der Mensch …*

Rahmen ihrer Untersuchung durchführte, zeigen durchaus, dass die Vorderkörpertiefstellung von Hunden gegenüber ihren Haltern in einer mit Konfliktpotenzial ausgestatten Situation gezeigt wird. Sie könnte also im Kontext Hund-Mensch durchaus zu einem Beschwichtigungssignal geworden sein oder werden. Wenn dies so wäre, hätten wir hier einen klassischen Fall von Ritualisierung sogar im ursprünglich traditionell ethologischen Sinn vor uns. Weitere Untersuchungen zu diesem Thema müssen jedoch noch angestellt werden.

Später wurde der Begriff auf alle Verhaltenselemente erweitert, die speziell an Kommunikationsaufgaben, also an die Informationsübertragung evolutionär angepasst wurden. Diese Definition ist auch heute noch die am Weitesten verbreitete. Ritualisierung geht dabei meist mit einer größeren Formkonstanz, festgelegter Intensität, Rhythmik und/oder Amplitude der Bewegungen, sowie häufig mit der Ausbildung speziell dafür entwickelter Körperteile (Zeichnungen, Mähnen, Schöpfe etc.) einher.

Da die Wege der Kommunikation, sowie die verwendeten Signale durch eine lange Geschichte der evolutionären Anpassung gegangen sind, spiegeln sie oft auch recht stabil die früheren Verhältnisse wider. So trägt der Hund die Kommunikation seiner Vorfahren, die in hindernisreichen Gegenden, z. B. Wäldern, einerseits fein differenziert innerhalb eines komplexen Rudels, andererseits eindeutig, klar, aber nicht immer gut zu orten im Fernbereich zwischen Rudeln und Revieren ganz unterschiedliche Aufgaben hatte. Nur wenn man diese Vorgeschichte berücksichtigt, wird man sein heutiges Verhalten verstehen, auch wenn dieses inzwischen an das Zusammenleben mit dem Menschen evolutionär angepasst wurde.

Eine weitergehende, mit vielen Beispielen versehene Abhandlung des Themas Kommunikation findet sich bei McGregor (2005 a, b). Die Höhe, Intensität und andere Qualitätsmerkmale der Lautgebung von Caniden, können RHP (siehe S. 300 ff.) ebenso ausdrücken, wie derzeitige Motivation. Sie können Distanzvergrößerung und Kontaktvermeidung genauso bewirken wie Wiederzusammenfinden eines Rudels. Zumindest bei Füchsen (Rot- und Polarfuchs) sind individuelle Zuordnungen der Stimmen, also Individualerkennung, ebenso nachgewiesen wie (bei Polarfüchsen) verwandtschaftsgruppentypische Merkmale (Macdonald und Sillero, 2004).

*... durch Kriechen auf allen Vieren nachahmen kann, gilt u. a. bei Hunden auch als Spielaufforderung.*

# LERNEN

## VERHALTENSPLASTIZITÄT

**Phänotypische Plastizität ist definiert als die Antwort eines Individuums auf eine Umweltveränderung.** Das heißt, ändern sich die äußeren Bedingungen, dann kann sich das Erscheinungsbild oder Verhalten eines Lebewesens an diese anpassen. Bedeutsam ist hier vor allem die Frage, wie sich die Individuen in ihrer plastischen Antwort voneinander unterscheiden und welche Gene diese äußerlichen Veränderungen antreiben. Regressionsanalysen zeigten, dass sich die Lebewesen nicht nur in ihrem grundsätzlichen Phänotyp hinterher unterscheiden, sondern dass sie auch unterschiedliche plastische Antworten auf verändernde Umweltbedingungen aufweisen. Jeder reagiert sozusagen individuell. Robert Seyfarth und Dorothy Cheney (2015 a, b) unterscheiden bei den Prozessen, die zu Verhaltensplastizität führen, schon zu Beginn zwischen einfachen Verhaltensänderungen, wie sie durch standardisierte Laborlernversuche oft abgeprüft werden, und dem Erwerb von Wissen („knowledge aquiring"). In diesem Zusammenhang müssen dann Begrenzungen der Lernfähigkeit („constraints"), Lerndispositionen („templates") und komplexe innere mentale Repräsentationen der Gedächtnisinhalte unterschieden werden. Die Querverbindungen zur Genaktivierung, und damit zur Epigenetik, sind hier offenkundig.

## GRENZEN UND VORURTEILE

Gerade in der Ausbildung und Bewertung von Hundetrainern, wird oft auf „die Lerntheorie" als zentrales Element der Arbeit mit Hunden hingewiesen.
Diese kategorische Einstufung ist jedoch aus verschiedenen Gründen durchaus kritisch zu sehen. Es darf nicht vergessen werden, dass die hierbei meist zitierten und herangezogenen Befunde zur Konditionierung und anderen, einfachen Lernmechanismen in der Regel unter Bedingungen gewonnen wurden, die denen mit Mensch-Hund-Teams in der praktischen Erziehungs- aber auch Ausbildungsarbeit total widersprechen. Das Ziel der stark vereinfachten und auf Wiederhol-

*Menschen können ihrem Hund durch …*

barkeit abgezielten Laboruntersuchungen war es ja gerade, Individualität, emotionale Aspekte, die Beziehung zwischen Versuchsleiter und Versuchstier und andere Komponenten auszuschalten, die gerade für die Arbeit mit Mensch-Hunde-Teams im Alltag ausgesprochen wichtig sind. **So wurden Ergebnisse erzielt, die nichts anderes sind als basale Standardmechanismen, und die dringend der Ergänzung durch die Arbeits- und Lernerfahrungen im Alltag bedürfen.** Kein Facharzt für Innere Medizin käme auf die Idee, nur aufgrund von im Reagenzglas gewonnenen Erkenntnissen über die Wirkung von Enzymen und anderen Verdauungssäften ein Medikament zu verordnen, oder eine Krankheit eines Patienten zu diagnostizieren bzw. deren Behandlungsplan aufzustellen. Das Ziel war damals, die Gesetze des Lernens in einer möglichst allgemeingültigen, fast naturgesetzartigen Weise zu kennen. Ob es solche Gesetze des Lernens in einer naturgesetzähnlichen Art und Weise überhaupt gibt, haben viele Folgeuntersuchungen dann auch bezweifeln lassen. Allgemeingültig sind bestenfalls die, auch hier noch später zu besprechenden, Zusammenhänge zwischen Lernvorgängen, Synapsenbildung und anderen, als neuronale Plastizität beschriebenen Veränderungen im Gehirn. Auf der verhaltensbiologischen Ebene sind die in den einfachen Lernversuchen erkannten Mechanismen bestenfalls eine von mehreren Möglichkeiten, wie ein Lebewesen die genannte Verhaltensplastizität erreichen kann. Zudem gehören eben Untersuchungen an den als höhere Lernleistungen bezeichneten Phänomenen, einschließlich der auch hier noch zu besprechenden kognitiven Leistungen, genauso dazu, wie die einfachen Konditionierungsmechanismen.

## VERHALTEN – ERWORBEN ODER ANGEBOREN?

Lernvorgänge standen und stehen seit jeher im Zentrum verhaltensbiologischer Betrachtungen. Jahrzehntelange Auseinandersetzungen zwischen Anhängern verschiedener Denkrichtungen rankten sich um die Frage, ob Verhalten in seiner Mehrheit erworben oder angeboren sei. Von R. Dawkins (1978) stammt ein Vergleich, den auch Alcock (1993) benutzt: Wer würde schon von einem Kuchen sagen, er sei 65 % Rezept und 35 % Mehl, Eier, Milch etc.? Oder sind es doch eher 60 % Zutaten und 40 % Rezeptanweisungen? Wo bleibt bei dieser Rechnung das Geschick desjenigen, der rührt, knetet

*... Gesten und Worte interessante Stellen zeigen, und damit ihre eigene Vertrauenswürdigkeit erhöhen.*

*Auch Kätzchen haben sensible Phasen zur Sozialisierung auf andere Arten. Allerdings liegen diese in einem anderen Entwicklungszeitraum als bei Hunden.*

und mixt? Neuere Untersuchungen zum Lernen und zur Verhaltensplastizität zeigen fast immer eine gegenseitige Beeinflussung von erworbenen und angeborenen Anteilen. Auch wenn ein Merkmal unter standardisierten, mehr oder weniger künstlichen Bedingungen „normal" erscheint, können wir daraus eigentlich nur schließen, dass die Bedingungen, die wir ausgeschlossen haben, offenbar keinerlei Einfluss auf die Entwicklung haben. Dies ist von besonderer Bedeutung im Falle von Säugetieren, denn hier können vorgeburtliche Einflüsse während der Schwangerschaft noch weniger kontrolliert werden als dies bei Vogeleiern in einem Brutkasten gelingt. Solch ein schwer kontrollierbarer Einfluss kann z. B. der Hormonstatus der Mutter, der durch deren Umwelt beeinflusst wird, sein. Andererseits sind gerade von Vögeln (ten Cate, 1995) erstaunliche gegenseitige Beeinflussungen verschiedener Reize bekannt geworden. Die optische Stimulation mit rhythmischen Lichtreizen vor dem Schlüpfen, kann z. B. die Reaktion auf den Kontaktruf der Mutter nach dem Schlüpfen beeinflussen (Wachtel, *Colinus virginianus*). Oder es kann die Reaktion des Jungtieres auf Töne eines bestimmten Frequenzbereiches durch Beschallung mit ganz anderen Frequenzen vor dem Schlüpfen beeinflusst werden.

Ähnliche Befunde gibt es auch bei Säugern. Kätzchen, die sich in ihren Lebenswochen noch nicht dreidimensional fortbewegen, sehen folglich auch noch nicht dreidimensional. Jedoch entwickelt sich die Ausbildung des Sehsinns dann, wenn die Augen erst einmal geöffnet sind, in den darauffolgenden Tagen äußerst schnell. Etwa am Ende der vierten Lebenswoche sind die Katzen in der Lage, räumliche Strukturen wie Abgründe richtig wahrzunehmen. Für die erstaunlich schnelle Entwicklung der Sehschärfe ist ein bestimmtes Gen, ein sogenanntes IEG (*immediate early gene* = unmittelbares frühes Gen) verantwortlich. Dieses Gen wird innerhalb weniger Minuten nach Stimulation der Zelle transkribiert (abgelesen). Bei der Katze reagiert dieses Gen hoch sensibel auf einen visuellen Reiz. So kann bei einem fünf Wochen alten Kätzchen durch einen visuellen Input (Lichtreiz) genau diese Stimulation im visuellen Cortex hervorgerufen werden und die Katze dazu befähigen, bald dreidimensional zu sehen. Sogar bei älteren Katzen kann dieses Gen noch durch einen visuellen Reiz (nach einer Woche Dunkelheit) wieder stimuliert und angeschaltet werden (Kaplan et al., 1982).
Die bereits erwähnten Einflüsse wie mütterlicher Stress oder Umgebungskonstanz, auf Erkundung und Problemlösung bei Meerkatzen gehören ebenfalls in diese Kategorie. In der weiteren Jungtierentwicklung werden die Morphologie, Physiologie, das Verhalten und andere Eigenschaften durch die äußeren Umwelteinflüsse beeinflusst. Dabei können die Einflüsse auf die Plastizität eines Tieres äußerst komplex sein.
Trotzdem darf nicht übersehen werden, dass viele Verhaltensabläufe (Kalueff et al. zeigt dies am Beispiel des Putzverhaltens der Ratte) ausgesprochen formstabil und nur in ganz engem Rahmen von Lernprozessen beeinflussbar sind. Es zeigt sich auch, dass entgegen der Ansicht der früheren Lernpsychologen keinesfalls alle Vorgänge und Merkmale gleich gut gelernt werden können. Dieses Phänomen wird als **Lerndisposition**, „biased learning", „template" (Gussform) oder Ähnliches bezeichnet. Beispiele dafür aus dem Säugetierbereich sind sogar in Konditionierungsversuchen zu finden. So lernen Ratten, einem Strafreiz zu entgehen, indem sie im Laufrad rennen, nicht jedoch, indem sie sich auf die Hinterbeine aufrichten. Ebenso erlernen sie zwar Geschmack, nicht aber Geräusche als wichtige Reize für übelkeitserregendes und zu meidendes Futter zu erkennen (Alcock, 1993).
Die Vorgaben solcher Lerneinschränkungen entsprechen oft ökologischen Bedingungen der betreffenden Art. Auf ultimater Ebene wäre z. B. zu erwarten, dass Allesfresser eine besondere Fähigkeit zum Verknüpfen von Geschmack und Übelkeit haben sollten, auch wenn die unerwünschte Reaktion erst einige Stunden nach dem Verzehr eintritt. Andere Beispiele betreffen räumliches Lernen bei amerikanischen Feldmäuse-Arten (*Microtus spec.*). Dort gibt es einerseits monogame Arten, andererseits Arten, bei denen Männchen weit herumstreifen und mehrere Weibchen besuchen. Männchen der letzteren Arten sind beim Erlernen komplizierter Labyrinthe besser als ihre Weibchen, während es bei monogamen Arten keinen Geschlechtsunterschied gibt. Auf der proximaten Ebene findet man dementsprechend den Hippocampus im Gehirn, eine für räumliches Lernen wichtige Struktur. Ist er bei Geschlechtern der monogamen Arten wie zu erwarten gleich groß, so ist er bei den polygynen Arten geschlechtsdimorph, wobei der der Männchen größer ist.
Selbst die im sozialen Bereich hochflexiblen und lernfähigen Arten wie Grüne Meerkatzen, zeigen bemerkenswert geringe Lernfähigkeit im nichtsozialen Bereich (Cheney und Seyfarth, 1992 a, b). Sogar das Verknüpfen von Pythonspuren mit einer möglichen akuten Schlangengefahr gelingt nicht.

## DOMÄNENSPEZIFISCHE INTELLIGENZ

Diese und ähnliche Beobachtungen haben zur Entwicklung der Vorstellung einer „Domänenspezifischen Intelligenz" geführt. Ein Tier, sei es als Individuum oder Artangehöriger, wird also in den Bereichen besonders schlau und anpassungsfähig sein, in denen dies von seiner Umwelt auch gefordert wird. Gerade in Bezug auf die kognitiven Leistungen unserer Haushunde führte dies dann zu der Entwicklung der Schlagwortkombination sozialer Hund vs. kausaler Affe („Social Dog vs. Causal Ape"). Die Fähigkeit von Hunden, z. B. die bekannten Zeigegesten des Menschen intuitiv richtig zu interpretieren, wird von Menschenaffen meistens nicht erreicht, in vergleichbaren Versuchen scheiterten sie regelmäßig. Umgekehrt sind Affen nicht nur sehr viel besser darin, komplizierte Apparaturen zu studieren und zu nutzen, sondern sie verstehen offensichtlich auch mehr über unsere physikalische Umwelt, z. B. die Wirkung der Schwerkraft (Kitchenham gibt hierfür einige Beispiele. In: Gansloßer und Kitchenham, 2012). Hunde sind im Verständnis von Schwerkraft und anderen physikalischen Phänomen wesentlich schlechter, was möglicherweise daraus entstand, dass sie eben selten auf Bäumen sitzen und selbst nicht herunterfallen oder herunterfallende Früchte auffangen müssen. Es wäre interessant, ob hier z. B. die einzige teilweise baumlebende Kanidenart, der Marderhund, etwas bessere Fähigkeiten aufwiese. Dass Schimpansen und andere Affen oder andere Menschenaffen im intuitiven Verständnis von Zeigegesten schlecht abschneiden, hat aber wiederum nichts mit einer bei ihnen durchaus extrem gut entwickelten, sozialen Intelligenz zu tun. Höchstwahrscheinlich geht es auch hier um Vertrauen und Vertrauensbildung als notwendige Voraussetzung für dieses Verständnis. Menschenaffen sind es nicht gewohnt, mit Ausnahme einiger, besonders hochstehender Aktivitäten etwa beim gemeinsamen Beutefang, im Zusammenhang mit Nahrungserwerb zu kooperieren. Hier ist jeder sich selbst der Nächste. Und das Vertrauen, das man braucht, um jemand anderem solche Hinweise intuitiv zu glauben, entsteht offensichtlich erst im Laufe einer anderen sozialen Evolution. Das zeigen wiederum die Befunde an den bereits mehrfach zitierten sibirischen Farmfüchsen. Nach ca. 30 Generationen waren diese nämlich auch in der Lage, auf Zeigegesten des Menschen in ähnlicher Weise zu reagieren, wie Haushunde. Die Selektion bei diesen Farmfüchsen war ja auf Vertrautheit mit dem Menschen und Zähmbarkeit, und keineswegs speziell auf das Verständnis sozialer Kommunikation ausgerichtet.

*Ein junger Schimpanse, der durch Beobachtung seiner Mutter sehr viel lernen kann.*

## ART- UND INDIVIDUAL-UNTERSCHIEDE

Shettleworth (1993) hat die verhaltensökologischen Dimensionen des Lernens und die dabei auftretenden Art- und Individuumsunterschiede mit besonderem Blick auf Säugetiere zusammengefasst. Die zu beantwortenden Fragen führen wieder zu einem Optimalitätsansatz:

- Warum lernen Tiere in bestimmten Situationen, während für andere Situationen mehr oder weniger festgefahrene Lösungen existieren?
- Was muss gelernt werden und auf welche möglichst zuverlässigen Merkmale soll geachtet werden? Um z. B. einen herannahenden Feind oder ein bestimmtes Gruppenmitglied als Individuum zu erkennen, sind unterschiedlich differenzierte Lernvorgänge nötig.
- Wann soll gelernt werden? Sofort beim ersten Kontakt mit einer Situation?
- Soll Wissen im Spiel sozusagen auf „Vorrat" erworben werden?
- Welche Lernform ist optimal für welche Situation?
- Wie schnell soll gelernt und wie lange soll das Gelernte gespeichert werden? Hier spielen Dauer der Jugendphase und der elterlichen Fürsorge genauso eine Rolle, wie die Ernsthaftigkeit der Konsequenzen einer bestimmten Situation.

Die Antwort auf diese und weitere Fragen liegt in den Anpassungen in Morphologie, Physiologie und Lebensgeschichte der betreffenden Arten, wobei Nahrungstyp, Streifgebietsgröße, Dauer der Jugendentwicklung, Lebensdauer und Körpergröße unter anderem wichtige Einflüsse haben. Morphologische Anpassung betrifft vor allem das neuronale Netzwerk (Verbesserung der Verarbeitung des sensorischen Inputs). Die Verhaltensflexibilität kann ebenfalls beeinflusst und verändert werden, wenn ein Tier in Gefangenschaft lebt. Vorteilhafte phänotypische Veränderungen können z. B. geringere Stressreaktionen sein, die es einem Tier ermöglichen, erfolgreich und angemessen mit Stress umzugehen (Mason et al., 2013).

## ENTWICKLUNGS- UND AKTIVIERUNGSPLASTIZITÄT

Schließlich lässt sich die Verhaltensplastizität in zwei Typen einteilen: die Entwicklungs- und die Aktivierungsplastizität. Erstere entspricht der traditionellen Definition der phänotypischen Plastizität, bei der ein Genotyp alle verschiedenen Phänotypen ermöglicht, die durch die unterschiedlichen Umwelteinflüsse entstanden sind. Sie umfasst demnach auch alles, was allgemein als „Lernen" definiert wird. Die Aktivierungsplastizität bezieht sich auf alle Aktivierungsmuster, die unmittelbar situativ auf einen Umwelteinfluss eingeleitet werden (Snell-Rood, 2014), also die Auslösbarkeit ist durchaus nicht immer gleich.
Da sich die Umweltbedingungen und dementsprechend auch die Verfügbarkeit an Energie saisonal verändern, wird vermutet, dass sich auch die kognitive Leistungsfähigkeit freilebender Tiere jahreszeitlich ändert. Die Energiebereitstellung für das Gehirn ist nicht immer gleich (z. B. im Winter oder bei Trockenheit) und die Selektionsdrücke wie Feinddruck, Partnerwahl oder soziale Ansprüche führen zu einem Abwägen zwischen Energiesparen und Kognition. Folglich können die veränderlichen Umweltbedingungen zur kognitiven Beeinträchtigung, Stabilität oder Verbesserung führen. Fest steht jedenfalls, dass sich kognitive Eigenschaften entwickelt haben, damit ein Individuum in der Lage ist, entsprechend der Umweltbedingungen zu reagieren, um seine Überlebens- und Fortpflanzungschancen zu erhöhen (Maille und Schradin, 2016).
Im Folgenden werden speziell diejenigen Aspekte diskutiert, die für das Verständnis der Verhaltensplastizität hundlichen Verhaltens

wichtig sind. Weitere Details und speziellere Literatur siehe z. B. Manning und Stamp-Dawkins (2012), Gansloßer et al. (2019) oder Staddon (2016).
Staddon (2016) fasst die derzeit aktuellen Befunde zu verschiedenen Lernformen zusammen. Trotz einer stark auf Reflexe konditionierten und auf andere „traditionelle" Lernkonzepte aufbauenden Betrachtung, werden Einflüsse von Motivation (z. B. Regulation der Nahrungsaufnahme), Optimalitätsansätze (z. B. Zeitaufteilung auf verschiedene Verhaltenssysteme) und Kognitionsbereiche diskutiert.

*Gerade im Umgang mit Welpen müssen …*

## MOTIVATION

Weniger motivierte Tiere zeigten sehr oft keine Verbesserung in den einzelnen Versuchsabläufen. Hochmotivierte hingegen schon. **Je erfolgreicher ein Tier war, desto höher war auch dessen Motivation.** Trotz gleicher kognitiver Voraussetzungen schnitten die Tiere im Lösen der Aufgaben unterschiedlich gut ab, was auf die jeweilige Motivation der Tiere zurückzuführen ist. Nicht nur Menschen können unterschiedlich motiviert oder gar frustriert in bestimmten Situationen reagieren, auch andere Arten zeigen frustriertes Verhalten. Wenn Fuchshörnchen (*Sciurus niger*) frustriert sind, dann lassen sie ihrem Ärger freien Lauf. Die Tiere wurden zuvor darauf trainiert, Kisten zu öffnen, um an die Belohnung (Walnüsse) heranzukommen. Waren die Boxen allerdings fest verschlossen oder gar leer, kam es zu Frustrationen bei den Hörnchen, die sich immer mehr hineinsteigerten und gereizter wurden und schließlich zu einem Problemlöseverhalten übergingen (sie bissen in die Behälter, schmissen sie um oder trugen sie weg). Diese Erkenntnisse lassen vermuten, dass Frustrationen durchaus förderliche Triebfedern bei Problemlösungen sein können und verweisen auf eine Universalität von emotionalen Reaktionen bei unterschiedlichen Lebewesen (Delgado und Jacobs, 2016). Motivierte Handlungsabläufe, aber auch zahlreiche, andere Verhaltensweisen setzen Dopamin-gesteuerte Signale in den Neuronen im Gehirn frei. Insbesondere Belohnungen führen zu einer Dopaminausschüttung. Howe et al. (2013) führten Versuche durch, in denen Ratten sich in einem Labyrinth einem Ziel mit einer Belohnung näherten. Die gemessene Dopaminproduktion stieg mit der Nähe zum Ziel an, d. h., je näher die Tiere an der Belohnung waren, desto mehr Dopamin wurde ausgeschüttet. Dabei spielte auch das Lernen eine große Rolle: Orte, die die Ratte schon aus vorherigen Versuchsdurchläufen kannte und mit positiven Erfahrungen assoziierte, trieben ebenso die Dopaminproduktion an. In vielen Situationen müssen manche Tiere lange Distanzen überwinden, um an ihr Ziel zu kommen. Derartiges Verhalten erfordert Durchhaltevermögen und Motivation. Die eben beschriebenen Dopamin-Signalübertragungswege könnten die Grundlage für

*… motivierende Verhaltensweisen des Menschen …*

*… auch übertrieben und besonders deutlich gezeigt werden.*

eine ausdauernde Motivation sein. Stamp-Dawkins (2008) spricht von unelastischen Bedürfnissen („inelastic demand"), wenn Tiere, trotz steigender Kosten und Belastungen, immer noch für Situationen und Zustände arbeiten oder streben, obwohl der Erfolg objektiv den Aufwand nicht rechtfertigt. Auch Watters (2014) bringt in diesem Zusammenhang, vor allem bei erwartungsvollem Verhalten als Anzeiger innerer Zustände, den Begriff des Wohlbefindens mit ins Spiel. Andererseits zeigt eine Reihe von Untersuchungen, dass es durchaus eine intrinsische, also dem Tier innewohnende Motivation zur Problemlösung geben kann. Gerade in der Zootier- aber auch Nutztierhaltung wird derzeit häufig das Phänomen des **Contra-freeloading** beschrieben: Ein Tier (dies wurde nicht nur für Affen und Ratten, sondern auch für Bären, Mähnenwölfe und andere Zootiere belegt) arbeitet freiwillig an einer Apparatur, um sich die gleiche Menge und Qualität an Futter selbst zu erarbeiten, die offen und ohne jegliches Hindernis direkt nebenan in einer Schüssel bereitgestellt wäre. Zudem arbeiten viele Tiere, und hier wurden insbesondere in den letzten Jahren bemerkenswerte Befunde an Haushunden veröffentlicht, lieber für soziale Belohnungen, etwa Streicheleinheiten oder auch lobende Worte, als für reine Futterbelohnungen. Beispiele dafür finden sich bei Gansloßer und Kitchenham (2019).

## SELBSTKONTROLLE

Die Evolution der Selbstkontrolle kann auf proximater Ebene (physiologische Grundlagen für Verhalten) durch Veränderungen im absoluten und relativen Gehirnvolumen erklärt werden und auf ultimater Ebene (der Nutzen daraus für das Verhalten) durch Unterschiede im Sozialverhalten und in der Ernährungsweise (MacLean et al., 2013). In einer Studie wurde unter anderem die Selbstkontrolle der Versuchstiere gemessen. Ein Lebewesen benötigt z. B. dann Selbstkontrolle, wenn es wegen eines höherrangigen Individuums auf Futter oder eine Verpaarung verzichtet, wenn es seine Nahrung mit Verwandten teilt oder wenn es an einem Ort auf Nahrungssuche geht, obwohl es an einem vorherigen Ort bereits Futter gab.

Dass Selbstkontrolle nicht nur von anatomischen, sondern auch physiologischen Bedingungen abhängt, zeigen Untersuchungen, die in ähnlicher Weise an Menschen wie Hunden durchgeführt wurden: Hunde, die einige Minuten ruhig liegen bleiben mussten, hatten hinterher größere Probleme, sich auf eine komplizierte Aufgabe zu konzentrieren oder einen gefährlichen Artgenossen zu meiden als solche, die in einer Box gar nicht anders konnten als ruhig zu liegen (Miller et al., 2010, 2012). Erhielten sie nach dem Abliegen einen Tropfen Traubenzuckerlösung, war die Konzentrationsfähigkeit wiederhergestellt.

## KREATIVITÄT

Neues zu lernen oder zu erfassen, beinhaltet auch den Begriff der Kreativität. Neurobiologisch gesehen findet sich die Basis kreativer Schöpfung in den Strukturen von Gehirnen. Die Kreativität eines Individuums umfasst drei Ebenen (Kaufman et al., 2011):

— Die erste Ebene beinhaltet die **kognitive Fähigkeit, Neues aufzunehmen**. Ein Prozess, der mit dem Hippocampus und dem Dopaminsystem verlinkt ist.
*Beispiel: Die Anwendung eines neuen Werbeverhaltens des männlichen Laubenvogels hat normalerweise positiven Belohnungseffekt, kann Weibchen aber auch verschrecken.*

— Die zweite Ebene beschreibt das **Beobachtungslernen**, von der Imitation von Verhaltensweisen bis hin zur kulturellen Übertragung von kreativem Verhalten. Hier ist vor allem das Kleinhirn (*Cerebellum*) gefragt.
*Beispiel: Die Nachahmung einer Gegenstandnutzung (wie mit einem Stein Nüsse zu öffnen) bei Kapuzinern. Diese ist auch bei Hundeartigen sehr gut belegt.*

— An der Spitze dieses Modells steht das **innovative Verhalten**, das zur kreativen Umsetzung neuer oder andersartiger Ideen führt. Innovatives Verhalten wird vor allem vom Präfrontalen Kortex und/oder dem Gleichgewicht zwischen linker und rechter Hemisphäre beeinflusst.
*Beispiel: Ein Werkzeug für einen bestimmten Gebrauch modifizieren. Man erinnere sich an das bekannte Video eines Dingos, der erst einen Tisch verschiebt, und dann hinaufspringt, um eine Belohnung zu erreichen.*

*Ein beobachtender Hund, der möglicherweise gerade einen Plan fasst.*

# FORMEN DES LERNENS

## KLASSIFIKATION DER LERNFORMEN

Die Unterscheidung verschiedener Arten des Lernens hat vor allem deshalb historisch eine große Rolle gespielt, weil in den verschiedenen „einfachen" oder „höheren" Lernformen auch eine Hierarchie gesehen wurde, die, je nach Ausrichtung der klassifizierenden Forscher, mit geistiger bzw. neuraler Entwicklungshöhe, Evolutionshöhe oder anderen Klassifikationsschemata in Einklang gebracht werden sollte. Auch wenn diese statische Betrachtungsform gewisse Gefahren von Schein-Dichotomien birgt und die Idee einer mehr oder weniger linearen aufsteigenden Hierarchie der Lernfähigkeit, sei es mit Gehirnentwicklung, allgemeiner Höherentwicklung o. Ä. heute nicht mehr haltbar ist (Shettleworth, 1993; Jerison, 1973), bleibt die Klassifikation der Lernformen doch ein praktisches, gut lern- und lehrbares Grundwerkzeug. Man muss sich jedoch hüten, zu viele auf sie gründende Schlüsse ziehen zu wollen. Noch eine weitere Warnung muss vorgeschaltet werden: Insbesondere bei den sogenannten höheren Lern- oder Gehirnleistungen müssen wir uns vor der leichtfertigen Übernahme von Begriffen aus der menschlichen Psyche (z. B. Bewusstsein, Einsicht, kognitive Prozesse ...) hüten. Einerseits gilt auch hier das Prinzip der sparsamsten Erklärung, das in der vergleichenden Psychologie als Morganscher Satz lautet: Es darf kein Vorgang als Beweis des Auftretens einer höheren psychischen Leistung gedeutet werden, der auch durch ein tieferstehendes psychologisches Phänomen gedeutet werden kann (Manning und Stamp-Dawkins, 2012). Andererseits betonen Kummer et al. (1990), dass bei Alternativhypothesen, zwischen denen auf Lage der derzeitigen Erkenntnis nicht entschieden werden kann, keineswegs die sparsamere automatisch die wahrscheinlichere ist. Beide sind gleich wahrscheinlich. Das Sparsamkeitsprinzip ist hier nur ein Schutz gegen unbewusst vermenschlichte Interpretation.

## GEDÄCHTNIS

Gedächtnis ist keine spezielle Lernform. Es bildet vielmehr die Grundlage nahezu aller Lernvorgänge. Da aber Gedächtnisleistungen häufig Gegenstand eigener ständiger Versuchsreihen waren und z. T. sind, soll kurz getrennt darauf eingegangen werden. Ohne ein funktionierendes Gedächtnis sind Intelligenz und Kognition nicht denkbar. Es bildet die Grundlage des Lernens und unseres eigenen Handelns. Wir speichern Informationen ab, verknüpfen diese und/oder bilden neue daraus (Laroche, 2002).

## Gedächtnis

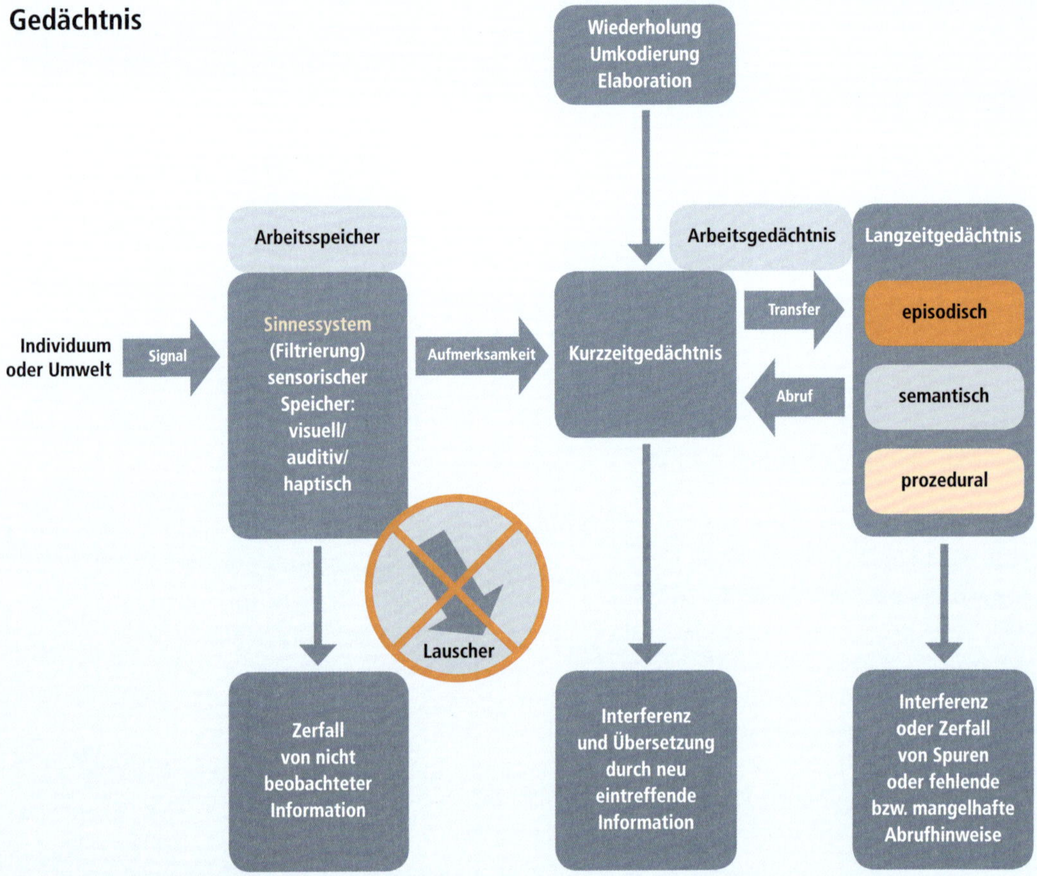


*Die Informationsaufnahme und Verarbeitung, die in verschiedenen zeitlichen Stufen und auch in verschiedenen Gedächtnisformen abgelegt wird, ist ein komplexer Prozess, der auch durch Erfahrung beeinflusst wird.*

Neuropsychologische Studien an Patienten mit Hirnschäden sowie moderne bildgebende Verfahren lehnen die Theorie eines Gedächtnisses an sich, als eine einzige Instanz, ab. Vielmehr handelt es sich um ein komplexes System, bei dem mehrere Hirnareale beteiligt sind.

Dies lässt sich anhand eines einfachen Beispiels gut erläutern: Kurz Aufgenommenes, wie z. B. eine Telefonnummer, lässt sich durch mehrmaliges im Kopf aufsagen speichern. Dabei werden verschiedene Regionen im Stirnbereich aktiviert, die mit einem Arbeitsspeicher vergleichbar sind. Seine Informationen zieht dieses System dafür entweder aus bereits Abgespeichertem oder aus neuen, durch Sinnesinformation erfassten Inhalten. Mittels Kernspintomografie lässt sich erkennen, welches Areal aktiv wird. Räumliche Informationen regen z. B. den Cortex im Bereich der oberen Frontalfurche des Stirnlappens an, Gesichter führen zu einer Aktivierung in der unteren Frontalfurche (Laroche, 2002).

Bei einer Schädigung des Gehirns an dieser Stelle, ist zwar das Arbeitsgedächtnis mit beeinträchtigt, dennoch können Informationen langfristig gespeichert werden. Unser Gehirn scheint also hierfür auf andere Mechanismen zurückzugreifen, die aber

nichtsdestotrotz ebenso unter der Kontrolle des Arbeitsgedächtnisses stehen (Laroche, 2002).
Bei Gedächtnisbeeinträchtigungen, wie z. B. durch Alzheimer-Demenz, ist bislang noch ungeklärt, ob die Amnesie aufgrund einer gestörten Kodierung und Vertiefung episodischer Informationen oder aufgrund einer Beeinträchtigung im Abrufen gespeicherter Inhalte auftritt. Roy et al. (2016) konnten anhand von Gedächtnistests mit Alzheimer-Mäusen zeigen, dass es dabei vermutlich mehr um eine Störung im Abrufen der Informationen geht als um eine Fehlkodierung von Gedächtnisinhalten.

## IMPLIZITES UND EXPLIZITES GEDÄCHTNIS

Das Langzeitgedächtnis beinhaltet ein implizites und explizites Gedächtnis. **Auf das implizite Gedächtnis greifen wir ganz unbewusst zu, wenn es um motorische, verbale und kognitive Routinen geht** (z. B. Treppensteigen). Hier beteiligen sich Kleinhirn, Mandelkern und der sogenannte Streifenkörper. **Das explizite Gedächtnis umfasst allgemeine Kenntnisse und individuell Erlebtes, bei denen der Hippocampus und Bereiche des Schläfenlappens unerlässlich sind.** Beide Einheiten arbeiten oft eng zusammen, wobei jeder Gedächtniseintrag die Kontakte zwischen den Nervenzellen verändert. Die Empfänger-Neuronen aktivieren zunächst bestimmte Proteine und Gene. Die daraufhin produzierten Eiweißstoffe gelangen zu den Synapsen und verstärken dort die Signalantwort, regen die Bildung neuer Kontakte an, bis es schließlich zur Abspeicherung in der Hirnrinde kommt (Laroche, 2002).
Wie dieses Abspeichern vonstattengeht, konnten Bliss und Lomo bereits 1973 beobachten, indem sie eine bestimmte Nervenbahn von Tieren reizten und feststellten, dass mit zunehmenden Impulsen durch Schwachstrom die Signale über die Synapsen immer effizienter übertragen wurden, so dass bald nur noch geringe Stromreizungen genügten, um diese zu aktivieren. Diese Art der neuronalen Plastizität wird als Langzeitpotenzierung bezeichnet (Laroche, 2002).
Jeder Sinneseindruck hinterlässt somit eine Spur in unserem Gehirn, indem entsprechende Übertragungswege an Synapsen verstärkt oder abgeschwächt werden. Als hauptsächlicher Akteur fungiert hier das **Glutamat**, das als Überträgerstoff zusammen mit AMPA-Rezeptoren für eine schnelle und effiziente Signalweitergabe führt. Bei einem besonders starken Signal, und folglich großer Menge an Glutamat, wird ein anderer Rezeptortyp (NMDA) aktiv. Er ist mit einem anderen Ionenkanaltyp assoziiert und lässt folglich einen Kalziumeinstrom zu. Dieser Ionenfluss aktiviert daraufhin Enzyme (Kinasen), die Phosphatreste an Proteine anheften, wodurch auch die Rezeptoren phosphoryliert werden. Insbesondere dann, wenn ein Tier lernt, zwei Reize miteinander zu verknüpfen, wird vermehrt Glutamat freigesetzt. Es kommt zu Reaktionskaskaden. Die dafür benötigten Proteine werden im Zuge dieser Kettenreaktion ganz schnell durch Ablesung von speziellen Genen gebildet. Ein Beispiel eines solchen Gens ist das CREB-Gen. Den Weg zu ihrem Bestimmungsort finden die Proteine durch vorher markierte Bereiche an der Synapse. (Markierungen, die von den ersten Stufen der Potenzierung dort platziert werden, um den zukünftig gebildeten Proteinen den Weg zu weisen.) Da sich die Potenzierung jedoch noch in verzweigten Netzen über andere Hirnareale erstreckt, ist hierfür ein molekularer Schalter vonnöten, der dabei hilft, das Signal stabil und zielgerichtet weiterzuführen. Damit die Vorratsbehälter einer Nervenzelle an die Zellmembran zum synaptischen Spalt anknüpfen können, wird ein spezielles Protein, das **Syntaxin**, gebraucht. So pflanzen sich diese Signalkaskaden von Synapse zu Synapse fort, ohne dass das Signal schwächer wird (Laroche, 2002).

Vorgänge der **Langzeitpotenzierung (LTP)** und auch der entgegengesetzten Wirkung einer **Langzeitdepression (LTD)** wurden zunächst an einem recht einfachen System, nämlich dem Kiemenrückziehreflex der Meeresschnecke *Aplysia* (auch Seehase genannt) untersucht. In Folgestudien zeigte sich jedoch deutlich, dass die gleichen Prozesse auch bei vergleichbaren Prozessen im Säugetiergehirn stattfinden (Näheres bei Zupanc, 2004; Roth und Menzel, 2001, sowie anderen Lehrbüchern der Neurobiologie). Die Langzeitpotenzierung, die sich wiederum offensichtlich auch in einem mindestens zweistufigen Prozess vollzieht, wird zunächst durch eine Erleichterung der chemischen Weiterleitung über die bereits vorher gereizten synaptischen Membranen, und anschließend dann durch das Zur-Verfügung-Stellen von weiteren, als sekundäre Verstärker bezeichneten Botenstoffen und deren Bindungsstellen bewirkt. Die nachfolgenden Prozesse sind dann auch durch Genaktivierung, und daraus folgende zusätzliche Produktion von weiteren Botenstoffen und Bindungsstellen verständlich. Als verstärkende Botenstoffe werden z. B. das Glutamat, vielfach aber auch das in anderen Zusammenhängen immer wieder auftauchende Serotonin, oder ein als G-Protein bezeichnetes Eiweiß herangezogen.

Die Langzeitdepression dagegen wird durch eine Erhöhung der Reizschwelle, und damit eine verringerte Empfindlichkeit bestimmter synaptischer Verbindungen hervorgerufen. Die Kombination von LTP und LDP wiederum kann dazu führen, dass manche Zellen und ihre Verbindungen erleichtert, andere erschwert die Reizweiterleitung vollziehen. In der Regel geschieht dies auch nicht nur mit einer einzigen Zelle und ihren Synapsen, sondern in weitverzweigten Netzwerken, was dann zu einer allgemeinen Verstärkung, Fokussierung oder eben auch Abschwächung von Reaktionen in größeren Teilen des Gehirns oder Nervensystems führen kann.

## EINFLUSS AUF DEN LERNERFOLG

Untersuchungen mit leicht variierten Reizstärken bzw. Reizqualitäten zeigen, dass ein Reiz mit Variationen offensichtlich noch einen größeren Lernerfolg bei der Auslösung der genannten Prozesse erzielen kann, gegenüber einem sturen und immer absolut gleichartig präsentierten Reiz und dessen ebenso stur und gleichartig abgerufener Reaktion.

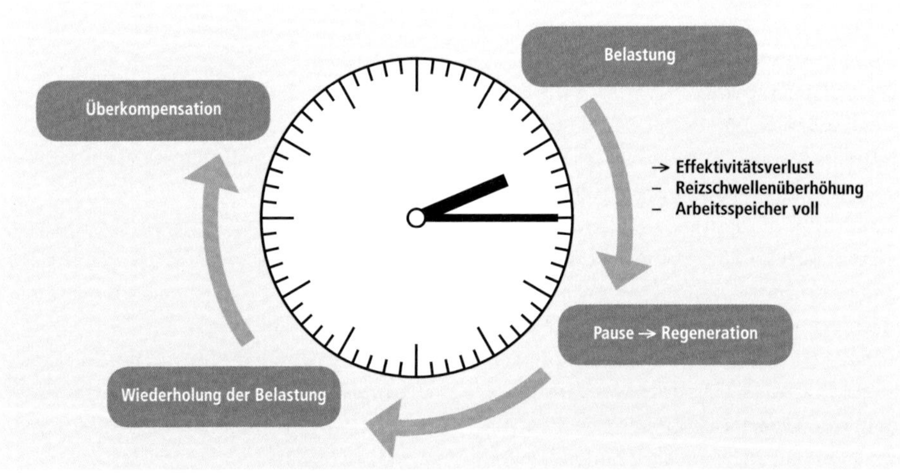


*Der zeitliche Rhythmus der Reizpräsentation und -verarbeitung kann Lernprozesse und Trainingsvorgänge wesentlich effektiver machen.*

## Das Prinzip der Superkompensation

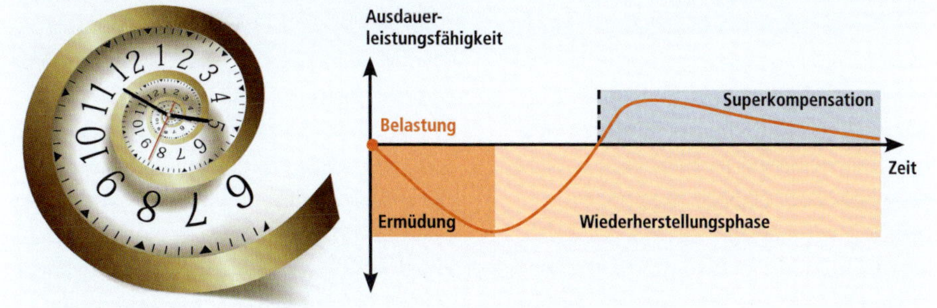


*Die bereits seit längerem bekannten zeitlichen Rhythmen der optimalen Reiz- und Informationspräsentation, sind mittlerweile durch zellbiologische Arbeiten auch chemisch begründbar.*

**Leicht veränderte Bewegungen bei der Signalisierung, oder auch Stimmmodulation bei der Gabe der Kommandos etc., sind also durchaus besser geeignet als ein roboterhaft, immer automatisch gleiches Präsentieren von Kommandos und Signalhandlungen.**

Im Laufe der Zeit wird durch die Prozesse der LTP und LDP (siehe Kasten, S. 124) dann auch noch die neuronale Architektur verändert. Zusätzliche Synapsen und Verzweigungspunkte, und damit eine stärkere Vernetzung der beteiligten Nervenzellen sind zu beobachten. Hierzu bedarf es jedoch der Präsentation der genannten Reize nochmals über einen längeren Zeitraum, z. B. jeweils im Abstand von ein bis wenigen Tagen.

Fasst man die Prozesse, die im Nervensystem zur Lernoptimierung stattfinden, zusammen, so ergibt sich ein Bild, das verblüffend den früher, in den regulären Schulunterrichten, praktizierten Rhythmen entspricht: Man präsentiert Informationen oder erarbeitet sie im Unterricht. Am Ende der Stunde, nach ca. 30 – 45 Minuten, wird die Stoffzusammenfassung über Tafelanschrieb, Hefteintrag oder Ausfüllen von Arbeitsblättern vorgenommen. Am Nachmittag werden die Hausaufgaben gemacht (idealerweise!) und am nächsten Tag beginnt die nächste Unterrichtsstunde mit einer sogenannten Schülerwiederholung, also einer kurzen Abfrage. Diese diente eben nicht nur primär dazu, Schülern schlechte Noten zu verpassen, sondern wiederholt im Zeitabstand von ca. 24 – 40 Stunden nochmals den vorher bereits besprochenen Stoff. Leider sind diese Praktiken aber auch gleichzeitig der Grund dafür, dass neurobiologische Erkenntnisse in die Pädagogik so selten Eingang finden. Gute Lehrer tun das intuitiv richtig, und sehen daher keinen Grund, sich mit neurobiologischen Befunden auseinanderzusetzen. Schlechte Lehrer aber, denen die Intuition fehlt, würden von diesen neurobiologischen Befunden profitieren. Gleiches gilt, und hier ist die Hundeschule nach Pisa genauso gefordert wie die Menschenschule, auch für den Unterricht von Hunden und anderen Haustieren.

Da diese Vorgänge im Zeitraum einiger Minuten ablaufen und wieder enden, ist eine nochmalige Wiederholung am Ende eines Zeitabschnitts von einigen Minuten sinnvoll. Erfolgsberichte zeigen zudem, dass eine erneute Wiederholung nach ca. 20 – 30 Minuten nochmals lernverstärkend wirkt.

Analog den in der Sportphysiologie untersuchten Prozessen der optimalen Trainingsgestaltung (vgl. sogenanntes Zirkeltraining), ist anzunehmen, dass dies der Zeitraum für die erstmalige Ablesung neu aktivierter Genabschnitte wäre.

## ABSCHNITTE DES GEDÄCHTNISSES

Gemeinhin wird das Gedächtnis in mehreren, verhaltensbiologisch wie auch biochemisch aufeinanderfolgenden Abschnitten charakterisiert (Roth und Menzel, 2001, und andere). Unmittelbar nach der Aufnahme einer Information wird über einen **sensorischen Speicher** für einige Sekunden die Erregung aufrechterhalten. In diesem Zeitraum können bereits Verknüpfungen mit anderen Reizen oder mit inneren Zuständen, z. B. aus dem schon vorhandenen Gedächtnis, stattfinden. Hier findet also bereits eine erste Möglichkeit zum Lernen statt. Anschließend folgt das **Kurzzeitgedächtnis**, das nur eine sehr begrenzte Speicherkapazität hat. Beim Menschen geht man etwa von weniger als 8 – 12 einzelnen Objekten, Zahlen oder Stimulationen aus. Die Zeitspanne des Kurzzeitgedächtnisses ist stark von den Lerninhalten und Testmethoden abhängig. Offensichtlich werden die Informationen anschließend zunächst in einen Zwischenspeicher, auch als **Arbeitsgedächtnis** bezeichnet, überführt. Erst das nach längerer Zeit angelegte **Langzeitgedächtnis** hat wirklich eine große Speicherkapazität und ist weitgehend widerstandsfähig gegen Störfaktoren. Aus zellbiologischer Sicht ist das Langzeitgedächtnis wahrscheinlich mit den Veränderungen der Proteinproduktion und der Synapsenbildung verknüpft. Auch hier sind wieder einige IEG's, vor allem die bereits erwähnte CREB-Familie (siehe S. 117), beteiligt. Einige davon wirken aktivierend, andere blockieren die Synthese neuer Transmitter oder Bindungsstellen.

Das Arbeitsgedächtnis hat seinen Sitz wahrscheinlich einerseits im Hippocampus, andererseits aber auch in einem vorderen Teil des Stirnhirns, wo sogenannte Pyramidenzellen während einer noch zu bearbeitenden, nicht vollständig abgeschlossenen Aufgabe erregt bleiben, nach dem endgültigen Abschließen der gestellten Aufgabe jedoch ihre Erregung einstellen.

*Welpen sollten, um ihr Riechsystem zu aktivieren, zwar sehr viele Geruchsreize präsentiert bekommen.*

## DAS EINE GEDÄCHTNIS GIBT ES NICHT!

Sowohl neurobiologische wie auch lernpsychologische Untersuchungen lassen deutlich werden, dass es nicht das Gedächtnis gibt, sondern das Gedächtnis auf viele Stellen des Gehirns aufgeteilt ist.
Selbst für einheitliche Wahrnehmungen, z. B. ein Erlebnis an einer bestimmten Stelle, werden verschiedene Komponenten im **Ortsgedächtnis**, im rein als Chronist wirkenden **Sachgedächtnis** und im **emotionalen Speicher**, tief unten im limbischen System, abgelegt. Werden die Inhalte dieser drei Gedächtnisbestandteile, z. B. nach einer Traumatisierung, nicht mehr zusammengefügt, sondern können auch unabhängig voneinander wieder im Bewusstsein auftauchen, so sind diese Vorgänge beispielsweise wahrscheinlich auch ein Teil der als Flashbacks bezeichneten Erscheinungen einer posttraumatischen Störung oder ähnlicher Probleme.
**Erst nach wiederholtem, über einen längeren Zeitraum wiederkehrendem Lernen, wird die aktivierende Form des genannten CREB-Gens verstärkt – dadurch entsteht ein Langzeitgedächtnis.**
Kurzes Training aktiviert diese Form des CREB-Gens offensichtlich nicht. Gleichzeitig wird aber auch der Repressor nicht gehemmt, und dadurch entsteht auch kein Langzeitgedächtnis.
Ein wichtiger Rezeptor ist der mit NMDA bezeichnete Typ von Bindungsstellen, und gerade für erfahrungsabhängiges und assoziatives Lernen. Als Botenstoff benötigt er Glutamat. In Mäusestudien zeigte sich, dass der genannte Rezeptor in zwei Varianten auftritt. Variante zwei, die die jeweilige Synapse für einen längeren Zeitraum empfindlich hält, ist bei jugendlichen Tieren offensichtlich stärker aktiv. Jugendliche Mäuse haben also durch die verstärkte Aktivität dieser, für längere Erregungszeiträume ansprechbaren Rezeptortypen auch eine verbesserte Lernfähigkeit und eine verbesserte Gedächtnisbildung.

*Vorsicht ist jedoch geboten, wenn dabei gleichzeitig die Bewegungsmuskulatur aktiviert wird.*

## SCHLAF FÖRDERT DAS GEDÄCHTNIS

Neben der passiven Gedächtnisförderung, indem Schlaf das Erinnerungsvermögen davor „schützt", durch weitere äußere Reize überschrieben zu werden, vermutet man auch eine aktive Vertiefung von Gedächtnisinhalten durch ein erneutes Hervorholen bereits gespeicherter Informationen während der Schlafphase. **Inhalte aus dem Kurzzeitgedächtnis können im Schlaf in das Langzeitgedächtnis überführt und dort verankert werden** (Rasch und Born, 2013). Dies ist wahrscheinlich auch der neurobiologische Hintergrund für die bei Hundetrainern oftmals kontrovers diskutierte Frage, ob Hunde, speziell Welpen und Junghunde, nach einer Trainings- und Übungsstunde besser schlafen oder besser noch eine Runde spielen sollten. Auch die dafür schon durchgeführten Untersuchungen an verschiedenen Hunden in unterschiedlichen Altersstadien (zusammengefasst z. B. bei Ganslоßer und Kitchenham, 2019) deuten in diese Richtung.

- Eine einfache, langweilige Standardaufgabe, sei es Sitz, Platz oder Fuß zu lernen, kann durchaus, in Übereinstimmung z. B. mit Ergebnissen an menschlichen Schulkindern, durch eine nachfolgende Spieleinheit verstärkt werden. Die durch das heftige soziale Spielen ausgelösten Dopaminausschüttungen wirken hier wahrscheinlich als nachträgliche Verstärkermechanismen.
- Eine schwierige Aufgabe, etwa eine selbst erarbeitete Trickdog- oder Dogdance-Figur, oder ein schwieriger Trail in der Rettungshundearbeit, können dagegen besser abgespeichert und für die Zukunft zugreifbar gemacht werden, wenn die Hunde tatsächlich hinterher als erstes eine Runde schlafen. Da, wie wir im Kapitel über die Aktivitätsrhythmen gesehen haben, Schlafzyklen bei Hunden wesentlich kürzer sind als beim Menschen, reicht bereits eine kurze, zirka 20 – 40-minütige Ruhephase, um die erste Tiefschlafphase zu erzielen.

## LERNKAPAZITÄT UND GEDÄCHTNIS

Ausführliche Versuche zum Thema Lernkapazität und Gedächtnis stammen von Rensch (1973 zusammengefasst) und Mitarbeitern. Beide Begriffe müssen auseinandergehalten werden.

- **Lernkapazität** ist die Fähigkeit, eine bestimmte Anzahl nacheinander andressierter oder anders gelernter Aufgaben zu behalten.
- **Gedächtnis** im eigentlichen Sinne, oder besser Gedächtnisdauer, bezieht sich auf die Frage, wie lange ein bestimmtes Verhalten verankert bleibt.

Zu guter Letzt soll noch der Begriff **„mentales Gedächtnis"** erläutert werden. Kognitive Psychologen unterscheiden hier das semantische und das episodische Gedächtnis voneinander. Wissen, dass Paris die Hauptstadt von Frankreich ist, gehört zum semantischen Gedächtnis, wohingegen Erinnerungen an die Zeit, in der man z. B. in Paris war, zum episodischen Gedächtnis zählen.
Besitzen Tiere auch ein episodisches Gedächtnis? In der Tat benötigt z. B. der Buschhäher zum Wiederfinden seiner Verstecke auch eine Art episodisches Gedächtnis und verblüffender Weise erinnern sich einige Individuen nicht nur, wo sie etwas versteckt haben, sondern auch, was sie versteckt haben (Clayton und Dickinson, 1998; Clayton et al., 2011). Versuche zum Nachahmungslernen von Hunden (Fugazza et al., 2016) bestätigen auch bei diesen die Existenz eines episodischen Gedächtnisses. Sie könnte zeigen, dass Hunde sich auch an Erlebnisse des Menschen erinnern, die vor etlicher Zeit, damals ohne Bedeutung für den Hund, beobachtet wurden.

# GEWÖHNUNG UND SENSITIVIERUNG

Als „einfachste" Form des Lernens wird die **Gewöhnung (Habituation)** häufig an den Beginn der Behandlung von Lernprozessen gestellt. Es handelt sich um einen Vorgang, bei dem die Reaktion (z. B. Schreckstarre) auf einen Reiz mit zunehmend häufigerem Anbieten des Reizes immer schwächer wird und schließlich ausbleibt. Walker (1987) diskutiert diese Reaktion ausführlich und stellt auch fest, dass ähnlich erscheinende Verhaltensabläufe nicht immer die gleichen physiologischen Gründe haben müssen. Eine Habituation kann, wenn nicht auf Erinnerungsprozessen, so doch auf Ermüdung der sensorischen wie der motorischen Komponenten oder des neuronalen Wegs dazwischen beruhen. Bei der Erinnerung wird ein ankommender Reiz mit Bekanntem verglichen und bei Übereinstimmung nicht oder nur schwach beantwortet. Diese Vergleichsprozesse wiederum können aber nicht nur zu reduzierter Aufmerksamkeit gegenüber als bekannt eingestuften Reizen, sondern auch längerfristig zu besserer Unterscheidung und genauerer Einordnung führen. Einige weitere Merkmale eines Gewöhnungsprozesses sind:

- Spontanerholung, wenn der Reiz eine Zeit lang ausbleibt. Die ursprüngliche Reaktion tritt dann wieder auf.
- Schwächere Reize führen leichter zur Gewöhnung.
- Dishabituation, d. h. Wiederherstellung der ursprünglichen Reaktion bei Zwischendurchpräsentation eines anderen starken Reizes. Nebenbei ist das auch ein Zeichen, dass es sich nicht um körperliche Ermüdung handelt.

Habituationsvorgänge liegen wahrscheinlich oftmals komplexeren und keineswegs nur im Labor ablaufenden Vorgängen zugrunde. Hinde (1982), Walker (1987) und andere haben ausführlich Gründe für die Existenz eines eigenständigen Motivationssystems für Neuheit/Vertrautheit von Reizen diskutiert, z. B. bei der Nahrungswahl. In diesem Zusammenhang, aber auch an der Basis jeglichen Erkundungsverhaltens, wären Habituationsvorgänge beteiligt, in Form der Vermeidung von bereits habituierten Gegebenheiten.

Das Gegenstück zur Gewöhnung ist die **Sensitivierung** (Manning und Stamp-Dawkins, 2012). Nach einem neuartigen belohnenden oder bestrafenden Reiz, reagieren Tiere (auch wir) mit einer erhöhten Aufmerksamkeit und sind oft besonders schnell und erfolgreich beim Lernen neuartiger, zeitlich darauffolgender Situationen. Das dahinterstehende neurobiologische Prinzip ist die Langzeitpotenzierung (LTP).

*Auch bei der Ausbildung von Hunden könnten die zeitlichen Zusammenhänge der Gedächtnisbildung zur Effektivierung beitragen.*

### LTP UND LTD

Bei der Langzeitpotenzierung verbessert sich die Effizienz der Signalübertragung dauerhaft an den Stellen der Nervenbahn, an denen wiederholt gereizt wird, da die Funktionsweise der dabei aktivierten Synapsen verbessert wird (Laroche, 2002. Das Gegenteil der Langzeitpotenzierung, bildet die Langzeitdepression (LTD). Dabei wird die synaptische Effizienz dauerhaft abgeschwächt. Allgemein werden bei Lernvorgängen manche Neuronenverbindungen verstärkt, andere wiederum abgeschwächt. Aufgrund dieser zweiseitigen Veränderungen sind mehrere Konfigurationen möglich und zudem steigt auch die Speicherkapazität eines neuronalen Netzwerks an (Laroche, 2002).

## KLASSISCHE KONDITIONIERUNG

Beim Vorgang der klassischen Konditionierung wird ein ursprünglich bedeutungsloser Reiz, der wiederholt mit einem „biologisch bedeutsameren" Zusammenhang auftritt, schließlich von dem Tier mit der gleichen Bedeutung belegt. Die bekanntesten Versuche dazu stammen von Iwan Pawlow: Ein Hund, dem regelmäßig ein Ton oder Lichtreiz zusammen mit dem Futter angeboten wird, reagiert irgendwann auf den bedingten Reiz (Ton) mit Speichelfluss genau wie auf das Futter. Inzwischen werden Vorgänge der klassischen Konditionierung auch in vielen anderen Lernprozessen, wie bei den bereits erwähnten Vermeidungslernversuchen, bei denen ein bestimmter Geschmacksstoff mit nachfolgender Übelkeit assoziiert und später gemieden wird, untersucht. So können Ratten mit Hilfe von Geruchskonditionierung z. B. lernen, Aufgaben schneller und effektiver zu lösen (Slotnick et al., 1991). In diesem Zusammenhang sind noch einige weitergehende Versuche interessant: Sogenannte Rückwärtskonditionierung, d. h., ein nach dem unbedingten Reiz präsentierter bedingter Reiz, funktioniert vielfach nicht. Wenn im Versuch nach der Futtergabe geklingelt wird und der Hund nicht reagiert, spräche man hier von einer nicht erfolgten Rückwärtskonditionierung (siehe Walker, 1987). Dennoch funktioniert der bedingte Reiz in einigen Fällen im Nachhinein doch, wie Versuche von B. Hudson (1950) an Ratten zeigten: Wurden Ratten in einem zunächst „harmlosen" Käfig plötzlich mit einem Strafreiz (Elektroschock) konfrontiert, und gleichzeitig völlig harmlose Gegenstände in den Käfig geworfen, so mieden sie später diese Objekte, obwohl sie die Gegenstände erst nach dem Strafreiz sahen, da während des Einwerfens das Licht kurz ausging.

### ERLERNTE HILFLOSIGKEIT

Das Phänomen der „erlernten Hilflosigkeit" (Seligman, 2010) wird ebenfalls häufig mit Konditionierungsvorgängen in Verbindung gebracht. In Versuchen mit Ratten, Rhesusaffen, Hunden u. a. zeigte sich, dass eine unvorhersehbare, unregelmäßige Gabe von Strafreizen, ohne vorherige Präsentation von bedingten Reizen, aber mit ebenso unvorhersehbar dazwischen gegebenem Licht, Ton oder Ähnlichem, zu erhöhter Cortisolausschüttung, Magengeschwüren, reduzierter Futtersuche etc. führen. Das Modell hat große Aufmerksamkeit erlangt, da es im menschlichen Bereich zur Erklärung vielerlei Verhaltens, von Verlust des Selbstbewusstseins bei misshandelten Kindern bis zur „freiwilligen Selbstausbeutung" der Frauen im klassischen Rollenschema, herangezogen wird (siehe S. 150 ff.). Bei Hunden kann sie im Alltag nicht nur durch unbewältigbare Aggressionsausbrüche ihrer Menschen, sondern auch durch deren unvorhersehbar wechselnde, unklare Signalgebung entstehen, oder aber bei einem „Helikopterhundehalter", der seinem Hund gar nichts zutraut.

## OPERANTE KONDITIONIERUNG

Zur operanten Konditionierung gehört, dass eine Handlung, die vom Tier ausgeführt wird, zu einer Belohnung führt. Die bekannten, historischen Versuche der operanten Konditionierung sind die in der „Skinnerbox", wobei eine Ratte durch Hebeldruck eine Belohnung erhält. Die operante Konditionierung spielt jedoch ebenfalls eine viel größere Rolle als diese einfachen Versuche andeuten. Zum Beispiel sind einige der bereits genannten Bestrafungsvorgänge sicherlich auch mit operanten Konditionierungen verbunden. Versuch- und Irrtumslernen ist allgemein eine Form operanter Konditionierung.
In ganz anderen Zusammenhängen treten Vorgänge, die zumindest Komponenten von Konditionierung haben, sogar in komplexen Sozialbereichen auf:
Clutton-Brock und Parker (1995) diskutieren Strafmaßnahmen, die bei Säugetieren häufig gegen rangtiefere Individuen durchgeführt werden. Auf diese Weise werden Rangordnungen aufrechterhalten, Paarbindungen etabliert (Kummer, 1991, für Mantelpaviane), aber auch unerwünschte Solidarisierungsaktionen verhindert, wenn die Koalitionspartner des Gegners mitbestraft werden (de Waal für Schimpansen). Die ultimaten Aspekte dieser Aktionen werden später weiter behandelt. Auf proximater Ebene aber handelt es sich eindeutig um Konditionierungsvorgänge.

### UNTERSCHIEDE

Der entscheidende Unterschied zwischen den Vorgängen der klassischen und der operanten Konditionierung liegt einerseits darin, dass durch operante Konditionierungen auch völlig neues Verhalten geformt werden kann (Hayes, 1994). Zum anderen werden nicht nur „automatisch" reflexartige, sondern „freiwillige" Reaktionen verknüpft.
Eine begriffliche Verwirrung kann entstehen, wenn zwei zentrale Maßnahmen der operanten Konditionierung verwechselt werden, nämlich negative Verstärkung und Strafreiz. Eine negative Verstärkung liegt vor, wenn durch die zu lernende Aktion eine Änderung zum Besseren bewirkt wird, z. B. ein Hebeldruck befreit das Tier aus einem engen Käfig. Ein Strafreiz ist dagegen eine Bestrafung einer falschen Handlung, z. B. Stromschlag, wenn der „falsche" Hebel gedrückt wird. **In vielen Laboruntersuchungen zeigt sich, dass negative Verstärkung das Lernen fördert, Strafreize dagegen oft blockieren** (Hayes, 1994).

### CLICKER-TRAINING

Eine weitere operante Konditionierungsmethode durch ein Training über positive Verstärkung ist das „Clicker-Training". Dabei lernen die Tiere, dass bei einem Clicker-Geräusch (das durch ein Clicker-Gerät in der Hand des Menschen ausgelöst wird) eine Belohnung folgt. Diese Trainingsmethode ist vor allem im Hundebereich weit verbreitet, eignet sich aber nahezu für jede Säugerart. Im Zootierbereich wird sie erfolgreich auch außerhalb der Säuger bis hin zu Krokodilen (Kölpin, mündlich) eingesetzt.

*Viele Prozesse der Gehirnreifung werden durch gleichzeitig ablaufende motorische Aktivitäten, also Tätigkeiten …*

## VERÄNDERUNGEN VON GEHIRNSTRUKTUREN

Auch und gerade bei Konditionierungsvorgängen, sowohl im Bereich der klassischen wie der operanten Konditionierung, sind Prozesse der Synapsenneubildung und Neuverschaltung von zentraler Bedeutung. Auch hier wurden ursprünglich die Untersuchungen wieder am der Meeresschnecke *Aplysia* vorgenommen. Inzwischen sind jedoch von einer ganzen Reihe von Nagetieren, und zwar keineswegs nur dem klassischen Labornagern Maus und Ratte, einschlägige Befunde hinzugekommen. Auch Kaninchen (Geinisman et al., 2001) wurden bereits mit regelmäßigen, rhythmisch antrainierten motorischen Bewegungen konditioniert. Anschließend fand man bei ihnen, ebenso wie bei den genannten Labortierarten und der Meeresschnecke, eine verstärkte Ausbildung synaptischer Knöpfchen, aber auch eine komplexere dreidimensionale Oberflächenstruktur der bereits bestehenden Synapsen und eine Zunahme der Transmitterkanäle.

Das motorische Lernen verändert u.a. die Synapsendichte, Synapsenzahl und Verschaltung im Bereich des *Cerebellums*, des als Kleinhirn bezeichneten Teils des Gehirns, der für dreidimensionale Bewegungskoordination, Steuerung von Bewegungsabläufen etc. besonders wichtig ist.

Werden dagegen andere, etwas variablere Formen des Lernens konditioniert, dann werden auch im Bereich des Hippocampus, einer auch bisweilen als Ammonshorn bezeichneten Struktur an der Basis des Großhirns, solche Veränderungen vorgenommen. Von besonderer Wichtigkeit erscheint hier aber auch darauf hinzuweisen, dass Konditionierungsvorgänge dadurch eben keineswegs immer eine sanfte Methode sind. Die Veränderungen, so sagen viele kompetente Neurobiologen, sind durchaus strenger und rigoroser als bei der Anwendung der so häufig verteufelten Psychopharmaka. **Eine Konditionierung, die zu dauerhaften Veränderungen der Gehirnarchitektur führt, ist also durchaus ein massiver Eingriff in das Verhaltens-**

*... der Bewegungsmuskulatur, beeinflusst.*

**programm eines Tieres. Dies soll nicht von vorneherein bedeuten, dass Konditionierungsprozesse schlecht oder abzulehnen sind. Man sollte sich aber auch bei ihnen immer darüber im Klaren sein, dass man hier eine dauerhafte und nicht ohne weiteres umkehrbare Form der Verhaltensveränderung und auch der Veränderung von Gehirnstrukturen vornimmt.** Zudem, das zeigen z. B. die Erkenntnisse von Kaminski (mdl.), sind Konditionierungsvorgänge im Verhalten von Hunden keineswegs immer nur positiv zu sehen. **Gerade die Kognitionsbiologen zeigen häufig, dass allzu heftig einseitig nur konditionierte, und gerade auch geclickerte Hunde sich weniger adaptiv, weniger anpassungsfähig und weniger geistig flexibel zeigen als Artgenossen, die mit anderen Methoden trainiert und ausgebildet wurden.** Und im Bereich der Erziehung haben wir es nochmals, wie im Kapitel über Sozialisierung und Jungtierentwicklung zu sehen sein wird, mit anderen Prozessen und Zielen zu tun, als im Bereich der reinen Ausbildung.

## WACHSTUMSFAKTOR IGF1 UND GLUKOKORTIKOIDE

Noch ein bemerkenswerter Einzelbefund, der möglicherweise in Zukunft für die Arbeit mit Hunden von besonderer Bedeutung sein könnte: Der Wachstumsfaktor IGF1, der z. B. für die Langlebigkeit, aber auch für Kleinheit von Kleinhunderassen verantwortlich ist, ist offensichtlich auch ein Modulator der synaptischen Plastizität. Gerade bei der Veränderung von Synapsenzahl und Synapsendichte in Folge von motorischem Bewegungslernen scheint IGF1 eine wichtige Funktion bei der zur Verfügungstellung der notwendigen chemischen Grundlagen zu haben. Möglicherweise ist das, und nicht nur die bisher immer dafür herangezogene relative Größe des Hippocampus, eine weitere Ursache für das bei vielen Haustieren beobachtete Phänomen der besseren Lernfähigkeit und Lernbereitschaft kleiner gegenüber großer Rassen (wie dies z. B. auch für Kaninchen nachgewiesen ist, Kersch, 1977).
Liston et al. (2013) zeigen noch einen weiteren Befund im Zusammenhang mit der Synapsenbildung und Aufrechterhaltung zellulärer Kontaktstellen: Glukokortikoide, also z. B. das Stresshormon Cortisol, die im Tagesverlauf eine unterschiedliche Konzentration im Gehirn aufweisen, sind unmittelbar mit verantwortlich für die Ausbildung und Aufrechterhaltung synaptischer Kontakte. Die im Kapitel über Stress noch zu besprechenden Einflüsse der Cortisolkonzentration auf die Lernfähigkeit, können also durchaus auch hier ihren neurobiologischen Grund haben. Dass milde Belastungszustände, im Gegensatz zu einer vollkommen belastungsfreien wohligen Zufriedenheit, durchaus die Lernfähigkeit und Lernbereitschaft steigern, könnte auch mit diesem Phänomen zu tun haben. Man lernt eben nicht am besten bei vollkommener Abwesenheit jeglicher, belastender Zustände, sondern bei einer milden, aber eben durchaus noch bewältigbaren Belastungsstärke (vgl. Schöning, 2015).

*Nur Katzen, die in ihrer Jugendentwicklung …*

# RÄUMLICHES LERNEN

Viele Lernvorgänge benötigen keinerlei Verstärkung. Das gelernte Verhalten ist sofort nach einer dafür nötigen spezifischen Erfahrung voll funktionsfähig ausgeprägt – die spezifische Erfahrung ist jedoch unumgänglich (Alcock, 1993). Dazu gehört das Lernen räumlicher Zusammenhänge, z. B. die Lage der versteckten bzw. gehorteten Nahrung (Hörnchen, Füchse etc.). Das Erlernen räumlicher Zusammenhänge und Strukturen erfordert häufig „höhere" kognitive Vorgänge und stellt somit ein Beispiel dar, bei dem sich Lernvorgänge nicht in der üblichen Weise klassifizieren lassen.

So wird von **„kognitiven Landkarten"** gesprochen, wenn Ortskenntnis, Abkürzungen, Umwege z. B. bei der Rudeljagd von Raubtieren (Peters und Mech, 1975) oder bei der Nahrungssuche von Primaten (Kummer, 1992) auftreten. Vor allem Katzen zeichnen sich durch ihre Orientierungsfähigkeit aus. Sie sind in der Lage, in einem Umkreis von 5 Kilometern Entfernung rund um ihren Wohnraum wieder nach Hause zu finden. Dieses Heimfindevermögen beruht auf einer Zusammenarbeit mehrerer Sinnesorgane und dem Nervensystem (Gansloßer und Rodewald, 2016). Bei Hunden hingegen ist diese Art der räumlichen Gedächtniskapazität noch umstritten. Während es viele Berichte über Hunde gibt, die in einer fremden Umgebung ihren Heimweg fanden, argumentiert Miklósi (2007), dass es keine wissenschaftlichen Quellen für diese Fähigkeit bei Hunden gibt, und dass die meisten vermissten Hunde nicht nach Hause fänden. Nicht jedes Erlernen eines Weges oder Verstecks beinhaltet notwendigerweise kognitive Landkartenbildung. Um eine solche „höhere" Leistung nachzuweisen, bedarf es der Lösung spezieller Probleme, z. B., dass ein Jäger seinem Beutetier durch Ausweichen bei der Verfolgung, Überqueren eines Hügels o. Ä. den Weg abschneidet.

Weitere Vorteile des räumlichen Lernens ergeben sich bei der Konkurrenz um Nahrung. Rabenvögel, wie z. B. der Florida-Buschhäher, sind in der Lage sich zu merken, was, wo und wann sie ihre Nahrung versteckt haben. In Freilandstudien konnte ihre Versteckstrategie noch weiter aufgeschlüsselt werden. Man fand heraus, dass diese Vögel zum einen ihr Versteck signifikant häufiger wiederfanden, wenn sie zuvor von einem Artgenossen beim Verstecken der Nahrung beobachtet wurden, und dass sie zum anderen die Verstecke mieden, an denen ihre Nahrung von anderen gestohlen wurde (Emery und Clayton, 2001). Beim räumlichen Lernen spielen im Gehirn offenbar die Östrogene mit, denn kastrierte Hündinnen sind z. B. wesentlich schlechter darin (Scandurra et al., 2019).

*... die 3. Dimension aktiv erkunden durften, ...*

*... sehen später auch dreidimensional räumlich.*

### RASTER- UND ORTSZELLEN

Es wurden nun erstmals Rasterzellen (= grid cells) in Rattengehirnen gefunden, die anzeigen, wie schnell sich ein Lebewesen durch den Raum bewegt (O'Keefe, 2005). Bereits zuvor wurden sogenannte Ortszellen (= place cells) beschrieben, die immer dann aktiviert wurden, wenn sich das Tier in einem bestimmten Bereich im Raum befand. Sowohl Ortszellen als auch Rasterzellen arbeiten auch beim Menschen eng zusammen, wenn es um Orientierung o. Ä. geht. Die Rasterzellen reagieren dabei auf die Geschwindigkeit des Individuums, die Ortszellen auf die Position. Daraus kann dann die sogenannte Pfadintegration entstehen.

## EINSICHTIGES LERNEN

Dawkins et al. (1982) empfehlen den Begriff „Intelligenz" weitgehend zu vermeiden, da er sehr schwer zu operationalisieren ist. Stattdessen sollten klar operationalisierbare Unterbereiche definiert werden. Als wichtige Komponenten des Phänomens werden gesehen:

- Diskriminations- oder Unterscheidungstypen (zwischen Individuen, Umweltfaktoren, Kategorien von Lebewesen).
- Das unterschiedliche Ausmaß bestimmter Fähigkeiten (Unterscheidung, Speicherung, Verknüpfung ...).

Betont werden muss auch, dass je komplexer die zu lösende Aufgabe ist, nicht nur der Nutzen wächst, sondern sich auch die Kosten erhöhen. Kosten für Lernvorgänge können nicht nur die dafür nötige Zeit sein, oder die Gefahr, die während vieler Erkundungs- und Lernvorgänge herrscht, sondern auch die „Material- und Baukosten" für größere Gehirne, bessere Sinnesorgane etc. Dabei werden die hohen Kosten des vergrößerten Gehirnvolumens vermutlich durch die Vorteile der verbesserten Sinnesleistungen, der höheren kognitiven Fähigkeiten etc. ausgeglichen (MacLean et al., 2013).

## WAS MACHT KOGNITION EIGENTLICH AUS?

Anhand der Kosten für die morphologischen Veränderungen (wie vermehrte Ausbildung von neuronalem Gewebe), welche mit den Lernvorgängen einhergehen, lässt sich unter anderem auch die Frage klären, wieso ein höheres Investment ins Lernen zu einer geringeren Fortpflanzungsfähigkeit führen kann (Snell-Rood, 2013).
Kintsch et al. (1982) liefern eine Liste von Aspekten für „Kognition", die auch und gerade bei der vergleichenden Betrachtung kognitiver Leistung zwischen verschiedenen Arten bedeutsam sind. Diese Liste ist sicher beispielhaft zu sehen. Außerdem sind Kenntnisse über solche Vorgänge, speziell außerhalb des Menschen und der Menschenaffen, noch sehr lückenhaft.

— Innere Repräsentation, die z. B. Verknüpfungen und Beziehungen zwischen verschiedenen Bereichen überhaupt erst herstellen kann,
— Integration verschiedener Vorgänge durch Verknüpfungen, sowohl bei Reizaufnahme wie Aktionen,
— Informationsverarbeitung,
— „Metacognition" – was wissen Tiere über ihr vorhandenes Wissen? Was wissen sie über sich selbst? Auch Probleme des „Selbsterkennens", das bestenfalls bisher Menschenaffen zugeschrieben wurde, sind noch weitgehend ungelöst. Neuere Befunde zeigen, dass Hunde wohl im geruchlichen Bereich über ähnliche Fähigkeiten verfügen (z. B. Marc Bekoffs Versuch mit dem „gelben Schnee", der versetzten Duftmarke seines Hundes).

*Tüpfelhyänen leben, trotz ihres hundeähnlichen Aussehens, in Sozialeinheiten, die denen von Affenarten viel näher sind.*

Viele Versuche beinhalten Lernvorgänge, die nicht durch Versuch und Irrtum zustande kommen können. Als Problemlösung wird dabei verstanden, dass unter einer Vielzahl von Handlungsmöglichkeiten diejenige ausgewählt wird, die zum Erfolg führt, z. B. aus mehreren Werkzeugen dasjenige gewählt wird, das eine Kiste mit Futter öffnet (Lethmate, 1977). Rensch (1973) stellte eine gute Literaturübersicht zu diesem Thema zusammen.
Wie weit kognitive Leistungen von Tieren reichen, lässt sich ebenso anhand eines einfachen Beispiels veranschaulichen: Timothy J. Pennings (2003) versuchte herauszufinden, ob Hunde in der Lage sind, zu rechnen bzw. Distanzen abzuschätzen. Dafür warf er einen Ball ins Wasser und notierte dabei immer den Weg, den sein Hund Elvis nahm, um von seinem Ausgangsort „A" zum Ziel „B" zu kommen. Statt den direkten Weg von „A" zu nehmen, lief der Hund am Ufer entlang und schwamm dann den kürzesten Weg von Punkt „C" zu „B". Vielen Hundehaltern mag diese Szenerie von ihren eigenen Vierbeinern bekannt vorkommen. Natürlich hat

Elvis hier keine mathematischen Formeln aufgestellt, um sich den kürzesten Weg auszurechnen. Jedoch zeigt dieses Experiment, wie weit die Fähigkeit von optimaler Problemlösung ins Tierverhalten reicht.

## KOGNITION IM SOZIALEN UMFELD

Wie Kummer (in Kummer und Goodall, 1985) feststellt, wurde keine andere Dimension des Verhaltens so systematisch im Freiland nicht untersucht, wie die Lern- und Intelligenzleistungen. Dazu gehört im Bereich Lernen und „Intelligenz", dass jedes Individuum zunächst mehrere Verhaltensvarianten „auf Lager" hat, deren Erfolge es vergleichen kann. Und es gehört auch dazu, dass durch Training die ursprüngliche, genetisch vorgegebene Fähigkeit verbessert werden kann. Das Wechselspiel zwischen Genetik, Erfolg und aktueller Situation wird wieder deutlich. Für manche Tiere, die in sozialen Gruppen zusammenleben, kommt der größte Selektionsdruck für Gehirn und Kognition oft aus dem sozialen Umfeld. Affen haben bestimmte Hirnareale, die auf die Erkennung von Gesichtern, Stimmen und Blickrichtung spezialisiert sind. Langlebige Säuger wie Hyänen, Delphine und Paviane erkennen zudem die engen Beziehungen, die zwischen den einzelnen Individuen bestehen, vermutlich auch deshalb, um das Verhalten anderer vorauszusehen (Seyfarth et al., 2012). So etwas kommt offenbar auch bei Hunden vor: Eine Trainerin berichtete, dass ihr Hund (der als Tutor in der Welpengruppe agiert) regelmäßig, nachdem er einen Welpen diszipliniert hatte, einen Umweg lief, um den dazugehörigen Halter extra anzurempeln!

*Auch bei Tüpfelhyänen sind komplexe Sozialstrukturen, Begrüßungsrituale und andere, dem sozialen Zusammenhalt dienende Mechanismen gut erforscht.*

*Entenkücken sind neben Gänsen und Haushühnern beliebte Untersuchungstiere der Prägungsforschung.*

## PRÄGUNG

Die Prägung, als eine spezielle Form ontogenetischer Erfahrung, wird uns noch ausführlicher beschäftigen (siehe S. 344 ff.). Da es sich jedoch auch um eine Form des Lernens handelt, soll sie hier kurz erwähnt werden. Prägung ist keineswegs auf Vögel beschränkt (ten Cate, 1995). Bei Säugetieren erfolgt Prägung wohl überwiegend geruchlich, sei es auf Beute (Apfelbach 1995), Artgenossen (für Nagetiere, Hausrinder, Ziegen siehe Sambraus, 1974; Lent, 1974 oder Zippelius, 1972. Für Hausspitzmäuse oder Verwandte, die als Aufzucht- oder Wurfgenossen erkannt werden, siehe Holmes und Sherman, 1983).

Im letztgenannten Fall konnte einerseits eine deutliche Lernkomponente nachgewiesen werden: Nichtverwandte, aber gemeinsam aufgezogene Speldings Erdhörnchen waren im Test stets nett zueinander. Andererseits waren aber Wurfgeschwister, die getrennt aufwuchsen, netter zueinander als zu Fremden. Da auch Halbgeschwister väterlicherseits über diesen Erkennungsmechanismus verfügten, scheiden vorgeburtlich-intrauterine Vorgänge als Grund aus. Das Beispiel zeigt aber zugleich noch einmal die enge Verknüpfung von verschiedenen Einflüssen auf das später ausgeformte Verhalten.

Prägung wird heute allgemein als nicht mehr ganz so starrer, irreversibler Vorgang gesehen wie in der Anfangszeit der Ethologie (ten Cate, 1995). Geblieben sind aber als Kriterien:

- Zeitliche Einengung oder zumindest Erleichterung des Lernens in einer sensiblen Phase.
- Lang anhaltende, oft über das ganze Leben dauernde Bevorzugung des Prägungsobjektes.

— Relativ invariante oder zumindest schwer zu ändernde Orientierung des Verhaltens auf bestimmte Reize, sobald der Prägungsvorgang stattgefunden hat.

Bolhuis und Honey (1998) konnten am Beispiel der Nachlauf-Elternprägung von Küken zeigen, dass hier zwei, auch neurobiologisch getrennte Vorgänge beteiligt sind: Einerseits eine bevorzugte Annäherung, die auch durch bestimmte Schablonen beeinflusst wird, an die Reizkombination des natürlichen Mutteraussehens. Danach kommt dann die Verknüpfung der verschiedenen Reizkomponenten der angenäherten Reizquelle mit nachfolgend darauf gerichtetem Jungtierverhalten. Beide Prozesse werden an verschiedenen Stellen des Vogelhirns lokalisiert.

## FRESSFEINDLERNEN

Das Erlernen möglicher Fressfeinde durch soziale Traditionen wird bei der Schlangenfurcht vieler Affen deutlich, die nur dann ausgebildet wird, wenn sie einen schlangenerfahrenen Demonstratoraffen bei der Reaktion auf eine Schlange, sei sie echt oder aus Gummi, beobachtet haben. Selbst Studien an Erdhörnchen (Alcock, 1993) zeigen, dass Alarmrufe oder -pfiffe gegen Schlangen eher erfolgen, wenn man soziale Vorbilder hatte. Nicht nur die Kenntnis des Fressfeindes, sondern auch die Art der Verteidigung ist z. T. sozial gelernt.
Wir werden auf diesen Aspekt bei den Beschreibungen der Jungtierverteidigungsaggression und des echten Mobbings zurückkommen (siehe S. 289 ff.).
Durch die vielen Risiken haben Beutetiere auch unterschiedliche Strategien, um in ihrer Umgebung sicher auf Nahrungssuche zu gehen. Dadurch unterscheidet man zwischen unterschiedlichen Habitattypen, welche man auch als **„Landkarte der Angst"** (im engl.: landscape of fear) bezeichnet.

## NACHAHMUNG UND TRADITION

Lernen durch Imitation dessen, was man bei Artgenossen gesehen hat, ist bei Säugetieren und auch Vögeln ein weit verbreitetes Phänomen. Problematisch ist häufig jedoch der exakte, eigentlich nur experimentell zu führende Nachweis, dass wirklich eine soziale Interaktion nötig war, um diesen Lernvorgang zu bewirken. Einige, zumindest indirekte Hinweise auf soziales Lernen können bei Freilandstudien aus der Kombination möglichst vieler Faktoren entstehen:

— Hohes Maß von Beobachtung der Mutter durch Jungtiere bei langer Mutter-Kind-Bindung,
— hohes Maß manipulativer Objektspiele,
— große interindividuelle Unterschiede in Nahrungspräferenz innerhalb einer Population,
— spezielle, individuelle Futterplätze oder Techniken.

Besonders häufig findet man Nachahmung und Tradition in den Bereichen Nahrungserwerb und Feindvermeidung. Jedoch sprechen Beobachtungen an zoogeborenen höheren Primaten dafür, dass zumindest Menschenaffenmütter auch bestimmte Teile des Mutter-Kind-Verhaltens durch Beobachten erfahrener Mütter erlernen bzw. verbessern. Im Bereich Nahrungsaufnahme gibt es wiederum mehrere Aspekte sozialen Lernens:

— Nahrungsortwahl
— Nahrungsart
— Techniken des Nahrungserwerbs

Sie können alle gelernt werden, wenn man von Artgenossen abguckt. Mc Quoid und Galef (1992) sprechen von Reizverstärkung (*stimulus enhancement*), wenn ein Tier ein anderes bei der Nahrungsaufnahme sieht und daraufhin z. B. die Nahrungsart gelernt

wird. Pearce (1997) beschreibt Versuche verschiedener Autoren, die zeigen, dass Ratten offenbar den Geruch neuen Futters am Fell oder im Atem einer anderen Ratte aufnehmen und daraus ihre Bevorzugung entsteht. Es geht auch mit betäubten Demonstratorratten, jedoch nicht mit Wattebäuschchen und nur schwer, wenn der Futtergeruch am Hinterteil statt am Kopf haftet. Bemerkenswerterweise kann die Vermeidung ungenießbaren Futters offenbar nicht auf den gleichen sozialen Lernmechanismen beruhen.
Die Beteiligung der Östrogene am sozialen Lernen wurde bereits bei Mäusen unterstrichen: Eine Maus bevorzugt z. B. bei einer Futterauswahl das Futter, das zuvor eine andere Maus gefressen hat, wenn sie an dieser Maus schnuppert und den Geruch des Futters aufnimmt. Kastrierte Mausweibchen (mit nahezu keiner Östrogenproduktion) zeigten diese Futterpräferenz seltener als nicht-kastrierte Weibchen (Choleris et al., 2012). Ähnliches gilt für Hunde.
Auch wird eine Ortsbevorzugung für bestimmte Futterplätze sehr wohl verstärkt, wenn ein anderer Artgenosse nach dem dort präsentierten Futter riecht.

## KULTURELLE WEITERGABE

Nishida (1986) hat, mit Schwerpunkt auf Primaten, das Thema kulturelle Weitergabe von Wissen und lokale Traditionsbildung genauer beleuchtet. Für die echte „kulturelle" Weitergabe unterscheidet er drei mögliche Wege:

- Die erste Phase ist die Ausbreitung (Propagation) von einem oft jüngeren Erfinder auf viele übergehend.
- Die zweite Phase ist die der Tradition = Mutter-Kind-Weitergabe.
- Die dritte Phase, die eigentliche Kulturbildung = Enculturation ist erreicht, wenn der Übergang von vielen (auch Erwachsenen) auf einen (auch Erwachsenen) erfolgt.

An Hunden lassen sich derartige Rang- und Dominanzbeziehungen ähnlich wie bei Primaten in Bezug auf Tradition und Imitation gut veranschaulichen. Pongrácz et al. (2008) verglichen das soziale Lernen von untergeordneten Hunden mit dominanten Hunden aus Mehrhundefamilien, die jeweils einem Demonstratorhund beim Lösen einer Aufgabe zusahen. Während die untergeordneten Hunde signifikant besser die Handlungen des Demonstratorhundes imitieren konnten, fiel es den dominanten Tieren schwerer. Folglich hat der bestehende Dominanzstatus einen erheblichen Einfluss auf das soziale Lernen bei Hunden. Gegenüber einem menschlichen Demonstrator gab es diesen Unterschied nicht.

## METHODE DES NACHAHMENS

Aufsehenerregende Befunde im Zusammenhang mit dem Beobachtungslernen von Hunden an menschlichen Vorbildern hat Claudia Fugazza (Fugazza, 2012; Fugazza und Miklosi, 2013, 2014) in den letzten Jahren veröffentlicht. Die von ihr entwickelte und perfektionierte Methode des Nachmachens („do as I do", „Mach es nach") zeigte nebenbei nicht nur, wie bereits erwähnt, dass es auch ein episodisches Gedächtnis bei Hunden gäbe. Hunde konnten eine beobachtete Aktion noch Stunden, einige sogar deutlich länger als einen Tag nach der Demonstration wiederholen, ohne dass sie in der Zwischenzeit in irgendeiner Weise mit diesem Geschehenen und Gesehenen wieder konfrontiert wurden. Dies zeigt nicht nur deutlich, wie Hunde auch auf Vorratsdatenspeicherung bereits Gesehenes und Erlebtes über einen längeren Zeitraum behalten. Claudia Fugazzas Befunde lassen auch erkennen, dass gerade beim Erlernen komplizierterer Bewegungen, wie sie z. B. für Assistenzhunde notwendig sind, diese Methode wesentlich effektiver, schneller und erfolgversprechender ist als das bisher dabei meistens verwendete freie Formen mit

Hilfe des Clickers und ähnlicher Methoden. Aus neurobiologischer Sicht besonders bemerkenswert ist, dass diese Übung einmal vorgemacht und dann nicht mehr wiederholt wird, was auch die entwickelten Konzepte über Kurzzeit-, mittelfristiges Arbeits- und Langzeitgedächtniss in einem neuen Licht erscheinen lassen muss. Man darf gespannt sein, wie diese Entwicklungen weitergehen.

### Traditionsbildung

Vergleichsweise wenig weiß man über Traditionsbildung außerhalb der Primaten. Traditionelle Streifgebiete bei Präriehundsippen, Dickhornschafen, Wanderwege bei Elefanten, Nahrungswahl bei Wanderrattensippen oder Feindvermeidung werden oft angeführt.

Nachahmung und Tradition kann durchaus auch artübergreifend sein. So sind Haushunde in der Lage, menschliche Signale nachzuahmen. Dabei können sie auch noch das nachgeahmte Verhalten optimieren, indem sie z. B. eine kürzere Route auswählen, wenn sie einem Menschen oder einem anderen Tier folgen (Range et al., 2007). Die Imitation menschlicher Gesten und Gesichtsausdrücke durch Hunde lässt sich vor allem auf den langen Domestikationsprozess zurückführen. Während der Hund dem Blick eines Menschen folgen kann, kann es selbst ein an Menschen gewöhnter Wolf nicht (Miklósi et al., 2003).
Dass Tiere beim Nachahmen, wie auch wir Menschen, selektiv imitieren können, zeigten die Ergebnisse der Studie von Range et al. (2007). Hier beobachteten zwei Hunde-

*Gerade bei Assistenzhunden ist die Anwendung des Beobachtungs- und Nachahmungslernens ein großer Vorteil.*

*Auch ein Hund, der einem anderen Hund Arbeitstechniken vorführt, kann die Arbeit für den ausbildenden Menschen erheblich erleichtern.*

gruppen jeweils einen Vorführhund dabei, wie er einen Futterapparat mit einer Pfote bediente. Die effizientere Lösung, ans Futter zu kommen, wäre jedoch, den Apparat mit der Schnauze zu bedienen. Die Hundegruppe, die zusätzlich sah, dass der Vorführhund einen Ball mit dem Maul festhielt, wählte statt Pfote das Maul, um an die Belohnung zu kommen und war demzufolge erfolgreicher bzw. schneller als die andere Gruppe, die nur die Pfote benutzte. Vermutlich „schlussfolgerten" die Hunde, der Vorführhund könne nur die Pfote benutzen, weil sein Maul ja mit dem Ball „belegt" ist. Die eindeutig bessere Variante ist die Schnauze und dementsprechend wählten sie daraufhin selbst die Schnauze, da ihre frei war. Hinweise und (meist anekdotische) Beobachtungen auf soziales Lernen im Zusammenhang mit Nahrungserwerb gibt es vielfach von Carnivoren (Rasmussen, 2006, erwähnt zum Beispiel eine rudeltypische Spezialisierung auf Zebras und Gnus bei Afrikanischen Wildhunden; Leyhausen, 1968, beschreibt das Trainieren von Beutefang bei Jungkatzen und Verwundung von See-Elefanten durch erwachsene Schwertwale, an denen dann Halbwüchsige trainieren konnten).

Soziales Lernen kann die Kosten für die Erschließung von Ressourcen oder neuen Fähigkeiten reduzieren. Hunden genügt es oft schon, den Teil einer Handlung bei ihren Artgenossen zu beobachten, um sie erfolgreich nachmachen zu können. Das soziale Lernen beruht dabei oft auf relativ simplen, jedoch kraftvollen Mechanismen. Hunde nutzen das soziale Lernen in gleicher Weise wie das Lernen durch Reize.

In diesem Zusammenhang wird dann oft auch bei nicht-menschlichen Arten von Kultur gesprochen (Laland und Janik, 2006). Jedoch muss hier sehr genau geprüft werden, ob es sich dabei wirklich um kulturell, also durch soziales Lernen (am besten vertikal also z. B. von Mutter zu Nachwuchs) weitergebenes Verhalten handelt (Krützen et al., 2007; Laland und Janik, 2007).

# SOZIALE KOGNITION

Bei der sozialen Kognition geht es um die Nutzung eines „Artgenossen als soziales Werkzeug“ (Kummer et al. 1990). Drei Gebiete werden hierbei derzeit intensiver erforscht:

— Wissen über Gruppenstrukturen und Sozialbeziehungen
— Wissen über innere („mentale“) Zustände anderer Gruppenmitglieder
— Kommunikation

Die Grundbausteine sozialer Kognition bilden eine Palette von Fähigkeiten, die streng nach den jeweiligen Anforderungen eines Individuums angeordnet sind. Diese Bausteine ermöglichen dem Tier, andere Artgenossen anhand verschiedener Mittel zu erkennen, sowie deren Beziehungen untereinander nachzuvollziehen und ggf. ihre mentalen Zustände zu begreifen. Vor allem aber sind die kognitiven Eigenschaften Ziele der Selektion. Dabei wird angenommen, dass sich komplexere kognitive Fähigkeiten nur dann entwickelt haben oder entwickeln, wenn die „einfacheren“ Methoden nicht mehr ausreichen (Seyfarth und Cheney, 2015 a, b). Als wichtige Bestandteile und Ebenen sozialer Kognition nennen Seyfarth und Ceney (2015 a, b):

— Individualerkennung
— Kenntnis über soziale Beziehungen anderer Individuen
— Erkennung deren Ranges und die transitive Inferenz (wenn A > B und B > C > A > C)
— Erkennung der Sozial- und Koalitionspartner anderer Individuen
— Gleichzeitige Erkennung mehrerer Parameter (z. B. Rang und matriline Clanzugehörigkeit)
— Theorie des Geistes

Auch wenn die meisten dieser Themen überwiegend an Primaten untersucht wurden, sind sie durchaus auch bei anderen Arten schon beschrieben.
Soziale Säugetiere wie Delfine, Orkas, Wölfe, Wildhunde, Pferde, Hyänen, Löwen, Elefanten und soziale Vogelarten wie Rabenvögel und Papageien sind auch in der Lage, viele hochentwickelte Muster komplexen Sozialverhaltens zu zeigen (wie z. B. Koalitionen oder Bündnisbildung, Reziprozität und gegenseitiger Austausch). Allerdings gehören, um solche Vorgänge in den Bereich „soziale Kognition“ einzubringen, noch einige Voraussetzungen dazu (Kummer et al., 1990).
Die wichtigste Voraussetzung ist zugleich am schwierigsten zu prüfen: Hat der Sender nicht nur selbst ein bestimmtes, generalisiertes Wissen („Wenn ich das oder jenes tue, reagiert der andere vorhersagbar so oder so.“), sondern ordnet er auch dem anderen ein spezielles Wissen zu („Wenn jemand so in einen Busch starrt, kann ein Feind darin verborgen sein“).
Manche Arten sind, wie bereits erwähnt, in der Lage, die Beziehungen zwischen anderen Individuen um sie herum zu erkennen. Diese können dann gezielt manipuliert werden.

Nur ein niedrigrangiges Weibchen der Meerkatzenpopulation war in der Lage, einen bestimmten Futterbehälter zu öffnen. Während sich dieser Behälter im Gehege der Tiere befand, empfing das Weibchen so viel Körperpflege von ihren Artgenossen wie noch nie zuvor. Die Affen taten dies wohl mit der Erwartung, etwas von dem Futter abzubekommen (Cheney, 2011).

Gerade in diesen, methodisch schwer zugänglichen Bereichen hat sich, wie Kummer et al. (1990) bemängeln, die inflationsartige Ausbreitung funktionaler statt beschreibender Terminologie (Kognition, taktische Täuschung, Politik etc.) nicht immer positiv ausgewirkt. Zugleich können diese Begriffe andererseits auch die Neugier und das Interesse breiterer Forscherkreise geweckt haben, die jetzt allerdings zu klaren operationalisierten Fragen und Hypothesen führen müssten. Um die Kognition von Lebewesen wirklich erfassen zu können, müssen wir mehr über ihr Leben in ihrer Welt lernen. Da, wie Emery und Amaral (2000) zeigen, viele dieser Prozesse von tieferliegenden Zentren des Gehirns, z. B. dem Mandelkern (Amygdala), mit beeinflusst werden, ist auch hier, ähnlich wie beim Thema Emotion, nicht nur bei Arten mit besonders hoch entwickeltem Großhirn mit solchen Phänomenen zu rechnen. Anhand von Spielverhalten und Anti-Feind-Strategien können kognitive Fähigkeiten einer Art untersucht werden. Wenn ein Spiel z. B. droht, in Aggression zu eskalieren, dann tendieren die Individuen dazu, eine spielerische Haltung (Hunde z. B. mit dem Oberkörper vorne tief) einzunehmen (Bekoff, 1999). Ebenso kann es eine kognitive Leistung sein, ein echtes Spiel von nicht-spielerischem Verhalten unterscheiden zu können.

## DER SOZIALE BLICK

In den Versuchen von Udell und ihren Kollegen (2010) wurde untersucht, ob es Unterschiede zwischen Familienhunden und Tierheimhunden gibt. Erstaunlicherweise konnten die Tierheimhunde schlechter den Weisungen und Blickrichtungen der Menschen folgen als die in einem Haushalt lebenden Hunde. Dementsprechend lässt sich die Sensitivität der Hunde gegenüber menschlicher Gestik nicht rein phylogenetisch erklären. Zusätzlich müssen auch Wechselwirkungen von genetischen und entwicklungsbiologischen Einflüssen bedacht werden. Haushunde wachsen zusammen mit Menschen auf und reagieren folglich sensitiver auf die menschliche Mimik.
Eine andere Studie zeigt: Geht es ums

*Hunde können schnell ablaufende Sozialkontakte besser auswerten als der Mensch.*

*Der Blick eines Hundes mit kurzer, breiter Schnauze hat durch die veränderte Netzhautstruktur andere Möglichkeiten zur Informationsaufnahme als der eines Hundes mit langer Schnauze.*

Futterklauen, trauen sich z. B. Hunde sogar bereits dann an die verbotenen Früchte, wenn der Mensch die Augen schließt und ihn dadurch „offensichtlich" nicht dabei ertappen kann (Call et al., 2003).
Auch Tierbesitzer beschreiben des Öfteren ähnliche hilfesuchende Verhaltensweisen von ihren Hunden oder Katzen, wenn diese sie „bittend" anschauen und dann zur Tür blicken, damit sie geöffnet wird, oder abwechselnd zum Besitzer und zum Futter schauen, damit er es ihnen überreicht. Oft ist dieses Verhalten dann noch mit Lautäußerungen verbunden. Hund und Katze haben somit gelernt, dass es sich lohnt, z. B. das Futter oder die Tür anzuschauen, da der Besitzer sie dann füttert oder hinein- oder hinauslässt (Emery, 2000).

## THEORY OF MIND

Kognitive Verarbeitung bedeutet auch, die Gefühle, Bedürfnisse und Absichten anderer zu erkennen, was mit dem Begriff der „Theory of mind" (ToM) zusammengefasst werden kann (Premack und Woodruff, 1978). Bei dieser Art des „Gedankenlesens" oder „-erahnens" muss v. a. beachtet werden, dass Tiere einerseits absichtlich, also gewollt, agieren können. Ihre Handlungen können aber auch durchaus bloß reflexartig geschehen.
Der Vorteil, die Intentionen anderer zu erahnen, liegt vor allem darin, dass durch das Wissen der Absichten anderer, Handlungen vorhergesehen, aber auch manipuliert werden können. Die neuronale Basis der Theory of Mind findet sich im sozialen Gehirn (Näheres siehe ab S. 140). Dabei sind zwei Hirnstrukturen von großer Bedeutung: der mediale *Präfrontalcortex* und die oberste Furche des Temporallappens (*Sulcus temporalis superior*) (Frith und Frith, 2005). **Zu der Theorie des Geistes zählt das mentale Erfassen von Gefühlen, Wahrnehmungen, Absichten, Wünsche, Begehren und Hoffnungen anderer in verbaler und nicht-verbaler Form.**
Es geht oft darum, Perspektiven einzunehmen und sich in andere hineinzuversetzen (Goldman, 2012).
Ob Hunde bereits eine zumindest in Ansätzen vorhandene Theorie des Geistes besitzen, wird derzeit noch kontrovers diskutiert (Horowitz, 2011).

# SOCIAL BRAIN – SOZIALES GEHIRN

## KOMMUNIKATION UND SOZIALE INTELLIGENZ

Untersuchungen über kommunikatives Verhalten werden häufig herangezogen, um kognitive Fähigkeiten bei Säugetieren zu vergleichen (Cheney und Seyfarth, 1992 a, b). Sehr gut lassen sich (vor allem artübergreifende) Interaktionen an der Hund-Mensch-Kommunikation veranschaulichen. Hunde haben eine außergewöhnliche Gabe, menschliche Gesten zu lesen. Obwohl diese Art der Hund-Mensch-Kommunikation das Ergebnis der Domestikation ist, ist nicht klar, ob direkt durch die Züchtungen etc. selektiert wurde, oder ob sie mehr Nebenprodukt der Domestikation war. Die bisherigen Studien über die sozialen, kognitiven Leistungen von Hundeartigen tendieren eher zur letzteren Möglichkeit. Eine Beispielstudie wäre die Folgende: Sehr an Menschen gewöhnte Silberfuchskinder aus 45-jähriger Züchtung mit entsprechend vielen Generationen, die ebenfalls Menschen gegenüber nicht scheu sind, sind dennoch nicht so gelehrig, menschliche Gesten zu verstehen (z. B. Zeigen auf Futter), wie Hundewelpen es können. Wiederum im Vergleich zu nicht an Menschen gewöhnte und darauf selektierte Füchse, interagieren sie jedoch enger mit dem Menschen.
In der Evolution hatten die Hunde, die die Gesten und die Körpersprache der Menschen besser verstehen konnten, wohl die höheren Überlebenschancen und konnten sich demnach auch besser vermehren. Selektiert wurde bei der Domestikation der Hunde vor allem nach der Zahmheit der Tiere und gleichermaßen wiesen die Hunde die bessere Fitness auf, die auch zahmer waren, statt ängstlich und gestresst in menschlicher Nähe zu sein (Hare et al., 2005).

## TÄUSCHUNG

Besonders komplexe Vorgänge sozialer Kognition, sind für viele Vorgänge von Täuschung und Manipulation von Artgenossen nötig.
Cheney und Seyfarth (1990, 1992) haben die Studien zu kommunikationsbezogenen Täuschungen wesentlich vertieft, indem sie durch Playback-Experimente, also Vorspielen

*Sozialer Zusammenhalt (hier Kapuzineraffen), ...*

von Tonbandaufnahmen, bestimmter Rufe von bestimmten Gruppenmitgliedern gezielt in Kommunikationsvorgänge eingriffen. Diese Versuche, bzw. die Reaktionen der Affen (meist Grüne Meerkatzen) auf die Experimente, zeigen mit Glück etwas von den unterliegenden „Absichtssystemen" der Affen: Cheney und Seyfarth (1992) erklären dies in folgender Abstufung von Absichtssystemen:

— **Absichtssystem 0. Ordnung:** liegt vor, wenn der Affe den Alarmruf gibt, weil er Angst hat.
— **Absichtssystem 1. Ordnung:** liegt vor, wenn der Alarmruf gegeben wird, weil der Affe glaubt, da sei ein Feind oder, weil er möchte, dass andere Affen auf die Bäume klettern. Dazu muss er keine Vorstellung von deren inneren Zuständen oder deren Wissen haben.
— **Absichtssystem 2. Ordnung:** liegt vor, wenn der Affe die inneren Zustände oder das Wissen der anderen Affen abschätzen kann. Denn hierbei will der Sender, dass der Empfänger glaubt, ein Feind wäre anwesend.

Dass es nicht um die 0. Ordnung geht, kann z. B. durch eine Änderung der Intensität oder der Länge des abgespielten Alarmrufes ausgeschlossen werden. Umgekehrt gibt es keine Hinweise auf Absichtssysteme 2. oder höherer Ordnung.
Die Grünen Meerkatzen wurden noch weiter getestet. So hörten sie z. B. den Warnruf „Leopard" eines bestimmten Artgenossen mehrfach ohne Grund, bis sie ihm „nicht mehr glaubten". Dann wurden vom gleichen Artgenossen Warnrufe anderer Bedeutung (z. B. Zwischengruppenkonflikt) vorgespielt. Man glaubte ihm zunächst wieder. War ein Warnruf für Zwischengruppenkonflikt durch Habituation wirkungslos geworden, glaubte man diesem Artgenossen auch andere, im gleichen Kontext geäußerte Rufe nicht mehr. Solche Rückschlüsse auf „Unglaubwürdigkeit" von „zu oft fälschlich" signalisierenden Artgenossen wurden auch bei Haushunden belegt (Pongrácz et al., 2010). Dabei zeigt sich, dass es kein Gewöhnungs- oder Ermüdungsprozess ist, da sowohl ein anderes Signal desselben wie das gleiche Signal eines anderen Gruppenmitglieds sofort beantwortet werden.

*... schließt Innergruppenkonflikte und individuelle Tricksereien keineswegs aus.*

# STRESS UND PERSÖNLICHKEIT — *sowie deren Wechselwirkungen*

# STRESS- UND STRESSBEWÄLTIGUNG

## STRESS

Es mag eigentümlich erscheinen, Persönlichkeiten im Kapitel Stress zu behandeln. Da jedoch ein erheblicher Teil der Unterschiede zwischen den Persönlichkeitstypen durch Reaktion auf möglicherweise belastende Umweltsituationen erkennbar wird, und die Antworten der Persönlichkeitstypen auf Stress erheblich unterschiedlich ausfallen, kann das Thema eigentlich nur zusammen behandelt werden.
Der Stressbegriff wird ohnehin schon sehr unterschiedlich verwendet. Manche verstehen darunter einen Zustand des Individuums, andere eine Situation, bedingt durch äußere Umstande, wieder andere eine Hormonantwort.
Die Definition von Broom (Infokasten) beinhaltet einerseits eine sehr breite Möglichkeit „nachteiliger Konsequenzen", z. B. wenn ein Zebra vor einem Löwen flieht und dabei Fresszeit verliert. Andererseits ist ganz klar erkennbar, dass diese Stressdefinition nicht jede, vor allem **nicht jede zu bewältigende Aufregung** umfasst. Schafft es z. B. das Zebra, sich zu verstecken, anstatt lange fliehen zu müssen, dann hat es eben nur eine kurze Zeit des Herzklopfens gehabt, und Broom bezeichnet dies als Stimulation oder „Challenge" (= Herausforderung).
**Wir halten also fest, dass wir nur von Stress reden, wenn das Kontrollsystem des Tieres überlastet wird. Übrigens deckt sich das auch mit der tierschutzrechtlichen Definition von Schäden und Leiden.**

## STRESSBEWÄLTIGUNG (COPING)

Ein Begriff, der im Zusammenhang mit der Aktivität des Kontrollsystems zu erklären ist, heißt „Coping", zu Deutsch etwa „Bewältigung". Wir wollen diesen Begriff aber, weil er vor allem in der Psychologie sehr häufig verwendet wird, aus dem Englischen übernehmen. Copingversuche müssen nicht unbedingt erfolgreich sein. Aber sobald eine gewisse Kontrolle über die Situation, innere oder äußere, erfolgt, findet Coping statt. Dies kann prinzipiell auf zwei Arten entstehen: entweder durch negative Rückkopplung (man stellt eine unangenehme Situation fest, und die Hormone gehen entsprechend hoch, siehe S. 147) oder durch „feed forward", also ein Einstellen auf die Situation schon vorher (jeden Tag um 8:30 Uhr sieht man den Chef und die Hormone steigen schon um 8:20 Uhr an).

### DEFINITIONEN

**Stress**
Stress ist ein Umwelteffekt auf ein Individuum, der dessen Kontrollsystem überlastet und zu nachteiligen Konsequenzen, letztendlich reduzierter Fitness führt (Broom, 2001).

**Copingstrategien**
Copingmechanismen, oder Copingstrategien, sind die Prozesse, die eine Zeit lang ablaufen, bevor die Kontrolle wiederhergestellt ist (Broom, 2001).

## STRESS IST NICHT GLEICH UMWELTBELASTUNG

Beispiele dafür, dass Stress nicht einfach mit Umweltbelastung gleichgesetzt werden kann, liefert v. Holst (1998):

1. Hat man zwei Ratten in Versuchskäfigen, die regelmäßig einen leichten Elektroschock erhalten, aber nur eine davon kann ihn abschalten, während die andere warten muss, was die Kollegin tut, dann steigt die Stressantwort der zweiten Ratte erheblich an. Auch wenn die Elektroschocks durch ein verlässliches Signal, z. B. einen Ton angekündigt werden, war bei gleicher Stromstärke die Antwort geringer.
2. Dass auch die Anstrengung eines Kampfes nicht unbedingt die Stressantwort auslöst, zeigen weitere Untersuchungen an Ratten, Mäusen wie auch Spitzhörnchen (*Tupaia glis*). Wurden die Kontrahenten nach dem Kampf in getrennte Käfige gebracht oder eine hölzerne Trennwand zwischen sie gezogen, kehrte der Verlierer sehr schnell zu seinem Ausgangswert zurück – selbst wenn der Kampf täglich wiederholt wurde, und ein Tier immer wieder der Verlierer war.
3. Ein weiteres Beispiel: Zwei Affen werden durch erhebliche Einschränkung der Futtermenge hungrig gehalten. Einer davon erhält aber eine nicht nahrhafte, jedoch wohlschmeckende Placebo-Lösung. Und dieser Affe, obwohl physiologisch ebenso hungrig wie der andere, zeigt **keinen** Anstieg der Glucocorticoide (Nelson, 2002). Offenbar „empfand" er das Ganze nicht als stressend!

## UNTERSUCHUNGEN AN HUNDEN

Vergleichbare Untersuchungen, wie die hier geschilderten Rattenversuche, wurden auch mit Hunden durchgeführt. Auch hier zeigte sich, dass ganz deutlich die Antwort der Stresshormonsysteme bei demjenigen, der unerwartet mit dem unangenehmen Reiz konfrontiert wurde, wesentlich deutlicher war. Besonders auffallend sind in diesem Zusammenhang Untersuchungen, die in der holländischen Arbeitsgruppe von Bonne Beerda (Beerda et al., 1998) durchgeführt wurden. Hier wurden Hunden in einem Versuchsraum unterschiedliche Umweltreize präsentiert, und sowohl ihre Verhaltensantwort als auch die Antwort des Hormonsystems hinterher gemessen. Konnten die Hunde z. B. sehen, wie ein Mensch zwei Topfdeckel zusammenschlug, eine Schreckschusspistole abfeuerte, oder fiel ein laut raschelnder Plastikvorhang vor ihren Augen herunter, so zeigten diese Hunde kaum eine erkennbare Reaktion des Stresshormonsys-

*Stress findet im Kopf statt, und kann nicht …*

tems. War der Mensch für eine solche unangenehme Geräuscherfahrung verantwortlich, so zeigten viele aktive Unterwerfung gegenüber diesem Menschen. Da der Mensch die entsprechende geräuschvolle Tätigkeit ohnehin nach Versuchsplan bald wiedereinstellte, war für diese Hunde offensichtlich ihre Reaktion richtig, und dementsprechend haben sie auch keinerlei Stressantwort gezeigt. Hunde, die ähnlich laute Geräusche unerwartet und ohne Zusammenhang mit einem geräuschproduzierenden Menschen bekamen (15 Sekunden Hardrock aus dem Deckenlautsprecher, oder der Lärm machende Mensch stand hinter einer Abtrennwand), zeigten schon im Verhalten deutlich andere Reaktionen. Ihr gesamtes Ausdrucksverhalten deutete auf Unsicherheit bis Angst, und auch im Hormonhaushalt waren nun deutliche Anstiege im Bereich der Stresshormone erkennbar. Je nach Persönlichkeitstyp (siehe S. 166 ff.) fanden sich entweder Anstiege im Cortisolsystem oder im Bereich der Herz- und Kreislaufwerte.

**Stress findet also auch für Hunde im Kopf statt, und eine erkennbare und zu erwartende unangenehme Belastung wird wesentlich leichter verkraftet als ein plötzlich unerwartet auftretendes, merkwürdiges oder unangenehmes Ereignis.**

Zu den Wirkungen des Noradrenalins siehe Motivation und Aggression (S. 305 ff.), insbesondere auch in Wechselwirkung mit dem chemischen Vorläufer Dopamin.

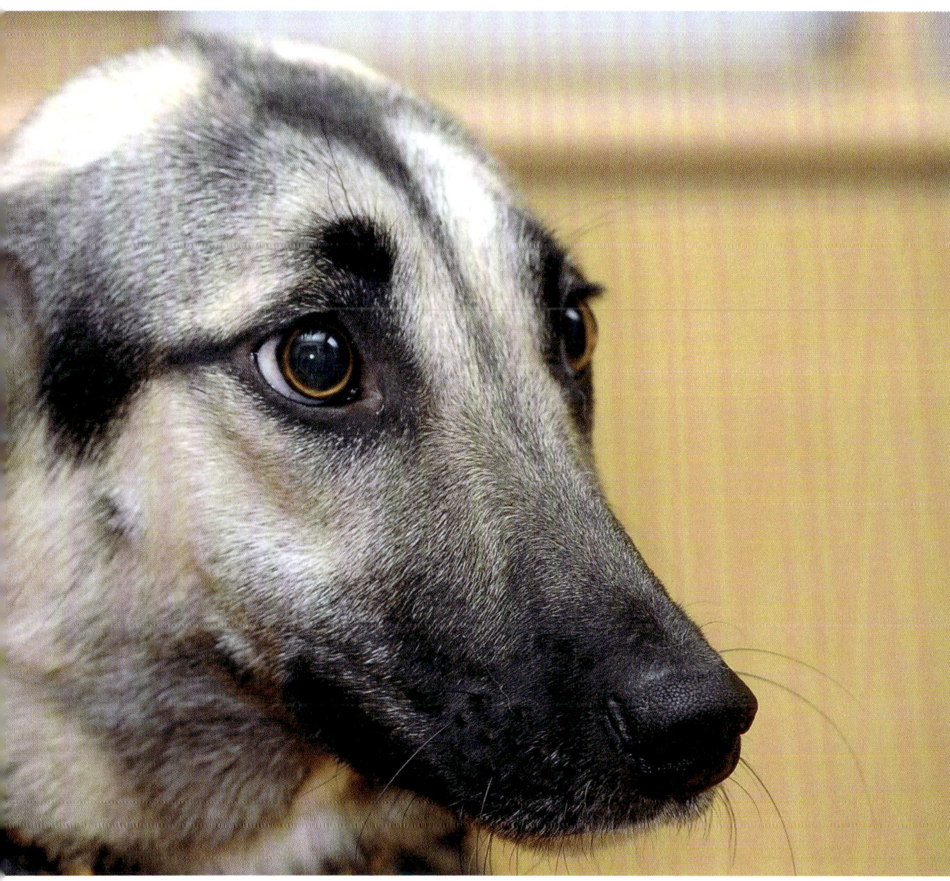

*... direkt von außen gesehen werden. Nur die veränderte Mimik dieses Hundes spricht Bände.*

# STRESS- UND HORMONACHSEN

Eines, der lange Zeit verwirrend empfundenen Probleme der Stressantworten war die Vielfältigkeit und teilweise Widersprüchlichkeit, mit der Tiere reagieren können. Eine Zusammenfassung kam erstmals von den amerikanischen Stressforschern J. Henry und P. Stephens im Jahr 1977, als sie die Existenz sogenannter Stressachsen, vom Gehirn ausgehend, beschrieben und dabei die vorigen Befunde integrieren konnten. In der Zwischenzeit wird oft noch eine vierte Achse, nämlich die von den Corticotropin-Releasing-Neuronen des Hypothalamus (siehe Abb. unten) über Interleukine vermittelte Wirkung auf das Immunsystem erwähnt. Ausgangspunkte des gesamten Geschehens sind drei Abschnitte im Gehirn, nämlich der Hypothalamus (der Boden des Zwischenhirns), der Hippocampus (der keinen sinnvollen deutschen Namen hat) und der sogenannte Blaue Kern = *Locus coeruleus*. Die beiden Letzteren gehören dem oft etwas salopp als „Emotionszentrum“ bezeichneten limbischen System an, einer Region, die Regionen unterhalb des Großhirns, unterhalb der Hirnrinde und am Übergang zum Rückenmark vereint. Näheres zu den Gehirnregionen siehe S. 188 ff.

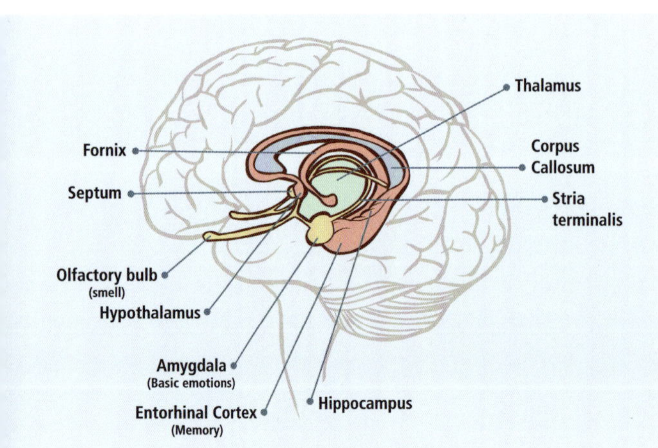


*Die wichtigsten, auch für die emotionale Bewertung von Außenreizen und Situationen zuständigen Regionen.*

## SYMPATHICUS-NEBENNIERENMARK-ACHSE

Nehmen wir uns die Hormonachsen in der geschichtlichen Reihenfolge der Beschreibung vor, so wäre als erstes Walter Cannon zu nennen, der 1929 die sogenannte **„Kampf-Flucht-Reaktion“** beschrieb. Man bezeichnet dieses System heute als die Sympathicus-Nebennierenmark-Achse (zur Physiologie siehe Holsboer, 1999; v. Holst, 1998; Koolhaas et al., 1999). Durch die Aktivierung dieser Achse wird im Nebennierenmark die Produktion der beiden Katecholamine Adrenalin und Noradrenalin verstärkt, die unter anderem über das Herz-Kreislauf-System, aber auch die Steigerung der Glucoseverbrennung den Organismus auf aktive Auseinandersetzungen vorbereiten. Die Wirkungen der aktiven Stresshormone betreffen unter anderem die Verteilung des Blutflusses im Organismus. Die für aktive Auseinandersetzungen besonders wichtigen Organe, nämlich Gehirn, große Sinnesorgane, Skelettmuskulatur und Herz werden besonders stark durchblutet und deshalb auch mit mehr Sauerstoff und Nährstoffen versorgt.

*Aggressive Kommunikation ist nicht gleichbedeutend mit Stress, vor allem, wenn die Konflikte danach gelöst werden.*

Demgegenüber sind die Organe des Verdauungstraktes eher von untergeordneter Bedeutung und erhalten nur noch wenig Blut und damit weniger notwendige Nährstoffe.

## EINFLUSS AUF DIE BLUTGERINNUNG

Eine weitere Reaktion, die oftmals im Zusammenhang mit der Veränderung des Blutflusses die konkreten Erkrankungen bei dauerhafter Überforderung hervorruft, ist eine Veränderung der Oberflächeneigenschaften der Blutplättchen. Blutplättchen sind diejenigen Blutzellen, die für das Blutgerinnungssystem verantwortlich sind. Sie werden sozusagen klebriger, wenn die Adrenalinachse aktiviert wird. Dadurch kommt es zwar im Falle einer Auseinandersetzung sinnvoller Weise zu einer schnelleren Blutgerinnung und damit einem schnelleren Wundverschluss. Jedoch kann die genannte Blutgerinnung auch unerwünschter Weise innerhalb von Blutgefäßen stattfinden, und dann zur gefürchteten Atherosklerose führen. Infarkterkrankungen sind dann die Folge.

## STEIGERUNG DES STOFFWECHSELS

Letztlich kann, und das zeigen viele auf der Adrenalinachse überforderte Hunde, die Steigerung des Stoffwechsels auch zu einem schnellen Abbau aller im Körper vorhandenen Speicherstoffe führen, und dann zu rapider Gewichtsabnahme, die auch durch noch so viel Fütterungssteigerung nicht aufzufangen ist, bevor die Grundproblematik der Stressüberforderung nicht beseitigt wurde. Die übergeordnete Stelle im Gehirn, die diese Achse aktiviert, ist der Mandelkern, die Amygdala, die eine Art Verteidigungsreaktion auslöst. Je nach Typ des Tieres und Vorerfahrung, kommt es entweder zur vermehrten Ausschüttung von Noradrenalin, das als Angriffs = „Wut"-Hormon auch die Sexualhormone steigen lässt, aber die Hormone der Nebennierenrinde kaum anhebt, oder es kommt zur erhöhten Produktion von Adrenalin, das mehr „Furcht" = Fluchthormon ist. Letzteres bewirkt einen Anstieg der Glucocorticoide als Sekundäreffekt und senkt den Spiegel der Sexualhormone.

### Konfrontation von Diensthunden

Ähnliche Erkenntnisse zeigen z. B. Untersuchungen von Horvath et al. (2007) aus Budapest: Eine Reihe von Polizei-Diensthunden wurden in der für ihre Ausbildung und ihr Training recht allgemeinüblichen Bedrohungssituationen erfasst. Die Hunde waren angebunden, ohne Anwesenheit des Hundehalters, und wurden von einer merkwürdig erscheinenden Person von vorne angegangen und bedroht. Drei verschiedene Reaktionstypen konnten im Verhalten deutlich unterschieden werden:
Manche Hunde gingen sofort und kompromisslos nach vorne bis zum vorderen Ende der Leine und machten auch sonst mit ihrem Verhalten deutlich, dass sie sich das nicht bieten lassen wollen. Andere Hunde gingen sofort genauso kompromisslos bis ans hintere Ende der Leine nach hinten, in einer deutlich erkennbaren Fluchtreaktion. Die dritte Gruppe der Hunde dagegen blieb am Ort, zeigte sehr viel Übersprungverhalten, Kratzen, sich Schütteln, Gähnen und andere damit verbundene Verhaltensweisen, und war auch in ihrer Körperspannung, Fellhaltung etc. deutlich erkennbar im Konflikt. Bemerkenswert ist der Unterschied in der Cortisolproduktion:
Die erste Gruppe, die kompromisslos nach vorne gehenden, hatten überhaupt keinen messbaren Anstieg des Cortisols. Die zweite, fluchtmotivierte Gruppe, hatte einen messbaren, aber relativ geringen Anstieg des Cortisols. Die dritte Gruppe, die mit Unsicherheit und Übersprungverhalten aufwartete, hatte den deutlichsten Cortisolanstieg. Diese, auch für die nächste Hormonachse wichtigen Erkenntnisse lassen schon den Zusammenhang zwischen dem Adrenalin = Fluchthormonsystem vs. Noradrenalin = Angriffs-/Kampfhormonsystem erkennen.

*Auch dieser Hund zeigt durch seine Mimik eine verunsicherte Gesamtsituation.*

## HYPOTHALAMUS-HYPOPHYSEN-NEBENNIERENRINDEN-ACHSE

Die zweite Achse wurde erstmals 1936 von Hans Selye erkannt, als er seine sogenannte **„Allgemeine Anpassungsreaktion"** beschrieb. Die dabei aktiven Hormone sind die der Hypothalamus-Hypophysen-Nebennierenrinden-Achse, die zu einer Erhöhung der Glucocorticoidproduktion (Cortisol, Cortison, Corticosteron) führen. Die Reaktion wurde von Selye als dreistufiger Prozess beschrieben.
Henry und Stephens führten an dieser Stelle noch eine weitere wichtige Differenzierung ein, indem sie von aktiver (über die Sympathicus-Nebennierenmark-Achse) gegenüber passiver (über die Hypothalamus-Nebennierenmark-Achse) Reaktion sprachen.
Das Kontrollverlusthormon, das Cortisol (bei manchen Tieren auch sein chemischer

Verwandter Corticosteron) aus der Nebennierenrinde, nimmt nun stark zu. Dieses Hormon hat eine ganze Menge Wirkungen. Im Gehirn erhöht es die Bereitschaft zur Unterwerfung, zur Einpassung in vorgegebene Bedingungen und dämpft die Allgemeinaktivität. Bei dauerhaftem Anstieg lässt es aber auch die Nervenzellen absterben, beeinträchtigt erheblich die Merkfähigkeit (speziell für Faktoren und Tatsachen, das deklarative Gedächtnis) und führt zu depressiven Verstimmungen. Zugleich bewirkt es Schlafstörungen und nächtliche Unruhe. Es lässt, wenn der Wert abends zu hoch ist, uns nicht schlafen – was ebenfalls ein sich über Tage aufschaukelnder Prozess wird. Auch das sind zunächst einmal alles adaptive Vorgänge. Sogar die Unfähigkeit, sich zu erinnern und zu handeln wie bisher, hat ihr Gutes: eingefahrene Handlungen werden blockiert. Damit wird man gezwungen, neu zu denken und auf anderen als den bisher gewohnten Wegen nach Lösungen zu suchen. Zum Problem wird auch diese Reaktion erst dann, wenn trotz verzweifelter Suche solche Auswege nicht gefunden werden, die nicht zu bewältigende Situation sich wiederholt (sogenannte Angst-Konditionierung), oder ganz besonders schwerwiegend empfunden wurde. Dann erfolgen nämlich auch hier wieder die Verstärkungen und Rückkopplungen im Gehirn. Insbesondere ein Teil des sogenannten limbischen Systems im Gehirn, nämlich der Mandelkern, ist hier beteiligt. Er erhält einerseits direkte Informationen über die „emotionale Bewertung" der Situation aus dem Zwischenhirn, andererseits aber auch „erfolgsabhängige" Bewertungen aus der Hirnrinde. Kann er keine Lösung für das Problem finden, wird die Nebennierenrinden-Hormonachse aktiviert.

*Sich-Kratzen kann, muss aber kein Übersprungsverhalten in Konfliktsituationen sein. Hier muss man immer die Gesamtsituation im Blick haben.*

*Nicht jeder traurig aussehende Hund ist auch depressiv. Gerade die mimische Muskulatur im Stirnbereich, kann von Hunden sehr gewinnbringend zur intuitiven Beeinflussung von Menschen genutzt werden.*

## FOLGEN EINER CORTISOL-ÜBERSÄTTIGUNG

Physiologisch gesehen wird das System als das Kontrollverlustsystem bezeichnet, das z. B. nach Status-, Partner-, Revier- oder anderen Verlusten aktiviert wird. Die wichtigsten gesundheitlichen Konsequenzen einer ständigen oder länger andauernden Cortisolübersättigung sind einerseits Muskelabbau (die Muskeln werden buchstäblich abgebaut, um in den Energiestoffwechsel eingebracht zu werden), Immunschwäche (sowohl durch den Abbau der im Blut vorhandenen löslichen Eiweiße des Immunsystems, als auch durch Veränderungen der Leistungsfähigkeit verschiedener Lymphzellen), und eine erhöhte Tendenz zu Stoffwechselerkrankungen, insbesondere Diabetes II. Letzterer beruht unter anderem darauf, dass die Cortisolwirkung den Blutzuckerspiegel steigen lässt, und damit auf Dauer eine Resistenz gegen das zuständige, für den Traubenzuckerabbau notwendige Hormon Insulin erzeugt wird.

Die Immunprobleme, die sich bei einer Überlastung der Cortisolachse zeigen, können einerseits in vermehrter Anfälligkeit für Parasiten und Krankheiten, aber auch für Tumore, oder in verstärktem Auftreten von Immunerkrankungen (Allergien, rheumatische Erkrankungen, Autoimmunerkrankungen anderer Art) bestehen.

Besonders bedauerlich ist, dass nicht nur der Muskelabbau durch die Cortisolübersättigung betrieben wird. Es wird auch die Neuaufnahme von Aminosäuren und damit die mögliche Zurverfügungstellung von Baustoffen für einen erneuten Muskelaufbau in den Muskelzellen unterbunden.

Es bringt also nicht nur gar nichts, diesen Hunden durch eine erhöhte Proteinration mehr Aminosäuren zur Verfügung zu stellen. Vielmehr werden auch diese überzähligen Proteine wieder in den Energiestoffwechsel eingeschleust, was zu einer noch stärkeren Überforderung von Leber und Nieren führt. Beide letztgenannten Organe sind es denn auch, die oftmals die mit diesem Problem verbundenen Stoffwechselerkrankungen zeigen.

## Folgen für das Gehirn

Aber auch im Gehirn und in daraus folgenden Verhaltensbereichen richtet das Cortisol eine Menge an: So ist belegt, dass gerade im Bereich des Hippocampus, des für Motivation, Lernen, räumliche Orientierung und Langzeitgedächtnis unter anderem zuständigen Gehirnteils, bei einer ständigen oder lang anhaltenden Cortisolüberforderung sogar Nervenzellen abgebaut, also zerstört werden. Außerdem kann die Erhöhung des Cortisolspiegels eine Reihe von Verhaltensreaktionen auslösen, von Depressionen über Angst, Panik bis zu damit verbundenen defensiven Aggressionen. Letztlich beeinträchtigt Cortisol die Schlafrhythmik, was wiederum weitergehende Auswirkungen unter anderem auf die Gesundheit des Immunsystems und auf die Lernfähigkeit hat. Cortisol ist ein wichtiger Gegenspieler der Sexualhormone, und diese Abhängigkeit besteht in beiden Richtungen: Ein erhöhter Cortisolspiegel dämpft die Sexualhormonausschüttung, eine stabile oder höhere Ausschüttung von Sexualhormonen dagegen wird wiederum als Gegenspieler die Senkung des Cortisolspiegels bewirken.
Geffroy & Douhard (2019) beschreiben, und zwar explizit auch an Säugetieren, die Wirkungen erhöhter Cortisolspiegel auf die Geschlechtsbestimmung: Zumindest bei Menschen, Schweinen und Labornagern beeinflussen Glucocorticoide die Auswahl zu befruchtender Eizellen im Mutterleib VOR der Befruchtung, zumindest bei Brüllaffen wird ein Einfluss rund um den Zeitpunkt der Geschlechtsdifferenzierung belegt, und bei etlichen Arten zumindest von Nagetieren und Beuteltieren wird später in Trächtigkeit oder Säugezeit entschieden, wer eventuell nicht weiter ausgetragen wird. Je nach Sozialsystem können bei erhöhtem Stress männliche oder weibliche Nachkommen benachteiligt werden.

## Episodische Ausschüttung von Cortisol

Tagesperiodische Schwankungen des Cortisolspiegels sind bei den meistens Säugetieren bekannt. Während jedoch beim Menschen die Tagesperiodik eine eindeutig zweigipfelige Cortisolverteilung ergibt, zwar bei Frühaufstehern etwas früher als bei Langschläfern, ist dies bei Hunden offensichtlich sehr unterschiedlich. Eine Reihe von Untersuchungen zeigt bei Hunden eher eine episodische Ausschüttung von Cortisol in Intervallen von bis zu 90 Minuten, keine circadiane noch saisonale Rhythmik wurde festgestellt (Näheres siehe Elsing, 2018). Andere Untersuchungen zeigen, dass die Cortisolausschüttung bei Hunden im Zeitraum zwischen 10 bis 13 Uhr höher ist als zwischen 19 bis 22 Uhr. Wurden jedoch nur Arbeitshunde mit Schichtdienst oder anderen unregelmäßigen Tätigkeiten betrachtet, konnte sich kein tagesrhythmisches Muster mehr zeigen. Wiederum in anderen Untersuchungen wurden höhere Werte am Morgen als am Rest des Tages festgestellt. Die Cortisolausschüttung beim Hund unterliegt also tagesperiodisch starken Schwankungen und ist abhängig von unterschiedlichen Aktivitäts- und Ruhezeiten. Bei einzelnen Hunden kann jedoch durchaus ein tagesrhythmisches Muster festgestellt werden. Generelle Aussagen über die Tagesperiodik des Cortisolspiegels, wie sie z. B. eben beim Menschen oder bei anderen eindeutig tagesrhythmisch gesteuerten Tierarten vorliegen, können demgegenüber nicht getroffen werden.

## HYPOPHYSEN-GONADEN-ACHSE

Die dritte Achse, die Hypophysen-Gonaden-Achse, führt durch stressbedingte Opiatausschüttung im Gehirn zu einer Unterdrückung der Produktion von LH (Luteinisierendes Hormon, das die Gelbkörperbildung fördert, und damit zu einer Senkung der Sexualhormonausschüttung). Da Glucocorticoide Sexualhormone unterdrücken, ist diese Achse nicht immer als eigenständig anerkannt. Die Folge ist jedenfalls eine sehr schnelle Reduzierung von sexuellen Aktivitäten und der Produktion von Geschlechtszellen, was sich bei männlichen Tieren in verminderter Samenqualität, bei weiblichen in Zyklusstörungen auswirkt. Knol (1989) konnte jedenfalls bei verschiedenen Affenarten, Labornagern, aber auch bei Menschen zeigen, dass eine Stressbelastung tatsächlich über die Hypophysen-Gonaden-Achse zu einer Senkung des Sexualhormonpegels direkt, ohne Anstieg des Cortisolspiegels, führen kann. Die Hypophysen-Gonaden-Achse kann jedoch auch zu einer verstärkten Sexualhormonproduktion nach Akutstress führen, insbesondere wenn dieser gut bewältigt wurde. Bei einer Reihe von Tierarten wurde gezeigt, dass der erfolgreiche Kampf um eine dominante Position zu einer Erhöhung des Testosteronspiegels bei siegreichen, einer Senkung bei unterlegenen Männchen führt. Trotzdem ist, sowohl bei Gewinnern als auch bei Verlieren, Kämpfen mit einem Anstieg der Glucocorticoide, also hier insbesondere des Cortisols verbunden. Dies ist ein weiterer Beleg dafür, dass die Hypophysen-Gonaden-Achse eben nicht nur auf der Wirkung des Cortisols mit den Sexualhormonen beruht.

*Bei einzelgängerischen Großsäugetieren findet im Vorfeld einer Paarung oft eine aggressive Auseinandersetzung zwischen den Geschlechtern statt, um die Qualitätskontrolle des jeweils anderen zu erleichtern.*

# REAKTIONEN AUF STRESS, FURCHT UND ANGST

## AKUTSTRESSREAKTION

Die Akutstressreaktion wäre, wenn wir Donald Brooms Definition befolgen, in den allermeisten Fällen gar keine Stresszeit, sondern eine Herausforderung oder Stimulation des Tieres, während der sich das Individuum immer noch bemüht, das Problem durch eigenständige Tätigkeiten zu lösen. Erst in der Widerstandsphase begänne dann der eigentliche, im Sinne von Donald Broom auch zu verstehende Stress. In dieser Zeit unterscheiden sich auch die beiden, später noch zu besprechenden Persönlichkeitstypen A und B: Der A-Typ hält während der Widerstandsphase immer noch die Adrenalinproduktion hoch, und versucht weiterhin durch aktives Tun den unangenehmen Zustand zu beenden. Der B-Typ dagegen regelt die Adrenalinproduktion weitestgehend wieder auf Normalzustand, und versucht nur durch innere Anpassung des Glucocorticoidsystems mit der Situation fertig zu werden. Länge und Intensität der jeweiligen Phasen hängen neben der Persönlichkeit, auch noch von der Heftigkeit jetziger und früherer Erfahrungen und von einigen Zufallsfaktoren ab. Die Akutphase ist in der Regel schon nach wenigen Sekunden messbar und kann, je nach Persönlichkeit des Tieres, durchaus einen bis mehrere Tage andauern. Gerade die Leistungs- und Widerstandsfähigkeit der Stress-Systeme, und die innere Anpassungsfähigkeit im gesundheitlichen und erträglichen Rahmen zu fördern, ist Aufgabe von Erziehungsprozessen (Gansloßer und Kitchenham, 2015).

### BIOLOGISCH SINNVOLL

Die unmittelbare Wirkung auf das Immunsystem (Schedlowski, 1994; v. Holst, 1998) kann sogar durch Konditionierung auf negative Reize nachgewiesen werden: Die Antikörperproduktion, die Produktion von Lymphzellen und Killerzellen, oder die Abstoßung von Fremdgewebe nach Transplantation wird durch Stress oder Negativkonditionierung gesenkt, durch „positive Erfahrungen" gesteigert. Betont werden muss hier nochmals, dass alle genannten körperlichen wie psychischen Reaktionen zunächst durchaus biologisch sinnvoll sind. Wenn die Katecholamine das Blut bevorzugt in das Gehirn, zu den Sinnesorganen und Skelettmuskeln schicken, den Blutdruck, die Herzfrequenz, Atmungstiefe, und damit Sauerstoffaufnahme steigern, die Blutgerinnung als Vorbereitung auf mögliche Verletzungen steigern, und die Glucoseverbrennung in den Zellen erhöhen, dann dient das alles der Vorbereitung auf eine körperliche Aktivität bzw. Auseinandersetzung. Und diese Wirkung setzt auch sehr schnell ein, nur ca. 50 Millisekunden benötigt dieses System, um aktiv zu werden. Auch die Wirkung der Glucocorticoide ist zunächst durchaus positiv: Die Erhöhung des Blutzuckerspiegels führt mehr Brennstoff heran, die Senkung der Immunabwehrfähigkeit lässt bei Verletzungen nicht so schnell Entzündungen entstehen, und selbst die Angstreaktion hat im Verhalten zunächst vorteilhafte Folgen: Schon die Begriffe Angst, Furcht und Stress genügen aber, um bei vielen Leser/innen unangenehme Erinnerungen aufkommen zu lassen.

### PHASEN DER STRESSREAKTION

**1. Alarmreaktion,**
die bei übermäßig heftiger Aktivierung zu Schäden am Lymphgewebe, Verlust von Schutzstrukturen (Lipide als „Isoliermantel") in der Nebennierenrinde, Magen-Darm-Geschwüren und oft innerhalb weniger Stunden zum Tode führt.

**2. Widerstandsphase,**
in der die Nebennierenrinde sich durch Vergrößerung und stärkere Hormonproduktion auf die bestehende Belastung einzurichten versucht.

**3. Erschöpfungsreaktion,**
wenn die belastenden, nicht zu bewältigenden Faktoren lang genug anhalten und der Organismus schließlich an der sogenannten Anpassungskrankheit, durch Immunschwächung, Diabetes, Krebs oder Ähnliches sterben kann.

### LANGZEITPOTENZIERUNG

Die bereits ausführlich beschriebenen Vorgänge von Langzeitdepression (hier nicht als psychische Verstimmung, sondern als neurophysiologischer Prozess zu betrachten, siehe S. 117 ff.) und Langzeitpotenzierung, spielen auch bei der Entstehung von Stress- oder Angstgedächtnissen und daraus entstehenden Folgereaktionen eine Rolle. Wenn mehrmals, immer wieder in vergleichbaren Situationen, die Stressreaktion ausgelöst wurde, kommt es durch diesen Prozess der Langzeitpotenzierung zu einer erleichterten Reizweiterleitung über die dabei immer gereizten Nervenverbindungen. Damit kann im Laufe der Zeit die Reaktion von Mal zu Mal heftiger ausfallen. Besonders eklatant ist das im Zusammenhang mit dem Cortisolsystem, da dieses Hormon eine sehr lange Abbauzeit hat, und der Spiegel oft erst nach mehreren Tagen wieder vollständig auf seinem vor dem Belastungszustand herrschenden Normalwert zurückgekehrt ist.

## STRESS, FURCHT UND ANGST

Kaum jemand denkt darüber nach, dass Verhaltensbereiche wie Angst, Furcht und Stress biologisch sehr sinnvoll oder, wie man sagt, adaptiv, also anpassungsfähig an Umweltsituationen sind. Gerade die unangenehme Erinnerung ist Teil dieser biologisch sinnvollen Reaktion. Die drei Begriffe haben unterschiedliche Bedeutung, und wir müssen sie sauber trennen, siehe Kasten. Alle drei Reaktionen – Stress, Furcht und Angst – versetzen ein Tier in die Möglichkeit, sich bei Bedrohung richtig zu verhalten bzw. bereiten es körperlich und psychisch auf Auseinandersetzungen vor. Nur wenn die Reaktionen überschießen oder die belastenden Zustände zu lange anhalten, können diese an sich biologisch sinnvollen Vorgänge krank machen.

### DEFINITIONEN

**1. Stress**
ist eine unspezifische Reaktion des Körpers auf eine (auch potenzielle) Belastung. Als Stressoren bezeichnet man Faktoren, die diese Belastung hervorrufen.

**2. Furcht**
ist eine gerichtete, also auf eine erkennbare (und potenziell zu bewältigende) Bedrohungssituation bezogene Reaktion.

**3. Angst**
erfährt ein Tier (auch der Mensch), wenn die Situation entweder nicht konkret erfassbar, oder aus Erfahrung als nicht aktiv zu bewältigen eingestuft ist. Angst überwältigt deshalb auch oft.

*Welpen und junge Junghunde wissen, wie sie die soziale Inspektion eines Artgenossen durch Unterwerfungsverhalten regulieren können.*

Kommt es in dieser Zeit zu einem erneuten Stressor, dann wird die Konzentration des Cortisols, vom noch vorhandenen Restwert des vorherigen Problems ausgehend, erneut erhöht. Die Abbauzeit dauert dementsprechend noch länger. Zusätzlich treten die genannten LTP- und LTD-Anpassungen auf, was gemeinsam zu einem deutlichen Hochschaukeln der Reaktion führen kann.

## TYPISCHE ANGSTREAKTIONEN

Im Folgenden wollen wir speziell die Vorgänge betrachten, die bei nicht zu bewältigenden oder als nicht zu bewältigend eingeschätzten Belastungen auftreten, denn nur dann kommt es zur typischen Angstreaktion. Wird nämlich eine belastende Situation, z. B. Konfrontationen mit einem bedrohlich erscheinenden Artgenossen, durch eigenes Zutun (Angriff, Flucht oder auch Unterwerfung kann das erreichen) zur eigenen „Zufriedenheit“ gelöst, dann wird durch das Stresshormon Noradrenalin die einmal gefundene Problemlösung verstärkt. Die verstärkte Noradrenalinproduktion verstärkt die Aktivität in verschiedenen Bereichen sowohl des limbischen Systems, wie der Hirnrinde. Zugleich sorgt Noradrenalin dafür, dass die eingehenden Reize gefiltert werden, die Aufmerksamkeit auf „wichtige“ Dinge fokussiert. Dies geschieht dadurch, dass die beteiligten Nervenbahnen gestärkt werden und die Reizleitung über diese daher erleichtert wird, mit dem Erfolg, die Reaktion beim nächsten Mal umso schneller wieder ablaufen zu lassen. Wird die kontrollierbare Belastung wiederholt oder sanft gesteigert, kommt es auch hier zur Bahnung der entsprechenden Verknüpfungen, die Bewältigung wird immer effektiver. Gerade in der Therapie muss zwischen diesen drei Reaktionen deutlich unterschieden werden.

### Formen einer Angstreaktion

Die Formen, die eine Angstreaktion annehmen kann, sind ebenso vielfältig wie die äußeren Ursachen. Sie hängen sowohl von der Art des Reizes, als auch von der ursprünglich angsteinflößenden Situation, in der der Reiz erstmals „fehlbewertet" wurde, ab. Es kann sehr häufig vorkommen, vor allem bei frühkindlichen Angsttraumata, dass man sich gar nicht mehr an die konkrete Situation erinnert, denn das deklarative Gedächtnis (Wissensgedächtnis) bildet sich erst mit der Zeit heraus. Aber die Umgebung, in der die Situation stattfand, löst immer noch die Angstbewertung aus. In anderen Fällen bezieht sich die Angst auf konkrete Gegenstände oder Situationen (andere Tiere, laute Gespräche in der Familie, hupende Autos), die irgendwann einmal bedrohlich waren oder mit einer bedrohlichen Situation zusammen wahrgenommen wurden. So können nach einem erlebten Autounfall Hupen und Reifenquietschen genauso wie die auffallende Farbe der Kleidung des Fahrers die Angstattacken auslösen. Krivy und Gansloßer (2016) beschreiben die ablaufenden Prozesse näher. Zunächst kann Angst tatsächlich aus verschiedenen auslösenden Situationen entstehen:

— Eine häufige, z. B. bei Hundesenioren oft zu beobachtende Form der Angstauslösung besteht in mangelnder Orientierung. Wenn beim Hundesenior dann das Gehör nachlässt, und er dadurch z. B. Geräusche nicht mehr zuordnen kann, kommt es zu der bereits im Zusammenhang mit den Beerda-Versuchen geschilderten Verunsicherung, die dann zu Angstreaktionen führen kann.
— Angst kann auch bei einem möglichen oder erwarteten Versagen der Bewegungsfähigkeit einsetzen, wenn man z. B. auf einer erhöhten Brücke steht, oder als Hund mit verschiedenen Untergründen, etwa Kellergittern etc., noch keine Erfahrungen sammeln konnte.
— Die dritte Form, die Angst auslösen kann, ist schlichtweg eine mangelnde Erfahrung mit einschlägigen Situationen in der Vergangenheit.

#### ZU VIELE ODER ZU WENIGE ANREIZE

Wichtig ist, dass Angst sowohl durch eine Überforderung wie durch eine Unterforderung, also durch ein Zuviel wie auch durch ein Zuwenig an Anreizen entstehen kann. Fühlt man sich in einer Situation extrem beengt, kann dies die gleichen Auswirkungen haben, als wenn man alleine auf weitem Feld steht.

**Therapieaufbau**

Nach diesen, je nach Hund unterschiedlichen, auslösenden Reizen muss auch die Therapie aufgebaut werden. Zugleich ist es wichtig, dass es während der Therapie nicht zu einer Angstreaktion kommt. Das heißt auch, dass während der Zeit, in der man regelmäßige Therapieeinheiten absolviert, ansonsten keine Konfrontationen mit den Angst machenden Reizen erfolgen darf.

### Mehrstufige Angstbewältigungsreaktion

Die Stadien der Angstreaktion und ihrer Bewältigung wurden in mehreren Modellen von Psychologen dargelegt. Eine mehrstufige Angstbewältigungsreaktion besteht zunächst in einer Erstbewertung, wo die derzeitige Situation in ihren möglichen Auswirkungen auf einen selbst eingeschätzt wird. In der nachfolgenden Zweitbewertung wird dann die individuelle Möglichkeit, mit der Situation fertig zu werden, abgewogen. Im Anschluss daran wird die Situation nochmals neu bewertet, und damit beginnt, wenn man es sich zutraut, der Bewältigungsprozess. Dieser besteht zunächst darin, mittels Erin-

*In ungewissen Situationen muss der Mensch seine Leittierkompetenz ausspielen und dem Hund Schutz geben.*

nerung an frühere Handlungen oder dank sozialer Unterstützungen, innere Angstzustände abzubauen. Hat man es dann geschafft, klopft man sich innerlich wieder auf die Schulter. **Die Bedrohungswahrnehmung, Bedrohungsbewertung und Bewertungsantwort sind die drei wichtigsten Phasen in einer Angstreaktion.** Therapeutisch ist zunächst der Punkt der Bedrohungsbewertung von besonderer Bedeutung. Wer durch Erfahrungen, eigene Selbstsicherheit, soziale Unterstützung und andere Faktoren immer wieder gelernt hat, dass das alles doch gar nicht so gruselig wäre, und man bisher immer gut damit klargekommen sei, wird auch leichter die nächste, wieder gruselig erscheinende Situation überwinden können. In diesem Zusammenhang muss schon aus dem Blickpunkt der Angstbewältigung heraus dringendst davor gewarnt werden, Hunde in solchen Situationen alleine zu lassen.

Die früher, aus dem Blickwinkel der reinen Konditionierungspsychologie bisweilen formulierte Empfehlung, die Angst des Hundes zu ignorieren, indem man den Fuß auf die Leine stellt und demonstrativ Wolken zählt, führt nicht zu der notwendigen Unterstützung, die in der Phase der Angstbewertung dringend erforderlich wäre. Zugleich ist, wie wir noch sehen werden, diese Empfehlung auch Gift für die Wirkung des Bindungspartners als sicherer Hafen (siehe S. 250). **Es ist also viel wichtiger und zielführender, hier deutlich zu zeigen, dass man die Probleme des Hundes erkennt, diesen unterstützt, und mit ihm gemeinsam die Probleme löst.** Eigene hysterische Panikreaktionen des Hundehalters sind ebenso wenig zielführend wie das Ignorieren der angeblichen Verhaltensstörung Angst.

## ENTSTEHUNG UND VERÄNDERUNG VON ÄNGSTEN

Viele Ängste werden bereits in der frühen Welpenzeit verankert. So sind Trennungserlebnisse, zu frühes Absetzen von der Mutter und/oder den Geschwistern, oder eine zu frühe, vor allem zu strenge Erziehung, die zu Überforderung führt, oft auslösend. Aber auch in jedem späteren Alter können traumatische Erlebnisse des Kontrollverlusts, seien es Attacken eines aggressiven Artgenossen oder Mobbingerlebnisse, Unfälle oder sogar Krankheiten zu entsprechender Panik führen. In ähnlicher Weise kann auch das Empfinden des ohnmächtigen Ausgeliefertseins zur selbsterfüllenden Prophezeiung werden. Nur werden dann andere hormonelle und neutrale Mechanismen wirksam.
Zugleich gibt es aber im Gehirn selbst die bereits beschriebene Langzeitpotenzierung: Öfter in Wiederholungen genutzte Schaltwege und Nervenverbindungen ändern ihre Empfindlichkeit, die Verknüpfungen der Nervenzellen werden verstärkt, vermehrt und effektiviert, und so kann der Reiz noch besser durchlaufen/gebildet werden und die Reaktion kann noch leichter/heftiger erfolgen. Damit beginnt der Prozess des Aufschaukelns, der schließlich zur wirklichen Angststörung führt.
**Körperliche Symptome:** z. B. Zittern, Beschleunigung der Atmung, Speichelfluss, depressive Zurückgezogenheit oder Vorwärtsverteidigung und Selbstschutzaggression. Die Folgen der Angststörung beim Einzeltier hängen von dessen Persönlichkeit und dem Umfeld ab. In allen Fällen aber kommt es zu der Verstärkungsreaktion.

## VORGEBURTLICHE EINFLÜSSE

Wie jede Art von Stressreaktion, hat auch die Angst eine starke innere Komponente. Stress und Angst sind nicht primär abhängig von den äußeren Stressoren oder deren Stärke. Sogar vorgeburtliche Einflüsse sind hier bedeutsam – wobei aber z. B. bei einer vorgeburtlichen Beschallung nur diejenigen Tiere nach der Geburt den Ton als weniger angsteinflößend empfanden, deren Mutter ihn auch hören konnte – wieder ein Hinweis darauf, dass nicht objektive Reizstärke entscheidend ist, sondern subjektive Bewertung der Geschehnisse. Reizangereicherte Umwelt in der Kindheit und positive Erfahrungen mindern jedenfalls, egal welche Persönlichkeit man hat, die Anfälligkeit für Angstanfälle und verhindern oft das Entstehen spezifischer Ängste. **Eine gute, vollständige und vor allem mit Erfolgserlebnissen durchsetzte (aber auch zu bewältigende Misserfolge enthaltende!) Sozialisation, ist daher das beste Vorbeugemittel.**

### Epigenetische Komponente von Angst

Untersuchungen der letzten Jahre haben eine noch dramatischere, weil epigenetische Komponente festgestellt. Einerseits konnte deutlich belegt werden, dass Schreck-, Furcht- oder auch allgemeine Angstreaktionen, auf die Mutter oder Vater lange vor dem Paarungs-

*Intensive Sozialkontakte mit Mensch und Hund …*

akt bereits konditioniert wurden, auch dann bei den Nachkommen zu einer verstärkten Furcht- oder Angstreaktion in solchen Situationen führten, wenn die Nachkommen selbst diese problematische Situation niemals erfahren hatten. Offensichtlich werden also Teile des „Stress-, Angst- oder Furchtgedächtnisses" hier tatsächlich auf epigenetischem Weg, also durch chemische Veränderungen in unmittelbarer Umgebung des Erbguts (nicht des Erbguts selbst! – das wäre Mutation), an die Nachkommen weitergegeben (siehe Gansloßer und Krivy, 2015). Franklin und Mansuy (2010) haben diese epigenetische Weitergabe der Wirkung von unangenehmen Erlebnissen bei Säugetieren allgemein beschrieben und zusammengefasst. Während man normalerweise davon ausgeht, dass epigenetische Erfahrungen beim Übergang der Urkeimzellen in die Keimbahnen gelöscht werden, also auf die nächste Generation kaum weiterzugeben wären, gilt dies offensichtlich gerade für die negativen Erfahrungen im Bereich Angst und Stress nicht ohne weiteres.

## Zusammenwirkung von genetischen und Umwelteinflüssen

Die genannten Befunde zeigen, dass auch bei diesem Thema die genetischen und die Umwelteinflüsse zusammenwirken. Pferde, Mäuse, Schweine, Nerze (unter anderem), die sehr früh von der Mutter getrennt und/oder in reizarmer Umgebung aufgezogen wurden, zeigen verstärkte Anfälligkeit für Stereotypien (Reul et al., 2001). Bei Pferden zumindest wurde nachgewiesen, dass Serotoninmangel hier eine Rolle spielt (Lebelt, 1998).
Die ganze Diskussion bisher zeigt, dass das Wohlergehen (engl. „Welfare") eines Tieres eine sehr vielschichtige Sache ist. Zudem kommt noch hinzu, dass, wie Sachser (2001) schreibt, Wohlergehen nicht unbedingt mit gutem Leben gleichgesetzt werden darf, denn die Präsentation zu bewältigender Herausforderungen ist durchaus ein aufregender, aber insgesamt positiver Effekt. Und es gibt durchaus natürliche Bedingungen, in denen die evolutionsbiologische Anpassung eher dem Wohlergehen der Tiere entgegenwirkt, etwa wenn bei einer australischen Beutelmaus nach der Paarungszeit alle Männchen an der typischen Erschöpfungsphase der Selye'schen Anpassungskrankheit starben (Gansloßer et al., 2019). Beachtenswert sind auch die Daten zur körperlichen Entwicklung von Embryonen und Jungtieren unter Stress, die von einer Vielzahl von Vogel- und Säugetierarten vorliegen (Møller, 1998): Unter Belastung ausgetragene oder aufgezogene Jungtiere (wobei Belastung von Umweltgiften bis zu Jagddruck durch Wilderei reichen konnte), waren in Schädel, Gebiss, Skelett und anderen Körperproportionen wesentlich asymmetrischer gebaut als Artgenossen. Stress beeinflusst also auch ganz massiv die körperliche Entwicklung. Und solchermaßen schräge, asymmetrische Typen haben nachweislich Probleme bei der Partnerwahl.

*... sind für Junghunde zur emotionalen Stabilisierung wichtig.*

*Meerschweinchen sind immer noch wichtige Untersuchungstiere der Sozialisationsforschung.*

## SOZIALE UNTERSTÜTZUNG

Soziale Unterstützung, der englische Ausdruck dafür lautet social support, wurde in den letzten Jahren zunehmend als wichtiger Faktor bei der Vermeidung oder Behandlung von übermäßigen Stress-, Angst- oder Furchtreaktionen beschrieben (Näheres siehe Gansloßer et al., 2019). Nimmt man Totenkopfaffen allein oder mit bekanntem Sozialpartner, zu einer Schlange (hinter Gitter), so sinkt die Frequenz von Furcht- und Erregungslauten mit Partner erheblich. Der Cortisolspiegel dagegen stieg in beiden Fällen an. Bei einem Vergleich der monogamen Springaffen mit den in Großgruppen lebenden Totenkopfaffen, zeigte sich nur bei den monogamen Springaffen, und zwar nur zwischen den Partnern stabiler Paare, eine stressmindernde Wirkung des Paarpartners: Brachte man die Tiere allein oder mit Partner in eine ungewohnte Umgebung, oder mit Fremden zusammen, so stieg der Cortisolspiegel als Maß für die Belastung nur in Anwesenheit des vertrauten Partners deutlich weniger. Auch bei verpaarten Weibchen der monogam lebenden Wühlmaus *Microtus ochrogaster* waren ähnliche Reaktionen zu beobachten. Die Arbeitsgruppe von Norbert Sachser konnte an Meerschweinchen zeigen, dass ein Meerschweinchenmännchen in einer unbekannten Umgebung einen deutlich erhöhten Glucocorticoidspiegel hat. Ähnliche Anstiege bekommt man, wenn ein vertrautes Weibchen dabei ist, noch stärkere Anstiege dann, wenn ein fremdes Weibchen dabei ist. Kommt dagegen die Bindungspartnerin dazu, sinken die Glucocorticoendwerte drastisch. Tokumaru et al. (2015) zeigen demgegenüber bei jungen, dreiwöchigen Meerschweinchen, dass bereits die Anwesenheit jedes Artgenossen zu einer verringerten Glucocorticoidreaktion gegenüber der Vereinsamung führt.

## THERAPIEMÖGLICHKEITEN

Sind die Angstzustände schon vorhanden, kann nur eine sinnvolle Therapie helfen. Vor Selbstbehandlungen sei dringend gewarnt, denn leicht kann statt einer Gewöhnung (Desensibilisierung, Konfrontation mit dem Reiz in erst unterschwelliger, dann in immer stärkerer Form) oder Gegenkonditionierung (sozusagen Ablenken durch andere Lernprozesse) auch das Gegenteil erreicht werden. Zudem muss der Besitzer sein eigenes Ausdrucksverhalten und emotionale Stressreaktion erst vermeiden lernen, denn das merkt der Hund sofort und ist in seiner Angst bestärkt. In schlimmen Fällen kann durch angstlösende Medikamente das eingegrabene Verhalten aufgebrochen und das Tier dadurch für die Therapie zugänglich gemacht werden. Vor allem die sogenannten Rosa-Brille-Medikamente (Langzeit-Neuroleptika, LAN-Präparate) sind bei richtigem Einsatz hier eine große Hilfe. Sie ersetzen aber keine Therapie, sondern fördern nur die Fähigkeit des Tieres, sich dieser zu stellen.

# STRESSERSCHEINUNGEN UND DEPRESSIONEN

## ENDOGENE DEPRESSIONEN

Eine gute Übersicht über die physiologischen Probleme der Angst liefert LeDoux (1999). Die Sache mit dem Cortisol hat aber noch eine weiterreichende Komponente: Durch Überschuss, vor allem länger dauernden Überschuss an Cortisol und/oder Mangel an Noradrenalin, kommt es zu einem Mangel an Botenstoffen, speziell des Serotonins. Und Serotoninmangel ist (ebenso wie direkter Noradrenalinmangel) eine der Ursachen für endogene Depressionen. Noradrenalinüberschuss dagegen kann zu manisch-überdrehten Typen führen (Nemeroff, 1999). Wird (entweder erblich bzw. durch Disposition verstärkt, aber bei entsprechend starker Traumatisierung auch „aus dem Nichts") die Hypophysen-Nebennierenrinden-Achse stark überreizt, kommt es zu einer Erhöhung der Aktivität, eventuell sogar der Zahl der CRF-Neuronen im Gehirn, die das „chemische Startsignal" für die Nebennierenrindenkaskade (Corticotropin-Releasing-Factor) produzieren. Diese CRF-Neuronentätigkeit war z. B. bei Ratten, denen in frühester Jugend mehrfach (für kurze Zeit!) die Mutter weggenommen worden war, zeitlebens erhöht – und entsprechend in Belastungssituationen die Glucocorticoid-Ausschüttung! Auch die Dichte der CRF-Rezeptoren wurde erhöht, also eine verstärkte Reaktionsbereitschaft! Aber auch ein Umweltfaktor mit Kontrollverlust kann solche Entwicklungen vorbereiten. Nemeroff (1999) berichtet von Studien an indischen Hutaffen, wobei in einer Versuchsgruppe Mütter in der Säugezeit regelmäßig gut, in der zweiten regelmäßig knapp und in der dritten unregelmäßig wechselnd gefüttert wurden. Die Kinder der dritten Gruppe hatten später (weit nach Versuchsende) erheblich höhere CRF-Werte, neigten zu Schreckstarre und waren erheblich gedämpft bei Spiel und Neugier. **Neuere Untersuchungen an verschiedenen Säugerarten, auch Affen und Menschen, zeigen, dass die frühere Befürchtung, im Erwachsenenalter wäre im Gehirn keine Zellteilung mehr möglich, zumindest für Teile der Hirnrinde und des Hippocampus nicht zutrifft. Jedoch wird die Zellteilungsrate durch Glucocorticoide erheblich gesenkt, während Serotonin die Zellteilungsrate erheblich erhöht.** Hier ist ein wichtiger Ansatz zur Verhaltenstherapie von Traumata und depressiven Verstimmungen zu sehen (Jacobs et al., 2000).

## TRENNUNGSTRAUMATA

Eine der nachhaltigsten Traumatisierungen geschieht durch Trennungstraumata. Eine plötzliche Trennung von einem persönlich gebundenen Individuum, egal ob Mutter-, Geschwister-, Paar- oder andere Bindung, führt stets zu einer deutlich mehrstufigen Trennungsreaktion (Gansloßer et al., 2019; Meister, 1995). Zunächst kommt die als Protestphase bezeichnete, übermäßig aktive Phase, bei der mit viel Rufen, Suchen und anderem Kontaktverhalten, unter Erhöhung von sowohl Katecholamin wie Glucocorticoidwerten, dem verlorenen Partner nachgespürt wird. Alle anderen Aktivitäten sind erst einmal zurückgestellt, nur die Suche ist wichtig. Kommt es in dieser Situation zur Wiederzusammenführung, kehren sowohl Verhaltens- wie Hormonwerte schnell zum Basiswert zurück. Auf die je nach Individuum unterschiedlich lange Protestphase folgt die Phase der Depression. Und diese mit allen Verhaltens- wie Hormoncharakteristika der Glucocorticoidüberproduktion verknüpfte Reaktion, ist auch nach Ende der Trennung noch weiter durch erhöhte Reaktivität der Nebennierenrinde nachweisbar. Gerade bei Hunden gibt es hier schon sehr aussagekräftige Daten, dass z. B. eine Trennung vor der 12. Lebenswoche, eine Erkrankung oder Verletzung im Welpenalter oder ähnliche Überforderung des Nebennierenrindensystems noch im Erwachsenenalter zu erhöhter Auffälligkeit für Angstaggression, Trennungsängste und Infektionskrankheiten führt (Serpell, 2017). Nähere Ausführungen dazu siehe Seite 189 ff., 251 (Emotionen) und S. 250 (Trennungsreaktion als Bestandteil des Bindungskleeblattes).

*Für nestflüchtende Vogelarten ist die Trennungsproblematik von den Eltern weniger stark ausgebildet, als für solche mit nesthockenden und hilflosen Jungvögeln.*

*Das Sozialsystem der Tüpfelhyänen erfordert regelmäßige Begrüßungs- und Deeskalationsrituale.*

## ERLERNTE HILFLOSIGKEIT

In ähnlicher Weise wie die bereits genannte Angstkonditionierung, kann wohl auch die erlernte Hilflosigkeit erklärt werden. Erlebt ein Tier ständige Misserfolge, sei es, weil die gestellten Aufgaben zu schwer waren, es keine Lösung gab oder weil z. B. der Beziehungspartner völlig unvorhersehbar reagiert, dann wird dieser ständige Misserfolg ebenfalls zu einem Aufschaukeln der Glucocorticoidwerte und die dadurch vermittelte Lern-Konzentrations- und Antriebsschwäche führen.

## RANGPOSITION UND STRESSANFÄLLIGKEIT

Bemerkenswert ist die zwar enge, aber keineswegs eindeutige Verknüpfung von Rangpositionen mit Stress bzw. Stressfreiheit. Die Untersuchungen dazu lieferten nicht nur von Art zu Art, sondern je nach Sozialsystem sehr unterschiedliche Daten. Selbst das gleiche Individuum reagiert, z. B. nach einer sozialen Instabilität durch Rangordnungskonflikte, plötzlich ganz anders, wird anfällig für Gefäßerkrankungen bei cholesterinreicher Nahrung oder Ähnliches. Studien an Afrikanischen Wildhunden (auch als Hyänenhund bezeichnet), Grauwölfen und Iberischen Wölfen zeigen eine deutlich erhöhte Glucocorticoidkonzentration bei dominanten Individuen, ohne Korrelation mit aggressiven Auseinandersetzungen (Creel et al., 1997; Creel, 2005; Sands und Creel, 2004; Barja et al., 2008). Rosado et al. (2010) fanden höhere Cortisolkonzentrationen bei Hunden, die offensiv und auch defensiv gegenüber menschlichen Familienmitgliedern waren, sowie bei solchen, die offensiv aggressiv gegenüber fremden Personen sind, oder/und defensiv aggressiv gegenüber Fremdperson. Die Werte stehen jeweils im Gegensatz zu nicht aggressiven Kontrollgruppen. Dopfer (2016) konnte in einer Foxhoundmeute weder eine positive noch eine negative Korrelation zwischen Aggressionspegel, fiktiver Rangposition und Speichelcortisolwerten feststellen.

# PERSÖNLICHKEITEN UND IHRE BEEINFLUSSUNGEN

Seit einigen Jahren hat sich in verschiedenen Bereichen der Biologie das Konzept von Persönlichkeitsunterschieden, auch bei nicht menschlichen Lebewesen, immer mehr etabliert. Die Begriffe, die dafür verwendet werden, variieren vor allem auch unter den verschiedenen Blickwinkeln unterschiedlicher Teildisziplinen. Während der Begriff der **Persönlichkeit** überwiegend von solchen Forschungsgruppen verwendet wird, die stark humanpsychologisch orientiert sind und/oder andere Tierarten als Modelle zum besseren Verständnis menschlichen Verhaltens heranziehen wollen, hat sich im evolutionsbiologischen und evolutionsökologischen Zusammenhang der Begriff der **Verhaltenssyndrome** etabliert. Physiologisch ausgerichtete Arbeiten sprechen oftmals von **Coping = Anpassungsstil**, und auch die Begriffe **Temperament und Prädisposition = Veranlagung** werden bisweilen zur Beschreibung von Verhaltensunterschieden zwischen Individuen verwendet. Carere und Maestripieri (2013) haben die begrifflichen und anderen Aspekte dieses Themas zusammengetragen. Von besonderer Bedeutung ist, zunächst den Begriff der Persönlichkeit (oder die anderen genannten unterschiedlichen Bezeichnungen für dasselbe Phänomen) insgesamt abzugrenzen.

*Ein Käscher (oben), eine Fischreuse (rechts), beides waren wichtige Hilfsmittel…*

## DEFINITION PERSÖNLICHKEIT

Unter Persönlichkeit versteht man die Erscheinung, dass verschiedene Individuen, die jedoch innerhalb der Tierart zur selben sozialen Klasse gehören sollten, sich in verschiedenen Situationen vorhersagbar, aber unterschiedlich und regelmäßig verhalten. Wer sich z. B. besonders schnell für neues Futter interessiert, sollte auch in einem leeren, unbekannten Raum besonders intensives Erkundungsverhalten zeigen, und eventuell auch im Umgang mit potenziellen Gefahren eher mit der Kampf- und Fluchtachse des Stresssystems reagieren. Näheres siehe Carere und Maestripieri (2013) sowie Gansloßer et al. (2019), dort auch weiterführende Literatur.

### BEOBACHTUNGEN AN SONNENBARSCHEN

Die ersten Beschreibungen solcher Unterschiede bei wildlebenden Tieren entstammen Studien an nordamerikanischen Sonnenbarschen (Wilson et al., 1994), in denen sich bereits mehrere, unterschiedlich auf die Anwesenheit von Störreizen reagierende Verhaltenstypen zeigten. Hier ergab sich, dass eine Reihe von Fischen sich sehr leicht mit einer Fischreuse, also einer Lebendfalle für Fische, einfangen lies, andere mieden diese Fischreuse konsequent und mussten mit einem Kescher aktiv aus dem Wasser geholt werden. Im weiteren Verlauf der Studie wurden dann die beiden unterschiedlichen Reaktionstypen in getrennten Aquarien gehalten und einer Reihe von unterschiedlichen Verhaltenstests unterzogen. Bemerkenswert und wichtig ist, dass bereits in dieser Studie, gestützt aber auch von Untersuchungen anderer Tierarten (vgl. Devost et al., 2016, an Singvögeln), immer wieder gezeigt werden konnte, dass Persönlichkeitsunterschiede nichts mit dem Erreichen von Dominanzpositionen oder anderen, in der Gruppe besonders herausgehobenen Statusunterschieden zu tun haben. Es muss sich also um eine unabhängige Verhaltenseigenschaft handeln, die nicht vom Sozialstatus beeinflusst wird.

*... beim Aufdecken der Persönlichkeitsunterschiede von Sonnenbarschen.*

## SCHEU UND WAGEMUTIG

In der moderneren Literatur zu Persönlichkeitstypen bei Tierarten zeigt sich, dass das Persönlichkeitskonzept offensichtlich aus einer mehrschichtigen, gewissermaßen übereinander gelagerten Anordnung von mehr und mehr spezifischen Eigenschaften gebildet wird. Die gewissermaßen oberste Ebene dieses Schichtensystems bilden die beiden „Supereigenschaften" („Supertraits") scheu und wagemutig.

### WAGEMUTIGE INDIVIDUEN

Wagemutige Individuen (das waren diejenigen Sonnenbarsche, die freiwillig in die Fischreuse schwammen) sind in vielen Bereichen durch ein besonders vorwärtsorientiertes, neugieriges, aber eben auch mit geringer Frustrationstoleranz ausgestattetes Gesamtpersönlichkeitsbild ausgestattet. Wie wir später sehen werden, ist das Verhaltensprofil dieser Individuen überwiegend vom Kampf- und Flucht-System, also dem System der Katecholamine rund um Adrenalin, Noradrenalin und Dopamin gesteuert. Je nach Ausrichtung der zugrundeliegenden Studien, wird anstatt des Begriffs wagemutig („bold") auch der mehr physiologisch orientierte Begriff des proaktiven Verhaltenstyps oder der mehr ethologisch orientierte Begriff des subdominanten Individuums gewählt. Letzterer Begriff entstammt der lange schon bekannten Beobachtung, dass solche Individuen auch in rangtiefen Positionen versuchen, ihr Verhalten möglichst wenig beeinflusst von der Anwesenheit Ranghöherer, und unter weitgehender Wahrung ihrer individuellen Interessen und Aktionsmöglichkeiten zu erhalten.

*Diese Schweine leben ein glückliches Dasein. Andere, in der Stallhaltung, reagieren persönlichkeitsabhängig mit unterschiedlichen Erkrankungen auf die Haltungsbelastungen.*

## SCHEUE INDIVIDUEN

Das Gegenstück dazu, der scheue („shy"), auch bisweilen als reaktiver oder submissiver Typ bezeichnete Artgenosse, wird dagegen in schwierigen Situationen eher abwarten und als bedächtiger Bedenkenträger am Rande des Geschehens beobachten, bevor er sich, dann aber oftmals sehr erfolgreich zum eigenen Handeln entschließt.

## A- UND B-TYPEN

Besonders häufig finden sich in einer Population bzw. Art zwei gegensätzliche, als „shy" und „bold", also zurückhaltend und draufgängerisch bezeichnete Typen (Wilson et al., 1994). Humanpsychologisch hat sich die Bezeichnung A- und B-Typ etabliert (v. Holst, 1987). In den meisten Studien zeigt sich deutlich, dass diese Eigenschaften nichts mit Rang oder sozialem Status zu tun haben.
In einigen Fällen, z. B. bei Ratten, Weißbüscheläffchen und Tupaias, lassen sich aber auch die späteren Rangunterschiede vorhersagen. Individuen mit bestimmten Eigenschaften, z. B. einer erhöhten sozialen Attraktivität, erhöhtem Aggressionspegel, höherer sozialer Kontaktbereitschaft, aber geringfügigeren Cortisolausschüttungen unter neuartigen Situationen, werden mit höherer Wahrscheinlichkeit in Beziehungen dominant werden. Aber: Im Verlaufe ihrer „Aufsteigerkarriere" verlieren sie irgendwann auch. Und wegen der bei diesem Persönlichkeitstyp vorherrschenden geringen Frustrationstoleranz, verlassen sie dann oft die Gruppe. Abwandern aber ist gefährlich. Die bedächtigen Aussitzer dagegen kommen langsam und stetig nach oben. Und so finden sich nicht nur beim Menschen (belegt sogar auch für Singvögel, und etliche Säugetierarten) letztlich oft B-Typen am Ende „oben". Innerhalb der Säugetiere finden sich Persönlichkeitsunterschiede, auf die das „shy/bold"-System passt, u. a. bei Hausschweinen, Ratten, Gelbbauchmurmeltieren, Tupaias, Weißbüscheläffchen und Bürsten-Ratten-Kängurus. In anderen Fällen – wie bei Gelbbauchmurmeltieren, Grünen Meerkatzen und Rhesusaffen in anderen Tests – ist deutlich die phänotypische Plastizität, also die Beeinflussung

durch Faktoren in der Individualgeschichte, sichtbar. Bei Grünen Meerkatzen waren die Kinder von besonders protektiven Müttern, die viel Kontakt zu den Kindern suchten und hielten, später weniger an der Umgebung interessiert. Bei Rhesusaffen wirkt sich vorgeburtlicher Stress aus. Die regelmäßige Möglichkeit, ihre Umwelt selbst zu steuern (z. B. sich durch Hebeldruck Nahrung, Wasser und neuartige Reize zu verschaffen), hilft bei Rhesusaffen, später weniger furchtsame Individuen zu erzeugen (Mineka et al., 1986). In Freilandstudien an Gelbbauchmurmeltieren (Armitage, 1984) fanden sich deutliche Zusammenhänge zwischen Fortpflanzungserfolg und Abwanderung. Bei den Sonnenbarschen sind die Häufigkeiten der verschiedenen Typen deutlich mit dem Vorkommen von Fressfeinden korreliert.

## FÜNF-FAKTOREN-MODELL

Die nächste Ebene, die ebenfalls aus den humanpsychologischen Modellen übernommen wurde, ist die des Fünf-Faktoren-Modells, auch als Fünf-Achsen-Modell oder einfach als die großen Fünf der Persönlichkeitspsychologie bezeichnet. In der Anwendung auf nicht menschliche Lebewesen wurden die Eigenschaften dieses Fünf-Faktoren-Modells vorwiegend und zunächst von der Arbeitsgruppe rund um Samuel Gosling (vgl. Gosling und Mehta, 2013) übertragen. Die fünf Persönlichkeitsachsen werden in der Regel folgenden Begriffspaaren gegenübergestellt:

1. **Gelassenheit und emotionale Stabilität vs. Neurotizismus:** Wie schnell regt sich ein Tier auf, und wie leicht ist es aus der Fassung zu bringen?
2. **Offenheit für neue Erfahrungen**, in der Anwenderliteratur oftmals als Trainierbarkeit bezeichnet: Ist das Tier bereit, sich mit neuen und potenziell interessanten Reizen auseinanderzusetzen, oder werden diese eher ignoriert?
3. **Geselligkeit und Freundlichkeit zu Artgenossen:** Wird der Artgenosse regelmäßig zu Spielverhalten und anderen gemeinsamen Aktivitäten animiert, oder ist man eher misstrauisch oder gar streitbar?
4. **Extraversion vs. Intraversion:** Ist das Tier bereit, aus sich herauszugehen und Kontakte zu knüpfen, oder hält es sich gerade in unbekannten Situationen mehr zurück? Wie gut kann es seine momentanen Stimmungen oder Emotionen verbergen oder anzeigen?
5. **Gewissenhaftigkeit und Ausdauer:** Als Persistenz = Beharrlichkeit bezeichnet, oder eben die leichte Frustrierbarkeit eines „Dünnbrettbohrers“, der sehr schnell das Interesse verliert anstatt an einer, vor allem schwierigen und/ oder gar unlösbaren Aufgabe weiterzuarbeiten.

Die Untersuchungen von Gosling (siehe Gosling und Mehta, 2013) belegen die Existenz der Eigenschaften dieses Fünf-Faktoren-Modells bei einer ganzen Reihe verschiedenster Tiergruppen und zwar keineswegs nur innerhalb der Säugetiere. Auch die Ebene der fünf Persönlichkeitsachsen ist oft noch nicht geeignet, das Persönlichkeitsbild eines Individuums vollständig und nachvollziehbar zu beschreiben. Daher werden noch weitere, nochmals darunter anzuordnende Eigenschaften mit herangezogen. Hierzu gehört z. B. dann die Existenz der kognitiven Filter (Optimist oder Pessimist?), die besonders hohe Feinfühligkeit (Aron et al., 2012; Langosch, 2016) („Sensor Processing Sensitivity“), die eine besonders hohe Reaktionsbereitschaft auf schwache Umweltreize unterschiedlichster Art, seien es Geräusche, Gerüche, Berührungen oder optische Reize, ausmacht, oder die Impulsivität.

### ABHÄNGIGKEIT VON DER RASSE

Gerade das Studium und die Anwendung der genannten Persönlichkeitskonzepte haben in der Zwischenzeit auch im Bereich der angewandten Ethologie einen wichtigen Platz eingenommen.
Seit den Untersuchungen aus der Arbeitsgruppe von Gosling (Gosling und Jones 2005) ist gerade das Vorkommen der genannten Persönlichkeitsachsen auch bei Hunden deutlich belegt. Die Verteilung der Persönlichkeitsachsen ist zum Teil auch rasseabhängig, wie z. B. die Untersuchungen aus der Arbeitsgruppe von Ádám Miklósi (Turcsan et al., 2011; Turcsan, 2014) inzwischen belegen. Die Persönlichkeitsachse Extraversion, die dort allerdings unglücklicherweise als Boldness bezeichnet wird, Trainierbarkeit und Offenheit für neue Erfahrungen, die Geselligkeit mit Artgenossen, und die emotionale Stabilität korrelieren sowohl mit manchen rassetypischen Eigenschaften der Hunde als auch mit den systematischen Verwandtschaften und zum Teil ihrer früheren Arbeitsgeschichte.
Auch die beiden Supereigenschaften scheu und wagemutig sind, wie z. B. Untersuchungen aus den Arbeitsgruppe von James Serpell und Paul McGreevy zeigen, mit der früheren Arbeitsgeschichte verknüpft. Hier zeigte sich z. B., dass unter den Jagdhunden, diejenigen die nach dem Schuss arbeiten (z. B. Apportierhunde) eine wagemutigere, die Pointer und Vorstehhunde eine eher zurückhaltendere Persönlichkeitsstruktur haben. Ebenso sind unter den Treib- und Hütehunden diejenigen, die auch von vorne an ein wehrhaftes Nutztier (z. B. Rind) herangehen, weniger wagemutig als diejenigen, die von hinten arbeiten, vor allem, wenn sie das überwiegend durch Fixieren und Anschleichen tun wie ein Border Collie.

*Rassetypische Arbeitsformen bei Hunden, …*

## TINBERGEN UND PERSÖNLICHKEIT

Im Folgenden wird das Phänomen von Persönlichkeitsunterschieden bei nicht menschlichen Lebewesen anhand der bereits bekannten Tinbergenschen Fragen weiter analysiert (siehe S. 17 ff.).

### DIE FRAGE NACH DEM WOHER?

Wie bereits gezeigt, kann die Frage nach dem stammesgeschichtlichen Woher am besten durch die möglichst großflächige Untersuchung eines Phänomens bei möglichst vielen, nicht näher miteinander verwandten Tierarten bearbeitet werden. Die Übersichtsartikel in Carere und Maestripieri (2013) zeigen, dass das Konzept von Persönlichkeitsunterschieden durchaus auch bei Wirbellosen (Schnecken, Tintenfische, Winkerkrabben, Einsiedlerkrebse, Spinnen, Insekten vieler Ordnungen) und bei Fischen, Amphibien, Vögeln und Säugetieren zu beobachten ist.

*... die durch Selektion in vergangenen Generationen erhöht und fixiert wurden.*

Innerhalb der Säugetiere sind wiederum keineswegs nur besonders hoch entwickelte Formen wie Primaten, Karnivoren oder Elefanten auf der Liste der persönlichkeitshabenden Arten zu finden. Auch bei vielen Huftieren (Wiederkäuer, Pferde, Schweine), Beuteltieren oder Nagetieren sind die genannten Supereigenschaften Scheu und Wagemutig und in vielen Fällen auch zumindest einige der Achsen des Fünf-Faktoren-Modells bereits eindeutig belegt.

## DIE FRAGE NACH DEM WOZU?

Mit zunehmendem Interesse evolutionsbiologischer und ökologischer Arbeitsgruppen an der Frage von Verhaltenssyndromen und Persönlichkeitstypen wurden auch immer mehr sowohl theoretische, als auch durch Beobachtungen gestützte Arbeiten zur möglichen Evolution dieses Phänomens veröffentlicht.

Variationen in raum-zeitlichen Umweltfaktoren, z. B. variierende Nahrungsangebote, Variationen in der Anwesenheit von Fressfeinden und deren Aktivitäten, oder dynamische, nicht einem Gleichgewicht des Ökosystems zustrebende Prozesse (etwa katastrophale Ereignisse, wetterbedingte Veränderungen im Vegetationsaufbau) können die Variabilität von Verhaltensanpassungen erfordern. Sind diese Verhaltensanpassungen dann über mehrere, unterschiedliche Zusammenhänge wiederum verwendbar, entsteht diejenige Koppelung, die wir bei Persönlichkeitstypen kennen lernen. So kann z. B. in einem durch ein Unwetter durcheinander gewirbelten Lebensraum jemand sich besonders vorsichtig verhalten, um nicht von herabstürzenden Ästen erschlagen zu werden, und gleichzeitig auch über ein verändertes Immunsystem gegen die in der Folgezeit auftretenden Krankheiten besonders gut geschützt zu sein.

Sind die genannten Änderungen nicht nur kurzfristig, sondern auch langfristig stabil, wird eine Verankerung im Verhaltensprogramm, sei sie nun zunächst epigenetisch oder später sogar genetisch, favorisiert.

*In gefährlichen Lebensräumen können erfahrene und entscheidungssichere Anführerkühe die Überlebenschance …*

## Bedeutung der sozialen Umgebung

Eine besondere Bedeutung hat in diesem Zusammenhang das Sozialverhalten, wie wir noch sehen werden. Gerade die soziale Umgebung eines Tieres kann dessen Stabilität durch einschlägige Rückkopplungsschleifen, Lernprozesse etc. erheblich befördern.

Nicht nur im Bereich von Paarungs- oder Kampfverhalten, gerade auch im Bereich der sozialen Kooperation sind unterschiedliche Persönlichkeitstypen oftmals zu unterschiedlichen Anpassungsleistungen befähigt. Partnerwahl, sei sie im sexuellen oder im sozialen Bindungsbereich, kann sowohl assortiv sein, also Gleich und Gleich gesellt sich gern, oder dissoziativ, also Gegensätze ziehen sich an. Auch kann z. B. das Geschlechterverhältnis in einer Gruppe, die derzeitige Gruppenzusammensetzung, oder auch die Mischung der Gruppe aus verschiedenen Persönlichkeitstypen einen unterschiedlichen Einfluss auf die sozialen Fähigkeiten jedes Individuums ausüben. Bereits diese schwankenden, und von Gruppe zu Gruppe unterschiedlichen Bedingungen zeigen letztlich auch, weshalb in einer Population nicht nur ein, nur für ganz bestimmte Situationen optimaler Persönlichkeitstyp sich halten kann.

Ähnliches gilt auch für die ökologischen Umstände. Niels Dingemanse und Denis Réale haben nicht nur eigene, überwiegend an Singvogelarten orientierte Studien, sondern auch durch Literaturüberblick eine Reihe von Säugetieruntersuchungen zusammengetragen, die die Selektion auf verschiedene Persönlichkeitstypen, z. B. im jahreszeitlichen Wechsel, belegen. Sowohl bei den nordamerikanischen Rothörnchen (*Tamiasciurus hudsonicus*) als auch bei den Dickhornschafen (*Ovis canadensis*) zeigte sich, dass jahresabhängige Variation in verschiedenen Selektionsfaktoren auch unterschiedliche Persönlichkeitstypen bevorzugte. Auch andere Faktoren, z. B. die Aktivität, wechselten zwischen den Jahren. Bei Dickhornschafen waren wagemutige Weibchen nur in Jahren mit hoher Fressfeindaktivität Erfolg versprechender, in Jahren mit niedriger Fressfeindaktivität dagegen zeigte sich kein evolutiver Vorteil der kühnen Persönlichkeit.

*... der Kälber positiv beeinflussen.*

### Lebensraum von Elefanten

Andrew Sih beschreibt, wie über die adaptive, also besonders gut angepasste soziale Plastizität auch soziale Rollen und soziale Fähigkeiten bestimmter Individuen fixiert werden können, sei es durch Wechselwirkung mit Lernprozessen, oder durch den Grad der Eingebundenheit in ein soziales Netzwerk. Ranghohe, besonders erfahrene, als Leittiere anerkannte Individuen beiderlei Geschlechts, können Knotenpunkte in sozialen Netzwerken darstellen, und damit das Schicksal der gesamten Gruppe steuern und beeinflussen. Beispiele dafür stammen aus Freilandstudien von langlebigen Großsäugern. So sind bei afrikanischen Elefantengruppen nachweislich über mehrere Jahrzehnte hinweg diejenigen Kuhgruppen erfolgreich (bezogen auf die Kälberüberlebensrate), deren erfahrene Matriarchinnen sie durch gefährliche Gebiete (z. B. hohe Wildereraktivität) sehr schnell durchführen, wohingegen Matriarchinnen, die in diesen Gebieten ein Herumtrödeln ihrer Gruppe erlaubten, regelmäßig eine höhere Jungtiersterblichkeit im Clan haben.

### Lebensraum von Tierschutzhunden

Auch bei Kaniden finden wir deutliche Lebensraumzusammenhänge mit den Persönlichkeitstypen. In einer Voruntersuchung konnte Britta Strüwe aus unserer Arbeitsgruppe (Knezevic et al., 2015) z. B. zeigen, dass unter den Tierschutzhunden diejenigen, die aus dem Balkan oder dem östlichen Mittelmeerraum importiert waren, einen größeren Anteil der zurückhaltend scheuen B-Typ-Persönlichkeit zeigten, gegenüber Tierschutzhunden aus anderen westeuropäischen Festlandsregionen oder Tierschutzhunden aus dem Inland. Während bei den südosteuropäischen Auslandshunden die B-Typen mit einer Häufigkeit von 70/30 vertreten waren, waren sie unter den Tierschutzhunden aus Deutschland oder aus dem westeuropäischen Festlandsbereich etwa mit 50/50 vertreten.

### Lebensraum von Füchsen

Auch bei Untersuchungen über die Persönlichkeitstypen von amerikanischen Kleinfüchsen (Kitfuchs und San Joaquinfuchs, zwei bedrohte Kleinfuchsarten der amerikanischen Prärien), zeigte sich ein deutlicher Zusammenhang: Wurden die Füchse vor der Wiederansiedelung in einem ursprünglichen Lebensraum getestet, konnte man eine deutliche Verteilung der A- und B-Typen bereits feststellen. Fing man sie dann ein oder zwei Jahre nach dem Ausgesetztwerden wieder ein und testete ihre Persönlichkeit erneut, so hatten sich die in der offenen Prärie (dort gibt es Klapperschlangen, Kojoten und andere gefährliche Beutegreifer für kleine Füchse!) wesentlich mehr in Richtung des zurückhaltend-bedächtigen B-Typs, diejenigen, die sich in Vorstädten und in unmittelbarer Umgebung des Menschen niedergelassen hatten, dagegen mehr in Richtung des vorwitzigen A-Typs entwickelt (siehe Ganslоßer und Kitchenham, 2019).

**Die Entstehung von Persönlichkeitsunterschieden ist also durch ein Zusammenspiel von vorhersagbaren und unvorhersagbaren Umweltfaktoren, sozialer Umgebung und Lernprozessen verständlich.** Aufgrund dieser starken Schwankung der genannten Faktoren zwischen den Jahren, Lebensraumteilen und Gebieten ist aber auch verständlich, weswegen wir in einer Population normalerweise mehr als einen Verhaltensphänotyp und damit auch mehr als einen Genotyp finden. Erklärlich und realisierbar wird dieses Phänomen dadurch, dass die meisten Persönlichkeitstypen von einem Mix unterschiedlicher Genorte und verschiedener physiologischer Faktoren gemeinsam gesteuert werden.

## WIE? DIE FRAGE NACH DEN MECHANISMEN

Die überwiegende Zahl der Untersuchungen, die sich mit der physiologischen und anderweitigen Steuerung von Persönlichkeitsunterschieden bei Tierarten beschäftigt, hebt auf die Bedeutung der großen Stresshormonachsen für die Supereigenschaften „scheu und wagemutig“ ab. Caramaschi et al. (2013), von Holst (1984, 1987, 1998) und andere sind in diesem Zusammenhang als allgemeine Übersichtartikel zu benennen.

### Proaktive Grundpersönlichkeit

Die proaktive = wagemutige Grundpersönlichkeit wird von solchen Individuen gezeigt, die in Krisensituationen speziell mit der Aktivierung der **Sympathikus-Nebennierenmark-Achse** reagieren. Deren hauptsächliche Hormone, das als Fluchthormon bezeichnete **Adrenalin**, das als Kampfhormon titulierte **Noradrenalin** und die gemeinsame Vorstufe, das **Dopamin**, das auch als Lern- und Selbstbelohnungssubstanz bezeichnet wird, sind hier prominent zu benennen. Dementsprechend sind diese Individuen schnell erregbar, sie versuchen aktiv Problemlösungen zu finden, sind aber auch leicht frustriert, wenn sie bei der schnellen Problemlösung nicht sofort zum Ziel kommen.

*Schon die nicht soziale Umwelt bietet Hundewelpen viel Raum zum Erforschen und zum Lernen.*

In Zeiten von langanhaltender, nicht bewältigbarer Dauerbelastung reagieren sie dann mit Erkrankungen des Herz-Kreislauf-Systems, gegebenenfalls aber auch mit Untergewicht, und im Verhaltensbereich oftmals mit Hyperaktivität und übersteigerter Nervosität. Diese Tiere entwickeln sehr schnell Rituale. Der Weg ist für sie, auch bei der Lösung von Problemen, an sich schon ein lohnenswertes Ziel, und sie motivieren sich auf diesem Weg zum Ziel durch die dabei entstehende Katecholaminausschüttung bereits selbst. Jedoch sind Stereotypien und andere Verhaltensauffälligkeiten oftmals der Preis für diese Grundpersönlichkeit.
Die Zusammenstellungen von Caramaschi et al. (2013) zeigen als weitere gemeinsame Eigenschaften der proaktiven Typen eine Neigung zur Bildung von Routine, eine geringe Verhaltensflexibilität, eine hohe Tendenz zur stressbedingten Aggression, und insgesamt eine hohe Tendenz zur Erkundung neuer Situationen.

### Reaktive Grundpersönlichkeit

Demgegenüber werden die Individuen des scheuen = reaktiven Typs in Krisensituationen überwiegend von den Botenstoffen der **Hypophysen-Nebennierenrinden-Achse**, also den **Glucocorticoiden** gesteuert.
In Krisensituationen versuchen sie zunächst, durch abwartendes Beobachten das Problem in den Griff zu bekommen. Bei langanhaltender und/oder nicht bewältigbarer Dauerbelastung, aktiviert das Glucocorticoidsystem eine Reihe von anderen, körperlichen wie auch psychischen Abwehrmechanismen.
Die Zusammenstellungen von Caramaschi et al. (2013) zeigen als weitere gemeinsame Eigenschaften der reaktiven Typen eine geringe Tendenz zur Bildung von Routine und Ritualen, eine hohe Verhaltensflexibilität, sie reagieren in Krisensituationen zunächst mit Einfrieren und Erstarren und aktivieren physiologisch eher die Botenstoffe des Parasympathikus.

### Erblichkeit von Grundpersönlichkeiten

In Selektionsversuchen, zunächst an Mäusen und Ratten, zeigte sich auch eine vergleichsweise hohe Erblichkeit dieser Merkmale und bereits nach 10 bis 15 Generationen konsequenter Selektion, entstanden die beiden getrennten Linien. Außerhalb der Säugetiere wurden auch die physiologischen Korrelate der beiden Grundpersönlichkeitstypen zuerst in dem Großprojekt über Kohlmeisen in Belgien und den Niederlanden, sowie in Untersuchungen über Verhaltenseigenschaften von Legehennen in verschiedenen Farmhaltungssystemen gewonnen. Auch bei Menschen und anderen Primatenarten, aus verschiedenen Familien dieser Ordnung unserer nächsten Verwandten, ergaben sich dieselben Ergebnisse.
Weniger deutlich sind die Untersuchungen über die Zusammenhänge anderer Persönlichkeitsfaktoren, etwa der Eigenschaften des Fünf-Faktoren-Modells oder der emotionalen Disposition, mit neurobiologischen und hormonellen Grundlagen.

*Die Persönlichkeiten sind dabei sehr unterschiedlich.*

*In späteren Entwicklungsstadien sind dann allerdings auch Sozialkontakte wichtig.*

Der Persönlichkeitsfaktor „Geselligkeit" (agreeableness oder sociality) ist offensichtlich bei vielen Tierarten mit Varianten des **Oxytocin-Rezeptorsystems** verknüpft. Kis et al. (2014) für Hunde, Arahori et al. (2014) für Katzen und eine Reihe von Arbeiten aus der Arbeitsgruppe von Steven Suomi (z. B. Suomi, 2006) für verschiedene Primaten, zeigen solche Zusammenhänge auf. Wer eine bestimmte Oxytocin-Rezeptor-Genvariante besitzt, zeigt sich anderen Artgenossen, gegebenenfalls aber auch dem Menschen gegenüber offener, freundlicher und zugewandter als die Träger der anderen Genvarianten. Bei Individuen von Tierarten, zu deren Sozialsystem individuelle und/oder gar emotionale Bindungen gehören, sind verschiedene Genvarianten **des Oxytocin-** und auch des **Vasopresin-Rezeptorsystems** wiederum mit unterschiedlich intensivem Bindungsverhalten verknüpft (Näheres dazu ab S. 250).

Der Botenstoff **Serotonin**, ein wahrer Tausendsassa im Gehirn, ist ebenso mit einer Reihe von Eigenschaften des Fünf-Faktoren-Modells verknüpft worden. Ein niedriger Serotoninspiegel im Gehirn ist sogar schon ein häufiges Korrelat mit der proaktiven Grundpersönlichkeit. Gerade im Bereich des Vorderhirns sind Individuen aggressiver, proaktiv-instabiler Linien oftmals mit einem niedrigen Serotoninspiegel ausgestattet.
Bei Primaten sind verschiedene Genvarianten im Bereich des Serotonin-Transportersystems ebenso wie im Bereich des Serotonin-Rezeptorsystems für die Ausbildung unterschiedlicher sozialer Strategien mit verantwortlich.
Auch **Dopamin**, **GABA** und **Noradrenalin** wurden in einigen Studien bereits im Zusammenhang mit Persönlichkeitseigenschaften gebracht. So sind Genvarianten im GABA-System (Gamma-Amino-Buttersäure, ein erregungsdämpfender Botenstoff) mit Extraversion, Stressanfälligkeit und Neurotizismus

verknüpft. Auch eine Genvariante im Noradrenalin produzierenden Enzymsystem ist mit Aggression und Neurotizismus bereits in Verbindung gebracht worden.

### Bedeutung des Hippocampus

Als neuroanatomisch wichtige Region für die Ausbildung von Persönlichkeitseigenschaften, wird zum einen der Hippocampus benannt. Er steht nicht nur in Verbindung mit Gedächtnis, räumlicher Orientierung, Lernverhalten und Neugier, sondern scheint in seinen Verknüpfungen mit dem vorderen Stirnhirn und den Eingängen des Serotonin- Noradrenalin- und Dopaminsystems eine zentrale Stellung in der Steuerung von Motivation und Emotion einzunehmen.
Da der Hippocampus zu denjenigen Gehirnregionen zählt, in denen auch nach dem Abschluss der Jugendentwicklung durch Zellteilungs- und Zelldifferenzierungsprozesse noch dauerhaft verhaltensbeeinflussende anatomische Veränderungen auftreten können, kommt ihm auch bei der Verhaltenssteuerung von erwachsenden Individuen, z. B. nach traumatischen Belastungen, im Bereich posttraumatischer Belastungsstörungen eine wichtige Bedeutung zu.

## WODURCH ENTSTEHEN PERSÖNLICHKEITSUNTERSCHIEDE?

Nicht zuletzt aufgrund der Tatsache, dass auch in sehr vielen nutztierbezogenen Studien über Persönlichkeits- oder Temperamentsunterschiede berichtet wurde, interessierte man sich bereits sehr früh für die Erblichkeiten dieser Merkmale. Hierzu muss ganz kurz rekapituliert werden, was in der Züchtungsgenetik unter Erblichkeit verstanden wird (siehe Kasten).
Im Rahmen von Übersichtsartikeln haben Kees van Oers und David Sinn (2013) Erblichkeiten von Einzelpersönlichkeitsmerkmalen und Supereigenschaften bei verschiedensten Tierarten verglichen. Die Erblichkeiten variieren zwischen 0 bis wenigen Prozent, z. B. für die Ablenkbarkeit durch Geräusche bei Hunden, emotionaler Stabilität bei Neuweltaffen, oder Aktivität bei der Nahrungssuche von Tintenfischen. Recht hohe Erblichkeitswerte von zum Teil 40 bis 50 Prozent gab es z. B. für Allgemeinaktivität, Fluchtgeschwindigkeit bei Wiederkäuern, Aggressionsbereitschaft bei Singvögeln, oder auch in verschiedenen Tiergruppen für den Persönlichkeitsfaktor Kühnheit und Wagemut. Bemerkenswert bei diesen Untersuchungen der Erblichkeit ist, wie sehr sich die Werte bei ganz verschiedenen Tierarten ähneln.

### ERBLICHKEIT

Erblichkeit ist eine Kennziffer, die angibt, wie viel Prozent der Variabilität innerhalb einer Population vorhergesagt werden kann, wenn man die Werte der Eltern und anderer Vorfahren des jeweiligen Tieres kennt.

**Beispiel**
Wenn in einer Testgruppe der Wagemutigste 100 Punkte und der Zurückhaltendste 0 Punkte für irgendeinen Verhaltenstest erhielte, würde die Erblichkeit angeben, wie viel Prozent der Schwankung zwischen 0 und 100 Punkten durch die Kenntnis der entsprechenden Testergebnisse der Vorfahren des betreffenden Tieres zu prognostizieren wäre.

**Hohe Erblichkeiten** bedeuten also, dass die genetischen oder anderweitigen Abstammungseffekte nahezu überwiegend die Eigenschaften des Nachkommen beeinflussen.

**Geringe Erblichkeiten** bedeuten, dass entweder viele andere Faktoren, z. B. umweltabhängige, oder der Einfluss sehr vieler, gemeinsam wirkender Genorte auf die Ausprägung dieses Merkmals zusammenkommen müssen.

## Wild-, Haus- und Labortiere

Ein genauerer Vergleich der Erblichkeitswerte ergibt, dass zwischen Wildtierpopulationen und Haustier- bzw. Labortierbeständen Unterschiede in den Erblichkeiten bestehen. Gerade Faktoren wie Neugier und Erkundungsbereitschaft, oder auch die Allgemeinaktivität in verschiedenen Testsituationen unterschieden sich deutlich zwischen den Wild- und Haustierbeständen. Bei den Wildtierpopulationen sind die genetischen Einflüsse auf die genannten Faktoren oftmals stärker, bei Haustierbeständen offensichtlich etwas schwächer. In beiden Populationsvergleichen jedoch ergaben sich höhere Erblichkeitswerte für Erkundungsverhalten und Kühnheit bzw. Wagemut als für Allgemeinaktivität, Aggressionsbereitschaft oder soziale Durchsetzungsfähigkeit.

## Einfluss von Umweltfaktoren

Im Umkehrschluss ergibt sich aus diesen, insgesamt doch relativ geringen Erblichkeitswerten der Persönlichkeitseigenschaften, dass im Allgemeinen ein sehr großer Einfluss von Umweltfaktoren, Zufall und ähnlichen Einflüssen angenommen werden muss. Gerade in Bezug auf Sozialität, soziale Kompetenz und andere, mit dem Persönlichkeitsfaktor „Geselligkeit" verknüpfte Eigenschaften zeigen Untersuchungen an Säugetierarten verschiedenster Ordnungen, wie sie z. B. von Hendrichs (2002) zusammengefasst wurden, dass die Einflüsse z. B. der Persönlichkeit des anwesenden erwachsenen Männchens selbst bei denjenigen Tierarten, bei denen keine direkte männliche Blutpflege stattfindet (z. B. Pferde oder Meerschweinchen) deutlich erkennbar sind. Junge Männchen, die in Gegenwart eines erwachsenen, souveränen und emotional stabilen männlichen Tieres aufwachsen, zeigen auch später selber die vergleichbaren, eher dem Kühnheitsfaktor und der emotionalen Stabilität im Fünf-Faktoren-Modell zuzuordnenden Eigenschaften. Männchen, die ohne bzw. in Gegenwart eines schwachen, wenig tatkräftigen männlichen Tieres aufwachsen, sind später ebenfalls eher diesem zurückhaltenden, wenig tatkräftigen Persönlichkeitstyp zugeneigt. Die Befunde von Michael Meaney (2007) und seiner Gruppe sind hier bekannt geworden: Wenn eine Mutter (untersucht wurden überwiegend Labornager, erste Studien an Hundemüttern zeigen jedoch ähnliche Einflüsse) in den ersten Lebenstagen und Wochen besonders viel Zeit für die Betreuung ihrer neugeborenen Welpen aufwendet, diese intensiv beleckt, putzt und beknabbert, dann wird über eine Rückmeldeschleife aus der Hautsensorik, also den Tastorganen, diese Betreuung an die Gehirnentwicklung weitergemeldet. In Folge entwickeln sich dadurch die Zellteilungsprozesse im blauen Kern, dem *N. coeruleus* des Stresszentrums, langsamer, stattdessen werden aber im Bereich des vordersten Stirnhirns die Oxytocinrezeptorgene angeschaltet und die Oxytocinrezeptordichte vermehrt. Die Folge davon ist dann, dass die betreffenden, gut betreuten

*Auch in der Nutztierforschung, vor allem von Rindern und Schweinen, ...*

Jungtiere zeitlebens emotional stabil, sozial gesellig und auch mit einem besseren Immun-Abwehrsystem ausgestattet sind. Betreut die Mutter nur wenig, z. B. weil sie häufig abwesend sein muss, so wird umgekehrt der Zellteilungsvorgang im Blauen Kern (den man gewissermaßen als Einsatzleitstelle des Stresssystems betrachten kann) beschleunigt, und die Umsetzung der Oxytocinrezeptorgene im vorderen Stirnhirn wird erschwert. Eine ähnliche Wirkung ergibt sich durch eine andere Rückmeldungsschleife: Mütter, die aufgrund von Nervosität, permanenter Feindbedrohung oder anderen Umweltfaktoren ihre Jungen im Stehen säugen, erzeugen bei den Jungen eine Rückmeldung aus den Spannungsmessfühlern der Nackenmuskulatur ins zentrale Nervensystem. Diese Rückmeldung der angespannten Nackenmuskulatur führt dann wiederum zu einer Beschleunigung der Zellteilung im Blauen Kern und zu einer Verringerung der Oxytocinrezeptorumsetzung im vorderen Stirnhirn. Mütter, die sich ruhig und entspannt beim Säugen hinlegen und ihren Welpen daher in den ersten Lebenstagen ein ruhiges, entspanntes Säugen ermöglichen, lassen diese Rückmeldungsschleife im Nervensystem ihrer Jungtiere inaktiv, und die genannten Prozesse sind dann die gleichen wie bei einer guten, intensiven Brutbetreuung durch Beknabbern, Belecken etc. Auswirkungen der unterschiedlichen Stressexposition auf die Reaktivität des Glucocorticoidsystems im späteren Leben sind ebenfalls deutlich. Wie bereits erwähnt, werden hier epigenetische Einflüsse realisiert. Das Glucocorticoidrezeptorsystem wird, z. B. wiederum im Hippocampus, aber auch in anderen Regionen des Gehirns, unterschiedlich programmiert. Sind dann weniger Glucocorticoidrezeptoren im Gehirn vorhanden, sind die Regelkreise, also die Rückmeldungen aus dem Blutgefäßsystem („es ist genug Cortisol vorhanden!"), deaktiviert bzw. weniger wirkungsvoll. Daraufhin kommt es dann auch zu stärkerer überschießender Reaktion auf geringfügige Stressbelastungen, und damit entweder zu geringerer emotionaler Stabilität oder auch zu einer eher dem B-Typ zuneigenden Gesamtpersönlichkeit.

*... wurden wichtige Erkenntnisse zur Prägung und zur Beeinflussung des Artgenossen- und Sexualpartnerbildes gefunden.*

## VORHERSAGE VON PERSÖNLICHKEIT

Die genannten und viele weitere Untersuchungen lassen auch die Praxis der Persönlichkeitsbeurteilung bei Jungtieren und frühen Jugendlichen, sei sie im Zusammenhang mit einer Zuchttauglichkeits- oder Arbeitshundeausbildung, aber auch viele Praktiken in der Humanpädagogik und in der bei uns noch sehr frühen Festlegung von Kindern auf verschiedene Schultypen oder gar Ausbildungswege sehr fragwürdig erscheinen. So haben unter Zusammenstellungen von über 50 einschlägigen Untersuchungen beim Haushund (Gosling und Jones, 2005) eindeutig ergeben, dass eine zuverlässige Testbarkeit von Persönlichkeitseigenschaften oder späteren Eignungen für bestimmte Therapie-Assistenz- oder andere Arbeitstätigkeiten vor dem Zeitraum des 18. Lebensmonats bei Haushunden wenig zuverlässig ist.

### Welpentests

Die sogenannten Welpentests, die bisweilen auch für teures Geld verkauft werden, sind besonders unzuverlässig. Noch bemerkenswerter ist die Tatsache, dass man über eine selektive Zucht durchaus die Leistungen der Hunde im Welpentest von einer Generation zur anderen verbessern kann, ohne dass daraus auch eine bessere Eignung der erwachsenen Hunde für bestimmte Arbeitsbereich entstünde. Die Leistungen, die ein Welpe in diesem Test mit ca. 8 Wochen zeigt, sind also wahrscheinlich von anderen Genorten beeinflusst als die Eigenschaften, die er später im Erwachsenenalter für die Ausübung eines Assistenz- oder anderen Jobs bräuchte.

Auch hier ist, wie Untersuchungen von Marc Bekoff (1978) und anderen an verschiedenen Haus- und Wildcaniden zeigen, jedoch durch eine frühe Differenzierung des Scheu-Wagemutig-Systems eine Ausnahme erkennbar. Wolfs- und Hundewelpen zeigen bereits in der 5. oder 6. Lebenswoche eine in Bezug auf Erkundung, Neugierverhalten und auch soziale Grundaktivitäten unterschiedliche Persönlichkeit. Im Zeitraum von der 8. bis 14. Woche differenziert sich dann auch der Persönlichkeitsfaktor „Geselligkeit“.

Bei Hauskätzchen liegen die entsprechenden Einflusszeiträume bereits noch früher, hier wird z. B. der Persönlichkeitsfaktor „Geselligkeit“ (sei es mit Katzen und/oder Menschen) bereits durch Einflüsse in den ersten 2 bis 3 Lebenswochen vorbestimmt (Zusammenstellung siehe Gansloßer und Rodewald, 2016).

### Traditionsbildung

Gerade die Untersuchungen bei Meaney und seiner Gruppe zeigen auch, dass die genannten Unterschiede im mütterlichen Pflegeverhalten sich über Traditionsbildungen und epigenetische Weitergabe von einer Generation auf die nächste übertragen. Kompetente Mütter erzeugen Töchter, die ihrerseits wiederum ihre eigenen Jungtiere kompetent betreuen und damit auch emotional stabile Enkelinnen, die wiederum emotional stabile und mütterlich kompetente Urenkelinnen hervorbringen etc. Dass es sich dabei aber um Traditionsbildungen und epigenetische Mechanismen, und nicht um echte Genetik handelt, kann durch Kreuzaufzuchtversuche jederzeit belegt werden.

Die Auswirkungen dieser Befunde auf vielerlei Praktiken in der Hundehaltung, aber eben im übertragenen Sinne auch auf den Umgang mit unseren eigenen Kindern und Jugendlichen, können nicht hoch genug eingeschätzt werden. Das Studium von Persönlichkeitseigenschaften bei Tieren ist also nicht nur ein interessantes Phänomen für Lehnstuhlwissenschaften und Anlass zum allgemeinen Staunen, sondern hat eine besonders hohe praktische und anwendungsbezogene Bedeutung innerhalb der Verhaltens- und Entwicklungsbiologie.

*In diesem Alter sind Verhaltenstests nur Momentaufnahmen und haben keine zukunftsträchtige Aussagekraft.*

# VERHALTENSTESTS BEI HAUSHUNDEN

## UNWESEN VON WESENSTESTS

Allein in unserem Land sind Tausende von Menschen unterwegs, die ihr Selbstbewusstsein bzw. Selbstverständnis, teilweise auch ihr Machtgefühl und einen Gutteil ihrer Einnahmen aus der Entwicklung, Vorbereitung und Durchführung ständig neuer Wesenstests, Persönlichkeitstest und ähnlicher Aktivitäten beziehen, sei es zur Käuferberatung, zur Einstufung für die spätere Eignung als Arbeitshund, zur Zuchtzulassung oder zur Gefahrhundebeurteilung. Dass solche Tests gerade auch von Behörden im Zuge einer Gefahrhundebeurteilung vorgeschrieben werden, macht es nicht besser. Um keine Missverständnisse aufkommen zu lassen: geht nicht, gibt's nicht! Gerade die Untersuchungen in Schweden (siehe Svartberg, 2002, 2006; und andere) zeigen, dass es sehr wohl möglich ist, einen Verhaltenstest für Hunde zu entwickeln, der mit einer validen und seriösen Beurteilung auch für eine Vielzahl verschiedener Rassen und Fragestellungen zur Anwendung kommen kann. Problematisch ist allerdings, dass eben die dort üblichen Maßnahmen zur Qualitätssicherung, zur Prüferausbildung und weiteren Begleitung etc. bei uns in der Regel nicht eingehalten werden.

*Erst in einem Alter von eineinhalb bis zwei Jahren kann man mit Tests auf die Persönlichkeit schließen.*

## ÜBERPRÜFUNG UND WEITERENTWICKLUNG

Ein Test, der einmal entwickelt wurde, muss auch ständig weiterbearbeitet und evaluiert werden, alle an dieser Testdurchführung Beteiligten müssen in regelmäßigen Praxisschulungen vor allem auch ihre weiterhin zuverlässige Übereinstimmung in der Registrierung des gezeigten Verhaltens belegen, und die Testsituationen müssen der Fragestellung angemessen sein. Gerade im Zusammenhang mit Gefahrhundebewertungen, aber auch mit Zuchtzulassungsprüfungen werden hier oftmals Verhaltensweisen provoziert oder abgefragt, die weder alltagsrelevant sind, noch eine ausreichende Erblichkeit aufweisen, um für eine Zuchtzulassungs- oder Anlagenprüfung tatsächlich relevant zu sein. Und die Persönlichkeit des betreffenden Hundes muss eben ausgereift genug sein, um die bereits immer wieder angesprochene zuverlässige und zukunftsträchtige Einschätzung zu ermöglichen.

**Tests vor dem Alter von eineinhalb bis zwei Jahren sind daher weder für die Persönlichkeitsbeurteilung noch für die Zuchtzulassung auch nur im Geringsten relevant, wenn man bedenkt, wie stark sich die dort abgefragten Verhaltenseigenschaften immer noch ändern können.**

## PERSÖNLICHKEITS-MUSTER

In einer sehr großen und aufwendigen Vergleichsstudie haben Jones und Gosling (2005) einen Überblick über nahezu 60 damals zugängliche Veröffentlichungen zum Thema Temperament bzw. Persönlichkeit bei Hunden durchgeführt. Es handelt sich dabei um eine sogenannte Meta-Analyse, das heißt, die Ergebnisse bereits fertiger Studien wurden noch einmal vergleichend und nach übergeordneten Gesichtspunkten analysiert. Das Ergebnis ist gleichermaßen niederschmetternd wie ermunternd, je nachdem, welchen Teil man liest.

Niederschmetternd ist, dass selbst unter den verwendeten Studien eine Vielzahl derer eigentlich nicht exakt durchgeführt wurde bzw. die Exaktheit der Durchführung nicht beurteilt werden konnte. Dies betraf entweder zu kleine Stichproben, die Tätigkeit nur eines Beobachters, fehlende Statistik, insbesondere fehlende Verlässlichkeitstests. Ebenso deprimierend, zumindest wenn man solche Dinge gerne tut, ist die Aussage zu den Tests von Welpen und Junghunden:

**Eine verlässliche Aussage über Persönlichkeitsmerkmale eines späteren erwachsenen Hundes ist durch keine Art von Testung im Welpen- bzw. Junghundealter möglich.**

Die Vergleichsstudie von Jones und Gosling deckt sich übrigens mit einer Reihe von anderen Einzelstudien, die ähnliche Ergebnisse veröffentlichten: Zum Beispiel Goddard und Beilharz (1984, 1986), sowie Wilsson und Sundgren (1998). Goddard und Beilharz fanden zwar im Bereich der Furchtsamkeit vom Alter der achten Woche an individuelle Unterschiede, die auch mit zunehmendem Alter immer mehr erlaubten, die Furchtsamkeit erwachsener Hunde vorherzusagen. Jedoch war auch diese Korrelation nur relativ schwach. Eine Aussage über die Aktivität war nicht möglich, bezüglich einer Vorhersage durch das Verhalten des Welpen auf das Verhalten des erwachsenen Hundes zu schließen.

**Keiner der verwendeten Tests, weder die Furchtsamkeit, noch die Aktivität betreffend, erlaubte irgendeine Aussage über die spätere Lernfähigkeit.**

Selbst innerhalb des Faktors Aktivität gab es z. B. keine deutlichen Zusammenhänge zwischen Aktivität in verschiedenen belastenden sowie unbelastenden Situationen, bzw. die Aktivität in unbelastenden Situationen verglichen mit dem Faktor Furchtsamkeit. Furchtsamkeit korrelierte recht hoch mit der Erkundung, insbesondere mit Lauschen und optischer Erkundung, war jedoch nicht mit der geruchlichen Erkundung korreliert. Eine mangelnde Erfahrung des Hundes in Menschenmengen oder an sehr lauten Orten erhöhte sowohl die Bereitschaft zur geruchlichen Erkundung als auch zur Furcht vor bestimmten Objekten und führte damit zu einer Korrelation zwischen diesen beiden Eigenschaften. Die Furchtsamkeit eines erwachsenen Hundes konnte ab dem Alter von drei Monaten einigermaßen vorhergesagt werden. Jedoch waren auch diese Werte anfänglich noch recht gering und nahmen erst mit zunehmendem Alter zu.

**Das bedeutet eindeutig, dass es nicht möglich ist, Eigenschaften wie Charakter oder Persönlichkeit aus dem Verhalten eines Welpen oder Junghundes zuverlässig abzulesen.**

### EIGNUNG ZUM THERAPIEHUND

Ebenso mit der Frage der Vorhersagbarkeit eines Hundes als Blindenhund beschäftige sich eine Arbeitsgruppe aus Melbourne (Batt et al., 2014). Hier ergab sich, dass die absolut beste Vorhersagbarkeit der späteren Prüfungsergebnisse eines Hundes nach Ende der Blindenhundausbildung durch einen Fragebogen gegeben war, der von den Pflegefamilien im Hundealter von 13 bis 14 Monaten ausgefüllt wurde. Auch in Australien gibt es für Blindenhunde ein ähnliches Ausbildungssystem wie bei uns,

das heißt, die Hunde kommen von der Zuchtstätte zunächst in eine Pflegefamilie, in der sie Alltagstauglichkeit und Basiserziehung lernen, bevor sie dann in die Ausbildungsstätte weitergereicht werden. Wurden die Pflegefamilien gebeten, den Hund auf dem Altersstadium von 13 bis 14 Monaten mit Hilfe dieses Fragebogens zu beurteilen, so war eindeutig dadurch die beste Korrelation mit den späteren Prüfungsergebnissen gegeben.
Wenn Verhaltenstests durchgeführt werden, zeigen Untersuchungen verschiedener Arbeitsgruppen, dann sollten sich diese auf Alltagssituationen beziehen. Tests, die nur ein oder ganz wenige Male wiederholt abgeprüft werden können, sind ungeeignet. Am besten ist es, den Hund über einen längeren Zeitraum, z. B. über mehrere Stunden oder auch einen Tag, kontinuierlich zu beobachten oder zu filmen, und dann daraus die Auswertungen vorzunehmen. Solche Begleitbeobachtungen haben in der Regel gerade bei der Eignungsfrage für Assistenz- oder Therapiehunde eine wesentliche bessere Trefferquote.

## INTELLIGENZTEST FÜR „ARBEITSHUNDE"

In einer neuesten Untersuchung von Evan McLean und Bryan Hare (2018) wurde mit Hilfe einer groß angelegten Studie, insgesamt 25 verschiedene „Intelligenztests" (also aus der Kognitionsbiologie stammende Maßnahmen), die Eignung von Hunden einerseits für die Arbeit als Sprengstoffschnüffelhunde der amerikanischen Marine und andrerseits als Assistenzhunde geprüft. Es zeigte sich, dass verschiedene Tests für diese beiden Tätigkeitsfelder unterschiedliche Vorhersagewahrscheinlichkeiten ermöglichten, und dass es sehr wohl möglich ist, mit älteren, bzw. erwachsenen Hunden mit Hilfe solcher Intelligenztests ihre Eignung vorzunehmen. Auch hier ist noch keine Aussage über die Eignung von Welpen und jungen Junghunden möglich gewesen, das Team arbeitet jedoch daran.

## ÜBERPRÜFUNG MIT DEM FMRT

Besonders bemerkenswert sind neueste Untersuchungen, die auch die Eignung von Hunden für bestimmte Assistenz- und Therapietätigkeiten mit Hilfe der schon erwähnten Magnetresonanzuntersuchungen testen. Hunde, die z. B. bei einem von einem Menschen antrainierten Befehl sehr leicht und ohne emotionale Erregung diesen Befehl auch von anderen Menschen verstehen und zu befolgen versuchen, haben eine bessere Vorhersagewahrscheinlichkeit für den Abschluss ihrer Assistenz- oder Therapiehundeausbildung. Die geringe emotionale Beteiligung dieses Umschaltvorganges scheint hier ein besonders wichtiger Prozess zu sein, da sie auch mit dem Risiko des späteren vorzeitigen Ausscheidens aus der Tätigkeit korreliert.

## AUFWAND UND DURCHFÜHRUNG

Nach diesen eher allgemeinen Vorbemerkungen, nun einige wichtige Ergebnisse der genannten Übersichtsstudie: Lehrreich ist bereits der Aufwand, der betrieben wurde, um die Untersuchungen vorzubereiten. Zunächst wurden aus den genannten über 50 Studien die Merkmale herausgeschrieben, die auf bestimmte Persönlichkeitstypen bzw. Persönlichkeitseigenschaften von Hunden rückschließen lassen könnten. Von jedem Verhalten, das dafür eine Aussage ermöglichen könnte, wurde eine Karteikarte angelegt. Diese Karteikarten wurden dann zunächst von zwei Mitgliedern des Forschungsteams in sieben verschiedene Stapel sortiert, die den verschiedenen, noch zu besprechenden Persönlichkeitseigenschaften entsprechen sollten. Danach wurden die Stapel noch einmal neu von einer Gruppe von insgesamt sieben Experten begutachtet, worunter sich neben Tierärzten und Verhaltensbiologen auch Hundetrainer und Hundeausbilder befanden. Der gemeinsame Konsens dieser sieben Experten führte dann zur endgültigen Zuordnung des betreffenden Verhaltens zu einem der sogenannten „Wesenszüge".

## Vorgehensweisen

Die untersuchten Arbeiten hatten schon vom methodischen Ansatz her sehr unterschiedliche Vorgehensweisen. Vier verschiedene Vorgehensweisen waren in den Studien zu finden, teilweise auch in Kombination:

- Am häufigsten waren die Testsituationen, in denen ein Hund mit bestimmten Gegenständen, Personen oder anderen Umweltreizen konfrontiert wurde.
- Eine weitere Methode, die häufig zu finden ist, ist die individuelle Einschätzung von Hunden durch den Besitzer oder einen anderen Tester.
- Ebenfalls vertreten waren Studien, in denen die sogenannten Prototypen von Rassen, also die rassetypischen Verhaltensweisen, von Experten und von Tierärzten eingeschätzt wurden.
- Die letzte Gruppe der Studien bezog sich auf Beobachtungsuntersuchungen, bei denen das Verhalten von Hunden in mehr oder weniger natürlichen Umgebungen registriert und zugeordnet wurde.

## Verhaltenseigenschaften

Die meisten Studien beinhalteten das Verhalten von Junghunden bzw. jüngeren Erwachsenen, nur wenige der Studien bezogen sich auf erwachsene oder ältere Tiere. Ebenso wurden die meisten Studien mit Rassehunden durchgeführt, insbesondere mit Rassen, die für bestimmte Aufgaben gezüchtet worden waren. Die Autoren der Meta-Analyse führen ausdrücklich an, dass die Ergebnisse nicht ohne weiteres auf Familienhunde oder Mischlinge übertragbar sein müssen.

*Eignungstests für die spätere Arbeit sind z. B. im Diensthundebereich sehr wichtig. Die Hunde müssen nur das entsprechende Alter haben.*

Die folgenden Eigenschaften wurden in der Studie als Gemeinsamkeit aus den Versuchs- und Beobachtungsansätzen herausgestellt:

**Reaktivität**, was sich unter anderem durch wiederholte Annäherungen an neue Objekte, Aktivität in neuen Situationen und ähnlichen Merkmale auszeichnet.

**Furchtsamkeit**, was durch Vermeidung neuer Reize, Zittern und ähnliche Verhaltensweisen gekennzeichnet war.

**Geselligkeit**, also Hunde, die vorwiegend freundliche Interaktionen mit Menschen und anderen Hunden zeigten.

**Reaktionsfähigkeit** im Training, das heißt die Bereitschaft mit Menschen zu arbeiten, Verspieltheit, schnelles Lernen in neuen Situationen, Problemlösefähigkeit.

**Aggression**, ein wohl selbsterklärendes Wort, wenngleich wir später noch sehen werden, dass sich darunter durchaus Verschiedenes verbergen kann (siehe S. 289 ff.).

**Unterwürfigkeit**, denn der in vielen Studien verwendete Dominanzbegriff ist auch in den ausgewerteten Untersuchungen sehr unterschiedlich und nicht einheitlich verwendet worden.

**Aktivität**, worunter sich meistens überwiegend Bewegungsaktivität verbirgt.

Nach diesen eher vorbereiteten Schritten wurden dann die verbleibenden Studien nochmals vergleichend analysiert.

## 1. FRAGE NACH DER VERLÄSSLICHKEIT

Die erste und wichtigste Frage ist, ob die Tests und Einschätzungen verlässlich sind. Das muss jedoch erst durch exakte Statistik belegt werden.

Die beiden Aspekte der Verlässlichkeit, nämlich die Übereinstimmung der Einschätzung zwischen den Testern und die Übereinstimmung der Einschätzung zwischen mehreren Testwiederholungen, wurden getrennt untersucht. Hier ergeben sich sehr große Unterschiede, selbst wenn nur diejenigen Studien herangezogen werden, die zu diesem Thema überhaupt eine Aussage machen. Immerhin kommen aber bei der Übereinstimmung zwischen den Testern 96 % der verbleibenden Studien auf Korrelationen von wenigstens 0,6 und von diesen 96 % wiederum 55 % auf Korrelationen über 0,8. Als Warnung wird hier allerdings vermerkt, dass manche Hunde mit manchen Testern unterschiedlich interagieren, was natürlich die Übereinstimmung innerhalb der Einschätzungen des gleichen Testers wesentlich erhöht, im Gegensatz zur Übereinstimmung zwischen den verschiedenen Testern. Insgesamt kamen die Studien im Durchschnitt durchaus auf annähernd die gleichen Werte der Verlässlichkeit, wie vergleichbare Studien zur Persönlichkeitsbeurteilung von Menschen. Jedoch muss nochmals betont werden, dass die meisten Studien hier nicht in die Analyse eingehen konnten, weil sie zur Verlässlichkeit keinerlei Angaben machten.

### DEFINITIONEN

**Verlässlichkeit**
Verlässlichkeit bedeutet, dass die Tests sowohl zwischen mehreren Beobachtern bzw. Einschätzern als auch zwischen mehreren aufeinanderfolgenden Test- und Beobachtungssituationen mit erkennbar wiederholbaren Ergebnissen zu erwarten sind.

**Validität**
Unter Validität versteht man, ob die gemessenen Dinge tatsächlich das aussagen, was man behauptet, sie würden es aussagen.

*Aktivität und Inaktivität sind auch ein Merkmal der Persönlichkeitsforschung.*

## 2. FRAGE NACH DER VALIDITÄT

Nach der Verlässlichkeit wurde auch die Validität der Untersuchungen nachanalysiert. Doch wie exakt messen wir eigentlich mit diesen Parametern das, was wir messen wollen? Validität besteht wiederum aus zwei Teilen, nämlich der sogenannten konvergenten Validität und der diskriminanten Validität.

**Konvergente Validität** bedeutet, dass ein Messwert möglichst hoch mit anderen Messwerten korrelieren sollte, mit denen er in enger Beziehung steht. Wer sehr häufig droht, sollte auch sehr häufig andere aggressive Verhaltensweisen zeigen, und wer sehr schnell nach einer Wurst schnappt, sollte auch sehr schnell nach einem Schnitzel schnappen.

**Diskriminante Validität** dagegen gibt an, ob ein Messwert sich von anderen Messwerten, mit denen er nicht verwandt sein sollte, hinreichend unterscheidet. Wer den ganzen Tag auf dem Sofa sitzt, sollte nicht gleichzeitig als trainierter Langstreckenläufer auftreten. Die Werte für Furchtsamkeit z. B., sollten untereinander eine hohe Korrelation aufweisen und z. B. mit denen für Geselligkeit sehr wenige Übereinstimmungen haben.

Auch hier zeigt sich, dass nur wenige Studien sich über die Problematik der Validität Gedanken gemacht haben. Während die konvergente Validität, also die Frage, ob bestimmte Aspekte der Persönlichkeit durch unterschiedliche Verhaltensmessungen gleichermaßen ausgedrückt werden, immerhin noch in einer ganzen Reihe von Studien testbar angegeben wurde, fehlen für die diskriminante Validität fast überall Angaben. Hohe Werte für konvergente Validität fand man überwiegend im Bereich der Erregbarkeit bzw. Reaktivität, sowie im Bereich der Unterwürfigkeit. Auch Furchtsamkeit weist sehr hohe Validitätswerte auf, die Aktivität nur sehr niedrige. Auch hier wurden einige methodenkritische Anmerkungen gemacht, z. B. dass eine sehr hohe Zahl an Studien, die Validitätsbeurteilung ermöglichten, auf der Einschätzung des Persönlichkeitszuges individueller Hunde durch Besitzer oder anderer Beobachter mithilfe einer Schätzskala, z. B. von eins bis zehn, durchgeführt wurden. Insgesamt stellten aber die Studien, die mit dieser Methode arbeiteten, nur 17 % der ausgewerteten Untersuchungen insgesamt. Das bedeutet, dass möglicherweise die Aussagekraft hier doch noch etwas zu wünschen übriglässt.

## SCHWACHPUNKTE DER TESTDURCHFÜHRUNGEN

Trotz allem wird festgestellt, dass, zumindest wenn man nur erwachsene Hunde betrachtet, die Validität und die Verlässlichkeit gleichermaßen in Bereichen liegen, die mit vergleichbaren Werten zur menschlichen Persönlichkeitstypisierung übereinstimmen. Ebenso wird angemerkt, dass diejenigen Studien, die sich mit der Häufigkeit von Verhalten in natürlichen oder naturnahen Situationen beschäftigen, am seltensten Validität und Verlässlichkeit überprüft haben, obwohl auch dort durchaus viele Fehlerquellen liegen. In der Gesamtzusammenfassung wird die betreffende Arbeit dann auch noch genutzt, um Empfehlungen für dringend notwendige, weitere Untersuchungen zu geben. Einige davon sind bereits erwähnt worden, so die Aussage, dass aus der Beurteilung von Arbeitshunden nicht ohne weiteres auf Familienhunde geschlossen werden kann. Auch die Aussage, dass die Rassenunterschiede, geschweige denn die Unterschiede zwischen Rassen und Mischlingen, nur unzureichend in die Einschätzungen eingeflossen sind. Diese Aussage wird durch die Tatsache unterstützt, dass bestimmte Rassen wiederum in ganz bestimmten Testsituationen bzw. Untersuchungsmethoden eingebunden sind.
So finden die meisten Untersuchungen zum Deutschen Schäferhund nach wie vor mit Objekttestungen statt, während die meisten Untersuchungen zum Labrador Retriever mit Beobachtungsmethoden in naturnahen Situationen verwendet werden. Ebenso erwähnt ist bereits die Altersabhängigkeit der Studien. Ein weiterer Schwachpunkt ist, dass viele Hunde in den hier genannten Untersuchungen, gerade dort, wo es um die Tauglichkeit zu ganz bestimmten Arbeitsleistungen geht, speziell für diese Leistungen gezüchtet wurden. Auch dazu noch eine warnende Bemerkung:

**Eine selektive Zucht auf die Leistung in bestimmten Welpentestsituationen führte über mehrere Generationen hinweg zwar zu einer Verbesserung der Leistung der Tiere in diesem Welpentest, jedoch nicht zu einer Verbesserung der Leistungen später als Erwachsener, z. B. als Behindertenbegleithund.**

*Das Verfolgen eines geworfenen Spielzeugs ist nur ein sehr kleiner Teil der Spielbereitschaft eines Hundes, aber einer der wenigen, der auch von fremden Testern abgefragt werden kann.*

## SINN UND UNSINN VON WESENSTESTS

Wenn wir nun alle diese Erkenntnisse zusammenfassen wollen, um über Sinn und Unsinn von Tests bei Hunden zu urteilen, dann muss zumindest festgestellt werden, dass die derzeitige Praxis der Testung, sei es im Bereich der Gefahrhundebeurteilung, sei es im Bereich der Zuchtzulassung oder der Käuferberatung, in jedem Fall höchst fragwürdig ist. Die Mindestvoraussetzung, um überhaupt eine zuverlässige Testung durchführen zu können, würde in einem wesentlich rigoroseren Ausbildungs- und auch kontinuierlichen Qualitätssicherungsverfahren für die Tester bestehen. Die Durchführung einer solchen Studie, wenn wir sie mit den Gepflogenheiten psychologischer oder anderer gesellschaftswissenschaftlicher Fakultäten vergleichen, erfordert einen sehr hohen Aufwand in der Vorbereitung. Man einigt sich meist zunächst auf eine recht lange Liste von Eigenschaften, die man den Tieren ansehen möchte, und testet dann, unabhängig voneinander, die gleichen Individuen. Im Idealfall werden die Testproben sogar von anderen Mitarbeitern analysiert, die weder Tester noch Tiere kennen (sogenannter Doppel-Blind-Versuch). Nur solche Kriterien, die eine Zuverlässigkeit zwischen den Testern von mindestens 90 % aufweisen, bleiben im Katalog.
Um das deutlich zu machen: Wenn eine Eigenschaft von einem Tester mit der Stärke fünf auf einer Zehnerskala bewertet wird, sind eigentlich Abweichungen zwischen vier und sechs schon zu viel, denn das wären ± 20 %! Mindestens 80 % Zuverlässigkeit sind aber das Minimum. Begriffe oder Eigenschaften, bei denen man sich nicht durch entsprechende Diskussionen auf hinreichende Genauigkeit einigen kann, fliegen einfach aus dem Katalog. So bleiben dann von vielleicht 70 Begriffen, wie in der Bärenstudie von Fagen und Fagen (1996), nur noch etwa 25 übrig. Diese werden dann auf statistische Abhängigkeit voneinander analysiert, und nur die, die zuverlässig miteinander korrelieren, bleiben als Persönlichkeitsmerkmale übrig und werden zukünftig in den Tests verwendet (siehe S. 184 f.).

### SCHULUNG VON TESTERN

Die Tester müssen auch in regelmäßigen Abständen den Verlässlichkeitstest miteinander durchführen. Denn wie wir alle vom Autofahren wissen, schleichen sich im Laufe der Routine so viele Eigenmächtigkeiten ein, dass schon nach wenigen Monaten, die ehemals dasselbe gelernt haben, dies völlig unterschiedlich tun!
**Man kann also hier mit Recht von einer sowohl methodisch als auch konzeptionell äußerst fragwürdigen Vorgehensweise sprechen. Die schon hier aufgezeigten Probleme, die sicherlich nicht alle sind, sollten ausreichen, um das Unwesen der Wesenstests sehr kritisch zu überdenken.**
Wer unbedingt solche Tests etablieren möchte, muss sich der Hilfe und ständigen Begleitung von methodisch, das heißt statistisch und verhaltensbiologisch-psychologisch kompetenten Leuten versichern. Zusätzlich muss er oder sie zur Kenntnis nehmen, dass bestimmte Fragestellungen, z. B. Vorhersagewahrscheinlichkeit des Verhaltens eines erwachsenen Hundes aus der Welpenzeit, oder genetische Weitergabe von Wesens-, Charakter- oder Persönlichkeitseigenschaften, schlichtweg nicht möglich sind. Wenn der Wesenstest, allerdings in einer methodisch sauberen Form, überhaupt eine Berechtigung hat, dann in dem Bereich der Gefahrhundebeurteilung von erwachsenen Hunden und eventuell im Bereich der Eignungsprüfung ebenfalls von erwachsenen Hunden für bestimmte Arbeitshundetätigkeiten. Die heute üblichen Tests in der Hundewelt allerdings sind im Allgemeinen ungeeignet.

# EMOTIONEN UND GEFÜHLE

*— Wie sie entstehen und was sie bewirken*

# EBENEN UND ARTEN VON EMOTIONEN

## EMOTIONALITÄT IM TIERREICH?

Das Vorkommen von Gefühlen und Emotionen gehörte lange Zeit, insbesondere unter dem Einfluss der wichtigen Warnhinweise von Morgan und im allgemein naturwissenschaftlichen Bereich von Occam (siehe S. 13), zu den am stärksten verneinten und damit auch vernachlässigten Verhaltensphänomenen überhaupt. Letztlich haben die beiden genannten Vordenker des Sparsamkeitsprinzips im Wissenschaftsprozess ja gefordert, dass man keine Eigenschaften zur Erklärung eines beobachtbaren Phänomens heranziehen dürfe, die unnötig kompliziert sind, vor allem dann, wenn sie nicht belegbar wären. In den letzten Jahren bis Jahrzehnten hat sich jedoch gerade auch in der Verhaltensbiologie eine differenziertere Sichtweise durchgesetzt. Gordon Burghardt (1995), Frans de Waal (2011), Marc Bekoff (2004), Bekoff und Pierce (2017) und andere haben ausführlich begründet, weshalb es durchaus gerechtfertigt sein kann, auch außerhalb unserer menschlichen Spezies von emotionalen Zuständen und Gefühlen zu sprechen. Ein sehr wichtiges Argument in diesem Zusammenhang ist das z. B. von Frans de Waal ausführlich beschriebene **Homologieargument: Es besagt allgemein, dass man dann auch von der Existenz menschenähnlicher Gefühle und Emotionen ausgehen darf, wenn die beteiligten Gehirnteile, Nerven, Sinnesorgane, Hormonsysteme und andere anatomische und physiologische Grundlagen bei einem anderen Tier genauso ausgebildet wären wie beim Menschen. Gerade die Neurobiologie ist hier von besonderer Wichtigkeit (mehr dazu ab S. 200).**

Im Gegensatz zu dem, was Menschen vielfach vermuten (leider steht es indirekt auch so im Tierschutzgesetz), ist nämlich das emotionale System im Gehirn zumindest bei uns Säugetieren ein sehr altes, und keineswegs mit einer besonderen geistigen Höherentwicklung verknüpftes Teil. Die Gehirne, Sinnesorgane, Nervenverbindungen, Hormonsysteme und die von ihnen genutzten und über sie weitergeleiteten elektrischen und chemischen Impulse, sind bei anderen Säugetierarten praktisch nicht von denen bei uns Menschen zu unterscheiden. Wenn dann auch noch die Verhaltensreaktionen, z. B. bei Furcht oder auch Begeisterung, denen eines ähnlich reagierenden Menschen entsprechen, dann darf man wohl mit Fug und Recht annehmen, dass hier auch eine ähnliche emotionale Grundstimmung herrschen würde.

Andererseits muss wiederum betont werden, dass die Vorsichtsregeln von Morgan und Occam durchaus ihre Berechtigung haben, gerade dann, wenn es um die noch zu besprechenden moralischen Sekundäremotionen geht (siehe S. 196).

Und letztlich gibt es auch eine ganze Reihe von Verhaltensphänomen, die nichts mit Emotion zu tun haben. Prominent an dieser Stelle muss das Thema der Aggression genannt werden. **Aggression ist keine Emotion, kein Gefühl** und damit auch nicht an dieser Stelle zu behandeln (mehr dazu ab S. 289 ff.).

## UNTERSCHIEDE UNTER ETHOLOGEN

Burghardt (1985) dehnt die Diskussion ebenfalls unter Heranziehung des Homologieprinzips bzw. der sogenannten emotionalen und kognitiven Kontinuität, auch auf das Thema Bewusstsein aus. Hier handelt es sich jedoch nochmals um eine getrennte Situation, die im Folgenden nicht ausführlicher aufgegriffen werden soll. Burghardt betont jedoch, dass frühe Ethologen wie etwa Heinroth und Huxley problemlos von Themen wie Liebe, Ärger oder Eifersucht sprachen, und trotzdem als seriöse Wissenschaftler gelten. Hier offenbart sich unter anderem auch ein Unterschied zwischen den Gründervätern der modernen Ethologie: Nico Tinbergen (vgl. de Waal, 2011) stand Emotionen bei Tieren immer deshalb skeptisch gegenüber, weil er annahm, sie wären nicht wissenschaftlich erforschbar. Konrad Lorenz spekulierte, dass die Endhandlung, z. B. einer längeren Verhaltenskette, bei einem Tier auch eine befriedigende Empfindung auslösen würde. Selbst Morgan betonte (1985, zitiert nach Burghardt), dass die Interpretation tierlicher Aktionen als Endergebnis mentaler Prozesse durchaus denen des Menschen aus praktischen Gründen vergleichbar dargestellt werden könnte.

De Waal (2011), Bradshaw (2011) und andere legen auch ausführlich dar, dass Emotionen durchaus evolutiv Vorteile bringen können. Sie dienen gewissermaßen als Schnellverbindungen im Gehirn, die ohne das langwierige und bisweilen dann auch gefährliche Abwägen von verschiedenen Optionen gerade in schwierigen Situationen zu schnellen Entscheidungen führen können.

**Wie de Waal (2011) darlegt, ist weniger die Existenz von Emotionen, sondern möglicherweise eher die Fähigkeit zur Emotionskontrolle und Selbstbeherrschung ein Teil der Höherentwicklung des Großhirns. Denn**

*Auch Zufriedenheit ist eine wichtige Emotion.*

**diese, oft als Exekutivfunktionen bezeichneten Wege der rationalen Kontrolle über das tiefer liegende System, treten tatsächlich in der Individualentwicklung (Pubertät!) als auch in der Stammesgeschichte (z. B. höhere Primaten) erst später auf.**

## FILTERMECHANISMEN

In den letzten Jahren hat eine Reihe von Untersuchungen an verschiedensten Säugetierarten, speziell an Ratten, Primaten und Hunden, eine Reihe von durchaus als Voreinstellungen oder Filtermechanismen zu betrachtenden Auswirkungen zwischen der Sicht auf die Welt, die ein Tier hat, und der nachfolgenden Bewertung bestimmter Ereignisse ergeben.
In einer Zusammenstellung von Harding, Paul und Mendl (2004) wurden als wichtige Bestandteile dieser Filtermechanismen genannt:

— Die **sensorischen Filter**, die z. B. unsere Aufmerksamkeit bereits durch unterschiedliche Empfindlichkeiten der Sinneswahrnehmung auf bestimmte Faktoren richten. Hier wäre z. B. zu nennen, dass wir in einem gestressten oder sonst wie erregten Zustand jedes leise Knacken im Wald bereits wesentlich deutlicher wahrnehmen als in einem entspannten und zufriedenen Allgemeinzustand. Getestet werden die sensorischen Filter übrigens nicht nur mit Geräuschen, ein weit verbreitetes Verfahren ist auch die Anwendung unterschiedlich abgestufter Farbtafeln. Verknüpft damit ist auch ein Filter in der Aufmerksamkeit. Hierzu ein bemerkenswertes menschliches Beispiel: Lundström und Jones-Gotman (2009) zeigen, dass Frauen den Körpergeruch ihres Partners umso besser von anderen menschlichen Individualgerüchen unterscheiden können, je stärker verliebt sie sich einstufen.

— Ebenso wichtig sind die **Filtermechanismen im Gedächtnis**: selektive Gedächtnisabspeicherung und selektiver Gedächtnisabruf sind wesentliche Bestandteile unserer Bewertung von Umgebungssituationen.

— Am interessantesten, weil für die Verhaltensantwort auch oftmals mitentscheidend, sind in unserem Zusammenhang die als **kognitive Filter** oder auch kognitive Verzerrung bezeichneten Mechanismen. Hier geht es darum, dass auch bei anderen Tieren, nicht nur beim Menschen, die Einschätzung in optimistische oder pessimistische Grundtendenzen nachweisbar ist. Auch für andere Tiere kann also ein Glas halb voll oder halb leer sein, und dies betrifft nicht nur die Futterversorgung. So wurde bei Ratten immer ein bestimmter Ton im Zusammenhang mit einem unangenehmen Strafreiz gegeben, ein anderer Ton kündigte dagegen die Futterbelohnung an. Nachdem die Ratten dies bereits sehr schnell realisiert hatten, wurde ihnen ein Ton präsentiert, der in der Tonlage genau zwischen den beiden bisherigen Konsequenzen lag. Optimistische Ratten betrachteten das als Hinweis auf Futter und drückten den Hebel, pessimistische Ratten betrachteten es als Hinweis auf die gleich folgenden Strafreize und vermieden, den Hebel zu berühren (Mendl et al., 2010).

In Untersuchungen an Hunden konnte die Arbeitsgruppe von Michael Mendl (Burman, 2014; Burman et al., 2011) zeigen, dass optimistische Hunde auch weniger Probleme mit dem Alleinsein, also mit Trennungsängsten, aber auch weniger Tendenz zu anderen Angstproblemen, stereotypem Bellen etc. hatten.
Aufregend sind auch die Befunde, dass ein Aufwachsen in interessanten, abwechslungsreichen und qualitativ hochwertigen Umgebungen, oder auch das Leben in einer

stabilen, vorhersagbaren und qualitativ hochwertigen Umgebung einige Zeit vor dem Versuch eher den positiv-optimistischen Ansatz, ein Aufwachsen in ständiger Gefahr, unter schlechten Lebensbedingungen oder in unvorhersagbaren Lebensumständen eher den negativen Filter begünstigt. Auch bei Schweinen und einigen anderen Tierarten wurden die genannten Persönlichkeitsunterschiede durch die Arbeitsgruppe von Mendl in Bristol bereits gefunden.
Anna Kis et al. (2015) aus Budapest zeigen zudem einen Zusammenhang mit dem Bindungssystem: Hunde, denen man vor dem Test auf kognitive Filterung Oxytocin in die Nase verabreicht hatte, reagierten optimistischer als Hunde der Kontrollgruppe.

### PERSÖNLICHKEIT UND MOMENTANE SITUATION

Neben diesen, vorwiegend auf die positive oder negative Einschätzung von Umweltsituationen aufbauenden Teilen der emotionalen Disposition, gibt es auch noch andere Aspekte, die aus der Persönlichkeit oder der momentanen Situationen eines Tieres heraus dessen Reaktionen beeinflussen können. Sheppard und Mills (2002) sowie Wright et al. (2011) haben, wiederum am Beispiel des Haushundes, noch mehrere andere Bestandteile der emotionalen Disposition identifiziert und durch validierte und gut anwendbare Fragebögen auch messbar gemacht.
Im Bereich der emotionalen Disposition finden sich neben der Optimismus-Pessimismus-Achse noch die allgemeine Erregbarkeit, die Achse von Energie und Interesse sowie die Beharrlichkeit. Im Bereich der Impulsivität wird nochmals unterschieden in die Faktoren An- bzw. Abwesenheit von Verhaltensregulation (Selbstbeherrschung), Aggression und/oder Abwehr gegen neue Situationen (auch bei anderen Tierarten als Neophobie bezeichnet), und Empfindlichkeit bzw. Reaktionsfähigkeit für unerwartete oder schwierige Situationen.

## POSITIVE UND NEGATIVE EMOTIONEN

Die Vor- und Nachteile einer derzeitigen Umweltsituation und ihre wahrscheinliche Bedeutung für die künftige Fitness des betreffenden Tieres, werden von Mendl et al. (2010), Fraser und Duncan (1998) und anderen ausführlich thematisiert. Positive Emotionen werden in diesem System als Belohnungsfaktoren gesehen, die insbesondere dann einsetzen sollten, wenn entweder eine Handlung erfolgreich abgeschlossen wurde (vergleiche die ursprüngliche Betrachtung von Konrad Lorenz!), oder eine künftig positiv wirkende Situation gewissermaßen auf Vorrat zu einer künftigen Fitnesssteigerung führen könnte. Der erstere Zustand, die Zufriedenheit beim Erreichen der erfolgreichen Endhandlung einer Handlungskette, ist als Belohnungssystem leicht verständlich. Schwieriger, und bisweilen auch für die Gesundheit und die Psyche des betreffenden Wesens nicht immer vorteilhaft, ist dagegen die Erfahrung positiver Emotionen bei Nutzung von derzeit im Überfluss vorhandenen Möglichkeiten als künftige Vorratshaltung. Man denke an die Filmaufnahmen von betrunkenen Tieren nach dem Genuss vergorener Früchte, oder die nicht nur beim Menschen bekannte Tatsache, dass übermäßig stark zuckerhaltiges Obst und andere zuckerhaltige Speisen auch dann noch bevorzugt genommen werden, wenn dies längerfristig bereits zu gesundheitlichen Schäden führen kann. Jedoch muss diese Erscheinung im evolutiven Zusammenhang betrachtet werden: Im natürlichen Lebensraum einer Tierart finden sich meistens vergorene oder überreife und damit sehr stark zuckerhaltige Früchte nur kurze Zeit, oft kurz vor der knappen Nahrungssituation des Winters. Wenn man dann solche, besonders energiereichen Futtermittel findet, sollte man sie auch konsumieren, ohne Rücksicht auf kurzfristige Sättigungszustände. Man weiß ja nie, wofür man

*Der Genuss vergorener Früchte aktiviert die Selbstbelohnungssysteme.*

die Energiereserven später brauchen kann. Ähnliches gilt auch für positive Emotionen im Zusammenhang mit Sozialkontakten, sexueller Betätigung etc. Negative Emotionen werden in diesem Modell als negative Verstärker, bisweilen sogar als Bestrafungsmechanismen im Sinne der klassischen Lerntheorien gesehen. Wenn das Tier sich in einem unzureichenden Allgemeinzustand befindet, dann verkündet ihm die negative Emotion sehr eindringlich, dass es sich doch besser auf die Suche nach einer Verbesserung und Veränderung des derzeit unbefriedigenden Zustandes machen sollte. Im Bereich von Empathie und Stimmungsübertragung zeigt Spinka (2012) auch, dass verbesserte Gruppenkoordination hier evolutive Alltagsvorteile bringen kann.

*Achsenkreuz der Emotionen*

### MODELL ZUR EINSCHÄTZUNG EMOTIONALER ZUSTÄNDE

Mendl, Burman und Paul (2010) entwerfen ein zweidimensionales Modell der Einschätzung und Einteilung emotionaler Zustände, wobei in einem Achsenkreuz von links nach rechts die negativen bzw. positiven, von unten nach oben die niedrigen bzw. hohen Aktivitätszustände eingetragen werden (siehe Grafik). Nicht nur momentane, durch konkrete Reize bzw. Reizkombinationen auslösbare Emotionen können in dieses Achsenkreuz eingetragen werden, sondern auch Stimmungen, die ohne konkreten Außenreiz das Innenleben des Tieres beeinflussen.

Ein Beispiel ist der in der Verhaltensökologie sehr häufig diskutierte Konflikt zwischen zwei wichtigen Handlungsbereitschaften, etwa der Nahrungsaufnahme vs. der sexuellen Aktivität. Je nach Aktivierung der dafür zuständigen emotionalen Systeme (siehe S. 194 ff.), kann die Entscheidung entweder zugunsten der Nahrungsaufnahme oder zugunsten des Suchens nach und Werbens um Paarungspartner gefällt werden. Durch relative Abschätzung der beteiligten Komponenten, also der allgemeinen Stimmungslage des Tieres, der Stärke der gerade herrschenden inneren und äußeren Reize, und der daraus entstehenden Emotionen, können die Aktivitäten von Tieren oftmals besser verstanden, und auch in angewandten Problemsituationen verändert bzw. beeinflusst werden. Falconer-Taylor et al. (2014) haben dies am Beispiel der Anwendungsmöglichkeiten bei Training und Erziehung von Hunden ausführlich dargelegt.

Gerade im Zusammenhang mit der Bewertung positiver Stimmungen und Emotionen wird von Balcombe (2009) nochmals betont, wie wichtig die Kenntnis der Zusammenhänge positiver, als Vergnügen („pleasure") bezeichneter Zustände für die Einschätzung tierlichen Wohlbefindens wäre. Es sollte nicht nur darum gehen, bei Tieren negative Empfindungen und Emotionen wie Angst, Furcht aber auch Hunger etc. zu vermeiden, sondern ihnen zumindest ab und zu einen Zustand positiver Emotionen, Glück oder zumindest Zufriedenheit vermitteln zu können (mehr dazu ab S. 203).

## EINTEILUNG VON EMOTIONEN

In den vergangenen Jahren, meist gestützt auf neurobiologische und/oder hormonelle Untersuchungen (siehe S. 199 ff.) wurden verschiedene Versuche veröffentlicht, wie man der Komplexität verschiedenster Emotionen bei Tieren durch ein Klassifizierungssystem beikommen könnte.

Einer der ersten, der dies, auch auf seinen eigenen neurobiologischen Untersuchungen basierend, versucht hat, ist der amerikanische Neuropsychiater Jaak Panksepp (z. B. 2005). Er unterscheidet im Wesentlichen sieben, von ihm als basisemotionale Systeme bezeichnete Bereiche:

— Suchsystem
— Zorn- und Wutsystem
— Furchtsystem
— Paniksystem
— Spielsystem
— Lustsystem
— Fürsorgesystem

Während bei Panksepps Modell die verschiedenen Grundemotionen sozusagen gleichberechtigt nebeneinander stehen und nur in verschiedenen Teilen des Gehirn- und Hormonsystems ihren Ursprung haben, versuchte de Waal (2011) eine sozusagen hierarchische, in mehreren Ebenen angeordnete Klassifizierung der Emotionen. Bradshaw (2011) hat dieses System teilweise übernommen. Im Folgenden sollen die Ansätze von Bradshaw und de Waal kombiniert und erweitert bzw. ergänzt werden.

## EBENE DER GEFÜHLE

Auf der „untersten" Ebene finden sich die basalen, eher als Gefühle zu betrachtenden Zustände wie Schmerz, Frustration, aber auch das Belohnungssystem, Hunger und Durst. Diese sind überwiegend durch physiologische Zustände beeinflusst, und spielen für die Belohnungs- und Bestrafungswirkungen eine wesentliche Rolle (siehe S. 193). Gerade Schmerz ist ja wiederum, wie neurophysiologische Studien zeigen, ein mehrschichtiges Problem. Der chronische Schmerz ist in seiner Wahrnehmung im Gehirn anders zu bewerten als der Akutschmerz und neurophysiologische Untersuchungen (vgl. Gansloßer und Rodewald, 2016, für ausführlichere Darstellungen) gehen auch von verschiedenen Bahnen aus, über die die Schmerzwahrnehmung im Gehirn geleitet wird.

## EBENE DER PRIMÄREMOTIONEN

Die nächste Ebene der emotionalen Darstellung wären dann die als Primäremotionen bezeichneten Situationen. Primäremotionen sind solche, die sich unmittelbar auf das Verhältnis des betreffenden Tieres zu seiner nicht sozialen und oft auch unbelebten Umwelt beziehen. Hier wären als negative Emotionen Furcht, Angst oder Wut anzusetzen, aber auch Glück, Zufriedenheit und ähnliche sind in diesen Bereich anzusiedeln. Betont werden muss gerade im Zusammenhang mit angewandten Aspekten der Emotionskontrolle, dass es in diesem Bereich auch lustbetonte Aggression gibt.

*Glück und Zufriedenheit gehören zu den Primäremotionen.*

## EBENE DER SEKUNDÄREN EMOTIONEN

Die nächsthöhere Ebene ist dann die Ebene der sekundären Emotionen. Diese beziehen sich überwiegend auf das Verhältnis des betreffenden Individuums zu seiner sozialen Umgebung. Im Zusammenleben mit Artgenossen und anderen Sozialpartnern, finden sich hierbei jedoch nochmals zwei Untergruppen:

Die als **soziale Sekundäremotionen** bezeichnete Gruppe, die neben dem Menschen durchaus auch anderen, sozial lebenden Säugetieren zugewiesen wird, umfasst Liebe bzw. Freundschaft oder auch, etwas nüchterner betrachtet, die emotionalen Komponenten einer echten Bindung (vgl. Bindung und Beziehung, S. 250 f.), aber auch Trauer und Eifersucht. Auch die Empathie, das echte Mitgefühl für die derzeitigen inneren Zustände eines Sozialpartners, ist in diesem Gebiet anzusiedeln.

Die als **moralische Sekundäremotionen** bezeichneten Zustände, etwa Stolz, schlechtes Gewissen, Schuldgefühl etc. sind dagegen in Untersuchungen an anderen Tierarten außerhalb des Menschen noch nicht wissenschaftlich belegbar. In vielen Fällen werden sie von Tierhaltern oder anderen Tierkennern zwar einem Tier zugeschrieben. Jedoch zeigen wiederum gerade im Zusammenhang mit unserem Haushund die Untersuchungen von Alexandra Horowitz (Horowitz, 2009), dass das schlechte Gewissen, welche Hundehalter/innen bei ihrem Tier nach vermeintlichen Missetaten erkennen, eher eine Mischung aus Beschwichtigungsverhalten (als Reaktion auf den Ärger des Menschen) und eine Fehlinterpretation des hundlichen Ausdrucksverhaltens durch den Hundehalter darstellt. Wenn man nämlich einem Hundehalter vorgaukelt, sein Hund habe ein Verbot missachtet, dann sieht der Hundehalter ein schlechtes Gewissen. Erlaubt

*Auch Katzen können emotionale Beziehungen und möglicherweise Bindungen zum Menschen eingehen. Für sie ist dies jedoch eine Option und nicht unbedingt ein Grundbedürfnis.*

jedoch in Abwesenheit des Hundehalters die Versuchsleiterin ausdrücklich, das Verbot zu missachten, füllt dann aber die vom Hund ausgeräumte Futterschüssel wieder nach, glaubt der Hundehalter beim Zurückkehren, sein Hund habe das Verbot beachtet und sieht auch prompt kein schlechtes Gewissen. Bradshaw (2011) erläutert dies auch mit einem evolutionsbiologischen Argument: **Welchen Vorteil sollte es für ein Tier haben, dem ranghöheren oder anderweitigen Sozialpartner auch noch freiwillig einzugestehen, dass man etwas falsch gemacht hat?**

### Beispiel „Empathie"

Eine ganze Reihe von Untersuchungen, auch bei Nagetieren (Mäuse, Ratten), vorwiegend aber bei höher sozial evolvierten Caniden, Elefanten oder Primaten rankten sich um die Empathie. Hier werden nochmals verschiedene Ebenen, die wahrscheinlich auch durch verschiedene Systeme im Gehirn gesteuert sind, unterscheidbar: An der Basis steht die reine Stimmungsübertragung, also die Übernahme einer Verhaltenstendenz, die beim Gegenüber gerade erkannt wurde. Bekannte Beispiele dafür, sowohl bei Primaten und auch zwischen Hund und Mensch, ist das Gähnen. Die ansteckende Wirkung dieses einfachen Ausdrucksverhaltens wurde in vielen Untersuchungen bereits belegt. Innerhalb der Primaten werden zur Erklärung dieses Phänomens meist die Spiegelneuronen herangezogen, deren Existenz jedoch außerhalb der Ordnung *Primates* bisher nicht eindeutig belegt ist. Spiegelneuronen könnten jedoch durchaus auch bei anderen, sozial hoch entwickelten Säugetiergruppen zu vermuten sein, z. B. bei der ansteckenden Wirkung des Gähnens von Hund zu Mensch wie auch von Mensch zu Hund. Höhere Formen der Empathie sind dann solche, in denen Ratten oder Mäuse auf Schmerzäußerungen von Artgenossen deutlich reagieren (Nakashima et al., 2015). Eine Reihe von weiteren Beispielen zu dieser Thematik finden sich bei Safira (2017) oder auch bei Bekoff und Pierce (2011).

### Beispiel „Trostspenden"

Deutliche Beispiele für Empathie bei Elefanten, Schwertwalen und anderen Arten, auch durch Freilandbeobachtungen, finden sich in den genannten Büchern von Savina (2017) und Bekoff und Pierce (2011). Palagi und Cordoni (2009) beschreiben zumindest bei Wölfen und bei Menschenaffen eine weitere, ebenfalls recht hoch entwickelte Form der Empathie, nämlich das Trostspenden durch unbeteiligte Dritte nach einem heftigen sozialen Konflikt. Sowohl Menschenaffen als auch Wölfe sind offensichtlich nur anhand der Körperhaltung und der Lautäußerung eines verdroschenen und entsprechend negativ gestimmten Artgenossen in der Lage, dessen inneren Zustand zu erkennen und nähern sich dann mit freundlicher Kontaktabsicht dem Betreffenden an. Palagi und Cordoni weisen darauf hin, dass auch diese Fähigkeit zur Empathie bei menschlichen Kleinkindern erst oberhalb des Alters von zwei Lebensjahren regelmäßig beschrieben wird. Im zwischenartlichen Zusammenhang, also Hund-Mensch oder auch Katze-Mensch, werden regelmäßig Reaktionen beschrieben, bei denen das Haustier sich einem traurigen oder nach Atem ringenden Menschen annähert, und den Kopf in den Schoß legt, ihn beleckt oder andere, deutlich sozial positive Verhaltensäußerungen zeigt.

### Beispiel „Trauer"

Eine weitere, in den genannten populären Zusammenstellungen immer wieder angesprochene Form sekundärer sozialer Emotionen, bezieht sich auf die Trauer beim Verlust eines engen Freundes oder Sozialpartners. Die Trennungsdepression wird noch ausführlich behandelt (siehe S. 250), jedoch ist gerade Trauer auch bei Hundeartigen,

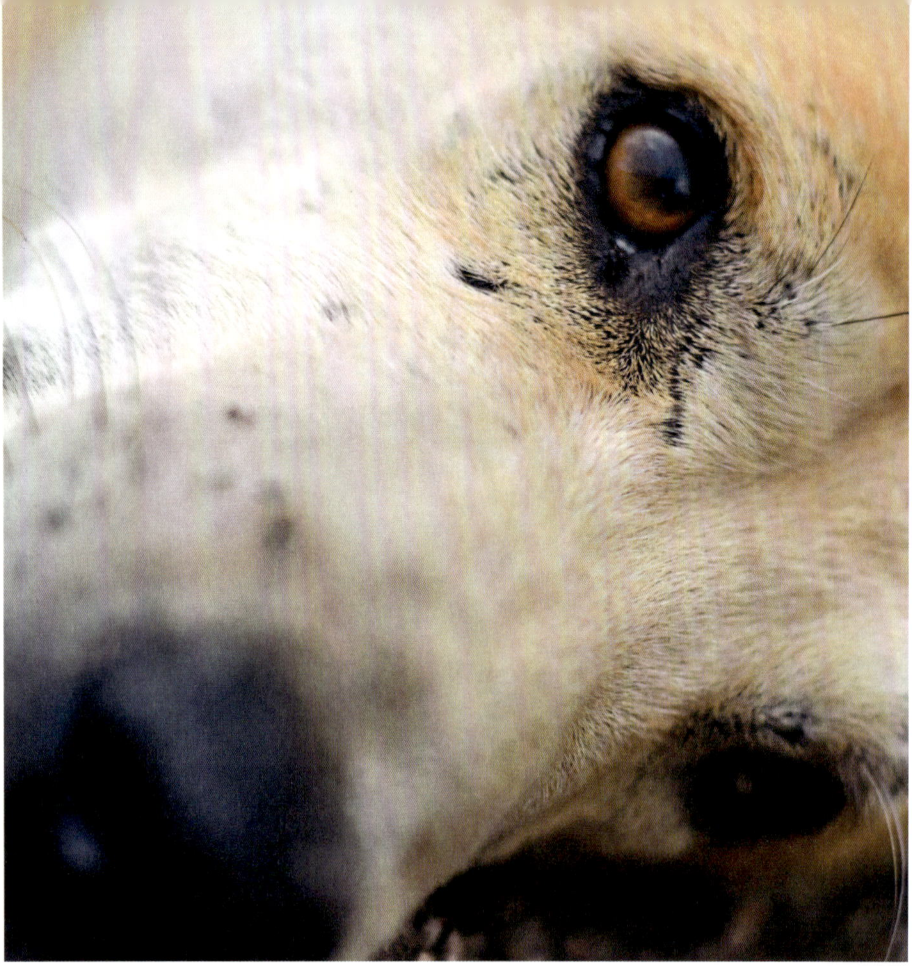

*Auch Tiere können trauern, z. B. wenn sie einen Sozialpartner verlieren.*

Elefanten, Menschenaffen in Einzelfällen auch bei anderen Säugetieren beschrieben worden. Eine genauere Darstellung dieser Verhaltensäußerung und ihrer inneren Zusammenhänge gibt Käufer (2011). Auch diese Trauerdepression und die dabei gezeigten Verhaltensäußerungen, sind durchaus evolutionsbiologisch verständlich: Nach dem Wegfall eines wichtigen, evtl. sogar in der Gruppenstruktur zentral bedeutsamen Sozialpartners, müssen die Beziehungen für den Rest der Gruppe neu geordnet und sortiert werden. Dies geschieht am besten in einer allgemeinen Phase der Ruhe und der häuslichen, introvertierten Stimmung. Auch die Reparaturmechanismen im Gehirn, die durch Trauer zerstörte Nervenzellen und Verknüpfungen wieder reparieren und herstellen, sind energieaufwendig und lassen sich daher am besten realisieren, wenn die allgemeine Aktivität des betreffenden Individuums abgesenkt und damit viel Energie, aber auch Baustoffe für die Reparaturbauteile, Zellteilungsprozesse, Synpasenbildung etc. zur Verfügung steht. Letztlich ist auch das Stresshormonsystem des Cortisols, das bei solchen Trennungsverlusten besonders stark aktiviert wird, durch seine langsame Erholungszeit oftmals mehrere Wochen bis Monate aus dem Gleichgewicht gebracht, und wenn sich der betreffende Regelkreis überhaupt wieder normalisiert, kann das Monate dauern. Schilderungen von Hundehaltern, dass ihr Hund selbst ein Jahr oder noch länger nach dem Verlust des vierbeinigen Hundekumpels nicht mehr der selbe wäre wie vorher, bestätigen anekdotisch die langfristigen Wirkungen solcher Trauerprozesse im Leben sozial lebender Tiere.

# NEUROBIOLOGISCHE UND CHEMISCHE SYSTEME

## BASISEMOTIONS-SYSTEME

Die Regionen unseres Gehirns, in denen emotionale und gefühlsmäßige Bewertungen von Situationen entstehen, sind in den letzten Jahren, nicht zuletzt durch verbesserte und weniger belastende (also weniger invasive) Methoden, erst so richtig erforscht worden. Auch hier ist unter anderem der Name von Jaak Panksepp und seiner Arbeitsgruppe an vorderer Stelle zu nennen. Panksepp war es u. a. auch, der die bereits erwähnten sieben Basisemotionssysteme verschiedenen Gehirnteilen zugeordnet hat.

### SUCH- UND ERWARTUNGSSYSTEM

Im Bereich der allgemein positiven Motivation, des Such- und Erwartungssystems, ist ein Teil des Streifenkörpers, als *Nucleus accumbens* bezeichnet, beteiligt, sowie verschiedene Teile im Bereich des Mittelhirns und des mittleren Großhirns. Auch der seitliche Teil des Hypothalamus, als seitliches unteres Zwischenhirn bezeichnet, wäre hier zu nennen. Botenstoffe sind vor allem Dopamin, Glutamat, aber auch verschiedene Opioide, also hirneigene opiumverwandte Substanzen, Neurotensin und Orexin. Weitergehende Untersuchungen zu diesem Belohnungssystem, etwa von Schweinhardt et al. (2009), zeigen noch weitere Differenzierungen. Die Erwartung einer Belohnung, als „wanting", also „wollen" bezeichnet, und der eigentliche Genuss der vollendeten Handlung mit dem Belohnungseffekt, als „liking", also „mögen" bezeichnet, werden nochmals von unterschiedlichen Botenstoffen und auch von leicht unterschiedlichen Zellgruppen verursacht. Das Mögen kommt wohl mehr von den Opioiden aus dem Streifenkörper, das Wollen mehr vom Dopaminsystem im unteren Streifenkörper. Dieses, als mesolimbisches Belohnungssystem bekannte System, ist eines der ältesten im Gehirn von landlebenden Wirbeltieren.
Vom basalen Mittelhirn, dem ventralen Tegmentum, steigen aber auch Nervenverbindungen zum präfrontalen Cortex, also dem vordersten Teil des Stirnhirns. Dieser Teil ist es dann auch, der durch auf- und absteigende Fasern nicht nur mit dem Genießen, sondern auch mit der Regulation einschlägiger Erfahrungen zu tun hat. Ist die Kontrolle durch den präfrontalen Cortex zu schwach, kann das Belohnungssystem sozusagen auf Autopilot arbeiten. Das wiederum hat sehr viel mit der Entstehung von Sucht zu tun. Der *Nucleus accumbens* ist dabei eher das unbewusst-emotionale, der präfrontale Cortex eher das bewusst- und damit auch erfahrungsbedingte Genusszentrum.

## WUT- UND ÄRGERSYSTEM

Das Wut- und Ärgersystem, dessen Hauptbotenstoffe Glutamat, Acetylcholin und die als Substanz P bezeichnete Transmitterform sind, befindet sich hauptsächlich im mittleren Bereich des Mandelkerns, also der Amygdala, sowie zusätzlich noch im seitlichen und mittleren Bereich des Hypothalamus und im Bereich der grauen Substanz rund um den Ventrikel, also dem Hohlraum des Mittelhirns. Furcht und Angst werden überwiegend im zentralen und seitlichen Mandelkern, sowie im mittleren Teil des Hypothalamus und im oberen Teil der grauen Substanz, rund um den Hohlraum des Mittelhirns, ausgelöst. Hier sind als Botenstoffe wiederum Glutamat, aber auch CRF (Corticotropin-Relasing-Faktor) und verschiedene andere Proteine beteiligt.

*Zwischenartliches Spiel zwischen Mensch ...*

### BEDEUTUNG VON SPIEL

Besonders betont werden sollte in diesem Zusammenhang nochmals, dass einige Botenstoffe, vor allem der als IGF3 bezeichnete, insulinähnliche Wachstumsfaktor, vorwiegend, wenn nicht sogar ausschließend durch die Aktivierung des Spiel- und Freudesystems ausgeschüttet werden können. Untersuchungen in der Arbeitsgruppe Panksepp (Burgdorf et al., 2010) bringen die positiven Emotionen, die durch überschäumendes, temperamentvolles Raufen, Balgen, Toben und ähnliches Sozialspiel verursacht werden, mit einer Reifung und Stabilisierung der einschlägigen Hirnregionen in der Pubertät in Verbindung.
Gerade zur Entstehung einer späteren, auf Selbstbeherrschung, konzentriertes und zuverlässiges Arbeiten ausgerichtete Exekutivfunktion des Großhirns, ist also das genannte überschäumend-temperamentvolle Spielen eine notwendige Voraussetzung.

## LUST- UND SEXUALSYSTEM

Diese Systeme finden sich überwiegend im äußeren und mittleren Teil des Mandelkerns, in der vorderen Region des Hypothalamus und im Bereich der genannten grauen Substanz im Mittelhirn. Dort sind u. a. die Sexualsteroide, aber auch Vasopressin und Oxytocin nebst einiger Botenstoffe aus den Schaltkreisen des Fortpflanzungssystems aktiv.

### Fürsorgesystem

Ein vom Sexualsystem getrennter, als Fürsorgesystem bezeichneter Schaltkreis, befindet sich u.a. im vorderen Teil des Hypothalamus, aber auch in einigen Teilen des Großhirns und wiederum im Bereich des ventralen unteren Mittelhirns. Dort sind Oxytocin, Prolaktin und einige Opioide, aber wahrscheinlich auch das Dopamin beteiligt.

*... und Hund: Deutlich erkennbar die ähnlichen Spielgesichter.*

## PANIK- UND TRENNUNGSSYSTEM

Das Panik- und Trennungssystem, das sich vor allem im Bereich des oberen und mittleren Zwischenhirns und in den vorderen, vor dem Sehnerv liegenden Regionen des limbischen Systems befindet, wird durch CRF und Glutamat gefördert, Opioide, Oxytocin und Prolaktin dämpfen.

## SPIEL- UND GLÜCKSSYSTEM

Letztlich befindet sich im vorderen oberen Teil des Zwischenhirns und im Bereich rund um den Ursprung des fünften Gehirnnervs das Spiel- und Glückssystem, die mit Opioiden, Glutamat, Acetylcholin, aber auch mit Cannabinoiden, also den cannabisverwandten Botenstoffen, und möglicherweise noch weiteren Substanzen arbeiten.
Kompliziert wird die Geschichte dadurch, dass die verschiedenen Zentren miteinander in komplizierten Schaltkreisen verbunden sind. So wird vermutet, dass das Panik- und Trennungssystem auch mit der Entstehung von Empathie, also Einfühlungsvermögen verknüpft wäre. Das Fürsorgesystem ist wohl nicht nur für mütterliches Verhalten, sondern auch für Bindungsverhalten zwischen anderen Sozialpartner beteiligt. Das Furcht- und Angstsystem hat auch etwas mit der Entstehung von Schmerzen und deren Regulation zu tun (Panksepp und Panksepp, 2013).

## VERGNÜGUNGS- UND LEIDENS-SCHMERZ-BESTRAFUNGSSYSTEM

Zwei Schaltkreise, deren Aktivität in den letzten Jahren besonders intensiv untersucht wurde, sollen hier noch speziell angesprochen werden: Das Vergnügungssystem, auch als Pleasure-Schaltkreis bezeichnet, und das gegenläufige Leidens-Schmerz-Bestrafungssystem. Beide arbeiten mit denselben Botenstoffen, in beiden Fällen sind Dopamin- und Endorphine, speziell als µ-Opioide bezeichnete Substanzen aktiv. Beteiligt an beiden Systemen sind zunächst die Zentralteile des Mandelkerns, und gerade für diesen wurden durch neueste Untersuchungen (Tonegawa et al., 2017) ein wichtiger Beitrag geleistet. In der bisherigen Sichtweise war gerade für den Mandelkern (Amygdala), speziell dessen zentralen Teil, vorwiegend eine Beteiligung an negativen Emotionen angenommen worden. Die genannten neuen Untersuchungen zeigen jedoch, dass von sieben identifizierbaren Typen der Nervenzellen im Bereich dieser Hirnregion, fünf eher mit dem Belohnungs- und damit positiven Emotionssystem und nur eine mit Furcht und anderen negativen Emotionen verknüpft werden. Leknes und Traicey (2008) zeigen, dass die positiven, mit Vergnügen und Erwarten des Erfolgs bzw. der Belohnung verknüpften Aktivitäten überwiegend aus dem Bereich des *Tegmentums* zum *Nucleus accumbens* und einer als *Pallidum* bezeichneten Region an der Basis des Großhirns ziehen. Dort wird überwiegend mit Dopamin und mit den genannten µ-Opioiden gearbeitet.

Schmerz und Leiden dagegen führt zu einer Veränderung der Dopaminwirkung und zu einer Reduzierung der Ausschüttung der genannten µ-Opioide. Jedoch zeigt die Übersicht von Leknes und Traicey, dass noch eine Vielzahl anderer Regionen sowohl im Bereich des Großhirns (der genannte präfrontale Cortex), oder die als Inselregion, mit der Kontrolle von emotionalen Reaktionen durch soziale Mechanismen besonders verknüpften Teile der Großhirnrinde, hier eine wichtige Bedeutung haben.

Auch die beteiligten Botenstoffe sind letzten Endes sehr unterschiedlich und entfalten auch noch viele weitergehende Wirkungen. Gerade die Wirkungen von Oxytocin und Vasopressin bei der Regulation sozialer Unterstützung, beim Ausdruck von Bindungsverhalten und bei dem durch die Kontakte mit dem Bindungs- und Sozialpartner entstehenden Wohlfühleffekt sind ja weitgehend untersucht (mehr darüber ab S. 254, und S. 160).

*01*

*03*

02

*01 Gerade für Hunde, die für einen bestimmten Aufgabenbereich gezüchtet wurden, ...*

*02 ... ist es wichtig, entsprechend beschäftigt zu werden (hier: Apportiertraining).*

*03 Das erhöht die Lebensqualität und macht glücklich und zufrieden.*

## BEWERTUNG DER LEBENSQUALITÄT

Wie bereits erwähnt, wird gerade die Bewertung von emotionalen Zuständen bei Tieren in der Haus-, Nutz- und Zootierethologie zunehmend als eine Möglichkeit zur Bewertung der Lebensqualität herangezogen. Auch die Darstellungen von Balcombe (2009) heben im Wesentlichen darauf ab, dass positive emotionale Zustände, zumindest Zufriedenheit, zwischendurch aber auch Glück und Freude bei Tieren als erstrebenswerte Haltungsbedingungen anzusehen wären.

Meehan und Mench (2007) führen hier eine weitere Komponente haltungsbezogener Anforderungen an: **Wenn Tiere in die Lage versetzt werden, durchaus auch schwierige, aber für sie lösbare Probleme erfolgreich abzuschließen und zu bearbeiten, kann diese Problemlösefähigkeit durchaus auch zu einer besseren Zufriedenheit und damit zu einem ausgeglichenen emotionalen Zustand führen.** Wenn keine Herausforderungen, keine besonderen stimulierenden und vielleicht auch aufregenden Umweltbedingungen mehr herrschen, tritt nämlich durchaus auch abnormales Verhalten im Sinne von Verhaltensstörungen auf. Auch ein leichter, aber eben nicht lähmender Stress, der Lernen und Gedächtnisbildung unterstützt, kann durchaus als emotionale Unterstützung für die Problemlösung wirken. Beschäftigungsprogramme, die kognitive Fähigkeiten von Tieren durchaus fordern, sie in eine milde Aufregung oder einen noch zu bewältigenden und tragbaren Stress versetzen, ihnen dann aber die Zufriedenheit des erfolgreichen Problemabschlusses gewährleisten (und damit das Belohnungssystem im mesolimbischen Bereich aktivieren, siehe S. 199 f.), sind durchaus in diesem Zusammenhang nicht nur als tierschutzkonform, sondern sogar als wünschenswert anzusehen. Im Zusammenhang mit den hier dargelegten emotionalen Komponenten, fordert Mellor (2016) auch, dass die positiven Emotionen, eben Glück, Zufriedenheit, das erfolgreiche Genießen eines Problemabschlusses ebenfalls zum lebenswerten Leben für andere, nicht menschliche Tiere dazugehören. Hier ergeben sich wichtige, zukunftsweisende Forderungen an die Qualität der Tierhaltung in unserer Obhut.

# SOZIALBEZIEHUNGEN UND GRUPPENMECHANISMEN

# DAS SOZIALSYSTEM – BESCHREIBUNG NACH HINDE

Das Zusammenleben von Tieren in Sozialgemeinschaften, letztlich auch in zwischenartlichen Gemeinschaften wie Mensch und Hund, wird von einer Vielzahl verschiedener Einflussfaktoren geregelt. Um diese besser analysieren zu können, benötigen wir ein Rahmenwerk, das die Betrachtung systematisiert und kennzeichnende Merkmale vergleichbar macht.
Die Einordnung des Sozialsystems einer Art erfolgt meist mit Hilfe drei verschiedener Begriffe (Gansloßer et al., 2019; Kappeler, 2012):

- Die **soziale Organisation** umfasst die zahlenmäßig erfassbaren Werte wie Gruppengröße, Gruppenzusammensetzung, Streifgebietsgröße, Verwandtschaftsverhältnisse in der Gruppe und viele andere.
- Die **soziale Struktur** ist die Verteilung der Verhaltensweisen, Kappeler umreißt sie mit den Worten „Wer mit wem, außer Sex".
- Das **Paarungssystem** besteht aus der Verteilung der sexuellen Verhaltensweisen sowie dem Fortpflanzungssystem, also letztlich den genetisch zu bestimmenden Vaterschafts-/Fortpflanzungs-Erfolgsverhältnissen (siehe S. 315).

Die soziale Struktur hat Eisenberg (1981) noch weiter in Untersysteme wie Aufzucht-, Nahrungssuch- oder Feindvermeidungssysteme unterteilt, weil diese nicht immer mit den gleichen Artgenossen durchgeführt werden müssen.
Ein gutes Hundebeispiel liefert der Äthiopische Wolf (Williams, 2006), bei dem zwar das ganze Rudel zusammen auf Revierpatrouille zieht, aber danach jeder einzeln auf Nahrungssuche. Hier wäre das Revierverteidigungs- und Nahrungssuchsystem getrennt. Und dessen Verhalten liefert auch gute Argumente für die Trennung von sozialer Struktur, Paarungs- und Fortpflanzungssystemen, denn die Hündinnen paaren sich außerhalb des Rudels sehr häufig und auch erfolgreich mit beliebigen Nachbarrüden, im Rudel aber nur mit dem Ranghöchsten!

## BEOBACHTBARE VERHALTENSELEMENTE

Zur genaueren Beschreibung und zum Ziel des Vergleiches der sozialen Strukturen verschiedener Tierarten, oder auch der gleichen Tierart unter verschiedenen Bedingungen, wurde von Robert Hinde (1976) eine mehrstufige Methode eingeführt, an deren unterster Stelle die Aktionen und Signale stehen, die als beobachtbare Verhaltenselemente von den Tieren gezeigt werden. Diese Verhaltenselemente, die im Verhaltenskatalog der zu untersuchenden Tierart eindeutig und interpretationsfrei beschrieben werden müssen (siehe S. 12), sind meist sogar bei sehr hoch entwickelten Tierarten mehr von der stammesgeschichtlichen Herkunft und von der Stellung im System der Tiere als von Umweltbedingungen und sozialem Umfeld abhängig. Dies konnte Kummer (1978) sogar für Primaten zeigen, und auch für andere hoch entwickelte Säugetiere ließen sich ähnliche Befunde erheben (siehe Gansloßer, 1998).

# INTERAKTIONEN

Die Häufigkeit und die Verteilung der verschiedenen Aktionen und Signale liefern, sofern es sich um soziales Verhalten, also auf den Artgenossen bezogenes Verhalten handelt, die nächste Ebene der Hindeschen Beschreibung, nämlich die Interaktionen. Die Häufigkeit und die Richtung dieser Verhaltensweisen festzuhalten und auch hinterher statistisch auszuwerten, ist vergleichsweise einfach, wenn auch zeitaufwendig. Schwieriger wird es, wenn es darum geht, den Interaktionen Bedeutungen, also Funktionen im Zusammenleben der betreffenden Tiere zuzuordnen. Hier hilft uns wieder nur viel Arbeit und die Statistik.

## EINDEUTIGE VERHALTENSELEMENTE

Der erste Schritt besteht darin, eindeutige Verhaltenselemente aus dem Katalog herauszusuchen, deren Bedeutung unbestritten ist. So etwa das ganz schnelle Weglaufen vor einem Artgenossen, das man wohl als Flucht bezeichnen kann, oder z. B. ein kräftiges, ungehindertes Zubeißen, das man sicherlich als aggressiv bezeichnen darf.

## ZUORDNUNG ZU ZENTRALELEMENTEN

Im nächsten Schritt werden dann Verhaltenselemente, die sich in der unmittelbaren Umgebung dieser eindeutig zuzuordnenden Zentralelemente immer wieder finden lassen, der gleichen Bedeutung zugeordnet. So kann ein Gesichtsausdruck, der immer vor diesem Zubeißen stattfindet, sicher als Drohsignal interpretiert werden, und ein lautes Kreischen, das ein Tier immer dann äußert, wenn es von einem Artgenossen schnell wegläuft, als submissive Vokalisation interpretiert werden. Durch das Heraussuchen von nicht zufälligen, sondern häufiger als statistisch zu erwartenden Kopplungen und Aneinanderreihungen der Verhaltenselemente, kann dann eine gemeinsame Bedeutung identifiziert werden (siehe Kappeler, 2012; Gansloßer et al., 2019).

Interaktionen können durchaus zur Stabilisierung und zur Deeskalation von Sozialsystemen beitragen, auch wenn keine intensiveren Beziehungen dabei beobachtbar sind. So zeigten Untersuchungen in Smith et al. (2010, 2011) an afrikanischen Tüpfelhyänen, dass das häufige Austauschen von Begrüßungsverhalten, im Zusammenhang mit dem

*Soziale Interaktionen können entweder im Spiel oder im Ernstbezug ablaufen.*

immer wieder erneuten Zusammentreffen unterschiedlicher Individuen des großen Clans (siehe S. 271 ff.), offenbar wenig mit Unterwerfung und anderen rangordnungsbezogenen, und auch nicht speziell mit dem Abbau von konfliktträchtigen Situationen zu tun hat. Es ist eher mit der Zeitdauer des vorherigen Getrenntseins, und damit einer möglichen sozialen Entspannung verknüpft. Untersuchungen unserer Gruppe an Pensionshunden und anderen, die einander regelmäßig, aber doch in größeren zeitlichen Abständen treffen, lassen ähnliche Bedeutungen des Begrüßungsverhaltens vermuten.

**DEFINITIONEN**

**Interaktion**
Interaktion bedeutet Austausch, und gemeint sind hier die zwischen den Mitgliedern einer Sozialeinheit ausgetauschten Verhaltensweisen.

**Soziale Beziehungen**
Soziale Beziehungen sind keine Momentaufnahmen, sie lassen sich nur durch eine längere Beobachtung der Art, Häufigkeit, Intensität und anderer Eigenschaften von Interaktionen zwischen zwei oder mehr Tieren beschreiben.

## SOZIALE BEZIEHUNGEN

Haben wir alle auftretenden Interaktionen in einer Sozialeinheit, sei es Gruppe, Paar, Familie oder auch zwischen den Tieren einer einzelgängerischen Art in einem bestimmten Gebiet, herausgefunden, eindeutig beschrieben und möglichst auch funktionell gedeutet, dann können wir uns daran wagen, die nächste Stufe des Hindeschen Beschreibungssystems zu erklimmen, die Ebene der sozialen Beziehungen (siehe Kasten).

*Hier ist es eindeutig Spiel.*

Kappeler bezeichnet sie als „virtuelles Konstrukt", das bedeutet eine Verallgemeinerung und Abstrahierung der Interaktionsmuster, die wir nach längerer Beobachtung erkennen können. Die Beziehungen zwischen verschiedenen Individuen in einer Sozialeinheit, sind dann wiederum auf gemeinsame Muster, etwa auf Gemeinsamkeiten im Verhalten der weiblichen Tiere zueinander gegenüber dem, was sie den männlichen oder den Jungtieren zeigen, zu klassifizieren. Daraus ergibt sich schließlich die gesamte soziale Struktur als oberste Ebene des Hindeschen Beschreibungssystems.

### UNBEKANNTE VORGESCHICHTE

Ein wesentliches Problem hat man als Beobachter in einer solchen Situation immer: Die beteiligten Tiere haben eine Vorgeschichte und auch ein Vorwissen übereinander. Das bedeutet, dass man als Beobachter meistens erst dann in den „Film" oder das Theaterstück einsteigt, wenn die ersten, meist entscheidenden Akte bereits vorüber sind. Genau wie ein zu spät kommender Kinobesucher sind die Forscher dann darauf angewiesen, aus dem, was sie gerade sehen, auf die vorher eingespielten und entstandenen Beziehungen und Konfliktfälle zu schließen.

## ÖKOLOGISCHE UND SOZIALE EINWIRKUNGEN

Ein zweites Problem bei der Erforschung der sozialen Struktur besteht darin, dass diese, ebenso wie die zugrunde liegende Ebene der Beziehungen, sehr stark von ökologischen und sozialen Einwirkungen abhängig ist. Soziale Beziehungen und soziale Strukturen sind nicht mehr sehr stark von der Stellung im System der Tiere und von der Stammesgeschichte der betreffenden Art abhängig, so glaubte man zumindest lange Zeit. Möglicherweise werden wir durch die zu besprechenden Befunde der Gehirnanatomie hier doch etwas anderes lernen. Momentan aber sieht es so aus, als ob Beziehungen und Strukturen sehr viel plastischer sind als die Interaktionen und die einzelnen Verhaltenselemente. Es ist daher für die Forschenden nicht immer einfach, aus der Struktur einiger weniger zu beobachtenden Tierfamilien oder -gruppen einer betreffenden Art auf die allgemeingültige Sozialstruktur zurückzuschließen. Kummer nennt diese allgemeingültige Sozialstruktur die „Tiefenstruktur“, Hinde spricht von der „Struktur im engeren Sinne“. Um die Vorkenntnisse der Tiere übereinander wenigstens teilweise auszuschließen und dadurch auch auf allgemeinere Zusammenhänge von „Tiefenstrukturen“ und „Strukturen im engeren Sinne“ schließen zu können, bedient man sich z. B. der Methode des Konfrontationsversuchs, wobei Tiere, die einander nicht kennen, unter den Beobachtungsbedingungen erstmals zusammengeführt, und die Entwicklung der Beziehung verfolgt und generalisiert werden. Wir werden diese Methode gleich noch genauer kennenlernen (siehe S. 209).

## BESCHREIBUNG DER BEZIEHUNGEN

Die Methoden, mit denen soziale Interaktionen und Beziehungen beschrieben und untersucht werden, sind ebenfalls bereits durch Arbeiten von Hinde (1982) und anderen vorgeschlagen. Nach der Beschreibung der Beziehungen nach Inhalt und Qualität, müssen dementsprechend eine Reihe von ordnenden und klassifizierenden Betrachtungen angestellt werden.

So ist es von Bedeutung, die **Diversität** einer Sozialbeziehung zu erkunden. Das bedeutet festzustellen, wie viele verschiedene Verhaltenselemente, wie viele verschiedene Typen von Aktionen und Signalen zwischen den beiden beteiligten Partnern gezeigt werden.
Als Nächstes wäre die **Qualität** zu nennen. Qualität einer Beziehung kann durch die Intensität der gezeigten Verhaltensweisen charakterisiert werden. Sie kann durch die Kombination verschiedener Verhaltensweisen gezeigt werden, etwa eine kontrollierende Beziehung, die aus abwehrenden wie auch kontaktsuchenden Elementen zusammengesetzt wird, im Vergleich zu einer nur auf Negativelementen beruhenden Mutter-Kind-Beziehung oder Ähnliches.
Schließlich ist die Frage nach der reziproken oder komplementären Beziehung zu klären.

*Auch einfaches Zusammenliegen und Nichtstun ist eine soziale Interaktion.*

**Reziproke Beziehungen** sind solche, bei denen ein Tier genauso viel oder annähernd genauso viel an Verhalten zurückbekommt, also einen echten Tauschhandel betreibt. **Komplementäre Beziehungen** sind solche, bei denen die beiden Partner der Beziehung ebenfalls tauschen, jedoch jeder nur einen bestimmten Teil des Verhaltensrepertoires auf den anderen richtet. Das wurde auch als symmetrische bzw. unsymmetrische Beziehung beschrieben. Das Ausmaß, in dem reziproke Beziehungen gegeneinander „verrechnet" werden, kann ebenfalls Aussagen über die Qualität der Beziehung erlauben. Wenn ein Beteiligter nur etwa 10 % und der andere 90 % des betreffenden Verhaltens zeigt, ist diese Beziehung sicher von anderer Qualität, als wenn beide annähernd 50 % zeigen.

## TESTSITUATIONEN

Neben diesen mehr beschreibend ordnenden Methoden, sind jedoch zunehmend auch gezielte Testsituationen zur Untersuchung von sozialen Beziehungen entwickelt worden. Eine der bereits genannten Testsituationen wäre der **Konfrontationstest**, bei dem Individuen mit fremden Artgenossen in einer neutralen Arena zusammengebracht werden. Dies nimmt ihnen die sonst eben sehr störenden Vorerfahrungen mit den Betreffenden, so dass die Ausbildung der neuen Beziehung meist auf einer wesentlich besser beobachtbaren und zunächst einmal auch formelleren Ebene erfolgen muss. Eine andere Methode, die Beziehung zu untersuchen, besteht darin, die beiden Partner einer Beziehung gemeinsam einem Test zu unterziehen, z. B. indem man sie mit fremden Artgenossen oder unbekannten Gegenständen oder fremden Räumlichkeiten konfrontiert (**Beziehungstest**). Dies erlaubt nicht nur die Registrierung des Verhaltens beider, jeweils im Vergleich zu ihrer Reaktion, wenn sie die gleiche Testsituation allein durchmachen müssen, sondern kann auch gleichzeitig zur Analyse der hormonellen Veränderungen verwendet werden (siehe S. 233).

## Mutter-Kind-Beziehung

Eine besonders stark standardisierte Situation eines solchen Beziehungstests wurde von der amerikanischen Kinderpsychologin Mary Ainsworth entwickelt, und zur vergleichenden Klassifizierung von Mutter-Kind-Beziehungen herangezogen. Die Testsituation besteht darin, dass sich die beiden Partner einer Beziehung zunächst alleine in einem Raum befinden. Nach einer vorgegebenen Zeit wird ein Fremder den Raum betreten, eine ebenso lange Zeit mit beiden zusammen im Raum verbringen, dann verlässt die Mutter den Raum und das Kind bleibt mit dem Fremden allein. Der Fremde verlässt dann ebenfalls den Raum, das Kind bleibt ganz allein, dann kommt die Mutter wieder dazu und so weiter. Diese über einen längeren Bereich hinweg ablaufende geregelte Folge schafft es schließlich, dass alle denkbaren Kombinationen z. B. des Kindes, das heißt allein, nur mit Fremdem, nur mit Mutter, sowie alle denkbaren Eintrittssituationen in An- bzw. Abwesenheit der beiden beteiligten Partner durchgespielt werden. Dieser Test wurde von der Arbeitsgruppe um Ádám Miklósi erstmals ganz gezielt auch für die Verhältnisse einer Mensch-Hund-Beziehung angepasst und erfolgreich angewendet (siehe Gácsi et al., 2001; Topal et al., 1998). Die Ergebnisse des Tests zeigen, dass nicht nur echte Bindungen an die Besitzer von Hunden aufgebaut werden, sondern auch, dass Hunde, die in einem Tierheim leben und über einen Zeitraum von dreimal zehn Minuten mit einem Menschen Kontakt hatten, bereits intensiveres Bindungs- bzw. Beziehungsverhalten auf diesen Menschen richten und ihn in der Ainsworth-Testsituation erheblich bevorzugen.

Alle genannten Tests sind in den letzten Jahren durch die sehr eleganten Möglichkeiten der nichtinvasiven Hormonbestimmung noch um einen zweiten physiologischen Messwert ergänzbar geworden. Dadurch war es möglich, die Konzepte von sozialer Beziehung und sogar von Bindung vom früheren rein hypothetischen Niveau auf das einer physiologisch messbaren Größe zu heben.

*Schon ein kurzer sozialer Kontakt durch einen Menschen kann bei einem Tierheimhund das Interesse an einer zukünftigen Beziehung verstärken.*

## VORTEILE EINER BEZIEHUNG

Da wir es nicht bei der Beschreibung der sozialen Beziehungen und Strukturen belassen wollen, sondern verstehen möchten, warum die Tiere so und nicht anders miteinander reagieren, müssen wir wieder verschiedene erklärende Ansätze hinzuziehen. Eine soziale Beziehung, das hat bereits Kummer (1978) betont, ist keineswegs umsonst zu haben:

**Um Beziehungen aufzubauen, zu pflegen und zu verbessern, bedarf es eines Investitionseinsatzes an Zeit, Energie und Aufmerksamkeit. Wenn man die Beziehung pflegt, kann man nicht fressen, man begibt sich vielleicht sogar in Gefahr, oder man erregt Anstoß bei anderen, „eifersüchtigen" Artgenossen.**

Um eine Beziehung trotz dieser Widrigkeiten noch zu entwickeln und aufrechtzuerhalten, muss sie also auch Vorteile bringen. Kein Tier lebt in einer bestimmten Beziehung oder bestimmten Gruppensituation, weil dies in seinen Genen oder in einem Lehrbuch steht. Jedes Tier lebt nur dann in einer Beziehung oder in einer bestimmten Gruppenstruktur, wenn dieses Leben momentan mehr Vorteile oder zumindest weniger Nachteile bringt als alle anderen, momentan denkbaren und realisierbaren Alternativen.

**Sobald ein Tier den „Eindruck" gewinnt, dass es in einer anderen Gruppensituation oder auch allein bessere Bedingungen vorfinden würde, wird es die Entscheidung zum Abwandern treffen (siehe S. 366 ff.).**

### Bedeutung für Erziehungsmethoden

Das muss auch für das Verständnis der Zusammenarbeit von Mensch und Hund oder auch von Mensch und Mensch in unserer Gesellschaft immer wieder betont werden. Wer glaubt, insbesondere in der Zeit der Pubertät, nur mit Druck, Gewalt, Verweigerung und anderen Negativmaßnahmen, einen Hund an sich binden zu können, der irrt. Und man sollte auch nicht, um Reinhard Mey zu zitieren, seine Daseinsberechtigung als Mensch nur darauf reduzieren, dass man der Einzige ist, der den Kühlschrank öffnen kann.

Gerade die als angeblich auch noch als gewaltfrei bezeichneten Methoden des Langzeitignorierens oder gar Wegtreibens, oder auch nur der konsequenten Futterverweigerung bei Nichtgehorsam bzw. Nichtbefolgen von Befehlen, sind in diesem Zusammenhang eben nicht nur tierschutzethisch, sondern auch verhaltensökologisch ausgesprochen dumm. Hinte-Breindl et al. (2018), Junusovic et al. (2019) und andere Arbeiten in unserer Arbeitsgruppe zeigen derzeit, dass die genannten Methoden weiter verbreitet sind als man es sich gerne wünschen würde. Aus verhaltensökologischer Sicht aber, das zeigen gerade die Zusammenstellungen von Miriam Junusovic in ihrer Examensarbeit, sind sie eben auch noch kontraproduktiv. Wildkanidenpaare ignorieren ihren heranwachsenden Nachwuchs nur in einer ganz besonderen Situation, nämlich dann, wenn z. B. wegen unzureichender Nahrungsversorgung oder anderer ökologischer Umstände die Verkleinerung der Familiengruppe durch Abwandern von Heranwachsenden aktiv unterstützt werden sollte. Der Nachwuchs wird dann nicht aggressiv vertrieben, sondern einfach nur langzeitignoriert. Wird nun die Empfehlung gegeben, diese Maßnahmen des Ignorierens dann auch noch mit einer Futterkürzung zu verbinden, so wird die genannte ökologische Situation für den heranwachsenden Hund noch deutlicher: Es gibt nicht genug Futter, die Leittiere ignorieren mich, werde ich wohl gehen müssen. Ein aktives Wegtreiben von unbotmäßigen Familienmitgliedern findet überhaupt nicht statt, es sei denn, sie verstehen die oben genannten indirekten subtilen Hinweise zum Kofferpacken immer noch nicht.

### MODELL DES MARKTPLATZES

In der Verhaltensökologie werden die Entscheidungen, die in Gruppen lebende Tiere bei der Verteilung ihrer Beziehungen und Interaktionen haben, mit einem Marktplatz verglichen.

Die biologische Markttheorie, ein von biomathematischen und wirtschaftswissenschaftlichen Überlegungen entwickeltes Modell, betrachtet Verhaltensweisen wie Waren, die in einem Tauschgeschäft gegen andere Verhaltensweisen eingetauscht und dadurch zur Aufrechterhaltung von Beziehungen in einer Sozialeinheit genutzt werden. Nicht alle Teilnehmer an diesem Marktgeschäft haben gleich viel anzubieten, mancher kann vielfältigeres Verhalten, z. B. als Ranghöherer auch Schutz und Herrschaftswissen, anbieten, andere haben nur wenig zu bieten. Nicht jeder hat auch gleiche Qualitäten, das Schutzverhalten eines kräftigen erfahrenen Tieres ist mehr Wert, als das eines jungen unerfahrenen. Und so entscheidet jedes Tier ständig von neuem, mit wem es welche Tauschgeschäfte durch Interaktionen und Verhaltensmuster eingehen will, und mit wem es in dauerhafteren Beziehungen lebt oder mit wem es nur kurzfristig solche Geschäfte eingeht. Diese Betrachtungsweise mag manchem ungewöhnlich erscheinen, aber sie hilft uns zu verstehen, warum in unterschiedlich großen Gruppen unterschiedlich viele Verhaltensweisen der gleichen Art ausgetauscht werden und warum trotz allem dann doch immer jeder zu einem optimalen Kompromiss zu kommen versucht. **Auch für die Beziehung eines Menschen mit anderen Lebewesen – seien es Artgenossen, Hunde, Pferde oder andere – ist diese Betrachtungsweise nützlich. Denn sie lehrt uns auch zu verstehen, dass eine soziale Beziehung ein Geben und Nehmen sein muss, und dass sie nur dann funktionieren kann, wenn wirklich auch beide über einen längeren Zeitraum hinweg einen Vorteil davon sehen.** Je mehr verschiedene Tauschwaren wir in einer solchen Beziehung anbieten können, desto wichtiger sind wir als Handelspartner im Vergleich zu jemand, der nur eine einzige Ware, z. B. Nahrung, anbietet. Ein Händler, der nur eine Sache im Regal stehen hat, wird weniger interessant für seine Kundschaft sein als ein großer Warenmarkt.

### SEEWIESENER MODELL

Bereits vor der formalen Entwicklung und Veröffentlichung dieses vorwiegend von Ronald Noe (Noe et al., 2001) entwickelten Modells, haben eine Reihe von Teilnehmern des Seewiesener Workshops (siehe Gansloßer, 2002) versucht, ein Modell zu entwickeln, das mit mehreren Variablen den Wert und die Beeinflussung beider Beteiligter an einer sozialen Beziehung beschreibt. Dieses, als Seewiesener Modell (Gansloßer, 1998) bekannt, baut auf den Erkenntnissen von Kummer (1978) auf. Er hat erstmals durch seine Untersuchungen zur Gruppenbildung von Mantelpavianen und Geladas (nahe verwandten Art nordafrikanischer, gebirgsbewohnender großer Affen) eine Reihe von Regeln zur Vorhersage der Entwicklung sozialer Beziehungen zwischen einander unbekannten Artgenossen entwickelt. Die Regeln, die als Kummersches Stufenmodell bekannt geworden sind, werden wir bei der Betrachtung der Dynamik und Entwicklung sozialer Beziehungen im Einzelnen kennenlernen (siehe S. 216 f.). Im Folgenden gehen wir auf die Variablen des Seewiesener Modells ein.

#### Variable 1 – Vertrautheit

Je besser man einen Artgenossen kennt und je größer die Vorhersagbarkeit seines Verhaltens, desto wertvoller wird er als Beziehungspartner. Mit einem Chaoten kann man keine dauerhafte Beziehung eingehen, weil man nie weiß, wie er/sie reagieren wird. **Vertrautheit wird also hier als Vorhersagbarkeit des Verhaltens definiert.** Diese Vorhersagbarkeit

*Gibbons gehören zu den wenigen wirklich paarbildenden/monogamen Säugetierarten, die auch eine lebenslange individuelle Beziehung aufbauen.*

steigt einerseits mit dem Zeitraum, in dem man sich schon kennt, andererseits natürlich auch mit der Konsistenz des Verhaltens des Betreffenden selbst. Beobachtungen, die den Wert der Vertrautheit für eine Beziehung beschreiben, sind z. B. auch von Mensch-Hund-Teams geliefert worden. Hierzu gehört die Beobachtung, dass „gefährliche" Spielelemente, solche mit Verletzungsrisiko, erst gezeigt werden, wenn man sich länger und besser kennt. Auch die zunehmende Abstimmung aufeinander, sei es der Duettpartner bei Vögeln oder Gibbons, oder auch der Partner in einer Paarbeziehung, zeigt den Wert der Vertrautheit für die entstehende Beziehungsqualität. Einander „blind" zu verstehen, ist eben erst dann möglich, wenn man längere Zeit miteinander verbracht hat. Der Wert der Vertrautheit als Beziehungsvariable ist auch zu bedenken, wenn bestimmte Erziehungsratschläge kommen, etwa die, zwischendurch dem Hund etwas nicht zu gestatten, was er sonst immer darf oder ihn plötzlich in anderer Weise aus der Routine zu reißen, nur um „ihn besser auf den Herren zu fixieren". Die schwerwiegende Erscheinung, die durch mangelnde Vertrautheit entstehen kann, ist eine erlernte Hilflosigkeit, wie sie etwa bei Beziehungspartnern von Alkoholikern, Drogenabhängigen, schwer Depressiven oder anderen Gemütskranken bestehen kann. Dieses Verhaltensmuster führt letztlich dazu, dass man gar nichts mehr tut. Denn wer nichts tut, macht die wenigsten Fehler. Wenn das dann generalisiert und von einer einzigen Beziehung auf alle, oder zumindest viele Beziehungen mit Artgenossen übertragen wird, haben wir ein schwer beziehungsgestörtes Individuum vor uns, wie es z. B. auch Hunde bei permanenter Überforderung und permanenter Negativbestärkung in Dressur und Training zeigen können.

### Variable 2 – Attraktivität

Unter Attraktivität ist hier nicht nur die sexuelle oder körperliche Anziehung zu verstehen. **Vielmehr wird die Attraktivität verwendet, um alle Eigenschaften zu beschreiben, die den Artgenossen als Beziehungspartner interessant machen.** Verhaltensbiologisch spricht man hier auch von RHP (Ressource Holding Power = Sammelkategorie, die sehr viele Aspekte von Durchsetzungsvermögen, Standfestigkeit, Kenntnisse über Ressourcen und deren Nutzung, etc. enthält). Denn unter dem Attraktivitätsbegriff verbergen sich so vielfältige Dinge wie Status, Rangposition, Revierbesitz, Herrschaftswissen, aber auch die Fähigkeit, als Brutpflegehelfer mitzuwirken oder andere Dinge zu tun. Dass die Attraktivität eines Tieres seine Beziehungsfähigkeit stark beeinflusst, sieht man, wenn z. B. in der Paarungszeit ein männliches Känguru, ein Bison oder ein Hirsch die Möglichkeit hat, zwischen mehreren sexuell gleichermaßen aktiven weiblichen Tieren zu unterscheiden. Er wird sich dann vorwiegend für diejenige entscheiden, die am kräftigsten, erfahrensten oder mit den meisten bereits erfolgreich aufgezogenen Jungtieren aufwarten kann (Gansloßer et al., 2019).

Die Attraktivität spielt auch bei der Neuausbildung von Beziehungen dann eine Rolle, wenn drei Tiere gemeinsam neu zusammengesetzt werden, und sich die beiden Älteren oder Kräftigeren vorzugsweise miteinander beschäftigen, während das dritte Individuum wie ein fünftes Rad am Wagen daneben sitzt und seine Beziehung nicht in Gang kommt.

### Variable 3 – Verfügbarkeit

Verfügbarkeit wird hier nicht im banalen Sinne so verstanden, dass wer nicht da ist, keine Beziehung ausbilden kann. **Verfügbarkeit wird vielmehr stark beeinflusst von der Anwesenheit weiterer potenzieller oder auch bereits entstandener Beziehungen und von der Anwesenheit weiterer**

*Auch bei Wildrindern sind über die Mutter-Kind-Phase hinausgehende Beziehungen, …*

**Artgenossen.** Man spricht hier von „triadischen Einflüssen", deren Stärke z. B. dadurch erkennbar ist: bringt man drei einander unbekannte Artgenossen gleichzeitig zusammen, dauert es mindestens viermal so lange, bis jeder seine Beziehung zu den anderen beiden sortiert hat, als wenn er jeweils nacheinander nur einem der beiden anderen vorgestellt wurde. Bei vier Tieren ist es bereits eine Verzehnfachung der entsprechenden Zeit (siehe Gansloßer et al., 2019). Triadische Hemmungen können sogar die Entwicklung von neuen Beziehungen vollständig unterdrücken, etwa bei Krallenaffen, bei denen bereits die Anwesenheit des persönlich gebundenen Paarpartners verhindert, dass ein Tier Kontakt zu einem Fremden des entgegengesetzten Geschlechts aufnimmt.

### Variable 4 – Erträglichkeit

Diese Variable wurde in das Modell eingeführt, um zu erklären, warum es wesentlich länger dauert, bis zwei große, starke und statussichere männliche Tiere aneinander gewöhnt werden können, als kleine, schwache und statusniedrige Individuen. **Die Erträglichkeit ist also eine Folge der Statussumme und der Statusunterschiede zwischen den beiden.** Je größer die Statussumme der beiden, desto länger dauert es, eine Beziehung zu entwickeln, je größer der Statusunterschied, desto schneller geht es. Ist jedoch die Beziehung erst einmal entwickelt, so wird sie zum statushöheren Artgenossen wesentlich intensiver gepflegt und auch bei Belastungen ist bemerkenswerterweise diese Beziehung wesentlich stabiler und weniger krisenanfällig als die zu einem statusniedrigeren und damit eigentlich erträglicheren Partner.

## STUFEN DER BEZIEHUNGSBILDUNG

Die Variablen dieses Modells sind nicht nur zur Vorhersage und Beschreibung bereits bestehender Beziehungen benutzt worden. Sie dienen auch dazu, die Prozesse der Beziehungsbildung zu systematisieren. Studien an einer ganzen Reihe von Tierarten (z. B. Rhesusaffen, Mantelpaviane, Geladas, aber

*... speziell unter den Kühen, beschrieben.*

auch Pferde, Kängurus und einige weitere) haben gezeigt, dass eine Ausbildung einer sozialen Beziehung bei vielen Tierarten (aber nicht bei allen!) nach einer vorhersagbaren Stufenleiter abläuft (Gansloßer, 1993; Gansloßer et al., 1990). Die bekannteste und älteste Untersuchung zu diesem Thema ist die von Kummer an den Geladas und Mantelpavianen. Dort sind die Stufen auch sehr einfach.

Zunächst beginnt die Auseinandersetzung mit einem **aggressiven Akt** oder einem **Kampf**. Anschließend erfolgt das **Präsentieren**. Bemerkenswerterweise ist es der Gewinner des Kampfes, der dieses Präsentieren erstmals zeigt, ein Verhalten, das in der stabilen Gruppe dem Rangtieferen zur Unterwerfung vorbehalten ist. Der nächste Akt der Stufenleiter wäre dann das **symbolische Aufsteigen**, das in dieser Situation nicht vom Ranghöheren, sondern vom Verlierer erstmals gezeigt wird. Die letzte Stufe ist schließlich die gemeinsame gegenseitige **soziale Körperpflege**.

Je nachdem, wie die Erträglichkeit und die Attraktivität der zusammengebrachten Tiere ist, entwickeln sich die Stufen in unterschiedlich schneller Zeit, und manche Beziehungen bleiben auch auf einer niedrigeren Stufe stehen. Ebenso sind Einflüsse von bereits vorhandenen Beziehungen zu dritten und vierten Artgenossen, sowie Einflüsse von gleichzeitig entstehenden Beziehungen zu anderen Fremdtieren nachweisbar.

**Je älter, kräftiger und statushöher die Beteiligten, desto länger dauert es, bis sie die aggressive Phase überwunden haben, desto intensiver beschäftigen sie sich aber auch hinterher miteinander, wohl um diese wertvolle und anfällige Beziehung nicht wieder zu verlieren.**

Wer eine Beziehung zu einem sehr attraktiven Tier erst einmal ausgebildet hat, hat wenig Interesse daran, noch andere Beziehungen zu weniger attraktiven, etwa rangtieferen Individuen zu entwickeln.

### Beziehung unter Hundeartigen

Die Entwicklung und Stabilisierung sozialer Beziehungen unter Hundeartigen wurde auch in einigen Untersuchungen unserer Arbeitsgruppe bereits thematisiert. Claudia Terwort (Stenglein und Terwort, 2015) beobachtete im Rahmen ihrer Diplomarbeit die Zusammengewöhnung von insgesamt sieben, ehemaligen Bundeswehrdiensthunden, die nach dem Erreichen des Pensionierungsalters in der Diensthundeschule der Bundeswehr zu einer Gruppe zusammengeführt wurden. Es ergaben sich eine Reihe von bemerkenswerten Beobachtungen, die, auch wenn es sich nur um eine einzige Gruppe handelt, in Richtung der genannten Stufenbildung interpretiert werden können. So begannen bereits sehr schnell im Laufe der Zusammenführung sich Paare herauszubilden, also jeweils ein Rüde und eine Hündin wurden immer mehr gemeinsam, als nächste Nachbarn beobachtet. Spielverhalten trat erst im Laufe des besseren Kennenlernens immer mehr auf, aggressive Auseinandersetzungen nahmen immer mehr ab. Bemerkenswert ist, dass, sicherlich durch die anfängliche Belastung der Zusammengewöhnung erklärlich, bei den meisten der beteiligten Hunde zunächst eine leichte Gewichtsabnahme stattfand. Die besonders gut mit einem Rüden verpaarte Hündin wies dagegen im Laufe der Studie eine Gewichtszunahme von rund 25 % auf. Dies deutet bereits auf die noch zu besprechenden Vorteilen von sozialen Beziehungen hin (siehe S. 220 f.). Auch Übermarkierungen, also gezielt Urin über die Duftmarke eines Artgenossen absetzen, wurde im Laufe der Zusammengewöhnung, speziell von den beteiligten Rüden, immer mehr gezeigt. **Übermarkieren ist, wie wir noch sehen werden, ein wesentliches Kriterium der Verbundenheitsdokumentation von paargebundenen Kaniden.** Im Laufe der Zusammengewöhnung erhöhte sich auch das gemeinsame, koordinierte Verteidigungsverhalten der Gruppe, z. B. am Zaun bei vorbeigehenden anderen Hunden.

*Zumindest der Gesichtsausdruck des rechten Hundes zeigt sicher keine spielerische, eher stressanzeigende Stimmung.*

## Triadische Regeln bei Wölfen und Hunden

Sonja Stuhrmann und Julika Pulst (Stuhrmann und Pulst, 2015) bearbeiteten die mögliche Anwendbarkeit der von Hans Kummer formulierten triardischen Regeln auf das Zusammenleben von Haushunden und Wölfen. Bei der Zusammengewöhnung bzw. Neuordnung der Rangordnung in einer mehrköpfigen Wolfsrüden-Gruppe, ergab sich durchaus eine stufenartige Entwicklung. Diese war z. B. besonders deutlich in der Ablösung von Signalen der situativen durch solche der formalen Dominanzausübung (siehe S. 272 ff.) beobachtbar (Carolin Mundinger, in Ettner et al., 2015).

Die Frage, wer in spielerische oder auch ernsthafte Interaktionen zwischen zwei anderen Hunden bzw. Wölfen intervenierte, also eingriff, und mit welcher Wahrscheinlichkeit diese Intervention erfolgreich war, wurde in den genannten Studien von Stuhrmann und Pulst bearbeitet. Hier ergaben sich deutliche Zusammenhänge mit den Rangpositionen, dem Sozialstatus, dem Geschlecht und anderen Faktoren, die letztlich auf die bereits genannten Eigenschaften des Erträglichkeitskonzepts hinweisen. Die Kummerschen Regeln, wonach die Intervention in eine bestehende oder ablaufende Interaktionssequenz u. a. vom Status des Intervenierenden in Zusammenhang mit dem Status der beiden interagierenden Partner abhängt, konnte bestätigt werden. Ebenso die Zusammenhänge mit der Erträglichkeit des Intervenierenden mit wenigstens einem der beiden, die er gerade trennt oder sonst in irgendeiner Art und Weise durch seine Intervention beeinflusst.

*Die „klassische" Paarbindung, schon von Konrad Lorenz beschrieben, bei der Graugans.*

## NEUAUSBILDUNG VON SOZIALEN BEZIEHUNGEN

Aus den Studien zur Bildung sozialer Beziehungen lassen sich auch eine Reihe von Empfehlungen für den Alltag der Neuausbildung sozialer Beziehungen, etwa beim Einbringen eines (oder eines weiteren) Hundes in eine Familie ableiten.
So ist es sinnvoll, das Tier nicht mit allen Beziehungspartnern gleichzeitig zu konfrontieren. Eigentlich sollten auch die erträglichsten, das bedeutet, die statusniedrigsten Angehörigen der bereits bestehenden Familiengruppe zuerst mit dem Neuling konfrontiert werden und mit diesem die Beziehung ausbilden. Wird der Neuling sofort mit dem ranghöchsten „Anführertier" konfrontiert, und bildet mit diesem eine erfolgversprechende Beziehung aus, so hat er/sie kein Interesse mehr an der Ausbildung der Beziehung zu anderen. Pferde auf der Koppel oder Zootiere in neu einzurichtenden Gruppen werden übrigens schon immer nach diesem Schema zusammengeführt. Das heißt, man bringt das Tier zunächst mit dem rangtiefsten Mitglied der bestehenden Gruppe zusammen und baut dann die Gruppe langsam von unten nach oben auf.

## DYNAMISCHE VERÄNDERUNGEN

Die Dynamik einer sozialen Beziehung oder eines Beziehungsgeflechts endet jedoch nicht mit dem Erreichen der höchsten Beziehungsstufe, sondern auch stabile Beziehungen unterliegen solchen dynamischen Veränderungen. Diese dynamischen Veränderungen können entweder in eine bestimmte Richtung unumkehrbar sein, so durch Gewöhnung der Tiere aneinander, oder durch Alterungs- und Reifungsprozesse. Sie können ebenso zyklisch schwankend sein, z. B. durch Fortpflanzungssaisonalität oder andere jahreszeitliche Änderungen. Oder sie können durch unvorhersagbare Einflüsse, etwa ein geändertes Nahrungsangebot, getrieben werden. Gute Beispiele für die periodischen Ände-

rungen liefern die Verteilungen z. B. des Körperpflegeverhaltens oder auch des Anführerverhaltens bei paarweise lebenden Tieren, seien es Felskängurus, Gibbons oder Gänse. In diesen Familiengruppen kann man deutlich sehen, dass kurz vor der Paarung, wenn sie für ihn attraktiver ist, er ihr überwiegend folgt und die Körperpflege von ihm ausgeht. Kurz vor oder kurz nach der Geburt der Jungen dagegen, wenn sie ihn als „Pflegehelfer" benötigt, die Körperpflege von ihr ausgeht und er die Anführerrolle übernehmen kann.

### Beispiele bei Hundeartigen

Solche dynamischen, im Fortpflanzungszyklus auftretenden Veränderungen konnten wir auch an einigen paargebundenen Hundeartigen feststellen. Marie Rogowski und Anne Peschke (2015) beschreiben z. B. solche Veränderungen im Laufe des Fortpflanzungszyklus bei Mähnenwölfen, Waldhunden und Iberischen Wölfen in verschiedenen Zoos.

Auch eine vergleichende Untersuchung an verschiedenen Mähnenwolfpaaren (Schnappat und Gansloßer, 2018) lässt ähnliche Erkenntnisse zu: Während des Läufigkeits- bzw. vorangehenden Vor-Läufigkeitsstadiums gegenüber der nachfolgenden Phase der Trächtigkeit bzw. Scheinträchtigkeit, ändert sich deutlich erkennbar das Interesse der beiden Paarpartner aneinander. Während im Stadium der Vor-Läufigkeit und Läufigkeit verständlicherweise der Rüde mehr Interesse an der Fähe hat, wird sich dieses meistens, zumindest bei erfolgreichen Paaren, im Laufe der nachfolgenden Trächtigkeit ändern. Bemerkenswert war auch, dass bei einem Mähnenwolfpaar, dessen Jungtiere leider kurz nach der Geburt verstorben sind, sich die Verhältnisse schneller wieder normalisierten als bei einem anderen Paar, das erfolgreich Nachwuchs aufzog.

### Entwicklung durch Gewöhnung

Ein Beispiel für die durch Gewöhnung und andere „Einbahnstraßeneffekte" stattfindenden, nicht umkehrbaren Entwicklungen in Beziehungen, ist der vor allem bei Affen vermutlich auftretende Effekt, dass mit zunehmender Vertrautheit zwischen den Beziehungspartnern, sich die Richtung bestimmter Verhaltenselemente ändert (man vermutet dies auch bei anderen in Gruppen lebender Tiere). Anfangs sind viele dieser Beziehungselemente noch symmetrisch, das heißt, A pflegt B genauso intensiv und ähnlich häufig wie B den A. Im Laufe der Zeit werden die Beziehungen dann unsymmetrischer, das heißt, das Pflegeverhalten geht z. B. nur noch von einem der beiden aus, während der andere eher Wachsamkeit oder ähnliche Teile der Beziehung für sich übernimmt. Allgemein gelten unsymmetrische Beziehungen als stabiler denn symmetrische. Allerdings ist noch keine systematische Untersuchung gemacht worden, die dies von der Dauer des Zusammenseins unabhängig betrachtet hat.

### STABILITÄTSFAKTOREN

Neben den dynamischen Änderungen gibt es auch Faktoren, die zur Stabilität einer sozialen Beziehung oder einer Sozialstruktur beitragen können. Dazu gehören neben Artgemeinsamkeiten und vorhersagbaren Umweltsituationen, auch die fest verankerten Vorerfahrungen und sozialen Dispositionen der beteiligten Tiere. Jedes Individuum hat durch seine Vorgeschichte eine ganz bestimmte soziale Gestimmtheit, die es für eine mehr oder weniger aktive, mehr oder weniger offene Sozialverhaltensrolle prädestiniert (siehe S. 338 f.). Die soziale Disposition der Individuen, die von Aufzuchtbedingungen, früheren Erfahrungen, dem derzeit herrschenden Geschlechterverhältnis, der Zahl der anwesenden Artgenossen in der Gruppe und so weiter abhängt, hat entscheidende Bedeutung für das zukünftige soziale Leben eines Individuums.

Auch bei der Entwicklung der Dynamik einer sozialen Beziehung oder einer Struktur, sind die beteiligten Individuen keineswegs nur passiv. Wie Kummer bereits zeigte, sind Individuen sehr wohl in der Lage, durch gezielte Investitionen die Qualität eines Partners zu verbessern. Sei es, dass sie ihn dazu bringen, bestimmte für einen selbst interessante oder wichtige Dinge zu tun. Sei es, dass sie die Verfügbarkeit des Partners verändern, oder dass sie etwa durch die Ausbildung von Koalitionen seinen Status verbessern helfen und damit sein RHP (siehe S. 214) erhöhen. Dies geschieht aber stets in einem Zusammenhang, der vor allem auch dem Alter nützt.

### EINFLUSS AUF DAS WOHLBEFINDEN

Die Vorteile des Zusammenlebens lassen sich nicht nur auf der Ebene der Gruppen und deren Strukturen belegen. Ebenso auffallend sind die Einflüsse sozialer Beziehungen auf das Befinden der Einzeltiere. Hierbei geht es wieder um „äußere" und „innere" Faktoren. Die äußeren Effekte sind einigermaßen leicht zu messen: Wenn zwei Tiere eine kurzfristige Koalition oder sogar eine länger andauernde Allianz eingehen (Ganslоßer et al., 2019), führt dies oft zu einer Verbesserung des sozialen Status, zu verbessertem Futterzugang oder der Sicherung der Fortpflanzung.

Die Bildung solcher kurz- oder längerfristigen Interessengemeinschaften ist zwar besonders begünstigt, wenn sie mit Verwandten erfolgt, da dann die Gesamtfitness verbessert werden kann. Es geht aber, vorausgesetzt man kennt einander und lebt länger zusammen, auch auf Gegenseitigkeit („reziproker Altruismus") unter Nichtverwandten. Zur Vorbereitung und Aufrechterhaltung der Kooperationen werden oft soziale Körperpflege und anderes „soziopositives" Verhalten eingesetzt. Wen man besonders intensiv pflegt und umgarnt, der hilft einem auch bei der nächsten Auseinandersetzung! Obwohl Primaten und manche Zahnwale hier besonders komplexe, auch mehrschichtige Allianzen bilden, sind gerade von geselligen Raubtieren (Hyänen, Nasenbären, aber auch Wölfen beiderlei Geschlechter) solche Koalitionen und Allianzen zum gemeinsamen Vorteil bekannt. Hier finden wir auch Beispiele für eine „gezielte" Verbesserung des „Wertes" eines Beziehungspartners, wenn z. B. durch Eingreifen des Koalitionspartners der Status des anderen verbessert wird (im Sinne Kummers, siehe S. 217). Der Effekt ist jedoch an vielen Beispielen, auch zwischen Nichtverwandten nachweisbar (Geladas, Löwinnen, siehe Gansloßer et al., 2019).

Außerhalb der Ordnung der Primaten sind die Bildungen von Koalitionen und Allianzen bei in Gruppen lebenden Karnivoren (Tüpfelhyäne, Smith et al., 2010, 2011; Löwinnen und Löwenkatern, Mathoba et al., 2013; Chakrabarti und Jhala, 2017) und sogar bei Wühlmäusen (Biery et al., 2009) beschrieben worden. Olson und Blumstein (2009) zeigen gerade für Koalitionen unter männlichen Tieren, dass soziale Faktoren wie Östrus bzw. Zyklusdauer, Gruppengröße und Bestehen

von Dominanzhierarchien, deutlichere Vorhersagen für die Existenz möglicher Koalitionsbildungen lieferten als Umweltfaktoren wie z. B. Tagesaktivität, Nahrungs- oder Lebensraumtyp.
Das Auftreten von Koalitionen speziell unter verwandtschaftlichen Bedingungen wird, wie bereits erwähnt, für viele Säugetiere immer wieder bestätigt. Hamilton und Vonk (2015) konnten nachweisen, dass Haushundrüden, nicht aber Hündinnen, im Geruchsvergleichstest statistisch aussagekräftig die entfernte Verwandtschaft (also nicht Wurfgeschwister) erkennen und bevorzugen. Die vorzugsweise Existenz von Beziehungen unter Rüden könnte also stärker von verwandtschaftlichen Faktoren beeinflusst werden, wenn die genannten Ergebnisse auch auf andere Untersuchungen übertragbar sind.

## SOZIALE UNTERSTÜTZUNG

Wenden wir uns den „inneren" Aspekten einer Beziehung zu. Die dafür eingeführte Bezeichnung lautet „soziale Unterstützung" (social support). Darunter versteht man gemeinhin nicht, dass ein Tier einem anderen in einer Auseinandersetzung hilft. Vielmehr ist die physiologische, speziell stressdämpfende Wirkung der Anwesenheit eines Beziehungspartners bei der sozialen Körperpflege oder anderen „soziopositiven" Verhaltenselementen gemeint. Gute Zusammenstellungen von Beispielen finden sich bei deVries et al. (2003), Sachser et al. (1998, 2011), siehe auch S. 156 ff.).
Der zweite wichtige Bereich, in dem Artgenossen eine Rolle spielen, betrifft die **Findung und Erschließung von Nahrungsquellen.** Gruppen können als Informationszentrum

*Nasenbären zeigen ein affenähnliches Sozialsystem mit Matrilinen, also von weiblichen Verwandtschaftsbeziehungen geprägte Gruppenstrukturen.*

*Afrikanische Wildhunde haben ebenfalls, vergleichbar den Wölfen, ein hundetypisches Sozialsystem. Jedoch ist bei ihnen die Zahl der männlichen Tiere in der Gruppe noch größer als bei anderen vergleichbaren Arten.*

dienen. Wenn ein Tier eine besonders gute Futterstelle gefunden hat und dann zur Gruppe zurückkehrt, folgen ihm die anderen auch dann, wenn er sie nicht extra dazu auffordert. Auch die Beobachtung des Nachbarn bei der Nahrungssuche kann bereits helfen, die eigene Suche zu effektivieren. Und schließlich ist Gruppenjagd natürlich auch ein wesentlicher Teil der gemeinsamen Nahrungserschließung. Diese ist gerade bei geselligen Raubtieren sehr häufig als Vorteil der Gruppenbildung angeführt worden. Die gemeinsame Jagd wird gerade bei Hundeartigen gerne als einer der wichtigsten Faktoren bei der Entstehung ihrer komplexen Sozialstrukturen diskutiert. Es gibt sehr wohl Befunde, die zeigen, dass ein größeres Rudel die besseren Chancen hat, wenn es zum Konflikt mit Nachbarn kommt, oder wenn es darum geht, die Beute zu verteidigen. Weniger klar ist, ob auch eine Jagd an sich erfolgreicher wird, wenn sich mehr Wölfe, Wildhunde oder Kojoten zusammenschließen. Macdonald (2006) hat hierzu eine ganze Reihe von teilweise doch irritierenden Befunden aus der Literatur erhoben bzw. zusammengetragen. Die meisten Studien, die zu diesem Zweck angestellt wurden, haben es nicht geschafft, einen wirklichen Vorteil der Gruppenjagd für die Hundeartigen zu belegen. Vielmehr scheint es so, dass die Wahrscheinlichkeit vor allem für weniger geschickte Tiere in der Gruppe, doch noch an einer Beute teilhaben zu können, einer der ausschlaggebenden Faktoren ist (siehe Kappeler, 2006). Und der zweite Vorteil scheint in der besseren Verteidigung und im schnelleren Wegräumen der einmal gemachten Beute zu bestehen, bevor die Nachbarn oder andere eventuell sogar stärkere Konkurrenzarten eintreffen. Kappeler liefert sogar ein Beispiel für eine zwischenartliche Artgemeinschaft: Kojoten und Amerikanische Dachse gehen bisweilen

*Um ein wirklich wehrhaftes Tier, etwa hier einen Kaffernbüffel und seinen Nachwuchs zu …*

gemeinsam auf die Jagd nach Bodenhörnchen, fast in der Art, in der ein Jäger und sein Dackel gemeinsam Kaninchen oder andere in Höhlen lebende Tiere erbeuten.

## Sicherung von Ressourcen

Neben dem Beuteerwerb bzw. der Ausnutzung einmal gemachter Beute, ist auch die Zusammenarbeit bei der Sicherung und Erschließung anderer Ressourcen vielfach ein Faktor, der Sozialität befördert. Gemeinsame Revierverteidigung, gemeinsame Nutzung und Verteidigung von Schlafhöhlen und Schattenplätzen (wie etwa bei tropischen Felskängurus), Bildung von Schlafgemeinschaften gegen die Hitze oder Kälte in Wüstengebieten, all das können weitere Faktoren zur Entstehung einer Gruppenstruktur sein. Nicht zuletzt gibt es natürlich auch noch den Faktor Fortpflanzung und die Zusammenarbeit bei der Betreuung, Bewachung und Aufzucht der Jungtiere (siehe S. 370).

## Rudelbildung bei Hundeartigen

Gerade in Bezug auf die Entstehung und Aufrechterhaltung von Rudelbildungen bei Hundeartigen sind die genannten ökologischen Faktoren wohl viel komplexer miteinander verknüpft, als dies die einfache Darstellung einer Rudeljagd erwarten ließe. Macdonald (2006) sei hier als tiefer gehende Diskussion des Problems empfohlen. Zusammengefasst sollte hier nur vermerkt werden, dass die gemeinsame Verteidigung eines Nahrungsreviers, selbst wenn dieses die Nahrung in verteilter Form für einzelnahrungssuchende Gruppenmitglieder bereithält, und das gemeinsame Wegräumen der Beute nach dem Töten, also das schnelle Auffressen vor der Konkurrenz, in vielen Fällen die besseren Vorhersagen über eine Gruppenbildung bei Hundeartigen liefern als die eigentliche Jagd oder die Jungtieraufzucht. Die verhaltensökologische Theorie, die diese Erscheinungen zu erklären versucht, wird als Ressourcen-Verteidigungs-Hypothese (ressource-defense-hypothesis, RDH) bezeichnet. Sie schafft es auch, einen Zusammenhang zwischen der Größe der Beutetiere, der Größe des betreffenden Jägers und der Gruppen- bzw. Rudelgröße herzustellen, wobei der Stoffwechselbedarf und andere nährwertbezogene Berechnungen ebenfalls mit eingehen.

*... attackieren, bedarf es einer Mindestanzahl von Wildhunden im Rudel. Zugleich darf die Zahl der Individuen nicht größer sein als unbedingt nötig. Sonst fällt nicht genug Fleisch für jeden ab.*

### Optimale Gruppengröße

Je nach Aufgabe und Bedeutung der Gruppe, ist auch eine unterschiedliche Zahl von Individuen in einer solchen Gruppe als optimal zu betrachten. Die Frage nach der optimalen Gruppengröße ist in vielen Untersuchungen verschiedener Säugetier- und Vogelarten angegangen worden. Die Gruppen können durch verschiedene Vorgänge wie Geburt und Einwanderung wachsen, durch andere Vorgänge wie Tod von Gruppenmitgliedern oder Abwanderung wieder schrumpfen. Wie viele Tiere für welche Tätigkeit ideal sind, hängt unter anderem von den zeitlichen und räumlichen Gegebenheiten der Nahrungsverteilung ab. Nahrungsressourcen, die groß aber unregelmäßig vorkommen, an denen aber mehrere Tiere satt werden, fördern die Ausbildung großer beweglicher Gruppen. Sind die Nahrungsressourcen dagegen gleichmäßiger verteilt, wird die Gruppengröße mehr von der Dichte und weniger von der Menge der Nahrung bestimmt. Ebenso beeinflusst die zeitliche Variation der Ressourcenvorkommen die optimale Gruppengröße.

**Je unvorhersagbarer die Nahrung und andere Ressourcen verteilt sind, desto kleiner werden die Gruppen sein, je vorhersagbarer, desto größer.**

Dies gilt jedoch nicht, wenn die Anwesenheit von Gruppenmitgliedern selbst schon wieder die Chance zur Ausnutzung oder Entdeckung der Nahrungsressource steigert. Und letztlich ist auch hier wieder der Feinddruck zu berücksichtigen.

**Je weniger Feinde anwesend sind, desto kleiner werden die Gruppen der jeweiligen Art sein.**

Angesichts solcher Überlegungen ist es auch nicht verwunderlich, dass nicht alle Individuen in einer Gruppe die gleiche optimale Gruppengröße bevorzugen: Für große wehrhafte, z. B. erwachsene männliche Tiere, kann eine kleinere Größe der Gruppe durchaus vorteilhaft sein, wenn dadurch die Nahrungskonkurrenz reduziert wird und das Feindrisiko für dieses große Tier trotzdem kaum steigt. Auch die Unterschiede in der Rangposition können sich auf die optimale Gruppengröße auswirken. Ranghohe Tiere haben eventuell andere „Vorstellungen" über eine optimale Gruppengröße als Rangtiefe, es sei denn, sie rekrutieren die Rangtiefen aktiv als Helfer. Da alle diese Flexibilitäten und Variabilitäten bei sozial lebenden Tieren über viele Generationen hinweg gewirkt haben, kommt es zu einem sehr komplexen Geschehen, das von jedem einzelnen individuellen Standpunkt aus zu anderen Ergebnissen führen muss. Die Entscheidungen jedes einzelnen Tieres über „seine" optimale Zahl an Gruppen- und Beziehungspartnern, werden dann wiederum auch noch von den Persönlichkeitsstrukturen beeinflusst (siehe S. 164 ff.).

## SOZIALE STRUKTUR

Aus der Gesamtheit aller in einer Gruppe vorhandenen sozialen Beziehungen, ergibt sich dann ein Beziehungsnetz, das wiederum die Grundlage der sozialen Struktur darstellt. Soziale Struktur, wie bereits von Kappeler erklärt (siehe S. 205), bezieht sich auf die Frage: „Wer macht was mit wem wie oft?", und zwar in der gesamten zur Verfügung stehenden Vielzahl unterschiedlicher Sozialpartner.

In diesem Zusammenhang wird bei Hundeartigen immer noch auf das alte, aus Gehegestudien an Wölfen (Schenkel, 1947; Zimen, 1992) hergeleitete strikte lineare Rangordnungsmodell zurückgegriffen. Neuere Untersuchungen an Hunde-, Wolfs- und andere Kanidengruppen (z. B. Bradshaw, 2011; Ettner et al., 2015) lassen demgegenüber ein komplexes Netzwerk unterschiedlicher Beziehungen erkennen. Soziale Netzwerke stehen derzeit an vielen Stellen im Fokus der Untersuchungen des Sozialverhaltens

*Afrikanische Elefanten bilden Familiengruppen, die unter der Führung einer besonders alten und erfahrenen Kuh, der sogenannten Matriarchin, stehen.*

höher organisierter Tierarten. Gerade bei Elefanten, verschiedenen Arten von Zahnwalen und selbstverständlich wieder einmal Primaten, sind diese Netzwerke bereits mit statistischen Methoden sehr gut analysiert. Auch wurde z. B. der Einfluss des Wegfalls oder der Veränderungen an bestimmten Knotenpunkten des Netzwerkes ausführlich untersucht. Leider liegen zu diesem Thema derzeit bei Hundeartigen noch keine statistisch belastbaren, quantitativen Daten vor. Soziogramme bei Hundeartigen werden überwiegen derzeit noch nach der Qualität und den Varianzen der beteiligten Einzelbeziehungen beschrieben.

## FUSIONS-FISSIONS-STRUKTUR BEI HAUSHUNDEN

Eine bemerkenswerte und durchaus auch für das Leben von Haushunden beim Menschen wichtige Erkenntnis, ergab sich jedoch aus den Freilandstudien (z. B. Boitani et al., 2017): Verwilderte Haushunde zeigen uns eine durchaus flexible soziale Struktur, die als sogenannte Fusions-Fissions-Struktur beschreibbar ist. Sie streifen, oftmals von Tag zu Tag wechselnd, mit unterschiedlichen Sozialpartnern durchs Streifgebiet, treffen einander an zentralen Futterstellen oder bei anderen Gelegenheiten, gehen dann wieder in unterschiedlicher Zusammensetzung auseinander. Aber alle diese Hunde eines Streifgebiets haben ein gemeinsames Gruppenterritorium und erkennbar individualisierte Beziehungen zueinander. Man spricht hier auch von einem **dispersen Sozialsystem**, oder spezieller von einer dispersen Gruppenstruktur. Wichtig ist dabei eben, dass diese Individuen, auch wenn sie nicht ständig zusammen sind, trotzdem klare, individuell unterschiedliche Beziehungen zueinander haben.
Dies beantwortet z. B. auch die Frage, ob es denn möglich sei, dass Hunde aus einer gemeinsamen Gassigehgruppe oder einer Vereins-, Hundeschul- oder Staffelgruppe oder andere Artgenossen miteinander eine Gruppe aufbauen können. Sie können das

*Hunde im selben Haushalt bilden individuelle Beziehungen untereinander aus.*

nicht nur, es entspricht durchaus ihrem Sozialsystem, eben immer wieder in unterschiedlichen Zusammensetzungen, mit aber individuell persönlich beziehungsstrukturierten Artgenossen zusammen zu sein. An dieser Stelle kann auch gleich noch der Rudelbegriff über Bord geworfen werden. Rudel sind im verhaltensbiologischen Sinne überhaupt keine definierte Einheit. **Gruppe, nämlich die Existenz von individuellen und vorhersagbaren Beziehungen zumindest bei der Mehrzahl der beteiligten Individuen, ist die viel wichtigere und korrektere Bezeichnung.**

## MEHRSCHICHTIGE AUFTEILUNG

Sowohl die Untersuchungen von Theresa Ettner an verschiedenen Wolfsrudeln in großen Gehegen in Wildparks als auch die Studien von John Bradshaw an Hundegruppen zeigen, dass die soziale Struktur einer solchen Gruppe meistens aus einer mehrschichtigen, fast wie Zwiebelschalen übereinander gelagerten Aufteilung besteht (Bezeichnungen nach John Bradshaw):

— Die eng miteinander vernetzte **Kerngruppe**, die im Wesentlichen zusammen agiert, meistens gemeinsam beobachtbar ist, und alle Individuen haben eindeutig erkennbare Beziehungen untereinander.
— Die **Outsider**, also als Außenseiter bezeichneten Individuen, die meistens mit einem oder höchstens zwei von den Insidern durch eine meist unterwürfige, also submissive Beziehung verbunden sind. Diese agieren noch raum-zeitlich mit der Insidergruppe, sind also meist am gleichen Ruheplatz, sind auch durchaus zur gleichen Zeit aktiv, aber halten sich an der Peripherie der Gruppe auf.
— Letztlich die **Eremiten**, die sich gezielt von der Gruppe fernhalten, meistens am Rand des Geschehens, möglichst weit weg vom Gruppenzentrum zu finden sind, und vor allem auch nicht nur räumlich, sondern auch zeitlich eher alternierend als koordiniert auftreten. Sie fressen dann, wenn die anderen ruhen oder wo anders sind, sie schlafen im Gebüsch, wenn die anderen aktiv sind etc. Diese Eremiten sind oft auch Ziel heftiger, bisweilen auch durchaus ernst gemeinter Angriffe von Individuen der restlichen Gruppe. Trotzdem profitieren sie zumindest vom Schutzschirm der Gruppe, da sie immer noch das Streifgebiet bzw. auch die Randareale des Territoriums nutzen, und damit indirekt den Abschreckungseffekt der zentralen Gruppe auf Rivalen, Konkurrenten und Feinde mitbenutzen können. Trotzdem sollte man sich bemühen, in einer Haushundegruppe solche Eremiten gezielt herauszunehmen und umzusetzen bzw. weiterzuvermitteln, da sie definitiv nur sehr wenig Lebensqualität haben dürften.

# VORTEILE VON GEMEINSCHAFTEN

Um die Vorteile eines Zusammenschlusses mit Artgenossen, die auch auf den Zusammenschluss mit anderen Arten übertragbar sind, genauer zu studieren, ist es zunächst einmal sinnvoll, von der gesamten Gruppe auszugehen. Welche Vorteile haben Tiere, sich mit Artgenossen zusammenzuschließen? Bemerkenswert ist, dass Artengemeinschaften, also soziale Zusammenschlüsse aus zwei oder auch noch sehr viel mehr verschiedenen Arten als Interessengemeinschaften in der freien Natur sehr häufig vorkommen. Bekannt sind die gemischten Herden der großen Huftiere, etwa auf den afrikanischen Savannen. Weniger bekannt, aber noch besser strukturiert sind z. B. Gemeinschaften aus zwei oder drei Meerkatzenarten in den Wäldern Afrikas, die aus bis zu 30 Arten bestehenden Gemeinschaften verschiedener tropischer Vögel in den Regenwäldern Mittel- und Südamerikas, oder die sehr eng aufeinander abgestimmten Gruppierungen von z. B. Busch- und Klippschliefer, zwei kleinen Fels und Geröll bewohnenden Säugetieren der afrikanischen Trocken- und Savannengebiete.
Dass es solche Artgemeinschaften in der freien Natur sehr häufig gibt, beantwortet bereits die häufig gestellte Frage, ob denn Mensch und Hund, als Angehörige zweier verschiedener Arten, überhaupt biologisch in der Lage wären, eine Gemeinschaft oder gar eine strukturierte Gruppe zu bilden. Warum sollen sie es nicht können, wenn es selbst Antilopen und andere Tiere in der freien Natur tun? Die Vorteile des Gruppenlebens sind für die Arten unterschiedlich, aber es lassen sich immer bestimmte Faktoren gemeinsam herausfiltern.

## SCHUTZ VOR FEINDEN

Der erste Faktor ist die Vermeidung des Gefressenwerdens. Um Feinden zu entgehen bzw. deren Angriffe wirkungslos werden zu lassen, sehen viele Augen einfach mehr. Zusätzlich gibt es den sogenannten Verwirrungseffekt: Ein Raubfeind kann sich eben nicht auf ein bestimmtes Tier konzentrieren, wenn viele andere Gleichartige mit herumstehen oder herumlaufen. Schließlich kommt auch der sogenannte Verdünnungseffekt zum Tragen, wenn hundert Tiere zusammenstehen und der Löwe kommt, ist die Überlebenschance für jeden einzelnen eben 99 %, wenn nur zehn zusammenstehen, ist die Überlebenschance für jeden Einzelnen eben nur maximal 90 %.

### WÄCHTER UND ALARMTIERE

Die Wachsamkeit ist nicht immer gleichmäßig auf alle Gruppenmitglieder verteilt, häufig gibt es Wächter, Alarmtiere, die bevorzugt an erhöhten Punkten oder anderen Aussichtsstellen sitzen oder stehen und

dort nach gefährlichen Lebewesen Ausschau halten. Solche Alarmtiere sind auch in der Struktur von Hundegruppen bzw. -rudeln beschrieben worden (Bloch, mündliche Mitteilung).
Wenn ein Gruppenmitglied sich während der Wachsamkeit für den Rest der Gruppe betätigt, wird dies oftmals durch eine besondere Lautgebung angekündigt. Verhaltensökologisch spricht man hier vom Nachtwächterlied (The Night Watchman's Song). Untersuchungen zu diesem Thema wurden z. B. in verschiedenen Arten, in Gruppen lebender afrikanischer Schleichkatzen durchgeführt. Kern et al. (2017) beschreiben das System an der Zwergmanguste, Rauber und Manser (2017) bei Erdmännchen, und auch bei verschiedenen Vogelarten wurden solche Beobachtungen schon erhoben. Bemerkenswert ist, dass dies durchaus auch im Zusammenleben zwischen Hunden oder Hunden und Menschen immer wieder auftritt: Wenn in einer Schlafgemeinschaft, gemischt aus mehreren Hunden und Menschen oder auch

*Das gilt auch für Hunde: Wer alleine ruht, schläft nicht so tief!*

nur aus Hunden bestehend, ab und zu ein Individuum hochschreckt, ein leises Wuff äußert und weiter schläft, dann ist dies offensichtlich einer der Mechanismen, mit denen den anderen mitgeteilt wird, dass derzeit die Luft rein ist (und eben nicht, wie viele Leute glauben, die Anzeige, dass der Hund etwas gehört hätte).

### GEMEINSAM RUHEN

Und noch etwas zeigen uns die Schlafgemeinschaften der Hunde: Nicht nur in der Wachphase, sondern gerade auch in der nächtlichen Schlafphase ist es besonders wichtig, wenn man einander bei der Wachsamkeit unterstützt und dadurch insgesamt die Gefahr eines unerwarteten und unbemerkten Angriffs reduziert wird. Dies zeigen z. B. die Beobachtungen von Stuart Williams (2006) am Äthiopischen Wolf, der sich genau zur Zeit des Rückzugs auf die Schlafplätze abends als Gruppe wieder sammelt, aber auch viele Beobachtungen und Beschreibungen von Schlafgemeinschaften bei Haushunden (vgl. Adams und Jonson, 1993, 1994). Auch Erfahrungsberichte aus unserer eigenen Beratung und die Arbeit von Nikolai Hoppe (Hoppe et al., 2017) beschreiben eine Reduktion von Hyperaktivität und eine insgesamt ausgeglichenere Grundstimmung bei Hunden, die nachts im Schlafzimmer oder in der unmittelbaren gefühlten und realisierten Nähe zu ihrer menschlichen Familie schlafen können.
Ob sie das dann auch im Bett tun, ist jedem selbst überlassen. Aber die unmittelbare Nähe zur Familie scheint auch bei Haushunden diese beruhigende Wirkung zu haben.
Die gemeinsame Verteidigung gegen den Angriff des Feindes ist dann natürlich sozusagen die Krönung der gemeinsamen Feindvermeidung. Auch solche Gruppenverteidigungen sind keineswegs nur auf große und wehrhafte Tiere beschränkt. Auch Kleintiere können gemeinsam sehr viel gegen den Feind ausrichten (siehe S. 298).

## NAHRUNGSQUELLEN

Der zweite wichtige Bereich, in dem Artgenossen eine Rolle spielen, betrifft die Findung und Erschließung von Nahrungsquellen. Gruppen können als Informationszentrum dienen. Wenn ein Tier eine besonders gute Futterstelle gefunden hat und dann zur Gruppe zurückkehrt, folgen ihm die anderen auch dann, wenn er sie nicht extra dazu auffordert. Auch die Beobachtung des Nachbarn bei der Nahrungssuche kann bereits helfen, die eigene Suche zu effektivieren. Und schließlich ist Gruppenjagd natürlich auch ein wesentlicher Teil der gemeinsamen Nahrungserschließung, und diese ist ja gerade bei geselligen Raubtieren sehr häufig als Vorteil der Gruppenbildung angeführt worden.

### JAGD BEI HUNDEARTIGEN

Die gemeinsame Jagd wird gerade bei Hundeartigen gerne als einer der wichtigsten Faktoren bei der Entstehung ihrer komplexen Sozialstrukturen diskutiert. Es gibt sehr wohl Befunde, die zeigen, dass ein größeres Rudel die besseren Chancen hat, wenn es zum Konflikt mit Nachbarn kommt, oder wenn es darum geht, die Beute zu verteidigen (mehr zur Rudelbildung auf S. 223). Weniger klar ist, ob auch eine Jagd an sich erfolgreicher wird, wenn sich mehr Wölfe, Wildhunde oder Kojoten zusammenschließen.
Untersuchungen an anderen, rudeljagenden Großraubtieren, z. B. Löwen, zeigen auch, dass es bei dieser Frage sehr darauf ankommt, wie man Erfolg misst:

- Erlegte Tiere pro Jagdversuch?
- Kilogramm Fleisch pro Rudelmitglied?
- Überlebensrate der Rudelmitglieder über Monate oder Jahre?

In jedem Fall aber ist eben der Hund kein Hypercarnivor (mehr), im Gegensatz zu Afrikanischem Wildhund, Waldhund oder (und letzerer ist es nicht mal nach dem Gebiss) Wolf.

### ZWISCHENARTLICHE JAGDGEMEINSCHAFTEN

Gerade die vielfältigen Beobachtungen zur Gruppenterritorialität von verwilderten Haushunden, die nicht von der Jagd auf größere Beutetiere, sondern vom vereinzelten Finden, meist von Menschen hinterlassener Nahrungsreste und anderer verteilter Nahrungsquellen leben, zeigen deutlich, welchen großen Stellenwert die Verteidigung des Nahrungsreviers für die Hundeartigen in der Gruppenbildung hat. Vielfältige Beobachtungen aus vielen Kontinenten (Zusammenfassung siehe Gansloßer und Kitchenham, 2019, dort auch weiterführende Literatur) bestätigen, dass die Gruppenjagd nicht der wichtigste Faktor in der Entstehung von Geselligkeit bei Hundeartigen ist. Auch in anderen Kontinenten, z. B. zwischen Mähnenwölfen und Greifvögeln in Südamerika, oder zwischen Bären und Korsakfüchsen in den asiatischen Steppen wurden solche Jagdgemeinschaften beschrieben (Näheres siehe Gansloßer und Kitchenham, 2019). Der Vorteil scheint in den allermeisten Fällen darin zu liegen, dass der größere, sei es der Bär oder der Mähnenwolf oder der Eisbär von der Such- und gegebenenfalls auch Aufscheuchtätigkeit des kleineren (Steppenfuchs, Polarfuchs) profitiert. Die wohl eindrücklichste Beschreibung des Zusammenlebens zwischen Hundeartigen und anderen Säugetieren beim gemeinsamen Nahrungserwerb sind die Berichte über Äthiopische Wölfe, die mit Dscheladas einer pavianverwandten Affenart im Hochland von Äthiopien gemeinsam umherziehen. Die Dscheladas leben nur von Gras und Wurzeln, bei dieser Nahrungssuche stöbern sie aber regelmäßig Wühlmausartige auf, und das ist die Hauptbeute der Äthiopischen Wölfe. Indem sich die Wölfe hier zwischen den nahrungssuchenden Affen bewegen, haben sie eine große Chance, diese aufgescheuchten Nager zu fangen. Einige Forscher betrachten dies sogar als ein mögliches Modell für das beginnende Domestikationsgeschehen, wie es ja auch zwischen Wolf und Mensch ursprünglich begonnen haben dürfte. Der „freiwillige" Verzicht darauf, Jungtiere der kooperierenden Art zu erbeuten, ist aber in jedem Fall wesentlich für diese Artgemeinschaft – genau wie bei der engen Kooperation von Wölfen mit Raben.

## WEITERE RESSOURCEN

Neben dem Beuteerwerb bzw. der Ausnutzung einmal gemachter Beute, ist auch die Zusammenarbeit bei der Sicherung und Erschließung anderer Ressourcen vielfach ein Faktor, der Sozialität befördert. Gemeinsame Revierverteidigung, gemeinsame Nutzung und Verteidigung von Schlafhöhlen und Schattenplätzen (wie etwa bei tropischen Felskängurus), Bildung von Schlafgemeinschaften gegen die Hitze oder Kälte in Wüstengebieten, all das können weitere Faktoren zur Entstehung einer Gruppenstruktur sein.

## FORTPFLANZUNGSGEMEINSCHAFTEN

Die speziellen Vorteile des sozialen Zusammenschlusses bei der Aufzucht, Verteidigung und Betreuung von Jungtieren werden noch ausführlich besprochen (siehe S. 325 ff.). Jedoch gibt es gerade in diesem Zusammenhang auch bei den Hundeartigen einen der wichtigen formenden Faktoren für die Geselligkeit. Gemeinsame Jungtieraufzucht, gemeinsame Jungtierverteidigung, unter Umständen sogar gemeinsame Versorgung der Jungtiere durch Fremdsäugen, sind nicht nur bei den großen, auf Großtierjagd spezialisierten Hundeartigen, sondern auch bei einer großen Zahl von kleineren fuchsartigen Kaniden, und auch bei den insektenfressenden Arten, z. B. dem Löffelhund aus dem südlichen Afrika, beschrieben worden. Bei

*Begrüßungsverhalten wird durchaus auch von älteren Individuen noch in der ursprünglich aus dem Welpenstadium übernommenen Form gezeigt.*

der Entstehung sozialer Gemeinschaften im Zusammenhang mit der Fortpflanzung sind, wie z. B. Hayes und Ebensperger (2016) darlegen, wiederum nochmals Unterscheidungen zu treffen: So geht es einerseits darum, ob in einer Gruppe nur ein oder mehrere weibliche Tiere zur Fortpflanzung direkt beitragen, ob es also nur einen Wurf von Jungtieren oder mehrere in der Gruppe gibt. Gerade die neueren Untersuchungen an Wölfen und anderen größeren Hundeartigen zeigen, dass bei guter Nahrungsversorgung auch mehrere weibliche Tiere im Rudel Nachwuchs bekommen und bisweilen sogar gemeinsam aufziehen können. Die „Entscheidung" darüber, das zeigen auch Daten des australischen Dingos, trifft die ranghöchste Fähe, flexibel und oft von Jahr zu Jahr wechselnd. Auch diese Flexibilität in der Fortpflanzungsstrategie ist wahrscheinlich Teil des Erfolgs des Wolfes in so vielen Ökosystemen.

## ANPASSUNG AN DIE UMWELT

Ebenso wichtig ist, dass die Gruppenbildung zur gemeinsamen Jungtierbetreuung und -aufzucht von schwankenden Umweltbedingungen abhängig ist. Auch hier sind z. B. die Beobachtungen an den australischen Dingos von Laurie Corbett (2006) sehr aufschlussreich: Die klimatischen und damit auch Nahrungsbedingungen in großen Teilen Australiens schwanken von Jahr zu Jahr sehr stark und oftmals auch unvorhersagbar. Gerade die dort lebenden Dingogruppen passen sich sehr flexibel an dieses System an, werden dann kleiner oder größer und können auch entweder ein oder im nächsten Jahr mehrere fortpflanzungsaktive weibliche Tiere enthalten.

Viele Untersuchungen und theoretische Überlegungen deuten sogar darauf hin, dass z. B. der überragende Erfolg des Grauwolfs und seiner Verwandten als Beutegreifer in vielen Kontinenten und Ökosystemen genau darauf beruht: Wenn die Beutetierdichte oder die häufigste Beutetierart wechselt, kann ein Wolfsrudel sich aufspalten, und dann auch in kleineren Einheiten auf die Jagd gehen. Wenn das einem Bären oder einem anderen, mehrere Hundert Kilogramm schweren Großraubtier passiert, können dessen Vorder- und Hinterbeine nicht getrennt auf die Jagd gehen oder unterschiedliche Fortpflanzungsstrategien verfolgen.

*Mittelgroß, kurzes, etwas störrisches gelb/braunes Haar, und ein ausgeglichener Körperbau: Dass viele sogenannte Straßenhunde in südlichen Ländern diese Merkmale aufweisen, ist als klimatische Anpassung zu verstehen.*

## SOZIALE IMPULSE

Positive Auswirkungen der Anwesenheit von Artgenossen sind über mehrere physiologische Wege erklärbar. Einerseits wird eine Verminderung der Produktion von Cortisol deutlich, also Glucocorticoiden aus der Nebennierenrinde, wenn Artgenossen und zwar nur solche, mit denen eine Beziehung oder gar Bindung besteht, anwesend sind und diese vielleicht sogar in sozialer Körperpflege, Beknabbern oder anderen direkten Körperkontakten engagiert sind. Die Wirkung sozialer Körperpflege wurde bei verschiedenen Studien auch bereits durch eine Senkung der Pulsfrequenz, des Blutdrucks und anderer Herz-Kreislauf-Werte deutlich. Zumindest in Bezug auf die Senkung der Cortisolwerte bzw. geringere Produktion von Cortisol wird deutlich, dass das Oxytocin, das wir als Bindungshormon kennengelernt haben, hier eine direkte Wirkung hat.

### ABBAU VON STRESS

Nachgewiesen ist zumindest, dass alles, was Oxytocinausschüttung fördert, zugleich in stressenden Situationen die Cortisolausschüttung dämpft. So wurden Injektionen von Oxytocin vor stressenden Situationen bei Menschen, Laborratten und anderen Versuchstieren durchgeführt und man konnte eine deutlich verringerte Stresswirkung feststellen. Ebenso ist die Stimulation der Zitzen bei weiblichen Säugetieren mit einer Ausschüttung von Oxytocin und einer daraus folgenden Reduzierung der Cortisolproduktion nachgewiesen. Welche genauen biochemischen Wege eingeschlagen werden, ist allerdings noch unklar.

Ein Autorenteam unter Führung von Evan McLean (McLean et al., 2017) hat erstmals auch Hunde, die in intensiver positiver Interaktion mit dem Menschen standen, bezüglich des Oxytocinwertes untersucht. Der Oxytocinspiegel, messbar sowohl im Speichel als auch im Blutplasma, stieg deutlich an, wenn diese Hunde positive Interaktionen mit Menschen gehabt hatten. Der Spiegel des als sogenanntes Eifersuchtshormon, aber auch in anderen Stress- und Aggressionszusammenhängen wichtigen Vasopressins dagegen stieg im Speichel der Kontrollgruppe, die keine menschlichen Interaktionen hatten, deutlich an, und sank im Plasma derjenigen, die deutliche Menschkontakte hatten. **Der Anstieg des Oxytocins und Abfall des Vasopressins konnte mit dem Ausmaß des freundlichen Verhaltens zwischen Hund und Mensch in Verbindung gebracht werden.** Durch Veränderungen des Oxytocinwerts bei den Hunden (Oxytocin-Nasenspray), zeigten verschiedene Arbeitsgruppen nicht nur eine verstärkte Orientierung am Menschen, sondern (Oliva et al., 2015) auch eine bessere Reaktion auf menschliche Zeigegesten (siehe S. 93).

### PAARBINDUNG

Bringt man ein männliches Meerschweinchen in Anwesenheit seiner persönlich gebundenen Partnerin, oder ein junges Meerschweinchen in Anwesenheit eines Wurfgeschwisters oder in Anwesenheit der Mutter in eine belastende Situation (hier geht es einfach nur um das Verbringen in einen unbekannten Raum), so ist die Stressantwort sowohl im Catecholamin- als auch im Glucocorticoidsystem praktisch nicht nachweisbar.

Anwesenheit eines anderen, zwar persönlich bekannten, aber nicht persönlich gebundenen Tieres dagegen führt zur gleichstarken Stressreaktion wie es bei alleiniger Anwesenheit in dieser belastenden Situation gewesen wäre. Persönlich gebundene Artgenossen, insbesondere Paarbindungspartner, können auch auf lange Sicht zu einer wesentlich gesünderen Konstitution führen.

Musterbeispiel dafür sind die „harmonischen Paare" bei den Spitzhörnchen oder Tupaias. Diese kleinen tagaktiven, nahe mit Halbaffen verwandten Tiere aus den Regenwäldern

*Spitzhörnchen oder Tupajas waren lange Zeit die Lieblingsforschungstiere der Stressforschung, die z. B. die Wirkung sozialer Unterstützung belegt haben.*

Südost- und Südasiens, dienen seit längerer Zeit als bekannte „Haustiere“ der Stressforschung. Bringt man ein Pärchen, das sich nicht kennt, zusammen, so gibt es drei mögliche Reaktionen:

- Etwa ein Drittel der Tiere verschwindet sofort im gemeinsamen Häuschen und ist zukünftig ein Herz und eine Seele. Im Labor sind diese „harmonischen Paare“ die einzigen, die sich auch vermehren.
- Von den verbleibenden zwei Dritteln ist wiederum etwa die Hälfte ständig in heftige Auseinandersetzungen verwickelt.
- Die andere Hälfte lebt wie ein altes Ehepaar nebeneinander her, und meckert sich nur an, wenn man sich zu nahekommt.

Beide Typen von unharmonischen Paaren vermehren sich im Labor nicht. Die harmonischen Paare dagegen zeigen innerhalb von wenigen Tagen eine erhebliche Verbesserung ihres gesamten Gesundheitszustandes. Der Immunstatus, gemessen an der Anwesenheit von Immunglobulinen im Blut, steigt, der Testosteronspiegel steigt, die Werte für Cortisol und Catecholamine gehen deutlich zurück. Besonders auffallend ist, dass nachts die Rate des Herzschlags und der Blutdruck sehr viel stärker abfallen, die Tiere schlafen also sozusagen wesentlich besser. In anderen Untersuchungen zeigte sich, dass gerade diese nächtliche Absenkung von Pulsrate und Blutdruck für ein dauerhaft gesundes Herz-Kreislauf-System zuständig ist.

## RANGORDNUNG

Ein weiteres Beispiel zeigt deutlich die Bedeutung sozialer Stabilität für die Reduktion von belastenden körperlichen Auswirkungen. Wenn man einem ranghohen Javaneraffen eine cholesterinreiche Nahrung verfüttert, so findet man keinerlei Änderungen in den Blutgefäßen und keinerlei Gefahr von Ablagerungen, solange die Rangordnung in dieser Gruppe stabil ist und der Ranghohe sich also seiner Position sicher sein kann. Sorgt man experimentell durch Hinzufügen oder Herausnehmen von Tieren für soziale Unruhe, so muss der Ranghöhere seine Position ständig neu demonstrieren und wird auch in Auseinandersetzungen verwickelt. Dies führt innerhalb von wenigen Tagen zu einem Anstieg der Blutcholesterinwerte und zur beginnenden Ablagerung, also einer arteriosklerotischen Gefäßerkrankung.

## Soziale Unterstützung

Wie stark die Wirkung der sozialen Unterstützung wiederum von der Sozialstruktur der betreffenden Art abhängig ist, zeigen Vergleiche verschiedener südamerikanischer Affenarten: Die paargebundenen Springaffen, ebenso wie die in persönlich gebundenen Familiengruppen lebenden Krallenaffen verschiedener Arten, zeigen die Wirkungen sozialer Unterstützung in Konfrontation mit Fremden nur, wenn ein persönlich gebundener Artgenosse anwesend ist. Die in größeren Gruppen lebenden Totenkopfaffen dagegen zeigen diese Wirkungen auch bei Anwesenheit eines zwar persönlich bekannten, aber nicht individuell gebundenen Gruppenmitglieds. Bei Totenkopfaffen wirkt auch die Anwesenheit von mehreren Bekannten stärker als die Anwesenheit von nur einem Bekannten.

Auch beim Menschen sind vergleichbare Unterschiede nachweisbar: In mehreren Studien konnte man zeigen, dass in besonders belastenden Situationen Gespräche nur mit langjährigen Bekannten (zu denen also eine individualisierte Beziehung besteht) stressmildernde Wirkung haben, Gespräche mit anderen Personen dagegen nicht.

Je nach Aufgabe und Bedeutung der Gruppe, ist dann auch eine unterschiedliche Zahl von Individuen in einer solchen Gruppe als optimal zu betrachten (siehe S. 205 f.).

*Die meisten altweltlichen Affen leben nicht in Familiengruppen oder paarweise, sondern in Matrilinen, also durch weibliche Verwandtschaft strukturierten Clans.*

# GESELLIGKEIT UND SOZIALVERHALTEN

## KOMPLEXITÄT

Es hat immer wieder Versuche gegeben, die Themen Geselligkeit oder Sozialität einer Art oder eines Individuums zu definieren und mit anderen zu vergleichen. Hendrichs (1978) hat die Begriffe und ihre Komplexität wenigstens etwas zu sortieren versucht. Er unterscheidet dabei die **soziale Komplexität**, das heißt die Sozialstrukturen, von der **physiologischen Komplexität**, zu der nicht nur die unterschiedlichen Stress- und Copingreaktionen gehören (siehe S. 143), sondern auch die Hirndaten, die wir später noch kennenlernen werden (siehe S. 240). Dazu rechnet er als weitere Bereiche der Komplexität die sogenannte **mentale Komplexität**, die Fähigkeit zum Erkennen und Differenzieren. Dies würde etwa unserem Begriff der sozialen Kognition (siehe S. 247) entsprechen. Und schließlich die **Verhaltenskomplexität** von motorischen und mimischen Fähigkeiten, also die Komplexität der verschiedenen Aktionen und Signale im Sinne des bereits beschriebenen Schichtenaufbaus. Hendrichs hat dargelegt, dass es eine Reihe von gegenseitigen Abhängigkeiten in diesem Bereich gibt, und dass Unterschiede, etwa in der Feindvermeidung oder Nahrungssuche, nicht ausreichen, um die unterschiedliche Geselligkeit zu erklären. So stellt er fest, dass eine höhere mentale und verhaltenstypische Fähigkeit zwar eine physiologische Komplexität, aber nicht notwendigerweise eine komplexe soziale Organisation benötigt. Eine komplexe soziale Organisation muss ihrerseits nicht notwendigerweise mit einer hohen mentalen Komplexität einhergehen, aber auch umgekehrt eine höhere mentale Komplexität ist keineswegs unbedingt nur mit einem komplexerem Sozialsystem zu erklären.
Ein beispielhaftes Verhalten für diese Aussage wäre etwa das des Orang-Utans, der ein ausgesprochener Einzelgänger ist, zumindest eine der beiden Arten. Trotzdem ist er im Zoo als der „ultimative Werkzeugverwender“ bekannt, der so ziemlich jede Schraube und jeden Apparat aufbekommt.

*Waldhunde gehören zu den am stärksten an fleischliche Kost angepassten Hundeartigen.*

*Waldhunde sind zwar anatomisch eher ursprünglich, sozial aber sehr komplex organisierte Wildhunde aus Südamerika.*

## SOZIALITÄT UND STAMMESGESCHICHTLICHE ENTWICKLUNG

Letztlich stellt Hendrichs fest, dass die fehlende soziale Komplexität zwar eine Folge fehlender verhaltensmäßiger und physiologischer Fähigkeiten sein kann. Man darf, wie Hendrichs und andere dargelegt haben, auch Geselligkeit oder „höhere soziale Organisation“ nicht mit der Zahl von Artgenossen in einer Sozialeinheit gleichsetzen. Selbst in geschlossenen Gruppen müssen nicht alle Mitglieder, auch wenn sie einander individuell kennen, Beziehungen zu jedem anderen Mitglied ausbilden und diese auch noch überbrücken. Um Aggregationen koordiniert verhalten zu lassen, bedarf es nur Wahrnehmungs- und Verarbeitungsfähigkeiten, z. B. im Bereich der Individualdistanzen. Nur bei geschlossenen Gruppen, mit individuellen Beziehungen, steigt die Belastung der Individuen mit zunehmender Individuenzahl auch an, insbesondere wenn mehrere reproduktiv-aktive männliche Tiere zur Verfügung stehen. Innerhalb der Familie der Hundartigen gibt es dafür ein bemerkenswertes Beispiel: Der südamerikanische Waldhund (*Speothos venaticus*), der scherzhaft als Anden- oder Inkadackel bezeichnet wird, weil er tatsächlich eine gewisse Ähnlichkeit mit kleinen kampfhundhartigen Rassen aufweist, lebt in den mit Abstand größten Sozialverbänden. Gruppen von 30 bis 40 Tieren werden regelmäßig beschrieben (Zuercher, 2006), und gehen z. B. auch kooperativ auf die Jagd auf große Beutetiere. Sie treiben z. B. Tapiere, eine sehr wehrhafte, mehrere Hundert Kilogramm schwere Art von ursprünglichen Huftieren (Nashornverwandte) ins Wasser, um sie dort dann gezielt zu erlegen. Trotzdem haben Untersuchungen des Sozialverhaltens (z. B. Biben, 1983) eine recht einfache Interaktionsstruktur und wenig ritualisierte Elemente der sozialen Kommunikation gezeigt. Auch die anatomischen Untersuchungen zur Gehirnstruktur, zum Skelett und anderer morphologischer Merkmale, lassen den Waldhund sehr nahe an der Basis der Familie der Hundeartigen stehen, wie z. B. Wang et al. (2006) darstellen.

*Murmeltiere, obwohl als Hörnchenartige stammesgeschichtlich eher ursprüngliche Nagetiere, haben ein sehr komplexes Sozialsystem.*

Die genannte Art ist also ein gutes Beispiel dafür, dass nicht alle Bereiche des sozialen Verhaltens und der Geselligkeit gleichermaßen mit einer hoch entwickelten Gehirnstruktur, oder mit einem sehr komplexen Verhaltensrepertoire einhergehen müssen.
In vielen Fällen hat die Sozialität also nichts mit stammesgeschichtlicher Entwicklung zu tun, eine Reihe von sehr naheverwandten Arten haben sehr unterschiedliche komplexe Sozialsysteme. Bei den Säugetieren finden sich hierfür viele weitere Beispiele, z. B. die Mangusten, die auf einem sehr niedrigen stammesgeschichtlichen Niveau innerhalb der Raubtiere eine sehr komplexe Sozialstruktur ausbilden, oder die Murmeltiere und Biber innerhalb der Nagetiere.
Soziale Komplexität und auch mentale Komplexität finden sich durchaus außerhalb der Ordnung der Primaten, trotzdem werden als Musterbeispiele in vielen Fällen eben immer noch Primaten angeführt. Dies liegt einfach an dem früheren Schwerpunkt der Primatenhaltung und -forschung im Rahmen der Kognitionspsychologie.
Es wäre sehr spannend, wenn noch mehr solche Untersuchungen, z. B. an Hundeartigen, mit unterschiedlichen Sozialsystemen wiederholt werden. Auch Rassevergleiche konnten hier aufschlussreich sein.

# SOZIALE STEUERUNGS-MECHANISMEN

## GEHIRNGRÖSSE

Man hat bereits seit Langem versucht, auch das Gehirn bzw. dessen Größe mit sozialen Fähigkeiten in Verbindung zu bringen. Die meisten Arbeiten haben sich dabei auf die gesamte Hirngröße bezogen und sind, wegen der unterschiedlichen Anforderungen an die verschiedenen Hirnabschnitte, nicht wirklich weit gekommen. Bezüglich sozialer Beziehungen konnten zunächst R. Dunbar und seine Gruppe (Dunbar, 1998; Dunbar und Bever, 1998; Kudo und Dunbar, 2001) zeigen, dass es vorwiegend die Größe der Neuhirnrinde, des Neocortex ist, die positiv mit sozialen Beziehungen korreliert: **Je größer, relativ gesehen, die Hirnrinde, desto größer die durchschnittliche Gruppengröße und, zumindest bei Primaten, auch die Größe der durch soziale Körperpflege aufrechterhaltenen Koalitionen.** Dunbar und Bever (1998) haben die gleichen Betrachtungen bezüglich der Hirnrinde auch bei Raubtieren, einschließlich einer größeren Zahl von Canidenarten, angestellt und auch hier die Beziehung bestätigt. Weitergehende Analysen, vergleichbar mit den Laus-Koalitionen, stehen leider noch aus. Ebenfalls nur für Primaten wurde auch eine positive Beziehung von Neuhirnrindengröße zur Länge der Jugendentwicklung (nicht aber z. B. der Trag- oder Säugezeit), und eine indirekte Beziehung zwischen der Neuhirnrinde und der Rangabhängigkeit des Fortpflanzungsprivilegs bei Männchen festgestellt: Je mehr Neuhirnrinde, desto bessere Chancen haben Rangtiefe! Auch diese Beziehungen sind bei anderen Säugern noch nicht getestet.

## HORMONELLE EINFLÜSSE

Der „wahre Kern“ der sozialen Steuerung im Gehirn, und das gilt offenbar für alle Wirbeltiere (Studien an Bootsmannfischen, Geckos, Prachtfinken, Hamstern, Ratten und Feldmäusen!), liegt tiefer (Übersichten bei Curley und Keverne, 2005; Keverne und Curley, 2004; Goodson, 2005; Neumann und Newman, 1999; Young, 1999). Es handelt sich um ein Netzwerk von sechs Gebieten, davon fünf aus dem limbischen System (unter anderem mehrere Hypothalamus-Gebiete des Zwischenhirnbodens, einige Teile des Mandelkerns und der sogenannten medialen präoptischen Region) und ein zentraler Teil des Mittelhirns. Diese sechs Regionen sind miteinander in mehrfacher Weise verbunden und durch eine, je nach Sozialsystem unterschiedliche Dichte und Verteilung von Rezeptoren für Botenstoffe und Hormone charakterisiert. Dabei spielen neben den Geschlechtssteroiden Östrogen und Testosteron (in **beiden** Geschlechtern, siehe S. 329), auch die beiden Eiweißhormone Oxytocin und Vasopressin aus der Hirnanhangdrüse eine Rolle.
Gerade die oxytocin- (bei Weibchen!) und vasopressin- (bei Männchen!) empfindlichen Regionen haben einerseits Verbindung zu den Regionen, die Sinneseindrücke empfangen (z. B. Riechsystem bei Nagern), andererseits zum hirneigenen Belohnungssystem (z. B. dem Dopamin).
So wird in komplexer Art die Erkennung eines Individuums an dessen speziellen

Eigenschaften belohnt, dadurch soziales Lernen gefördert und eine Bindung an dieses Tier erleichtert bzw. ermöglicht. Die Zusammenhänge gerade des als „Care-System", also Fürsorgesystem, bezeichneten emotionalen Gehirnteils, der eine der sieben unterscheidbaren Emotionssysteme darstellt (siehe S. 199 ff.), und der Aufbau sozialer Beziehungen und Bindungen sind mittlerweile in einer Reihe von Untersuchungen allgemein dargelegt worden. So wird bei der Ausbildung einer sozialen Beziehung, in Richtung Bindung gehend, beim Menschen neben dem Fürsorgesystem eben auch das Belohnungssystem aktiviert. Die Attraktivität des Bindungspartners wird nochmals an einer anderen Stelle im Gehirn, nämlich im Großhirn bewertet. Kommt es dann zu einer als romantische Liebesbeziehung bezeichneten, also auch unter anderem sexuell orientierten Beziehung, dann spielt noch das Lustsystem mit, ein weiteres der sieben ursprünglich beschriebenen Emotionssysteme (siehe S. 199 ff.).

## GLEICHE SYSTEME BEI MENSCH UND ANDEREM TIER

Gerade im Zusammenleben von Mensch und Hund sind die genannten Zentren, mit Ausnahme des Lustsystems, beteiligt. Menschen, die in Gehirnscanuntersuchungen von ihrem Hund erzählen bzw. ein Bild von ihm sehen, Hunde, denen der Duft oder die Stimme ihres Hauptbezugsmenschen vorgespielt werden, reagieren mit gleichen oder ähnlichen Aktivierungen im Gehirnscan wie Mütter oder Väter, die von ihren Kindern erzählen.

Auch die Untersuchungen von Menschen mit schwerem Liebeskummer, die man pietätvollerweise als Modell für Studien an trauernden Menschen herangezogen hat, zeigen vergleichbare Aktivierungen im Gehirn wie z. B. auch Meerschweinchen, deren bevorzugter Bindungspartner abhandengekommen ist.

Durch „Hochfahren" der Produktion von Rezeptoren in bestimmten Situationen (z. B. bei Müttern kurz vor Geburt) und Anregung der Hormonausschüttung durch intensiven Sexualkontakt in der Frühphase der Paarbindung, wird dies noch erleichtert. Jedoch besitzen die genannten Hormone und Hirnregionen weitere Verknüpfungen. So werden Revierverteidigung, männliche Aggression, aber auch „Kontaktbedürfnis" bei Männchen, weibliches Sexualverhalten, soziale Erregung und sozialer Stress ebenso über diese Knotenpunkte gesteuert. Das Ganze ist hochgradig artverschieden, je nach Sozialsystem und Grad der Geselligkeit. Zudem findet man (nachgewiesen z. B. bei paarbildenden Feldmäusen) eine hohe individuelle Variabilität in der Rezeptordichte und damit in der Erregbarkeit. Diese Variabilität bzw. die individuelle Ausprägung ist langzeitlich Folge eines stabilen, eventuell lebenslangen Charakteristikums und daher auch durch Kastration unbeeinflussbar.

*Hunde möchten mit dem Menschen kooperieren.*

## UNTERSCHIEDLICHE BEZIEHUNGSFÄHIGKEIT

Man darf sich nun nicht so einfach vorstellen, jede Hirnregion wäre für einen Teil des Verhaltens zuständig. Vielmehr scheint eine zeitliche Abfolge verschiedener Verhaltensweisen und Sinneseindrücke ein charakteristisches, zeitlich aufeinander abgestimmtes Muster von chemischer und elektrischer Aktivität in den verschiedenen Regionen zu verursachen. Diese genauen zeitlichen Muster der Aktivitäten, Hormonschwankungen und daraus wieder resultierenden Verhaltensweisen bestimmen, welcher Verhaltensbereich (z. B. männliches bzw. weibliches Sexualverhalten, Reviermarkierung bzw. -verteidigung) abgerufen wird. Diese spannende Thematik müsste uns eventuell auch beim Verständnis der unterschiedlichen „Geselligkeiten" bzw. der Beziehungsfähigkeit verschiedener Hunderassen helfen, diese zu erklären! Zumindest die unterschiedliche Aktivität und unterschiedliche Ausbildung von Oxytocinrezeptoren (Kis et al., 2017; vonHoldt et al., 2017) wurde bereits mit Rasse- und individuellen Unterschieden in der Geselligkeit und Menschbezogenheit von Hunden verschiedener genetischer Linien belegt.

Ebenso belegt (siehe Cook et al., 2014) ist die unterschiedliche Reaktion von Hunden im Gehirnscan, wenn entweder ihr eigener oder ein fremder Mensch eine positive oder negative Botschaft überbringt, und der dabei jeweils wieder auftretende Zusammenhang mit Persönlichkeitsfaktoren wie Geselligkeit und Menschenfreundlichkeit, oder auch latente Aggressionsbereitschaft bei diesen Hunden. Hunde mit einer hohen Punktzahl im Persönlichkeitsfaktor Aggressionsbereitschaft reagierten sehr unterschiedlich, ihre „Enttäuschung" war beim fremden Versuchshelfer oder beim Computerbild wesentlich größer als beim vertrauten Menschen. Hunde, die im Bereich der Faktoren Aggressionsbereitschaft und Geselligkeit zum Menschen bzw. Bindungsbereitschaft einen

*Für die meisten Rassen ist es ausreichend, wenn sie den vierbeinigen Artgenossen dabei tolerieren.*

geselligeren Typ repräsentierten, reagierten wesentlich heftiger auf die Ankündigung ihres vertrauten Menschen und waren weniger enttäuscht, wenn der fremde Versuchshelfer das Signal „heute kein Hot Dog“ gab. Gerade beim Überbringen negativer Botschaften, die ja im Rahmen der Erziehungsprozesse regelmäßig notwendig sind, ist also auch eine qualitativ gute Beziehung zum Menschen notwendige Voraussetzung.

## SOZIALE KOGNITION

Eine weitere, wenn auch eher im Tier selbst zu findende Voraussetzung für komplexere soziale Beziehungen, betrifft die Fähigkeit zur sogenannten sozialen Kognition.
Eine Vielzahl neuerer Untersuchungen zur sozialen Kognition (siehe Kasten) wurde erstmals nicht nur mit den traditionellen Versuchstieren Affen und Menschenaffen gemacht. Um mit einem besonders bemerkenswerten Beispiel zum letztgenannten Bereich zu beginnen (Emery und Clayton, 2005): Viele Rabenvögel verstecken Futter (genau wie Hundeartige!). Bei einem Versuch mit einer amerikanischen Häherart, ließ man ein Tier Vorräte in An- oder Abwesenheit eines Artgenossen verstecken. Nur diejenigen, denen ein Artgenosse zusah und die selber schon mal die Vorräte anderer Artgenossen geplündert hatten, kehrten hinterher, sobald sie allein waren, zurück und suchten ein neues Versteck frei nach dem Motto: „Was ich denk und tu, das trau ich auch dem andern zu!“ Es wäre spannend, diese Versuche mit verschiedenen Hundeartigen zu wiederholen!

### SOZIALE KOGNITION

Zu dieser Fähigkeit rechnet man unter anderem die Erkennung und Kategorisierung von Artgenossen und ihrer Emotionen, die Bildung und den Unterhalt sozialer Beziehungen, das soziale Lernen, die Manipulation anderer im eigenen Sinne durch Kommunikation, die Fähigkeit zur Planung kooperativen Vorgehens und zum Hineinversetzen in andere (Miklósi et al., 2004).

### WAHRNEHMUNG VON ARTGENOSSEN

Bei einer Reihe von Gattungen der Säugetiere gibt es so viele verschiedene Arten, dass es möglich ist, die Arterkennung dieser Tiere auch durch entsprechende Versuche zu testen. Emery und Kletel (2005) zitieren z. B. eine Untersuchung an Japanmakaken, einer asiatischen, dem Rhesusaffen verwandten Art, die in der Lage waren, Mitglieder ihrer eigenen Art von sehr nahe verwandten anderen Arten zu unterscheiden. Andere Untersuchungen der zur gleichen Gattung gehörenden Langschwanzmakaken zeigten, dass sie nicht nur in der Lage sind, Gesichter ihrer Gruppengenossen im Frontal-, also Porträtblick zu unterscheiden, sondern auch in der Lage waren, anschließend ihnen unbekannte Profilaufnahmen von bekannten und unbekannten Affen sinnvoll zu sortieren. Sie waren also zu dieser Übertragungsleistung fähig.
Im Bereich der sozialen Beziehungen, ihrer Manipulation und Regelung hat Kummer (2001) eine Reihe von Beispielen angeführt. So sind Affen verschiedener Arten, von Makaken und Pavianen bis zu Menschenaffen, offensichtlich in der Lage, ihre Beziehungen nach einem Konflikt durch Versöhnung zu reparieren (siehe S. 243). Kummer erwähnt bereits, dass anekdotische Beobachtungen von Tierpflegern und Zirkustierlehrern solche Fähigkeiten auch bei Großkatzen aufzeigen. Mittlerweile ist Versöhnungsverhalten auch als wichtiger Bestandteil sozialer Konfliktregulation bei Hundeartigen wiederholt untersucht worden (Mehrabani et al., 2015)

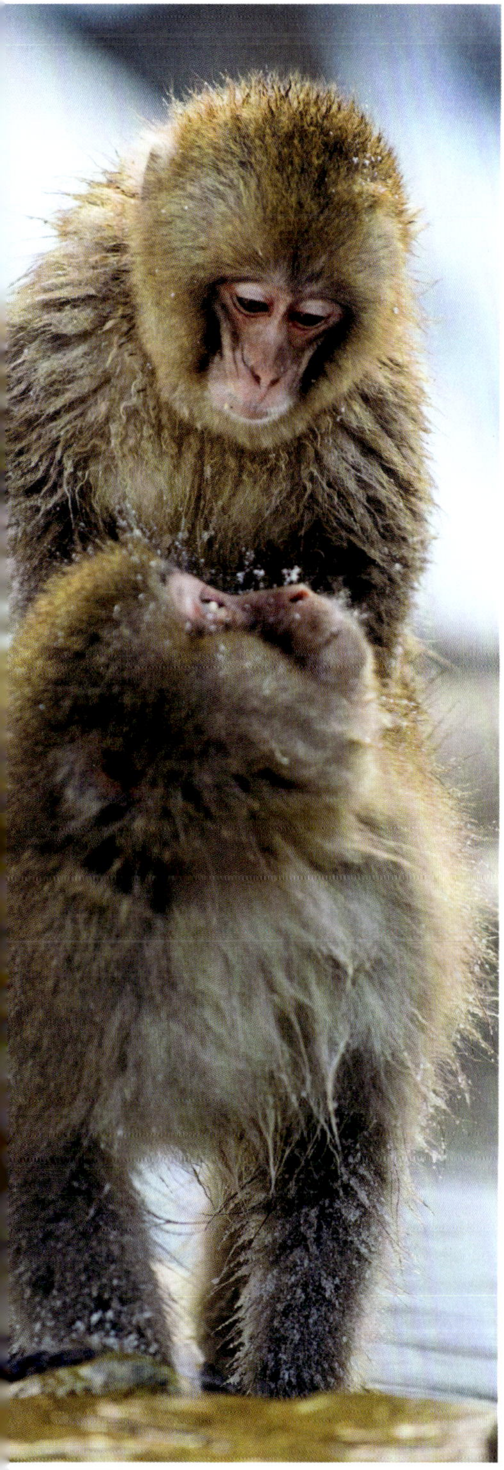

*Japanmakaken können die Gesichter ihrer Artgenossen unterscheiden.*

## Nutzen von Artgenossen

Ein zweites interessantes Thema der Kummerschen Zusammenstellung ist die Tatsache, dass Affen den Nutzen eines Gruppenmitglieds für sich selbst offenbar sehr gut erkennen und danach handeln können. Wenn man Javaneraffen, wieder eine Makakenart, die Möglichkeit gibt, durch einen Hebeldruck Futter zu erwerben, während die anderen Gruppenmitglieder darauf angewiesen sind, von diesem hebeldrückenden Individuum etwas abzubekommen, so werden in der darauffolgenden hebeldruckfreien Beobachtungszeit die ranghohen Gruppenmitglieder überwiegend denjenigen sozial groomen (sich gegenseitig das Fell pflegen) und sich mit ihm freundlich beschäftigen, von dem sie vorher sehr viel abbekommen haben. Der hebeldrückende Rangtiefere dagegen ändert sein Pflegeverhalten den Ranghöheren gegenüber nicht.

Dass Affen verschiedener Arten in der Lage sind, individuelle Bevorzugungen zwischen Dritten, also zwischen anderen Artgenossen zu erkennen und für sich einzuordnen, zeigen weitere Untersuchungen der Kummer-Gruppe, in denen ein Pavianmännchen die Paarbeziehung eines Rivalen mit dessen Partnerin beobachten musste. Hinterher hatte er die Möglichkeit, dieses Weibchen „abspenstig" zu machen. Es zeigte sich, dass Pavianmänner es nur bei solchen Weibchen versuchten, deren Beziehung zu ihrem vorherigen Partner nicht sehr stabil und etwas wackelig war. Je stärker das Weibchen seinen Gatten unter allen Männchen der Kolonie bevorzugt hatte, desto stärker war das „Anbaggern" des Beobachters gegenüber ihr gehemmt.

## Gezielte Versöhnung

Affen und Menschenaffen sind sogar in der Lage, diesen Einblick in die Beziehung von Dritten für sich selbst zu nutzen, indem sie gezielte Versöhnungen zwischen anderen Gruppenmitgliedern herbeiführen.

*Schimpansenjunge und auch Heranwachsende lernen sehr viel durch die Beobachtung ihrer Mütter und anderer Artgenossen.*

Solches war zunächst nur exakt dokumentiert von Menschenaffen, den Schimpansen: Wenn zwei Männchen einer Schimpansengruppe eine Auseinandersetzung miteinander hatten, kam es häufiger vor, dass sich ein Weibchen hinterher einem der beiden näherte, mit ihm eine kurze Körperpflegesitzung begann und sich dann ganz langsam auf den anderen ehemaligen Streithahn zu bewegte. Blieb er zurück, kehrte sie um und nahm ihn zum Teil sogar am Arm, um ihn zu seinem Ex-Gegner zu führen. Kamen die beiden dort an, begannen beide Männchen meist sofort gemeinsam das Weibchen zu kraulen, sie musste nur noch aufstehen und sich zurückziehen, um die Versöhnung zwischen beiden perfekt zu machen. Inzwischen gibt es auch hier Wolfs- und Hundebeispiele (siehe Mehrabani et al., 2015).

## SOZIALES LERNEN

Eine weitere Form der Untersuchung sozialer Kognitionsfähigkeiten beschäftigte sich mit der Frage, inwieweit Tiere in der Lage sind, die Blickwinkel und Perspektiven eines Artgenossen einschätzen zu können. In diesem Fall wurden überwiegend Versuche durchgeführt, die zeigten, dass Affen sehr wohl in der Lage sind, zu erkennen, dass der Blickwinkel und die Blickrichtung eines Artgenossen zwangsläufig, zumindest wenn dieser weit von ihnen entfernt sitzt, ein anderer sein muss als ihr eigener. Schließlich ist auch die Fähigkeit zum sozialen Lernen eine der wichtigen Bestandteile des sozialen Kognitionsapparates. Untersuchungen des Perspektivwechsels und der Einschätzung von Blickwinkeln und Blickeinschränkungen zwischen Hund und Mensch sind jedoch mittlerweile z. B. durch die Arbeiten von Juliane Kaminski und Juliane Bräuer (Kaminski und Bräuer, 2014) eindeutig belegt. Auch Hunde sind in der Lage zu erkennen, was der Mensch sehen kann, oder was einem anderen Sozialpartner derzeit durch ein Sichthindernis oder einen abgedunkelten Raum verborgen bleibt.

### Lokale Verstärkung

Soziales Lernen kann aus verschiedenen Bestandteilen bestehen. Im einfachsten Fall handelt es sich um ein relativ simples Phänomen, das man als lokale Verstärkung oder auch Reizverstärkung bezeichnen kann. In diesen Fällen wird die Aufmerksamkeit eines Tieres nur dadurch auf einen bestimmten Ort oder auf einen bestimmten Gegenstand und die von ihm ausgehenden Reize gelenkt, wenn ein Artgenosse sich damit beschäftigt. Man geht dann einfach unbedarfter dorthin und sieht nach, oder man nimmt die Nahrung, die der Artgenosse vorher gefressen hat, leichter auf. Zu diesen Beispielen zählen die Futtertraditionen bei Ratten: Wenn eine Ratte ins heimatliche Gebiet kommt und nach einem bestimmten Futtertyp riecht, werden die Artgenossen leichter bereit sein, diesen Futtertyp auch aufzunehmen, wenn sie ihn das erste Mal sehen.

### Konditionierungsvorgänge

Eine weitere Form sozialen Lernens besteht aus Konditionierungsvorgängen, insbesondere klassischen Konditionierungen. So lernen etwa Affen die Furcht vor Schlangen leichter durch die Beobachtung der Interaktion anderer Artgenossen mit diesen Tieren kennen. Jedoch ist eine gewisse innere Prädisposition zu diesem Verhalten vorhanden. Es lässt sich zeigen, dass die Reaktion auf Schlangen leichter konditionierbar ist als die auf Groomen oder auch auf Gartenschläuche. Bei einigen Untersuchungen mit Menschenaffen konnte man auch eine Vorgehensweise beobachten, die zeigte, dass der Beobachter offensichtlich das Ziel der Handlung des Demonstrators erkannt und sich dann seine „eigenen Gedanken dazu" gemacht hat. Wenn man einem Schimpansen vorführt, dass er mit einem umgekehrten, mit den Zinken nach oben zeigenden Rechen Futter heranziehen kann, wird der Schimpanse mit gleicher Wahrscheinlichkeit den Rechen in die andere Richtung drehen und hat damit gezeigt, dass er verstanden hat, worum es wirklich geht, anstatt einfach nur zu imitieren. Solche als Ziel-Emulation bezeichneten kognitiven Fähigkeiten zeigen auch Hunde, wenn sie etwa einen Knopf, den der menschliche Demonstrator mit der Hand bedient, anschließend mit der Schnauze anstupsen (Miklósi et al., 2004). So einfach das erscheint, hat es doch gezeigt, dass der Hund das Ziel der Handlung verstanden, anstatt nur die Handlung des Demonstrators imitiert hat. Die besten Beispiele zur Nachahmung von Aktivitäten, selbst wenn sie keine wirklich zielgerichtete Vorgabe hatten, stammen von Graupapageien, die z. B. lernten, immer bei einem bestimmten Wort gleichzeitig zu winken oder ihre Zunge herauszustrecken. Dass sie dies auch taten, wenn sie alleine waren und über Videoüberwachung beobachtet wurden, zeigt, dass keine unbewussten Einflüsse des Demonstrators mitwirkten.

### Selbsterkennungsfähigkeiten

Letztlich gehören zu diesem Bereich auch die Untersuchungen über die Selbsterkennungsfähigkeit von Tieren im Spiegel (Emery und Clayton, 2005). Hier zeigt sich, dass vorwiegend höhere Primaten, Elefanten sowie Delfine in der Lage sind, ihr Spiegelbild zu erkennen und auf entsprechende Veränderungen ihres Gesichts zu reagieren. Jedoch sind durchaus auch andere Studien zu dem Ergebnis gekommen, dass dies bei Vögeln mancher Arten ebenfalls möglich sein soll. Möglicherweise handelt es sich also hier doch um ein Beispiel für den bereits genannten „Schimpuzentrismus", die Tatsache, dass bestimmte, also komplexgebende Verhaltensweisen eben nur bei sogenannten höchstentwickelten Tieren gesucht werden. Inzwischen hat man diese Eigenschaft auch bei Elefanten nachgewiesen. Auf geruchlicher Basis zumindest, sind solche Effekte bei Hunden ja auch schon deutlich nachgewiesen.

### Täuschungs- und Verwirrmanöver

Zu den am weitesten verbreiteten Fällen sozialer Kognitionsleistungen, gehören sicher taktische Täuschungs- und Verwirrmanöver, die in einer Vielzahl von beobachtenden Studien an Tieren im Labor wie auch im Freiland beschrieben wurden. Eine sehr umfassende Liste solcher taktischer Verwirr- und Täuschungsmanöver haben Whiten und Byrne (1988) zusammengestellt und klassifiziert. Dazu gehört z. B. die Unterdrückung von Information, das heißt, man wird ausgesprochen schweigsam und geht unauffällig weg, wenn man als Rangtiefer ein besonders gutes Futterstück gefunden hat. Oder man verbirgt das eigene Tun, indem man heimlich außer Sichtweite Ranghöherer Werbeverhalten zeigt. Dazu gehört das Ablenken oder Wegführen, z. B. durch Äußerung von Warnrufen, die man dann selbst nicht befolgt und damit an das begehrte Futter kommt. Dazu gehört auch die Nutzung von Artgenossen als soziale Werkzeuge, etwa im Bereich des sogenannten „gesicherten Drohens“: Wenn ein rangtiefer Pavian so droht, dass ein ranghöheres Tier zwar diese Drohung auf sich bezieht, gleichzeitig jedoch der Rangtiefe dem gemeinsamen ranghöchsten Dritten, etwa dem Gruppenanführer, das Hinterteil beschwichtigend hinhält, so wird der ursprünglich bedrohte Rangmittlere, wenn er die Falle nicht merkt, zurückdrohen oder sogar angreifen. Der Ranghohe bezieht diese Aktivität dann auf sich und greift seinerseits den attackierenden Rangmittleren an.
Andere Beispiele dazu sind Jungtiere, die von ihrer Mutter abgewiesen werden, dann zu einem Gruppenmitglied gehen und dieses solange ärgern, bis sie bedroht oder angegriffen werden. Daraufhin kommt garantiert die Mutter und nimmt ihr Junges tröstend an die Brust.

*Japanmakaken, einer der am weitesten nördlich vorkommenden Rhesusaffen-Verwandten, sind bekannt für die Traditionsbildungen bei der Nahrungszubereitung.*

*Im Gegensatz zu Hundeartigen, sind die Neugeborenen unserer Affenverwandtschaft sogenannte Tragjunge. Ein Hundewelpe möchte aber im Gegensatz zu unseren Babys nicht herumgetragen, sondern an einem sicheren Ort abgelegt und dort von einem freundlichen Sozialpartner versorgt werden.*

Ein letztes Beispiel zu diesem Thema: Ein halbwüchsiger Husarenaffe nimmt ein Kind und geht damit zu einem ranghöheren Männchen, er ärgert es solange, bis dieses angreift. Das Kind bezieht den Angriff auf sich, kreischt und alle Weibchen greifen das Männchen an. Diese Beobachtungen sind keineswegs auf Affen beschränkt. So wurden Ablenkmanöver durch falsche Warnrufe bereits bei Bibern, Bodenhörnchen und anekdotischen Berichten zufolge auch von Hunden immer wieder gesehen. Auch ein Impalamännchen, eine Antilopenart aus Afrika, das in einen Busch in der Nähe der Reviergrenze starrt, als ob dort ein Leopard verborgen wäre und damit die Weibchengruppe vom Überschreiten der Reviergrenze und Passieren zum Nachbarn abhält, wie es Peter Jarman (mündlich) beobachtet hat, kann in diese Kategorie eingeordnet werden.

## Soziale Kognition bei Haushunden

Die erstaunlichen Fähigkeiten zur sozialen Kognition von Haushunden im Umgang mit dem Menschen wurden in den letzten Jahren wiederholt beschrieben. Zusammenfassungen finden sich bei Hare et al. (2002), sowie Miklósi (2015), Horowitz (2014), Kaminski und Marshall-Pescini (2014). Diese Untersuchungen zeigen, dass Haushunde besser in der Lage sind, den Blicken und Gesten des Menschen zu folgen, als dies Schimpansen oder auch handaufgezogene Wölfe tun. Wenn ein Mensch ihnen einen Umweg um einen Zaun herum vormacht, während sie selbst eigentlich durch ein Zauntürchen direkt zur Futterschale auf der anderen Seite des Zaunes gelangen können, sind sie nach dem Schließen des Tores schneller in der Lage, diesen Umweg zu nutzen, als ihre Kontrollartgenossen, denen er nicht gezeigt wurde.

*Welches Gläschen enthält wohl hier die richtige Duftprobe?*

Dies bedeutet, dass Hunde offensichtlich eine Information, ohne jeglichen vorherigen Belohnungswert, für die Zukunft als „möglicherweise nützlich" abgespeichert haben. Die Untersuchungen zeigen weiter, dass Hunde in ihrer Ausdauer bei der Lösung bestimmter Suchaufgaben schneller nachlassen als Wölfe, wenn der menschliche Hundehalter anwesend ist und sie von ihm erwarten können, dass er für sie die Aufgabe lösen wird. Wenn der Halter dagegen zwar anwesend ist, den Hund aber ständig ermuntert und auffordert, dann ist die Ausdauer des Hundes bei der Suchaufgabe der des Wolfes sehr ähnlich. Viele der Untersuchungen über die Fähigkeit von Hunden, den Blicken oder den Deutegesten des Menschen zu folgen und dann aus dem richtigen Container das Futter zu entnehmen, oder die bemerkenswerte Eigenschaft, dass Hunde auch fremde Menschen nur dann anbetteln, wenn diese vorher wenigstens kurz Blickkontakt mit ihnen gehabt haben, zeigen sich schon bei Welpen, auch bei solchen aus Laborzuchten oder Tierheimen. Das heißt, sie sind ganz offensichtlich von den Aufzuchtbedingungen unabhängig. Die Autoren der genannten Arbeiten schließen daraus, dass in der langen Geschichte, die der Hund mit dem Menschen zusammen durchgemacht hat, offensichtlich eine Anpassung des Hundes an die interspezifische Kommunikation mit dem Menschen so weitgehend entwickelt wurde, dass die Grundfähigkeit bereits im Erbgut verankert wurde. Nur so ist zu erklären, dass handaufgezogene Wölfe wesentlich schlechter abschneiden als schlecht sozialisierte Tierheim- oder Laborhunde. Die hier referierten Befunde über die bemerkenswerten sozialen Kognitionsfähigkeiten lassen sich vielleicht in hoffentlich nicht allzu ferner Zukunft mit einer neuen Richtung der Hirnforschung verknüpfen, die sich speziell mit den für Sozialverhalten im weitesten Sinne zuständigen Hirnregionen sowie den dort vorhandenen Botenstoffen und Hormonen beschäftigt.

# BESONDERE BEZIEHUNGEN

Einige Formen von Beziehung spielen im Zusammenleben von Hunden, und auch von Hunden mit ihren Menschen, traditionell eine besondere Rolle. Zunächst wird meist der Begriff der Dominanz genannt, dessen Inhalte und Fallstricke wir noch behandeln werden (siehe S. 271 ff.). Daneben aber besonders wichtig ist zum einen die Ausbildung von Bindungen und zum anderen die Anführer-Gefolgschafts-Beziehung.

Beide sind durch neuere wissenschaftliche Untersuchungen über das Leben von Hunden, auch in freier Natur und im Zusammenwirken mit ihren Menschen mittlerweile so gut untersucht, dass man die allgemeinen ethologischen Konzepte auf diese Situation anwenden kann.

## BINDUNG

Die Existenz von individuellen, oftmals lebenslangen oder zumindest langjährigen, als Bindung zu bezeichnenden Beziehungen zwischen Rüde und Hündin, gehört wohl zu den allgemeinen, seit vielen Millionen Jahren schon auftretenden Charakteristika des Sozialsystems der gesamten Familie der Hundeartigen (Macdonald, 2006). Die bereits sehr früh in der stammesgeschichtlichen Entwicklung der Hundeartigen aufgetretenen Vergrößerungen im Bereich des präfrontalen Stirnhirns lassen vermuten, dass es sich dabei sogar um das älteste soziale Merkmal der Familie *Canidae* handelte, lange bevor gemeinsame Jagd oder Gruppenbildung in größeren sozialen Einheiten stattgefunden haben (Finarelli, 2008; Zusammenfassung bei Kaminski und Marshall-Pescini, 2014).

Die Charakteristika dieser sozialen, individuellen Beziehung zwischen Rüde und Hündin nehmen dann, wie z. B. Beschreibungen von trauernden Straßenhunden, Kojoten, Dingos und sogar Füchsen zeigen, die echten emotionalen Aspekte einer Bindung an, bevor der Mensch mit seiner speziellen domestikationsbedingten Veränderungen dieses Verhaltensphänomen noch weiter perfektioniert hat (Zusammenfassung zum Thema Trauer bei Hundeartigen siehe Käufer, 2017).

Die Charakteristika der Paarbindung bei Kaniden, und damit auch die Fähigkeiten unseres Haushundes, diese Eigenschaften auf den Menschen zu übertragen, bestehen in der weitgehend mit dem sozialen Gehirn und dem sozialen Hormonsystem gesteuerten, und nicht primär sexuell motivierten Bindungscharakteristik (Näheres siehe Gansloßer und Kitchenham, 2016).

Die Wirkungsweise der beiden Hormone Oxytocin und Vasopressin hat uns bereits auf elegante Weise wieder zum Thema Bindung gebracht. Bindungen sind nämlich etwas Exklusives und durch die Wirkung der beiden genannten Hormone verstehen wir nun, wie diese Exklusivität im Gehirn zustande kommt. **Es zeigt sich, dass nur ein individuell gebundener Beziehungspartner, nicht einfach nur ein bekanntes Tier, die Fähigkeit zur Reduktion von Stress und anderen Belastungserscheinungen und zur Verbesserung des Gesundheitsstatus hat.**

## WAS VERSTEHT MAN UNTER BINDUNG?

Die Fähigkeit, belastungsmildernde oder belastungsvermeidende Auswirkungen eines Bindungspartners nachzuweisen, sowie die bereits diskutierten Zusammenhänge mit den beiden Hormonen, lassen den Bindungsbegriff nun auch endgültig als physiologisch messbare, und nicht nur verhaltensbiologisch/-psychologisch definierbare Variable erscheinen. Trotzdem sind auch vor diesen physiologischen Untersuchungen bereits eine Reihe von mehr oder weniger gut operationalisierbaren Definitionen für eine Bindung aufgestellt worden (siehe Gansloßer et al., 2019; Gansloßer und Kitchenham, 2015).
In der englischen Literatur wird hier im Bereich der Bindung nochmals zwischen zwei, nicht ganz deckungsgleichen Begriffen unterschieden: Der Begriff „Attachment" betrifft die weitgehend von Wolfgang Wickler in seiner Definition beschriebenen, auch in Freilanduntersuchungen und anderen beobachtenden Verhaltensstudien nachweisbaren Charakteristika des „gerne Zusammenseins mit einem bevorzugten Sozialpartner". Der Begriff „Bond" umfasst dagegen ein spezielles, von den beiden nordamerikanischen Kinderpsychologen bzw. Psychiatern John Bowlby und Mary Ainsworth beschriebenes Konstrukt, das man beim derzeitigen Stand der Forschung nur durch einschlägige Testsituationen untersuchen kann. Ein „Bond" ist bisher nur für Mensch – Mensch, Mensch – Hund und ansatzweise Katze – Mensch nachgewiesen.

---

**BINDUNG**

Bindung ist ein Bestreben nach Aufrechterhaltung der Nähe zu einem spezifischen Partner, der nicht von einem anderen der gleichen sozialen Kategorie ohne weiteres ersetzt werden kann (nach Wickler).

---

## BOWLBY-AINSWORTH-KONZEPT

Das Bowlby-Ainsworth-Konzept der sozialen Bindung erfordert drei wichtige Bestandteile:

— Eine sogenannte **innere Repräsentanz**, man könnte auch sagen, eine Erinnerungsfähigkeit an die Eigenschaften des Bindungspartners,
— eine **Zielgerichtetheit** des Kontakthaltens, das heißt, ein Rückkopplungsmechanismus muss vorhanden sein, der das Aufrechterhalten des sozialen Kontaktes immer wieder verstärkt
— und die Rolle des Partners als **„sichere Basis"** für Erkundungsverhalten.

Dem Bowlby-Antwort-Bindungskonzept werden vier möglichst gleichberechtigte und gleich wichtige Elemente zugeschrieben:

— das Element des **Nähesuchens**, das schon ohne direkte oder aktive Interaktionen mit dem Bindungspartner zu einer Verstärkung des Wohlfühleffekts führt, überwiegend durch die Aktivierung des Oxytocinsystems und des Bindungssystems im sozialen Gehirn.
— die **Trennungsreaktion**, deren Probleme wir bereits besprochen haben (siehe S. 162), die jedoch im Folgenden noch etwas genauer beleuchtet werden muss.
— die Wirkung des **Bindungspartners als sichere Basis**, das heißt als Ausgangspunkt für Erkundungen, Neugierverhalten und das, was bei Hundetrainer/innen als Außenfokus bezeichnet wird.
— der **Sichere Hafen**, der krisenfeste Rückzugsort, in dem man gerade in gruseligen und bedrohlichen Situationen versuchen kann, sich mehr Sicherheit und damit auch Stressresistenz zu holen.

### Bowlby-Antwort-Test

Im Zusammenhang mit diesem Bindungskonzept wurde auch eine Testsituation entwickelt, die als sogenannter Bowlby-

Antwort-Test mittlerweile in den Studien über Hund-Mensch-Beziehungen, in einigen Fällen auch Hund-Hund-Beziehungen angewendet wird. Es handelt sich hierbei um eine Reihe von nacheinander stattfindenden Situationen, die in einem unbekannten Raum, der meist mit Einwegspiegeln und Videokameras kontrolliert wird, ablaufen (Näheres siehe Gansloßer und Kitchenham, 2015; Schöberl et al., 2013):

1. Zunächst halten sich Mensch und Hund (oder Mutter und Kind) für einen Zeitraum von drei bzw. fünf Minuten alleine in dem unbekannten Raum auf. Es finden sich dort Spielsachen und andere, für den Hund bzw. für das Kind interessante Gegenstände.
2. Dann öffnet sich die Tür und ein freundlicher Fremder betritt den Raum, versucht den Hund oder das Kind ins Spiel oder andere freundliche Interaktionen zu verwickeln, währen die Mutter dem Ganzen eigentlich nur interessiert zusehen sollte.
3. Nach Ablauf weiterer drei bis fünf Minuten verlässt die Mutter oder der Hundehalter den Raum, wobei die Anweisung darin besteht, dies so zu tun wie immer. Der Fremde bleibt weiterhin freundlich dem Kind bzw. Hund gegenüber und versucht weiterhin, mit diesem in Aktion zu treten.
4. Nach Ablauf weiterer drei bzw. fünf Minuten verlässt auch der Fremde den Raum, und der Hund bzw. das Kind ist für weitere drei bis fünf Minuten allein.
5. Schließlich betritt die Mutter bzw. der Hundehalter wieder den Raum, bezüglich Begrüßungsverhalten gilt wiederum die Handlungsanweisung „so wie immer", und die mehr oder weniger schnelle Begrüßung und Normalisierung im Team wird dann nochmals für den gleichen Zeitraum von drei bis fünf Minuten beobachtet.

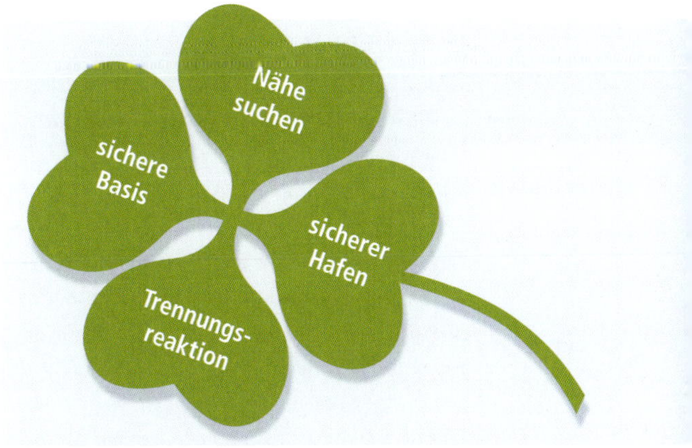


*Die Bestandteile des Bindungsmodells lassen sich sehr schön mit einem vierblättrigen Kleeblatt darstellen (Abb. A. Rodewald).*

Gegebenenfalls kann auch dieser Testablauf mit einer Bestimmung von Stresshormonen und anderen Botenstoffen, z. B. aus dem Speichel der Beteiligten, verknüpft werden.
Durch die Ergebnisse dieser Bindungstests konnten im Zusammenleben zwischen Hund und Mensch die gleichen Bindungsmuster gefunden werden, die auch zwischen Kind und Mutter bzw. Kind und Hauptbetreuungsperson bereits beschrieben wurden, nämlich neben der gesicherten stabilen Bindung noch die unsicher ambivalente, die unsicher distanzierte (auch als vermeidende), und die chaotisch desorganisierte Bindung, die bisweilen auch als Bindungsstörung bezeichnet wird.
Eine Reihe von Zusammenfassungen der vielen, zu diesem Thema veröffentlichten Studien, findet sich z. B. bei Prato Previde und Valsecchi (2014) oder Mills et al. (2014). Die genannten Übersichtsartikel zeigen auch auf, wo Fehlentwicklungen und Schwierigkeiten in der Hund-Mensch-Bindung auftreten, und wie diese im Verhaltensmanagement bearbeitet bzw. möglichst schon vorbeugend vermieden werden sollten. Die Spezifität einer Bindung endgültig nachweisen, konnte man zunächst nur durch Trennungsexperimente. Mittlerweile sind die genannten Hormonuntersuchungen hier natürlich ein weiterer Ansatzpunkt.

## STÄRKE EINER BINDUNG

Eine andere Frage als die nach der Spezifität, ist die nach der Stärke einer Bindung. Lamprecht (1984) hat dies als Scheidungstendenz bezeichnet: die Wahrscheinlichkeit einer permanenten Trennung, vorausgesetzt diese Trennung wird nicht durch äußere Einflüsse hervorgerufen. Um diese Scheidungstendenz messen zu können, müssen äußere Einflüsse, einschließlich der Anwesenheit von geeigneten Ersatzpartnern, konstant gehalten werden. Das lässt sich nur durch gezielte Verhaltensversuche bestätigen. Die Tendenz, einem Fremden zu folgen oder sich an ihn anzunähern, wurde bei verschiedenen Bindungspaaren gemessen. Kummer hat dies bei Geladas und bei Mandelpavianen vorgenommen und fand sehr wohl unterschiedliche Wahrscheinlichkeiten von gebundenen Weibchen, sich einem fremden Mann anzuschließen, in Abhängigkeit von der Art und Häufigkeit sozialer Interaktionen mit dem eigenen Haremsführer. Eine überwiegend bei Vögeln bisher genutzte, denkbar

*Hunde als „Babysitter" erfüllen ihren menschlichen Sozialpartnern gegenüber vergleichbare Funktionen wie ursprünglich in der erweiterten Elternfamilie ihrer Vorfahren und Verwandten.*

aber auch bei Säugetieren einsetzbare Möglichkeit der Untersuchung von Bindungsqualität und Scheidungstendenz, wäre ein Test: Wie viel Aufwand betreibt ein Tier, um die Nähe des anderen zu erhalten oder sogar die Annäherung an den anderen zu ermöglichen. Lamprecht hatte solche Versuche mit Gänseküken durchgeführt. Bindungen werden normalerweise zu anderen Lebewesen, meist zu Artgenossen angenommen. Jedoch ist eine Ortsbindung, also eine bevorzugte Bindung an bestimmte Stellen im Lebensraum, ebenfalls bei vielen freilebenden wie auch im Gehege gehaltenen Tieren nachweisbar. Sie ist sogar eine der Grundlagen für das noch zu besprechende Revierverhalten (siehe S. 261). Auch zu anderen Gegenständen können Bindungen aufgebaut werden. Hier ist die Spezifität, also die Einmaligkeit des Bindungsgegenstandes, der entscheidende Definitionspunkt.

### Problematik einer Bindung

Und hier stellt sich dann auch die Frage, unter welchen Umständen eine Bindung gegenüber einer „losen Beziehung" denn wirklich erforderlich ist.

**Eine Bindung, die sich durch übermäßige Spezifität bzw. sogar Einmaligkeit auszeichnet, ist in der Mensch-Hund-Beziehung keineswegs unproblematisch.**

Man denke an das Problem eines Krankenhausaufenthaltes des menschlichen Bindungspartners. Exklusive Bindungen sollten daher möglichst vermieden werden, sie sind eigentlich nur für monogame und paarweise lebende Säugetier- und Vogelarten zwingend notwendig. Alle anderen, die in Familiengruppen vorkommen, wie das sowohl Hunde als auch Menschen tun, sollten mit einer guten, stabilen und möglichst hochwertigen Beziehung sehr wohl zufrieden sein.

Jedoch besteht bei Hunden (Kotrschal, 2012) wohl schon das Bedürfnis nach exklusiver Beziehung, gar Bindung zum Menschen. Wie wir in den Untersuchungen mit Totenkopfaffen gesehen haben, ist bei Arten, die keine exklusive Paarbindung in ihrem natürlichen Sozialsystem aufweisen, auch die soziale Unterstützung im Sinne der physiologischen Auswirkungen durchaus durch persönliche Beziehungspartner möglich, wie auch ein summierender Effekt.

Wir sollten also hier sehr vorsichtig sein, die Bindung eines Hundes an einen bestimmten Menschen als erstrebenswertes Ziel zu betrachten. Vielmehr ist, auch nach Auffassung vieler Hundetrainer/innen, mit denen wir über diese Themen diskutiert haben, letztlich doch die qualitativ gute, durch möglichst vielfältige Verhaltensweisen und möglichst vielfältige Vorteile beiderseits ausgezeichnete Beziehung, und diese zu möglichst mehreren Personen der Familie, das manchmal „pflegeleichtere" soziale Modell.

## AUSBILDUNG VON BINDUNGEN

Wie schnell die Ausbildung von Bindungen an einen Menschen bei Hunden möglich ist, haben die Anwendungen des Ainsworthschen Tests durch die Arbeitsgruppe um Ádám Miklósi gezeigt. Topal et al. (1998) sowie Gácsi et al. (2001) konnten zeigen, dass Hunde, die z. B. in Tierheimen lebten, bereits durch insgesamt dreimal je zehn Minuten sozialen Kontakt mit einem vorher unbekannten Menschen, zu diesem eine besondere Beziehung aufbauten. Diese besondere Beziehung ließ sich dadurch zeigen, dass sie sich im anschließenden Wahlversuch zwischen diesem bekannten und einem ihnen völlig unbekannten zweiten Menschen, sich dem bekannten Menschen wesentlich häufiger annäherten. Dem Fremden wollten sie fast nie beim Verlassen des Geheges folgen. Dagegen standen sie wesentlich weniger in der Nähe der Tür, solange der bekannte Mensch mit anwesend war. Das sind Anzeichen, dass sie bereits eine besondere Beziehung, eventuell sogar schon mit beginnender Bindungstendenz, aufbauten.

### Klassifizierung der Mensch-Hund-Beziehung

Der Ainsworthsche Bindungstest wurde in der gleichen Arbeitsgruppe auch zur Klassifizierung der Mensch-Hund-Beziehung verwendet. Dabei wurden mehrere Faktoren, nämlich Ängstlichkeit, Akzeptanz und Bindung als wichtige Dimensionen dieser Mensch-Hund-Beziehung herausgefunden. Durch eine statistische Analyse zeigte sich, dass es fünf grundlegend verschiedene Klassen oder Typen von Hunden bezüglich dieser Bindungstests gab, und dass die Hunde insgesamt, vergleichbar der Eltern-Kind-Beziehung beim Menschen, auf einer Achse von sicher bis unsicher gebunden eingeordnet werden können. Der endgültige Nachweis der Bindung, der durch ein Trennungsexperiment oder den Nachweis sozialer Unterstützung nur durch die Person des bekannten „Besuchers" beinhaltet, wurde mittlerweile ebenfalls geführt:

- Nur die Anwesenheit des individuell gebundenen Hauptbezugsmenschen kann z. B. den Hund in einer durch einen unfreundlichen Fremden simulierten Bedrohungssituation wirklich zu geringeren Herz-Kreislauf- und Stresshormonantworten bringen,
- nur der individuell gebundene Mensch kann im Sinne des Sichere-Basis-Effekts den Hund zu intensiverer und erfolgsorientierterer Arbeit bei schwierigen bis unlösbaren Problemen motivieren,
- nur der individuell gebundene Hauptmensch kann tatsächlich auch bei besonders überschäumend temperamentvollem Spiel so richtig mit dem Hund „die Korken knallen lassen".

Auch die Trennungsreaktion, die in einer mehrstufigen Abfolge von Protestphase, Depressionsphase und eventuell sogar Trauerdepression enden kann, ist, wie auch die Erfahrungen vieler hundehaltender Familien berichten, nur durch den Hauptbezugsmenschen und nicht durch ein anderes freundliches Familienmitglied abzumildern. Selbstverständlich können Hunde auch Bindungen zu mehreren Familienmitgliedern aufbauen. Trotzdem ist dann jedes dieser Familienmitglieder wieder als exklusiv zu sehen.
Die Besonderheit, die in der Domestikationsgeschichte des Hundes entstand, ist, dass der Hund durch seine doppelte Artgenossenidentität (siehe Prägung, S. 344 ff.) in der Lage ist, ohne weiteres die ursprünglich für den innerartlichen Gebrauch entstandenen und entwickelten Bindungsmechanismen auch auf den zwischenartlichen Sozialpartner Mensch zu übertragen. Hierbei hilft wieder die Fähigkeit, Bindungen im sozialen, nicht notwendigerweise im sexuell motivierten Zusammenhang aufzubauen.

## ANFÜHRER-GEFOLGSCHAFTS-BEZIEHUNG

Zuletzt noch ein Blick auf eine weitere, häufig missverstandene Beziehung, die sehr oft mit der Dominanzbeziehung (siehe S. 271 ff.) verwechselt wird: Die Anführer-Gefolgschafts-Beziehung. Der Zusammenhalt von Mitgliedern einer Sozialeinheit wird immer dann besonders beansprucht, wenn Richtungs- oder Aktivitätswechsel koordiniert stattfinden müssen. Die verschiedenen Mitglieder der Gruppe haben dazu meist unterschiedliche Handlungsbereitschaften.

*Spielen mit Objekten können Hunde durchaus auch mit freundlichen Menschen, …*

*… zu denen sie keine exklusive Bindung aufbauen.*

**ANFÜHRER**

Anführer sind einerseits Tiere, die durch ihr Wissen, ihre Vorerfahrung oder durch besondere Ruhe und Entscheidungskraft in der Lage sind, den Rest der Gruppe in koordinierter Weise zum gemeinsamen Vorteil anzuleiten. Andererseits ist eine wichtige Eigenschaft dieser Beziehung, dass sie in extremem Maße unsymmetrisch ist.

Irgendjemand muss nun entscheiden, wo und in welcher Geschwindigkeit es wann losgeht. Gute theoretische Übersichten zu diesem Thema finden sich bei Lamprecht (1996) und Kummer (1988). Auf diese Arbeiten, und einige weitere Beispiele (siehe Gansloßer et al., 2019), stützt sich die folgende Zusammenfassung. Bei allen untersuchten Tierarten, insbesondere bei solchen mit komplexen Sozialsystemen wie bei Mandelpavianen, Elefanten, Schimpansen, aber auch bei Zwergmangusten und Kaffernbüffeln zeigt sich, dass die Anführerrolle grundsätzlich von der Rangposition der betreffenden Tiere unabhängig ist.

Lamprecht konnte sehr gut ableiten, dass der Anführer mit höchster Wahrscheinlichkeit dasjenige Individuum sein wird, das eine größere Toleranz für eine sich vergrößernde Distanz zu den restlichen Gruppenmitgliedern hat, wohingegen die restlichen Gruppenmitglieder nur eine sehr bedingte Toleranz für eine solche sich vergrößernde Individualdistanz zum Anführer haben.

Vereinfacht gesagt: Dem Anführer ist es egal, ob der Rest hinter ihm herläuft oder nicht. Dem Rest aber ist es nicht egal, wenn sich der Anführer von ihm entfernt.

### ERFAHRUNG VON ALTTIEREN

Bei Elefanten und Pavianen sowie Schimpansen konnte eindeutig gezeigt werden, dass ältere, besonders erfahrene, dadurch auch ruhige und „selbstsichere" Individuen, auch wenn sie (nicht mehr) die höchsten Ränge bekleiden, in Extremsituationen plötzlich ohne Machtdemonstration und sonstige imponierende Verhaltensweisen, einfach durch zielsicheres Losgehen die Gruppe z. B. um eine überflutete Furt herum über einen alten, früher in der Gruppe üblichen Weg auf die andere Flussseite geführt haben.

### EINLEITUNG VON AKTIVITÄTSWECHSEL

Roberto Bonanni konnte genau diese Eigenschaften der Anführer-Gefolgschafts-Beziehung bei seinen Untersuchungen an verwilderten und menschenfern lebenden Haushunden, sogenannten Straßenhunden in Italien bestätigen (Bonanni und Cafazzo, 2014). Das Leittier einer solchen Hundegruppe war derjenige, der die Aktivitätswechsel einleitete, der die Siesta begann und beendete, und der dann, wenn die Siesta beendet wurde, durch zielsicheres Losgehen in eine bestimmte Richtung die anderen hinter sich herzog. Das von der Seewiesener Arbeitsgruppe entwickelte Bindungsmodell spricht in diesem Zusammenhang von einem elastischen, quasi Gummiband, das die Nachfolgenden mit dem Leittier verbindet (Lamprecht, 1996). Sobald das Leittier eine bestimmte Richtung eingeschlagen hat und diese auch verfolgt, kann es auch von anderen Gruppenmitgliedern überholt werden, sofern es sich zu einem Richtungswechsel entschließen würde, würde die Spannung auf dem Gummiband der vor ihm laufenden Gruppenmitglieder schlichtweg zu stark werden und diese würden dann automatisch, durch das Eindrehen in die neu eingeschlagene Richtung, die Schwenks mitmachen und gleichzeitig die Spannung auf ihr Gummiband wieder reduzieren. Ebenso wichtig ist, wie Roberto Bonanni zeigt, dass die soziale Attraktivität des Leittieres auch in der Ruhephase dazu führt, dass alle ganz besonders gern möglichst nahe beim Leithund liegen wollen. Dies akzeptiert dieser auch, und versucht keineswegs, sich zu separieren.
Und noch etwas ist wichtig: Im Gegensatz z. B. zu den Beobachtungen an Pavianen, oder auch bisweilen an Pferden, versucht das Leittier nicht durch Aggression, durch aggressives Hüteverhalten oder ähnliche Maßnahmen, die Gefolgschaft in seine Richtung zu zwingen. Stattdessen wird die Leittiereigenschaft wahrscheinlich wegen sozialer Kompetenz und wegen sozialer Attraktivität, automatisch dann auch akzeptiert.
Gerade in diesem Zusammenhang sind auch die von Roberto Bonanni ebenfalls getätigten Beobachtungen wichtig, wonach bisweilen durch einen Machtwechsel in einer Hundegruppe der frühere Ranghöchste immer noch Leittier blieb, obwohl er sich dem neuen Ranghöchsten z. B. durch Unterwerfungsverhalten deutlich erkennbar unterordnete. Trotzdem hatte der neue Ranghöchste auch kein Problem damit, sich den Leittierentscheidungen des früheren Chefs, der jetzt eben immer noch diese Funktion behielt, anzuschließen.

### ERSCHLIESSUNG VON RESSOURCEN

Häufig spielt die Kompetenz des Anführers, durch die Fähigkeit bestimmte Ressourcen zu erschließen, eine wichtige Rolle. Wenn man etwa einem Schimpansen verstecktes Futter zeigt, dann folgt die Gruppe ihm, wenn sie ihn schon lange kennt und weiß, dass sie von ihm etwas abbekommt. Dem Ranghohen folgt man häufig deshalb nicht so gerne, weil man weiß, dass er sowieso alles für sich behält. Bei manchen Arten, etwa beim Mandelpavian, kommt noch eine gegenteilige Tendenz dazu. Der Anführer ist in der Lage, durch Bestrafung, etwa den Nackenbiss der Paviane, Abweichler wieder in die Linie zu holen. Hier wird nun dem Gruppenmitglied zweierlei geboten: Die Vorteile, wenn es freiwillig folgt, und die Nachteile, wenn es das nicht tut.

## ANFÜHRERSCHAFT VON HINTEN

Bei etlichen Tierarten, beispielsweise Pferden und Steppenzebras, lässt sich auch sehr gut zeigen, dass eine Anführerrolle auch von hinten aus erfolgen kann. Der Hengst einer solchen Zebra- oder Pferdegruppe läuft nicht etwa an der Spitze der Gruppe, er läuft ziemlich am Ende, seitlich leicht versetzt von der Kolonne. Die Spitzenposition hat die ranghöchste Stute, und diese gibt die Geschwindigkeit und normalerweise auch die Richtung vor. Wenn es dem Hengst aber nicht gefällt, dann kann er durch sehr subtile Verschiebungen seiner Position zu der der Leitstute wie mit einem Gummiband die Gruppe etwas auf seine Seite abbiegen lassen, wenn er sich zurückfallen lässt oder in die andere Richtung abdrängen, wenn er leicht nach vorne zieht. Solche Anführerschaft von hinten ist ebenfalls von einer Reihe weiterer Säugetierarten bekannt.

## KENNTNISSE DER GEGEND

Im Hinblick auf die häufig gemachten und mit sehr viel Energie und wenig Sachkenntnis durchgeführten Gehorsamsübungen von Hunden, nach dem Motto: „Der Hund muss als Letzter durch die Tür“, sind aber wiederum Beobachtungen an Wölfen und verwilderten Haushunden von ganz besonderer

*Das mittlere Tier hat die höchste Wahrscheinlichkeit, hier der Anführer der Gruppe zu sein.*

*Die Anführerschaft bei Milchkühen variiert: Beim morgendlichen Austritt aus dem Stall geht nicht unbedingt die Ranghöchste, sondern die Trittsicherste bzw. Wegekundigste voran. Beim abendlichen …*

Bedeutung. Bloch (mündliche Mitteilung, 2006; Bloch und Bloch, 2002; Bloch, 2007) hat an Wolfsrudeln und an einem Rudelverband verwilderter Haushunde sehr deutlich zeigen können, dass bei Wanderungen dieser Gruppe fast nie die Ranghöchsten vorneweg laufen. Zumindest, solange sich die Gruppe in vertrautem Gebiet befindet, sind immer einige, meist niedrigrangige jungerwachsene Tiere an der Spitze des Verbandes, während die Ranghöchsten sozusagen mit ihrem Hofstaat im Zentrum des hinterhertrottenden Pulks zu finden sind. Nur in unbekanntem Gelände, das heißt, wenn man sich aus dem angestammten normalen Streifgebiet entfernt, übernehmen dann auch schon mal die Ranghöheren den Anführerposten. Sobald es zur Jagd geht, sind ohnehin spezialisierte Fährtensucher vornean, und diese geben natürlich auch die Richtung vor. Wer unbedingt glaubt, als Erster vor seinem Hund durch die Tür gehen zu müssen, draußen aber nicht weiß, was er mit dem Spaziergang anfangen soll, oder, fast genauso schlimm, immer nur den gleichen langweiligen Weg abgeht, ohne dem Hund interessante Abwechslung und interessante Anregung zu bieten, der verkörpert keine Anführerfigur. **Aus der Tatsache, dass die Anführerrolle eine Beziehung ist, ähnlich wie die Dominanzposition (siehe S. 271 f.), folgt natürlich auch, dass es keine, weder genetisch noch phänotypisch verankerte Anführer gibt.** Es gibt bestenfalls das, was Lamprecht als Führungspotenzial bezeichnet, nämlich die Frage, wie sehr ein bestimmtes Individuum, sei es durch Selbstsicherheit, besonders guten Orientierungssinn oder einer feinen Nase für Beutespuren oder andere Eigenschaften vermag, Art und Richtung der Gruppenaktivität zu kontrollieren. Bei solchen Arten, bei denen die ranghöchsten Tiere meistens die ältesten und erfahrensten sind, kommt es dann zu einer Vermischung beider Funktionen.

**Die Anführer sind nicht deshalb die Ranghöchsten, weil sich das so gehört, sondern weil die Ranghöchsten als Älteste am längsten im betreffenden Gebiet sind oder andere Vorkenntnisse haben, die für den Rest der Gruppe von Nutzen sind. Deshalb hat man Vorteile, wenn man ihnen folgt.**

*... Zurückkehren findet sich meist die Ranghöchste vorne, da es im Stall das begehrte Kraftfutter gibt.*

## DEMOKRATIE UNTER TIEREN

Entscheidungsprozesse in vielen Gruppen, seien es Büffel, Paviane oder Vogelschwärme, werden häufig nicht nach Rangposition oder anderen eindeutigen Machtdemonstrationen vorgenommen, sondern regelrecht durch demokratische Abstimmungsprozesse. Wenn im Laufe einer Dreiviertelstunde alle Büffel einer Kaffernbüffelherde nach und nach aufstehen, sich mit besonders auffallendem Schnauben in eine bestimmte Richtung drehen und dann wieder niederlassen, so liegt plötzlich die gesamte Herde mit ihrer Körperachse in einer bestimmten Richtung. Und diese Richtung zeigt genau auf die im Laufe der Nacht aufgesuchten Weidegründe, selbst wenn der Weg dorthin mit Umwegen verbunden ist.

### RESSOURCEN

Ein weiteres Beispiel zur Frage Anführerrolle versus Rangposition, nochmals aus der Welt der Rinder: Bereits seit Längerem ist bekannt, dass morgens beim Weg aus dem Stall auf die Weide meist immer die gleiche Kuh führt, dass es sich dabei aber nicht um die Ranghöchste handelt. Vielmehr ist es ein besonders ortskundiges, besonders trittsicheres oder anderweitig ruhiges und „selbstsicheres" Tier. Dass beim nachmittäglichen Rückkehren in den Stall die Ranghöchste an der Spitze der Herde zieht, hat einen ganz anderen Grund: Im Stall gibt es das besonders begehrte Kraftfutter. Da spielt sie eben ihre Rangposition aus, um diese begehrte Ressource so schnell wie möglich zu erhalten. Und so sind wir nun auf elegante Weise beim Thema der Ressourcenverteilung und der für diese Verteilung geeigneten Beziehungen angelangt.

### RICHTUNGSFINDUNG

Neue Freilanduntersuchungen sowohl an Pottwalen als auch an Delphinen (Whitehead, 2016; Lusseau, 2007) beobachten diese Phänomene auch bei der Richtungsfindung. Auch hier werden bisweilen verschiedene Richtungen vorgeschlagen, ähnlich wie das z. B. bei der Abstimmung über die nächste Abflugrichtung eines Starenschwarms passieren kann. Mit der Zeit entscheiden sich dann alle, einer Mehrheitsentscheidung zu folgen. Im Zusammenhang mit den Delphinbeobachtungen von Lusseau zeigt sich auch noch, dass manchmal einige Individuen die Führung übernehmen, die offensichtlich mehr Information über die Anwesenheit potenzieller Konkurrenten in bestimmten Richtungen besitzen, und dies dann durch Signale kommunizieren. In anderen Fällen wird tatsächlich nach Mehrheitsvotum abgestimmt.
Verhaltensökologische, theoretische Berechnungen lassen auch erkennen, dass diese demokratischen Entscheidungsprozesse in Verbänden und Vereinigungen von Artgenossen durchaus eine evolutionär stabile und sogar vorteilhafte Strategie sein können. Auch darüber sollten manche, sehr stark kontrolletti-fixierte Hundetrainer/innen und Halter/innen ab und zu nachdenken.

# KONFLIKTE

## — *Vermeidung und Regelung*

# REVIERE

## MÖGLICHE KONFLIKTE

Nachdem wir gesehen haben, dass soziale Beziehungen und das Leben in einer durch sie strukturierten Einheit für Individuen vieler Arten vorteilhaft sind, ergibt sich als logische Folge, dass in solchen Beziehungen auch Möglichkeiten zur Vermeidung bzw. Regelung von Konflikten vorhanden sein müssen. Sonst hält das Ganze nicht lange. Konflikte zwischen Tieren einer Sozialeinheit treten in vielfältiger Weise auf, keineswegs nur um Ressourcen (wie Nahrung, Partner oder Schlafplätze). Mason (1993) nennt einige weitere Möglichkeiten:

— Konflikte über Motivationen (einer will spielen, der andere weist ab),
— Konflikte durch „enttäuschte Erwartungen" an den Partner,
— Konflikte über neue oder bestehende Beziehungen (siehe S. 217 f., triadische Effekte),
— Wettbewerb um sozialen Status,
— Konflikte über Zeitbudget (einer will zum Wasser, einer nicht),
— Räumliche Konflikte, d.h. die Individualdistanz wird unterschritten.

Die Lösungsmöglichkeiten für solche Konflikte, abhängig von Erfahrung, Vorwissen, sozialer Disposition der Beteiligten und momentaner Situation, sind recht vielfältig. Einige davon sind im Folgenden dargelegt, vor allem solche, die auch für Hundeartige zutreffen. Zu beachten ist, dass die Entwicklung solcher Lösungen oftmals über evolutionäre Zeiträume geschieht und daher nicht immer eine höhere Verhaltensleistung der befähigten Individuen darstellt.

## REVIERBILDUNG

Eine weit verbreitete Form ist die Bildung von Revieren, letztlich eine ortsabhängige Dominanzbildung. Es gilt als Voraussetzung für die Annahme einer Revierbildung, dass einerseits das betreffende Gebiet markiert oder anders angekündigt wird, andererseits zumindest Artgenossen des gleichen sozialen Status daraus aktiv, notfalls aggressiv, vertrieben werden.

### MARKIEREN MIT URIN

Die Abgrenzung eines Reviers geschieht bei Säugern häufig durch Duftmarken. Diese hat man lange Zeit als eine Art „Zutritt verboten"-Schilder angesehen und war dann erstaunt, dass Eindringlinge sich davon kaum abhalten ließen. Eine Lösung dieses Widerspruches bietet die Überlegung des britischen Verhaltensbiologen Morris Gosling (s. Gansloßer, 1998), die er mit kleinen Nagern auch schon im Versuch erfolgreich getestet hat: **Die Duftmarken dienen nicht der Abschreckung, sondern der Individualerkennung des Revierbesitzers.**

*Urinmarken haben vielfältige Aufgaben, nicht nur Revier- oder Statusankündigung.*

## MARKIEREN MIT KOT

Das Markieren mit Kot und dem gleichzeitig abgesetzten Analdrüsensekret scheinen eine etwas andere Bedeutung zu haben als die Urinmarkierung. Hier gibt es nur wenige systematische Untersuchungen. Isabell Barja und ihr Team haben 2004 und 2006 eine Reihe von Untersuchungen an Kot- und Duftmarken Iberischer Wölfe in einem Schutzgebiet in Nordwestspanien durchgeführt. Urinmarken wurden überwiegend an erhöhten Plätzen bzw. herausragenden Gegenständen in der Nähe der Reviergrenzen abgesetzt. Kotmarken dagegen fanden sich in Abhängigkeit von der Lage im Revier an unterschiedlichen Stellen: In der Nähe der Wurfhöhle waren sie meist zufällig und eher unauffällig an flachen Stellen, in der Mitte oder seitlich an Straßen ohne Bevorzugung einer Region. Im restlichen Territorium dagegen fanden sie sich an erhöhten Stellen und mehr in der Nähe von Straßenkreuzungen oder am Straßenrand. Der Zugangswechsel zur Wurfhöhle war bezüglich der Verteilung der Kotmarken zwischen den beiden Extremen. Es zeigt sich, dass die Verteilung an erhöhten Plätzen und Wegkreuzungen sicherlich die Effektivität der Markierung zu erhöhen scheint. Gerade beim Kot, wo man eben nur eine bestimmte Menge zur Verfügung hat, muss man damit sparsamer umgehen, wenn man gleichzeitig eine wirkungsvolle Botschaft damit übermittelt.

## WER SICH KENNT…

Wer den Besitzer trifft, nachdem er wiederholt dessen Duftmarken gefunden hat, weiß, dass er ein eskalationsbereites und statussicheres Tier vorfindet, das bei der Verteidigung des Reviers auch leichter aufs Ganze geht, weil es viel zu verlieren hat (siehe S. 302, Bourgeois-Strategie). In der Tat sind Mäuse bereitwilliger, sich als Eindringling jemand Fremdem zu unterwerfen, dessen Duft sie vorher mehrmals gefunden hatten. Diese Überlegung wird als „Compe-

titor-Scent-Matching", als Konkurrenten-Duftvergleichs-Hypothese bezeichnet.
Im Bewusstsein der Tatsache, dass Reviere von Hundeartigen ebenfalls große Überlappungsbereiche haben, ist diese Hypothese auch hier von Bedeutung und sollte dringend getestet werden. Eine weitere, mit der Vertrautheit der Düfte (oder ähnlichen Marken) verbundene Erscheinung kann hier gleich angeschlossen werden (siehe Kappeler, 2012): Der „Lieber-Feind-Effekt" („dear enemy"). Bei Vögeln und Reptilien gut belegt, aber wohl auch bei Säugern zu erwarten (bei Füchsen und Waschbären sind bereits Beobachtungen vorhanden) ist der Effekt, dass Reviernachbarn sich weniger heftig streiten und seltener eskalieren als Fremde, und dass dadurch die laufenden Unterhaltskosten des Reviers geringer werden. Heftige Attacken können aber auch auftreten, wenn man den Nachbarn plötzlich an unbekannter Stelle trifft – das erweckt offenbar den Eindruck, der hätte Expansionstendenzen. Das wiederum bekräftigt, warum ein Revierbesitzer, je länger er/sie das Revier hat, umso bereitwilliger ist, es zu verteidigen. Auch bei Kolonien scheint so etwas zu funktionieren.

## ETABLIERUNG

Die Etablierung und Aufrechterhaltung eines Revieres ist, bezüglich des jeweiligen Revierinhabers, als ortsabhängiger Lernprozess zu verstehen. Stamps und Krishnan (1999, 2001) haben hier eine Verknüpfung zwischen ökologischen Bedingungen und lernbiologischen Vorgängen hergestellt. Wenn man an einer bestimmten Stelle des Gebietes, deren Landmarken und Charakteristika man sich merken kann, regelmäßig Erfolge erzielt, z. B. einen Rivalen vertreibt, so sind die dabei auftretenden Erfolgserlebnisse offensichtlich als Belohnungseffekte im Sinne eines Verknüpfungslernens erfolgreich. Bekannt ist aus neueren Untersuchungen in Labortierstudien, dass sich vor allem im eigenen Gebiet mit der Zeit die Heimspieleffekte, die durch eine Kombination von Dopamin und den Sexualsteroiden im Gehirn hervorgerufen werden, und somit auch die Verteidigungsbereitschaft und die Heftigkeit der Verteidigung verstärken. In Gebieten dagegen, in denen man regelmäßig Niederlagen erleidet, weil offensichtlich jemand anderer dort stärker und/oder motivierter ist, werden entsprechende negative Verknüpfungen durch Assoziationslernen im Gehirn fixiert. Gebiete, die an der Grenze des eigenen Reviers liegen, und in denen daher besonders oft Konflikte niedriger Intensität mit den Nachbarn auftreten, werden ebenfalls unter wiederum anderen Voraussetzungen abgespeichert: Dort, wo man häufig in Konflikt gerät, muss man besonders vorsichtig sein. Eine erhöhte Aufmerksamkeit an diesen Stellen ist also ebenfalls durchaus begründbar. Beim Vorhandensein entsprechender kognitiver Landkarten (siehe S. 128) und anderer geistiger Fähigkeiten, können solche Lernprozesse dann durchaus auch in Abwesenheit von besonderen Landmarken stattfinden. Zum Beispiel, wenn die Koordinaten des betreffenden Gebietes bereits ausreichen, um sich dort entweder heimisch oder eben weniger heimisch zu fühlen.
Wie stark solche Lernprozesse sein können, haben Berichte einer Halterin von Herdenschutzhunden gezeigt: Sie musste auf dem Waldspaziergang eines Tages ihren Hund an einer bestimmten Stelle wegen eines massiven Regelübertritts ziemlich maßregeln. Obwohl diese Maßregelung deutlich erkennbar von ihr ausging, wollte der Hund in der nächsten Zukunft die betreffende Stelle nicht mehr aufsuchen. Er hat das Negativerlebnis der Bestrafung hier eindeutig mit dem Ort verknüpft, und nicht mit der Person seiner Halterin. Genau solche ortsabhängigen Bestrafungserlebnisse sind es letztlich, die das lernbiologische Modell von Stamps und Krishan meint.

## VERTEIDIGUNG

Wie schon erwähnt, reicht eine gleichmäßige und nicht zufällige Verteilung der Tiere oder ein regelmäßiges Auftreten im gleichen Gebiet **nicht** als Revierbegründung aus. Die aggressive Verteidigung ist jedoch wiederum von einer Reihe von weiteren Einflussfaktoren abhängig. Beispielsweise gibt es in jedem Revier besonders wichtige Punkte, die heftiger verteidigt werden, und diese müssen nicht immer im Zentrum liegen. Überhaupt ist fraglich, ob das Zentrum des Reviers prinzipiell heftiger verteidigt wird als Randbereiche, oder ob dort Eindringlinge nur schneller entdeckt werden. Die Heftigkeit der Verteidigung nimmt bei manchen Arten zu, wenn sie lange isoliert waren, bei anderen ab. Die Verteidigungsbereitschaft hängt auch stets von der Ressourcenlage ab – sowohl zu viel des Guten als auch zu wenig lassen die Revierverteidigung abflauen oder verschwinden. Es lohnt dann einfach nicht mehr, denn Ankündigen, Patrouillieren und Verteidigen kostet Zeit, Energie und ist riskant. Diese Erscheinung ist am besten bei nektarfressenden Vögeln untersucht, aber auch bei Säugern durch indirekte Hinweise zu erschließen (z. B. haben größere pflanzenfressende Säuger kaum Nahrungsreviere).

*Die kommaartige Struktur unterm Auge ist die Voraugendrüse, eine der wichtigsten zum Reviermarkieren bei Paarhufern.*

### RESSOURCENVERTEIDIGUNG

Letztlich kommen wir hier zu den Erwartungen der Ressourcenverteidigung = Resource Defense Hypothese (RDH), mit denen Macdonald (2006) unter anderem Gruppenrevierbildung von Hundeartigen erklären kann: **Revierverteidigung lohnt sich nur, wenn das Revier genug Nahrung für einen selbst bzw. die Familie bietet.**

Ist die Nahrungsverteilung so, dass meine Familie nicht auch zuverlässig satt wird, muss ich gegebenenfalls das Revier vergrößern. Und dann reicht es statistisch gesehen auch noch für weitere Artgenossen. Also bilden wir ein Rudel. Je nach Größe der Beutetiere, kann es dann für ein Rudel besser sein, das Revier zu verkleinern und gegebenenfalls auf ein paar „Planstellen" von Rudelhelfern zu verzichten, oder zu vergrößern, z. B. bei Jagd auf Großtiere und dafür ein paar „Planstellen" zu schaffen, das heißt auch das Rudel durch Rekrutierung von weiteren Mitgliedern zu vergrößern. Zimen (1991) hat bei Wölfen gezeigt, dass diese „Personalentscheidung" meist die ranghöchste Wölfin trifft, indem sie Zuwanderer akzeptiert oder wegjagt. Dieses System ist, wie Macdonald (2006) unter anderem zeigt, gerade bei Hundeartigen auch innerhalb der Arten so flexibel, dass es auf geringfügige Änderungen der Umweltbedingungen mit recht starken Änderungen der entstehenden sozialen Beziehungen, Strukturen, ja sogar der Organisation reagieren kann. „Das typische Rudel" gibt es nicht, nicht einmal im gleichen Gebiet. Eines aber und das ist sehr wohl für das Verständnis des Revierverhaltens unserer Haushunde wichtig, gilt zumindest bei großen Arten generell: **Revierpatrouillieren, Markieren und Verteidigen ist Sache aller, und nicht das Vorrecht der Ranghohen.**

Wessen Hund also am Zaun Fremde verbellt, markiert und sich dabei recht selbstsicher gibt, der hat kein Dominanzproblem. Erst wenn er es nicht schafft, den Hund abzurufen und den Briefträger ohne Gefahr für

*Nicht jede Hunderasse ist gleich territorial und Angriffe auf Eindringlinge können auch andere Gründe haben.*

Leib, Leben und Uniform hereinzulassen, hat er eines. Desgleichen gilt beim Markieren draußen auf dem Spaziergang. Ganz abgesehen davon, dass der Hund ja auch seine Blase entleeren muss, zeigt er damit nur „corporate identity" und keineswegs Machtstreben an!

## AKUSTISCHE ANKÜNDIGUNG

Neben der geruchlichen Identifizierung, spielt gerade bei Hundeartigen auch die akustische Ankündigung eine wichtige Rolle. Wo, wie, in welcher Weise geheult wird, hängt unter anderem wieder von der Kopfstärke, der Rudelsituation und der Nähe zum potenziellen Gegner ab. So ist nicht erstaunlich, dass viele Hunde, genau wie Wölfe, auf die Sirenen der Rettungsfahrzeuge reagieren. Dass sie dann, wenn der Wagen (oder gar ein ganzer Feuerwehrlöschzug) näherkommt, plötzlich verstummen, entspricht auch dem Freilandverhalten der Wölfe: Angesichts eines übermächtig großen Rudels verdrückt man sich lieber heimlich, still und leise. Denn fremde Wölfe können Lebensgefahr bedeuten!

# EGALITÄRE SYSTEME

## BESITZRESPEKTIERUNG

Eine weitere, dem Revier vergleichbare Form der Zuteilungsregelung finden wir in der Respektierung von Besitz. Die Möglichkeit, Konflikte über die Nutzung knapper Ressourcen zu vermeiden, besteht unter anderem in der noch später zu diskutierenden Strategie des Bourgeois, das bedeutet, wer eine Ressource hat, gewinnt mit hoher Wahrscheinlichkeit auch die Auseinandersetzung.

**Wenn ein Individuum eine Ressource für sich erschlossen hat und nutzt, so lässt man sie ihm auch!**

Interessant wird diese Geschichte vor allem dann, wenn Besitz und Rangposition aneinandergeraten, das heißt, wenn ein Rangtieferer etwas besitzt, was der Ranghöhere auch gerne hätte. Denn nur dann kann die Respektierung ja auch nachgewiesen werden. In einer Reihe von interessanten Versuchen haben die Züricher Ethologen um Hans Kummer zeigen können, dass eine vorherige Beschäftigung mit einer Ressource, sei es ein Futterspender oder eine potenzielle Paarungspartnerin, sehr wohl auch den ranghöheren Zuschauer hemmt. Lässt man einen ranghohen Pavianmann z. B. zuschauen, wie ein rangtieferer Mann eine neue Partnerin anbalzt und umwirft, oder wie ein rangtieferes Männchen einen Futterspender über längere Zeit bedienen und nutzen kann, und lässt dann erst den Ranghöheren dazu, so sitzt dieser mit allen Anzeichen der „Verlegenheit" irgendwo in der Ecke, vermeidet den Blickkontakt, kratzt sich sehr häufig und erweckt insgesamt den Eindruck einer deutlichen Hemmung. Der Rangtiefere darf hier auch weiterhin die Ressource behalten. Auffallend ist, dass diese Besitzrespektierung unter männlichen Pavianen wesentlich besser funktioniert als unter weiblichen, denn weibliche Paviane nehmen der rangniedrigeren Konkurrentin in etwa 50 % der Fälle den Futterspender ab. Im Konflikt zwischen Männchen und Weibchen erweisen sich die ersteren keineswegs als Kavaliere. Pavianmännchen nehmen ihren weiblichen Konkurrentinnen praktisch immer den Futterspender ab.

Dies deutet bereits an, dass es sich hier offensichtlich auch wieder um eine Strategie handelt, die mehr dem individuellen Risiko des Verletztwerdens als irgendwelchen „moralischen" Überlegungen folgt.

### FESTE UND BEWEGLICHE BESITZTÜMER

Noch genauer haben Untersuchungen von Marina Cords in Kummers Gruppe dies bestätigt (siehe Gansloßer et al., 2019). Bei ihr ging es um Futter bei Javaneraffen. Sie hatten einen Plastikschlauch erhalten, in dem sich Rosinen befanden, und im Laufe einer Reihe von Versuchen ergab sich z. B., dass bei einer festgebundenen Ressource der Besitz nicht respektiert wurde. Konnte die Ressource jedoch weggetragen werden, wurde der Besitz akzeptiert. War das Objekt mit einer langen Schnur versehen, wurde sie leichter geraubt. Offenbar spielt die Nähe des Räubers zum Objekt auch eine Rolle. Je näher der Räuber beim protestkreischenden Besitzer sitzt, desto häufiger intervenieren Dritte. Mütter berauben ganz besonders oft ihre eigenen Nachkommen und Männchen beklauen im Zweifelsfall eher einen Älteren. Beide letztgenannten Fälle hängen offenbar mit der dabei geringeren Wahrscheinlichkeit der Intervention Dritter zusammen. Wenn ein Kind schreit, helfen ihm alle, es sei denn, es schreit wegen der eigenen Mutter. Diese „zynische" Betrachtung zeigt noch einmal, dass das Risiko des Selbstangreifens und Verletztwerdens offensichtlich an der Basis der Besitzrespektierung liegt.

## BESITZRESPEKTIERUNG BEI HUNDEARTIGEN

Bemerkenswert ist nun, dass solche Besitzrespektierungen gerade auch von wildlebenden Hundeartigen sehr häufig beschrieben werden. Peters und Mech (1975) beschreiben solche Situationen bei Wölfen: Ein Wolf, der einen Futterbrocken in der Schnauze hat, bzw. diesen in einer Schutzzone von ca. 30 cm vor der Nasenspitze findet, und ihn wegtragen kann, darf diesen Futterbrocken auch behalten und muss ihn nicht an einen Ranghöheren abgeben. Das ist Besitzrespektierung im klassischen Sinne.

**Es ist keineswegs eine sinnvolle Dominanz- oder Unterordnungsübung, wenn man den Hund zwingt, einem sofort und ohne Widerspruch alles Futter oder andere Dinge abzugeben, die er gerade in der Schnauze trägt.** Er versteht das nicht, denn es ist in seinem biologischen System nicht vorgesehen. Es soll nicht bestritten werden, dass es, z. B. im Zeitalter der Giftköder von Hundehassern, notwendig sein kann, mit dem Hund eine Lösung zu finden, wie er einen Futter- oder anderen Brocken möglichst schnell und widerspruchslos abgibt.

*Auch viele Primaten haben egalitäre Systeme. Paviane (Foto) jedoch nicht, außer bei ranghohen Männchen.*

*Weder Futterstehlen, noch Verteidigen, noch gemeinsam Fressen …*

**Die Abgabe von Dingen sollte als Beziehungsqualität und als kooperative Tauschhandelsgeschichte geübt werden und nicht als Dominanzübung.**

Besonders deutlich werden die Tendenzen zur Besitzrespektierung von Futterressourcen unter Hunden durch Untersuchungen, die in der Budapester Arbeitsgruppe durchgeführt wurden. Zeigt man einem Hund einen Futternapf mit besonders schmackhaftem Futter, und während er gerade dabei ist, diesen Futternapf auszuräumen, lässt man ein lautes Knurren eines ihm fremden Artgenossen aus einem versteckten Lautsprecher ertönen, so ist die Reaktion des Hundes ganz eindeutig mit der Botschaft des Knurrlautes verbunden. Handelt es sich um ein Knurren z. B. aus einer Selbstverteidigungssituation, oder gar um spielerisches Knurren, so wird diese Signalisierung des im Lautsprecher versteckten Artgenossen meistens ignoriert. Handelt es sich aber um ein Knurren, das aus der Futtervereidigung entstand, wird es in der Regel sehr schnell und in eindeutiger Weise beantwortet: Der Hund ist meistens nicht mehr bereit, ein zweites Mal an die derart verteidigte Futterschüssel zu gehen. Wohlbemerkt, es handelt sich hier um einen unbekannten Artgenossen, also kein Dominanzproblem.

## Besitzrespektierung bei Affen

Andere Untersuchungen, die mit einem aus der Affenforschung kommenden Versuchsansatz arbeiten, konnten dies bestätigen. Wenn man einem rangtiefen Affen zeigt, wo im Raum Futter versteckt ist, und genau dann, wenn er versucht, dieses Futterversteck auszuräumen, betritt der ranghöhere Gruppengenosse den Raum, so sind die rangtiefen Affen aus Erfahrung in der Regel sehr vorsichtig und tun alles, um die Aufmerksamkeit des Ranghöheren nicht auf diese Verstecke zu lenken. Sie halten gezielt Informationen zurück. Eine Beobachtung aus unserem Schimpansenprojekt in einem Zoo lässt dies deutlich werden. Eine rangtiefe Schimpansin mochte sehr gerne die dort als Beschäftigungsfutter verstreuten rohen ungekochten harten Nudeln. War aber ihre ranghöhere Chefin in der Nähe, so stopfte sie sich die Nudeln in die Backen und tat alles, um nicht zuzubeißen. Das Krachen der zerbissenen Nudeln hätte nämlich die Chefin auf diesen Übertritt aufmerksam gemacht. Die Äffin ging

*... haben bei Hunden Bezug zur Ranghöhe.*

stattdessen weit weg in einen anderen Gehegebereich, und erst als sie außer Hörweite der Ranghohen war, biss sie genussvoll kräftig zu und lies es sich schmecken.
Hunde dagegen reagieren bei einer solchen Versuchssituation ganz anders: Eine Untersuchung, bei der man rangtiefen Hunden ein solches Futterversteck in einem Raum gezeigt hatte, und dann den Ranghöheren dazu lies, führte in den allermeisten Fällen dazu, dass der Rangtiefe trotzdem das versteckte Futter ausräumte und ungestört fraß.
Besitzrespektierung wird auch bei anderen Säugetieren immer wieder beschrieben, eine Studie zum Schluss zu diesem Thema noch zu Meerschweinchen: Meerschweinchenmänner sind ebenfalls persönlich an ihre weiblichen Tiere gebunden (Sachser, 2002 a, b). Wenn ein rangtieferes männliches Tier mit seinem gebundenen Weibchen in das Revier eines ranghöheren männlichen Tieres kommt, so versucht der ranghohe Revierbesitzer keineswegs, dieses Weibchen abspenstig zu machen. Die Sache geht sogar weiter: selbst allein ins Revier des Nachbarn kommende Weibchen werden eher vertrieben denn angebalzt.

## EGALITÄRE BEZIEHUNGEN

Noch eine andere Form der Respektierung und Regelung von Zuteilungskonflikten ergibt sich teilweise in Verbindung mit der Besitzrespektierung: Das sogenannte egalitäre oder motivationsabhängige System. Judith Hand (1986) hat hier ein wichtiges Alternativkonzept zur Dominanz diskutiert.
**Jedes Gruppenmitglied signalisiert seine Bedürfnisse an der umstrittenen Ressource, und wer die höchste Motivation signalisiert, bekommt sie.**
Wer also am lautesten schreit „Ich habe Hunger“, der kriegt die Wurst. Neben der häufigen und meist sehr differenzierten Verwendung von Signalen zur Übermittlung des Bedarfs, sind als weitere Charakteristika hier noch zu nennen, dass der Ausgang der Auseinandersetzungen mal den einen mal den anderen der Rivalen begünstigt oder beide die Ressourcen teilen oder eben Besitzrespektierung geachtet wird, unabhängig davon, wer die beiden sind. Folge davon ist, dass die Verteilung der Ressourcen viel gleichmäßiger ist.

Beate Dellert fand bei eigenen Studien an wahrscheinlich egalitär organisierten asiatischen Halbeseln, den Kulanen, heraus, dass sich die Stuten in der Herde nur etwa in 5 % der Zeit beim Zugang zur Futterraufe unterschieden, beim rangordnungsmäßig strukturierten Steppenzebra in gleicher Situation dagegen um bis zu 25 % (Gansloßer und Dellert, 1997). Egalitäre Beziehungen dienen also einer gleichmäßigeren Verteilung der Ressourcen, und Hand hat theoretisch zeigen können, dass dies bei länger andauernden Gruppierungen auch evolutionär stabil ist. Gerade das laute Knurren, Kreischen, Naserunzeln und Zähnefletschen, das man bei Hunden, Wölfen und anderen gemeinsam fressenden Kaniden regelmäßig an der Futterstelle sieht, hat viele Eigenschaften eines solchen egalitär motivationsabhängigen Zuteilungssystems. Victoria Warstat (2015) konnte z. B. an den Hunden der Toscana-Hund-Gruppe zeigen, dass weder Rangposition noch andere vorhersagbare Eigenschaften, sondern vielmehr die Tagesform und eine Reihe von sonstigen Einflussfaktoren entschieden, wer wann und wie lange fraß bzw. wie oft von wem unterbrochen wurde. Auch hier liegt also ganz offensichtlich ein, dem beschriebenen Kulansystem vergleichbares, motivationsabhängiges Zuteilungssystem vor. Unter diesen Voraussetzungen muss dringend davor gewarnt werden, Hunde, die ihr Futter verteidigen, als dominante oder anderweitig durchsetzungsfreudige Individuen einzustufen. In den meisten Fällen ist genau das Gegenteil der Fall.

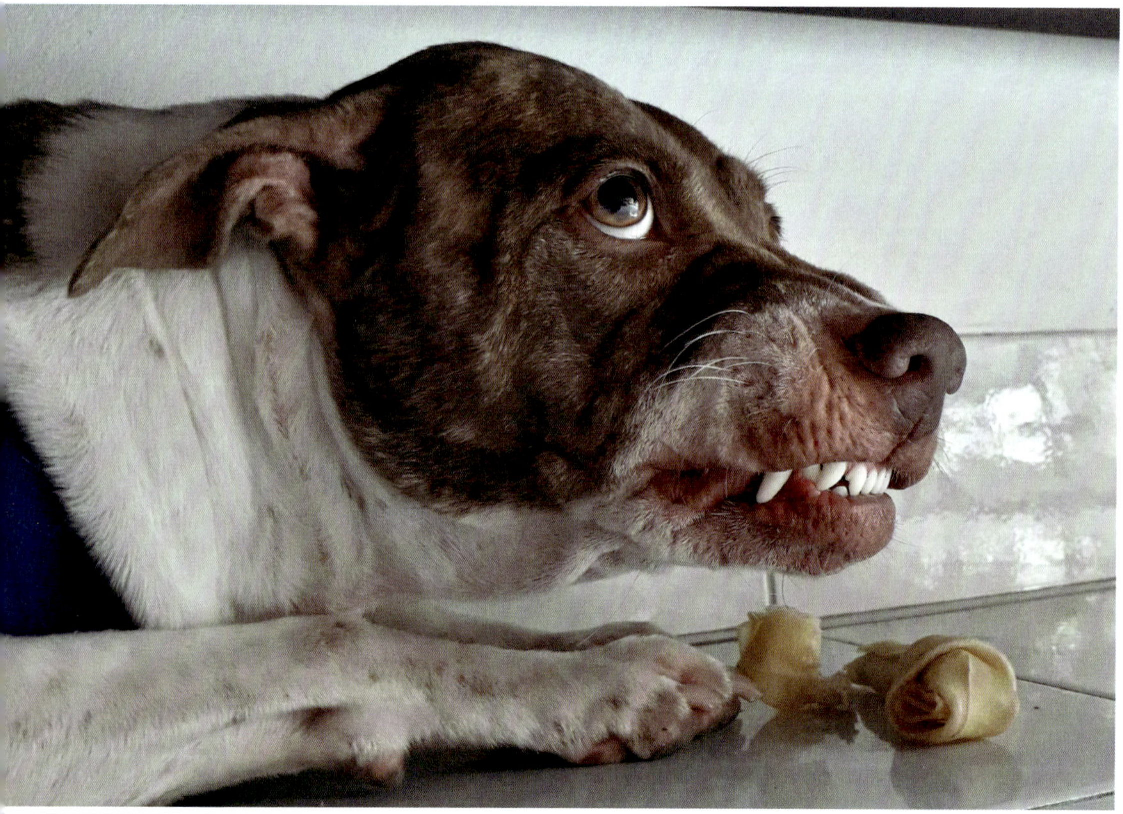

*Schon das Ausdrucksverhalten dieses Futter verteidigenden Hundes zeigt, dass er keineswegs statussicher und „dominant" wäre.*

# DOMINANZ

Damit sind wir schließlich bei dem Begriff angekommen, der im Zusammenhang mit Ressourcenzuteilung und anderen Privilegien bei der Konfliktregelung am häufigsten falsch bzw. fragwürdig verwendet wird, nämlich dem Begriff und Konzept der Dominanz. Auch hier können wir wieder unser erprobtes System der Bearbeitung von Beziehungen (siehe S. 206 ff.) anwenden und uns schrittweise hocharbeiten: Zunächst die Aktionen und Signale, also diejenigen Verhaltenselemente, die Dominanz anzeigen. Dann folgen die Interaktionen und aus deren Verteilung schließlich die Dominanzbeziehung. Aus der Summe der Dominanzbeziehungen wird schließlich die Rangordnung, insofern es eine gibt. Und danach ist natürlich die „Wozu?“ -Frage zu klären – was bringt die Dominanz und vor allem, wer hat mehr davon?
Wegen der vielen Missverständnisse um den Dominanzbegriff, müssen wir ein paar klärende Vorbemerkungen machen.

## WAS IST DOMINANZ?

Dominanz wird vielfach, und das ist zumindest in unserem Zusammenhang bereits die erste Fehlinterpretation, als Eigenschaft eines Individuums angesehen. Dominanz ist aber keine Eigenschaft, es ist eine Beziehung!
Und daher ist verständlich, dass es Erblichkeit von Dominanz oder anderen Einflüssen nur im Zusammenhang mit einer bestehenden Gruppenstruktur geben könnte. Ein Individuum wird aber nicht von vornherein als ein dominantes Tier geboren, es sei denn, wie bei Tüpfelhyänen oder manchen Affenarten, es ist Mitglied eines dominanten Clans und dominiert wiederum nur so lange, wie es den Rückhalt dieses dominanten Clans noch hat.
Bei Laien wird Dominanz auch vielfach mit Aggression gleichgesetzt. Auch diese Betrachtung ist nicht gerade hilfreich. Zugegebenermaßen zeichnen sich in manchen Gruppen bzw. Gruppentypen die dominanten Tiere durch ein stärkeres Ausmaß an Aggression aus, dies ist aber wiederum die Folge und nicht die Ursache ihrer dominanten Position. Wir werden darauf noch bei Betrachtung der Konsequenzen einer Dominanzposition zurückkommen (siehe S. 272). Bei vielen anderen Tierarten dagegen ist die dominante Position eine ausgesprochen ruhige und damit auch aggressionsarme.

### MERKMALE FÜR DOMINANZBEZIEHUNGEN

Die verwirrende Vielfalt der Begriffe und Konzepte kann nur durch klare Definitionen gelöst werden. Auch wenn sich nicht jeder diesen Definitionen im Einzelnen anschließen muss, sollen die folgenden Charakteristika zumindest für unsere Betrachtungen allgemein gelten. Hinweise auf die verwendete Originalliteratur finden sich in Gansloßer et al., 2019. Wichtige Konzepte wurden z. B. von Mason (1993), Bernstein (1981), Drews (1993) und Rowell (1974) erarbeitet.

**DEFINITION DOMINANZ**

Carlos Drews (1993) hat eine Dominanzdefinition formuliert, die durchaus weiterverbreitet werden sollte: Dominanz ist ein Attribut eines Verteilungsmusters wiederholter, agonistischer Interaktionen zwischen zwei Individuen, und wird durch einen wiederkehrenden Ausgang charakterisiert, der eines der beiden Mitglieder diese Diade bevorzugt, und dazu führt, dass der andere sich zurückzieht, anstatt zu eskalieren.

Aus der Definition von Drews und den anderen genannten Arbeiten ergeben sich einige gemeinsame Merkmale für Dominanzbeziehungen:
**Dominanz ist keine Eigenschaft, sondern eine Beziehung**, und als solche hat sie normalerweise eine individuelle Vorgeschichte. Dominanz betrifft also immer nur diejenigen Individuen, die in direktem Kontakt zueinanderstehen. Nur wenn Status-Abzeichen oder Status signalisierende Verhaltensweisen verlässlich sind, kann auch ohne individuelles Erkennen und individuelle Vorerfahrung die Dominanzbeziehung bestehen.
**Dominanz ist primär eine aktive Leistung des Rangtieferen**, und zwar dadurch, dass er dem anderen einen ungehinderten Zutritt zu einer Ressource ermöglicht oder dem anderen in anderer Weise gestattet, seine Interessen jederzeit verfolgen zu können.
**Daraus folgt, dass Dominanz nicht nur mit Ressourcen zu tun hat.** Auch die Entscheidung, ob ich nun spielen möchte bzw. den Spielantrag ablehnen darf, oder ob ich Körperpflege erdulden muss bzw. diese selbst ausüben darf, ist eine **dominanzabhängige Entscheidung.** Wichtig ist, dass der Dominante seine Interessen immer durchsetzen kann.
**Dominanz klärt den Zugang zu umstrittenen Ressourcen bzw. das Vorrecht, Konflikte im eigenen Interesse zu lösen**, und das weitgehend ohne offen aggressive Handlungen. Dominanz hat nichts mit Aggressivität zu tun! Auch durch Selektionsexperimente und gezielte Linienzucht zeigt sich, von Fischen bis zu Säugetieren, dass aggressive und weniger aggressive Zuchtlinien gleichermaßen die Chance haben, dominant zu agieren.
**Aus der Formulierung, der Ranghöhere könne seine Interessen durchsetzen, folgt, dass er es nicht unbedingt muss.** Je nach Auffassung und Definition verschiedener Autoren, können durchaus Zuteilungen entgegen der Rangbeziehung möglich sein. Franz de Waal (1977) unterscheidet daher zwischen einer stabilen „formalen Dominanz", die stets eindirektional und durch bestimmte, vom dominanten Tier gezeigte Statussignale unterstützt vorliegt, und einer flexibleren aktuellen Situation, bei der auch der Ranghöhere auf sein Prioritätsrecht verzichten kann (siehe oben).
**Die Dominanzbeziehung ist eine unsymmetrische, aber komplementäre Beziehung.** Die aktive Zurückhaltung des Rangtieferen ist der ausschlaggebende Punkt. Auch wenn der Ranghöhere die Beziehung kontrolliert, wird sie trotzdem vom Rangtieferen initiiert (ohne Anerkennung des Häuptlingsstatus durch die Indianer gibt es keinen Häuptling). Ähnlich wie bei anderen sozialen Erscheinungen, ist auch beim Thema Dominanz der Zusammenhang zwischen den **Hormonwerten** und der **sozialen Situation** komplizierter und keineswegs eine Einbahnstraßenbeziehung. Gestiegene Testosteronwerte sind häufig eine Folge und nur selten eine Ursache für die Verbesserung der Rangposition. Umgekehrt sind abgesunkene Testosteronwerte häufig die Folge einer gesunkenen Rangposition, stellen aber ihrerseits dadurch eine wesentliche Voraussetzung für den Verbleib in der Gruppe dar.
Die häufig, und leider auch heute noch, fälschlicherweise übliche Bezeichnung der „Dominanzaggression" hat wiederum mit dem Dominanzkonzept, aber auch mit der Erzielung oder Verteidigung von Domi-

*Die Körperposition von Tier 1 zeigt deutlich eine formal unterlegene, von Tier 2 und 3 eine formal übergeordnete Position.*

nanzpositionen nichts zu tun. Bereits seit 15 Jahren ist bekannt, dass es sich hierbei vielmehr um Aggressionsformen aus mangelnder Selbstbeherrschung handelt, sogenannte Affektkontroll- oder einfach nur **Affektaggression**. Hier sind Schwankungen im Serotoninspiegel, Serotoninmangel oder Veränderungen im Bereich der Serotoninbindungsstellen im Gehirn ursächlich. Gerade Hunde, die solche affektkontrollabhängige Aggression zeigen, sind durch ein eher unsicheres, emotional instabiles Nervenkostüm und nicht durch die Souveränität eines Ranghohen ausgezeichnet. Da dieses Phänomen oftmals auch die Ursache für fälschliche Kastrationsempfehlungen ist, sei auf nähere Diskussionen in Strodtbeck und Gansloßer (2011) verwiesen.

Der **Erwerb der Rangordnungsposition** ist, wie bereits erwähnt, meist durch eine individuelle Vorgeschichte geprägt. Jedoch muss auch diese nicht durch einen offenen oder gar verletzungsgefährlichen Kampf entstehen. Wenn eine Signalisierung des eigenen RHP zuverlässig möglich ist (siehe S. 214), kann dies bereits ausreichen. Größenabhängige Rangordnungsbeziehungen, wie wir sie von vielen Huftieren, Elefanten, Großkängurus und anderen vorwiegend zeitlebens weiterwachsenden Großtierarten kennen, sind allein durch die Größenabschätzung „Er ist größer als ich, bzw. ich bin größer als er" möglich. In anderen Fällen, wie den erwähnten Primaten oder Tüpfelhyänen, gehört ein Tier durch seine Geburt bereits einem bestimmten Clan, einer matrilinen Untergruppe an.

Diese, deren Rang wiederum vorwiegend durch den individuellen Rang der Ranghöchsten, der Clanmutter, bestimmt wird, gibt an, welchen Gruppen- bzw. Clanrang das Tier dann einnehmen wird. Dies ist jedoch nicht notwendigerweise gleichzusetzen mit einer Erblichkeit des Ranges im genetischen Sinne. Es kann sich ebenso gut um eine Erblichkeit im Sinn unseres juristischen Erbbegriffes handeln, das heißt, ein Übertragen von bestimmten Privilegien durch Geburtsrecht, welches ebenso gut tradiert sein kann und nicht genetisch fixiert sein muss. Selbst die Tatsache, dass junge Makaken teilweise nach der Handaufzucht in ihrer Gruppe wiederum Rangpositionen besetzten, die denen ihrer Verwandten ähnelten, ist noch kein schlüssiger Beweis für eine genetische Komponente. Denn auch hier können vorgeburtliche Einflüsse, etwa die Hormonlage der Mutter oder viel allgemeinere zugrundeliegende Mechanismen wie die bereits geschilderten scheuen oder wagemutigen Persönlichkeitstypen, die Ursache gewesen sein.

**Relativ selten bei Säugetieren sind Dominanzbeziehungen zwischen den Geschlechtern.** Meist finden wir Rangordnungen innerhalb eines Geschlechts, oder getrennte Rangordnungssysteme für beide Geschlechter. Die Frage, weshalb zwischengeschlechtliche Rangordnungen so selten sind, lässt sich besser nach der Besprechung der Vor- und

*Makakenweibchen bilden Clans – und der Clanrang hängt vom Rang der Clanmutter ab. Innerhalb des Clans haben unter der Mutter die jüngsten Weibchen den höchsten Rang.*

Nachteile, der Fitnesskonsequenzen am Ende dieser Betrachtung verstehen. Bemerkt werden muss jedoch, dass gerade bei Hundeartigen die Dominanz zwischen den Geschlechtern sehr wohl existiert, und dass sie von Umweltfaktoren, genauso wie von der Persönlichkeit und dem Alter der jeweiligen Beteiligten abhängt. Mehrere noch unveröffentlichte Untersuchungen an Mähnenwolfpaaren, einem paarweise lebenden südamerikanischen Großcaniden in zoologischen Gärten, haben gezeigt, dass im einen Paar das Weibchen und im anderen Paar das Männchen dominieren kann, und dass diese Ordnung auch über mehrere Jahre hinweg besteht. Beim Wolf zeigt sich (Bloch mündlich), dass die Dominanzbeziehung zwischen Alpharüde und Alphafähe im Rudel von dem Revierbesitz abhängt. Wandert der Alpharüde zu und bekommt die Topposition im Revier des weiblichen Tieres, so ist sie dominant, wandert sie dagegen zu und er hat den Revierbesitz und die sonstigen Rudelmitglieder eingebracht, so ist er dominant. Weiter kompliziert wird die Geschichte dann jedoch auch noch durch das jeweilige Alter und die Erfahrung der beiden. Auch hier muss wiederum vor einer Verwechslung zwischen der vorwärtsorientierten A-Persönlichkeit und einer Dominanzbeziehung unterschieden werden. Nicht jeder, der sich zunächst naseweis und vorwitzig mit einem unbekannten neuen Gegenstand beschäftigt, oder gar dem Tierpfleger im Zoo oder im Tierheim das Futter aus der Hand nimmt, ist dominant. Es kann sich schlichtweg auch um einen proaktiven, eher wagemutigen A-Typ handeln.
Bei seinen Wolfspaaren konnte David Mech (1999) noch eine weitere Abhängigkeit beschreiben: Der Rüde war für den größten Teil des Jahres nach seinen Beobachtungen innerhalb des Paares dominant. Dies änderte sich jedoch im Zeitraum, in dem die Wölfin mit kleinen, versorgungsbedürftigen Welpen in der Wurfhöhle oder unmittelbar davor beschäftigt war. Auch hier wiederum also eine weitere, durch Situationen und Bedürfnislagen beeinflusste Unterscheidung.
Man kann also zunächst nur einmal feststellen, dass beide Möglichkeiten innerhalb der gleichen Art jeweils funktionieren. In seltenen Fällen, etwa bei den Tüpfelhyänen oder bei einigen madagassischen Halbaffen, dominieren die weiblichen Tiere immer über die männlichen. Dies ist häufig, jedoch nicht immer, mit einem Größenunterschied zugunsten der weiblichen Tiere verbunden. Hohenbrink et al. (2016) zeigen gerade bei den ursprünglichen Lemuren (hier der Mausmaki und eine verwandte Art), dass die Weibchendominanz wohl ein stammesgeschichtliches altes Merkmal ist, und dass sie u. a. von den unterschiedlichen Energiebedarfslagen der beiden Geschlechter ausgehen könnte.

## DOMINANZAKTIONEN UND -SIGNALE

Nach diesen klärenden Vorbemerkungen nun die versprochene Erarbeitung „von unten nach oben". Die Frage der beteiligten Aktionen und Signale ist bei einer Reihe von Tierarten in den letzten Jahren sehr erfolgreich bearbeitet worden. Gerade im Bereich der Dominanz, wo es ja „um etwas geht", sind verlässliche, also fälschungssichere Signale verständlicherweise besonders gefragt. Einige Studien zu optischen und akustischen Signalen konnten sogar manipulieren und dann die Reaktion der Artgenossen studieren oder wenigstens durch Korrelation der Signaländerung mit Statusgewinn bzw. -verlust eine Verbindung herstellen. So zeigte sich, dass sich durch die Häufigkeit bzw. bestimmte akustische Eigenschaften des Röhrens bei Hirschen oder eines bestimmten Belllautes bei Bärenpavianen verlässlich der Status, der Kampferfolg bzw. (beim Hirsch) auch der Paarungserfolg vorhersagen lässt, und dass sich bei dem Pavian nach Statusverlust der Ruf ändert (Kappeler 2012; Gansloßer et al., 2019).

## OPTISCHE SIGNALE

Bei optischen Signalen (Löwenmähne, Gesichtszeichnung des Mandrill-Affen, blauer Hodensack der Grünen Meerkatzen, Brustfleck bestimmter Singvögel) gilt Ähnliches, sie sind rang- und testosteronabhängig. Und zumindest in einigen Vogelstudien sowie den Grünen Meerkatzen konnte man durch künstliches Besprühen zeigen, dass die künstlich „hochbeförderten" Männchen von Rangtieferen mehr respektiert, von den „natürlich" Ranghohen aber heftiger angegriffen wurden als vorher. Etliche Statussignale sind auch bei Wölfen bekannt: Nur wirklich Ranghohe zeigen die T-Position und lassen sich mit erhobenem Schwanz anal beschnüffeln, Hunde übrigens viel seltener (Harrington und Asa, 2003). Aktionen, also direkte Verhaltenselemente, sind bei der Frage der Dominanz weniger erforscht. Jedoch aus der Tatsache, dass wir Dominanz von Aggression getrennt haben und auch die aktive Aufrechterhaltung durch den Rangtieferen festgestellt haben, lässt sich ableiten, dass es wenig direkte Aktionen des Ranghöheren geben müsste. Einige Studien an Raubtieren, speziell an Wildhunden und Zwergmangusten, belegen zwar die höhere Initiationsrate aggressiver Kontakte bei Ranghohen (Creel et al., 1996). Rasmussen (2006) nennt jedoch gerade beim Wildhund Beispiele von dreibeinigen bzw. schwanzlosen Ranghohen, die dem genauso widersprechen wie die Beobachtungen der hohen Zahl freundlichen Verhaltens bei diesem Autor. **Klar ist jedenfalls, dass ein aktives Umwerfen oder Niederdrücken mit vollem Körpereinsatz, wie es von den Vertreter/innen der Dominanzfraktion unter den Hundeerzieher/innen immer propagiert wird, eben gerade keine Dominanz anzeigt, denn dann ist es ja keine freiwillige Leistung des Untergebenen.** Der Ranghohe kontrolliert die Beziehung, das heißt, er/sie hat die Entscheidungsfreiheit, z. B. wann was passiert, oder wann er/sie seine Rangprivilegien in Anspruch nimmt (vorausgesetzt, sie existieren).

## UNTERWERFUNGS- UND BESCHWICHTIGUNGSVERHALTEN

Wenden wir uns also, im Sinne unserer Definition, der anderen Hälfte der Beziehung zu, dem Rangtiefen. Und hier fängt die Geschichte an, unexakt zu werden. Das liegt zugegebenermaßen auch daran, dass die Forderung, „verlässlich/fälschungssicher" zu signalisieren, von der Sache her schon bei Unterwerfung nicht so leicht zu realisieren ist. Man kann sich eben leichter klein und unauffällig machen, um sich Vorteile zu erschleichen als umgekehrt. Dass das gerade bei Hundeartigen oft funktioniert, zeigen die Beispiele des Afrikanischen Wildhundes und des Rothundes. Bei Letzterem besonders deutlich, wenn die ranghöchste Fähe den Konkurrentinnen deren Jungtiere durch submissives Verhalten abbettelt (Ludwig, 2006; Maisch, 2006), um sie dann umzubringen. Zugleich ist eine Überprüfung der Wirkung von submissiven Signalen ebenfalls im Versuch schwieriger zu gestalten, als das Gegenteil zu beweisen. Aber ein Gutteil der Schwammigkeit kommt eben leider gerade im Hundebereich daher, dass hier in eklatanter Verletzung der schon öfter genannten methodischen Standards Dinge unbelegt, oft auch widersprüchlich behauptet werden, und dann daraus Zirkelschlüsse und selbsterfüllende Prophezeiungen abgeleitet werden.

Was können wir nun wirklich an gesicherten Daten zu diesem Thema ausführen? Manche Autor/innen unterscheiden zwischen Unterwerfungs- und Beschwichtigungsverhalten, andere sehen bereits an dieser Stelle keine saubere Trennung als möglich an. Möchte man es trennen, würde man submissives Verhalten in einer etablierten/exklusiven Gruppe mit bestehenden Dominanzbeziehungen, Beschwichtigungsverhalten dagegen nach einer (mehr oder weniger ritualisierten) Auseinandersetzung oder in konfliktgefährdeten Umständen auch situativ sehen. Charakteristisch für Beschwichtigung wäre dann:

*Klar erkennbar die formal dominante Position des weißen Hundes hinten.*

— Es geht vom untergeordneten Tier aus,
— es wird (häufiger) in einer (potenziell) spannungsgeladenen Situation gezeigt und
— es folgt danach seltener Aggressionsverhalten als in vergleichbaren Situationen ohne Beschwichtigung.

Die Herkunft der einschlägigen Signale ist meist aus einer von zwei Quellen zu belegen: Entweder handelt es sich um antithetisches Verhalten zum Droh- und Imponierverhalten oder um Verhalten, das beziehungsfördernd ist, meist aus der sozialen Körperpflege oder dem Jungtierverhalten. Beispiele für Ersteres waren Waffenwegdrehen, Sich-Klein-Machen, Niederlassen in eine niedrige Stellung oder anderes, wie es von vielen Säugern zu beobachten ist (Gansloßer et al., 2019).
Beispiele für die zweite Gruppe wären soziales Lecken (Hirsche, Rinder), Futterbetteln (Wölfe, Wildhunde) oder soziale Fellpflege (diverse Affenarten). Bei Kaniden treten jedoch alle diese Signale auf.

### Wissenschaftliche Grundlagen

Für beide Arten von Signalursprüngen gilt aber, dass sie durch exakte, methodisch saubere Analysen getestet werden müssen. Plausible oder auch logische Erklärungen allein reichen nicht aus. Gezielte Versuche zu diesem Thema sind nahezu völlig ausstehend, eine Studie an Tauben überprüfte erfolgreich die Hypothese des Kopfnickens als Beschwichtigung: Die Angriffsrate sank daraufhin wirklich (Wosegien und Lamprecht, 1989). In dieser Arbeit findet sich auch etwas mehr Literatur und Theorie zu diesem Thema. Auch einige Fischstudien mit Attrappen waren erfolgreich. Wenn schon nicht durch Versuche, so wurden wenigstens statistisch durch Beobachtungen die hier genannten Signale glaubhaft belegt. Ein Problem der „Wozu?"-Frage muss in jedem Fall geklärt werden: Nur wenn es **auch** dem Überlegenen etwas bringt, wird solches Verhalten evolutionär stabil sein. Und das funktioniert grundsätzlich entweder nur bei annähernd Gleichstarken oder innerhalb geschlossener Gruppen, wenn der Ranghöhere ein Interesse daran hat, den anderen als Mitglied zu behalten. Zwischen Feinden oder Zufallsbekannten schließt sich Letzteres aber aus.

*Auch hier ist der formal Überlegene deutlich erkennbar.*

### Entscheidung zwischen Angriff und Flucht

Noch ein anderes, theoretisch begründetes Problem hat man, wenn man Konflikt- oder Übersprungverhalten, z. B. Gähnen, Sich-Kratzen oder andere Elemente der eigenen Körperpflege als Beschwichtigung betrachten will: Wie wir gesehen haben, entspringt solches Verhalten zwei widerstrebenden inneren Faktoren, z. B. Angriff und Flucht (siehe S. 112, Motivation). Wenn nun der andere schon zeigt, dass er/sie zwischen Angriff und Flucht (bzw. Unterwerfung) schwankt, so sollte man ihn/sie doch eher noch schwächen, um den inneren Zwiespalt zugunsten der Flucht bzw. Unterwerfung zu ändern, anstatt ihn/sie durch Stillhalten zu ermutigen. Insofern ist auch ein aus/in der Balz entstehendes Beschwichtigungsverhalten motivational anders zu sehen als das in Konkurrenzsituationen. In letzterem Falle zumindest ist es sicher nicht stabil und wirkungsvoll, dem anderen durch Zaudern Mut zu machen. Und genau deshalb sind auch im Mensch-Hund-Verhalten solche aus Übersprungverhalten entstandenen Signale kaum Beschwichtigungen. Erste statistische Analysen des Signalverhaltens von Hunden unter diesem Aspekt bestätigen dies (Ganslоßer, 2015).
Die ursprünglich von Joep Wensink an Wölfen entwickelte Klassifizierung von Dominanz- und Unterwerfungssignalen in solche der **situativen** und der **formalen Dominanz** hat sich, wie z. B. Untersuchungen von Schilder und van der Borg (2014) zeigen, durchaus auch in Gruppen von Haushunden bewährt. Als Position der formalen Dominanz wird insbesondere die aufgerichtete Körperhaltung gezeigt, mit dazugehöriger Kopf- und Schwanzposition, als Position der formalen Unterwerfung eben das Sich-Klein-Machen, das durchaus eher ritualisiert in Form eines Hofknickses und nicht unbedingt in Form eines permanent auf dem Bauch Herumrutschens auftritt. Hier ist wichtig, dass auch die Untersuchungen von Wensink, van der Borg und anderen gezeigt haben, wie häufig die submissive Geste freiwillig angeboten, und wie selten sie tatsächlich auch vom Ranghöheren aktiv eingefordert wird. Die meisten, auch von Haushundeleuten immer wieder als Dominanzsignale interpretierten Gesten, sei es nun das Fixieren, Knurren, Drohbellen oder andere Aktivitäten, gelten dagegen als Eigenschaften der situativen Dominanzsignalisierung, die durchaus nicht immer mit der formalen Dominanz in Einklang sein muss.

## DOMINANZ-BEZIEHUNGEN

Kommen wir nun zur Beziehungsebene selbst, bzw. deren unterschiedlicher Qualität. Es wird vielfach von unterschiedlichem Dominanzstil oder unterschiedlichen Dominanzarten gesprochen (de Waal, 1977; Sapolsky, 1993; Virgin und Sapolsky, 1997; und anderen). Hier ist meist ein Unterschied in der Qualität der Beziehung gemeint. Die Unterscheidung zwischen formaler und aktuell ausgeübter Dominanz haben van Hooff und Wensink (1987) gerade an Wölfen in einer eigentlich sehr aufsehenerregenden, aber leider wenig bekannten Studie gezeigt. Einzig und allein die gestreckte hohe Körperhaltung des Dominanten und die Niedrigposition des Rangtiefen, sind über mehrere Jahre stabile Signale der formalen Dominanz. Und getreu der obigen Aussage, dass eine Dominanzposition mehr von Rangtiefen stabilisiert wird, ist die Vorhersagewahrscheinlichkeit der „Low posture" sogar noch etwas besser. Die Häufigkeit, mit der eine situative Dominanz der formalen Rangposition widerspricht, ist auch ein Ausdruck der Qualität dieser Beziehung.
Virgin und Sapolsky (1997) zeigten an Anubispavianen, dass es verschiedene Reaktionstypen rangtiefer Männchen gibt: Unter anderem wurde mit einer Gruppe geforscht,

deren Mitglieder mit höheren Glucocorticoidwerten und höherer Rate des Werbeverhaltens „zukünftige Aufsteiger“ waren und einer anderen Gruppe, die mit erhöhten Testosteron- und reduzierten Glucocorticoidwerten eher „Radfahrer“ waren. Die Reduktion der Glucocorticoidwerte entsteht offenbar (auch bei anderen Säugern belegt) durch die Aggression gegen Dritte nach einem „frustrierenden“ Erlebnis, und das wiederum steigert den Testosteronspiegel. Die Unterschiede in der Qualität der Beziehung sind hier offenbar vom Persönlichkeitstyp des Rangtiefen abhängig. Der sogenannte Subdominante, mit sehr aktivem Stressbewältigungssystem, hat viele Merkmale des A-Typs (siehe S. 153), der Passive entspricht eher dem B-Typ (vgl. von Holst, 1987, 1998). Dessen ungeachtet, ist das Resultat eine unterschiedliche Beziehungsqualität. Auch die Persönlichkeit des Ranghohen beeinflusst die Qualität der Beziehung. Nicht nur bei Affen gibt es „lockere“ und „verkniffene“ Ranghohe (Sapolsky, 1993; Suomi et al., 1981). Hendrichs (2002) zeigt, dass dies ebenso z. B. bei Meerschweinchen, Pferden und Rindern gilt.

## BEDEUTUNG VON DOMINANZBEZIEHUNGEN

Die Bedeutung von Dominanzbeziehungen für die Struktur von Haushundegruppen wird auch heute noch von Verhaltensbiologen unterschiedlich bewertet. Bradshaw et al. (2014), sowie Schilder et al. (2014) diskutieren aus unterschiedlichen Blickwinkeln. Unstreitig ist, dass die Existenz von Dominanzbeziehungen bei Wildkaniden nachgewiesen ist. Bradshaw et al. betonen, dass gerade Persönlichkeitsunterschiede in mindestens drei verschiedenen Persönlichkeitsachsen durch unsymmetrische Verteilung der jeweiligen Persönlichkeitstypen zu einer Dominanzentstehung beitragen können. Zudem bezweifeln sie, ob die Funktionen einer Dominanzbeziehung auch unter verwilderten und menschenfern lebenden Haushunden noch genauso groß wären wie bei den wilden Vorfahren, da die Gruppenjagd, die Fortpflanzungsunterdrückung und die Versorgung der Nachkommen durch nicht selbst reproduktive Verwandte ausgefallen wären. Zumindest der letzte Punkt ist jedoch nach Untersuchungen anderer Arbeitsgruppen in verschiedenen Straßenhundstudien durchaus nachgewiesen. Bradshaw et al. interpretieren die von Schenkel als aktive Unterwerfung beschriebene Form des Sich-Klein-Machens, Auf-den-Rücken Legens, Schnauzeleckens und damit verbundener weitere Verhaltensaktivitäten als freundliche Begrüßungsgeste, und bezweifeln daher deren Zusammenhang mit einer echten Dominanzbeziehung. Schilder et al. dagegen betonen, dass auch formale Dominanzbeziehungen in Gruppen von Haushunden beobachtbar wären, dass die formalen Statussignale kontextunabhängig, also auch in verschiedenen, sehr unterschiedlichen Zusammenhängen vorhersagbar gezeigt würden, und dass dadurch auch die Unterwerfung ein deutliches Kriterium für eine Statuszuteilung wäre.

## Dominanz zwischen Mensch und Hund

Letztlich sind die Diskussionen über die Frage der Dominanz zwischen Hunden ja meist nur ein Einstieg in eine nachfolgende Diskussion über die Frage der Dominanz zwischen Mensch und Hund. Hier wiederum muss ganz eindeutig betont werden, was bereits im vorangegangenen Kapitel über die Anführer-Gefolgschafts-Beziehung, und vor allem auch über die hormonellen Zusammenhänge zwischen dominanter und untergeordneter Position bei Hundeartigen gesagt wurde (siehe S. 254 ff.). Das Anstreben einer formaldominanten Beziehung eines Hundes über einen Menschen tritt extrem selten, wenn überhaupt jemals auf, und vieles von dem, was in der Diskussion zwischen Hund

*Manchmal muss man sich ganz schön groß machen, um sich submissiv verhalten zu können.*

und Mensch oftmals als Dominanzverhalten fehlinterpretiert wird, sind eben Signale im Zusammenhang mit der motivationsabhängigen oder anderweitig egalitären Signalisierung, oder schlichtweg Streitigkeiten über die Glaubwürdigkeit der Anführer-Gefolgschafts-Beziehung.
Scott Creel fand z. B. bei den Afrikanischen Wildhunden mehr gelassene Ranghohe unter den älteren, mehr stürmisch-verkniffene unter den jüngeren Leittieren. Da es eine Freilandstudie war, konnte jedoch nicht beurteilt werden, ob das Alter sie milde stimmte oder die Verkniffenen einfach aus Stressgründen nicht so lange lebten.

## KONFLIKT-MANAGEMENT

Welche Konsequenzen hat die Position in einer Dominanzbeziehung?
Man denkt dabei verständlicherweise zuerst an die Nachteile für den Rangtieferen, der sicher durch den Verzicht auf wichtige Ressourcen (Nahrung, Paarungschancen) Einbußen haben wird. Die Nahrungsmengenunterschiede können bei Pavianen bis zu 30 % betragen, die besseren Fortpflanzungschancen ranghoher männlicher Tiere sind bei vielen Säugetierarten belegt (siehe Gansloßer et al., 2019), ranghohe Kaninchen

haben weniger messbaren Stress (von Holst et al., 1999), rangtiefe Rattenmänner sind chronisch immungeschwächt (Stefanski und Engel, 1999), das leuchtet uns irgendwie intuitiv ein.

### HABEN RANGHOHE MEHR STRESS?

Weniger einsichtig sind dagegen die Befunde an z. B. Zwergmangusten, Afrikanischen Wildhunden (Creel et al., 1996; de Viliers et al., 1997), Wölfen (Sands und Creel, 2004) oder Schimpansen (Muller und Wrangham, 2004), wonach ranghohe Tiere eine erhöhte Glucocorticoidausschüttung haben. Bei den Wildhunden hängt das offenbar noch mit dem Alter und dem „Dominanzstil" zusammen, jüngere Ranghohe sind stärkerem Stress auf der Nebennierenrinde ausgesetzt. Die genannten Autor/innen vermuten, dass die starke „Verpflichtung" zur häufig aggressiven Rangbestätigung hier die Ursache ist. Ältere Ranghohe beim Wildhund sind offenbar etwas ruhiger und äußern sich nicht so oft aggressiv gegen Rangtiefe.

*Gerade der Gesichtsausdruck des liegenden Hundes zeigt, wie entspannt man Respekt bezeugen kann.*

Muller und Wrangham (2004) nehmen dagegen an, dass nicht die Aggression selbst, sondern die hohen energetischen Anforderungen einer aktiven Dominanzausübung der Grund dafür sind. Bemerkenswert ist wiederum, dass bei anderen Säugern (Hausmeerschwein, Sachser et al., 1999) überhaupt keine Korrelation zwischen Rangposition und Hormonwerten zu finden ist.

Gewisse Gegenmaßnahmen, insbesondere bisher bei Primaten nachgewiesen, seien zum Schluss noch erwähnt: Drea und Wallen (1999) belegen, dass sich rangtiefe Affen bei verschiedenen Verhaltenstests „dumm stellen", wenn Angehörige eines ranghöheren Clans dabei sind. Sie erbringen nur dann gute Leistungen, wenn sie von Ranghohen getrennt waren. Die Ranghohen dagegen reagierten in jeder Situation gleich gut.

Auch hier gibt es neuerdings Erkenntnisse aus der Hundewelt: Untersuchungen der Budapester Arbeitsgruppe haben gezeigt, dass in einer Mehrhundegruppe ranghöhere Hunde zwar von menschlichen Demonstratoren genauso gut lernen wie rangtiefe, von hundlichen Demonstratoren jedoch deutlich schlechter. Der Hintergrund dafür ist wahrscheinlich, dass ranghöhere Individuen in einer Mehrhundegruppe oftmals souveräner und selbstsicherer auftreten, und dass deshalb fremde Hunde für sie ein geringeres Risiko darstellen. Deshalb muss man sie nicht so gut im Auge behalten. Behält man sie aber nicht so gut im Auge, bemerkt man auch nicht so leicht, wenn sie etwas potenziell Interessantes tun würden.

## VERSÖHNUNG

Zu den Pflichten der Ranghohen gehört in vielen Gruppen auch die Versöhnung (Aureli und de Waal, 2000). Dieses Verhalten, das in unterschiedlicher Form von Schafen, Ziegen, Großen Tümmlern, Tüpfelhyänen, Löwen und etlichen Affenarten beschrieben wurde, besteht darin, dass nach einer Rangauseinandersetzung eine erhöhte Häufigkeit freundlichen Verhaltens zwischen den Kontrahenten auftritt, und dass der Ranghöhere hier auch mitmachen muss. Nachtragend sein gilt nicht! Besonders oft tritt solches Verhalten bei Arten mit hohem Aggressionspegel auf. Hier haben in den vergangenen Jahren Studien sowohl an Gehege- wie Freilandwölfen (z. B. von Candice Baan, 2014, Elisabeta Palagi, 2008, und anderen) als auch von Haushunden in Gruppenhaltung und Freilandsituationen (z. B. F. Coors, S. Fischer und andere, siehe Gansloßer, 2015) deutlich gezeigt, wie wichtig Versöhnungsverhalten in Hunde- und anderen Kanidengruppen ist. Ein bemerkenswerter Unterschied ergab sich in der Auswertung der Verteilungsmuster zwischen Gehege- und Freilandwölfen in den Studien von Baan et al.: Während im Gehege die Häufigkeit des Versöhnungsverhaltens zwischen dem Gewinner und dem Verlierer einer vorangegangenen Auseinandersetzung ziemlich gleich war, beobachteten sie bei Freilandwölfen eine Häufung des Versöhnungsverhaltens mit Ausgang vom Verlierer. Allerdings hat der Gewinner in den allermeisten Fällen dieses erneute freundliche Kontaktverhalten seines unterlegenen Exgegners sehr schnell und bereitwillig akzeptiert. Candice Baan und ihre Co-Autoren argumentieren hier mit der unterschiedlichen Wichtigkeit und Bedeutsamkeit des Verbleibs in der Gruppe für Rangtiefe und Ranghohe im Freiland bzw. in der Gehegesituation. Möglicherweise wurde dieser Unterschied noch dadurch verschärft, dass ihre Freilandbeobachtungen im Yellowstone Nationalpark, also in einer Gegend stattfanden, in der die Wolfsgruppen tatsächlich überwiegend von großer und auch zum Teil sehr wehrhafter Beute leben. Hier ist eine größere Bedeutung des in der Gruppe Bleibendürfens für die Rangtieferen offensichtlich wesentlich wichtiger als im Gehege, wo letztlich doch die Verteilung der Vor- und Nachteile des Gruppenlebens etwas ausgeglichener sein dürfte.

*Meutehunde haben oft keine klare Rangordnung und sogar viele ungeklärte Beziehungen …*

## STRAFMASSNAHMEN

Umgekehrt und ebenfalls im Hinblick auf die Qualität einer Dominanzbeziehung zu diskutieren, sind dagegen Strafmaßnahmen des Ranghohen (siehe Kappeler, 2012), wenn der Rangtiefe sich nicht an die Spielregeln hält, stört, Futter heimlich frisst oder Ähnliches. Dieses Verhalten ist bei Säugern und Vögeln offenbar weit verbreitet und könnte als eine Art Konditionierung betrachtet werden. Um eine Bestrafung nachzuweisen, muss aber gezeigt werden, dass z. B. aggressives Verhalten gegen jemand, der Futter findet und die Gruppe nicht herbeiruft, stärker ist als wenn die Gruppe gerufen wird, oder jemand, der sich in einer kritischen Zeit von der Gruppe entfernt, nach Rückkehr heftiger gejagt wird. Zumindest bei Primaten und Tüpfelhyänen (Aureli et al., 2000) werden die Verhältnisse noch dadurch verkompliziert, dass durch eine Art „Sippenhaftung" oft unbeteiligte Verwandte des Aggressors, oder des bestrafenden Ranghöheren, vom jeweiligen Gegner angegriffen werden.

### Konflikte zwischen rivalisierenden Gruppen

Arseneau-Robar et al. (2016, 2018) zeigen eine weitere, potenziell sehr wichtige Form von Bestrafungsmaßnahmen: Beobachtungen an verschiedenen Affenarten lassen den Schluss zu, dass bisweilen auch besonders streitlustige Individuen bestraft werden, wenn sie z. B. gerade dabei sind, einen Konflikt zwischen zwei rivalisierenden Gruppen zu provozieren oder auszutragen. Diese oftmals „unnötigen" Konflikte zwischen benachbarten Gruppen führen oftmals zu Verletzungen beider Beteiligten und können dadurch die Verteidigungsbereitschaft der genannten Individuen auch innerhalb der Gruppe schwächen. Es ist also durchaus im Interesse, z. B. der männlichen Tiere, in einer solchen Gruppe unnötige Streitereien mit der Nachbarschaft zu vermeiden. Wer hier den Frieden mit den Nachbarn unnötig aufs Spiel setzt, wird oft gezielt von den eigenen Gruppenmitgliedern angegriffen. Weibchen, die wegen ihrer vorherigen Zwischengruppen-Provokationen innerhalb ihrer Gruppe Ärger bekommen hatten, waren zukünftig auch weniger angriffslustig gegenüber der Nachbarschaft. Umgekehrt setzen Weibchen durchaus auch Belohnungs- und Bestrafungsmaßnahmen innerhalb der Gruppe ein, indem sie z. B. Männchen, die sich bei den Zwischengruppenkonflikten besonders heftig engagieren, hinterher in den Kampfpausen ausführlich sozial pflegen. Männchen, die sich an diesen Auseinandersetzungen

... *zwischen Gruppenmitgliedern (Dopfer, 2016).*

nicht beteiligen, werden dagegen bei der sozialen Körperpflege vernachlässigt. Dies zeigt auch wieder, wie sehr die Strategien der beiden Geschlechter in diesen Situationen voneinander unterschiedlich sind. Jaffe und Zaballa (2010) zeigen, dass gemeinsame Bestrafungsaktionen gegen Abweichler in Gruppen von sozial lebenden Tieren durchaus zu einem besseren Gruppenzusammenhalt führen, und dadurch möglicherweise Vorteile für alle Beteiligten bringen können.

### BILDUNG VON KOALITIONEN

Auch Dominanzbeziehungen haben oft triadische Komponenten. Durch Bildung von Koalitionen (kurzfristig) oder Allianzen (langfristig), können Rangtiefere gemeinsam eine Rangverbesserung erreichen und dann kooperativ gegen Außenstehende agieren. Wenn sich in so einem Fall jemand nur in Gegenwart des ranghöheren (oder in Gegenwart mehrerer und damit in zahlenmäßiger Übermacht befindenden) Koalitions-/Allianzpartners durchsetzen kann, spricht man von **abhängiger Dominanz.** Ein Phänomen, das gerade Hunde häufig erleben, wenn ihr Besitzer ständig eingreift und sie aus Situationen rettet, die sie selbst verschuldet haben. Was aber natürlich nicht bedeutet, dass nicht umgekehrt der Besitzer eingreifen sollte, wenn der Hund unverschuldet in eine brenzlige Situation kommt. Im Sinne des gerade Genannten ist es dann aber besonders wirkungsvoll, wenn Strafaggression (natürlich besser verbal, unterstützt durch Körpersprache) gegen den Besitzer des anderen Hundes ausgeübt wird.

## RANGORDNUNG

Gehen wir den nächsten Schritt zur sozialen Struktur, so ergibt sich hier die Frage, wie oder ob aus den vielen Dominanzbeziehungen eine Rangordnung werden kann. Die offenkundig schwierigste Sache dabei ist, welches Verfahren man dazu anwendet. Rangordnungen sind ja etwas, das primär unserem menschlichen Ordnungssinn zu entspringen scheint. Für ein Tier dürften viel mehr die einzelnen Dominanzbeziehungen wichtig sein und weniger die Frage, ob es nun Nummer drei oder Nummer sieben in einer Gruppe von 15 ist. Daher ist auch die Methode der Bestimmung einer Rangordnung nicht eindeutig. Engel (2002) hat über 40 verschiedene Verfahren in einem Literaturüberblick gefunden, und beim rechnerischen Vergleich mit simulierten Daten kamen ganz erhebliche Unterschiede dabei zutage, je nachdem, welche Berechnung er verwendete. Eine Schlussfolgerung war daher, dass ein Vergleich von Rangordnungen, die mit verschiedenen Verfahren erstellt wurden, gar nicht sinnvoll wäre. Je besser die Linearität ist (das heißt, dass man alle Tiere eindeutig in der Folge A > B > C > D anordnen kann, keine Dreiecksbeziehungen findet und nie zwei Tiere auf der gleichen Hierarchiestufe) und je geringer die Zahl der Richtungsumkehrungen (das heißt je seltener ein Rangtiefer **gegen** die Rangordnung verstoßen darf), desto übereinstimmendere Ergebnisse brachten die Verfahren. Daher sollten diese zwei Kennwerte laut Engel auch immer angegeben werden.

## INDEX FÜR BERECHNUNGEN

### Linearitätsindex

$$h = \left(\frac{12}{n^3-n}\right)\sum_{a=1}^{n}\left[V_a - \frac{n-1}{2}\right]^2$$

n = Zahl der Tiere

$v_a$ = Zahl der Tiere, die Individuum a dominiert

Ideal lineare Rangordnung: h = 1

### Dominanzindex (für jedes Tier)

$$DI = \frac{\text{Zahl der gewonnenen Konflikte}}{\text{Gesamtzahl der Konflikte}}$$

### Beziehungsindex

$$R = \frac{(e-r)}{(e+r+t)}$$

e = Anzahl der Beziehungen, in denen das Individuum hauptsächlich „Sender" (Ermitter) ist

r = Anzahl der Beziehungen, in denen das Individuum hauptsächlich „Empfänger" (Receiver) ist

t = Anzahl der Beziehungen, in denen die Verhaltensweisen gleichermaßen von beiden Seiten gesendet werden

Der Beziehungsindex kann Werte zwischen −1 (rangtiefst) und +1 (ranghöchst) annehmen. Aus den gewonnenen Werten kann dann eine Reihenfolge ermittelt werden.

### Austauschindex

$$E = \frac{(e-r)}{(e+r)}100$$

e und r entsprechen den Erläuterungen des R

(nach van Hooff und Wensing, 1987 / basierend auf Noë et al., 1980)

*Einige gängige Formeln zur Berechnung von Beziehungsqualitäten.*

## BERECHNUNGSMETHODEN

Eine Reihe von Berechnungsmethoden lassen auch noch Details der Struktur einer Rangordnung genauer erkennen. Zurückgehend auf verschiedene verhaltensbiologische Grundlagenarbeiten, hat z. B. Dopfer (2016) anhand der Dominanz- und Beziehungsverhältnisse in einer Foxhoundmeute eine Reihe weiterer Indizes berechnet. Neben dem bereits von Engel angeführten Linearitäts- und Richtungsumkehrindex können auch noch z. B. der Austauschindex und der Beziehungsindex verwendet werden. Beide setzen die Zahl der Beziehungen, bei denen das Tier hauptsächlich Sender ist, mit der Zahl derjenigen, bei denen das Tier hauptsächlich Empfänger ist und der Zahl derjenigen Beziehungen, in denen sich das Tier überhaupt befindet und in denen beide Seiten die Verhaltensweisen gleichermaßen senden, in Bezug. Eine weitere Form des Dominanzindexes wurde von Craig (1986) bestimmt, in dem die Anzahl der gewonnenen Auseinandersetzungen auf die Gesamtzahl der Auseinandersetzungen jedes Individuums bezogen wurde. Auch für die Durchsetzungskraft auf Gruppenebene können Indizes berechnet werden, und zwar indem die gewonnenen und die verlorenen Auseinandersetzungen mit der Gesamtzahl der Auseinandersetzungen in der Gruppe in Bezug gesetzt werden. Der Dominanzindex wiederum setzt die Differenz zwischen gewonnenen und verlorenen in dieser Diade mit der Gesamtzahl aller gewonnenen und verlorenen Auseinandersetzungen eines Individuums in Bezug.
Insbesondere bei Gruppengrößen von weniger als sieben Tieren können durch rein zufällige Effekte lineare Rangordnungen vorgetäuscht werden, wenn man sich nicht durch entsprechende rechnerische Vorbeugemaßnahmen schützt (z. B. die Rangordnung getrennt für verschiedene Teile der Gesamtbeobachtungszeit berechnet und dann vergleicht). Schon bei der Entstehung von Rangordnungen kann

*Soziale Körperpflege verändert den Hormonspiegel, und das beeinflusst die Stabilität der Hierachie.*

der Zufall eine wichtige Rolle spielen. Beobachtet ein Huhn zufällig, wie ein fremdes anderes gegen eine dritte Artgenossin verliert, wird sich das Zuschauerhuhn fast immer unter die Gewinnerin und über die Verliererin in die Rangordnung einordnen (Chase, 1982). Oft liegt der Zufall in der Entscheidung, wer dabei zuerst angreift (siehe Gansloßer, 1998), die entstehenden Beziehungen und Strukturen können trotzdem sehr lange stabil bleiben. Neuere Zusammenfassung dazu siehe Wahl (2009).

## PHYSIOLOGISCHE ASPEKTE

Neben den bereits geschilderten Zusammenhängen zwischen dem Cortisolspiegel und der Rangordnungsposition, eben unterschiedlich je nach betrachteter Säugetierart, haben noch eine Reihe weiterer neuerer Untersuchungen Aspekte der Hormon- und Neurophysiologie gefunden, die mit der Dominanzposition in Bezug stehen. Jiang und Platt (2018) untersuchten Zusammenhänge zwischen den Oxytocin- und Vasopresinspiegeln, also den als „Bindungs-" bzw. „Eifersuchts-"Hormonen bezeichneten Botenstoffen und der Rangposition. **Oxytocin** reduzierte in einer Untersuchung an Resusaffen die Unterschiede im Sozialverhalten zwischen Dominanten und Rangtieferen, und lies daher die soziale Hierarchie abflachen. Auch verstärkte das Oxytocin die Verhaltenssynchronität zwischen beiden.
Noch stärker waren die Effekte bei der Gabe von **Vasopressin** (beides als Nasenspray). Qu et al. (2018) zeigen, dass ein vorher rangtiefes Tier durch eine sogenannte optogenetische Reizung (eine Kombination aus der Gabe von Lichtreizen nach vorheriger Rezeptorveränderung) im obersten mittleren Bereich des präfrontalen Stirnhirns durchaus auch dominant werden kann. Diese Region im obersten mittleren Bereich des präfrontalen Stirnhirns hat also offensichtlich etwas mit dem schnellen Gewinnen von sozialen Auseinandersetzungen zu tun. Timmer et al. (2011) zeigen, dass im Bereich des Mandel-

kerns und einer als laterales Septum bezeichneten Hirnregion, beides Bestandteile des limbischen Systems, nach der Etablierung einer Rangbeziehung die Zahl der Oxytocin- und Vasopressinrezeptoren verändert wird. Die genannten Wirkungen stehen offensichtlich mit der durch das Verlieren einer sozialen Auseinandersetzung entstehenden Stressreaktion in Verbindung.
Verschiedene Varianten des Dopamin-Transporters sowie des Dopamin-Rezeptorgens wurden bereits als Kandidaten für soziale Positionen und soziale Strategien identifiziert (Zusammenfassung siehe Ganslоßer, 2016 a).
Sowohl beim Menschen als auch bei Rhesus- und Javaneraffen wurden genetische Varianten dieses Transportergens gefunden. Beim Javaneraffen sind zwei mögliche funktionelle Varianten mit dem sozialen Rang gekoppelt. Jedoch zeigt sich, dass die Verfügbarkeit des Dopaminrezeptors und des Dopamintransporters, also deren Konzentration, nicht den sozialen Rang vorhersagen lassen. Nur wenn ein Affe einen sozialen Rang erklommen hat, ändert sich nachträglich die Verfügbarkeit der beiden. Bei ranghöheren Individuen steigt die Verfügbarkeit des Rezeptors, bei rangtieferen sinkt die Anwesenheit des Transporters. Beide Phänomene sind dann wiederum bei männlichen und weiblichen Tieren noch unterschiedlich stark ausgeprägt. Auch der Serotoninstoffwechsel, in Abhängigkeit von verschiedenen Genvarianten, verläuft unterschiedlich. **Ein ausgeglichener Serotoninhaushalt führt insgesamt zu einer emotional stabileren Persönlichkeit.**
Die Suche nach Kandidatengenen für soziale Verhaltensweisen und andere Strategien im Erbgut des Haushundes fängt gerade erst an. Wie wir gesehen haben, ist durchaus im Zusammenhang mit dem Oxytocinsystem ein Unterschied in sozialen Bindungsmechanismen bereits beschrieben worden. Es wäre also kein Wunder, wenn sich ähnliche Zusammenhänge auch zwischen den genannten Hormon- und Botenstoffsystemen einerseits und den sozialen Positionen in einer Gruppe bzw. deren Beziehungsnetz identifizieren ließen. Trotzdem sind, wie einschlägige Untersuchungen an anderen Rezeptorvarianten, z. B. im Zusammenhang mit der ADHS-Störung bei Hunden, gezeigt haben, diese Faktoren dann nur Risikofaktoren, Prädispositionen, aber keine bestimmenden oder gar schicksalhaften und unabänderlichen Gegebenheiten.

*Objektbesitz und Objektspiel beeinflussen vielfältige Hormonlagen.*

# AGGRESSION

Das Thema Aggression hat insbesondere seit den bedauerlichen Vorfällen mit den sogenannten „Kampfhunden" die Diskussion innerhalb der Hundehalter, aber auch zwischen Hundehaltern und dem Rest der Bevölkerung erheblich belastet. Vielfach werden pauschale Aussagen über sogenanntes aggressives Verhalten getroffen, ohne dass biologische oder veterinärphysiologische Grundlagen dabei beachtet werden. Vielfach werden auch, sei es durch Sensationsmedien, durch Behördenwillkür oder andere selbst motivierte Vergröberungen, die Hundehalter pauschal diskriminiert und ihre Tiere durch überflüssige und oftmals sogar kontraproduktive Maßnahmen in tierschutzrelevanter Weise eingeschränkt. Für eine vernünftigen Bewertung des betreffenden Problems, bedarf es daher zunächst einer genaueren biologischen Betrachtung, die für uns wiederum in bereits bewährter Weise anhand der Tinbergenschen Fragen erfolgen soll. Jedoch müssen auch hier wieder eine Beschreibung des Phänomens und eine Abgrenzung von anderen, möglicherweise ähnlich erscheinenden Verhaltensbereichen erfolgen.

**AGGRESSION**
Aggression ist die Verabreichung oder Androhung schmerzhafter, störender oder potenziell schädlicher Reize an ein anderes Lebewesen, mit dem Ziel, einen eigenen Vorteil zu erreichen (Huntingford und Turner, 1987).

Eine wichtige und zielführende Feststellung im Zusammenhang mit der Definition „aggressiven Verhaltens" wird von John Archer (Archer, 1988) geliefert: Er betont in seinem, als kontrolltheoretisches Modell bezeichneten Aggressionsmodell, dass Aggression in der Regel ein Regulationsverhalten wäre, dass der Aufrechterhaltung oder Wiederherstellung der Homäostase (heute wohl besser als Alostase zu bezeichnen) dienen würde.
Betrachten wir zunächst die auslösenden und steuernden Situationen des aggressiven Verhaltens, also unsere Tinbergensche „Wie?"-Fragen, so bietet sich als Lösung der Probleme zwischen den beiden Betrachtungsweisen eine aus der Kontrolltheorie abgeleitete Darstellung an, die von John Archer (1988) entwickelt wurde: Die Regulation sogenannter homöostatischer Prozesse, also jener Prozesse, die das innere und äußere Gleichgewicht des Tieres herstellen oder aufrechterhalten, ist nicht auf innere, im engeren Sinne physiologische Prozesse begrenzt. Auch äußere Einflüsse können die Homöostase gefährden, und Verhaltensmechanismen werden zur Regulation, d.h. zur Wiederherstellung des Soll-Zustandes eingesetzt.
Eine Abweichung des derzeitigen Zustandes vom gewünschten Endzustand löst eine Reaktion aus, die im einfachsten Fall durch Ermüdung oder nach einer bestimmten Handlung bzw. Zeitspanne wieder endet,

meist aber anhält, bis der störende Zustand beseitigt wurde. Wenn es einem Tier zu warm wird, geht es in den Schatten, und wenn ihm ein Artgenosse zu nahetritt, zeigt es Droh- oder Abwehrverhalten, bis die Individualdistanz wieder hergestellt wurde, und damit der störende Reiz beseitigt ist.
Problematisch wird es, wenn man es nicht schafft, z. B. den Eindringling zu vertreiben. Denn dann müssen die sogenannten Coping-Mechanismen, also die inneren Soll-Wertvorstellungen stattfinden, die wir im Zusammenhang mit Stress und Belastung bereits diskutiert haben (siehe S. 143 ff.). Auch die sogenannten Lustbeißer oder Lustraufer haben eine Lernkomponente (vgl. Gansloßer, 2016 b). Dopamin und die Sexualsteroide gemeinsam lassen Gewinnereffekte entstehen, die sich dann selbst belohnen können.

## AGGRESSIONS-KONZEPTE

### NEURO- UND VERHALTENS-BIOLOGIE

Traditionell standen sich die Aggressionskonzepte der klassischen Verhaltensforschung zoologischer Herkunft und der psychologischen, umweltorientierten Sozialwissenschaften recht unversöhnlich gegenüber.
Das Lorenzsche Triebkonzept, das im klassischen, sogenannten psychohydraulischen Modell dargestellt wird (siehe S. 73), nimmt an, dass auch für die Aggression eine innere Größe existiere, die ständig sogenannte reizspezifische Energien nachproduzieren würde. Diese ständig nachgelieferte Antriebskraft würde immer stärker auf den Ausbruch des entsprechenden Verhaltens drängen, so dass auch unbedeutendere und schwächere Auslösereize genügen würden, um dieses Verhalten zu ermöglichen. Ganz zum Schluss sollte der Triebstau so groß sein, dass auch ohne erkennbaren äußeren Anlass im sogenannten Leerlauf das betreffende Verhalten ablaufen würde. Vereinfacht gesagt meinte Lorenz, wenn die Menschen nicht regelmäßig bei Wirtshausraufereien oder auf dem Sportplatz „Dampf ablassen“, dann würden sie eben einen Krieg anfangen.
Diese Betrachtung hat natürlich die Sozialwissenschaftler erheblich empört und gerade die neueren Betrachtungen zum Thema Motivation (siehe Hogan, 2005) zeigen auch, dass weder Aggression noch Sexualverhalten den Vorgaben des Lorenzschen Triebstaumodells folgen.

*Aggression an der Leine muss nicht…*

### Auslösende Situationen für Aggression

Die Betrachtungen von Hogan (der ansonsten durchaus ein, wenn auch stark erweitertes und durch etliche Komponenten ergänztes Triebmodell befürwortet) sind gerade in Bezug auf die Aggression ausgesprochen aufschlussreich: Viele Versuche zum Thema „auslösende Situationen bei aggressiven Verhaltensweisen“ wurden mit Süßwasserfischen, meist mit Buntbarschen oder den siamesischen Kampffischen durchgeführt. Diese Untersuchungen zeigen, dass es sehr wohl möglich ist, Fische durch Lernprozesse zur Aufsuchung aggressionsauslösender Situationen zu bewegen. Männliche Kampffische können lernen, durch einen Tunnel zu

*... heftigen Kampf ohne Leine vorhersagen.*

schwimmen, wenn an dessen Ende die Möglichkeit besteht, einen Artgenossen oder ein Spiegelbild zu bedrohen. Sie wählen dann diese Tunnel bevorzugt gegenüber solchen, an deren Ende entweder nichts oder sogar Futter auf sie wartet. Trotzdem ist es ein Lernprozess, dessen ursprüngliche auslösende Situation ein äußerer Reiz war. Der anwesende oder vorgespiegelte Rivale muss da sein, sonst lässt sich dieser Versuch nicht starten. Hogan zeigt weiter, dass eine erhebliche Differenz zwischen den Antriebssituationen für aggressives Verhalten und für die Nahrungsaufnahme besteht: Wenn ein Tier, z. B. ein Kampffisch, kämpft, bis es ermüdet ist, dann dauert es einige Zeit und nach einigen Tagen erholt sich seine Kampfbereitschaft auf einen mittelmäßigen Wert. Auf diesem bleibt es dann aber, und es wird sogar mit der Zeit seine Antriebs- und Kampfbereitschaft wieder reduziert. Wenn das Tier dagegen frisst, bis es übersättigt ist, dann wird es auch nach einigen Tagen oder Stunden wieder eine erneute Fresstendenz zeigen. Wird jedoch dann kein Futter angeboten, steigt der Hunger immer mehr und dementsprechend ist auch die Fresstendenz immer stärker. Aggression kann nur durch Bahnung, das im Englischen als „Priming" bezeichnete Phänomen, gesteigert werden. Eine reine Deprivation, also eine Verhinderung der Ausübung aggressiven Verhaltens, reicht nicht aus, und Hogan sagt wörtlich, dass in Bezug auf das Lorenzsche Motivationsmodell nur sehr wenige Hinweise auf eine endogene Auffüllung des Reservoirs bestünden.

### Konzept der Verhaltensbereitschaft

Dementsprechend haben verschiedene Verhaltensbiologen, dem Buntbarschforscher Walter Heiligenberg folgend, eher ein Konzept der Verhaltensbereitschaft befürwortet. In diesem Modell gibt es keinerlei endogene Produktion von reizspezifischer Energie für aggressives Verhalten. Die gesamte physische Energie zur Vorbereitung von Angriffsverhalten wird einzig und allein durch die Aufnahme spezifischer Reize, etwa eine Attrappe eines Rivalen bereitgestellt. Durch die Wahrnehmung dieser Reize wird eine kurzfristige Erhöhung der Kampfbereitschaft für wenige Sekunden auf einen sehr hohen Wert, und eine kleinere Erhöhung über einen längeren Zeitraum bis zu mehreren Tagen ermöglicht. Werden die Reize immer wieder präsentiert, so schaukelt sich die von den Reizen bereitgestellte physische Energiekomponente, wie auch immer wir sie physiologisch benennen wollen, weiter auf, und es kommt letztlich dann auch zu einer erhöhten Kampfbereitschaft. Aber es sind immer die externen und nie die internen Komponenten, die diesen

„Triebstau" ermöglichen. Seit den Tagen von Walter Heiligenbergs Arbeiten Anfang der 1970er Jahre haben viele Verhaltensbiologen versucht, das Antriebssystem für aggressives Verhalten durch Isolationsexperimente, Attrappenversuche und andere Eingriffe zu untersuchen. In all diesen Fällen zeigte sich, buchstäblich von Spinnen bis zu Säugetieren, dass Tiere nach längerer friedlicher, z. B. rivalenfreier Haltung eher weniger, am Ende einer Kampfphase dagegen eher mehr aggressive Verhaltensweisen zeigten als im Kontrollversuch. Wenn einzeln gehaltene Tiere wirklich aggressiver werden (z. B. Mäusemännchen), dann liegt das bestenfalls daran, dass sie ein Revier besetzt haben, das mit zunehmender Vertrautheit eben auch einen höheren Wert für sie darstellt (siehe S. 261 f.). Es gibt also weder einen Triebstau bei Aggression, noch eine reaktionsspezifische Ermüdung, nachdem man aggressiv sein „durfte".

*Ist das Aggression? Die Mimik des Hundes sagt ja. Hier handelt es sich nicht um Jagdverhalten.*

### PSYCHOLOGISCHE BETRACHTUNG

Auch die psychologische bzw. gesellschaftswissenschaftliche Betrachtung der Aggression hat keineswegs immer nur saubere und nachvollziehbare Daten und Untersuchungen geliefert. Die sozial- und entwicklungspsychologische Betrachtung betont zwar zu Recht vorwiegend Umweltfaktoren, die Aggression auslösen. Jedoch wurden hier zum Teil Frustration, aversive Reizung (Elektroschocks bei Ratten, die deren Kampfbereitschaft steigern oder Kämpfe verlängern), Konditionierung und Nachahmungslernen getestet. Einwände gegen diese Betrachtungen kommen aber unter anderem von der Tatsache, dass

- Frustration sehr schwierig definierbar ist und oft auch zu anderen, nicht aggressiven Reaktionen führt.
- durch Elektroschocks oder anderes schmerzvolles Reizen defensives Verhalten und damit bestenfalls ein kleiner Teilbereich der Aggression ausgelöst werden kann.
- Nachahmungslernen bei Tieren zwar vorkommt, aber bezüglich Aggression bisher nicht gezielt studiert wurde.
- insgesamt die mögliche biologische Funktion des aggressiven Verhaltens gar nicht berücksichtigt wurde.

## VERWECHSLUNG VON VERHALTEN

Eine Reihe von Verwirrungen und Problemen bei der Interpretation aggressiven Verhaltens entstehen auch durch eine undifferenzierte Betrachtung, die die verschiedenen Aufgaben aggressiven Verhaltens im Leben eines Tieres nicht berücksichtigt. Zudem gibt es eine Reihe von Verhaltensbereichen, die keine Aggression im Sinne unserer Definition darstellen, oder zumindest aus ganz anderen ökologischen oder fortpflanzungsbiologischen Problemfeldern stammen. Sie sind dementsprechend weder mit den Methoden der Aggressionskontrolle im physiologischen Sinn, noch mit eventuellen aggressionsmindernden Therapieformen zu beeinflussen. Hier müssen getrennte Mechanismen herangezogen werden.

### BEUTEFANGVERHALTEN

Das erste Verhalten, das sehr häufig mit Aggression verwechselt wird, ist das Beutefangverhalten. Ein Löwe ist nicht wütend auf die Antilope, die er fängt, und allein die Betrachtung des Gesichtsausdrucks eines jagenden Hundes zeigt, dass auch dort keinerlei aggressive Mimik zu erkennen ist. Diese scheinbare Banalität ist sehr wichtig, auch im Umgang mit Hunden, weil häufig gerade die unkontrollierten Jagdausflüge und Jagdepisoden von Hunden als scheinbares Aggressions- oder gar Dominanzproblem herangezogen werden, wenn z. B. die Kastrationsdiskussion ansteht (siehe S. 326 f.). Ebenso trifft uns dieses Problem, wenn es um die echten, das heißt durch entsprechende Ausbildung, verbogenen und missbrauchten Kampfhunde geht. Vielfach läuft nämlich die Vorbereitung dieser bemitleidenswerten Tiere auf ihre spätere Kampfhundlaufbahn nicht durch eine gezielte Stärkung und Schulung des Wettbewerbsaggressionsverhaltens, sondern durch eine Schulung des Beutefangverhaltens.
Die auslösenden Reize für Beutefang sind bei den meisten Säugetieren sehr einfach gestrickt: Eine schnelle Bewegung eines kleineren Gegenstandes von dem Tier weg oder schräg zu seiner eigenen Bewegungsrichtung reicht meist aus, um nahezu reflexartig einen Angriff auszulösen. Wird dieses Verhalten gezielt verstärkt und durch eine mangelhafte Sozialisation andererseits die Verständigung mit Artgenossen vermindert, so bekommen wir „Kampfhunde", die nicht durch Aggression, sondern durch einen übersteigerten Beutefang und ein entsprechendes Räuber-Beute-Verhalten auffällig werden.

Auch im Alltag werden diese Verwechslungen oftmals erkennbar. Wenn auf einer Hundewiese sogenanntes Mobbing abläuft, sind dies oftmals eben Pseudojagden, bei denen ein z. B. unsicherer, durch seine Körperhaltung, sein gestörtes Gangbild oder anderweitig dafür prädestinierter Hund auf allgemeinen Beschluss zum Pseudohasen erklärt und dann in einer fehlgesteuerten Jagdsequenz gehetzt, und keineswegs etwa aggressiv angegriffen wird.
Auf der dramatischsten und schlimmsten Ebene ist diese Verwechslung z. B. aus einer Zusammenarbeit zwischen verhaltensbiologischer und gerichtsmedizinischer Forschung belegt (Heinze et al., 2013): Alle dabei untersuchten, und auch, soweit mir erkennbar, die nachfolgenden schweren bis tödlichen Attacken von Hunden auf Kinder lassen sich viel einfacher mit einer fehlgesteuerten Beutefangmotivation erklären, wohingegen schwere bis tödliche Attacken auf erwachsene Menschen durchaus auch eine aggressive Komponente beinhalten können. Hier wurden eindeutig die auslösenden Reize für das Beutefangverhalten, die z. B. aus den Arbeiten von Ray Coppinger (Coppinger und Feinstein, 2015) so gut belegt sind, durch Ball spielende, rennende, Stöckchen schwingende oder anderweitig agierende Kinder bedient.

*Gerade die Mimik des Hundes ganz rechts …*

### GROSSE UND KLEINE HUNDE

Völlig unsinnig ist es, hier mit dem sogenannten „Welpenschutz" bzw. dessen Fehlen als einen Hinweis auf psychische Störung des betreffenden Hundes zu argumentieren. Große Hunde betrachten kleine Hunde nicht als Welpen, dagegen sprechen schon die Gerüche der Sexualhormone und andere physiologische Ursachen. Sie betrachten sie als kleine Hunde! Und wenn sie nicht gelernt haben, dass das auch Artgenossen sind, mit denen man sich innerartlich auseinandersetzen und unterhalten kann, dann betrachten sie sie als kleine ökologische Konkurrenzarten, die es zu eliminieren gilt. Umgekehrt betrachten auch kleine Hunde die großen nicht als Elternersatz, sondern gegebenenfalls als eine Bedrohung, gegen die man sich am besten mit Vorwärtsverteidigung schützt.

## INTRA-GILDEN-AGGRESSION

Gerade innerhalb der Caniden, der hundeartigen Raubtiere, trifft uns noch eine weitere ökologisch motivierte Problemzone: nämlich die Intra-Gilden-Aggression. Darunter versteht man unfreundliches Verhalten zwischen Angehörigen verschiedener Arten, die im gleichen Ökosystem unterschiedliche Körpergröße haben und damit unterschiedliche ökologische Nischen besiedeln. Der Wolf ist unfreundlich zum Kojoten, der Kojote ist unfreundlich zum Fuchs. Diese von oben

*... zeigt keineswegs die reine Spielfreude.*

nach unten, in einer Art Radfahrer-Reaktion durchgereichte Unfreundlichkeit führt, wie Macdonald (2006) zeigt, vorwiegend zwischen größeren und kleineren Arten zu erheblichen Auseinandersetzungen, die für die Kleineren oftmals tödlich oder mit Vertreibung oder Verletzung enden. Insbesondere Hunde, die in ihrer Sozialisation kleinere Rassen nicht kennengelernt haben, möglicherweise auch kleinere, die größere Rassen nicht kennengelernt haben, erinnern sich sozusagen aus ihrer Stammesgeschichte an dieses Phänomen und reagieren dann extrem unfreundlich auf Angehörige von Rassen anderer Größenkategorien. Phänomene, dass große Hunde, die kleine Hunde ohne Anlass angreifen und teilweise auch schwer verletzten, aber auch Kleine, die Große in einer Art Selbstverteidigungsaggression (siehe S. 297 f.) angehen, könnten teilweise aus dieser ökologischen Sicht erklärt werden (siehe auch Kasten).

## INFANTIZID

Der dritte Bereich des sogenannten Problemverhaltens, das sich durch Unfreundlichkeit gegenüber bestimmten anderen Individuen auszeichnet, ohne Aggressionen zu beinhalten, ist der zu den Fortpflanzungsstrategien zählende Infantizid. Infantizid, die Kindstötung der Jungtiere von Konkurrenten und Nachbarn, ist unter Hundeartigen ein weit verbreitetes Phänomen. Man findet es sowohl innerhalb des Rudels, dort überwiegend von Seiten der ranghöheren weiblichen Tiere, als auch zwischen benachbarten oder konkurrierenden Rudeln, vollzogen und verübt von nahezu allen Rudelmitgliedern. Damit können wir auch gleich den sogenannten „Welpenschutz" ganz feierlich zu Grabe tragen. Wenn es so etwas wie „Welpenschutz" in einem Hunderudel oder einem Hundeverband gibt, dann ist dieser evolutionsbiologisch begründbar nur gegenüber den Jungtieren von Verwandten oder vertrauten

Rudelmitgliedern zu erwarten. Fremde Welpen sind bestenfalls Konkurrenten für den Nachwuchs, den man selbst bzw. die eigene Verwandtschaft gerade durchzufüttern oder in die Welt zu setzen beabsichtigt. Unfreundliches Verhalten von Hunden gegenüber fremden Welpen oder fremden Kindern ist daher aus dieser Sichtweise verständlich und wird uns im Zusammenhang mit der Steuerung der Fortpflanzung und den Fortpflanzungsstrategien nochmals interessieren. Die Vermeidung von Infantizid ist tatsächlich in vielen neueren verhaltensökologischen Betrachtungen eine der wichtigsten Funktionen, die zur Rudel- oder Gruppenbildung bei Wölfen oder anderen Großkaniden führt.

### Alter der Welpen

Auf der proximaten Ebene, auf der Ebene der auslösenden Verhaltenssituationen, ist bemerkenswert, wie Ort und Alter der gefundenen Welpen gemeinsam zu einer ganz unterschiedlichen Behandlungsweise führen können: Ganz allgemein sind Welpen, die im Alter bis zu 14 Wochen im heimischen Innenrevier, also nahe des Heims erster Ordnung, angetroffen werden, primär meistens eher mit freundlicher oder zumindest mit Duldung belegt. Es könnte sich ja um einen Verwandten handeln, den man noch nicht kennt. Etwas anders sieht es aus, wenn die Welpen noch weniger als drei Wochen alt sind. Diese, normalerweise in der Wurfhöhle verbleibenden ganz jungen Welpen, werden oftmals noch unfreundlich angegangen oder zum Teil auch getötet.
Ab dem Zeitpunkt, zu dem die Welpen normalerweise die Familiengruppe auf den Ausflügen begleiten, also von der 14. Woche aufwärts, ändert sich dann das Verhalten wieder: Jetzt werden unbekannte Welpen unfreundlich behandelt, bekannte dagegen, unabhängig vom Ort, an dem man sie trifft, toleriert.
Erst wenn diese ähnlich erscheinenden Verhaltensbereich ausgeschlossen sind, beginnt das, was man als Aggression im Sinne der Definitionen von Archer (1988) bzw. Huntingford/Turner (1987) betrachten kann.

*Die höhere Erregbarkeit und die größere Kühnheit kleiner Hunde…*

# AGGRESSIONSFORMEN

Wie wir gerade aus den folgenden Betrachtungen sehen werden, gibt es Aggression als gemeinsamen, gar gemeinsam gesteuerten Verhaltensbereich nicht. Die verschiedenen Bedeutungen, Aufgaben und auch steuernden Hintergründe (Hormone, Gehirnabschnitte etc.) lassen vielmehr Aggression als ein Vielzweck- oder Werkzeugverhalten erscheinen, das eben keine gemeinsamen Faktoren verbindet. Gerade das zeigt sich unter anderem auch in den Ergebnissen verschiedenster, mit Hunden durchgeführten Studien. So ließ sich in einer groß angelegten Analyse des schwedischen Hundeverhaltenstests keine einzige Verhaltensweise erkennen, die zuverlässig in allen verschiedenen Situationen aggressives Verhalten vorhersagte, oder genau eine eben nicht aggressive Verhaltensreaktion in allen solchen provokanten Situationen erwarten ließ (Svartberg, 2006). Für alle anderen getesteten Verhaltensbereiche, von Spielbereitschaft über Freundlichkeit zum Menschen bis zu Angstanfälligkeit, gab es solche deutlich erkennbaren Verhaltensweisen, die die jeweilige Reaktion vorhersagen ließen.

**Aggression ist also kein geschlossener Funktionskreis des Verhaltes, und erst recht ist es keine Emotion.** Aggression kann entweder emotionsarm oder emotionsgeladen ablaufen, die Erstere, auch als kalte oder proaktive Aggression bezeichnet (Wahl, 2009), ist auch bei Hunden durchaus zu vermuten, wenngleich einschlägige Untersuchungen zu diesem Thema beim Hund noch fehlen. Trotzdem ist die Unterteilung in verschiedene Formen der Aggression, die in unterschiedlichen Situationen auftreten, durchaus sinnvoll, gerade wenn es um die Klassifikation von aggressiven Verhaltensreaktionen bei Hunden, eventuell auch im Zusammenhang mit Gefahrhundebeurteilung geht. Noch ein Ergebnis der schwedischen Studie ist von Bedeutung: Während die Einschätzungen der Hundehalter und die Ergebnisse des Verhaltenstests in allen anderen Verhaltensbereichen sehr deutlich miteinander korrelierten, gab es in Bezug auf die Vorhersagbarkeit aggressiver Reaktionen einen solchen statistisch erkennbaren Zusammenhang nicht. Hunde, die im Verhaltenstest hochgradig aggressiv reagierten, konnten im Alltag von ihren Haltern als wahre Lämmchen eingestuft werden, genauso umgekehrt. Es gab jedoch auch solche Hunde, die in der Verhaltenstestsituation und im Alltag gleich aggressionsbereit oder gleich lammfromm waren. Auch das ist ein Hinweis darauf, dass es keine gemeinsame zu Grunde liegende Motivation, oder auch keine gemeinsame Funktion des Aggressionsverhaltens in allen Situationen gibt.

*... hat auch genetische Gründe!*

## SELBSTVERTEIDIGUNGS- ODER SELBSTSCHUTZAGGRESSION

Dies ist die erste Form der Aggression. Die in die Ecke getriebene Ratte mit ihrem „Kampfesmut" ist hier ein geradezu sprichwörtliches Modell. Zur Selbstverteidigung gehören nicht nur direkte Angriffe, auch das sogenannte Mobbing, das gemeinsame „Hassen“ von Singvögeln gegen Greifvögel, Eulen oder Kuckucke, aber auch das Verhalten von Erdhörnchen, Mangusten oder kleineren Affenarten gegen Greifvögel, Schlangen etc. gehört in dieses Kapitel. Selbstverteidigung durch Kampf wird bei kleineren Arten meistens durch ein schnelles Anspringen und sofortiges Zubeißen gestartet. Als allgemeine Regeln dazu kann man formulieren, dass Selbstschutzaggression besonders häufig bei Arten auftritt, die leicht in die Enge getrieben werden (z. B. Bewohner von Erdbauen) und einem hohen Feinddruck unterliegen. Sie ist so schädlich wie nur möglich, wird durch Gewöhnung kaum reduziert und ermüdet kaum. Häufig fehlen vorherige Annäherungen, Erkundungsverhalten oder Imponieren. Auch werden oft andere Verhaltensweisen und Waffen eingesetzt als bei der Wettbewerbsaggression. So treten z. B. Huftiere nach Fressfeinden, auch wenn sie Rivalen mit Geweihen, Halsringkämpfen etc. bekämpfen. Charakteristisch für die Selbstschutzaggression ist, dass sie in einer ausweglosen oder vom Tier als ausweglos empfundenen Situation vermehrt gezeigt wird, und dass sie durch ein sehr hohes Lernen am Erfolg sehr schnell fixiert werden kann. Hier wirken die beim Thema Angst und Stress besprochenen hormonellen Rückkopplungsmechanismen (siehe S. 147).

## ELTERLICHE SCHUTZAGGRESSION

Sie ist nicht etwa nur die Fortsetzung der Selbstverteidigung durch Einbeziehung des eigenen Nachwuchses. Sie wird durch die Brutpflege- und Brutversorgungssysteme gesteuert und ist dementsprechend von besonders starkem Gewicht in der Zeit, in der die Tiere auf Aufzucht und Betreuung von Jungtieren eingestellt sind. Im Zusammenhang mit Hunden sind hier die gemeinsame Jungtieraufzucht und die hormonell erfolgende gemeinsame Einstimmung auf die Betreuung der Jungtiere zu betrachten (mehr dazu siehe S. 326 f.). Elterliche Aggression lässt sich bevorzugt auslösen, wenn der Angriff tatsächlich eine Ausweichmöglichkeit für den Nachwuchs und eventuell auch die Eltern eröffnet. Möglicherweise auch damit in Zusammenhang tritt sie im vertrauten, angestammten Gebiet häufiger auf. Sie variiert in der Intensität, zum einen mit der Gefährlichkeit des Räubers, zum anderen aber auch in Abhängigkeit von verschiedenen Variablen der individuellen Lebensgeschichte: Zahlenmäßig größere Würfe werden heftiger verteidigt, die Überlebenswahrscheinlichkeit der Eltern zur nächsten Fortpflanzungssaison hin beeinflusst, welches Risiko die Eltern jetzt einzugehen bereit sind, und die „Wiederbeschaffungskosten“ für die Jungtiere spielen ebenso eine Rolle. Je schwieriger es ist, einen Partner zu finden oder wieder Junge zu bekommen, desto mehr werden die vorhandenen Jungtiere verteidigt. Intraspezifisch variiert das Verhalten auch mit dem lokalen Raubfeinddruck. Die Aggression zum Schutz der Nachkommen steht bei Säugetieren oft im engen Zusammenhang mit der sozialen Organisation. So werden die Jungtiere bei paarweise lebenden Arten bzw. in erweiterten Familiengruppen lebenden Arten besonders heftig vom männlichen Tier bzw. den Brutpflegehelfern verteidigt, bei Alleinlebenden dagegen sind die weiblichen Tiere am aktivsten.

## WETTBEWERBSAGGRESSION

Zu diesem Punkt gehört alles, was mit dem Disput um bestimmte Ressourcen, normalerweise zwischen Artgenossen, zu tun hat. Ressourcen können Paarungs- oder andere Sozialpartner, räumliche Strukturen, Reviere, Nahrung oder Kombinationen dieser Faktoren sein, oder einfach nur die Individualdistanz, die man gerne aufrechterhalten möchte. Es handelt sich also schon wieder um eine Sammelkategorie mit unterschiedlichen physiologischen Hintergründen.

*Deutliche Abwehr der Möven gegen die Skua-Raubmöve.*

Diese Auseinandersetzungen oder andere Konfliktformen unterscheiden sich in etlichen Punkten von bisher besprochenen Formen. Der Verlust, den der Verlierer eines solchen Kampfes erleidet, ist meist wesentlich geringer als bei den vorherigen: Wer hier rechtzeitig wegläuft, verliert selten sein Leben oder seine Nachkommen. Dementsprechend sind aber auch die Gewinn- und Verlustaufrechnungen ausgeglichener zwischen beiden Kämpfern. Aus diesen Kosten-Nutzen-Vergleichen heraus ergibt sich, dass bei Wettbewerbskämpfen die Risikoabschätzung viel differenzierter ist und die Entscheidung keineswegs immer eindeutig ausfallen wird. In diesen Entscheidungsprozessen wird abgewogen, ob die Situation, um die man kämpft, es wirklich wert ist, und zum anderen der betreffende Gegner es wert ist, einen Kampf zu riskieren. Wettbewerbsaggression ist häufig durch intensives und ausführliches Signalverhalten, Imponieren und auch durch eine graduelle Eskalation und eine nur langsame Steigerung der Intensität gekennzeichnet. Wir werden gerade zum Thema Wettbewerbsaggression noch eine Reihe von verhaltensökologischen und biomathematischen Überlegungen kennenlernen. Typische, in Canidengruppen und damit auch im Zusammenleben zwischen Hund und Mensch oftmals umstrittene Situationen und Konfliktherde sind z. B.:

— die Verteidigung von Futter, die oftmals mit Verhaltensweisen eher defensiver bis ängstlich furchtbetonter Körperhaltung vorgetragen wird, und in der Tat physiologisch auch stärker vom Cortisolsystem gesteuert wird.
— die echte Eifersucht als soziale Sekundäremotion, gesteuert z. B. vom Hormonsystem des Vasopresins.
— Aggressionsformen rund um den Erwerb oder die Verteidigung von Sozialstatus. Hier spielt, wie wir noch sehen werden, das Serotoninsystem mit hinein.
— Sexuelle Konkurrenz, die allerdings bei Hundeartigen relativ selten der Auslöser für echte aggressive Auseinandersetzungen ist, und dann von den Sexualhormonen beider Geschlechter beeinflusst wird.
— die Revierverteidigung, die eigentlich wiederum in eine eher offensiv vorwärts gerichtete und eine defensiv verteidigende Form unterteilt werden müsste.

# FUNKTIONEN DER AGGRESSION

Nach dieser ausführlichen Definitions- und Klassifikationstätigkeit, die jedoch keineswegs überflüssig ist, wenn wir nicht nur verstehen, sondern auch beeinflussen wollen, wie Aggression in einem Hund entsteht und abläuft, können wir uns nun den biologischen Erklärungen zuwenden. Zunächst soll nochmals die Frage nach dem „Wozu?", also nach den Funktionen der Aggression, aufgegriffen werden. In diesem Zusammenhang sind mehrere spieltheoretische, aus der Wirtschaftsmathematik stammende Modelle für die Auseinandersetzung zwischen Rivalen und deren möglichst optimalen Gestaltungen entwickelt worden. Diese spieltheoretischen Modelle erlauben es uns z. B. zu verstehen, wann und unter welchen Bedingungen ein Hund aggressives Verhalten bis zum möglichen Beschädigungskampf zeigt, wann er aber auch den Kampf vermeiden oder abbrechen sollte. Es war ja nach Ende der klassischen Sichtweise (Verhalten zum Vorteil der Art, siehe S. 20 f.) nicht mehr ohne weiteres möglich, Kampfstrategien auf der Ebene des individuellen Vorteils zu definieren. Warum im Kampf manchmal Artgenossen getötet werden oder unfair gekämpft wird, in anderen Fällen eben nicht, musste nun alles unter dem Blickwinkel der eigenen Vorteile gesehen werden.

Die Spieltheorie beschäftigt sich mit Entscheidungsstrategien von in der Regel zwei in einem Spiel gegeneinander antretenden Individuen, vor denen jeder seinen nächsten Spielzug vom vorigen bzw. den gesamten bisherigen Zügen und der eigenen derzeitigen Position, aber auch der Position des Gegners abhängig machen muss. Als Spiel wird hier eine Art von Konflikt bezeichnet, bei dem die Spieler ihre Züge, d. h. die aufeinanderfolgenden Handlungen aufgrund ihrer Kenntnis der voraussichtlichen gegnerischen Handlungen entscheiden. Dabei verfolgen sie bestimmte Strategien, das sind innere Listen mit optimalen Wahlentscheidungen für jeden gegebenen Zeitpunkt des Spieles. Sieht eine Strategie immer gleich aus, z. B. „Greife immer an", dann spricht man von einer einfachen oder reinen Strategie, hat die Strategie in sich mehrere Variationsmöglichkeiten, nennt man sie gemischt. Strategien beruhen immer auf genetischen oder zumindest teilweise genetisch beeinflussten Verhaltensprofilen, und sind deshalb auch im Zuge der Selektion über Generationen hinweg veränderbar bzw. in ihrer Auftretenshäufigkeit beeinflussbar. **Eine Strategie, die letztlich so gut geworden ist, dass sie durch keine andere mehr ersetzt werden kann, nennt man evolutionär stabile Strategie (ESS).** Wenn sich die Lebensumstände eines Individuums bzw. der Population über die letzten Generationen nicht verändert haben, sollten solche ESS also zuverlässig auch über Generationen hinweg gleichbleiben, und für den Untersucher vorhersagbar sein. Jedoch sind oftmals gerade diese ESS eben gemischte Strategien, die dann wiederum von verschiedenen Situationen in ihrer Anwendung beeinflusst werden (Näheres dazu z. B. Kappeler, 2012).

Im Folgenden werden einige besonders wichtige Strategien und Modellvorstellungen zum Ablauf von aggressiven Auseinander-

*Gut ausgebildete Geweihe können sowohl…*

*... zur ritualisierten wie zur körperlichen Konfliktaustragung dienen.*

setzungen, speziell eben im Wettbewerbszusammenhang, vorgestellt. Ihre Bezeichnungen entstammen zum Teil dem politischen Sprachgebrauch und im historischen Zusammenhang muss beachtet werden, dass sie in den 70er und 80er Jahren des 20. Jahrhunderts entwickelt wurden. Gerade Bezeichnungen wie etwa Falken, Tauben oder Bourgeois sind aus der damaligen politischen Diskussion heraus verständlich. Schwerpunkte der Entwicklung biomathematischer Modelle für die Abschätzung von Verhaltensstrategien waren damals die britischen Universitäten, speziell Oxford und Cambridge. Aber auch der deutsche Biologe Peter Hammerstein, ein Schüler des Wirtschaftsnobelpreisträgers Reinhard Selten (der die Spieltheorie mitentwickelt hat) waren hierbei bedeutsam.

## FALKEN-TAUBEN-MODELL

Das einfachste spieltheoretische Modell ist das Falken-Tauben-Modell: Ein Falke ist, wer jederzeit sofort und ohne Rücksicht auf Verluste angreift, so dass der Kampf eskaliert. Taube ist, wer sich im Ernstfall zurückzieht und lieber den Kampf als das Leben verliert. Wenn sich in einer Population beide Spielarten finden, gewinnen Falken gegen Tauben natürlich immer, stoßen Tauben auf Tauben, so bleibt auch der Verlierer unverletzt und ohne Schaden. Treffen aber zwei Falken aufeinander, so gewinnt einer, kann dabei aber auch stark verletzt werden – der andere ist sowieso schwer verletzt oder tot. Die Falkenstrategie hat daher nur so lange Vorteile, wie es wahrscheinlicher ist, als Falke auf eine Taube zu treffen anstatt auf einen anderen Falken. So erklärt sich, dass eine Population normalerweise nicht nur aus Falken, sondern aus einem bestimmten Prozentsatz beider Formen bestehen wird. Dieses einfache Modell erklärt uns zwar, warum in einer Population nicht alle bis aufs Blut kämpfen sollten, aber es erlaubt noch keine Vorhersagen über abgestufte Kampfstrategien, Imponierverhalten oder längere, langsam eskalierende Kämpfe. In zunehmendem Maße werden solche Beobachtungen nun durch komplexere Modelle bearbeitet, von denen wir einige noch kurz ansprechen wollen.

## ABNUTZUNGS- ODER NERVENKRIEGSMODELL

Hier geht es um die oftmals beobachteten langen, intensiven Imponierduelle, die ohne einen wirklichen körperlichen Kampf ablaufen können, etwa wenn Hirsche durch Parallelschreiten und intensives Röhren schon vor dem eigentlichen Kampf entscheiden, wer denn nun besser aufgeben sollte.

Beim Abnutzungskrieg kommt es darauf an, wer das Imponieren länger durchhält, und die verschiedenen Verhaltensweisen sind auch sehr energieaufwändig. Letztlich hängt es vom RHP (siehe S. 214) beider Konkurrenten ab, wer zuerst aufgeben muss. Bis zum Zeitpunkt des Aufgebens aber sollte mit voller Kraft signalisiert werden, um den Gegner über die wirkliche momentane Stärke im Unklaren zu lassen. Nur unter der Voraussetzung, dass beide mit voller und konstanter Intensität signalisieren, ist dieses „war of attrition"-Modell evolutionär stabil und nicht durch Betrüger zu unterwandern. Der Gewinner ist dasjenige Individuum, das einen höheren Fitnessverlust zu tragen bereit ist. Denn sobald der Verlust an Fitness bei einem der beiden nicht mehr weiter zu tragen ist, gibt er auf. Bis zu diesem Zeitpunkt haben beide den gleichen Verlust und den gleichen Einsatz, und es sind daher für den außenstehenden Beobachter bis zum Zeitpunkt des Abbruches keine Vorhersagen über den späteren Gewinner oder Verlierer möglich.

### BOURGEOIS-STRATEGIE

Treffen zwei Kontrahenten aufeinander, die im RHP praktisch gleich sind, aber nur einer besitzt die Ressource, so ist der Verlust für den, der schon etwas hat, größer, wenn er verliert als für den, der vorher nichts hatte. Daher ist die Eskalationsbereitschaft, aber auch die Wahrscheinlichkeit zu gewinnen, beim Besitzer größer. Dieses Bourgeois-Modell ist z. B. im Zusammenhang mit Besitzrespektierung und Territorialverteidigung bereits diskutiert worden (siehe S. 261 ff.).

### GRÖSSENSPIEL (SIZE-GAME)

Können die Tiere durch Signale, die kaum zu fälschen sind, ihr RHP eindeutig signalisieren, so sollte der, der das kleinere RHP

hat, das schon von vornherein bemerken und aufgeben. Viele Großsäuger, etwa Elefanten oder Wildrinder, wachsen im männlichen Geschlecht ihr Leben lang, ein größeres Tier ist damit auch ein älteres und stärkeres und wir finden meist eine alters- oder größenabhängige Rangordnung.

Das Größenspiel geht davon aus, dass zwei Gegner unterschiedlicher Größe aufeinandertreffen und der Größere gewinnt. Dazu sind zwei Dinge zusätzlich zum Falke-Taube-Modell nötig, nämlich das Individuum selbst und den Gegner in den RHP-Verhältnissen vergleichend abschätzen zu können, und die Ersatzstrategie „eskaliere, wenn du größer bist, sei aber Taube, wenn du kleiner bist".

Das Größenspiel passt auf viele in Größe oder Bewaffnung geschlechtsunterschiedlich ausgeprägte Säugetiere, etwa Huftiere, Kängurus, etliche Primaten und viele andere. Voraussetzung ist lediglich, dass die zur Größenabschätzung herangezogenen Merkmale, etwa Körpergewicht, Muskelausprägung oder Ähnliches, nicht von Betrügern gefälscht werden können. Die Merkmale müssen sich während einer entsprechend verlängerten Wachstums- und Jungerwachsenenphase langsam entwickeln und mit einem entsprechend hohen Energie- und Zeitaufwand unterstützt werden. Nur dann sind sie teuer und damit fälschungssicher (siehe S. 101 ff.). Sollte jemand durch Nachahmung solche RHP-abhängigen Merkmale vortäuschen, so unterliegt er in einer sich eventuell anschließenden Auseinandersetzung erhöhten Verletzungsrisiken.

## SEQUENTIELLES ABSCHÄTZUNGSSPIEL

Kommt es wirklich zum Kampf, so wird zunächst durch Austausch von wenig schädlichen Kampfelementen die eigene Stärke mitgeteilt. Genügt Stufe eins des Kampfes nicht, um festzustellen, wer mehr RHP hat, so erfolgt eine schrittweise Eskalation auf die nächste Stufe, d. h. es treten noch mehr bis häufige Wiederholung der Elemente der ersten Eskalationsstufe, dann solche der nächsten Stufe auf. Bei jedem nun auftretenden Element ist der Informationswert über die dahintersteckende Kraft bzw. des RHP zunächst groß, wird aber mit jeder Wiederholung geringer. Man weiß jetzt, wie stark der andere schlagen kann, aber wie heftig er zutreten kann, weiß man immer noch nicht. Irgendwann brechen dann die Kämpfe ab, meist nach dem Auftreten eines neuen Elements einer wiederum höheren Eskalationsstufe. Charakteristisch für solche Kämpfe ist, dass jedes neu auftretende Element längere Zeit von beiden Gegnern wiederholt wird. Alle Elemente der früheren Eskalationsstufen haben in Häufigkeit, Intensität und Dauer keinen Vorhersagewert für den Kampfausgang, nur die Elemente der letzten Eskalationsstufe sind vor dem Abbruch siegertypisch ausgeprägt. An dessen Ende bricht dann einer entweder ab oder es kommt zum kurzen, heftigen, unritualisierten Beschädigungskampf. Dieser kann in der Regel kurz sein, weil bei vollem Einsatz schon das erste ungehemmte Zuschlagen oder Treten alles klar macht und deutlich zeigt, wer mehr RHP hat.

## „WIE DU MIR, SO ICH DIR"-STRATEGIE (TIT FOR TAT)

Auch hier handelt es sich eigentlich um eine Erweiterung des Falken-Tauben-Modells. Die Regel ist etwa: „Sei Taube, wenn der andere nicht eskaliert, aber eskaliere, sobald der andere damit anfängt." Besonders gut, so lässt sich zeigen, funktionieren diese Modelle bei Gegnern, die sich immer wieder neu treffen und daher auch persönlich kennen, also innerhalb von Gruppen und anderen abgegrenzten Sozialeinheiten. Letztlich kann auch diese „Wie du mir, so ich dir"-Strategie zur abgestuften Eskalation vergleichbar dem Sequenzabschätzungsmodell führen.

## FRÜHE ERFAHRUNGEN

Die spieltheoretischen Betrachtungen erfordern natürlich nicht, dass sich die Tiere während der Auseinandersetzung solcher Entscheidungen bewusst sind. Sie erfordern lediglich, dass durch frühere Erfahrungen und eine gewisse Rückmeldung aus den beteiligten Sinnesorganen der Haut, der Muskulatur und anderer eingesetzter Körperteile eine Zustandsbewertung im Gehirn mit den Erfahrungen und Erinnerungen aus früheren Kämpfen verrechnet und dann eine Entscheidung getroffen werden kann.
**Für alle diese Modelle ist daher eine frühere, möglichst vielfältige und differenzierte Übungs- und Trainingszeit, z. B. in Form von intensivem Spielverhalten während der Jugendzeit, von großer Bedeutung. Denn nur mit solchen vielfältigen Erfahrungen kann die entsprechende Einschätzung der eigenen und der gegnerischen RHP und anderer Charakteristika zuverlässig erfolgen.**

*Deutliche Spielaufforderung des linken Hundes.*

Wir finden also hier einen direkten Anschluss an die vierte, die ontogenetische Frage, die wir ausführlich besprechen werden.
Ebenso werden wir dort sehen, welche anderen ontogenetischen Einflüsse, etwa das Fehlen bestimmter Sozialpartner oder auch andere Sinneseinflüsse auf die spätere, z. T. lebenslange Kampf- und Aggressionsstrategie eines Jungtieres zu beobachten sind.

### Wertvolle Beziehung

Zu den verhaltensökologischen Betrachtungen des Auftretens und der Heftigkeit von Aggressionsverhalten zählt auch der Einbezug des Konzeptes der „wertvollen Beziehung". Gerade bei der Auswertung von Daten über das Auftreten von Hundebissen in der eigenen Familie (hier geht es nicht um Erziehungsversuche von Hunden gegenüber übergriffigen kleineren Kindern, die unter Umständen eben den Schnauzbiss weniger gut vertragen als ein Hundewelpe dies täte) treten oftmals solche Beziehungsprobleme in den Vordergrund. Eine Reihe von Untersuchungen haben nämlich z. B. gezeigt, dass das Risiko, jemals vom eigenen Hund gebissen zu werden, sehr viel geringer ist, wenn dieser mit 24-Stunden-Familienanschluss gehalten wird, und nicht z. B. seine Zeit außerhalb des Dienstes im

*Sie hat Erfolg und löst beim rechten Hund erkennbar die Spiellaune aus.*

Zwinger verbringt. Auch dass Hunde, die aus guten Zuchtstätten stammen, oder gar im sozialen Umfeld der jetzigen Halter gezüchtet und aufgezogen worden sind, eine geringere Beißhäufigkeit in der eigenen Familie aufweisen als solche, die von Billigvermehrungsanstalten stammen oder aus dem Tierschutz, ist ein Hinweis auf diesen Zusammenhang mit dem Konzept der wertvollen Beziehung. Nur wer in seiner frühen Jugend diese wertvollen Beziehungen als etwas Erstrebens- und Erhaltenswertes kennengelernt hat, wird auch die eigenen Interessen soweit zurückschrauben, dass er oder sie in einer konkreten Konfliktsituation auf die Durchsetzung eigener Interessen mal verzichtet.

## HORMONELLE AUSWIRKUNGEN

Wenden wir uns nun der Frage nach den beteiligten Mechanismen, also der „Wie?"-Frage im Zusammenhang mit Aggressions- und Kampfverhalten zu. Wie bereits bei den Formen der Aggression angedeutet, stehen die verschiedenen Typen unter dem Einfluss wechselnder Hormonkonzentrationen und verschiedener Hirnregionen.

### SELBSTVERTEIDIGUNGS-AGGRESSION

Sie hat direkte Beziehungen zu den Hormonen des Stresssystems, insbesondere des Noradrenalins als sogenannter Modulator, als ein Stoff, der die Empfindlichkeit der Nervenzellen und ihrer Verbindung direkt beeinflussen kann (siehe S. 146 ff., Stress). Chemisch bedeutsam ist vor allem die enge Verwandtschaft des Noradrenalins zum in der Synthesekette vorangehenden Botenstoff Dopamin, der ja immer als Selbstbelohnungs- und damit auch suchtgefährdende Substanz auftritt. Wie bereits dargelegt, können durch diese Querverbindungen auch positiv emotionale Aggressionsausbrüche gefördert werden, die dann letztlich zum sogenannten Lustbeißer oder auch „Triebschwein" führen. Es sei nochmals auf die Modellvorstellungen von Melissa Starling und Co-Autorinnen (2013) verwiesen, dass in einer Kombination aus hoher emotionaler Erregung und positiver Motivation nur mit negativen, nicht mit noch positiveren Eingriffsmöglichkeiten eine sinnvolle und nachhaltige erzieherische Wirkung erzielt werden kann. Neuere Untersuchungen unserer Gruppe (Schöneich mündl.) zeigen übrigens, dass „Raufer" keineswegs ungesellig sind.

### Serotoninsystem

Andrerseits ist gerade im Zusammenhang mit der Aggressionssteuerung aus negativer Emotionalität, vorwiegend Angst oder Furcht, nochmals auf die große Bedeutung des Serotoninsystems hinzuweisen. Reduzierte Serotoninkonzentrationen oder reduzierte Dichte von Serotoninrezeptoren in verschiedenen Gehirnabschnitten, können z. B. zu einer stärkeren Ängstlichkeit, Panikanfälligkeit und einer daraus entstehenden aggressiven Reaktion führen. Da das Serotoninsystem nach neueren Erkenntnissen weit über 15 verschiedene Rezeptortypen aufweist, kann sehr gut nachvollzogen werden, dass es sich auch in diesem Zusammenhang nicht um eine einheitliche oder leicht vorhersagbare Verhaltensreaktion handeln kann. Verkompliziert wird dieses Geschehen noch dadurch, dass die genannten vielen verschiedenen Serotoninrezeptortypen auch in unterschiedlichen Gehirnregionen, vom Frontalhirn bis zum Mandelkern und den Selbstbelohnungssystemen des Mittelhirns, zu finden sind (Näheres siehe z. B. Wahl, 2009).

### Hemmender Botenstoff

Als hemmender Botenstoff in der Auslösung positiv emotionaler Aggression, also des Noradrenalin-Dopamin-Systems im Aggressionszusammenhang, wirkt die auch in anderen Verhaltensbereichen oftmals hemmende **Gammaaminobuttersäure** (GABA). Ein erhöhter GABA-Spiegel im Gehirn dämpft gerade die Noradrenalin-Dopamin gesteuerte Aggression.

*Rentiere sind die einzige Hirschart mit Geweih bei beiden Geschlechtern. Trotzdem dient es im männlichen Geschlecht der Statusanzeige.*

Um es noch etwas komplizierter zu machen: Die genannten Zusammenhänge zwischen erhöhtem Cortisolspiegel und der dabei auftretenden, z. B. angstmotivierten Aggression, sind nur eine Seite der Medaille. Die andere Seite liegt darin, dass auch eine Untererregung der Hypothalamus-Hypophysen-Nebennierenrindenachse (siehe S. 148 ff.) zu einer Veränderung im Gehirn, zu Untererregung und daraus z. B. auch zu einer erhöhten Gewaltbereitschaft führen kann, wie dies nicht nur in Labortierstudien, sondern auch in Untersuchungen am Menschen bereits belegt wurde (Wahl, 2009).
So zitiert Wahl z. B. amerikanische Studien, dass Schuljungen, die früh und andauernd aggressiv waren und von ihren Schulkameraden auch entsprechend eingeschätzt wurden, über einen längeren Zeitraum hinweg niedrige Cortisolwerte aufwiesen.

## SCHUTZAGGRESSION UND PROGESTERON

Die elterliche Schutzaggression wird während der Schwangerschaft meistens zunächst durch erhöhte Progesteronwerte, bei manchen Arten gleich, bei anderen später auch durch Prolaktin gefördert. Nach der Geburt der Jungtiere steigt bei der Mutter, aber auch nachgewiesen für männliche Wölfe, die Prolaktinkonzentration an. Der Anstieg wird ebenso wie die Fortpflanzungshormone selbst durch die Tageslänge und deren Veränderung gesteuert (siehe S. 324).

## WETTBEWERBSAGGRESSION UND TESTOSTERON

Bei der Wettbewerbsaggression wird häufig dem Testosteron die Hauptverantwortung für aggressives Verhalten gegeben. Untersuchungen der Androgenwerte in Blut und Speichel zeigen tatsächlich bei vielen Säugern und Vögeln, inkl. unserer eigenen Art, einen Zusammenhang zwischen Androgenspiegel und kompetitivem Verhalten, also Wettbewerbsverhalten. Genauer experimentell untersucht wurden die Zusammenhänge z. B. bei Hirschen, verschiedenen Nagern und einigen Affen. Bei männlichen Hirschen können wegen der unter Testosteronkontrolle stehenden Geweihbildung mehrere aggressionsrelevante Zusammenhänge gezeigt werden: Kastrierte männliche Hirsche, die mit Testosteron behandelt wurden, stiegen bereits im Rang, bevor Auswirkungen auf die Geweihbildung offenkundig wurden, später wirkte dann wiederum die Hormonsubstitution über das Geweih auf den sozialen Status zurück.
Bei Pferdewallachen ist bemerkenswerterweise eine Dominanz kastrierter über nicht kastrierte Hengste auch ohne Hormonbehandlung möglich, Ähnliches gilt für Rentiere.
Bemerkenswert ist, dass dieser Zusammenhang zwischen Dominanzposition und Testosteron bei Haushunden offensichtlich nicht gilt (Nelson, 2005). Bereits in den 1980er Jahren wurden mehrere Studien veröffentlicht, bei denen entweder ranghohe Hunde kastriert wurden, und ihre ranghohe Position behielten, oder bei kastrierten rangtieferen Hunden durch Implantation von Testosteron freisetzenden Chips die Rangposition nicht verändert wurde. Genau dieses Problem liegt offensichtlich an der Basis des oftmaligen Fehlverständnisses, durch Kastration könne ein sogenannter dominanter Hund in seinem Verhalten deutlich beeinflusst werden. Der Hund ist eben kein Hirsch, er ist auch kein Pferd, und nicht einmal eine Katze. Bei all diesen anderen Haustierarten finden wir tatsächlich testosteronabhängige Aggressionsregulation sehr häufig.
**Bei Hunden hat die Aggression so viele andere Funktionen im Alltag, dass eine sexuell-konkurrenzmotivierte Aggressionsbereitschaft nur selten der Hintergrund unerwünschten Verhaltens sein dürfte.**
Genauere Darstellungen zeigen, dass die jahresperiodischen Unterschiede auch in der Dichte und Konzentration von Rezeptoren für die Sexualhormone vorliegen (siehe z. B. Nelson, 2005).

So kann bei Goldhamstern während der Winterzeit durch Testosteroninjektion die Aggression nicht kurzfristig hochgefahren werden. Auch bei Primaten findet man nicht immer eindeutige Zusammenhänge zwischen einem hohen Testosteronspiegel und Aggression. Fehlen die Rezeptoren, nützt der Hormonspiegel gar nichts. Rezeptordichten aber gehen zurück, wenn z. B. das Hormon längere Zeit fehlt, etwa beim Goldhamster im Winter.

Bei Hunden müssen, ebenso wie bei Mäusen, sowohl um den Zeitpunkt der Geburt herum wie auch im Erwachsenenstadium höhere Spiegel an männlichen Hormonen vorhanden sein, um männchentypische Werte des Aggressionsverhaltens zu erzielen. Testosterongabe nur um den Geburtszeitpunkt herum, erhöht die Werte über die von normalen Weibchen nur leicht.

Besonders bemerkenswert sind Ergebnisse der Tüpfelhyänen, bei denen Weibchen normal über Männchen dominieren und auch eine pseudomännliche Ausbildung ihrer äußeren Genitalien besitzen. Trotzdem findet man in der Regel höhere Plasmaandrogenwerte bei Männchen als bei Weibchen, hochrangige Individuen beider Geschlechter hatten die höchsten Werte.

Ein weiteres Beispiel für die Rückkopplungssituationen zwischen Verhalten und Hormonen: Rhesusaffenmänner, die eine Rangauseinandersetzung verloren haben, haben wochenlang niedrigere Testosteronwerte, gewinnen sie, steigt der Wert innerhalb von 24 Stunden an. Ähnliche Ergebnisse findet man bei Pavianen beiderlei Geschlechts. Auch hier folgt der Testosteronwert dem Anstieg der sozialen Position.

Bei Pferdehengsten konnte man durch wiederholtes Austauschen des gleichen Hengstes zwischen Harems- und Junggesellenherde zeigen, dass sein Testosteronspiegel jedes Mal, wenn er als Haremshengst zu den Stuten gebracht wurde, anstieg. Wurde er wieder zurück in die Junggesellengruppe gebracht, ging der Testosteronwert zuverlässig in kurzer Zeit wieder zurück.

Auch einige korrelative Studien am Menschen illustrieren das komplexe Geschehen noch weiter: Gewinner von Amateurtennisturnieren beiderlei Geschlechts hatten höhere Testosteronwerte im Speichel als Verlierer, aber nicht, wenn der Ausgang knapp und bis zum Ende des Matches offen war. Hatten die Versuchspersonen dagegen die Möglichkeit, die gleiche Geldsumme in einer Lotterie ohne eigenes Zutun zu gewinnen, stieg der Wert nicht an. Frauen in hoch kompetitiven Berufen, z. B. Anwältinnen oder Managerinnen, haben höhere Testosteronwerte im Speichel oder im Blut als ebenso beruflich belastete Frauen in weniger ellenbogenträchtigen Berufen, etwa Krankenschwestern oder Lehrerinnen.

## WETTBEWERBSAGGRESSION UND ÖSTROGEN

Die Zusammenhänge zwischen dem Aggressionsverhalten, speziell der Wettbewerbsaggression, und den Sexualhormonen werden noch komplexer, wenn die Auswirkungen des Östrogens auf aggressives Verhalten von Weibchen gegenüber möglichen Konkurrentinnen rund um den Zeitpunkt des Eisprungs einbezogen werden. Es gibt Studien an freilebenden Haushunden die zeigen, dass die Aggressivität der ranghohen Hündinnen gegenüber ihren Artgenossinnen insbesondere um den Zeitpunkt der Läufigkeit herum erheblich ansteigt (Pal et al., 1998, und andere). Ein zweiter Anstieg des aggressiven Verhaltens bei Hündinnen ist regelmäßig im Zeitraum nach der Welpengeburt und zwar sowohl in der Umgebung der Welpen (wohl eher Jungtierverteidigung) als auch am Futterplatz (wohl eher Wettbewerbsaggression) zu beobachten. Leider fehlen hierzu die hormonphysiologischen Daten. Ganzjährig war in der von Pal und Mitarbeitern (1998) beobachteten Hundepopulation in Indien die Aggression bei den weiblichen Tieren

*Viele Hündinnen wehren Rüden bei unerwünschten Werbeversuchen massiv ab.*

durchschnittlich höher als bei den Männchen, die Rate des unterwürfigen Verhaltens dagegen z. B. bei den jungen Rüden höher als bei irgendeiner anderen sozialen Kategorie. Das Aggressionsverhalten der Rüden war insbesondere um den Zeitpunkt der Paarungszeit erhöht. Aggressives Verhalten zwischen Hündinnen und Rüden fand sich überwiegend bei der Abwehr unerwünschter Werbeversuche nicht bevorzugter, d. h. nicht paargebundener Rüden. Aggression zwischen Rüden ist mehr auf Schutz der Paarbeziehung, bei Hündinnen auf Status gerichtet.

## WEITERE BOTENSTOFFE IM GEHIRN

Seit einer Studie an aggressionskranken Menschen (Nelson et al., 2005) und deren Erweiterung durch eine spezielle Mäusestudie (Nelson, R.J. et al., 2005; Nelson, J.E. et al., 1993) zeigt sich, dass noch weitere Botenstoffe im Gehirn für einen Anstieg aggressiven Verhaltens verantwortlich sein können. Hierzu gehört zum einen die Monoaminooxidase A (MOA), ein Enzym, das hilft, sowohl Serotonin als auch Noradrenalin abzubauen, andererseits die Nitritoxidsyntase, die den Botenstoff Nitritoxid (NO) herstellt.

## Nitritoxidsyntase

Studien an Mäusen, denen die neuronale Nitritoxidsyntase fehlt, sind besonders bemerkenswert. Nur männliche Mäuse mit diesem genetischen Mangel zeigen sowohl übermäßiges aggressives Agieren als auch übermäßiges Sexualverhalten. Sie sind auch nicht bereit, z. B. auf unterwürfiges Verhalten des Gegenübers mit einem Abbruch des ständigen Aufreitens oder der Angriffe zu reagieren. Trotzdem haben diese Mäuse keinerlei erhöhte Testosteronspiegel, weder in der Kontrolle noch vor oder nach den Verhaltenstests. Weibliche Mäuse zeigen dieses unpassende Verhalten nicht. Fortgeführte Tests mit den NOS-Mäusen konnten

*Bei Mäusen hängt Aggressionsverhalten viel mehr von Sexualhormonen ab als bei Hunden. Aber eben nicht nur!*

keinerlei Unterschied im Orientierungs- oder Lernverhalten, in der Geschicklichkeit, in der geruchlichen Orientierung oder in dem Ausmaß eines Angstverhaltens im Offenfeldtest aufweisen. Auch die hirnanatomischen bzw. feingeweblichen Untersuchungen der betreffenden Mäusemutante konnten keinerlei Unterschiede im Feinbau gegenüber den Wildtypmäusen aufzeigen. Es ist also zu vermuten, dass die neuronale Nitritoxidsynthase direkt an irgendeiner uns noch unbekannten Stelle in den Aggressionszusammenhang eingreift.

### Monoaminooxidase

Die Untersuchungen an den Monoaminooxidasemangelmutanten dagegen zeigen deutliche Zusammenhänge mit einem Anstieg des Serotonins, die Serotoninspiegel und auch die Anzahl der Serotoninrezeptoren waren deutlich erhöht. Ebenso gab es einen Anstieg der Noradrenalinkonzentration und verschiedene Veränderungen in der Architektur unterschiedlicher Regionen der Gehirnrinde. Auch hier war die Aggressivität gesteigert, auch hier nur im männlichen Geschlecht. Jedoch war sie mit einer ganzen Reihe anderer Verhaltensauffälligkeiten gekoppelt, z. B. im Bereich der Aufrechterhaltung des Körpergleichgewichts und auch in einer erhöhten Ängstlichkeit.

### Vasopressin

Bereits mehrfach betont wurde die Wirkung des Vasopressins, das nicht umsonst als Eifersuchtshormon bezeichnet wird. Vasopressin ist ein Agonist des Noradrenalinsystems, das heißt bei erhöhter Vasopressinkonzentration besteht auch ein erhöhtes Risiko für noradrenalingesteuerte, und damit vorwärts aggressive Verhaltensreaktionen. Der Vasopressinspiegel wiederum ist, wie z. B. Studien an den bereits mehrfach erwähnten monogamen Präriewühlmäusen zeigen, während der Phase der Beziehungs- und Bindungsbildung besonderes erhöht. Das Vasopressin sorgt in diesem Zusammenhang unter anderem dafür, dass kein unerwünschter, als potenzieller Rivale auftretender Artgenosse oder Sozialpartner in die Nähe des sich ausbildenden Paares kommt, und damit auch nicht einmal „ausversehen" die falschen Eigenschaften und Charakteristika des zukünftigen Bindungspartners gelernt werden. Da das Vasopressin gleichzeitig mit dem Erlernen der individuellen Eigenschaften des zukünftigen Bindungspartners zu tun hat, handelt es sich auch hier wieder um ein sehr komplexes Wechselwirkungssystem.
Erstmals wurden in einer Untersuchung von Evan McLean und Co-Autoren (2017) die Auswirkungen eins veränderten Vasopressinspiegels auf die Aggressionsbereitschaft von Hunden direkt getestet. Auch hier zeigte sich deutlich, dass Vasopressin ebenso wie Noradrenalin eine fördernde Wirkung für aggressionsbereites Verhalten hat.

## VERÄNDERTER SOZIALSTATUS

Der Zusammenhang zwischen Hormonen, Gehirn und Verhalten, der bereits dargestellt wurde, lässt sich auch auf der Ebene der Rezeptoren im Gehirn noch verstärkt nachweisen. Es sind überwiegend die Östrogenrezeptoren, die in den Regelkreis des aggressiven Verhaltens eingreifen, und auch dies erklärt, weshalb beide Sexualhormone gleichermaßen zu einem Anstieg bestimmter Formen wettbewerbsaggressiven Verhaltens führen können.
Letztlich spielt auch bei der physiologischen Beantwortung von aggressiven bzw. aggressiv motivierten Situationen die Vorerfahrung noch eine größere Rolle als bisher gedacht. Bereits hier sei auf Befunde von Derix et al. (1995) hingewiesen, die unterschiedliche Fortpflanzungsstrategien von Rüden und Hündinnen in der Paarungszeit belegen (siehe S. 318 ff.).

Hawley (2006) konnte, wenn auch bei Finkenvögeln, zeigen, dass für ursprünglich rangtiefe männliche Tiere ein geänderter Sozialstatus keine Auswirkungen auf ihr Immunsystem, genauer gesagt die Antikörperkonzentration im Blut hatte. Für ursprünglich ranghohe Männchen dagegen war nach einer erzwungenen Statusverringerung proportional die Konzentration der Antikörper im Blut reduziert. Dies korrelierte offensichtlich auch mit den Aggressionsraten: Brachte man mehrere ursprünglich ranghohe Männchen zusammen in einen Schwarm, stieg die Aggressionsrate. Brachte man mehrere ursprünglich rangtiefe Männchen zusammen, stieg sie nicht. Die Häufigkeit, mit der ein Tier infolge dieser geänderten Gruppenzusammensetzung dann in der nächsten Zeit aggressive Auseinandersetzungen verlor, erlaubte die beste und zuverlässigste Vorhersage für die Änderung, nämlich Reduzierung seines Antikörpergehalts. **Die soziale Umgebung kann damit direkt die Widerstandsfähigkeit gegen Parasiten und Krankheiten beeinflussen, und mehr noch, die soziale Erfahrung vorher scheint in diesem Zusammenhang einen ganz gewaltigen Einfluss zu haben.** Und solche Zusammenhänge können, wie eine Untersuchung von Sapolski und Share (2004) zeigt, sehr wohl die zukünftigen Strategien einer Gruppe erheblich beeinflussen: In der von Sapolski und Share untersuchten Population von Anubispavianen starben im Laufe der 1980er Jahre über die Hälfte der männlichen Tiere an Tuberkulose. Bemerkenswerterweise waren es insbesondere die aggressiveren Tiere, wobei die angeführten Daten von Hawley eine mögliche Erklärung dafür liefern könnten. In der Folge davon waren die wenig aggressiven männlichen Tiere in der Lage, die Gruppenstruktur unter sich auszumachen und begannen, eine friedlichere und weniger aggressive Gruppe zu führen. Diese friedliebende Gruppenzusammensetzung wurde dann durch Tradition auf die nächsten Generationen weitergegeben. Eine bemerkenswerte Situation, die zeigt, wie Ökologie, Immunsystem, Sozialverhalten und Kultur zusammenwirken können, um die aktuellen Erscheinungen einer Tiergruppe zu formen.

## ABSCHLIESSENDE BETRACHTUNG

Ein zusammenfassendes Modell zur Betrachtung biologischer und psychosozialer Mechanismen der Aggression hat Wahl (2009) aufgestellt. Dieses Modell ist speziell auf den Menschen ausgerichtet. Da jedoch der Hund, wie in vielen anderen Zusammenhängen immer wieder deutlich wird, eine besondere Funktion in der menschlichen Gesellschaft einnimmt und durchaus bisweilen auch in menschenähnlicher Art und Weise sozialisiert wurde, können vielleicht einige der dort genannten Zusammenhänge auch für ihn gelten. Einflussfaktoren auf die Steuerung des Gehirns, also die neurophysiologischen Prozesse, sowohl im Bereich des emotionalen Stranges als auch des präfrontalen Stirnhirns, sind zum einen evolutive und genetische als auch epigenetische Faktoren, die gemeinsam die individualgeschichtliche Entwicklung des betreffenden Tieres steuern. Kindliche Traumata, Sozialisationsdefekt und Erziehung können hier ebenso als auslösende Prozesse mitwirken wie die situative soziale Dynamik, auch in Gruppen oder Institutionen. Die Wahrnehmung bestimmter auslösender Situationen durch Bedrohung, Provokation oder Frustration, kann auch über Wahrnehmungsdefizite oder Hypersensitivität, also Überempfindlichkeit und Übererregbarkeit, verändert werden. **Emotionen, Empathiedefizite und Impulsivität sind einige der Persönlichkeitsfaktoren, die gemeinsam mit den individualgeschichtlichen Erlebnissen entweder zu verbesserter oder schlechterer Impuls- und Affektkontrolle, zu Lerndefiziten und damit zu unterschiedlichen Motivationen führen.** Daraus entsteht dann letztlich entweder die impulsiv reaktive oder die geplant

*Zu aggressive Pavianmänner sind gesundheitlich mehr gefährdet als ruhigere Artgenossen.*

proaktive Aggression, die entweder zu psychischen, sozialen oder materiellen Belohnungen oder Bestrafungen führen kann. Daraus wiederum resultiert eine unterschiedliche Verstärkungs- oder Abschwächungstendenz, die wiederum nicht nur auf das Individuums und seine neurophysiologischen Prozesse, sondern auch auf die soziale Dynamik und die Gruppen- und Beziehungsstruktur, in der das Individuum lebt, Rückwirkungen hat. Damit schließt sich der Kreis, denn die genannte situative, soziale Dynamik kann wiederum, wie bereits angeführt, auf die Verhaltenssteuerung zurückwirken.

Nimmt man sich diese vielen Einflussfaktoren gemeinsam vor und versucht daraus auch testbare Hypothesen für das Verhalten von Hunden und dessen Beeinflussbarkeit abzuleiten, dann merkt man erst, wie grob vereinfachend und oftmals geradezu grob fahrlässig die Aggressionsbetrachtung nicht nur bei vielen Hundehaltern und Trainern, sondern leider auch bei den Genehmigungsbehörden und den mit der Gefährdungsbeurteilung von Hunden beauftragten Personen ist. Mit Aggression ist nicht zu spaßen, auch wenn Aggression ab und zu leider Spaß machen kann!

# FORTPFLANZUNG UND JUNGTIER-ENTWICKLUNG

# SELEKTION – PARTNERWAHL UND PAARUNG

Auch wenn der Haushund, wie vielfach im Zusammenhang mit der Rassezucht und Zuchtselektion betont wird, heute von Menschen in seiner Partnerwahl und bei der Umsetzung seines Fortpflanzungserfolgs deutlich beeinflusst wird, darf die Herkunft aus den vergangenen Jahrhunderten bis Jahrtausenden nicht vergessen werden. Mit vergleichsweise wenigen Ausnahmen (z. B. spezialisierte Jagdhundmeuten an Fürstenhöfen), waren die Hunde doch sehr lange in ihrem Sozialverhalten und in ihrer Partnerwahl weitgehend selbstbestimmt. Was vom Menschen an Selektion ausgeübt wurde, wird unter dem evolutionsbiologischen Begriff der postkopulatorischen Selektion zusammengefasst (siehe Kasten).

Im Folgenden werden die grundlegenden Aussagen der Verhaltensbiologie, speziell unter dem Blickwinkel der zweiten Tinbergenschen Frage nach dem „Wozu", nur vergleichsweise kurz umrissen. Diese Inhalte sollten zwar Züchter/innen sehr gut kennen, um von manchen merkwürdigen Praktiken der Hunde- und anderen Rassetierzucht endlich wegzukommen, Hundetrainer/innen dagegen sind hier nicht so gefordert. Lediglich bei der Beratung von möglichen Kunden, woran man eine gute Zuchtstätte erkennen könnte, wäre etwas mehr Hintergrundwissen über die evolutionsbiologischen und ökologischen Hintergründe der Paarung, Partnerwahl und der sexuellen Strategien manchmal von Nöten.

## FITNESS

Bereits in den einleitenden Kapiteln haben wir festgestellt, dass letztlich der Erfolg eines Tieres aus der Zahl seiner Nachkommen bzw. dem Anteil der eigenen Erbeigenschaften am Genpool der nächsten Generation besteht. Diese, als Fitness bezeichnete Kenngröße sollte besonders durch die eigene Fortpflanzung gesteigert werden.

### POSTKOPULATORISCHE SELEKTION

Die Hunde konnten weitgehend selbstständig entscheiden, mit wem sie sich paarten. Die Auswahl, wer für die Arbeit geeignet ist und dann übernommen wird, und wer nicht und aussortiert wird, geschah meist entweder anhand der Arbeitsfähigkeit der betreffenden Hunde oder anhand ihrer Abstammung von einer bekanntermaßen guten Hüte-, Jagd- oder anderen Arbeitshündin. Die Selektion fand also seitens des Menschen erst an den Welpen oder sogar Junghunden statt. Partnerwahl und die Entscheidung, mit wem man sich paart und mit wem man wie viele Jungtiere austrägt und gegebenenfalls in ihren ersten Welpentagen auch betreut, war den Hündinnen und auch den Rüden selbst überlassen.

Aber auch die Gesamtfitness durch Unterstützung Verwandter bei der Aufzucht darf gerade im Aufzuchtsystem der Canidae (erweiterte Familiengruppe!) nicht vergessen werden. Bevor wir einige Erkenntnisse zur (sehr speziellen) Fortpflanzungsbiologie der Hunde referieren können, müssen wir wieder die allgemeinen Prinzipien verstehen. Kappeler (2012) hat hier in vertiefter Form sehr viele Beispiele zusammengestellt. Die grundlegende Gegebenheit bei jeder sexuellen, vor allem zweigeschlechtlichen Fortpflanzung (und um die geht es ja bei den Säugetieren) ist eine unterschiedliche Belastung beider Geschlechter – vor, während und nach der Paarung. Einige dieser Belastungen, durch Zeitaufwand, Gefahr (Feinde, Parasiten, Verletzungen) u.a. verursacht, werden als Nachteile der sexuellen Fortpflanzung bezeichnet. Ihnen stehen jedoch viele Vorteile gegenüber.

## INTRA- UND INTERSEXUELLE SELEKTION

Sexuelle Fortpflanzung hat zuerst und im evolutiven Sinne mit der möglichen Neukombination der Erbeigenschaften zweier Tiere zu tun. Diese Neukombination ermöglicht es, unvorhersehbare Änderungen im Lebensraum, neue Krankheiten oder andere zukünftige Anforderungen potenziell besser zu meistern. Denn wessen Nachkommen eine möglichst große Vielfalt ihrer Erbeigenschaften haben, der hat auch Chancen, dass zufällig einer besonders „gut passt". Und der wird sich dann in der nächsten Generation besonders gut vermehren können. Das ist der Grundsatz von Überschussproduktion und Selektion, den Darwin formuliert hat. Darwin hat deutlich gemacht, dass im Bereich der Fortpflanzung eine besondere Art der Selektion wirkt, die er als „sexuelle Selektion" bezeichnet hat. (Ob dies eine eigene Selektionsart oder eine Unterform der natürlichen Auslese darstellt, ist hier nicht relevant). Von großer Bedeutung ist nun, dass die sexuelle Selektion sowohl innerhalb eines Geschlechtes (intrasexuell) wie zwischen den Geschlechtern (intersexuell) wirken kann. Intrasexuelle Selektion hat etwas mit den Merkmalen zu tun, die dem Wettbewerb um den Zugang zu Befruchtungserfolgen dienen. Intersexuelle Selektion dagegen hat mit der Wahl des zukünftigen Paarungspartners durch das andere Geschlecht zu tun. Gerade bei sozial lebenden Arten, wie es Hundeartige meist und Canis-Arten generell sind, spielen beide Arten der Selektion in teilweise sehr diffiziler Art zusammen. So entscheidet die ranghohe Wölfin/Hündin im Rudel mit (intersexuell), wer von den Rüden im Wettbewerb um die höchste Rangposition (intrasexuell) die besten Chancen hat (z. B. Schröpfer, 2005).

**SEXUELLE SELEKTION**

Als sexuelle Selektion wird bezeichnet, wenn einzelne Individuen **eines** Geschlechts einer Art in Bezug auf die Fortpflanzung Vorteile gegenüber Geschlechtsgenossen haben. Dies bezieht sich streng genommen aber nur auf die Zeit bis zur Befruchtung. Was danach kommt, ist keine sexuelle Selektion mehr!

### ROLLENVERTEILUNG DER GESCHLECHTER

Die intersexuelle Selektion spiegelt besonders deutlich die „Rollenverteilung" der Geschlechter wider. Allein durch die höheren Zeit- und Energiekosten, die durch Produktion von Eizellen, Trächtigkeit, Geburt und Milchproduktion gegeben sind, haben weibliche Tiere, besonders Säuger, eine sehr viel höhere Belastung. Sie investieren also wesentlich mehr in die Fortpflanzung als die Männchen. Die begrenzenden Faktoren für eine Erhöhung des Fortpflanzungserfolges bei Weibchen sind allgemein Zeit und

Energie. Für Männchen dagegen ist es die Zahl der Weibchen, die sie pro Zeiteinheit finden und erfolgreich begatten können. Daraus kann schon theoretisch gefolgert werden, dass Weibchen besonders wählerisch sein sollten, bevor sie sich erfolgreich paaren. Je größer das Ungleichgewicht in der elterlichen Investition, desto wählerischer sollten die Weibchen sein. Nun zeigen aber neuere Arbeiten, dass auch Männchen durchaus wählerisch sind (siehe Gansloßer et al., 2019; Kappeler, 2012). Allerdings oft auf eine sehr subtile Art: Wenn sie gezwungen werden, sich mit nicht gewählten Weibchen zu paaren, ist der Erfolg offenbar über die Befruchtungsrate geringer. Ebenso zu beachten ist die sogenannte kryptische, also verborgene weibliche Partnerwahl: Nach der Begattung können Weibchen, wie auch immer das im Einzelfall physiologisch funktioniert, offenbar mindestens bis zum Beginn der Einnistung in die Gebärmutter noch weiter „mitentscheiden". Die Theorie lässt erwarten, dass beide Wahlmechanismen besonders deutlich sein sollten, wenn eine monogame Art durch gemeinsame, intensive Jungenaufzucht viel in den Nachwuchs investiert. Untersuchungen an einer Reihe von Labornagern bestätigen, dass Männchen, die sich mit einem bevorzugten Weibchen paaren durften, einen höheren Fortpflanzungserfolg haben. Eine Aussage, die gerade in Bezug auf gewaltsame Zuchtpaarungen der Rassehundezucht von größter Bedeutung ist!

*Langzeitpaarbindung, in sprichwörtlicher Weise, findet man bei Weißstörchen.*

*Spielverhalten (unter erwachsenen Caniden) findet auch im Vorfeld der Paarbildung statt.*

## KONFLIKTPOTENZIALE

Zink et al. (2014) haben die Aspekte des sexuellen Konflikts, also des Konflikts zwischen männlichen und weiblichen Tieren, speziell unter den Blickwinkeln ihrer Konsequenzen für Paarungssysteme und Lebensgeschichte von Säugetieren nochmals zusammengestellt. Die Konflikte können sowohl über die genauen Zeitpunkte und über die Häufigkeiten der Paarungsakte, die Partnerwahl und das Ausmaß elterlicher, insbesondere väterlicher Jungtierpflege entstehen. Hier sind männliche und weibliche Tiere deutlich asymmetrisch in ihren Interessen. Die Selektion richtet sich meistens darauf, sich mit möglichst vielen verschiedenen Partnern zu paaren. Jedoch ist der Konflikt zwischen Arten auch unterschiedlich ausgeprägt, wie z. B. das Ausmaß der benötigten väterlichen Pflege variiert. Nicht nur bei der Paarung, auch bei der Plazentation, bei der Säugeaktivität und beim Ausmaß der elterlichen Pflege sind die Konflikte eigentlich vorprogrammiert. Ein speziell für die Familie der Hundeartigen bereits beschriebener Teilbereich des Konfliktpotenzials hängt mit Körpergröße, Wurfgröße und Entwicklungsstadium der Jungtiere zusammen (Moehlmann und Hofer, 1997): kleinere Arten von Hundeartigen haben in der Regel kleine Würfe, und die Welpen sind bereits bei der Geburt weiterentwickelt. Je größer die Art, desto größer die Würfe, und desto weniger weit entwickelt sind die Jungtiere. Je größer aber der Wurf und je weniger weit entwickelt die Jungtiere, desto mehr ist die Anwesenheit von Babysittern von Nöten. Babysitter aber sind, zumindest im Sozialsystem der Hundeartigen, leichter von Rüden als von Hündinnen zu rekrutieren. Gerade das Konfliktpotenzial zwischen weiblichen Hundeartigen, wegen der nicht hormonellen, sondern verhaltensbiologischen Fortpflanzungsunterdrückung, führt oftmals dazu, dass die Anwesenheit mehrerer fortpflanzungsaktiver weiblicher Tiere in einer Gruppe sehr mühsam und besonders konfliktträchtig wird. Die Anwesenheit mehrerer, insbesondere verwandter Rüden dagegen, die über die Gesamtfitness immer noch etwas zu ihrer eigenen Erbweitergabe beitragen können, wenn sie Brüdern, Vätern oder sogar Onkeln helfen, lässt sich daher evolutionsbiologisch leichter erklären und auch meistens konfliktärmer im Verhaltensablauf realisieren.

### DAS HANDICAP-PRINZIP

Diese Überlegung geht auf den Verhaltensbiologen Arnotz Zahavi zurück (siehe Kappeler, 2012)

Grundsätzlich können wir, aufgrund der verschiedenen Interessen beider Geschlechter, einen Geschlechterkonflikt bei jeder Art erwarten. Dadurch ist auch zu erwarten, dass das Signalverhalten in der Balz, ähnlich wie im agonistischen Verhalten (siehe S. 300), fälschungsgefährdet ist und nur durch zusätzliche Möglichkeiten der „Qualitätskontrolle" zuverlässig sein kann.

Als wichtigstes Mittel der Qualitätskontrolle hat sich das sogenannte Handicap-Prinzip erwiesen, d. h. ein Merkmal, das seinem Träger einen offenkundigen oder zukünftigen Nachteil bringt und trotzdem gezeigt wird, bedeutet, dass dieser Bewerber wirklich über ein entsprechend großes RHP (siehe S. 214) verfügt. Handicaps können z. B. Farbmerkmale sein, die den Träger für Feinde sichtbarer machen, oder die bei Parasitenbefall verblassen, Geweihe, die bei Krankheit oder Mineralmangel asymmetrisch wachsen, o. Ä. Manche Arten von Informationen kann man auch nicht fälschen, z. B. solche über den Immunstatus und dessen Zusammensetzung (siehe S. 233 ff.). Man kann sie höchstens zu verbergen versuchen. Solche zwangsweise ehrlichen Signale sind auch besonders zuverlässig.

## PARTNERWAHL

Eine „Interessengemeinschaft" beider Geschlechter gibt es nur an einem Punkt, möglichst früh in der Balzphase: Wenn es darum geht, die Artzugehörigkeit festzustellen, sind daher wenige Fälschungen zu erwarten. Deshalb sind Artmerkmale oft „billig herstellbar" und außerdem oft als genetisch vorgegebene Präferenz (sogar bei Prägungsvorgängen, siehe S. 347 ff.) fixiert.

### INZUCHTVERMEIDUNG

Der nächste Schritt der Partnerwahl wird schon komplizierter, nämlich die Inzuchtvermeidung. Vielfach wird Inzucht bereits durch Abwanderung, verzögerte Geschlechtsreife oder ähnliche ontogenetische Aspekte (siehe S. 366 ff.) erschwert. Aber in Fällen, in denen diese Vorsichtsmaßnahmen nicht ausreichen, müssen noch zu Beginn der Partnerwahl weitere, engere Auswahlkriterien zur Verfügung stehen. Es muss also eine **Erkennung von Verwandten** anhand eines oder mehrerer Signale möglich sein, die entweder direkt oder indirekt auf Verwandtschaft schließen lasst, nachdem man sie mit einem „inneren Muster" verglichen hat. Im Bereich der **Partnererkennung** sind drei mögliche Kategorisierungen bekannt. (Alle drei wurden zumindest bei Säugetieren auch schon nachgewiesen, bei Hundeartigen wissen wir noch nicht viel darüber). Die Untersuchung der Frage nach Erkennung von Verwandten kann nur dann erfolgen, wenn auch hinterher die betreffenden Tiere unterschiedlich behandelt werden. Und das ist nicht immer nachweisbar.

#### Erkennen am Geruch

Die meisten Untersuchungen zur Verwandtschaftserkennung beziehen sich auf den olfaktorischen, also den Geruchssinn. Green et al. (2015) zeigen, dass im Bereich der olfaktorischen Verwandtschaftserkennung wiederum zwei große Eiweißkomplexe besonders

prädestiniert sind, und zumindest bei den daraufhin untersuchten Nagetieren, besonders häufig verwendet wurden: nämlich einerseits der Haupthistokompatibilitätskomplex (Major Histocompatibility Complex, MHC) und die Haupturinproteine (MUP), die eine Gruppe von wahrscheinlich artspezifischen Eiweißkomplexen darstellen. Neuerdings hat ein Autorenteam um Alexandra Carthey (Carthey et al., 2018) noch eine weitere Quelle von möglicher Verwandtschafts- und Individualerkennung gleichzeitig identifiziert: nämlich die Existenz von durch Mikroorganismen veränderten Duftstoffen, die auch bei Individuen einer Verwandtschafts- oder einer Familiengruppe größere Gemeinsamkeiten aufweisen könnten, als bei Artgenossen, die weiter entfernt voneinander leben. Diese, durch die Aktivität von Mikroorganismen vermittelte olfaktorische Kommunikation, kann über den Genotyp, über die Physiologie und speziell die Hormonlage und auch zum Teil über das Verhalten des Geruchsträgers modifiziert und beeinflusst werden. Es ermöglicht dadurch nicht nur das Erkennen von Vewandtschaft, sondern z. B. auch das Erkennen des derzeitigen Gesundheits- oder Ernährungszustandes. Hier wurden vor allem bei Nagetieren (Rothörnchen: Mateo, 2010, 2017; oder Rötelmäusen: Kruczek, 2007), aber auch bei Halbaffen und anderen Primaten Untersuchungen durchgeführt.
Gerade bei Halbaffen (Kessler et al., 2012), aber auch bei Rothörnchen (Willson et al., 2015) wurden Mechanismen der Verwandtschaftserkennung durch Lautgebung, insbesondere im Bereich der hochfrequenten, also hohen Tonlagen festgestellt. Bei vielen Primaten (Kazem et al., 2018) beruht der Mechanismus dann auch auf der optischen, z. B. Gesichtererkennung.

## PHÄNOTYP-VERGLEICH

Zunächst gibt es den sogenannten Phänotyp-Vergleich, d. h. man vergleicht Geruch (Goldhamster!), Rufe oder Gesichtszüge (Affen!) des Gegenübers mit den eigenen Merkmalen, und je ähnlicher, desto verwandter. Boulet et al. (2009) konnten hier eine elegante Querverbindung zu Prägungsabläufen zeigen: Man vergleicht dabei die Merkmale des Gegenübers mit den geprägten der Eltern, und wählt ein Tier aus, welches eine leichte Abweichung besitzt.

## GLEICHSETZUNG

Damit sind wir schon beim zweiten Verhalten, nämlich der Gleichsetzung: Bekannt (speziell während der eigenen Jugendzeit) = verwandt. Hier wird oft in einer prägungsartigen sensiblen Phase vor der Pubertät das Merkmal der „abzulehnenden" Artgenossen fixiert. Bemerkenswert ist dann, zumindest bei länger paargebundenen Arten, der gegenteilige Effekt des ersten Sexualpartners nach der Geschlechtsreife, der geradezu prägungsartig fixiert wird (Oxytocin/Vasopressin, siehe S. 329).

## ERKENNEN GENETISCHER EIGENSCHAFTEN

Der letzte bekannte Mechanismus ist die direkte Erkennung genetischer Eigenschaften (Anzenberger et al., 2001), oft über die Gene des MHC-Komplexes. Hierbei wird auf umso größere Verwandtschaft geschlossen, je größer die Ähnlichkeit dieses sehr variablen Immungenortes ist. Bemerkenswert sind hierbei gerade die Ergebnisse beim Menschen: In der Scheinschwangerschaft (Anti-Baby-Pille!) finden Frauen eher immunologisch ähnliche (also verwandte) Männer attraktiv, ansonsten bevorzugen sie aber immunologisch unähnliche Typen. Funktional(„Wozu?") ist das verständlich, denn zur Jungtieraufzucht sind verwandte Männer eher bereit. Hier wäre eine sehr spannende Fragestellung angesichts der allgemein üblichen Scheinschwangerschaft bei Hündinnen für eine Canidenstudie! Die Beobachtungen von Wölfinnen, die erst „in der Ferne" eine eigene

Fortpflanzung (erfolglos) versuchten und dann als Helferin ins eigene Rudel zurückkehrten (Sillero, 2006), könnten hier einen Hinweis liefern!

## AUSWAHL ZWISCHEN POTENZIELLEN BEWERBERN

Sind die Verwandtschaftsverhältnisse geklärt, bleibt in der Regel noch die Auswahl zwischen mehreren potenziellen Bewerbern. Und hier wird nun nach Ornamenten (oft Handicaps, z. B. Farbe, Rufe), Verhaltenseigenschaften (Paarbindung, Rangposition), Revierqualitäten u.v.a. gewählt. Bei Caniden besteht der Verdacht, dass hier eine ganze Reihe solcher Faktoren zusammenwirken. Bemerkenswert ist z. B. die Beobachtung (vgl. Sillero, 2006), dass zwar **im** Rudel die ranghöchsten Rüden bevorzugt werden (z. B. Wolf, Äthiopischer Wolf), aber beim Fremdgehen **keine** Rangbevorzugung stattfindet (Äthiopischer Wolf). Und Fremdgegangen wird bei Caniden durchaus bis zu 30 % und mehr, wenn man allein schon die genetische Vaterschaft untersucht. Ein Schutzmechanismus nur hiergegen, ist wiederum die enge Begleitung und das Übermarkieren des Rüden sowie als postkopulatorischer Schutz das Hängen. Bemerkenswert im Zusammenhang mit dem Haushund sind auch z. B. die Beobachtungen von Boitani et al. (2003) und Macdonald et al. (2003), wonach bei verwilderten Haushunden in Italien Paarbindungen bestanden, auch wenn diese **nicht** mit Exklusivität der Fortpflanzung einhergingen!

## PAARUNGSSYSTEME

Die Vielfalt der Verteilungsmuster und der daraus entstehenden sexuellen Beziehungsmöglichkeiten und Paarungstypen bei Säugetieren soll hier nur in den Bereichen angesprochen werden, die für die Hundeartigen charakteristisch und bedeutsam und damit auch für das Verständnis sexueller Strategien bei Haushunden notwendig sind. Für allgemeine Übersichten sei auf die säugetierethologische Grundlagenliteratur, z. B. Eisenberg (1981), Clutton-Brock (1989), oder Gansloßer et al. (2019) verwiesen.

### MONOGAMIE

Die Monogamie wurde ja in den vorangehenden Kapiteln immer wieder als eines der wichtigsten Elemente der Kanidensoziologie beschrieben. Es ist jedoch hier von besonderer Bedeutung, nochmals auf den Unterschied zwischen genetischer und verhaltensbiologischer Monogamie hinzuweisen (vgl. Anzenberger, 1992). Die genetische Exklusivität, die vielfach mit dem Monogamiebegriff in Verbindung gebracht wird, ist keineswegs die Regel (Sillero-Zubiri, 2006). Die verhaltensbiologische Paarbindung dagegen ist nicht nur bei Wildkaniden, sondern auch bei Haushunden immer noch ein wesentliches strukturierendes Element.

### POLYANDRIE (VIELMÄNNEREI)

Eine Eigenschaft nahezu aller großen Canidenarten, ist die zunehmende Tendenz zur Polyandrie, also Vielmännerei (Macdonald, 2006). Kappeler (2012) bringt viele Beispiele von Säugern und Vögeln, die deutliche Vorteile einer Polyandrie durch erhöhte Fruchtbarkeit, erhöhte Überlebensrate der Jungen, reduzierter Gefahr von Infantizid (Kindstötung) und sexueller Belästigung,

*Babysitter sind unter anderem …*

*… auch für Spiel und Spaß zuständig.*

*Und ganz nebenbei lernt der Kleine auch etwas.*

verbesserte bzw. variablere genetische Zusammensetzung und damit Attraktivität des Nachwuchses etc. beinhalten. Durch mehrfache Paarungen mit mehreren Männchen wird die Konkurrenz unter den Samenzellen angeregt, was wiederum ein Selektionsmechanismus ist. Welcher dieser Vorteile speziell bei Caniden gilt, ist unklar.

### FORTPFLANZUNGSUNTERDRÜCKUNG

Ein verbreitetes Mittel des Ranghöchsten, um sich gegen solche Praktiken zu schützen, besteht in der Fortpflanzungsunterdrückung seiner Untergebenen. Bei vielen Säugerarten geschieht dies beim männlichen Geschlecht durch Geruch, Rufe oder Aggression. Beim weiblichen Geschlecht geschieht dies durch Aggression bzw. Stress, was dann oft zu einem Ausfall der Sexualhormonproduktion oder zur Reduzierung führt. Bei weiblichen Wildcaniden ist ein stressbedingter Ausfall der Sexualhormonproduktion und des Eisprunges kaum bekannt (außer in Extremfällen etwa nach Fangaktionen und Käfighaltung; Kreeger, 2003). Wohl aber berichten Züchter/innen, und auch Halter/innen mehrerer intakter Hündinnen in einer Familie davon.

#### Infantizid

Dagegen ist der Infantizid, die Kindstötung, eine sehr verbreitete Methode, Fortpflanzungskonkurrenz auszuschalten. Infantizid ist bei Caniden, ebenso wie das Sozialsystem allgemein, auf zwei Ebenen der sozialen Struktur anzutreffen: Einerseits geht es um die Tötung der Jungtiere der Nachbarrudel, wohl als Möglichkeit zur Reduzierung der Nahrungskonkurrenz. Diese Art des Infantizids, die z. B. bei Schakalen (Moehlmann, 1987), Wölfen (Kreeger, 2003) und etlichen anderen Arten vorkommt, betrifft besonders solche Jungtiere, deren Baue nahe an der Reviergrenze liegen. Über Status und Geschlecht der „Täter“ gibt es zwar keine genaueren Angaben, aber es ist zu vermuten, dass dies im Zusammenhang mit dem Herumstreifen über die Grenzen des Reviers hinweg geschieht und dieses Verhalten zeigen ja alle Rudelmitglieder, gerade auch Jüngere/Rangtiefere.

Bereits aus dieser Darlegung geht hervor, dass es einen generellen Welpenschutz nicht geben kann. Wenn, dann bezieht sich dieser bestenfalls auf die eigenen bzw. rudeleigenen Jungtiere. Und da kann die zweite Variante des Infantizids der Caniden beobachtet werden, denn rudelintern ist Infantizid eine Sache der Konkurrenz unter den weiblichen Tieren. Aber auch hier findet sich wieder eine große Flexibilität, denn ob nun eine Ranghohe den Nachwuchs ihrer Konkurrentin umbringt, „zwangsadoptiert“, gemeinsam mit aufzieht oder ihr „erlaubt“, dies unabhängig zu tun, hängt von der Nahrungs- und anderer Ressourcenlagen im Rudel ab (Macdonald, 2006; Sillero, 2006; Corbett, 2006; u.a.). Ebenso kommt es vor, dass sich eine „heimliche Alphahündin“, die aber eigentlich zu den rangniedrigeren Tieren gehört, infantizitär verhält, wenn die Ranghöhere Junge hat (Ludwig, 2006; Maisch, 2006). Rüden sind offensichtlich innerhalb des Rudels kaum beteiligt, beschützen aber die Welpen innerhalb der Gruppe auch nicht.

Wenn wir diese Infantizidmethode bezüglich Mensch-Hund-Problemen bewerten, so folgt daraus, dass Unfreundlichkeit gegenüber fremden Kindern oder Welpen, auch solchen im Nachbargrundstück, keine Verhaltensstörung ist, sondern ein, wenn auch unerwünschtes, biologisches Normalverhalten, über dessen hormonelle Steuerung noch Erläuterungen folgen (Prolaktin, S. 328).

# AUSLÖSENDE, PROXIMATE FORTPFLANZUNGSFAKTOREN

Nachdem wir nun die allgemeinen Aspekte des Fortpflanzungsverhaltens überwiegend unter den „Wozu?"-Aspekten behandelt haben, können wir uns den Hundeartigen speziell widmen. Die „Wie?"-Fragen allgemein zu behandeln, ist hierbei nicht nötig. Das ergibt sich doch einigermaßen bei der speziellen Behandlung.

## TAGES- UND LICHTMENGE

Die unmittelbar auslösenden Faktoren der Fortpflanzung bei den meisten daraufhin untersuchten Caniden, scheinen zunächst Tageslänge und/oder Lichtmenge zu sein (Asa, 1997). Nur bei Dingos in der extremen Hitze und Trockenheit Zentralaustraliens unterdrückt diese den Anstieg der Sexualhormonproduktion, wodurch dann eher Regen und Abkühlung die Tätigkeit der Geschlechtsorgane anregen (Corbett, 1995). Über die tropischen Arten ist nicht viel bekannt. Eventuell ist es Regen oder Nahrung, was uns, da der Hund bei uns ja von Wölfen der gemäßigten bis nördlichen Zonen abstammt, hier auch nicht so interessieren muss. Jedenfalls scheint der Wolf eine typische Langtagesart zu sein, d. h., werden die Tage länger, steigt die Produktion der Sexualhormone (Testosteron und Östradiole), und die Geschlechtsorgane wachsen (Asa, 1997; Haase, 2000).

Die möglichen hormonellen Zusammenhänge sind noch nicht restlos geklärt. Zwar scheint das Hormon Melatonin eine Rolle zu spielen (Asa, 1997), aber möglicherweise über andere Wege im Gehirn zu wirken als bei anderen Säugern (Ausfall der Zirbeldrüse z. B. scheint keine Auswirkung zu haben).
Asa (1997) betont auch, dass die Synchronisierung des Östrus, die sowohl bei Haus- wie Wildhündinnen auftritt, möglicherweise ein zusätzlicher sozialer umweltunabhängiger Zeitfaktor sein könnte. Typisch für nahezu alle, zumindest größere Canidenarten, ist der lange Voröstrus von mehreren Monaten, währenddem der langsame Anstieg des Östradiol auch ein deutlich gesteigertes Interesse der Fähe an „ihrem" Rüden mit Spielaufforderung, Paarlaufen, Körperkontakt etc. bewirkt. Nach dieser Zeit erfolgt die Blutung (im Gegensatz zu höheren Primaten also **vor** dem Eisprung), dann der Hochöstrus mit erhöhter Paarungsbereitschaft.
Die zweite Besonderheit im weiblichen Geschlecht der Caniden ist das lange Bestehen des Gelbkörpers und damit die Produktion des Gelbkörperhormons, das auch eine nicht befruchtete Hündin in den Zustand der Scheinträchtigkeit versetzt. Asa (1997) betont, dass nur das diffizil abgestimmte Gesamtgeschehen (einmaliger Eisprung ohne Wiederholung, Fortpflanzungsunterdrückung nicht hormonell bedingt, sondern durch Aggression und Kindstötung bei Weibchen, lang bestehender Gelbkörper und Brutpflegestimmung

*Der Nestbau bei Singvögeln beginnt bereits zeitig im Frühjahr. Auch hier sind Klimafaktoren entscheidend.*

bei Rüden ebenfalls jahreszyklisch) dazu geeignet ist, das komplizierte Sozialsystem der Caniden aufrechtzuerhalten. Haushunde unterscheiden sich da in einigen Grundzügen, aber in anderen sind sie dennoch „typische Caniden" geblieben.

## EINFLUSS VON PROLAKTIN

Haase (2000) zeigt, dass sich das Verhältnis der Testosteronproduktion zum Hodengewicht bei Rüden umgekehrt verhält, wie das des Grauwolfs: Neun Monate ist die Produktion erhöht, drei Monate, und zwar im Frühjahr von ca. April bis Juni, niedrig. Dies ist bemerkenswerterweise die Zeit, in der bei Wolfsrüden das Prolaktin, das Elternhormon steigt – und Prolaktin ist ein Gegenspieler des Testosterons (Schradin, 2006).

## EINFLUSS DER UMGEBUNGSTEMPERATUR

Die meisten Haushündinnen werden bekanntlich zweimal im Jahr läufig. Dies galt auch z. B. für die Hündinnen einer Studie verwilderter Haushunde in Italien (Boitani et al., 1995), von denen ein (nicht synchronisierter!) Östrusabstand von durchschnittlich sechs bis sieben Monaten mit einer Häufung im Frühjahr berichtet wird. Nicht nur Erfahrungsberichte z. B. aus Hundeschulen bei verspätetem Wintereinbruch im Februar oder März, sondern auch einige Untersuchungen an Wildkaniden (z. B. Rudert et al., 2009) zeigen eine mögliche Beeinflussung durchdie Umgebungstemperatur. Die Beobachtungen, die oftmals bei verspätetem nochmaligem Forst- und Schneeeinbruch auf Hundeplätzen und in Hundeschulen gemacht werden, decken sich mit denen von Silke Rudert (2008) am Marderhund (*Nyctereutes procyonoides*). Bei einer plötzlichen erneuten Kältewelle mit Tiefschnee verschoben alle von ihr beobachteten und erfassten Marderhunde beiderlei Geschlechts nicht nur weitere Werbeaktivitäten, auch der bereits begonnene Hormonanstieg wurde unterbrochen und erst einige Wochen später nach Tauwetter wieder fortgesetzt.

### VARIABILITÄT IM VERHALTEN

Auch der paargebundene Rüde, in der genannten italienischen Hundestudie, spielte oft nahe der Wurfhöhle mit den Welpen, brachte aber kein Futter. Die Aufzucht der Welpen war überwiegend Aufgabe der Mütter. Überhaupt ist die Sache mit dem Futterbringen nicht so stark zu bewerten: Macdonald (2006) zeigt an vielen Beispielen, dass weder die gemeinsame Jungenaufzucht allgemein, noch das Futterbringen (wie auch nicht die gemeinsame Jagd) als evolutiver Antrieb der Rudelbildung bei Caniden eindeutig belegbar ist (im Gegenteil, er bringt **Freiland**-Beispiele, bei denen viele Köchinnen den Brei verdarben, sprich die Jungen regelrecht „zu Tode pflegten"). Es kann also durchaus sein, dass die hier geschilderten Verhältnisse keineswegs ein Effekt der Domestikation sind, sondern durchaus noch im Rahmen der Anpassungsbreite des Großcaniden-Sozialsystems liegen.

**Die Organisation des Fortpflanzungssystems der Caniden ist so flexibel, dass nahezu jede Form von sozialer Gruppe irgendwo auch auftrat und die Schwankungsbreite innerhalb der Arten ist oft genauso groß wie zwischen den Arten (Macdonald, 2006).**

Daher ist auch eine einfache Ableitung nach dem Motto: „Der Hund macht es so, weil der Wolf es so gemacht hat", viel zu einfach. Und umgekehrt, wenn manche Hunde es anders machen als die bekannten Wölfe, ist dies kein Gegenbeweis für eine Rückführung des Hundeverhaltens auf den Wolf, sondern in den meisten Fällen auch nur Ausdruck dieser sehr großen Variabilität innerhalb der Arten.

## KASTRATION

Abschließend soll noch zusammenfassend das Thema Kastration und Problemverhalten behandelt werden. Denn hier treffen wir auf einige Zusammenhänge der Hormone aus den letzten Kapiteln und keineswegs nur auf die Sexualhormone. In den vergangenen Jahren sind eine große Zahl von medizinischen und verhaltensbiologischen Veröffentlichungen erschienen, die das Problem der Kastration des Haushundes unter völlig anderen Gesichtspunkten erscheinen lassen. Nicht nur aus verhaltensbiologischer, auch aus medizinischer Sicht, sind nunmehr Kastrationen ohne Grund (sei er medizinisch oder im absoluten Einzelfall auch verhaltenstherapeutisch) als hochgradig risikobehaftet zu sehen. In diesem Zusammenhang ist auch ganz klar darauf hinzuweisen, dass eine Kastration ohne entsprechende Einzelfallanalyse immer ein Verstoß gegen das Tierschutzgesetz ist, wie einschlägige Kommentare dazu jederzeit erkennen lassen. Die Problematik der Kastration und Kastrationsfolgen werden ausführlich z. B. bei Strodtbeck und Ganslößer (2011) erläutert. Neuere verhaltensbiologische Untersuchungen finden sich z. B. in den Arbeiten von Kaufmann et al. (2017), Lorenz et al. (2018), Farhoody et al. (2018) und dort auch die weiterführende Literatur. Die spezielle Problematik einer oftmals nach der Kastration des Rüden stattfindenden sexuellen Belästigung durch Artgenossen, wird bei Wörner et al. (2017) dargelegt. Gerade hier ist die Jahresperiodik wahrscheinlich wieder von entscheidender Bedeutung.

## KASTRATION VON TIERHEIM-HUNDEN

Die Frage nach einer generellen Kastration aller Hunde vor Abgabe aus dem Tierheim hat meist den Hintergrund, dadurch einerseits „leichter hantierbare, leichter vermittelbare" Hunde zu bekommen, andererseits deren unerwünschte weitere Fortpflanzung zu vermeiden. Zur Frage eins werden im Folgenden noch genauere Ausführungen erfolgen. Frage zwei dagegen rechtfertigt **keine** Kastration.

## HORMONELLE ASPEKTE

Die an der Steuerung „unerwünschten" Verhaltens beteiligten Hormone sind nur zu einem sehr geringen Teil Produkte der Geschlechtsorgane. Dazu muss zunächst eine Systematisierung des Verhaltens nach Funktion und beteiligten Steuerungssystemen vorgenommen werden. Eine (unvollständige) Liste der Problemverhaltenskomplexe und ihrer neuronalen bzw. humoralen Steuerung würde z. B. umfassen:

### Jagd- und Erkundungsverhalten

Dieses führt zum Ausbrechen und einem Großteil des Herumstreunens. Die Verhaltensweisen der Jagd und des Beutefangs sind mit sehr einfachen und weitgehend formkonstanten Auslösereizen assoziiert (schnell bewegtes Objekt vom Tier weg löst Verfolgung/Beutefang aus) (Eisenberg/Leyhausen). Eine Zusammenstellung von Bernard Deputte (siehe Ganslößer, 2014) zeigt eindeutig, dass die beteiligten Botenstoffsysteme bei der Auslösung des Jagdverhaltens überwiegend das Acetylcholin-System und die beteiligten Hirnregionen, speziell im Bereich des Stammhirns gelegen, ganz anders zu bewerten sind, als die des Aggressionsverhaltens, das meistens unter Beteiligung des emotionalen Systems, und gesteuert von den bereits besprochenen Botenstoffen abläuft. Eine Kastration ist im Zusammenhang mit dem Jagdverhalten weder physiologisch noch aufgrund der Erfahrungen von Hundetrainern und -haltern sinnvoll. In vielen Fällen wird das Jagdverhalten sogar durch die Kastration gesteigert, was in systematischen Untersuchungen an Hauskatzen auch belegt werden konnte (Ganslößer und Rodewald, 2016).

### STERILISATION

Die Methode der Sterilisation durch Samenstrang-/Eileiterdurchtrennung erweist sich, nach vielen Erfahrungen der Zoo- und Wildtiermedizin auch bei Caniden als wesentlich geeigneteres Verfahren, da es in den Hormonhaushalt nicht eingreift und dadurch z. B. auch die stoffwechselbedingten Änderungen und Erkrankungsrisiken ausschließt. Insbesondere bei Rüden ist diese Methode völlig nebenwirkungsfrei und bei Hündinnen besteht keine höhere gesundheitliche Gefahr der asymmetrischen Alterung, was bei Scheinschwangerschaft ohnehin bauplanbedingt ist (Asa, 2005).

## Infantizid und Jungtierverteidigung

Infantizid (= Kindstötung) und Jungtierverteidigung werden, obwohl funktional verschiedene Bereiche, hier zusammen behandelt, da beide im Zusammenhang mit Fortpflanzungsstrategien stehen. Beide sind unter Kontrolle des Brutpflegehormons Prolaktin, das aus der Hypophyse stammt und von dem zumindest beim Wolf eine eindeutig jahresperiodische Komponente ebenso nachgewiesen ist, wie bei vielen Säugerarten (inklusive Mensch) eine Erhöhung der Konzentration in Anwesenheit von schwangeren Partnerinnen und Jungtieren. Die Tendenz, dass Hunde (beiderlei Geschlechts!) die Individualdistanz einer schwangeren Beziehungsperson (nicht nur Besitzern, auch deren Tochter oder Freundin, wenn diese öfter zu Besuch kommt) aggressiv verteidigen, sowie eine erhöhte Neigung, zu fremden Kindern/Junghunden in dieser Zeit unfreundlich zu sein, gehören in diese Kategorien. Zu beachten ist, dass der Prolaktinanstieg auch bei kastrierten Wolfsrüden erfolgt (Asa, 1997). Ebenfalls in diese Kategorien gehören die Wirkungen der Scheinlaktation und Scheinelternschaft, soweit sie auf die Hypophysenhormone Prolaktin und Oxytocin zurückzuführen sind (auch hier ist Stimmungsübertragung durch Anwesenheit von trächtigen, zumindest bei intakten Hündinnen nachgewiesen und auch bei kastrierten physiologisch denkbar).

*Ein fremder Welpe kann von einem Hund mit Babysitter-Ambitionen durchaus auch einmal gefährdet sein.*

### Ökologische Konkurrenzausschaltung

Ökologische Konkurrenzausschaltung durch Angriff auf kleine Hunde, ein in Caniden- und Carnivorengilden weit verbreitetes Verhalten (Gansloßer und Sillero, 2006), hat ebenfalls keinerlei Beziehung zu Sexualhormonen. Hierbei handelt es sich um ein sehr weit verbreitetes Geschehen, wobei die größere, meist ökologisch dominante Art die kleinere aktiv vertreibt oder sogar tötet. Da dies gerade innerhalb von Gilden nah verwandter Arten (Braun- gegen Schwarzbär, Kojote gegen Kitfuchs, Rotfuchs gegen Polarfuchs, usw.) vorkommt, ist vor allem bei unzureichender Sozialisation großer mit kleinen Rassen, dies bei Hunden sehr wohl als Problemverhalten bekannt.

### Angst-, furcht- und stressbezogenes Verhalten

Die Kontrolle der sogenannten Selbstverteidigungsaggression steht unter dem Einfluss der Nebennierenhormone. Während Adrenalin/Noradrenalin das Furcht- und Kampfverhalten in Stresssituationen steuern, ist das Angst- und Panikverhalten abhängig von den Glucocorticoiden der Nebennierenrinde.

### Partnerschutzverhalten

Insbesondere in der Frühphase einer sich bildenden Beziehung, wohl nicht nur mit sexuellem Hintergrund, spielen die Hormone Oxytocin und Vasopressin eine wichtige Rolle. Oxytocin und Vasopressin stammen aus der Neurohypophyse, Vasopressin ist als Co-Transmitter des Noradrenalins aktiv. Möglicherweise wird es deshalb auch als Partnerschutz- und „Eifersuchtshormon" aktiv. Es erhöht die Bereitschaft, in der Phase der Beziehungsbildung unbeteiligte Dritte „fernzuhalten". Während ursprünglich vorwiegend die Oxytocinausschüttung durch Genitalstimulation, als Folge der in der Frühphase einer Sexualbeziehung häufigen Sexualkontakte, betont wurde, zeigen neuere Untersuchungen bei einer Vielzahl von Wirbeltieren eine generelle Beteiligung des Oxytocin-/Vasopressinsystems an der Regelung sozialer Beziehungen. Ebenfalls betont werden muss, dass in der Phase der Neubildung einer Beziehung, eine erhöhte Cortisolausschüttung stattfindet, und dass bei erfolgreicher Bewältigung einer sozialen Konflikt- oder Beziehungsbildungssituation auch im weiblichen Geschlecht Testosteron vermehrt aus der Nebennierenrinde ausgeschüttet wird. Eine Beeinflussung der betreffenden Systeme durch Kastration ist nicht möglich bzw. kontraproduktiv, da z. B. Vasopressin offenbar mehr den „männlichen" Teil der Beziehungsbildung begleitet.

### Wettbewerbssituationen, Konflikte um Ressourcen

Diese Verhaltensbereiche stehen in einem, allerdings keineswegs linear-eindimensionalen Zusammenhang mit den Sexualhormonen im engeren Sinn, insbesondere Testosteron und Östradiol. Hierbei ist zunächst zu beachten, dass eine Produktion der Sexualsteroide auch in der Nebennierenrinde erfolgt, und zwar in beiden Geschlechtern. Weiter ist zu beachten, dass es eine gegenseitige Unterdrückung gibt, insbesondere aber Testosteron bei Wegfall der Östradiolspitzen ansteigt. Außerdem ist ein Anstieg insbesondere des Testosterons nach erfolgreich bestandenen, ein Rückgang nach verlorenen sozialen Auseinandersetzungen bei **beiden** Geschlechtern nachgewiesen (vgl. Nelson, 2005). Zuletzt muss festgehalten werden, dass viele Verhaltensweisen auch des Wettbewerbskreises **nicht** von der Konzentration der Plasma-Androgene abhängig sind. Insbesondere ist bei vielen Arten (Affen, Pferde, Strumpfbandnattern u. a.) ein Anstieg des Testosteronspiegels **nach** der Rangverbesserung anstatt vorher nachgewiesen, was eine einfache Dosis-Wirkungs-Kurve nach dem Motto „Mehr Testosteron = mehr Rangordnungsverhalten" widerlegt.

Zuletzt muss auch die Entstehung sogenannter „trained winners" betrachtet werden. Es ist zu vermuten, dass diese erlernte Problemlösung ähnliche neurohumorale Wege nimmt, wie die bereits genannte Fixierung der Selbstschutzaggression, eventuell unter Beteiligung endogener Opioide. Gerade im Zusammenhang mit dem Aufrechterhalten von Dominanzstrukturen zitiert Nelson (2005) Befunde bereits aus den 1980er Jahren, wonach die Kastration ranghoher Hunde keinen Rangverlust, und die Implantation rangtiefer Hunde mit einem Testosteronpräparat keinerlei Rangverbesserungsverhalten bewirkte.

### Hypersexualität

Die Entwicklung einer verstärkten und schon bei geringfügigen Auslösereizen gezeigten Sexualität bei Rüden, kann neurobiologisch ebenfalls unterschiedliche Gründe haben. Neben der direkten Steuerung durch Testosteronausschüttung aus den Geschlechtsorganen, ist wiederum eine Abhängigkeit vom Noradrenalinsystem nachweisbar. Innerhalb der aktiven Stressbewältigungsachse gibt es die zwei Untertypen der mehr Adrenalin (Furcht/Flucht) und der Noradrenalin (Kampf) betonten Individuen. Und Noradrenalin erhöht den Spiegel an Sexualhormonen. Ebenso muss beachtet werden, dass sexuelle Aktivitäten im Gehirn das Dopaminsystem aktivieren, das wiederum „lustbetonte" Aktivitäten, auch entsprechende Erinnerungsspuren und Rückkopplungsschleifen abspeichern hilft. Umgekehrt steigert aus anderen Gründen ausgeschüttetes Dopamin nachweislich sexuelle Aktivitäten (Nelson, 2005). Vielfach sind auch endocrine Rückkopplungssysteme zwischen Verhalten und Sexualhormon nachgewiesen, bei denen sexuelle Aktivitäten, auch solche des Balz- und Werbeverhaltens, den Spiegel an Sexualhormonen ansteigen lassen. Vor allem ist aber zu beachten, dass die meisten, von Halter- wie auch Trainer/innen als hypersexuell bezeichneten Verhaltensweisen gar nicht aus dem sexuellen Funktionskreis stammen müssen. Da gibt es einerseits Hunde, die eine Stereotypie aus dem rhythmisch bewegten Kopulationsverhalten abgeleitet haben, und dies z. B. zum Stressabbau zeigen. Andererseits ist es vielfach einfach nur Spielverhalten, und genauso wie Spielkämpfe und Raufen nichts mit echter Aggression zu tun haben, haben auch sexuelle Spiele nichts mit Sexualverhalten zu tun. Oftmals wird gerade hier nicht differenziert genug beobachtet. Ein Hund, der wirklich sexuell motiviertes Aufreitverhalten zeigt, müsste drum herum auch andere Verhaltensweisen aus dem sexuellen Funktionskreis, etwa Kieferklappern, Oberlippe kräuseln, vermehrte Speichelproduktion, hinterher eventuell Genitalpflege zeigen. Und ein Hund, der aus Dominanzgründen aufreitet, müsste auch Verhaltensweisen der formalen Dominanz, etwa die T-Stellung, eine aufrechte Körperhaltung, Freiraumbegrenzung und andere Verhaltensweisen zeigen. Ist all dies nicht zu sehen, wird z. B. auch noch ein Spielgesicht dabei gezeigt, so ist eine Hypersexualität äußerst unwahrscheinlich.

## LANGZEITEFFEKTE IM BEREICH DER SEXUALHORMONE

Die organisierende Wirkung von Steroidhormonen beruht, auch bei älteren Tieren, teilweise auf ihrer Wirkung auf die Genexpression, was unter anderem die Ausbildung neuer Nervenverknüpfungen und die Bahnung von „Erinnerungsspuren" für die Zukunft ermöglicht (siehe Nelson, 2005). Ebenso werden die Zahl der Rezeptoren, die Transmitterproduktion, das Transmitter-Recycling und etliche andere Prozesse der Proteinsynthese hierdurch beeinflusst. Auch klassische Konditionierungsvorgänge sind nachgewiesen – ein neutraler Reiz, der öfter zusammen mit Weibchen präsentiert wurde, führt zum Testosteronanstieg.

*Nicht jedes Aufreiten ist hypersexuell und auch nicht immer im Kontext der „Dominanz“ zu sehen.*

Die metabolische Umwandlung von Testosteron in Östradiol, oder die Östradiolgabe allein, kann eine weitere Erklärung für das weiterhin auftretende Paarungsverhalten nach Kastration darstellen (nachgewiesen zumindest bei Nagern, siehe Nelson, 2005). Und Östradiol aus dem Nebennierenmark steigt bei kastrierten männlichen Tieren! Die Intensität bzw. Häufigkeit des Kopulationsverhaltens ist meist ein individualtypisches, nicht vom Hormonspiegel an den Zielgeweben abhängiges Verhaltensmerkmal. Es gibt Hinweise darauf (siehe Nelson, 2005), dass es sich dabei um eine Folge unterschiedlicher Dichte von Östradiol-Rezeptoren handelt. Auch bei Labormäusen ist bekannt, dass manche Männchen selbst zwei Jahre nach Kastration noch heftig kopulieren, ebenso wie sie es im hohen Alter trotz sinkendem Testosteronspiegel tun.

## Langzeitwirkung von Androgenen

Die Langzeitwirkung von Androgenen, schon prä- bzw. perinatal, beeinflusst die Ausbildung einschlägiger Hirnareale bzw. -verknüpfungen. Es ist zwar im Weiteren ein Hormonschub in der Pubertät nötig, um eine endgültige Ausbildung des geschlechtstypischen Verhaltens zu erzielen, aber auch die prä-/perinatale Organisationswirkung allein kann ausreichen, um geschlechtstypisches Verhalten zu ermöglichen.

Die sexuelle Differenzierung in der Embryonalentwicklung beginnt etwa im letzten Trächtigkeitsdrittel und dauert bis ca. zehn bis 15 Tage nach der Geburt an. Bemerkenswert ist, dass einerseits Hündinnen, die vor- oder nachgeburtlich Testosteron verabreicht bekamen, später männliches Verhalten zeigten, andererseits auch als Welpen kastrierte Rüden dies taten (Nelson, 2005).

In einer Studie wurden 19 % der Rüden nach der Kastration von anderen Rüden bestiegen. Ob das allerdings an deren Verhalten oder am veränderten Geruch liegt, ist unklar, wahrscheinlich an einer Kombination aus beidem.

## FAZIT: KASTRATION

Allgemein gilt es zu verdeutlichen, dass Hunde wie wir Individuen sind und somit alle Auswirkungen der Kastration, obwohl deutliche Trends zu erkennen sind, individuell verschieden sein können. Bekannt ist jedoch durch die „Bielefelder Studie", dass eine Kastration unter dem Alter von sechs Monaten ausschließlich negative Folgen für die Tiere hat: negative Verhaltensänderungen wie unsicheres Verhalten gegenüber Artgenossen, aggressiver gegenüber gleichgeschlechtlichen Hunden und nachteilige Auswirkungen auf die körperliche Entwicklung und fehlende „geistige Reife" – was auch Hundetrainer/innen bestätigen. Die Hunde bleiben permanente Kindsköpfe und sind z. B. für ernsthafte Arbeit nur so lange zu gebrauchen, wie sie selbst daran Spaß haben.

*Zumindest der dunkelbraune Hund links vorne zeigt deutliche Stresssignale. Hier muss eingegriffen werden!*

# JUNGTIERENTWICKLUNG – EVOLUTIONÄRE ASPEKTE

Das „natürliche“ Ergebnis der Fortpflanzung ist die Geburt von Nachwuchs und dessen Entwicklung. Gleichzeitig schließt sich hier der Kreis unserer Darstellung, denn wir werden auf viele Aspekte aus dem Kapitel „Gene und Umwelt“ zurückgreifen können, um zu sehen, wie sich denn unsere Hunde entwickeln (könnten).

Die Betrachtung solcher Prozesse ist die Aufgabe der Entwicklungsgeschichtsforschung (wohingegen Stammesgeschichte den Evolutionsablauf bezeichnet). Auch hier wollen wir wieder die bewährten Tinbergen-Fragen als Richtschnur nehmen. Bezüglich der ersten Frage können wir es kurz machen: In Sachen Jungtierentwicklung, Tragzeit, Wurfgröße etc. sind alle Caniden so enorm ähnlich, dass wir die beim Hund angetroffenen Verhältnisse getrost als familientypisch darstellen können (vgl. Sillero, 2006).

Spannender wird schon die zweite Frage, die nach dem „Wozu?“. Hier sind, bei einigermaßen konsequenter Anwendung evolutionsbiologischer Argumente, etliche Punkte zu klären.

## KONFLIKTE: ELTERN/NACHKOMMEN

Seit den Arbeiten des amerikanischen Verhaltensökologen Bob Trivers in den 1970/80er Jahren ist der sogenannte „parent-offspring-conflict“, der Interessenkonflikt zwischen Eltern und Nachkommen, ein wichtiges Thema (vgl. Gansloßer et al., 2011;, Kappeler, 2012; u. a.). Zwar haben einige Verhaltensbiologen (z. B. Bateson, 1994; Stamps, 2003) die ursprüngliche, sehr scharfe Formulierung des Problems abgemildert oder kritisiert, aber das Grundproblem bleibt bestehen. Wenn Eltern in ihre derzeitigen Nachkommen investieren, z. B. durch Zeit, Futterbringen, Säugen, dann schmälern sie dadurch ihre Chancen, schnellstmöglich den nächsten Nachwuchs zu produzieren. Es gibt also einen Konflikt zwischen den Jungtieren, denen so viel Pflege wie unbedingt nötig gewährt werden sollte und den Eltern, die so wenig wie möglich investieren sollten. Manche Verhaltensökologen gehen so weit, in diesem Zusammenhang Bettelrufe und anderes lautstarkes Gebären der Jungen als regelrechte Erpressung zu betrachten: „Wenn ihr mich nicht füttert, mach ich solange Krach, bis der böse Feind mich frisst und was habt ihr dann davon?!“ Trivers traf seine Aussagen u. a. beim Betrachten der heftigen Wutanfälle, die Affenjunge bekommen, wenn ihre Mutter sie zur Entwöhnung nicht an dic Zitzc lässt. Gerade Bateson (1994) hat darauf hingewiesen, dass dieser Konflikt nicht unbedingt auf der sichtbaren Verhaltensebene ausgetragen werden muss. Letztlich ist es ja im Interesse der Eltern, sich dem aktuellen Zustand des Jungtieres anzupassen und auch Jungtiere tun gut daran, das Verhalten und den Zustand der Eltern eng zu verfolgen. Die Wutanfälle junger Primaten werden nach Bateson (1994) gerade umgekehrt gesehen, als Autonomiebestreben (siehe S. 368) und Zeichen schlechter Bindung.

## HYPOTHESEN ZUR ERKLÄRUNG DER KONFLIKTE

Die wichtigsten verhaltensökologischen Konzepte zur Erklärung der Konflikte zwischen Mutter und Jungtieren werden unter drei verschiedenen Hypothesen zusammengefasst:

1. Trivers und Willard (vgl. Kappeler, 2012; Gansloßer et al., 2019) nehmen an, dass Mütter in Abhängigkeit von ihrer körperlichen Kondition unterschiedlich in die Jungtiere der beiden Geschlechter investieren sollten, die entweder abwandern oder zu Hause bleiben. Wenn eine Mutter eine besonders gute Kondition hat, und dadurch auch sehr viele Ressourcen in Form von Nährstoffen, Zeit und anderen in ihre Jungtiere investieren kann, sollte sie dasjenige Geschlecht bevorzugt produzieren, das abwandert, weil kräftigerer und besser ausgestatteter Nachwuchs dann auch unabhängig vom mütterlichen Streifgebiet größere Fortpflanzungs- und Überlebenschancen hätte. Schwächere und weniger gut aufgestellte Mütter dagegen sollten, vor allem dann, wenn diese Tierart auch noch in mütterlich strukturierten Sozialeinheiten lebt, eher dasjenige Geschlecht produzieren, das zu Hause bleibt und sich zumindest noch etwas unter Mutters Schirm aufhalten kann.
2. Dem entgegen steht die Hypothese des lokalen Ressourcenwettbewerbs (LRC, Local Ressource Competition), die besagt, dass Mütter bevorzugt solche Jungtiere auf die Welt bringen sollten, die abwandern und ihnen deshalb weder Nahrung noch andere Ressourcen nach dem Erwachsenwerden streitig machen. Hier geht es dann unabhängig von der körperlichen Kondition der Mutter zu.
3. Die dritte, nochmals etwas anders argumentierende Hypothese ist die der lokalen Ressourcenverstärkung (LRE, Local Ressource Enhancement), die besagt, dass Mütter bevorzugt Jungtiere desjenigen Geschlechts produzieren sollten, das ihnen selbst bei der zukünftigen Jungtieraufzucht, Ressourcennutzung, Feindvermeidung oder anderen fitnessrelevanten Aktivitäten hilft.

Die Entscheidung, welches Geschlecht bevorzugt zur Welt gebracht wird, kann offensichtlich von beiden Geschlechtern vorgenommen werden, wie neuere Übersichtsarbeiten zeigen (Douhard, 2017; Silk und Brown, 2008; Hudson und Trillmich, 2008; Garratt et al., 2014). Wie dies physiologisch im Einzelnen funktioniert, steht auf einem anderen Blatt und ist noch nicht immer eindeutig geklärt.

### Geschlechter beim Afrikanischer Wildhund

Ein besonders bemerkenswertes Beispiel für die lebensgeschichtliche Wandlung zwischen den genannten Erklärungsansätzen zeigen die Daten am Arikanischen Wildhund (Rasmussen, 2006): In der Jugend produzieren weibliche Wildhunde in der Regel zunächst mehr Söhne, und später dann nach dem ca. dritten bis vierten Wurf mehr Töchter. Der Hintergrund ist folgender: Afrikanische Wildhunde können Jungtierwürfe fast ausschließlich mit Anwesenheit von erwachsenen Babysittern und Helfern erfolgreich aufziehen. Babysitter und Helfer sind bei dieser Art aber überwiegend die Söhne. Wenn also eine Mutter eines neu vermählten Paares zunächst ein bis zwei Würfe von überwiegend Rüden produziert, hat sie (LRE) bessere Chancen, ihren Nachwuchs aufzuziehen, wenn diese Rüden zu Hause bleiben. Später aber, wenn das Rudel groß genug ist, produziert sie überwiegend Töchter (LRC), da die Töchter nach dem Erreichen der Geschlechtsreife oder spätestens ein Jahr danach abzuwandern pflegen und deshalb das elterliche Rudel nicht mit ihren weiteren Ressourcenansprüchen belasten.

*Die Wurfzusammensetzung Afrikanischer Wildhunde wechselt mit dem Alter der Mutter.*

Dass die genannten, evolutionsbiologisch und verhaltensökologisch begründeten Überlegungen durchaus auch für Haustiere noch zutreffen, zeigen z. B. Untersuchungen von Polák et al. (2015) an Ziegenmüttern, die auf tschechischen Bauernhöfen bezüglich des Geschlechtsverhältnissees ihrer neu geborenen Kitze untersucht wurden, Fey und Trillmich (2008) an Hausmeerschweinchen, Roche et al. (2006) an Milchkühen und einigen anderen Arten.

## Promiskuität – unterschiedliche Vaterschaften

Garratt et al. (2014) zeigen noch eine weitere bemerkenswerte Abhängigkeit: Das Ausmaß des mütterlichen Investments und das Ausmaß der daraus entstehenden Unterschiede in der Jungtierentwicklung hängt auch von der Promiskuität, also von der Frage unterschiedlicher Vaterschaften innerhalb eines Wurfes bei der Mutter ab. Als Maß für das unterschiedliche Ausmaß der sexuellen Selektion zwischen den Männchen einer Population, wird gemeinhin die Hodengröße angenommen. Größere Hoden können mehr Samenzellen produzieren und haben deshalb bei promiskenten Weibchen größere Begattungschancen. Je größer die Hodengröße einer Säugetierart, desto stärker sind die Wachstumsraten der Jungtiere während der Säugezeit und das Körpergewicht bei der Entwöhnung. Jungtiere bekommen von ihren Müttern also mehr Nährstoffe, wenn die Konkurrenz innerhalb der Familie z. B. wegen gut gemischter Vaterschaften (siehe S. 322, Polyandrie) unterschiedlich groß ist.

# KONFLIKTE: GESCHWISTER

Die letztgenannte Untersuchung von Garratt et al. (2014) leitet bereits über zur Frage der Konkurrenz zwischen Wurfgeschwistern. Auch hierfür sind eine Reihe von bemerkenswerten Studien veröffentlicht worden (Fey und Trillmich, 2008; Hudson und Trillmich, 2008).
Beispiele für Wettbewerbe, die bisweilen auch sehr aggressiv ausgetragen werden können, sind nicht nur von verschiedenen Haustier- und Wildtierarten, etwa Schweinen, sondern durchaus von Berichten von Hundezüchtern auch innerhalb der Haushundwürfe immer wieder bekannt geworden, z. B. zwischen den Welpen um die besten Zitzen. Skock (2016) zeigt, dass z. B. nicht nur die heftigen Säugebewegungen eines besonders starken und kräftigen Jungtieres diejenige Zitze aktivieren, an der er selbst sich gerade betätigt. Auch Zitzen in der Nachbarschaft werden dadurch unter Umständen stärker durchblutet und damit ergiebiger. Für ein sehr schwaches Jungtier kann es also hilfreich sein, sich in der Nähe eines besonders starken Geschwisters aufzuhalten, selbst wenn dieses versucht, es aggressiv von der Zitze wegzuhalten. Gelingt es einem schwächeren Jungtier, eine Art kommensalische, also zur gemeinsamen Nahrungsnutzung tendierende Beziehung, anstatt eines heftigen bis aggressiven Wettstreits mit einem stärkeren Geschwister aufzubauen, könnte dies durchaus seine eigenen Überlebenschancen verbessern.

*Zitzenkonstanz minimiert Konflikte unter Geschwistern.*

### AUFGABEN EINES ZÜCHTERS

Erste Ergebnisse von Beobachtungen an frei herumstreifenden indischen, sogenannten Straßenhunden (Brown und Bhadra, 2017; Paul et al., 2017; Majumder et al., 2012; Malm und Jensen, 1997) zeigen, dass die genannten Mechanismen, sowohl der Konkurrenz zwischen der Mutter und den Jungtieren als auch innerhalb der Wurfgeschwister dort ganz deutlich ausgeprägt sind. Sowohl Milchdiebstahl, Konkurrenz der Jungtiere um die Zitzen, als auch Konflikte zwischen Mutter und Jungtieren beim Verbringen von Futter an die bereits entwöhnten Welpen, zeigen deutlich, dass die genannten Verhältnisse dort regelmäßig auftreten. Es ist also kein Wunder, wenn solche Beobachtungen und Beschreibungen auch bei Haushundwürfen in Zuchtstätten auftreten.
Die Aufgabe der Züchter muss es dann sein, hier für geordnete Verhältnisse zu sorgen. Bemerkenswert ist auch, dass die Bereitschaft der Hundemütter, mit ihrem Nachwuchs zu teilen, von der Qualität des Futters abhängt. Gab es Hundekuchen, waren die Mütter sehr bereitwillig, diese auch mit ihren bereits entwöhnten oder in Entwöhnung befindlichen Welpen zu teilen. Beim Fleisch dagegen waren sie sehr viel egoistischer.

*Wenn die Welpen älter werden, müssen sie sich auch mehr zur Zitze strecken.*

## MUTTER-KIND-BINDUNG

Auch die Dauer der Mutter-Kind-Bindung bzw. des Säugens ist sehr unterschiedlich und von Umweltfaktoren beeinflussbar, bei manchen Arten wird in schlechten Jahren länger gesäugt, bei anderen kürzer, bei einigen gibt es gar keine erkennbare Abhängigkeit. Auch betont Bateson (1994), dass es wichtig ist, die Wachstums- und Entwicklungsgeschwindigkeit einzelner Würfe direkt in Abhängigkeit von der mütterlichen Kondition zu verfolgen, um Verlangsamungen bei z. B. unterernährten Müttern zu finden. Und Jungtiere, die die Zeichen der Zeit nicht rechtzeitig durch eine schonende Gewöhnung an feste Nahrung beantworten können, wie Bateson ausführt, verpassen eventuell die notwendige physiologische Umstellung! Vielfach geht die Ablösung aktuell ja ganz friedlich vor sich, aber im evolutionären Zeitraum ist es trotzdem ein Interessenkonflikt. Eltern, die in manchen Situationen die aufdringlichen Jungtiere zurückweisen, handeln also durchaus adaptiv.

Jedoch gibt es zur „Wozu?"-Frage und der mütterlichen/elterlichen Investition auch neuere Befunde, die eine positive Langzeitwirkung belegen (Qvarnström und Price, 2001):

Wenn Mütter ihre Söhne mit mehr Nährstoffen versorgen (in Schwangerschaft und Säugezeit), werden diese später attraktiver für Weibchen. Mäuseweibchen bevorzugen solche Männchen sogar geruchlich! Bei Sperlingen ist sogar die Fleckengröße im Gefieder von der Qualität **stief**väterlichen Fürsorge abhängig, also **nicht** genetisch bedingt. Und Fleckengröße macht attraktiv! Jedoch gibt es auch hier wieder potenzielle Konflikte: Wird man selber größer und attraktiver, findet bessere Paarungspartner, dann bedeutet das unter Umständen, dass mehr Energie in Werben und Balzen als in die Aufzucht gesteckt wird. Aber bei Arten mit länger dauernder Paarbindung, wie etwa Hundeartige, scheint das nicht so relevant.

## SOZIALE TRADITIONEN

Bedeutsamer sind die sozialen Traditionen, wenn Verhalten, das später für die Partnerwahl wichtig wird, von den Eltern gelernt wird. Dazu gehört das Thema Prägung (siehe S. 344 ff.), aber auch ein Phänomen, das unter „assortive mating" einzuordnen ist: Artgenossen, die einander in Größe, Farbintensität etc. ähnlicher sind, paaren sich leichter untereinander. Und die Kondition sowie das Verhalten sind oft von Aufzuchtbedingungen abhängig! Stamps (2003) betont gerade im Zusammenhang mit variablen und plastischen Abläufen in der Individualentwicklung den selektiven Vorteil, der in solchen Plastizitäten liegt! Wir sollten also gerade bei sehr weiträumig anpassungsfähigen Arten, wie es Wolf, Haushund und andere Großcaniden sind, erwarten, dass verschiedene Wege zum Ziel führen können. Die normale Entwicklung wird es bei solchen Arten kaum geben. Sie formen auch ihre soziale Umwelt nicht nur durch Auswahl der „passendsten" Gruppe, sondern indem sie deren Beziehungsnetz weiter beeinflussen.

**AKTIVE WECHSELBEZIEHUNGEN**
Die sich entwickelnden Individuen sind keine passiven Empfänger von Umweltinformationen. Vielmehr suchen sie diejenigen Reize, Artgenossen und diejenigen Umgebungen, die ihnen im momentanen Entwicklungsstadium die meisten relevanten Erfahrungen vermitteln können und treten in aktive Wechselbeziehungen mit ihnen!

*Je mehr mütterliche Pflege …*

## EINFLÜSSE AUF DAS VERHALTEN

Mütterliche oder allgemein elterliche Einflüsse auf das spätere Verhalten der Jungtiere und deren Persönlichkeit haben wir schon im Kapitel über Stress und Persönlichkeit kennengelernt (siehe S. 178). Wie weit solche Einflüsse gehen, erahnen wir erst langsam. So haben Studien an Vögeln und Labornagern zumindest gezeigt, dass die Partner/innen von attraktiveren Artgenossen hinterher mehr in die Nachkommen investieren als die von weniger attraktiven! Dies beginnt bereits mit der Hormonausstattung vor der Geburt und diese wiederum beeinflusst jede Menge nachfolgendes Verhalten. Dies kann sogar bei Arten **ohne** väterliche Brutpflege zur nichtgenetischen Beeinflussung der Jungen durch väterliche Eigenschaften führen. Hier spricht man regelrecht von außergenetischer Vererbung, wenn irgendein Merkmal x bei den Eltern zunächst das Auftreten von Merkmal y der Jungen beeinflusst, und dieses y dann wiederum bei den Jungen

*… die Welpen erfahren, …*

*… desto stabilere Hunde werden sie später.*

später zur Ausbildung von x führt. Das ist dann kein komplizierter sozialer Lernprozess, sondern kann ein einfacher Vorgang sein, etwa nach der Art: „Mutter leckt Junge häufiger, Junge werden später selbstsicherer im Umgang mit Artgenossen." Und die lecken ihre Tochter wiederum häufiger. Eine weitere Form solcher extragenetischer Weitergabe ist die Lebensraumprägung. Der Lebensraum, den die Mutter für Geburt und Aufzucht wählt, wird später von den Jungen bevorzugt. Die genannten Einflüsse liegen, wie wir bereits gesehen haben, zum Teil schon vor der Geburt vor.

## NEUERE STUDIEN AUS SCHWEDEN

Einige neuere Studien (Bick-Sander et al., 2006; Weinstock, 2001) zeigen, dass sowohl positive Effekte (z. B. durch regelmäßiges Lauftraining in der Schwangerschaft) wie negative (durch chronischen Stress) bei Hirnentwicklung, Depressionsentwicklung, Schizophrenie und andere nachweisbar sind. Wieder einmal sind Hippocampus und Hypothalamus-Hypophysen-Nebennierenrinden-Achse stark an diesen Prozessen beteiligt. Bei Hunden sind Auswirkungen des Geburtsgewichtes, der Wurfgröße und des mütterlichen Gewichtes auf die Entwicklungsgeschwindigkeit und Aktivität der Welpen zurückzuführen (Wilson und Sundgren, 1998). Fortsetzungen der genannten Studien aus Schweden, und zwar mit den Nachkommen aus der schwedischen Militärdiensthundezucht (Deutsche Schäferhunde) (Foyer et al., 2013, 2014, 2016) bestätigen die aus Untersuchungen an Labortiernagern (Meaney et al., 2007) bereits vorgelegten Befunde: Jungtiere, deren Mütter sich in den ersten drei Lebenswochen besonders intensiv um ihren Nachwuchs gekümmert haben, waren viele Monate, bis zu eineinhalb Jahre später wesentlich stabiler, und damit auch in Einstellungstests für die eigene Diensthundeausbildung erfolgreicher, als Jungtiere von Müttern, die sich weniger um ihren Nachwuchs gekümmert hatten. Im Kapitel Epigenetik wurden die dabei ablaufenden Mechanismen bereits ausführlicher behandelt (siehe S. 178).

# STADIEN DER JUNGTIERENTWICKLUNG

Die unterschiedliche Reife, mit der junge Säugetiere geboren werden, ist allgemein bekannt. Gemeinhin unterscheidet man Lagerjunge, die in Analogie zu Vögeln bisweilen auch als Nesthocker bezeichnet werden, von Laufjungen und Tragjungen, die man in Vogelanalogie als Nestflüchter bezeichnen könnte.

## ENTWICKLUNG VON LAGERJUNGEN

Die weitere Betrachtung, da uns speziell die Hundeartigen interessieren, bezieht sich nur auf die Entwicklung der Lagerjungen. Im Vergleich zu Vögeln können wir eine bemerkenswert umgekehrte stammesgeschichtliche Unterscheidung finden: Bei Vögeln haben die ursprünglichsten Arten in der Regel Nestflüchter, die höchstentwickelten, z. B. Singvögel und Papageien, extreme Nesthocker. Bei Säugern sind die ursprünglichen Arten, z. B. mäuseartige Nager, mit Nesthockern, die modernen Arten, wie etwa Huftiere und Meerschweinchenartige, mit Nestflüchtern gesegnet. Den Verlauf typischer Lagerjungtiere in ihrer Entwicklung hat der amerikanische Verhaltensbiologe J. Rosenblatt (1976) in mehrere Stadien unterteilt.

**LAGERJUNGE**

Lagerjunge sind bei Geburt mehr oder weniger nackt, blind, oft auch teilweise taub und kaum zu einer eigenen Regulation ihrer Körpertemperatur befähigt.

*Extreme Lagerjunge finden wir z. B. bei Nagern …*

## THERMOTAKTILE ORIENTIERUNG

Das erste Stadium ist gekennzeichnet durch eine weitgehende thermotaktile Orientierung, also Orientierung an Wärme- und Berührungsreizen. Oftmals wird auch die Lage der Zitzen am Bauch der Mutter entgegen dem Fellstrich sowie durch einen Wärmegradienten gesucht, wobei z. B. die Säugehaltung liegender Raubtiermütter mit seitlich abgestreckten Beinen diesen Weg erleichtert. Das Ergreifen der Zitze mit anschließendem Säugen geschieht auch, wenn der Magen voll ist oder wenn das Tier vorher trank. Es bedarf also keiner Rückmeldung vom Verdauungstrakt, es sei denn, der Magen ist so voll, dass das Junge dabei einschläft.

*... und extreme Laufjunge bei vielen Huftieren.*

## OLFAKTORISCHE KONTROLLE

Das zweite Stadium, vorwiegend unter olfaktorischer, also geruchlicher Kontrolle, wird zunehmend zwischen vertrauten und nicht vertrauten Objekten bzw. Tieren unterscheiden, bevor eine Reaktion erfolgt. Nun kommt es auch beim Wegnehmen aus der vertrauten Umgebung bereits zu einer Aufregung und Suchverhalten. Bei einigen Arten, etwa den Kaninchen, kann eine olfaktorische Kontrolle der Zitzensuche zunächst durch ein Pheromon auch sofort nach der Geburt einsetzen. Über die spezielleren Wirkungen des Zitzensuchpheromons, derzeit wegen seiner auch bei erwachsenen Hunden wirkenden Funktionen meist als Appeasin bezeichnet, wurde bereits berichtet (siehe S. 319 f.; Näheres dazu siehe Mills et al., 2013).

## OPTISCHE KONTROLLE

Das dritte Stadium steht dann unter optischer Kontrolle. Zunehmend werden die sozialen Interaktionen wichtiger, die Orientierung zum vertrauten Heim kann nun auch aus größerer Entfernung durch Sichtkontrolle, ohne jedes Mal zurücklaufen zu müssen, erfolgen. Rosenblatt (1976) beschreibt, dass vom ersten zum dritten Stadium eine zunehmend zentrale, anstatt periphere Kontrolle des Verhaltens beobachtet wird. Das bedeutet, dass zunehmend Gehirn und Rückenmark, anstatt die an der Peripherie befindlichen Sinnesorgane, die Kontrolle über das Verhalten übernehmen. Die gegenseitige individuelle Erkennung zwischen Mutter und Kind geschieht durch Vorgänge, die teilweise auch als Prägung bezeichnet werden (siehe S. 344 ff.), sehr früh, insbesondere bei Huftieren bereits wenige Minuten nach der Geburt. Auf Seiten der Mutter spielt wohl überwiegend die geruchliche, auf Seiten der Jungen auch oder vorzugsweise die optische Erkennung mit.
Zu Beginn der Jungtierentwicklung wird das Säugen bei den meisten Säugetierarten vom Jungtier beendet. Später ist es dann immer öfter die Mutter, die zunächst durch Weggehen, dann auch immer aggressiver den Säugevorgang beendet. Die Jungtiere durchlaufen bezüglich der wichtigen Informationsquellen eine Entwicklung in mehreren Stadien, auch was die Kontakte zu ihren Artgenossen und zu ihrer Umwelt betrifft.

### STADIUM 1 – KONTAKT MIT DER UMWELT

Im ersten Stadium werden durch den engen Kontakt Umweltinformationen überwiegend in Bezug auf die nichtsoziale, physische Umwelt, also auf Gegenstände und andere Situationen in der Umgebung des Tieres gesammelt. Das nicht arteigene Geschehen steht im Zentrum des Interesses, wobei sich Jungtiere mit Ästen oder Blättchen beschäftigen.

### STADIUM 2 – KONTAKT MIT „FREMDEN" ARTGENOSSEN

Nach dem Kontakt mit der Umwelt folgt eine Phase erster Kontakte überwiegend mit den die Mutter direkt umgebenden Artgenossen.

### STADIUM 3 – KONTAKT MIT GLEICHALTRIGEN HUNDEN

Erst im letzten Stadium der Jungtierentwicklung werden Spielgruppen mit annähernd gleichaltrigen Tieren gebildet. Die genauen Abläufe dieses Geschehens bei Hundeartigen werden wir zum Ende des Kapitels in einer Zusammenfassung betrachten (siehe S. 370 f.).

## ONTOGENETISCHE NISCHE

Für eine weitgehende Analyse der Vorgänge bei der Jungtierentwicklung hat sich bewährt, dass die Jungtiere nicht als rein passive Konsumenten der Umweltreize betrachtet werden, wie dies bereits dargelegt wurde. Das Konzept der ontogenetischen Nische (Nakazawa, 2015, 2017) besagt, dass Jungtiere nicht einfach unfertige Erwachsene sind, deren Entwicklungsziel darin besteht, so schnell wie möglich fertig zu werden. Ihre primäre Aufgabe ist es, möglichst optimal in die jetzige Umwelt ihres derzeitigen

*Die Erkundung der nicht arteigenen Umwelt ist weniger geistig anspruchsvoll als die der Sozialpartner und tritt oft früher in der Entwicklung auf.*

Entwicklungsstadiums eingepasst zu sein. Das führt zwangsläufig auch zu einer ganz anderen Betrachtung der Lern- und gegebenenfalls Spiel- und Ausbildungsvorgänge bei der sinnvollen Verhaltensentwicklung eines Junghundes. Genau wie die Erwachsenen, sind auch Jungtiere in jedem Stadium ihrer Entwicklung in einen vieldimensionalen Raum eingepasst, wobei sich die verschiedenen Umweltfaktoren, seien es Temperatur, Licht, Nahrungsangebot, Anwesenheit von Feinden oder Artgenossen, eben in unterschiedlicher Stärke jeweils formend und bedingend auf das zukünftige Verhalten und seine Entwicklung auswirken.
Mit zunehmender Entwicklung werden an verschiedenen Stellen Nischenbreiten verändert und neue Nischenfaktoren hinzugefügt. Bei dieser Betrachtung können, ähnlich wie beim ökologischen Nischenkonzept, auch messbare und veränderbare Messparameter definiert werden und die evolutionsbiologische wie auch physiologische Betrachtung von Abläufen der Jungtierentwicklung wird erleichtert.

## DYNAMIK DER ENTWICKLUNG

Die Dynamik der Jungtierentwicklung kann man unter den zwei Schlagwörtern **Adaptation** und **Antizipation**, das heißt, Anpassung an die derzeitigen und Vorbereitung auf die zukünftigen vorhersagbaren Umweltbedingungen, zusammenfassen. „Aufgabe" des sich entwickelnden Jungtieres ist es einerseits, sich unter derzeitigen Bedingungen zu ernähren und zu überleben, andererseits aber auch, sich auf die Bedingungen der nächsten Stufe vorzubereiten, sei dies durch körperliche Veränderungen wie Zahnwachstum und Änderung der Magen-Darm-Schleimhaut vor der Nahrungsumstellung, sei es durch Lernen „auf Vorrat", das heißt Aufnahme von Informationen, die vielleicht noch nicht jetzt, wohl aber in der Zukunft notwendig sein werden, wie wir das bei den Prägungsvorgängen sehr schnell sehen werden. Beachtet werden muss, dass ein Jungtier bestimmte Eigenschaften und Fähigkeiten sehr wohl bereits besitzt, diese aber mangels entsprechender Umweltfaktoren zum derzeitigen Zeitpunkt noch nicht ausgeführt werden können.

### AUFGABEN DER FRÜHEN ENTWICKLUNG

Die „Aufgabe" der frühen Jungtierentwicklung, der Ontogenese des Verhaltens in den ersten Lebenswochen und -monaten, scheint überwiegend darin zu bestehen, bereits vorhandene Bausteine des Verhaltens und der Reaktionen in richtiger Art miteinander zu verknüpfen. Hogan (1988) gibt hierfür ein einfaches Beispiel: Menschliche Säuglinge haben im Zusammenhang mit Reaktionen auf Geschmacksreize drei sensorische Mechanismen für die Erkennung von süß, sauer und bitter, und drei motorische Mechanismen als Reaktion, nämlich Lächeln, Schnute machen und Ekel zeigen. Die Verknüpfung ist bereits ohne Erfahrung beim ersten Kontakt vorhanden. Wenn nun aber ein Erwachsener beim Geschmack von Kaffee, der eigentlich bitter ist, lächelt, dann muss eine Änderung der Verknüpfung der Mechanismen miteinander erfolgen. Beispiele für solche sensorischen Bausteine wären Nahrungs- oder Artgenossenerkennung, für motorische Bausteine etwa die einzelnen Elemente der Beutefanghandlung oder des Sexualverhaltens. Eine der wichtigsten Aufgaben des Spielverhaltens könnte darin bestehen, die Verknüpfung solcher Bausteine zu funktionalen, also sinnvollen Gesamtverhaltensketten zu ermöglichen. Durch sogenannte Prädispositionen können die verschiedenen Verhaltensbausteine bereits vorgebildet und in ihrer Reaktion auf bestimmte, höchstwahrscheinlich zu erwartende auslösende oder sonstige Umweltsituationen angelegt sein.

# PRÄGUNG

Eine wichtige Rolle in der frühen Verhaltensentwicklung und damit auch in der Beschreibung dieser Prozesse, spielt der Vorgang der Prägung. Prägung gehört sicher zu den bekanntesten Konzepten der Verhaltensbiologie, die bereits seit den ursprünglichen Studien durch Lorenz, Heinroth und anderen, meist vogelkundig ausgerichteten Gründervätern bekannt sind. Jedoch ist das Prägungskonzept mit wenigen Veränderungen auch heute noch als aktuell zu betrachten, wie Ten Cate (2001) zusammenfassend dargestellt hat. Einige wichtige Veränderungen sind jedoch gegenüber dem ursprünglichen Konzept zu vermerken. Im Zusammenhang mit Ausbildung und Erziehung, auch Aufzucht von Hundewelpen und Junghunden, wird leider der Prägungsbegriff missverständlich oder fehl verstanden benutzt. Einerseits ist die, gerade in vielen Hundlerkreisen immer noch übliche Unterscheidung zwischen Prägung und prägungsartigen Prozessen dann überflüssig, wenn man die z. B. von Carel Ten Cate aufgestellten erweiterten und dynamischeren Kriterien eines Prägungsvorganges benutzt. Nur unter Zuhilfenahme der alten, sehr starren Vorstellungen zum Prägungsthema, wie sie aus der Vogelforschung ursprünglich formuliert wurden, wäre diese Unterscheidung sinnvoll gewesen.
Andrerseits ist nicht alles, was z. B. in Hundeschulen als Prägung und Prägungsstunde bezeichnet wird, mit diesem Vorgang in Einklang zu bringen. Wenn z. B. bei einer sogenannten Welpenprägungsstunde auf die große Bedeutung des Bällebades, also der großen Schüssel voller farbiger Plastikbälle, eingegangen und bestanden wird, und das unter dem Prägungsbegriff abläuft, würde das unter verhaltensbiologischer Nutzung des Prägungsbegriffes folgendes bedeuten: Ein Hund, der diese Form von Prägung durchlaufen hat, dürfte sich dann zeitlebens nur noch in einem Bällebad wohlfühlen, und müsste sofort in jeder anderen Umgebung mit einer zielgerichteten Suche nach dem nächsten Bällebad beginnen, da dies ja Teil seiner Lebensraumprägung gewesen wäre.
Auch in anderen Fällen wird hier Gewöhnung, Assoziationslernen oder die Förderung allgemeiner Umweltsicherheit und Neugier, mit dem Prägungsbegriff zugekleistert. Ähnlich wie beim Trieb- oder Instinktbegriff muss man also sehr vorsichtig sein, wenn ein solcher verhaltensbiologisch eigentlich definierter Begriff in alle möglichen Richtungen überdehnt wird. Irgendwann verliert er dann nämlich seine Bedeutung und seine wissenschaftliche Erklärungsfähigkeit. Da aber Prägungsvorgänge, wie wir noch sehen werden, durchaus wichtige und auch in der Jugendentwicklung von Hunden bedeutsame Prozesse sind, wäre es schade um diesen Begriff.

## PRÄGUNGSVORGANG

### SENSIBLE PHASE

Prägungsvorgänge sind in bestimmten Entwicklungsabschnitten erleichtert, das heißt, sie sind vorwiegend in ganz bestimmten Entwicklungsabschnitten zu finden. Diese werden als sensible Phasen bezeichnet. Jedoch kann, wenn z. B. in dieser Zeit kein eindeutiger Prägungsreiz erfolgt, die Prägung auch nach hinten verlängert und das Fenster sozusagen länger offengehalten werden.

*Auch wenn es oft als „Welpenprägung" bezeichnet wird – das Bällebad hat mit Prägung herzlich wenig zu tun!*

## LANGZEITKONSTANZ UND FIXIERUNGSPHASE

Prägungsvorgänge sind weitgehend konstant über den zukünftigen Lebensabschnitt, jedoch sind sie keineswegs wie früher vermutet irreversibel. Bei vielen Prägungsvorgängen bedarf es zudem einer zweiten Fixierungsphase, die meist wesentlich später, nämlich zum Zeitpunkt, in dem das Gelernte auch angewendet wird, erfolgt. Bekannt dabei sind etwa sexuelle Prägungen. Wenn Zebrafinken nicht auf Zebrafinken, sondern auf eine verwandte Art geprägt werden, wird diese Prägung erst dann fixiert und wirklich weitgehend irreversibel, wenn sie es geschafft haben, mit einem Angehörigen dieser Fremdart gemeinsam erfolgreich das erste Gelege zu bebrüten und aufzuziehen. **Hundlicherseits ist hier bekannt, dass zumindest für die allermeisten Rassen der Zeitraum zwischen dem sechsten und zwölften Lebensmonat als zweite Prägungsphase dieser Fixierungsphase entspricht.** Untersuchungen an Hunden, die in dieser Zeit z. B. erfahrungsärmer in einem Zwinger gehalten wurden, zeigen deutlich den Verlust der in der ersten Prägungsphase bereits sehr gut fixiert gewesenen Erfahrungen, z. B. auch durch eine dann wiederum auftretende Ängstlichkeit und Furchtsamkeit gegenüber unbekannten Reizen.

## GENETISCH FIXIERTES ERKENNUNGSMUSTER

Zwar ist es durchaus möglich, Jungtiere auf nahezu jeden beliebigen Reiz zu prägen, wenn dieser von den entsprechenden Sinnesorganen aufgenommen werden kann. Es ist jedoch bekannt geworden, dass biologisch sinnvolle Vorgänge durchaus bevorzugt gelernt werden. Offenbar gibt es eine Art genetisch fixiertes Erkennungsmuster, eine Schablone („template"), die dem Tier vorgibt, was es bevorzugt lernen sollte.

Hühnerküken können sehr wohl auf bewegte Gummibälle als Mutterersatz geprägt werden. Lässt man ihnen aber die Wahl, sich auf einen roten oder auf einen gelben Gummiball prägen zu lassen, dann prägen sie sich leichter auf den roten. Lässt man ihnen die Wahl, zwischen dem roten Gummiball und einer ausgestopften Henne, so prägen sie sich leichter auf die ausgestopfte Henne.

Auch beim Vorgang des Gesangslernens bei Vögeln, der dem Prägungsvorgang insgesamt sehr ähnlich ist, werden ähnliche Beobachtungen gemacht: Junge Singvögel sind durchaus in der Lage, vom Tonband auch artfremden Gesang zu lernen. Bietet man ihnen aber einen Tonbandmitschnitt mit arteigenem versus artfremdem Gesang, so lernen sie den arteigenen. Bietet man ihnen aber einen lebenden Vorsänger der fremden Art gegenüber einem Tonbandmitschnitt der eigenen Art, so lernen sie wiederum mehr vom artfremden Vorsänger als vom mechanischen Tonband.

Hundlicherseits sind solche Erkennungsschablonen bereits bei den ersten Vergleichsuntersuchungen mit der Hand aufgezogenen Hunde- und Wolfswelpen in der Budapester Arbeitsgruppe (Csanyi, 2006) bekannt geworden: Während von Hand aufgezogene

*Schon für Haushund-Welpen von ca. 7 Wochen ...*

*... ist ein fremder Mensch interessanter als ein fremder Hund.*

Wolfswelpen im Alter von sieben bis acht Wochen sich eindeutig in einem Wahlversuch mehr für fremde Hunde als für fremde Menschen interessieren, sind sogar von ihrer Mutterhündin in typischer, familiennaher Weise aufgezogene Hundewelpen im selben Alter eindeutig mehr an fremden Menschen als an fremden Hunden interessiert. Die höhere soziale Attraktivität des Menschen, auch eines Unbekannten, gegenüber dem Vierbeiner wird hier zum ersten Mal deutlich.

### PRÄGUNGSLERNEN OHNE BELOHNUNG

Letztlich wird auch sehr viel darüber gesprochen, dass Prägungsvorgänge keine unmittelbare Belohnung brauchen. Diese Kriterien wurden insbesondere in der Frühzeit der Prägungsforschung ganz besonders hervorgehoben, da sie eben eine deutliche Abgrenzung zu den Formen des Belohnungslernens der Lernpsychologen darstellen. Inzwischen ist dieses Geschehen nicht mehr ganz so revolutionär, da auch andere Lernvorgänge bekannt sind, bei denen die Belohnung noch weit in der Zukunft liegt. Gerade die vielfältigen Untersuchungen zum Beobachtungslernen, und vor allem den Formen sozialer Nachahmung, wie sie bei Hunden in vielerlei Versuchsaufbauten belegt wurden (vgl. Fugazza, siehe S. 41, 134), lassen erkennen, wie häufig belohnungsfreies Lernen auf Vorrat gerade bei Hunden und anderen hoch entwickelten Säugetieren vorkommt.

### VORGÄNGE, DIE ZU EINER PRÄGUNG FÜHREN

Prägungsvorgänge sind bei sehr vielen Wirbeltieren, von Fischen und Reptilien über Vögel bis zu Säugetieren bekannt. Es handelt sich keineswegs, wie das früher vermutet wurde, um ein vogeltypisches Phänomen. Die Vorgänge, die zu einem Prägungsgeschehen führen, wurden z. B. am Modell der Nahrungsprägung des Frettchens von der Tübinger Arbeitsgruppe um R. Apfelbach erforscht (siehe Gansloßer et al., 2019). Während des Prägungsvorganges geschehen im Gehirn eine Reihe von Umkonstruktionen. Unter dem Einfluss des Schilddrüsenhormons Thyroxin werden bestimmte Zellverknüpfungen ausgebildet. Vorwiegend werden die Kontaktstellen zwischen den Zellen, die Synapsen, unter dem Einfluss des Thyroxins während der Prägung geknüpft. Andere Verbindungen zwischen den Zellen dagegen degenerieren, und auch ganze Zellgebiete können in dieser Zeit absterben, wenn sie nicht gebraucht werden. Es lässt sich zeigen, dass der Riechanteil des Gehirns der jungen Frettchen vor und während der Prägungsphase wesentlich schwerer ist als hinterher. Der selektive Zelltod, die Apoptose, spielt bei diesen und anderen Langzeitlernvorgängen eine zentrale Rolle.

## PRÄGUNGSFORMEN

Im Wesentlichen werden vier Formen der Prägung unterschieden, die zu unterschiedlichen Zeiten, in unterschiedlichen Regionen des Gehirns und wahrscheinlich auch gesteuert durch unterschiedliche Hormone und Botenstoffe ablaufen. Nur wenn diese vier Prägungsvorgänge sauber getrennt werden, lässt sich ein Studium der Prägung insgesamt erfolgreich durchführen und auch die Prägung im Rahmen einer Ausbildung oder einer begleiteten und kontrollierten Jungtierentwicklung in der Hundezucht sinnvoll einsetzen.

### NAHRUNGSPRÄGUNG

Die erste Form ist die Nahrungsprägung. Wie bereits erwähnt, ist diese Nahrungsprägung bei Raubsäugern, aber auch bei Nagetieren, Huftieren, Schildkröten und vielen anderen Tiergruppen nachweisbar. Für unseren Zusammenhang bei den Carnivoren, also den Raubsäugern, dürfte generell das geruchliche Prägungsmodell, das von Apfelbach (1995) und Mitarbeitern untersucht wurde, die wichtigste Rolle spielen. Wenn ein Jungtier, z. B. ein Frettchen, im Zeitraum der Entwöhnung (bei Frettchen ist das der dritte Lebensmonat) mit einer bestimmten Beuteduftsorte konfrontiert wird, frisst es bevorzugt später diejenige Nahrung, die diesen Beuteduft wieder trägt.
Man kann also eine Maus verfüttern, Kükenduft darüber blasen und das Frettchen wird später (sogar noch Jahre danach) Fisch, der nach Kükenduft riecht, bevorzugt annehmen. Apfelbach hat auch Untersuchungen über die Frage eines engen gegenüber eines breiten Nahrungsspektrums in seine Prägungsuntersuchungen einbezogen. Es ließ sich zeigen, dass Frettchen, die nur auf eine Nahrungssorte geprägt waren, später diese sehr schnell und nahezu blindlings immer bevorzugt haben, jedoch große Probleme hatten, neue, völlig unbekannte Nahrung überhaupt anzunehmen. Andererseits waren Frettchen, die im Prägungszeitraum mit verschiedenen Nahrungssorten konfrontiert waren, später zwar nicht so schnell bereit, sich zwischen mehreren angebotenen Sorten zu entscheiden, aber schneller bereit, völlig neue unbekannte Nahrung auch zu kosten.

#### Vorteile einer Nahrungsprägung

Dies zeigt bereits den Vorteil beider Formen der Nahrungsprägung bei wildlebenden Tieren: Gibt es eine Nahrungssorte im Überfluss, so ist die enge Prägung auf diesen Nahrungstyp sehr adaptiv, weil sie dann später sozusagen ohne schnelles Überlegen auch das Zupacken und Fressen erleichtert. Gibt es aber verschiedene Nahrung, so ist man besser dran, auch die verschiedene Nahrung etwas genauer zu betrachten, genau zu selektieren und völlig unbekannte Nahrung zu probieren.
Dass dies nicht nur im Labor eine Rolle spielt, zeigt das Beispiel eines nahen Verwandten des Iltisfrettchens, des nordamerikanischen Schwarzfußiltis. Dieser wäre beinahe ausgestorben, als seine Hauptbeutetiere, die Präriehunde, verschwanden, obwohl viele andere Nagetiere im Lebensraum noch vorhanden waren. Nachdem in Gehegezucht ein breites Nahrungsangebot mit unterschiedlichen Nagetierarten während der sensiblen Phase vorhanden war, waren die später ausgewilderten Tiere problemlos in der Lage, sich mit Mäusen und anderen, noch weiterhin vorkommenden Nagetieren zu verköstigen und haben eine stabile, wohl auch überlebensfähige neue Population begründen können.

#### Nahrungsprägung bei Hunden

Bei Hunden beginnt die Nahrungsprägung bereits vor der Geburt. Untersuchungen von Peter Hepper (Wells und Hepper, 2006) können eindeutig belegen, dass Duftstoffe über die mütterliche Nahrung und die Nährstoff- und Informationsweitergabe an das Ungeborene im Mutterleib bereits Voreinstellungen und Vorinformationen vermitteln. Füttert man eine Mutterhündin während der Trächtigkeit mit Futtermitteln einer bestimmten Geruchskomponente, so bevorzugen die Welpen Nahrung mit dieser Geruchskomponente bei der Futterumstellung auch dann, wenn die Futtersorte schlagartig mit dem Zeitpunkt der Geburt abgesetzt wurde. Füttert man dann während der Säugezeit eine andere Geruchskomponente, wird auch diese später von den Welpen gerne angenommen. Füttert man die gleiche Geruchskomponente in beiden Phasen, dann ist die Bevorzugung durch die Welpen noch stärker. Ein weiterer, zumindest bei Labornagern eindeutig bestätigter Zusammenhang wird dann nachgeburtlich aktiviert: Wenn die Mutter ihre Jungen pflegt und putzt und dann noch Anhaftungen der vorher gefressenen Nahrung an den Lippen und im Bereich des Gesichts mit sich trägt, wird auch dies als Voreinstellung für das spätere Interesse der Jungtiere an genau solch duftender Nahrung genutzt. Letztlich ist dann der Einfluss der Mutter, und zwar einfach nur ihr danebensitzen, ein weiterer bestätigender Faktor bei der Nahrungsaufnahme der Welpen. Das Hormon Oxytocin (mal wieder!) hat nämlich gerade beim sozialen Lernen von Nahrungsbevorzugungen eine wichtige weitere Aufgabe.

## HABITAT- BZW. LEBENSRAUM-PRÄGUNG

Die zweite sozusagen ökologische Prägungsform betrifft die Suche nach Habitat- oder Lebensraumprägung. Zu diesem Thema wurden einige Bemerkungen bereits gemacht. Die Lebensraumprägung lässt sich in der Regel auf denjenigen Zeitpunkt zurückführen, zu dem die Jungtiere erstmals das elterliche Gebiet selbstständig erkunden und größere Streifzüge unternehmen. Zusätzlich erfolgt oftmals eine endgültige Fixierung nach dem Abwandern durch den Lebensraum, in dem das eigene Revier oder Streifgebiet begründet wurde.

Am besten untersucht sind Lebensraumprägungen bei Nagetieren, jedoch werden sie auch bei vielen anderen Säugetieren und Vögeln beschrieben. Wichtige Merkmale des geprägten Lebensraums sind z. B. dessen vertikale Struktur: Wenn eine Feldmaus entweder auf kurz geschorenem Golfrasen oder im Gebüsch mit seitlichem Schutz und Deckung von oben oder im Hochwald mit nur Deckung von oben, aber seitlich freiem Blickfeld aufwächst, wird sie auch später die entsprechenden Lebensräume wieder bevorzugen. Wie erwähnt, erfolgt die endgültige Fixierung nach der Abwanderung, wenn sich die Tiere im neuen Lebensraum niedergelassen haben.

*Wenn Mäuse im hohen Gras aufwachsen, dann bevorzugen sie später einen Lebensraum mit hohem Gras. Beim Aufwachsen auf Golfrasen ist es umgekehrt.*

*Je mehr man sich in der dritten Dimension bewegt, desto besser sieht man räumlich.*

## Leben in der dritten Dimension

Andere Lebensraumfaktoren, die ebenfalls geprägt werden könnten, sind die Struktur des Untergrunds, eventuell geruchliche Komponenten der umgebenden Vegetation und viele andere mehr. Bekannt ist aus Untersuchungen bei Katzen, aber auch Hunden (Coppinger und Feinstein, 2015), dass sie in dieser Phase der frühen Lebensraumprägung gewissermaßen sogar ihr Sehsystem auf die entsprechenden Strukturen einstellen müssen. Katzen, die in diesem Altersabschnitt nur auf horizontalen Flächen ohne Möglichkeit des Kletterns in der dritten Dimension gehalten werden, sehen später die dritte Dimension nicht mehr. Es fehlen ihnen die notwendigen Zellverknüpfungen im Gehirn, weshalb sie Treppen hinunterfallen. Bei Hundeversuchen ist zu bemerken, dass ähnliche Lern- und Hirnbildungsvorgänge auftreten. Dies hat besondere Bedeutung für die sogenannte Fabrikzucht von Hunden unter unzureichenden Lebensbedingungen. Aber auch Hunde, speziell großer Rassen, die nach dem Motto „gut gemeint ist das Gegenteil von gut gemacht" im ersten Lebensjahr über alle Treppenstufen, zum Ein- und Aussteigen im Auto und andere kleine Hindernisse getragen werden, um angeblich ihre Gelenke zu schonen, haben das gleiche Problem: Nur wenn die Skelettmuskulatur aktiv die dritte Dimension erkunden und bewältigen kann, werden durch Querverschaltungen im Gehirn die notwendigen Entwicklungsprozesse angestoßen, die dann im Sehsystem zur vollständigen Ausbildung des räumlichen Sehvermögens führen.

## Hunde aus dem Mittelmeerraum

Welche überragende Bedeutung die verschiedensten Prozesse der Lebensraumprägung haben, erfahren aber auch immer wieder Halter/innen von sogenannten Auslandshunden. Oftmals ist dieser Hund nach Angaben seiner Menschen zum ersten Mal oft nach Jahren richtig zufrieden und glücklich gesehen worden, wenn er bei einem Campingurlaub im Mittelmeerraum die gewohnten Geräusche, Gerüche und anderen Sinneseinflüsse wiederfindet.
In naturschutzethologischen Zusammenfassungen (z. B. Stamps und Swaisgood,

2007), aber auch in einer speziellen Studie an skandinavischen Wölfen von Ana Pérez (2016) wurde eindeutig belegt, wie wichtig die Einflüsse einer Lebensraumprägung bei der Suche nach eigenen, später zu besiedelnden Lebensräumen beim Abwanderungsverhalten sind. Wer glaubt, einen Hund aus dem Mittelmeerraum oder noch weiter entfernten Gegenden einfach so in die Großstadt, mit Wohnblöcken, 13. Stock mit entsprechenden technischen Geräuschen, Gerüchen und anderen Umweltreizen verpflanzen zu können, sollte sich mit diesen, in der Naturschutzforschung inzwischen weitestgehend akzeptierten Zusammenhänge vorher ausführlich beschäftigen.
Neben diesen beiden ökologischen Prägungsvorgängen, gibt es noch zwei, die den Artgenossen im weiteren Sinne umfassen.

## SEXUELLE SOWIE ARTGENOSSEN- = NACHLAUFPRÄGUNG

Die sexuelle Prägung erfolgt meist recht spät in der Entwicklung der Jungtiere. Sie erfolgt oft am Modell der Spielkameraden, mit denen um den Zeitpunkt der Entwöhnung bis zur Pubertät besonders viele Sozialkontakte gepflegt werden. Diese sexuelle Prägung gibt vor, mit wem man sich später paaren möchte. Die Artgenossen- oder Nachlaufprägung dagegen wird sehr viel früher in der Jungtierentwicklung fixiert, nämlich während der frühen Eltern-Kind-Kontakte am Modell desjenigen Tieres, das das Jungtier hauptsächlich betreut und versorgt, im Normalfall ist das die Mutter bzw. auch beide Eltern. Diese Artgenossenprägung fixiert das Bild desjenigen Tieres, mit dem man sich später gruppieren und mit dem man normales, nicht sexuelles Verhalten austauschen möchte.
Dass diese beiden Prägungsvorgänge insbesondere bei Säugetieren immer wieder verwechselt werden, liegt daran, dass zu ihrer Unterscheidung Tiere mit Verhaltensweisen gefunden werden müssen, die nur im Zusammenhang des freundlichen Sozialverhaltens und nicht im Zusammenhang des sexuellen Werbeverhaltens auftreten. Dies ist z. B. bei verschiedenen Wiederkäuerarten möglich: Kühe zeigen das gegenseitige Belecken z. B. nur als freundliches Sozialverhalten in der Herde, im Werbeverhalten tritt es nicht auf. Handaufgezogene Kälbchen, die allein mit einem einzigen Menschen aufgezogen wurden, lecken den Menschen, und versuchen auch später bei ihm sexuell aufzuspringen. Handaufgezogene Kälbchen, die in einer Gruppe aufgezogen werden, dagegen belecken den Menschen, richten ihr Sexualverhalten aber auf Kühe.
Sambraus (1974, 1976, 1978) hat diese und ähnliche Vorgänge der Fremdprägung auf den Menschen genauer untersucht und auch teilweise schon die Qualität der Prägungsreize identifiziert. So konnte er z. B. zeigen, dass bei Rinderartigen die vollständige optische, akustische und geruchliche Isolation von Artgenossen notwendig war, um eine sexuelle Fremdprägung zu erzielen, eine rein optische Isolation mit geruchlicher Austauschmöglichkeit dagegen reichte nicht.

## SOZIALISATION

Kommen wir nun zum übergeordneten Geschehen der gesamten Ontogenese, nämlich zu dem unter dem Sozialisationsbegriff zusammengefassten „Prozess der Entwicklung des Verhaltens". Dieser wird als mehrstufiger Prozess definiert (siehe Bekoff, 1977):

1. Ein Jungtier muss lernen, mit Anforderungen und Aspekten der nichtarteigenen Umwelt klarzukommen.
2. Es muss lernen, wie man sich als Mitglied einer bestimmten Art benimmt.
3. Es muss lernen, sich als Mitglied der betreffenden Gruppe bzw. Sozialeinheit zu verhalten, in der es aufwächst.

Diese drei, meist auch entwicklungsgeschichtlich aufeinanderfolgenden Anpassungen spiegeln sich auch in den Bestandteilen der sogenannten sozialen Disposition wider. **Die Bestandteile der sozialen Disposition werden von Mason als Artgemeinsamkeiten, typische oder andere saisonale Umweltänderungen und soziale Erfahrung des Individuums in der betreffenden Gruppe zusammengefasst.**

*Einzeln gehaltene Meerschweinchen haben viele Probleme.*

Die drei Faktoren treten in Wechselwirkung mit dem aktuellen Geschehen in der Umwelt des Tieres, den gegebenen sozialen Umständen, etwa der derzeit vorliegenden Gruppengröße und Gruppenzusammensetzung auf. Sie ermöglichen es dann dem Tier, mehr oder weniger vollständig seine sozialen Fähigkeiten und sozialen Mechanismen zu entwickeln.

### BEGRENZENDE FAKTOREN

Jedoch wird diese Sozialisation durch eine ganze Reihe von lebensgeschichtlichen und umweltabhängigen Einflüssen begrenzt: Zu den lebensgeschichtlichen Einflussfaktoren gehört etwa die Dauer der Jugendentwicklung. Je länger die Phase der Abhängigkeit von Mutter und Eltern ist, desto größer ist die Möglichkeit zum Lernen komplexer Situationen. Auch die Geschwindigkeit der physischen Reifung, sei es des Nervenmusters oder Skelettsystems, des Verdauungstrakts und des Wachstums insgesamt sind wichtig für die Aufnahme von Informationen während der Sozialisation. Geburtsablauf, Leichtigkeit der Geburt, Plazentafressen und Oxytocinausschüttung können das Verhalten der Mutter zum Jungtier stark beeinflussen. Wurfgröße sowie Entwicklung der Jungen bei der Geburt sind sowohl arttypisch wie auch vom Alter und Status der Mutter abhängig. Andere, vom Alter und der vorigen Aufzuchttätigkeit der Mutter abhängige physische Erscheinungen sind etwa Milchproduktion, Zitzenlänge und daraus reduzierte oder erhöhte Toleranz des Säugens bei den Jungtieren. Soziale Faktoren, neben der Anwesenheit von Männchen oder anderen Brutpflegehelfern und Brutgeschwistern, sind die Zusammensetzung der Sozialeinheiten durch Anwesenheit anderer Jungtiere, die Verwandtschaftsverhältnisse zu den anderen Gruppenmitgliedern, der Status der Mutter, die Ausbildung von deren Freundschaften und anderen Beziehungen. Aber auch das Wetter, das Nahrungsangebot und der Feinddruck wirken mit.

## Beispiel: Soziales Umfeld

Die wichtige Bedeutung des sozialen Umfelds zeigen beispielhaft etwa die Untersuchungen von Sachser et al. (siehe Gansloßer et al., 2019; Sachser et al., 2011, 2013) an Meerschweinchen. Wächst ein männliches Meerschwein in einer Umgebung ohne erwachsenes männliches Tier auf, so gelingt es ihm später nicht vollständig und nur nach dauernden schweren Kämpfen, sich in eine neue Gruppe zu integrieren, da er zweierlei nicht gelernt hat: Nämlich sich zu unterwerfen, das heißt die Position eines Ranghöheren anzuerkennen und nicht alle fremden Weibchen anzubalzen. Männchen aus vollständigen Gruppen haben dieses Problem dagegen nicht.
Die unterschiedlichen Reaktionen der beiden Aufzuchttypen sind nicht nur durch das Verhalten, sondern auch durch erheblich unterschiedliche Hormonspiegel zu erkennen: Die ohne erwachsenes Männchen aufgewachsenen Meerschweinchenjungen haben bei Integration in eine neue Gruppe einen erheblich erhöhten Glucocorticoidwert sowie ein wesentlich geringeres Körpergewicht. Die unterschiedlichen sozialen Fähigkeiten der beiden Typen, zeigen sich aber nicht nur bei Integration in eine vollständige Gruppe, sondern auch bei der Konfrontation mit unbekannten Männchen. Hier sind die unvollständig sozialisierten Jungs nicht in der Lage, ohne schwerste und blutige Kämpfe ihre Beziehung zum unbekannten Erwachsenen zu regeln. Wohingegen die Konfrontation eines vollständig Sozialisierten mit einem erwachsenen Männchen ohne Kampf und ohne Stresshormonausschüttung funktioniert.
Die Bedeutung der sozialen Reifungsvorgänge geht hier weit über die reine Geschlechtsreife hinaus und dauert auch viel länger.
Pereira und Fairbanks (2002) haben an einer ganzen Reihe von Primatenarten die Wichtigkeit dieser Prozesse zusammengefasst. Wir werden darauf noch später zurückkommen (siehe S. 364 f.).

## GESCHLECHTSTYPISCHE VERHALTENSMERKMALE

Geschlechtstypische, das heißt in einem Geschlecht häufiger oder stärker auftretende Verhaltensmerkmale und geschlechtsspezifische, das heißt nur in einem Geschlecht auftretende, Verhaltensmerkmale in der Ontogenese haben wegen des Zusammenhangs mit hormonellen Prozessen stets besonderes Interesse gefunden. Es gilt jedoch festzustellen,

*Meerschweinchen werden nur vollständig sozialisiert, wenn bei der Aufzucht auch ein männliches Tier anwesend ist.*

*Bei Hunden und Hundeartigen findet auch viel mehr Spiel zwischen den Geschlechtern statt, …*

dass nicht jeder Geschlechtsunterschied im Verhalten auch auf Geschlechtsunterschiede in der Individualentwicklung zurückgeführt werden kann.
Viele Unterschiede im Verhalten der Erwachsenen (z. B. Laufaktivität bei Ratten, Paarungsverhalten bei Frettchen und andere), sind mehr vom Hormonspiegel im Erwachsenenstadium als von der Jungtierentwicklung abhängig. Andere Unterschiede können ebenso auf unterschiedliches Verhalten der Mütter oder Artgenossen gegenüber männlichen oder weiblichen Jungtieren zurückzuführen sein. Bekoff (1977) nennt dafür Beispiele von Primaten, so könnte das etwas robustere und raubeinigere Verhalten männlicher Jungtiere auch wiederum unterschiedliches Verhalten der Mutter bezüglich Zurückweisen, Bestrafen oder Festhalten der Jungtiere hervorrufen und umgekehrt. Männliche und weibliche Verhaltensentwicklungen können teilweise auch völlig unabhängig voneinander verlaufen. Doch hier kann von einer Säugetierart nicht ohne

*... als bei uns und unserer Affenverwandtschaft.*

weiteres auf eine andere extrapoliert werden: Bei Frettchen können erwachsene Männchen durch Zugabe von weiblichen Hormonen zu weiblichem rolligen Sexualverhalten gebracht werden, bei Laborratten nicht. Auch die Altersstadien, in denen Sexualhormone dauerhafte Wirkungen auslösen, variieren sehr stark, wie wir bereits bei der Wirkung von Testosteron auf Aggression bei Mäusen, Hunden und Affen gesehen haben (siehe S. 307 ff.), einschließlich vorgeburtlicher Wirkungen.

## Sozial motivierte Monogamie

Zudem ist gerade bei Hunden und Hundeartigen eben die andere Sozialstruktur, nämlich die sozial motivierte Monogamie, wiederum als Einflussfaktor auf geschlechtsunterschiedliche Jungtierentwicklungen zu vermuten. Die meisten Studien an Jungtieren bezüglich Geschlechtsunterschieden wurden eben bei Tierarten wie den verschiedensten Primaten, Laborratten oder die genannten Frettchen durchgeführt, deren Sozialstruktur nicht monogam, sondern mit einem starken Geschlechtsunterschied in Größe, Verhaltensstrategien und anderen Eigenschaften der Erwachsenen charakterisiert ist. Bei monogamen Arten ist aus Sicht der theoretischen verhaltensökologischen Überlegungen ein geringerer Unterschied zu erwarten. Einige Unterschiede in der Jungtierentwicklung betreffen z. B. das Spielverhalten (Zusammenfassung siehe Gansloßer, 2013), männliche Welpen initiieren z. B. häufiger Spielkontakte als weibliche, und mit Ausnahme von Kampfspiel wurden weibliche Welpen häufiger von männlichen und männliche wiederum auch wieder häufiger von weiblichen zum Spiel aufgefordert. Stärkere Unterschiede in der Verteilung des Spielverhaltens, traten bemerkenswerterweise meist erst mit Beginn der Pubertät auf, also zwischen 35 und 45 Lebenswochen. Dies ist von besonderem Interesse, wenn man es mit den Daten zum Spielverhalten von Primaten vergleicht. Dort spielen nämlich Gleichgeschlechtliche wesentlich häufiger, und fordern auch gleichgeschlechtliche Spielkameradinnen häufiger auf, als es zwischen den Geschlechtern auftritt. Hier dürfte die andersartige Sozialstruktur und die z. B. auch bei der Jagd ziemlich gleiche Rollenverteilung zwischen den Geschlechtern mit bedeutsam sein.

# SPIELVERHALTEN

Zu den faszinierendsten, aber auch problematischsten Themen im Bereich der Verhaltensentwicklung gehört sicherlich das Thema Spielverhalten. Wenn nahezu alle Autoren und Beobachter ohne Weiteres zugeben, dass Spielen leicht erkennbar und auch mit hoher Verlässlichkeit zwischen den Beobachtern zuzuordnen ist, gibt es über die genaue Definition erhebliche Meinungsverschiedenheiten (allgemeine Definition, siehe Kasten).

**DEFINITION „SPIEL"**

„Spiel ist jede lokomotorische Aktivität nach der Geburt, die für den Beobachter keinen erkennbaren unmittelbaren Nutzen hat, wobei Bewegungsmuster, die denen in ernsthaften Funktionszusammenhängen ähneln, in veränderter Form auftreten können. Die Bewegungsmuster haben einige oder alle der folgenden Strukturmerkmale: Übertriebene Bewegungen, wiederholte Akte und Aufsplitterung oder ungeordnete Zusammensetzung der Verhaltenssequenzen. Sozialspiel bezieht sich auf Spiel, das auf Artgenossen gerichtet ist, Objektspiel ist auf unbelebte Gegenstände gerichtet. Bewegungsspiel sind offenkundig spontane Bewegungen, die das Individuum durch seine Umwelt tragen. Beutefangspiel ist auf lebende oder tote Beutetiere gerichtet." (Martin und Caro, 1985)

## ERKENNEN VON SPIEL

In Anbetracht der Tatsache, dass Spielverhalten gerade von manchen, etwas ideologisch motivierten Hundetrainerrichtungen oftmals bestritten und in seiner Bedeutung heruntergeredet wird, ist eine zweite Definition vielleicht noch von Interesse. Gordon Burghardt (2015) hat folgende Kriterien für ein Spielverhalten mit aufgestellt (Übersetzung durch M. Käufer, siehe Gansloßer und Käufer, 2017):

- Spiel ist scheinbar funktionsloses Verhalten, das anders aussieht als das entsprechende Ernstverhalten.
- Das Verhalten wird nicht stereotyp, sondern flexibel in stets neuen Variationen wiederholt, ist freiwillig, selbstbelohnend und macht Spaß.
- Es wird nur ausgeführt, wenn das Tier zufrieden ist und sich sicher und entspannt fühlt.

Die Fähigkeit von Laien, und insbesondere aber auch von Kindern, Spielverhalten bei Jungtieren oder auch bei menschlichen Artgenossen von ähnlich aussehendem Ernstverhalten zu unterscheiden, ist meistens intuitiv und oftmals auch richtig. Im Hundebereich werden dagegen häufig falsche Schlussfolgerungen gezogen, und es wird als Spielverhalten auch vieles definiert, was in den Bereich des fehlgeleiteten Jagdverhaltens, sogar des echten sozial motivierten Mobbings oder anderer ernsthafter Absichten fällt. Andrerseits wird aber gerade im Hundebereich, wie bereits erwähnt, oftmals bestritten, dass es Spiel überhaupt gäbe bzw. dieses notwendig sei. Hier kann aus verhaltensbiologischer Sicht nur ganz klar und deutlich widersprochen werden. Die beiden gerade zitierten Definitionen, die von sehr kompetenten und im Bereich der Spielforschung hoch renommierten Forschern stammen, sollten dies bereits verdeutlicht haben.

Zum Thema Spielverhalten liegen ausführliche Darstellungen von Mechtild Käufer (Käufer, 2011; Gansloßer und Käufer, 2017) vor. Daher werden im Folgenden nur die besonders wichtige Aspekte beschrieben, was aber dessen überragende Bedeutung für anpassungsfähige Hunde nicht schmälern soll.

*Auch Objekte können bei sozialem Spiel Bedeutung haben.*

## VORTEILE DES SPIELS

Die nächste Schwierigkeit bei der Erfassung des Spielverhaltens liegt in der Frage nach dem Vorteil des Spiels. Martin und Caro (1985) zeigen hier zunächst einen zumindest möglichen Widerspruch auf: Einerseits sollte Spiel keinen erkennbaren Vorteil für das Tier haben, andererseits tun Tiere ja angeblich nichts, was nur Kosten mit sich bringt, ohne einen Nutzen daraus ziehen zu können. Energiekosten, Verletzungsrisiko, Zeitverlust oder Ähnliches sind allemal bei spielenden Jungtieren zu beobachten.
Um diesen scheinbaren Widerspruch zu lösen, wurden viele Funktionen des Spiels für die Zukunft postuliert: Muskel- und Bewegungstraining, Sozialisation, Erlernen der Kommunikation oder einer Rangordnung, Verschaffen optimaler Erregungswerte für zentralnervöse Rückkopplungs- und Lernmechanismen, Abbau überschüssiger Energie und vieles andere mehr. Viele dieser Überlegungen sind auch durch anekdotische Beobachtungen, kleine Stichproben und Plausibilitätsargumente gestützt. So zeigt Fagen (1976, 1981) mit Befunden aus der Sport- und Trainingsphysiologie, dass ständige leichte Überlastung im Jungtierstadium oder Jugendstadium zu besserer Herz-Kreislauf- als auch Muskelentwicklung führt, und dass die zeitliche Rhythmik von Spielaktivitäten viele Ähnlichkeiten mit der Rhythmik von optimal geplanten Trainingsprogrammen hat.

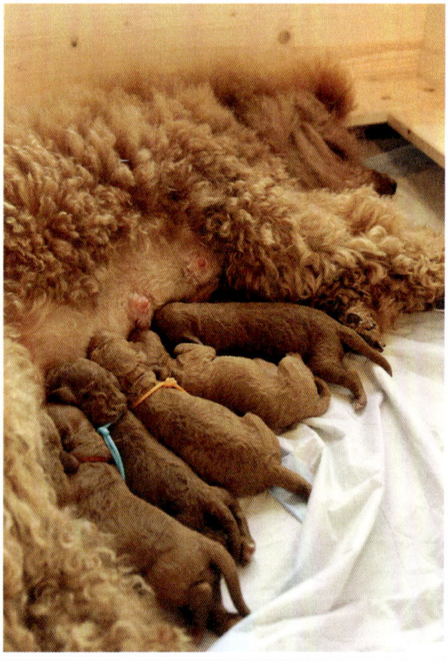

*Erste spielerische Kontakte treten schon im frühen Stadium auf.*

### STUFENWEISE SPIELERISCHE ERKUNDUNG

Auch die Vorhersagen, die Baldwin aus der Lernpsychologie ableitet, klingen einleuchtend:

**Jungtiere bemühen sich, die von ihrer Umwelt auf sie einwirkenden Sinnesreize jeweils in einem Optimalbereich zwischen Über- und Untererregung zu halten.**

Da jeder Umweltfaktor mit der Zeit zunächst neue und sehr erregende Momente bringt, später immer bekannter und langweiliger wird, schreitet auch die spielerische Erkundung stufenweise von Berührung der Mutter über Beobachten, Berühren und Manipulieren von Gegenständen zu mehr und mehr zunehmend gewagten Bewegungsspielen – schließlich zu spielerischem Kontakt mit Artgenossen bis hin zu Spielkampf und Balgereien.
Die genannten Autoren führen aber auch eine Reihe von Freilandstudien an, die zeigen, dass Spielen offensichtlich nicht essenziell für die Entwicklung normalen Verhaltens ist. Allerdings zeigt sich z. B. bei einer durch knappe und weiterverteilte Nahrung stärker beanspruchten, wenig spielaktiven Totenkopfaffenpopulation ein lockerer Gruppenzusammenhalt, weniger soziale Interaktion und größere Individualdistanz als in Vergleichspopulationen mit höherer Spielaktivität. Aber was ist jetzt Ursache und was Wirkung?

*Aber der Höhepunkt von Spiel kommt später und ermöglicht Hunden wichtige Lernerfahrungen.*

## DIREKTE, KURZFRISTIGE VORTEILE

Die Lösung des Dilemmas über die schwer nachweisbaren direkten Vorteile des Spielverhaltens sehen Martin und Caro (1985) in einer recht radikalen Antwort: Aufgrund der allerdings wenigen vorhandenen exakten Zeit- und Energieaufwandsbestimmungen zeigt sich, dass Spielen weit weniger Zeit (unter zehn Prozent der Tageszeit) und Energie (meist nur zwei bis vier Prozent des Tagesenergiebedarfs) eines Jungtieres pro Tag benötigt. Auch Angaben über die wirklich beim Spiel drohenden Gefahren bewegen sich meist auf dem Stadium von Plausibilitätsargumenten oder anekdotischen Beobachtungen von Herunterfallen, Sich-Anstoßen oder ähnlichen Aktionen. Aus all diesen Befunden ziehen Martin und Caro den Schluss, dass Spiel gar nicht so teuer ist, wie bisher angenommen. Folglich muss es auch nur geringfügige Vorteile bringen, so lange diese eben die Kosten übersteigen, reicht es für die Selektion. Sie betonen aber, dass durch diese Aussage und die dafür vorgestellten wenigen Daten zukünftige Forschungen nur besser auf testbare Hypothesen fokussiert werden sollten. Schließlich finden Martin und Caro (1985) zu einer Schlussfolgerung, die sehr gut zum Konzept der ontogenetischen Nische passt: Anstatt auf langfristige Vorteile zu spekulieren, sollte die Annahme direkter, kurzfristiger Vorteile für das Jungtier geprüft werden.

### Einfluss auf das Lernverhalten

Hinweise darauf kommen zum Teil von Kindern, deren momentane Problemlösung durch direkt vorangegangenes Spiel gesteigert wurde. Auch einige Beobachtungen an Katzen können die Folgerung ableiten lassen, dass Spiel mehr die Entwicklungsgeschwindigkeit als das Endstadium des Verhaltens beeinflusst: Katzen, die mit dem Beutefangspiel während der Entwicklung des Beutefangverhaltens die Möglichkeit zum Üben hatten, waren zu jedem Zeitpunkt des Spielens besser und geschickter, aber nur wenn man den jeweiligen Entwicklungsabschnitt mit dem von Kätzchen ohne Spielerfahrung verglich. Das Ende der Entwicklung war immer eine vollständige und dann auch perfekt ausgeführte Beutefanghandlung. Nur während des Lernprozesses konnte die Erleichterung durch das Spielverhalten nachgewiesen werden.

*Junge Braunbären, die viel spielen, haben lebenslang bessere Chancen!*

Man muss hier bei der Betonung der Wichtigkeit des Spielverhaltens, die sich auch in vielen Arbeiten über Hundeartige findet, eben unterscheiden zwischen den wirklich nachgewiesenen Vorteilen des Spielens und den ebenso wirklich nachgewiesenen Nachteilen einer unvollständigen Sozialisation generell. Nicht jeder Vorteil einer vollständigen Sozialisation kann gleichzeitig als Vorteil des Spielverhaltens nachgewiesen werden.

## FITNESS UND ALTER

Fagen und Fagen (2004) konnten als eine der wenigen Autorengruppen tatsächlich echte Vorteile des Spielverhaltens bei frei lebenden Wildtieren zweifelsfrei belegen: In einer sehr breit gestreuten und auf viele Aspekte auch statistisch abgehobenen Vergleichsuntersuchung an Braunbären zeigte sich, dass letztlich zum Überlebensvorteil die beste Vorhersage durch die Häufigkeit und Intensität des Spielverhaltens in der Jungtierzeit herangezogen werden konnte. Wohlgemerkt, es ging um die gesamte Lebenszeit dieser Bären, nicht nur um die Zeit im Jungtierstadium. Wer im Jungtierstadium mehr spielte, lebte länger und hatte in der Regel auch andere Fitnessvorteile.
Pereirra und Fairbanks (2002) haben durch eine weitere Übersicht neuerer Spielverhaltensliteratur, bezüglich des Spielverhaltens in der Jugendphase, mögliche Funktionen herausgearbeitet. Laut ihrer Übersicht über Zeiten, Altersabschnitte und Häufigkeiten besonders intensiven Spiels, sind Entwicklung von Nervenverknüpfungen im Kleinhirn sowie Differenzierung von Muskelfasertypen, die wahrscheinlichsten Hauptfunktionen. Dann kommt das „Zurechtstutzen und Auslichten“ der Nervenbindungen im Gehirn

allgemein, denn jeder Spieltyp hat offenbar dann seinen Höhepunkt erreicht, wenn die entsprechende Hirnregion ihre größte neuronale Plastizität aufweist. Dadurch würde Spiel eben vor allem der Bewegungskoordination, sei es Nahrungserwerb, Sozialverhalten, Fortbewegung oder Ähnlichem dienen. Völlig andere Einstellungen zur Wichtigkeit des Spiels werden häufig aber doch wiederum dann mit Plausibilitätsargumenten vorgebracht, wenn man sich mit den Geschlechtsunterschieden im Spiel befasst. Die Existenz von Geschlechtsunterschieden im Spiel, in Häufigkeit, Intensität, Dauer, Art und Verschiedenheit der benutzten Verhaltensweisen ist ohne Zweifel für viele Arten auch statistisch belegt. Bemerkenswert ist wiederum das geringe Ausmaß der Geschlechtsunterschiede, z. B. im Spielkampf der Hundeartigen, selbst wenn alle eventuell zum Beutefang gehörenden Akte ausgenommen werden (Gansloßer, 2011).

## SPIELKRITERIEN

Die Sache mit dem Spiel ist also nicht so einfach. Was können wir daraus für die praktische Arbeit ableiten? Wichtig ist, dass wir Spielsequenzen eindeutig erkennen müssen. Wir müssen wissen, wann eine Spielhandlung, zumindest für einen der Beteiligten, zu kippen droht und dann auch nicht mehr die Definition des lustbetonten und zweckfreien Verhaltens erfüllt. Dazu ist es vielleicht aufschlussreich, sich noch einmal die wichtigsten Kriterien des Spielverhaltens vor Augen zu führen (siehe S. 362).
Ob im Spielverhalten soziale Positionen, Rangordnungen und andere Beziehungen geübt oder vorgeformt werden, ist möglicherweise auch wieder von Art zu Art unterschiedlich. Wir werden bei der Zusammenfassung der Entwicklung des Hundeverhaltens dieses Thema noch einmal aufgreifen (siehe S. 372 ff.).

## SPIEL UNTER ERWACHSENEN

Auch die Frage, ob Spiel unter Erwachsenen auftritt, ist sicherlich art- bzw. gruppentypisch zu beantworten. Bei Hundeartigen dient das Spiel, wie wir gesehen haben, unter anderem der Festigung bzw. Wiederetablierung der Beziehung zwischen Rüde und Fähe im Zeitpunkt des Voröstrus. Bei vielen in Gruppen lebenden Raubtieren, etwa Mangusten, dient Spielverhalten unter Erwachsenen möglicherweise der Regulation sozialer Konflikte. Jedoch wurden durch direkte Untersuchungen keine Einflüsse vorangegangener Konflikte oder potenzieller Konfliktsituationen auf die Häufigkeit des Spielverhaltens gefunden. Besonders „beunruhigend“ sind die Untersuchungen der Forscherin Linda Sharpe (2005), die in den letzten Jahren Erdmännchen (eine südafrikanische tagaktive in Gruppen lebende Schleichkatzenart) beobachtet hat: Spielverhalten beeinflusst nach ihren Untersuchungen weder die zukünftigen Erfolge im Kampfverhalten, noch beeinflusst sie positiv diesen sozialen Zusammenhalt. Die Häufigkeit des Sozialspiels beeinflusst weder die Abwanderung, noch reduziert sie die Aggression in der Gruppe. Alles das sind Beobachtungen an wildlebenden Erdmännchen, denen sicher das Spielverhalten auch wesentlich mehr an Energie und Aufwand abverlangt als Gehegetieren. Alle diese Studien, die zwischen 2003 und 2005 veröffentlicht wurden, lassen also vermuten, dass es für die wildlebenden Erdmännchen entweder irgendeinen noch unbekannten Vorteil des Spiels gibt oder das Spielverhalten für sie so wenig Aufwand und so wenig Energiekosten bedeutet, dass sie es sich leisten können, sogar „aus Jux und Tollerei“ zu spielen. Es wird in Zukunft sehr spannend werden, hier neuere Erkenntnisse zu finden und es wäre wichtig, ähnliche Untersuchungen auch an Hundeartigen mit ihrem intensiven Spielverhalten durchzuführen.

01

*01 – 05 Spielgesichter, spielerische Körperhaltungen und Bewegungen helfen Hunden, sich auch zwischen Rassen, Größen und Farben zu verstehen.*

## KRITERIEN FÜR SPIEL

— Spielverhaltensweisen sind immer durch einen häufigen Rollenwechsel charakterisiert, das heißt, die Rolle des Jägers und des Gejagten oder des bei der Balgerei oben und unten Liegenden wechseln regelmäßig.

— Spielverhalten wird, insbesondere beim Spielantrag und vor allem seitens des eventuell Stärkeren, durch ein Selbsthandicap, durch ein Sich-selbst-Benachteiligen charakterisiert. Wer einen Schwächeren oder Kleineren zum Spiel auffordern will, tut das, indem er sich klein macht oder aus einer ungünstigen Körperposition heraus den Spielantrag startet. Der andere hat dann die Möglichkeit, diesen Spielantrag entweder anzunehmen oder auch nicht.

— Spielverhalten ist durch die Kombination von Verhaltensweisen aus verschiedenen Funktionskreisen, etwa Beutefang, Sexualverhalten und sozialer Körperpflege charakterisiert und die im Ernstverhalten regelmäßig geordnet aufeinanderfolgenden Verhaltenssequenzen sind im Spielverhalten aufgelöst und mehr oder weniger willkürlich oder scheinbar chaotisch kombiniert.

02

— Letztlich gehört zum Spielverhalten auch die Spielkommunikation, das Spielgesicht oder andere Signale, die dem Artgenossen zeigen: „Was jetzt kommt, ist nicht ernst gemeint“. Sobald einer der Beteiligten dieses Spielgesicht nicht mehr zeigt, wird es möglicherweise für ihn schon ernst.

— Spiel tritt nur in einem entspannten Umfeld auf, das heißt jede andere, lebenswichtige(re) Verhaltensweise blockiert, meist jedenfalls, das Auftreten von Spielverhalten sehr wirksam.

*03*

*04*

*05*

# PUBERTÄT

Die Endphase der Sozialisationsentwicklung eines jungen Säugetieres wird mit der Pubertät eingeleitet. Wir haben bereits gesehen, dass gerade in dieser Zeit die Sozialisationseinflüsse der anwesenden Erwachsenen, insbesondere wohl der Erwachsenen des gleichen Geschlechts, einen erheblichen Einfluss auf die späteren sozialen Fähigkeiten und Taktiken des Tieres haben können. Deshalb ist die Pubertätsphase beim Studium der Sozialverhaltensentwicklung von Säugetieren zunehmend mehr von Interesse. Kappeler und Pereira (2004), sowie Pereira und Fairbanks (2002) haben zwar vordergründig am Beispiel der Primaten, aber doch auf viele andere Säugetiere übertragbar, die Einflüsse auf die Pubertät und die Auswirkungen dieser Phase auf das spätere Leben, die Lebensgeschichte, den Fortpflanzungserfolg und die sozialen Taktiken dargestellt. Es ist nur in seltenen Fällen möglich, bereits heute mit Daten anderer Säugetiere, mit Ausnahme der bereits genannten Labornager, diese Phase ebenso gut zu beschreiben.

## „VORBILDER"

Einige anekdotische Befunde, z. B. an Hauspferden (Hendrichs, 2002) wie auch Przewalski-Urwildpferden (Zimmermann et al., 1998) geben z. B. an, dass die Sozialisation von Junghengsten durch die Anwesenheit eines starken, souveränen Familienhengstes und auch durch das anschließende Durchlaufen einer mehrjährigen Junghengstherdenphase erheblich vervollständigt wird. Die Daten aus dem Urwildpferd-EEP (Europäisches Erhaltungszuchtprogramm) lassen z. B. vermuten, dass Stuten sehr wohl Hengste bevorzugen, die aus Junggesellenherden kommen, gegenüber solchen, die zwar gleich alt, aber ohne die intensive Spiel- und Kontaktphase der mehrjährigen Junghengstherdenzeit in die Zuchtgruppen gebracht worden sind.

Ebenso zeigen die Daten an den Hauspferden, dass nur solche Hengste, die bereits in ihrer Fohlenzeit die Anwesenheit eines souveränen, starken Hengstes teilten, später ebenso in der Lage waren, als souveräner, starker Hengst in der eigenen Herde aufzutreten. Dies deckt sich z. B. mit den Befunden von Stahnke (1983) sowie Thyen und Hendrichs (1990) an Meerschweinchenmännern. **Nicht nur die Anwesenheit irgendeines männlichen Tieres, sondern speziell die Anwesenheit eines starken, souveränen männlichen Tieres in der Pubertät, formt hier offensichtlich die Persönlichkeit.** Anekdotische Berichte von Hundezüchter/innen über den Einfluss der Persönlichkeit eines entsprechend souveränen Rüden auf die Welpenentwicklung scheinen dieser Annahme Recht zu geben, denn Souveränität hat nichts mit Despotentum zu tun.

*Werden Junghengste in der Hengstgruppe auch von einem erwachsenen Hengst „betreut", sind sie später für Stuten attraktiver.*

## VERTRAUTHEIT ZUM MENSCHEN

Fundierte Studien über die Bedeutung der Pubertätsphase bei Hundeartigen sind bisher kaum veröffentlicht. Serpell (2003) zitiert Studien an handaufgezogenen Wölfen, die angeben, dass handaufgezogene Wölfe nur dann später die volle Vertrautheit mit dem Menschen behalten, wenn sie auch zum Zeitraum der körperlichen Geschlechtsreife, das heißt mit etwa sechs bis acht Monaten, noch oder wieder intensiven Kontakt mit Menschen hatten. Fehlt die zweite Phase, so sind die Wölfe später dem Menschen gegenüber zwar zahm, aber haben die ursprüngliche Vertrautheit verloren.

## TENDENZEN ZUR ABWANDERUNG

Ein allgemeingültiges, mehr theoretisches Regelkreis-orientiertes Modell, das mit der Pubertätsentwicklung in Einklang gebracht werden kann, stammt aus der Züricher Arbeitsgruppe von Norbert Bischof (vgl. Gansloßer et al., 2019). Hier werden die Entwicklungsprozesse von pubertierenden Jungtieren, die letztlich zur Abwanderung führen können, durch zwei einander entgegengesetzter innerer Tendenzen simuliert: Zum einen der Autonomieanspruch, der zu einer gewissen Überdrussreaktion führt, wenn einem die bisherigen, wohl geborgenen Lebensverhältnisse zu eng oder zu langweilig erscheinen. Zum anderen das Sicherheitsbestreben, das eben auch im Alter des pubertierend Heranwachsenden immer noch eine steuernde Variable seines sozialen Verhaltens darstellt. Die Schwankungen, die zwischen der Höhe dieser beiden einander entgegengesetzten Tendenzen dann zum Teil auch sehr kurzfristig stattfinden können, lassen sich bei pubertierenden Jugendlichen aller möglichen Spezies deutlich erkennen. Eine klare und allgemein verständliche Darstellung der Pubertätsvorgänge bei Hunden, stammt von Strodtbeck und Borchert (2013).

# ABWANDERUNG

Kompliziert wird das Geschehen insbesondere bei Betrachtung der Hundeartigen, insbesondere durch das Phänomen der Abwanderung, des „Dispersal“ (siehe Kasten).
Demgemäß gibt es sehr viele Erklärungsansätze und Untersuchungen zu diesem Thema bei einer breiten Vielzahl von Tierarten (siehe Gansloßer et al., 2019). Die generelle Tendenz bei Säugetieren ist, dass Dispersal meistens von männlichen Tieren ausgeführt wird, das heißt, die weiblichen Tiere bleiben eher im elterlichen Streifgebiet oder sogar in ihrer Geburtsgruppe. Bei Vögeln ist dies überwiegend umgekehrt. Bevor wir uns mit den Verhältnissen bei den Hundeartigen speziell beschäftigen, ein paar Erklärungsansätze, die generell für das Verständnis des Abwanderungsverhaltens herangezogen wurden.

## FUNKTIONAL-EVOLUTIVE EBENE

Clutton-Brock und Lucas (2013)sowie Pérez-González und Carranza (2009) stellen die neuesten Erkenntnisse vor.
Auf der „Wozu?“-Ebene, der funktional-evolutiven Ebene, werden entweder Inzuchtvermeidung, Konkurrenzreduzierung seitens der Eltern und/oder der Heranwachsenden, der Geschlechtsdimorphismus, oder auch einfach nur die Manipulation durch die Eltern, welche die Jungtiere vertreiben können, angeführt. In manchen Studien und in manchen Populationen von Kleinsäugern scheint es auch Hinweise auf eine genetische Veranlagung zu geben. Dort gibt es offenbar bestimmte Individuen, die genetisch mit mehr oder weniger Abwanderungsmotivation ausgestaltet sind. Oft wird auch eine Kombination von mehreren der hier genannten Faktoren angenommen, z. B., dass die Inzuchtvermeidung durch Abwanderung des einen Geschlechts und die zukünftige Unterstützung der Eltern bei der Aufzucht späterer Jungtiere, also die elterliche Manipulation, beim Zuhausebleiben des anderen Geschlechts eine Rolle spielen würde. Manche Studien nehmen auch schlichtweg an, dass Abwanderung primär keine Vorteile bringt, sondern nur eine Folge von überfüllten Lebensräumen ist.

**DISPERSAL**
Dies ist eine derjenigen Verhaltenserscheinungen, die am deutlichsten zwischen der Struktur von Populationen, dem genetischen Aufbau und den räumlichen Organisationen einerseits und dem unmittelbar beobachtbaren Verhalten andererseits vermittelt.

## PROXIMATE EBENE

Auf der proximaten, der Mechanismenebene dagegen sind die Untersuchungen wesentlich weniger zusammenhängend und lassen auch nur wenige durchgehende Argumentationslinien erkennen. Zudem sind die Ergebnisse an den verschiedenen untersuchten Arten nicht immer widerspruchfrei. Es könnte also sehr wohl sein, dass die Abwanderung bei nicht allen Arten und vielleicht sogar bei beiden Geschlechtern von unterschiedlichen Mechanismen angetrieben sind und unterschiedlichen funktionalen Zwecken dienen. Ein häufig angeführtes proximates Argument

*Gibbonjunge wandern erst im Alter von ca. 4 – 6 Jahren ab, oder werden vertrieben.*

für das Entstehen von Abwanderungsverhalten ist die Dichte und die daraus oftmals resultierende Aggression: Vielleicht werden die Abwanderer einfach aktiv vertrieben. Obwohl diese Deutung häufig zu finden ist, trifft sie wohl nur auf wenige Gruppen, z. B. monogame Gibbons oder Feldmäuse, zu. Oft wandern sogar die aggressivsten und ranghöchsten Tiere ab. Auch im Erwachsenenstadium wechseln z. B. die ranghöchsten, männlichen Tiere bei manchen Makaken nach einigen Jahren wieder den Trupp.

## DER ZAUNEFFEKT (SOCIAL FENCE)

Eine besondere Form der dichtebedingten Abwanderung ist die von Lidicker postulierte Situation des social fence, sozusagen des sozialen Zaunes und des dispersal sink, des freien einwanderungsfähigen Raumes (vgl. Gansloßer et al., 2019). Lidicker fordert als Voraussetzung für erfolgreiche Abwanderung freie Lebensräume am Rande des Verbreitungsgebietes, die „dispersal sinks". Sind solche vorhanden, wandern bei zunehmender Dichte immer mehr Tiere ab. Im Zentrum des Verbreitungsgebietes leben überwiegend verwandte Tiere, mit einer entsprechend niedrigen Aggressionsrate. Sind die dispersal sinks voll, setzt ein Abgrenzungseffekt ein. Die aus dem zentralen Bereich hinausdrängenden Individuen werden von der weniger verwandten, daher aggressiver reagierenden Gruppe der „Randexistenzen" zurückgehalten und bleiben zu Hause: social fence oder Zauneffekt. Die Erscheinungen sind z. B. im Wildtiermanagement von großer Bedeutung, vor allem dann, wenn eine Art in ihrem Lebensraum bereits wieder recht häufig wurde, muss man nämlich genau die richtigen Tiere entnehmen!

*In jedem Welpenwurf gibt es eine mehrschichtige soziale Situation.*

## ÜBERDRUSSVERHALTEN

Ein besonders interessantes Modell ist das von der Züricher Psychologengruppe Harry Gubler und Norbert Bischof aufgestellte Modell des Überdrussverhaltens. Nach diesen Überlegungen wird Abwanderung nicht durch zu wenig, sondern durch zu viel Vertrautheit mit den Gruppen- und Familienmitgliedern erreicht. Im Laufe der Ontogenie steigt der Autonomieanspruch, das Sicherheitsbedürfnis sinkt und daraus entsteht eine Überdrussreaktion. Diese treibt die Jungtiere schließlich hinaus in die Ferne. Neben einigen Arbeiten an Krallenaffen und Menschen, kann als Beleg hierfür auch eine Studie an einer australischen Beutelmaus herangeführt werden. In Begegnungstests zwischen Heranwachsenden und deren Müttern bzw. fremden Weibchen zeigt sich, dass, obwohl keine Aggression von Mutter zu Sohn beobachtet werden konnte, trotzdem die Söhne das mütterliche Streifgebiet verließen. Fehlte die Mutter, war ein fremdes Weibchen anwesend, blieben Söhne und Töchter zu Hause (siehe Gansloßer, 1998). Die Komponenten des genannten Züricher Modells der sozialen Motivation, zu dem neben dem Autonomiegefühl unter anderem auch die Sexualität, die Empfindung räumlicher Nähe und das Sicherheitsbedürfnis bzw. die dem Sicherheitsbedürfnis entgegengesetzte Erregung gehören, sind nur in komplexer Weise miteinander verknüpfbar. Faktoren wie Bindung, Furcht und Submission unterdrücken bzw. reduzieren, Faktoren wie Überdruss, Neugier und Selbstsicherheit stärken die Abwanderungsbestrebungen. Dazu kommen die inneren Faktoren des sogenannten inneren Copings, der inneren Problembewältigung (siehe S. 143).

## ABWANDERUNG BEI HUNDEARTIGEN

Diejenigen Erklärungsmuster, die im Durchschnitt wohl die Abwanderungsstrategien der Hundeartigen am besten abbilden, sind teilweise auch an Hunden, jedoch durchaus auch an Murmeltieren, Gorillas, Löwen und Raubbeutlern bestätigt worden. Es gibt offensichtlich einen deutlichen Zusammenhang zwischen Grad und Häufigkeit des Spielens, Bindungs- und Rangordnungsver-

halten der Wurfgeschwister und dem späteren Abwandern:

**Abwanderer werden oft frühzeitig von den Wurf- und Gruppenmitgliedern gemieden, bzw. treten dann auf, wenn wegen eines Wechsels in der Gruppenführung keine vorherigen ausgiebigen Kontakte mit den derzeitigen „Regierungschefs" bestanden.** Ähnliche Ergebnisse erhielt man (Waser, 1988), als man Kängururatten nach der Entwöhnung durch einen Zaun einige Wochen in bzw. außerhalb des mütterlichen Bauareals hielt. Nach Wegnahme des Zaunes blieben diejenigen, die innerhalb des Areals bleiben mussten, freiwillig zu Hause, die anderen dagegen wanderten ab (die Beschreibung in wörtlicher Übersetzung lautet: „Sie waren offensichtlich nicht mehr in der Lage, den Bau wieder zu betreten"). Diese Befunde deuten an, dass während der oder kurz vor der Abwanderungszeit die Ausbildung persönlicher Beziehungen und eventuell Bindungen zu den Wurfgeschwistern bzw. zu den Elterntieren der entscheidende Faktor für die Entscheidung, ob Abwandern oder Zu-Hause-Bleiben, sein würde.

### Mehrschichtige soziale Situation in Würfen

Zu diesen Befunden passen am besten auch die Studien an einer Vielzahl von Hundeartigen (Zusammenfassung Gansloßer, 2006), die zeigen, dass es in jedem Welpenwurf eine mehrschichtige soziale Situation gibt:

- Die **ranghöchsten** Jungtiere sind diejenigen, die am frühesten bzw. am weitesten abwandern. Das bestätigen Untersuchungen an Rotfüchsen, Kojoten, Wölfen und Haushunden, andere Arten passen wohl auch anekdotisch in dieses Schema.
- Die **rangmittleren** Jungtiere sind diejenigen, die durch intensives Spielverhalten untereinander eine intensive Beziehung zueinander aufbauen und dieses intensive Spielverhalten offensichtlich auch zur Vorbereitung ihrer späteren Anwesenheit im Rudel als Brutpflegehelfer und Babysitter nutzen.
- Das **rangtiefste** Tier, das „Schmuddelkind", das von allen gemieden wird und mit niemandem spielen kann, dagegen verlässt mit der Zeit ebenfalls den Wurf bzw. wird vertrieben. Im Gegensatz zum ranghöchsten Abwanderer aber ist es meist nicht in der Lage, sich in einem neuen Rudel niederzulassen, sondern muss als staatenloser Grenzgänger in den Randbereichen zwischen den Territoriumsgrenzen herumstreifen und kommt oft auch nicht zur Fortpflanzung.

Nur die ranghöchsten Abwanderer sind offensichtlich in der Lage, sich erfolgreich anderen Rudeln anzuschließen oder sich in fremden Gebieten zur Fortpflanzung zu etablieren. Jedoch sind diese, eher durchschnittlichen Verhältnisse, durch eine Reihe von komplizierteren Einzelsituationen wieder zu relativieren.

## FORTPFLANZUNGS- UND ABWANDERUNGSFORMEN

Sillero (2006) und Macdonald (2006) zeigen, wie selbst innerhalb der gleichen Population, geschweige denn der gleichen Art, sehr unterschiedliche Fortpflanzungs- und Abwanderungsformen zu finden sind. Es gibt wiederholte Beobachtungen an Wölfen, Kojoten, Wildhunden und anderen auch kleineren Canidenarten, wonach Tiere zunächst abwandern, sich dann in der Nachbarschaft oder an der Grenze des elterlichen Territoriums mit eigenen Paarungspartnern niederlassen (das erinnert an den social fence effect), dort mehr oder weniger erfolglos Jungtiere aufzuziehen versuchen, dann wieder in die elterliche Familie zurückkehren, um dort als Brutpflegehelfer zu arbeiten. Andere wandern sehr weit weg, lassen sich woanders nieder und ziehen erfolgreich auf oder wandern weit weg, lassen sich nieder, sind erfolglos und kommen zurück. Wieder andere gehen nur ins Nachbarrevier und schließen sich dem dortigen Rudel an, alles innerhalb der gleichen Art und alles innerhalb der gleichen Population. Welchen Einfluss dabei einerseits die ultimaten Faktoren der Inzuchtvermeidung und der Ressourcenkonkurrenz, und andererseits die proximaten Faktoren von Scheinträchtigkeit, Brutpflegemotivation aus hormonellem Antrieb und Verwandtenerkennung haben, können wir bisher nur vermuten. Bemerkenswert ist jedoch, dass es sich hier innerhalb der gleichen Arten um ein wahres Mosaik unterschiedlicher Mechanismen zu handeln scheint.

**Eines jedoch ist bei Hundeartigen als Trend sehr deutlich erkennbar: Je kleiner die Hundeart ist, desto häufiger wandern Männchen ab, je größer, desto mehr die Weibchen.**

Die kleinsten Arten, die nur ein bis anderthalb Kilogramm schweren Kitfüchse, Fennecs und andere kleine Fuchsarten haben manchmal sogar ein aus einem Rüden und zwei oder sogar drei Fähen bestehendes Sozialsystem, also eine absolut hundeuntypische, aber säugetiertypische Organisation. Hier wandern überwiegend die Rüden ab.

Bei den mittelgroßen, etwa schakalgroßen Arten ist das Abwanderungsverhalten beider Geschlechter etwa gleich groß, das heißt, Rüden und Fähen wandern mit gleicher Wahrscheinlichkeit ab, daraus resultieren dann auch mehr oder weniger stabile monogame Paare.

Bei den größten Arten ist die Abwanderung eindeutig weibchenlastig, die Rüden bleiben zu Hause und werden Babysitter. Der Extremfall sind die Rudel Afrikanischer Wildhunde mit oft nur einem weiblichen Tier und einem halben Dutzend Rüden.

### Ablauf von Abwanderungen

Gerade bei den Hundeartigen wird, wie die zusammenfassenden Darstellungen (z. B. Macdonald, 2006) zeigen, die Dynamik der Rudelbildung und des Abwanderungsverhaltens von der Verfügbarkeit freier Reviere und der Verteilung und Größe der Nahrungsressourcen erheblich mitbeeinflusst. Es kann daher nur selten vorhergesagt werden, wie sich in einem bestimmten Gebiet unter bestimmten Bedingungen die Abwanderungssituation entwickeln wird. Jedoch gibt es wenigstens einige Studien, z. B. von Messier (1985), die den Ablauf des Abwanderns bei Wölfen und verwandten Arten begleitet haben. Bei Messiers Studien zeigte sich, dass sich die potenziell abwandernden Rudelmitglieder zunächst durch immer längere, sowohl zeitliche als auch räumliche Entfernung vom Hauptrudel charakterisieren ließen. Sie blieben bei Wanderungen zurück, unternahmen Exkursionen in Nachbargebiete, kamen wieder, schlossen sich dem Rudel erneut an. Bei der nächsten Exkursion blieben sie weiter zurück oder wanderten weiter, blieben länger weg, kamen wieder und so weiter. Im Laufe mehrerer Wochen bis Monate löste sich schließlich die Bindung oder die Beziehung zum alten Rudel und das neue Rudel wurde zunehmend immer

mehr aufgesucht. Schon Zimen (2003) konnte zeigen, dass im neuen Rudel überwiegend die ranghöchste Wölfin entscheidet, ob neue Helfer von außerhalb rekrutiert werden oder nicht.
Der enge Zusammenhang des Abwanderungsverhaltens mit den bereits besprochenen Brutpflege- bzw. Babysitteraufgaben im Rudel, mit Nahrungs- und Ressourcenverteilung sowie mit den Konkurrenz- bzw. Konkurrenzvermeidungsmöglichkeiten, auch durch die differenzielle Bevorzugung des einen oder anderen Geschlechts, wird hier nochmals sehr deutlich, so dass das Abwanderungsverhalten sozusagen als Synthese im Kleinen für das gesamte Sozialsystem betrachtet werden kann.

### Passives Vertreibungsverhalten

Eines zeigen die Freilandstudien zum Abwanderungsverhalten von Kaniden jedoch ganz deutlich: den heranwachsenden Jungtieren wird meist nicht aggressiv durch Vertreibungsverhalten der Eltern die Tür gewiesen, sondern passiv durch zunehmendes Ignorieren. Die Zahl der Sozialkontakte, Spielaufforderungen, und anderer soziopositi ver Verhaltensmuster, geht im Laufe der Zeit immer mehr zurück und das ist dann in den allermeisten Fällen das Signal zum Schnüren des Ränzleins und Verlassen des elterlichen Familiengebietes. **Diese, in freier Natur sehr subtil wirkenden Mechanismen darf man als menschlicher Hundehalter keineswegs bedienen, indem man z.B. heranwachsende Junghunde ignoriert, sei es konkret zur Bestrafung von Missetaten oder gar, wie auch von manchen Trainerrichtungen vorgeschlagen wird, sozusagen vorsorglich und vorbeugend, um hinterher eine umso intensivere Beziehung oder gar Bindung aufbauen zu können.** Zudem zeigen z. B. die Freilanduntersuchungen von Patrizia Moehlmann (1987), dass die heranwachsenden Babysitter, solange sie in der Familiengruppe noch eine Funktion haben, von den Eltern regelmäßig verproviantiert und versorgt werden. Auch ein Kürzen der Nahrung, oder eine Abrichtung und Trainingsarbeit durch die weit verbreitete Methode des Futterverweigerns, bedient also die falschen Mechanismen im Abwanderungsverhalten von Hunden.

*Bei Schakalen und anderen mittelgroßen Kaniden ist die Abwanderung bei beiden Geschlechtern gleich häufig.*

# PLÄDOYER FÜR DEN GANZHEITLICHEN BIOHUND

Die nunmehr vollendete Parforce-Tour durch das faszinierende Gebiet der Verhaltensbiologie, mit vielen Seitenblicken auf verschiedene Tierarten hat, so hoffe ich, eines deutlich gezeigt: Verhalten ist eine sehr komplexe und sehr plastische Angelegenheit. Bei der Steuerung des Verhaltens wirken fast in jeder Situation viele Systeme und Einflussfaktoren zusammen. Nicht immer, aber immer öfter in den vergangenen Jahren und wenigen Jahrzehnten wissen wir schon ganz genau, auch gerade bei unseren Hunden, welche Faktoren wann wie stark wirken werden. Vielfach ist auch, als Erbe ihrer wilden Vorfahren, die Verhaltensplastizität und Anpassungsfähigkeit der Hundeartigen bereits ohne Auswirkungen der Domestikation sehr viel größer, als z. B. ein enger Vergleich mit nur ganz wenigen Wolfsstudien aus nur wenigen Gebieten früher vermuten ließ. Wenn wir aber nicht wissen, welche Faktoren wann und welchen Einfluss haben können, sollten wir vorsichtshalber lieber so tun, als ob auch beim Hund das passieren wird und passieren kann, was die Sozialisations- und anderen Studien bei anderen Säugetieren gezeigt haben. Es ist immer besser, vorsichtiger zu sein, anstatt sich darauf zu verlassen, dass der betreffende Umwelteinfluss für Hunde ja noch nicht explizit nachgewiesen sei.

## UMWELT- UND SOZIAL-KOMPETENZ

Sowohl in der Aufzucht, in der Welpen- und Junghundezeit, aber auch bei der Haltung eines erwachsenen Hundes müssen wir berücksichtigen, wie vielfältig die soziale Kompetenz, aber auch die Umweltkompetenz eines vollständig sozialisierten und kompetent aufgezogenen Hundes ist. Hunde sind keine Konditionierungsmaschinen, und der einseitige Bezug auf Nahrungserwerb und Nahrungssuche ist nicht nur im Zusammenhang mit den überkommenen Lernvorstellungen, sondern z.B. auch in Zusammenhang mit Beschäftigungsmaßnahmen und Verhaltensbereicherung nicht ausreichend. Was für Primaten und andere hochstehenden Säugetierarten, z. B. in der Zootierbeschäftigung gilt, sollte auch für unsere Hunde gelten: Die wirklich sinnvolle Verhaltensbereicherung, und damit auch die wirklich sinnvollen Maßnahmen der Beschäftigung, sollte sich mehr an den sozialen Mechanismen, an der Pflege, Aufrechterhaltung und Verbesserung der sozialen Beziehungen, und evtl. an der Lösung komplexer Fragestellungen, wie sie durch intelligente Lernapparaturen durchaus geboten werden können, und nur ausnahmsweise an einer reinen Futtersuche orientieren.

*Wer einen Hund oder auch mehrere zu sich nimmt, trägt eine große Verantwortung für sein/ihr Wohlbefinden.*

## VERANTWORTUNG ALS HUNDEBESITZER

Im Gegensatz zu landwirtschaftlichen Nutztieren ist ja das Argument, diese oder jene Maßnahme, sei es bei der Zucht, bei der Aufzucht oder bei der Ausbildung, würde den Preis eines Junghundes in unverantwortliche und untragbare Höhen treiben, nicht stichhaltig. Wir brauchen keine Hunde. Wer also einen Hund haben möchte, hat die Verantwortung (die übrigens auch das Tierschutzgesetz jedem einzelnen Tierhalter ausdrücklich vorgibt), ihn seiner Biologie entsprechend zu halten, auszubilden und zu betreuen. Die Verantwortung des Hundebesitzers erfordert es, dass der Hund von Anfang an optimale und im Sinne der hier dargelegten Befunde auch verantwortbare Bedingungen vorfindet. Wer diese Bedingungen nicht erfüllen kann oder nicht erfüllen will (man denke an überzeugte Veganer, die sogar ihre Hunde und Katzen zu einer solchen Existenz verurteilen wollen), der sollte sich keinen Hund halten. Wem die dafür notwendigen körperlichen, zeitlichen oder finanziellen Aufwendungen untragbar erscheinen, der sollte über Ratten oder andere, ebenfalls sehr intelligente, anlehnungsbedürftige und gesellige Haustiere als Ersatz für den Hund nachdenken. Wer aber einen Hund möchte, der muss auch bereit sein, für den verantwortungsbewussten, nicht rein kommerziell, sondern auch im Sinne des Tierschutzes handelnden Züchter die notwendigen Auslagen einer optimalen Frühsozialisation mitzutragen, indem er den entsprechend höheren Preis bezahlt.

*An Hunde werden heutzutage hohe Anforderungen gestellt, sich in unserer Gesellschaft zurechtzufinden.*

## VERANTWORTUNG ALS HUNDETRAINER

Wer als Trainer, Verhaltensberater oder in ähnlicher Multiplikatorenfunktion wirkt, sei es im Bereich der gewerblichen Hundeschulen (wobei gewerblich alles andere als ein Schimpfwort sein sollte!), oder im Vereinsbereich, der hat die Verpflichtung, sein erworbenes Wissen auch zum Wohle der von ihm betreuten Hunde und ihrer Menschen einzusetzen. Hier muss dann auch manchmal ein klares Wort gefunden werden, und je nach Dickfelligkeit des betreffenden Kunden gehören diese klaren Worte auch so deutlich ausgesprochen, dass dem Dickfelligsten die negativen Konsequenzen dessen klar werden, was er seinem Hund gerade anzutun gedenkt. Gerade in diesem Zusammenhang muss auch nochmals darauf hingewiesen werden, dass Erziehung und Training zwei völlig verschiedene Maßnahmen sind, und auch mit unterschiedlichen Methoden durchgeführt werden. Gerade in diesem Bereich ist noch viel Nachholbedarf, auch und gerade im Bewusstsein der Trainerschaft.
Die Maßnahmen, die im Erziehungsbereich ergriffen werden müssen, sind, wie gerade die Erfahrungen mit dem Konzept der Autoritativen Erziehung zeigen, ohne Regeln, Normen und Leitplanken nicht bewältigbar und diese müssen auch eingefordert werden. Das funktioniert nicht mit rein positiven Maßnahmen.

Ebenso wichtig ist aber auch, dass z. B. im Bereich von Erziehung, erst recht aber von Training, der Gewaltbegriff endlich aus der rein körperlich-physischen Gewalt heraus und auch auf weitere, eher psychische Maßnahmen erweitert wird. In einem eigenen Forschungsprojekt (erste Ergebnisse siehe z. B. Hinte-Breindl et al., 2018) werden diese Maßnahmen ausführlicher untersucht. Gerade hier ist es wichtig, auf die Grundbedürfnisse des Hundes einzugehen, und deren Sicherstellung wie auch z. B. im Tierschutzgesetz von jedem Tierhalter gefordert, auch umzusetzen.

## WOHLBEFINDEN EINES TIERES

Das Plädoyer für den Biohund, wie er in der ersten Auflage des Buches im Nachwort gefordert wurde, ist umso aktueller. Nicht nur Genetik, Gesundheit und Ernährung, auch die Aufzuchtbedingungen, die Lern- und Lehrmethoden, die gesamten Maßnahmen der Hundehaltung müssen sich an dem orientieren, was Hunde einerseits für ihr Wohlergehen brauchen, andererseits dafür auch haben möchten. Diese umfassende Betrachtung, dass das Wohlbefinden eines Tieres sehr wohl auch von dem abhängt, was es haben möchte und wie es dieses „Habenmögen“ dann in die Tat umsetzen kann, sollte aus der bereits im Bereich der Landwirtschafts-, Zootier- und Nutztierhaltung inzwischen üblichen Betrachtungsweise auch in die Haltung unserer Haus-, Heim- und Kumpantiere herüberschwappen. Viele Hunde, Katzen, Meerschweinchen und andere Kumpantiere in unseren Haushalten leben, wie z. B. auch Tierärzte immer wieder bestätigen, unter Bedingungen, die in keinem Zoo, in keinem Versuchstierlabor und auch nur selten in der Landwirtschaft geduldet würden.
Das Ausleben der Grundbedürfnisse und das Verfolgen der in der Tierschutzforschung üblichen fünf Freiheiten als Mindestanforderung, sollte auch für den Privatmenschen gelten, der sich ein Kumpantier hält.
**Wie bereits erwähnt – wir brauchen keine Hunde! Wer trotzdem einen hat, hat eine hohe Verantwortung für ein sehr komplexes, sehr kompetentes, aber für den Menschen auch ausgesprochen bereicherndes Lebewesen.** Die Trainerschaft als Multiplikatoren steht hier in der Verantwortung, dieses Gedankengut in ihre Kundenkreise hineinzutragen. Es wäre wünschenswert, wenn in die glücklicherweise in vielen Hundeschulen üblichen Theorieabende, z. B. in Welpenkursen, auch einmal eine Lehreinheit über tierschutzethischen Umgang mit dem Hund Eingang fände.
In diesem Sinne wünschen wir diesem Buch eine möglichst erfolgreiche Verbreitung und eine segensreiche Auswirkung auf das Leben unserer Hunde in den nächsten Jahren.

### DANK

Das Zustandekommen dieses Buches ist ein Teamprojekt. Neben der gewohnt kompetenten und sehr entgegenkommenden und unterstützungsbereiten Arbeit der Lektorin Hilke Heinemann, danke ich daher ganz besonders meinem Unterstützungsteam um Gianna Jann, dazu Kristin Messelhäußer und Sandra Bauer am Computer und den fleißigen Recherchehelferinnen, insbesondere Pauline Heinze, Jessica Dehler und Hannah Egner. Nur durch deren stetige Unterstützung konnte aus dem bisherigen „Schweinchenbuch“ dieses überarbeitete und erweiterte Werk werden. Ganz besonderen Dank schulde ich auch meiner Organisationsassistentin Franziska Ortmeier, die so wunderbar alle Fäden zusammenhält und gerade in der Textkorrektur manche Nachtschicht eingelegt hat.

# SERVICE
## — *Wissenswertes für Hundetrainer*

# LITERATURVERZEICHNIS

Adams, G.J.; K.G. Johnson (1993): Sleep-wake cycles and other night-time behaviours of the domestic dog *Canis familiaris*. Applied Animal Behaviour Science, 36(2), 233 – 248.

Adams, G.J.; K.G. Johnson (1994): Sleep, work, and the effects of shift work in drug detector dogs *Canis familiaris*. Applied Animal Behaviour Science, 41(1), 115 – 126.

Alcock, J. (1993): Animal Behaviour. Sinauer.

Anzenberger, G. (1992): Monogamous Social Systems an Patenity in Primates. 203 – 224. In: Martin, R. et al. (eds.): Paternity in primates. Karger, Basel.

Anzenberger, G. et al. (2001): Infant carrying in family groups of Goeldi's monkeys (*Callimico goeldii*). American Journal of Primatology. 53(2):57 – 67.

Apfelbach, R. (1995): „Olfactory Imprinting to Food Odours: The Example of the European Ferret (*Mustela putorius f. furo L.*)". Research and Captive Propagation. Hrsg. von U. Gansloßer, J.K. Hodges und W. Kaumanns. Fürth, Filander Verlag, 176 – 186.

Arahori M. et al. (2015): Do cats (*Felis catus*) predict the presence of an invisible object from sound? In: Journal of Veterinary Behavior 10(5), 407 – 412.

Archer, J. (1988): The behavioural biology of aggression. Cambridge UP.

Armitage, K.B. (1984): „Recruitment in Yellow-bellied Marmot populations: kinship, philopatry and individual varaiability". The Biology of Ground-Dwelling Squirrels: Annual Cycles, Behavioral Ecology, and Sociality. Hrsg. von J.O. Murie und G.R. Michener. Lincoln, University of Nebraska Press, 377 – 403.

Aron, E.N.; A. Aron; J. Jagiellowicz (2012): „Sensory processing sensitivity: a review in the light of the evolution of biological responsivity". Personality and Social Psychology Review 16(3), 262 – 282.

Arseneau-Robar, T.J.M. et al. (2016): Female monkeys use both the carrot and the stick to promote male participation in intergroup fights. Proc. R. Soc. B, 283(1843), 20161817.

Arseneau-Robar, T.J.M. et al. (2018): Male monkeys use punishment and coercion to de-escalate costly intergroup fights. Proc. R. Soc. B, 285(1880), 20172323.

Åsa, C.A. (1997): Hormonal and experiential factors in the expression of social and parental behavior in canids. 129 – 149. In: Solomon, S.J., A. French (eds): Cooperative Breeding in Mammals. Cambridge University Press.

Åsa, C.S.; I.J. Porton (2005): Wildlife Contraception. John Hopkins University Press, Baltimore.

Aureli, F.; F. de Waal (2000): Natural Conflict Resolution. University of California Press.

Baan, C.; R. Bergmüller; D.W. Smith; B. Molnar (2014): „Conflict management in free-ranging wolves, *Canis lupus*". Animal Behaviour 90, 327 – 334.

Balcombe, J. (2009): Animal pleasure and its moral significance. Appl. Animal Behav. Sci., 118(3 – 4), 208 – 216.

Barja et al. (2004): The importance of crossroads in faecal marking behaviour of the wolves (*canis lupus*). The science of nature 91(10), 489 – 492.

Barja et al. (2006): Faecal marking behavior in ringtails (*bassariscus astutus*) during the non-breeding period: spatial characteristics of latrines and single faeces. Chemoecology 16(4), 219-22.

Barja et al. (2008): Relationships between sex and stress hormone levels in feces and marking behavior in a wild population of Iberian Wolves. J. Chem. Ecol. 34, 697 – 701.

Bateson, P. (1994): The dynamics of parent-offspring relationships in mammals. Trends in Ecology & Evolution 9(10), 399 – 403.

Batt, L.S. et al. (2009): The value of puppy raisers' assessments of potential guide dogs' behavioral tendencies & ability to graduate Anthrozoös 22, 71 – 76.

Becker-Carus, C. et al. (1972): Motivation, Handlungsbereitschaft, Trieb. Zeitschrift für Tierpsychologie, 30(3), 321 – 326.

Beerda, B. et al. (1998): Behavioural, saliva cortisol and heart rate responses to different types of stimuli in dogs. Applied Animal Behaviour Science, 58(3 – 4), 365 – 381.

Beery, A.K.; D.M. Routman; I. Zucker (2009): Same-sex social behavior in meadow voles: multiple and rapid formation of attachments. Physiology & behavior, 97(1), 52 – 57.

Bekoff, M. (1977): Mammalian dispersal and the ontogeny of individual behavioral phenotypes. Am. Mat. 111, 715 – 732.

Bekoff, M. (1978): Behavioral development in coyotes and eastern coyotes. In: Bekoff, M.: Coyotes: biology, behavior and management. Academic Press, New York.

Bekoff, M. (1999): „Social Cognition: Exchanging and Sharing Information on the Run". Erkenntnis 51(1), 617–632.

Bekoff, M. (2004): Encyclopedia of Animal Behavior.

Bekoff, M.; J. Pierce (2017): Sind Tier die besseren Menschen? Kosmos, Stuttgart.

Benus, R.F. (1995): Variation in Aggression: Ontogenetic Factors and Individual Differences. 226 – 236. In: Gansloßer, U.; J.K. Hodge; W. Kaumanns (eds.): Research and Captive Propagation. Filander, Fürth.

Bernstein, I.S. (1981): Dominance: The baby and the bathwater. Behavioral and Brain Sciences 4(3), 419 – 429.

Biben, M. (1983): Comparative ontogeny of social behaviour in three South American canids, the maned wolf, crab-eating fox and bush dog: implications for sociality. Animal Behaviour, 31(3), 814 – 826.

Bibikoff, R. (1992): Der Wolf. Neue Brehm Bücherei, Westarp, Magdeburg.

Bick-Sander, A. et al. (2006): Running in pregnancy transiently increases postnatal hippocampal neurogenesis in the offspring. Proc Natl Acad Sci U S A, 103(19): 7530.

Blankenburg, M.; M. Klatt( 2015): Beschwichtigungssignale. In: Gansloßer, U. (Hrsg.): Kommunikation und Konfliktmanagement. 35 – 50. Filander, Fürth.

Bloch, G.; K. Bloch (2002): Timberwolf, Yukon & Co. Kynos, Nerdlen.

Bloch, G. (2007): Die Pizza-Hunde. Kosmos, Stuttgart.

Bloch, G.; P.A. Dettling (2009): Auge in Auge mit dem Wolf. Kosmos, Stuttgart.

Bloch, G.; J.E. Marriott (2017): Die Pipestone Wölfe. Kosmos, Stuttgart.

Boitani, L.; P. Ciucci (1995): Comparative social ecology of feral dogs and wolves. Ethology, Ecology & Evolution 7(1), 49 – 72.

Boitani, L. et al. (2003): Behaviour and social ecology of free-ranging dogs.

Boitani, L. et al. (2017): The ecology and behavior of feral dogs. In: Serpell, J. (eds.): The Domestic Dog. Cambridge. 342 – 36.

Bolhuis, J. (2005): Development of Behavior. 119 – 145. In: Bolhuis, J. und L.-A. Giraldeau (eds.): The behavior of animals. Blackwell, Oxford.

Bolhuis, J.; R.C. Honey (1998): Imprinting learning and development: from behavior to brain and back. Trends Neurosciences 21, 306 – 311.

Bonanni, R.; S. Cafasso (2014): The Social Organisation of a population of free-ranging dogs in a suburban area of Rome. 65 – 104. In: Kaminski, J.; S. Marshall-Pescini (2014): The social dog: behavior and cognition. Acad. Press, Amsterdam.

Boulet, M.; M.J. Charpentier; C.M. Drea (2009): Decoding an olfactory mechanism of kin recognition and inbreeding avoidance in a primate. BMC Evol. Biol. 9:281.

Brade, W. (2003): Neuere Erkenntnisse zur Domestikation und Verhaltensgenetik des Hundes. Prakt. Tierarzt 84, 11, o.S.

Bradshaw, J.W. (2011): Dog Sense. Basic Books. NY.

Bradshaw, J.W. et al. (2014): Dominance in domestic Dogs – A response to Schilder et al. Journal of Vererinary Behavior 11, 102 – 108.

Bradshaw, J.W.; E.J. Blackwell; R.A. Casey (2016): Dominance in domestic dogs – A response to Schilder et al. (2014). Journal of Veterinary Behavior: Clinical Applications and Research, 11, 102 – 108.

Bramham, C.R.; P.F. Worley; M.J. Moore; J.F. Guzowski (2008): The immediate early gene arc/arg3.1: regulation, mechanisms and function. Journal of Neuroscience, 28(46), 11760 – 11767.

Bräuer, J. (2014): What dogs understand about humans. 295 – 318. In: Kaminski, J.; S. Marshall-Pescini (2014): The social dog: behavior and cognition. Elsevier.

Broom, D.M. (2001): Coping, Stress and Welfare. 1 – 10. In: Broom, D.M. (ed.): Coping with Challenge. Dahlem Uni. Press, Berlin.

Buchholtz, C. (1993): Das Handlungsbereitschaftsmodell – ein Konzept zur Beurteilung und Bewertung von Verhaltensstörungen. Leiden und Verhaltensstörungen bei Tieren. Bd, 23, 93 – 109, Parey, Berlin, Hamburg.

Burghardt, G.M. (1985): Animal awareness. Current perceptions and historical perspective. Am Psychol., 40(8):905 – 19.

Burghardt, G.M. (1995): Brain imaging, ethology, and the nonhuman mind. 339 – 340. Cambridge University Press.

Burghardt, G.M. (2005): Play: Many meanings, few answers. 3 – 20. In: The Genesis of Animal Play. Cambridge, MIT-Press.

Burghardt, G.M. (2015): Integrative Approaches of the biological studies of play. In: Johnson, J. et al. (eds.): The Handbook of the Study of Play, 1(19 – 40). Rowman & Littlefield, Lanham.

Burman, O. et al. (2011): Using judgement bias to measure positive affective state in dogs. Applied Animal Behaviour Science, 132(3 – 4), 160 – 168.

Burman, O. (2014): Do Dogs Show an Optimistic or Pessimistic Attitude to Life? 347 – 372. In: Kaminski, J.; S. Marshall-Pescini (eds): The Social Dog. Acad. Press Amsterdam.

Call, J.; J. Bräuer; J. Kaminski; M. Tomasello (2003): „Domestic dogs (*Canis familiaris*) are sensitive to the attentional state of humans". Journal of Comparative Psychology 117(3), 257 – 263.

Caramaschi, D. et al. (2013): Differential DNA Methylation Regions in Cytokine and Transcription Factor Genomic Loci Associate with Childhood Physical Aggression. In: PLoS one 8(8): e71691.

Carere C.; D. Maestripieri (eds., 2013): Animal Personalities. Chicago UP.

Carthey, A.J.M.; M.R. Gillings; D.T. Blumstein (2018): The Extended Genotype: Microbially Mediated Olfactory Communication. Trends in ecology and evolution.

Chakrabarti, S.; Y.V. Jhala (2017): Selfish partners: resource partitioning in male coalitions of Asiatic lions. Behavioral Ecology, 28(6), 1532 – 1539.

Chase, I.D. (1982): Dynamics of Hierarchy Formation. The Sequential Development of Dominance Relationships. Behaviour 80(3 – 4), 218 – 240.

Cheney, D.L.; R.M. Seyfarth (1992a): How monkeys see the world: Inside the mind of another species. University of Chicago Press.

Cheney, D.L.; R.M. Seyfarth (1992b): „Précis of How monkeys see the world". Behavioral and Brain

Sciences 15(1), 135 – 147.

Cheney, D. L. (2011): „Extent and limits of cooperation in animals". Proceedings of the National Academy of Sciences of the United States of America 108 Suppl 2, 10902 – 10909.

Choleris, E.; M.M. McCarthy; M. Kavaliers (2012): Sex in the Brain. Horm. Behav. 61, 1 – 3.

Clark, M.M.; Jr B.G. Galef (1995): Prenatal influences on reproductive life history strategies. Trends in Ecology & Evolution, 10(4), 151 – 153.

Clayton, N.S.; A. Dickinson (1998): „Episodic-like memory during cache recovery by scrub jays". Nature 395(6699), 272 – 274.

Clayton, N.S.; K.S. Yu; A. Dickinson (2011): Interacting Cache Memories: Evidence for flexible memory use by Western Scrab Jays. J. Exp. Psychol. 29, 14 – 22.

Clutton-Brock, T.H. (1989): Review lecture: mammalian mating systems. Proc. R. Soc. Lond. B, 236(1285), 339 – 372.

Clutton-Brock, T.H.; G.A. Parker (1995): „Punishment in animal societies". Nature 373(6511), 209 – 216.

Clutton-Brock, T.H.; D. Lukas (2013): The evolution of social monogamy in mammals. Science 2, 526 – 530.

Cook, P.F.; M. Spivak; G.S. Berns (2014): One pair of hands is not like another: caudate BOLD response in dogs depends on signal source and canine temperament. PeerJ, 2, e596.

Cooper, J.J.; C.R. Nicol (1993): The coping hypthesis of stereotypic behaviour: a reply to Rushen. Anim. Behav. 45, 613 – 618.

Coppinger, R.; L. Coppinger (2003): Dogs. Chicago UP.

Coppinger, R.; M. Feinstein (2015): How Dogs work. Chicago University Press.

Corbett, L.K. (1995): The Dingo in Australia and Asia. Comstock, Cornell.

Corbett, L. (2006): Der Australische Dingo (*Canis lupus dingo).* 301 – 320. In: Gansloßer U., C. Sillero-Zubiri (Hrsg.): Wilde Hunde. Filander, Fürth.

Crabbe, J.C.; D. Wahlsten; B.C. Dudek (1999): Genetics of Mouse Behavior. Science 284, 1670 – 1672.

Craig, J.V. (1986): Measuring Social Behavior: Social Dominance. Journal of Animal Science 62(4), 1120 – 1129.

Creel, S.; N. Marushacreel; S.L. Monfort (1996): „Social stress and dominance". Nature 379(6562), 212 – 212.

Creel, S.; N.M. Creel; M.G. Mills; S.L. Monfort (1997): Rank and reproduction in cooperatively breeding African wild dogs: behavioral and endocrine correlates. Behavioral Ecology, 8, 298 – 306.

Creel, S. (2005): Dominance, aggression, and glucocorticoid levels in social carnivores. Journal of Mammalogy, 86, 255 – 264.

Csányi, V. (2006): Wenn Hunde sprechen könnten. Kynos, Nerdlen.

Dawkins, M. et al. (1982). Evolutionary Ecology of Thinking State of the Art Report. Animal Mind – Human Mind. Hrsg.von D.R. Griffin. Berlin, Springer, 355 – 373.

Dawkins, R.; J.R. Krebs (1978). Animal Signals: Information or Manipulation? Behavioural Ecology. Hrsg. von J.R. Krebs und N. Davies. Oxford: Blackwell, 282 – 312.

De Lamo, D. (1999): Leben im Hochgebirge. S. 337 – 352. In: Gansloßer, U. (Hrsg.): Spitzenleistungen. Filander, Fürth.

Delgado, M.; L.F. Jacobs (2016): Inaccessability of reward in creases persistence and signalling in the Fox squirral. J. Comp. Physiol. 130, 128 – 137.

Derix, R.R.W.M. et al. (1995): Male and Female Partners Preferences in a captive Wolf Pack (*Canis Lupus*). Specificity versus Spread of Sexual Attention. Behaviour 132(1 – 2), 127 – 149.

Devost, I. et al. (2016): Personality does not predict social dominance in wild groups of black-capped chickadees. Anim. Behav. 122, 67 – 76.

DeVries, T.J. (2003): Short Communication: Diurnal Feeding Pattern of Lactating Dairy Cows. Journal of Dairy Science 86(12), 4079 – 4082.

de Waal, F. (1977): The Organisation of Agonistic Relations within two captive Groups of Java-Monkeys (*Macaca fasciculans*). Tierpsychologie 44(3), 225 – 282.

de Waal, F. (2011): Das Prinzip Empathie. Was wir von der Natur für eine bessere Gesellschaft lernen können. Hanser Verlag, München.

Drews, C. (1993): The Concept and Definition of Dominance in Animal Behaviour. Behaviour 125(3 – 4), 283 – 313.

Dunbar, R.I.M. (1998): The social brain hypothesis.

Dunbar, R.I.M.; J. Bever (1998): Neocortex size predicts group size in Carnivoren and some insectivores. Ethology 104, 695 – 708.

Dunbar, R.; S. Shultz (2007): Evolution in the Social Brain. Science 317, 344 – 347.

Dopfer, M. (2016): Soziale Mechanismen in einer Meute Englischer Foxhounds. Doctoral dissertation, Universität Leipzig.

Douhard, M. (2017): Offspring sex ratio in mammals and the Trivers-Willard hypothesis: In pursuit of unambiguous evidence. BioEssays, 39(9), 1700043.

Drea, C.; K. Wallen (1999): Low-status monkeys play dumb when learning mixed social groups. PNAS 96(22).

Drews, C. (1993): The concept and definition of dominance in animal behaviour. Behaviour, 125, 283 – 313.

Dudel, J.; R. Menzel; R.F. Schmitt (Hrsg.) (2001): Neurowissenschaft. Springer, Berlin.

Eckert, R. (2002): Tierphysiologie. Thieme, Stuttgart.

Eisenberg, J.F. (1981): The mammalian radiations. Chicago UP.

Eisenberg, J.F.; P. Leyhausen (1972): The Phylogeny of predatory behaviour in mammals. Z. Tierpsychologie 30, 59 – 93.

Elsing, N. (2018): Auswirkungen des Maulkorb-Tragens auf das Verhalten und die Cortisolwerte von Polizeidiensthunden. Diss. Biol. Universität Greifswald.

Emery, N.J. (2000): „The eyes have it: the neuroethology, function and evolution of social gaze“. Neuroscience & Biobehavioral Reviews 24(6), 581 – 604.

Emery, N.J.; D.G. Amaral (2000): „The Role of the Amygdala in Primate Social Cognition“. Cognitive Neuroscience of Emotion. Hrsg. von R.D.R. Lane, L. Nadel, G.L. Ahern, J. Allen und A. W. Kaszniak. Oxford University Press, 156 – 191.

Emery, N.J.; N.S. Clayton (2001): „Effects of experience and social context on prospective caching strategies by scrub jays“. Nature 414(6862), 443 – 446.

Emery, N.J.; N.S. Clayton (2005): Cognition. 170 – 196. In: Bolhius und Giraldeau, Blackwell, Oxford.

Engel, J. (2002): Methodenkritischer Vergleich verschiedener Verfahren zur Beschreibung von Dominanzbeziehungen. In: Gansloßer, U. (Hrsg.): Gruppenmechanismen. 59 – 66. Filander, Fürth.

Ettner, T. et al. (2015): Beziehungen, Sozialstrukturen und ihre Dynamik. 141 – 180. In: Gansloßer, U. (Hrsg.): Kommunikations- und Konfliktmanagement. Filander, Fürth.

Ewert, J.P. (2005): Stimulus Perception. 13 – 40. In: Bolthius und Giraldeau.

Fagen, R. (1976): „Exercise, play and physical training in animals“. Perspectives in Ethology. Hrsg. von P.P.G. Bateson und P. Klopfer. Bd., Plenum Press, 189 – 219.

Fagen, R. (1981): Animal Play Behavior. Oxford University Press.

Fagen, R.; J.M. Fagen (1996): Individual distinctiveness in Brown bears, *Ursus arctos*. Ethology 102, 212 – 226.

Fagen, R.; J.M. Fagen (2004): Juvenile survival and benefits of play behavior in brown bears, *Ursus arctos*. Evol. Ecol. Res. 6, 89 – 102.

Falconer-Taylor, R. et al. (2013): Emotionen einschätzen, Hunde verstehen. Cadmos, Schwarzenbek.

Farhoody, P. et al. (2018): Aggression toward familiar people, strangers and conspecifics in gonadectomized and intact dogs. Frontiers in veterinary science, 5, 18.

Fersen, L.v. (1995): The study of cognition and ist benefit for breeding programmes. 263 – 271. In: Gansloßer, U.; K. Hodge; W. Kaumanns (eds.): Research and Captive Propagation. Filander, Fürth.

Fey, K.; F. Trillmich (2008): Sibling competition in guinea pigs (*Cavia aperea f. porcellus*) scrambling for mothers teats is stressful. Behavioral ecology and sociobiology, 62(3), 321 – 329.

Finarelli, J.A. (2008): Testing hypotheses of the evolution of encephalization in the Canidae (*Carnivora, Mammalia*). Paleobiology, 34(1), 35 – 45.

Finarelli, J.A.; J.J. Flynn (2009): Brain-size evolution and sociality in *Carnivora*. Proceedings of the National Academy of Sciences, 106(23), 9345 – 9349.

Fleissner, G. (2001): Rhythmirität, zirkadiane Rhythmik und Schlaf. 527 – 542. In: Dudel, J.; R. Menzel; R.F. Schmidt (Hrsg.): Neurowissenschaft. Springer, Berlin.

Foyer, P. et al. (2013): Early experiences modulate stress coping in a population of German shepherd dogs. Applied animal behaviour science, 146(1 – 4), 79 – 87.

Foyer, P. et al. (2014): Behaviour and experiences of dogs during the first year of life predict the outcome in a later temperament test. Applied animal behaviour science, 155, 93 – 100.

Foyer, P.; E. Wilsson; P. Jensen (2016): Levels of maternal care in dogs affect adult offspring temperament. Scientific reports, 6, 19253.

Franklin, T.B.; I.M. Mansuy (2010): Epigenetic inheritance in mammals: evidence for the impact of adverse environmental effects. Neurobiology of disease, 39(1), 61 – 65.

Fraser, D.; I.J.H. Duncan (1998): Pleasures, pains and animal welfare: toward a natural history of affect. Animal welfare, 7(4), 383 – 396.

Frith, C.; U. Frith (2005): Theory of mind. Current biology: CB 15(17), R644 – 646.

Fugazza, C. (2012): Do as I do – Machs mir nach! Dogfriend Publishers, Frankfurt.

Fugazza, C.; Á Miklósi (2013): Deferred imitation and declarative memory in domestic dogs. Animal cognition, doi: 10.1007/s10071-013-0656-5.

Fugazza, C.; Á. Miklósi (2014): Should old dog trainers learn new tricks? The efficiency of the Do as I do-method and shaping/clicker training-method to train dogs. Applied Animal Behaviour Science, 153, 53 – 61.

Fugazza, C.; Á. Pogány; Á. Miklósi (2016): „Recall of Others Actions after Incidental Encoding Reveals Episodic-like Memory in Dogs". Current biology: CB 26(23), 3209 – 3213.

Gácsi, M. et al. (2001): Attachment behavior of adult dogs (*canis familiaris*) living at rescue centers: Forming new bonds. Journal of comparative Psychology, Vol. 115 (4): 423-31.

Gansloßer, U. et al. (1990): Confrontations between unfamiliar individuals of Dasyuroides byrnei (*Marsupialia Dasyuroidae*) do not follow a predictable stage sequence. Ethology Ecology & Evolution, 2(2), 183 – 193.

Gansloßer, U. (1993): Stages in Formation of Social Relationships – An Experimental Investigation in Kangaroos (*Macropodoidea: Mammalia*). In: Mammal Review, 25(3), 131 – 157.

Gansloßer, U.; B. Dellert (1997): Experimental alterations of food distribution in two species of captive equids (*Equus burchelli* and *E. hemionus kulan*). Ethology Ecology & Evolution, 9(1), 1 – 17.

Gansloßer, U. (1998): Säugetierverhalten. Filander, Fürth.

Gansloßer, U. (2002): Stufen und Persönlichkeiten-Einflüsse auf Beziehungsbildung. 67 – 72. In: Gansloßer, U. (Hrsg.): Gruppenmechanismen. Filander, Fürth.

Gansloßer, U. (2005): Domestikation. 151 – 155. In: Gansloßer, U.; H. Lücker; P. Linhart: Wildtierhaltung. Band I. Filander, Fürth.

Gansloßer, U.; C. Sillero-Zubiri (2006): Wilde Hunde. Filander, Fürth.

Gansloßer, U. (2011): Neuere Untersuchungen zum Spielverhalten des Haushundes. 7 – 16. In: U. Gansloßer (Hrsg.): Hund, Wolf &Co. Filander, Fürth.

Gansloßer, U.; K. Kitchenham (2012): Forschung trifft Hund. Kosmos, Stuttgart.

Gansloßer, U. (2013): Bindung bei Hunden aus evolutionärer Sicht. 53 – 80. In: Gansloßer, U. (Hrsg.): Beziehung und Bindung. Filander, Fürth.

Gansloßer, U. (2014): ... und weg ist er. Jagdverhalten und mögliche Alternativen. Verhaltensbiologische Grundlagen und Vorbemerkungen. 5 – 36.

Gansloßer, U.; P. Krivy (2014): Ein guter Start ins Hundeleben. Müller-Rüschlikon, Stuttgart.

Gansloßer, U.; K. Kitchenham (2015): Beziehung – Erziehung – Bindung. Kosmos, Stuttgart.

Gansloßer, U. (Hrsg.) (2015): Rudelstrukturen in Hundegruppen. Filander, Fürth.

Gansloßer, U.; A. Rodewald (2016): Verhaltensbiologie der Hauskatze. Filander, Fürth.

Gansloßer, U. (2016a): Genetik, Ökologie und Mechanismen sozialer Strukturen – wissenschaftliche Grundlagen. 9 – 34. In: Gansloßer, U. (Hrsg.): Rudelstrukturen in Hundegruppen. Filander, Fürth.

Gansloßer, U. (2016b): Von Pseudohasen und Obelixen – Jagdverhalten, Territorialität und lustbetonte Agression beim Hund. 103 – 112. In: 10. Nds. Tierschutzsymposium Oldenburg.

Gansloßer, U. (2017): Verhaltensbiologie. 39 – 144. In: del Amo C.; V. Theby (Hrsg.): Handbuch für Hundetrainer. Ulmer, Stuttgart.

Gansloßer, U.; M. Käufer (2017): Auszeit auf Augenhöhe. Kosmos, Stuttgart.

Gansloßer, U. (2018): Entspannung und Entschleunigung – eine Verhaltensbiologische Perspektive. 5 – 12. In: Gansloßer U. (Hrsg.): Mach mal langsam! Filander, Fürth.

Gansloßer, U.; Hinte-Breindl; Felde; 255 – 268. In: Schüler C. et al. (2018): 4. Symposium für Odorologie, Verlag Dr. Kovač, Hamburg.

Gansloßer, U.; K. Kitchenham (2019): Hunde-Forschung aktuell. Kosmos, Stuttgart.

Gansloßer, U.; K. Knezevic; C.A. Kolkmeyer (2019): Säugetierverhalten, Filander, Fürth.

Garner, J.P.; C.L. Meehan; J.A. Mench (2003): Stereotypies in caged parrots, schizophrenia and autism: evidence for a common mechanism. Behav Brain Res 145: 125 – 134.

Garratt, M.; R.C. Brooks; J.F. Lemaître; J.M. Gaillard (2014): Female promiscuity and maternally dependent offspring growth rates in mammals. Evolution, 68(4), 1207 – 1215.

Geffroy, B.; M. Douhard (2019): The adaptive sex in sterssful environments. TREE 34, 628 – 640.

Geinisman, Y.A. et al. (2001): Associative learning elicits the formation of multiple-synapse boutons. Journal of Neuroscience, 21, 5568 – 5573.

Goddard, M.E.; R.G. Beilharz (1984): The relationship of fearfulness to, and the effects of sex, age and experience on exploration and activity in dogs. Appl. Anim. Behav. Sci. 12, 267 – 278.

Goddard, J.L.; R.G. Beilharz (1986): Early prediction of adult behaviour in potential guide dogs. In: Applied Animal Behaviour Science 15(3), 247 – 260.

Goodson, J.L. (2005): The vertebrate social behavior network: Evolutionary themes and variations. Horm. Behav. 48, 11 – 22.

Goldman, A.I. (2012): „Theory of mind". The Oxford Handbook of Philosophy of Cognitive Science. Hrsg. von E. Margolis und S.P. Stich. Oxford, Oxford University Press, 402 – 424.

Gompper, M.E. (Ed.). (2014): Free-ranging dogs and wildlife conservation. Oxford University Press.

Goodson, J.L. (2005): The vertebrate social behaviour network: evolutionary themes and variations. Hormones and Behaviour 48(1), 11 – 22.

Goodson, J.L.; D. Kabelik (2009): Dynamic limbic networks and social diversity in vertebrates: from neural context to neuromodulatory patterning. Frontiers in neuroendocrinology, 30(4), 429 – 441.

Gosling, S.D. (1998): Personality dimensions in Spotted hyenas (*Crocuta crocuta*). J. Comp. Psychol. 112, 107 – 118.

Gosling, S.D.; P.H. Mehta (2013): Personalities in a comparative perspective. In: Carere C.; D. Maestripieri: Animal Personalities. 124 – 148. Chicago UP.

Green, J.P. et al. (2015): The Genetic Basis of Kin Recognition in a Cooperatively Breeding Mammal. Curr. Biol. 25(20):2631 – 41.

Groothuis, T. (1989): On the ontogeny of display behaviour in the Black-headed gull. Ph. D. Diss., Groningen.

Günthner, A.; A. Batra (2012): Stressmanagement als Burn-Out-Prophylaxe. Bundesgesundheitsblatt 55, 183 – 189.

Haase, E. (2000): Comparison of reproductive biological parameters in male wolves and domestic dogs. Zeitschrift für Säugetierkunde, 65, 257 – 270.

Hamilton, J.; J. Vonk, J. (2015): Do dogs (*Canis lupus familiaris*) prefer family? Behavioural processes, 119, 123 – 134.

Hand, J. (1986): Resolution of Social Conflicts: Dominance, Egalitarism, Spheres of Dominance and Game Theory. The Quarterly Review of Biology 61(2), 201 – 220.

Handelman, B. (2010): Hundeverhalten. Kosmos, Stuttgart.

Hare, B.; M. Brown; C. Williamson; M. Tomasello (2002): The domestication of social cognition in dogs. Science 298, 1634 – 1636.

Hare, B. et al. (2005): Social cognitive evoulution in captive foxes is correlated by-product of experimental domestication. Current Biology 15: 226 – 230.

Harding E.J.; E.S. Paul; M. Mendl (2004): Cognitive bias and affective state. Nature 427, 312.

Harrington, F.; C. Åsa (2003): Wolf communication. 566 – 703. In: Mech, L.D.; L. Boitani: Wolves. Chicago University Press.

Hawley, D.M.; K. Lindström; M. Wikelski (2006): Experimentally increased social competition compromises humoral immune responses in house finches. Horm Behav. 49(4):417 – 24.

Hayes, N. (1994): Principles of Comparative Psychology. Psychology Press.

Hayes, L.D.; L.A. Ebensperger (2016): Fitness consequences of social systems. Sociobiology of Caviomorph Rodents: 306 – 325.

Heinze, S. et al. (2013): Tödliche Attacken von Hunden auf Kinder. Rechtsmedizin 1/2014, 37 – 41.

Hendrichs, H. (1978): Die soziale Organisation von Säugetierpopulationen. Säugetierkundliche Mitt. 26, 61 – 116.

Hendrichs, H. (2002): Zur sozialen Kompetenz von Säugetieren. In: Gansloßer, U. (Hrsg.): Gruppenmechanismen. 73 – 90. Filander, Fürth.

Henry, J.P.; P.M. Stephens (1977): Stress, Health and the Social Environment: A Sociobiologic Approach to Medicine. Springer.

Herre, W.; M. Röhrs (1990): Haustiere – zoologisch gesehen. Gustav Fischer, Stuttgart, New York.

Hinde, R. (1976): Interactions, Relationships and Social Structure. New Series, 11( 1), 1 – 17.

Hinde, R. (1982): Ethology. Oxford University Press.

Hinte-Breindl (2018): Gewaltfreiheit in der Hundeerziehung – der Futterentzug als ein Beispiel einer Verletzung der Grundbedürfnisse des *Canis lupus familiaris*. In: Aktuelle Arbeiten zur artgemäßen Tierhaltung. DVG-Tagung, Freiburg.

Hoffmann, U. (2000): Umweltbedingte und genetische Einflüsse auf Merkmale der Leistungsprüfung beim Koppelgebrauchshund Border Collie. Med. Vet. Diss. Hannover.

Hogan, J. (1988): Cause and Function in the Development of Behavior Systems. In: Handbook of Behavioral Neurobiology, Vol 9. Springer Nature.

Hogan, J. (2005): Motivation. 47 – 70. In: Bolhius und Giraldeau.

Hohenbrink, S. et al. (2016): Female dominance in two basal primates, *Microcebus murinus* and *Microcebus lehilahytsara,* variation and determinants. Animal behaviour, 122, 145 – 156.

Holmes, W.G.; P.W. Sherman (1983): Kin recognition in animals. American Scientist 71, 46 – 55.

Holsboer, F. (1999): Stress und Hormone. Spektrum d. Wiss. Dosier 3/1999, 50 – 53.

Hoppe, N.; O. Binnnida-Edmonds; U. Gansloßer (2017): Correlates of ADHD-like behavior in Domestic dogs: First results from a questionnaire-based study. Vet. Med. Open J. 2(3): 95 – 131.

Horowitz, A. (2009): Disambiguating the "guilty look": salient prompts to a familiar dog behaviour. Behavioral Processes 81(3): 447 – 52.

Horowitz, A. (2011): Theory of mind in dogs? Examining method and concept. Learning & behavior, 39(4), 314 – 317.

Horowitz, A. (2014): Domestic Dog Cognition and Behavior. In: The Scientific Study of *Canis familiaris*. Springer Science & Business Media, Heidelberg.

Horvath, Z.; B.A. Igyarto; A. Magyar; Á. Miklósi (2007): Three different coping styles in police dogs exposed to a short term challenge. Horm. Behav. 52, 621 – 630.

Howe, M.W. et al. (2013): Prolonged dopamine signaling in striatum signals proximity and value of distant rewards. Nature 500 (7464). 575 – 579.

Hradecká, L.; L. Bartoš; I. Svobodová; J. Sales (2015): Heritability of behavioural traits in domestic dogs: A meta-analysis. Applied Animal Behaviour Science, 170, 1 – 13.

Hudson, B.B. (1950): „One-trial learning in the domestic rat." Genetic Psychology Monographs 41, 99 – 145.

Hudson, R.; F. Trillmich (2008): Sibling competition and cooperation in mammals: challenges, developments and prospects. Behavioral Ecology and Sociobiology, 62(3), 299 – 307.

Hummel, J. (2001): Regulation der Nahrungsaufnahme. Praxis der Naturwiss.-Biologie 5(50), 6 – 14.

Huntingford, F.A.; A.K. Turner; L.M. Downie (1987): Animal conflict. Chapman and Hall animal behaviour series. Chapman & Hall/CRC.

Immelmann, K. (1982): Wörterbuch der Verhaltensforschung. Parey, Berlin, Hamburg.

Jacobs, B.L.; H. von Praag; F.H. Gage (2000): Adult brain neurogenesis and psychiatry: a novel theory of depression. Molecular Psychiatry 5, 262–269.

Jaffe, K.; L. Zaballa (2010): Co-operative punishment cements social cohesion. Journal of Artificial Societies and Social Simulation, 13(3), 4.

Jankowsky, J.L. et al. (2005): Environmental enrichment mitigates cognitive deficits in a mouse model of Alzheimer's disease. Journal of Neuroscience, 25(21), 5217–5224.

Jerison, H.J. (1973): Evolution of Brain and Intelligence. Acad. Press NY.

Jiang, Y.; M.L. Platt (2018): Oxytocin and vasopressin flatten dominance hierarchy and enhance behavioral synchrony in part via anterior cingulate cortex. Scientific reports, 8(1), 8201.

Jones, A.C.; S.D. Gosling (2005): Temperament and personality in dogs (*Canis familiaris).* A review and evaluation of past research. Appl. Anim. Behav. Sci. 95, 1–53.

Kaiser, S.; S. Haderthauer; N. Sachser; M.B. Hennessy (2007): Social housing conditions around puberty determine later changes in plasma cortisol levels and behavior. Physiology & behavior, 90(2–3), 405–411.

Kalueff, A.; J. de la Porte; C.L. Bergner (eds.) (2010): Neurobiology of Grooming Behavior. Cambridge UP.

Kaminski, J.; S. Marshall-Pescini (eds) (2014): The social dog: behavior and cognition. Acad. Press, Amsterdam.

Kaplan, J.R. et al. (1982): „Social status, environment, and atherosclerosis in cynomolgus monkeys." Arteriosclerosis, Thrombosis, and Vascular Biology 2(5), 359–368.

Kappeler, P. (2012): Verhaltensbiologie. Springer, Berlin.

Kappeler, P.; M.E. Pereira (2004): Primate Life Histories and Socioecology. Chicago UP.

Käufer, M. (2011): Spielverhalten bei Hunden. Kosmos, Stuttgart.

Kaufman, A.B. et al. (2011): Towards a Neurobiology of Creativity in Non-human Animals. J. Comp. Psychol. 125, 255–272.

Kaufmann, C. et al. (2017): The social behaviour of neutered male dogs compared to intact dogs (*Canis lupus familiaris).* Video analyses, questionnaires and case studies. Vet Med Open J, 2(1), 22–37.

Kavaliers, M.; M.A. Fudge; D.D. Colwell; E. Choleris (2003): Aversive avoidance responses of female mice to the odors of males inflected with an ectoparasite and the effects of prior familiarity. Behav. Ecol. Sociobiol. 54, 423–430.

Kazem, A.J. et al. (2018): Parent-offspring facial resemblance increases with age in rhesus macaques. Proceedings of the Royal Society B: Biological Sciences, 285(1886), 20181208.

Kees van Oers; D.L. Sinn (2013): Quantitative and molecular genetics of animal personality. In: University of Chicago Press.

Kern, J.M.; P.R. Laker; A.N. Radford (2017): Contextual variation in the alarm call responses of dwarf mongooses, *Helogale parvula*. Animal Behaviour, 127, 43–51.

Kersch, R. (1977): Vergleichende Untersuchungen zum Lernverhalten von Hauskanninchenrassen unterschiedlicher Körpergröße. Doctoral dissertation, Uni Erlangen.

Kessler, S.E. et al. (2012): Paternal kin recognition in the high frequency/ultrasonic range in a solitary foraging mammal. BMC ecology, 12(1), 26.

Kintsch, W. et al. (1982): „Comparative Approaches to Animal Cognition State of the Art Report". Animal Mind – Human Mind. Hrsg. von D.R. Griffin, Berlin, Springer, 375–388.

Kis, A. et al. (2015): Oxytocin induces positive expectations about ambivalent stimuli (cognitive bias) in dogs. Hormones and behavior, 69, 1–7.

Kis, A. et.al (2014): Oxytocin receptor gene polymorphisms are associated with human directed social behavior in dogs (*Canis familiaris*). PloS one, 9(1), e83993.

Kis, A.; A. Ciobica; J. Topál (2017): The effect of oxytocin on human-directed social behaviour in dogs (*Canis familiaris*). Hormones and behavior, 94, 40–52.

Knezevic, K. et al. (2015): Der Persönlichkeitsfaktor Geselligkeit. In: Gansloßer, U. (Hrsg.): Rudelstrukturen in Hundegruppen. 65–76. Filander, Fürth.

Knol, B.W. (1989): Influence of Stress on the Motivation for Agonistic Behaviour in the Male Dog: Role of the Hypothalamus-pituitary-testis System. Doctoral dissertation, Riksuniversiteit te Utrecht.

Koolhaas, J.M. et al. (1999): Coping styles in animals: current status in behavior and stress-physiology. Neuroscience & Biobehavioral Reviews, 23(7), 925 – 935.

Kotrschal, K. (2012): Wolf-Mensch-Hund. Brandstätter, Wien.

Kreeger, T. (2003): The internal wolf. 192 – 217. In: Mech, L.D.; L. Boitani: Wolves. Chicago Univ. Press.

Krivy, P.; U. Gansloßer (2016): Mein Hund hat Angst. Müller-Rüschlikon, Stuttgart.

Kröger, R. (2015): Der sanfte Nasenspiegel des Hundes – ein hochempfindlicher Wärmedetektor? 43 – 44. In: C. Schüler; K. Püschel (Hrsg.): Faszination Spürhunde. Verlag der Kovacs, Hamburg.

Kruczek, M. (2007): Recognition of kin in bank voles (*Clethrionomys glareolus*). Physiology & behavior, 90(2 – 3), 483 – 489.

Krützen, M.; C. van Schaik; A. Whiten (2007): „The animal cultures debate: response to Laland and Janik". Trends in Ecology & Evolution 22(1), 6, author reply 7 – 6, author reply 7.

Künzel, Chr. (2002): Ist ein Wildmeerschweinchen ... In: Gansloßer, U. (Hrsg.): Gruppenmechanismen. Filander, Fürth.

Kummer, H. (1978): „On the value of social relationships to nonhuman primates: A heuristic scheme". Social Science Information 17, 687 – 705.

Kummer, H.; J. Goodall (1985): „Conditions of innovative behavior in primates". Philosophical Transactions of the Royal Society of London B: Biological Sciences 308(1135), 203 – 214.

Kummer, H. (1988): „Gruppenführung bei Tier und Mensch in evolutionärer Sicht". Die Herausforderung der Evolutionsbiologie. Hrsg. von H. Meier. Piper, 173 – 192.

Kummer, H.; V. Dasser; P. Hoyningen-Huene (1990): „Exploring Primate Social Cognition: Some Critical Remarks". Behaviour 112(1), 84 – 98.

Kummer, H.; M. Cords (1991): „Cues of ownership in long-tailed macaques, *Macaca fascicularis*". Animal Behaviour 42(4), 529 – 549.

Kummer, H. (1992): Weiße Affen am Roten Meer. Kindler.

Kummer, H. (2001): Die weißen Affen vom Roten Meer. Piper, München.

Laland, K.N.; V.M. Janik (2006): „The animal cultures debate". Trends in Ecology & Evolution 21(10), 542-47.

Laland, K.N.; V.M. Janik (2007): „Responseto-Krützenetal: Further problems with the method of exclusion". Trends in Ecology & Evolution 22(1), 7 – 7.

Lamprecht, J. (1984): „Measuring the strength of social bonds: experiments with hand-reared goslings (*Anser indicus*)". Behaviour 91(1), 115 – 126.

Lamprecht, J. (1996). What makes an individual the leader of its group? An evolutionary concept of distance regulation and leadership. Social Sciences Information, 35, 595 – 617.

Lamprecht, J. (1999): Biologische Forschung von der Planung bis zur Publikation. Filander, Fürth.

Langosch, N. (2016): „Streit um die Feinfühligkeit. Gibt es hochsensible Menschen?" Spektrum Gehirn und Geist 7, 18 – 23.

Laroche, S. (2002): Vom flüchtigen Signal zur stabilen Erinnerung. In: Spektrum der Wissenschaft Spezial – Gedächtnis, 16 – 25.

Lebelt, D. (1998): Problemverhalten beim Pferd. Encke, Stuttgart.

LeDoux, J.E. (1999): Das Gedächtnis für Angst. Spektrum der Wiss. Dossier, 3/1999, 16 – 23.

Lent, P.C. (1974): Mother-infant relationships in Ungulates. 14 – 55. In: Geist, V.; F. Walther (eds.): The Behaviour of Ungulates in Relation to Management, IUCN, Morges.

Lethmate, J. (1977): „Problemlöseverhalten von Orang-Utans (*Pongo pygmaeus*)". Beiheft zur Zeitschrift für Tierpsychologie.

Leuner, B.; E. Gould (2010): „Structural plasticity and hippocampal function". Annual Review of Psychology 61, 111 – 140, C1 – 3.

Leyhausen, P. (1968): Zur Funktion der relativen Stimmungshierarchie. In: Lorenz, K.; P. Leyhausen: Antrieben tierischen und menschlichen Verhaltens. 169 – 271. Piper, München.

Leyhausen, P. (2005): Katzenseele. Kosmos, Stuttgart.

Liston, C. et al. (2013): Circadian glucocorticoid oscillations promote learning-dependent synapse formation and maintenance. Nature neuroscience, 16, 698.

Lord, K.; M. Feinstein; R. Coppinger (2009): Barking and Mobbing. Behav. Proc. 81, 358 – 368.

Lorenz, K. (1978): Vergleichende Verhaltensforschung. Springer, Wien.

Lorenz, K.P. et al. (2018): Comparison of social an individual behavior of intact and neuteres female Domestic dogs. Dairy & Vet Sci J. 8(3).

Ludwig, W. (2006): Zum Sozialverhalten des Rothundes (*Cuon alpinus* PALLAS, 1811) unter Gehegebedingungen. Kassel Univ. Press.

Luescher, A. (2010): „Repetitive and compulsive behaviour in dogs and cats". BSAVA Manual of Canine and Feline Behavioural Medicine. Hrsg. Von D. Horwitz und D.S. Mills. Wiley, 236 – 244.

Lundström, J.N.; M. Jones-Gotman (2009): Romantic love modulates women's identification of men's body odors. Horm Behav, 55(2):280-4.

Lusseau, D. (2007): Evidence for social role in a dolphin social network. Evolutionary ecology, 21(3), 357 – 366.

Lutz, T. A. (2000): Regulation of food intake in monogastric and ruminant animals. 301 – 308. In: J. Nijboer et al. (eds): Zoo Animail Nutrition. Filander, Fürth.

Macdonald, D.W.; C. Sillero-Zibiri (eds.) (2004): Biology and conversation of wild canids. Oxford University Press.

Macdonald, D.W. (2006): Sozialverhalten und Sozialsystem der *Canidae*. 49 – 60. In: Gansloßer, U.; C. Sillero-Zubiri (Hrsg.): Wilde Hunde. Filander, Fürth.

Macdonald, D.W.; G.M. Carr (2017): Variation in dog society. In: Serpell (eds.): The domestic dog : its evolution, behaviour, and interactions with people. 319 – 341. Cambridge University Press.

MacLean, E.L. et al. (2013): The evolution of self-control. PNAS 111, 2140 – 2158.

MacLean, E.L.; B. Hare (2018): Enhanced Selection of assistance and Explosive Detection Dogs Using Cognitive Measures. Front Vet Sci 5: 236.

Maille, A.; C. Schradin (2016): „Ecophysiology of cognition: How do environmentally induced changes in physiology affect cognitive performance?" Biological Reviews, 1 – 12.

Maisch, H. (2006): Der Der Rothund. In: Gansloßer, U. (Hrsg.): Wilde Hunde. 375 – 390. Filander, Fürth.

Majumder, S.S.; M. Paul; A. Bhadra (2012): Parent-offspring Conflict in feral dogs. A Bioassay. arXiv preprint arXiv:1205.0931.

Malm, K.; P. Jensen (1997): Weaning and Parent-Offspring Conflict in the Domestic Dog. Ethology, 103(8), 653 – 664.

Manning, A.; M. Stamp-Dawkins (2012): An introduction to animal behaviour. Cambridge University Press.

Marashi, V. et al. (1997): Die ethologische Charakterisierung zweier nahverwandter Mäuse-Inzuchtstämme: Eine Basis zur molekulargenetischen Analyse komplexen Verhaltens. 153 – 163. Aktuelle Arbeiten zur artgemäßen Tierhaltung, KTB Schrift 380, Darmstadt.

Marashi, V. et al. (2003): Effects of different forms of environmental enrichment on behavioral, endocrinological and immunological parameters in male mice. Hormones and Behavior 43, 281 – 192.

Martin, P.; T. Caro (1985): „On the Functions of Play and Its Role in Behavioral Development". Advances in the Study of Behavior. Hrsg. Von J. Rosenblatt, C. Beer, M.C. Busnel und P. Slater. Bd. 15. Academic Press, 59 – 103.

Martini, S. (2018): Magnetorezeption – der sechste Sinn der Hunde. In: Schüler, C. (Hrsg.): Faszination Spürhunde.

Mason, W.A.; S.P. Mendoza (1993): Primate Social Conflict. Sunny Press N.Y.

Mason, G. et al. (2013): Plastic animals in cages. Behavioural flexibility and responses to captivity. Anim. Behav. 85, 1113 – 1126.

Mateo, J.M. (2010): Self-referent phenotype matching and long-term maintenance of kin recognition. Animal Behaviour, 80(5), 929 – 935.

Mateo, J.M. (2017): The ontogeny of kin-recognition mechanisms in Belding's ground squirrels. Physiology & behavior, 173, 279 – 284.

Matoba, T.; N. Kutsukake; T. Hasegawa (2013): Head rubbing and licking reinforce social bonds in a group of captive African lions, *Panthera leo*. PloS one, 8(9), e73044.

McFarland, D. (1989): Biologie des Verhaltens. Evolution, Physiologie. Psychologie. VCH Verlagsgesellschaft mbH, Weinheim.

McGregor, P.K.; T.M. Peake (2000): „Communication networks: social environment for receiving and signalling behavior". Acta Ethologica 2, 71 – 81.

McGregor, P.K., Hrsg. (2005a): Animal Communication Networks. Cambridge, Cambridge University Press.

McGregor, P.K. (2005b). „Communication". The Behaviour of Animals. Hrsg. von J.I. Bolhuis und L.A. Giraldeau. Oxford, Blackwell, 226 – 250.

McLean, E.L. et al. (2017): Endogenous Oxytocin, Vasopressin and Aggression in Domestic Dogs. Front. Psychol.

Mc Quoid, L.M.; B. Galef (1992): Social stimuli influencing feeding behavior. Animal Behaviour 46, 13 – 22.

Meaney, M.J.; M. Szyf; J.R. Seckl (2007): Epigenetic mechanisms of perinatal programming of hypothalamic-pituitary-adrenal function and health. Trends in Molecular Medicine, 13(7), 269 – 277.

Mech, D. (1999): Alpha Status, dominance and division of labor in wolf packs. Can. J. Zool. 77, 1196 – 1203.

Meehan, C.L.; J.A. Mench (2007): The challenge of challenge: Can problem solving opportunities enhance animal welfare? Applied Animal Behaviour Science, 102(3 – 4), 246 – 261.

Mehrabani, G. et al. (2015): Versöhnungsverhalten. S. 75 – 86. In: Gansloßer, U. (Hrsg): Kommunikations -und Konfliktmanagement. Filander, Fürth.

Mellor, D.J. (2016): Updating Animal Welfare Thinking: Moving beyond the Five Freedoms towards A Life Worth Living. Animals, 6(3), 21.

Mendl, M.; O.H.P. Burman; E.S. Paul (2010): An integrative and functional framework for the study of animal emotion and mood. The Royal Society Publishing.

Meister, J. (1995): Social Relationships and Separation. In: Gansloßer, U.; J.K. Hodges; W. Kaumanns: Research and Captive Propagation. 215 – 225. Filander, Fürth.

Messier, F. (1985): Social organization, spatial distribution, and population density of wolves in relation to moose density. In: Canadian Journal of Zoology, 63(5): 1068 – 1077.

Miklósi, Á. et al. (2003): „A simple reason for a big difference: wolves do not look back at humans, but dogs do". Current biology, CB 13(9), 763 – 766.

Miklósi, Á.; J. Topal; V. Csanyi (2004): Comparative social cognition: What can dogs tell us? Anim. Behav. 67, 995 – 1005.

Miklósi, Á. (2007): Dog behaviour,evolution and cognition. Oxford University Press.

Miklósi, Á. (2015): Dog. Oxford University Press.

Miklósi, Á. (Hrsg.) (2018): Der Hund. Haupt, Bern.

Miller, H.C. et al. (2010): „Self-control without a common self-control processes in humans and dogs". Psychological Science 21(4), 534 – 538.

Miller, H.C. et al. (2012): „Too dog tired to avoid danger: self-control depletion in canines increases behavioral approach toward an aggressive threat". Psychonomic Bulletin & Review 19(3), 535 – 540.

Mills, D.; M. Braem (2018): Pheromone – Veränderung der Perspektive. In: Gansloßer, U. (Hrsg.): Mach mal langsam. 13 – 28. Filander, Fürth.

Mills, D.; A. Luescher (2006): Veterinary and pharmacological approaches to abnormal repetitive behaviour. 286 – 324. In: Mason, G. and J. Rushen (eds.): Stereotypic animal behaviour. CAB, Wallingford.

Mills, D.; E. van der Zee; H. Zulch (2014): When the bond goes wrong: Problem behaviours in the social context. In: The Social Dog, 223 – 245.

Mineka, S.; M. Gunnar; M. Champoux (1986): Control and early socio-emotional development. Child Devel 57, 1241 – 1256.

Mistlberger, R.E.; B. Rusak (2005): Biological Rhythms and Behavior. 71 – 76. In: Bolhius und Giraldeau.

Moehlmann, P.D. (1987): „Ecology of cooperation in canids". Ecological Aspects of Social Evolution: Birds and Mammals. Hrsg. von D.I. Rubenstein und R.W. Wrangham. Reprint edition. Princeton, N.J., Princeton University Press, 64 – 86.

Moehlmann, P.D.; H. Hofer (1997): Cooperative Breeding, Reproductive Suppression and Body Mass in Canids. Cambridge University Press.

Møller, A.P. (1998): Developmental instability as a general measure of stress. In: Adv. Study. Behav. 27, 181 – 214. Acad. Press San Diego.

Morton, E.S. (1977): On the occurrence and significance of motivation-structural rules in some bird and mammal sounds. The American Naturalist, 111, 855 – 869.

Müller, E. (1997): Säugetiere in der Wüste. In: Gansloßer, U. (Hrsg.): Spitzenleistungen. Filander.

Muller, M.; R. Wrangham (2004): Dominance, aggression and testosterone in wild chimpanzees. A test of the 'challenge hypothesis'. Animal Behaviour 67, 113 – 123.

Nagasawa, M. et al. (2015): Oxytocin-gaze positive loop and the coevolution of human-dog bonds. Science 348: 333 – 336.

Nakashima, S. et al. (2015): Receiving of emotional signal of pain from conspecifics in laboratory rats. Royal Society Open Science 2, 140381.

Nakazawa, T. (2015): Ontogenetic niche shifts matter in community ecology: a review and future perspectives. Population Ecology, 57(2), 347 – 354.

Nakazawa, T. (2017): Individual interaction data are required in community ecology: a conceptual review of the predator-prey mass ratio and more. Ecological Research, 32(1), 5 – 12.

Nelson, J.E. et al. (1993): Coping with Organizational Role Stress: Intrinsic Motivational Orientation, Perceived Role Benefits, and Psychological Withdrawal. Journal of Marketing Research, 21(2), 113 – 124.

Nelson, R.J. (2002): Is there a Major Stress System in the Brain? 111 – 122. In: Broom, D. (ed): Coping with Challenge. Dahlem Univ.Press, Berlin.

Nelson, R.J. (2005): An Introduction to Behavioral Endocrinology. Sinauer, N.Y.

Nemeroff, C.B. (1999): Neurobiologie der Depression. Spektrum, 24 – 31.

Nishida, T. (1986): „Local traditions and cultural transmission". Primate societies. Hrsg. von B.B. Smuts, D.L. Cheney, R.M. Seyfarth, R.W. Wrangham und T.T. Struhsaker. Chicago, Chicago University Press.

Noe, R. (2001): Biological Markets. In: Noe, R. et al. (eds.): Economics in Nature. Social Dilemmas, Rate Choice and Biological Markets. Cambridge UP, 93 – 118.

Nunn, C.L. (2003): Behavioural defenses against sexually transmitted diseases in primates. Anim. Behav. 66, 37 – 48.

O'Keefe, J.; N. Burgess (2005): Dual phase and rate coding in rat hippocampal cells. Hippocampus 15, 853 – 866.

Oliva, J.L.; J.L. Rault; B. Appleton; A. Lill (2015): Oxytocin enhances the appropriate use of human social cues by the domestic dog (*Canis familiaris*) in an object choice task. Animal cognition, 18(3), 767 – 775.

Olson, L.E.; D.T. Blumstein (2009): A trait-based approach to understand the evolution of complex coalitions in male mammals. Behavioral Ecology, 20(3), 624 – 632.

Pal, S.K. et al. (1998): Agonistic behaviour of free-ranging dogs (*Canis familiaris*) in relation to season, sex and age. Applied Animal Behaviour Science, 59(4), 331 – 348.

Palagi, E. et al. (2008): Reconciliation in Wolve (*canis lupus*). New Evidence for a Comparative Perspective. Ethology 114(3), 298 – 308.

Panksepp, J. (2005): Affective consciousness: Core emotional feelings in animals and humans. Conscious Cogn. 14(1):30 – 80.

Panksepp, J.; J.B. Panksepp (2013): „Toward a cross-species understanding of empathy". Trends in neurosciences 36(8), 489 – 496.

Paul, M. et al. (2017a): Clever mothers balance time and effort in parental care: a study on free-ranging dogs. Royal Society open science, 4(1), 160583.

Paul, M.; A. Bhadra (2017b): Selfish pups: weaning conflict and milk theft in free-ranging dogs. PloS one, 12(2), e0170590.

Pearce, J.M. (1997): Animal Learning and Cognition: An Introduction. Google-Books-ID: Jcrdu1wov34C. Psychology Press.

Pennings, T.J. (2003): Do dogs know calcalus? The College Mathem. Journal 34, 178 – 182.

Pereira, M.E.; L.A. Fairbanks (Eds.) (2002): Juvenile primates: life history, development and behavior, with a new foreword. University of Chicago Press.

Pérez, A.S. (2016): Is there no place like home? Natal habitat-biased dispersal in the Scandinavian wolf. Master's thesis, Hedmark College, Norway.

Pérez-González, J.; J. Carranza (2009): Female-biased dispersal under conditions of low male mating competition in a polygynous mammal. Mol Ecol. 18(22):4617 – 30.

Persson, M.E. et al. (2017): Intranasal oxytocin and a polymorphism in the oxytocin receptor gene are associated with human-directed social behavior in golden retriever dogs. Hormones and behavior, 95, 85 – 93.

Peschke, A.; M. Rogowski (2015): Bis dass der Tod uns scheidet – Partnerschaft unter Hundeartigen. 241 – 252. In: Gansloßer, U. (Hrsg.): Kommunikations -und Konfliktmanagement. Filander, Fürth.

Polák, J. et al. (2015): Offspring sex ratio in domestic goats: Trivers-Willard out of natural selection. Czech J. Anim. Sci., 60(5), 208 – 215.

Pomerantz, O.; S. Meiri; J. Terkel (2013): „Socio-ecological factors correlate with levels of stereotypic behavior in zoo-housed primates". Behavioural Processes 98, 85 – 91.

Pongrácz, P.; C. Molnár; Á. Miklósi (2010): „Barking in family dogs: an ethological approach". Veterinary Journal (London, England: 1997) 183(2), 141 – 147.

Pongrácz, P. et al. (2008): „How does dominance rank status affect individual and social learning performance in the dog (*Canis familiaris*)?" Animal Cognition 11(1), 75 – 82.

Premack, D.; G. Woodruff (1978): „Does the chimpanzee have a theory of mind?" Behavioral and brain sciences 1(4), 515 – 526.

Previde, E.P.; P. Valsecchi (2014): The Immaterial Cord: The Dog-Human Attachment Bond. In: The Social Dog, 165 – 190.

Qu, C.; J.C. Dreher (2018): Sociobiology: Changing the Dominance Hierarchy. Current Biology, 28(4), R167 – R169.

Qvarström, A.; T.D. Price (2001): Maternal effects, paternal effects and sexual selection. Trends Ecol Evol. 16(2):95 – 100.

Range, F.; Z. Viranyi; L. Huber (2007): „Selective imitation in domestic dogs". Current biology: CB 17(10), 868 – 872.

Rasch, B.; J. Born (2013): „About sleeps role in memory". Physiological reviews 93(2), 681 – 766.

Rasmussen, G. (2006): Der Afrikanische Wildhund (*Lycaon pictus*). 391 – 402. In: Gansloßer, U.; C. Sillero-Zubiri (Hrsg.): Wilde Hunde. Filander, Fürth.

Rauber, R.; M.B. Manser (2017): Discrete call types referring to predation risk enhance the efficiency of the meerkat Sentinel System. Sci.Rep. 7, 44436.

Rauth-Widmann, B. (2014): Die Sinne des Hundes. Kosmos, Stuttgart.

Rensch, B. (1973): Gedächtnis, Begriffsbildung und Planhandlungen bei Tieren. Berlin, Hamburg, Parey.

Reul, J.M. et al. (2001): Psychological Stress Increases Hippocampal Mineralocorticoid Receptor Levels: Involvement of Corticotropin-Releasing Hormone. In: Journal of Neuroscience 21 (13), 4822 – 4829.

Richter, U. (2004): „Komplexität und Reduzierbarkeit von Stereotypien bei ehemals depriviert gehaltenen Braunbären im Bärenpark Worbis". Diss. Universität Bielefeld.

Roche, J.R.; J.M. Lee; D.P. Berry (2006): Preconception energy balance and secondary sex ratio-partial support for the Trivers-Willard hypothesis in dairy cows. Journal of Dairy Science, 89(6), 2119 – 2125.

Romero, T.; K. Onishi; T. Hasegawa (2016): The role of oxytocin on peaceful associations and sociality in mammals. Behaviour, 153(9 – 11), 1053 – 1071.

Rosado, B. et al. (2010): Blood concentrations of serotonin, cortisol and dehydroepiandrosterone in aggressive dogs. Applied Animal Behaviour Science, 123, 124 – 130.

Rosenblatt, J. (1976): Stages in the early behavioral development of altricial young of selected species of non-primate mammals. In: Bateson, P.P.G.; R.A. Hinde (eds.): Growing points in ethology. 345 – 384. Cambridge University Press.

Roth, G.; R. Menzel (2001): Neuronale Grundlagen, kognitive Leistungen. 543 – 564. In: Dudel, J. et al. (Hrsg.): Neurowissenschaft. Springer, Berlin.

Rowell, T.E. (1974): The concept of social dominance. In: Behavioral Biology 11(2), 131 – 154.

Roy, D.S. et al. (2016): Memory retrieval by activating engram cells in mouse models of early Alzheimer's disease. Nature 531 (7595), 508 – 512.

Rudert, S. et al. (2009): Wildcaniden in Gefangenschaft – Ethologische und endokrinologische Studien an im Gehege lebenden Maderhunden (*Nyctereutes procyonoides*). KTBL-Schrift 448, 1 – 9.

Rüfenacht, S.; S. Gebhardt-Henrid; C. Gaillard (2004): Sind die Verhaltensmerkmale der Wesensprüfung erblich? Hunde 7/2004.

Rushen, J. (1987): The coping hypothesis of stereotypic behaviour. Anim. Behav. 45, 613 – 615.

Sachser, N.; S. Kaiser (1996): Prenatal Social Stress masculinises the females behaviour in Guinea pigs. Physiology and Behaviour 60, 589 – 594.

Sachser, N.; M. Dürschlag; D. Hirzel (1998): Social relationships and the regulation of stress. Psychoneuroendocrinology, 23(8), 891 – 904.

Sachser, N. et al. (1999): The behavioral endocrinology of domestication: A comparison between the domestic guinea pig (*Cavia aperea f. porcellus*) and its wild ancestor, the cavy (*Cavia aperea*). Horm Behav. 35(1):28 – 37.

Sachser, N. (2000a): Das Wohlergehen der Tiere. FJ, WWU Münster, Heft 1/2000, 6 – 11.

Sachser, N. (2000b): Umwelt, Gene und Verhalten. 190 – 194. In: Aufbruch der Biowissenschaften. Vd Biol., München.

Sachser, N. (2001): Wechselwirkungen – Verhaltensbiologische Anmerkungen zur Natur des Menschen. Forschung & Lehre 10/2001, 518 – 519.

Sachser, N. (2002a): Die biologischen Grundlagen aggressiven Verhaltens. 102 – 113. In: Bilstein, J., Winzen, M. (Hrsg.): Das Tier in mir. W. König Verlag, Köln.

Sachser, N. (2002b): Verhaltensbiologische Mechanismen zum Wohlergehen der Tiere. 141 – 152. In: Gansloßer, U. (Hrsg.): Gruppenmechanismen. Filander, Fürth.

Sachser, N. (2002c): What is important to achieve good welfare in animals? 31 – 48. In: Broom, D. (ed): Coping with Challenge. Dahlem Univ.Press, Berlin.

Sachser, N.; M.B. Hennessy; S. Kaiser (2011): Adaptive modulation of behavioural profiles by social stress during early phases of life and adolescence. Neuroscience & Biobehavioral Reviews, 35(7), 1518 – 1533.

Sachser, N.; S. Kaiser; M.B. Hennessy (2013): Behavioural profiles are shaped by social experience: when, how and why. Philosophical Transactions of the Royal Society B: Biological Sciences 368, 20120344.

Safira, C. (2017): Die Intelligenz der Tiere. CH Beck, München.

Sahay, A.; R. Hen (2007): „Adult hippocampal neurogenesis in depression". Nature Neuroscience 10(9), 1110 – 1115.

Sambraus, H.H. (1974): „Fremdprägung von Haustieren". Tierärztliche Praxis 2, 159 – 164.

Sambraus, H.H. (1976): Individuelle Bindung zwischen Rindern. Transboundary and Emerging Diseases 23(3), 248.

Sambraus, H.H. (1978): Spezielle Ethology: Rind.

Sands, J.; S. Creel (2004): Social dominance, aggression and faecal glucocorticoid levels in a wild population of wolves, *Canis lupus*. Animal Behaviour, 67, 387 – 396.

Santarelli, L. et al.(2003): „Requirement of hippocampal neurogenesis for the behavioral effects of antidepressants". Science 301(5634), 805 – 809.

Sapolsky, R. (1999): Stress in freier Natur. Spektrum Dossier 3/1999, 70 – 77.

Sapolsky, R.; L. Share (2004): A Pacific Culture among Wild Baboons: HS Emergence and Transmission. PLoS Biol. 2(4):e106.

Scandurra, A. et al. (2019): Ovariectomy impairs socio-cognitive function in dogs. Animals 9, 58.

Schauten, W.G.P.; P. Wiepkema (1991): Coping styles of tethered sows. Behavioural Processes, 25(2 – 3), 125 – 132.

Schedlowski, M. (1994): Stress, Hormone und zelluläre Immunfunktionen. Spektrum Akad. Verlag Heidelberg.

Schenkel, R. (1947): Ausdrucksstudien an Wölfen: Gefangenschafts-Beobachtungen. In: Behaviour 1(2), 81 – 129.

Schilder, M.B.; C.M. Vinke; J.A. van der Borg (2014): Dominance in domestic dogs revisited: Useful habit and useful construct? Journal of Veterinary Behavior, 9(4), 184 – 191.

Schnappat, B.; U. Gansloßer (2018): You're the one that I want – pairbonding in Maned wolves. Abstr. CSF5, Budapest.

Schöberl, J. et al. (2013): Biopsychologische Grundlagen der Bindung. 45 – 52. In: Gansloßer, U. (Hrsg.): Beziehung und Bindung. Filander, Fürth.

Schoenecker, B; K.E. Heller (2001): The involvement of dopamine (DA) and serotonin (5-HT) in stress-induced stereotypies in bank voles (*Clethrionomys glareolus*). Applied Animal Behaviour Science, 73(4, 27), 311 – 319.

Schöning, B. (2015): Ausbildung verbessern: Erkennen, Umgang und Vermeiden von Stress. 37 – 43. In: Schüler, C.; K. Püschel (Hrsg): Faszination Spürhunde. Verlag Dr. Kovacs, Hamburg.

Schradin, C. (2008): Seasonal changes in testosterone and corticosterone levels in four social classes of a desert dwelling sociable rodent. Hormones and Behavior 53(4):573-9.

Schröpfer, R. (2005): Abstracts der DZG-Tagung 2005.

Schulz, D. et al. (2016): „Rats bred for helplessness exhibit positive reinforcement learning deficits which are not alleviated by an antidepressant dose of the MAO-B inhibitor deprenyl". Neuroscience 329, 83 – 92.

Schweinhardt, P. et al. (2009): The Anatomy of the Mesolimbic Reward System: A Link between Personality and the Placebo Analgesic Response. Journal of Neuroscience, 29 (15) 4882 – 4887

Seligman, M.E. (2010): Erlernte Hilflosigkeit. Psychologie, Verlagsunion.

Serpell, J. (2003): Anthropomorphism and Anthropomorphic Selection – Beyond the "Cute Response". Society & Animals 11, 83 – 100.

Serpell, J. et al. (2017): The Domestic Dog. Cambridge UP.

Seyfarth, R.M.; D.L. Cheney (2015a): „How sociality shapes the brain, behaviour and cognition". Animal Behaviour 103, 187 – 190.

Seyfarth, R.M.; D.L. Cheney (2015b): „Social cognition". Animal Behaviour 103, 191 – 202.

Seyfarth, R.M.; J.B. Silk, D.L. Cheney (2012): „Variation in personality and fitness in wild female baboons". Proceedings of the National Academy of Sciences 109(42), 16980 – 16985.

Sharpe, L. (2005): Play fighting does not affect subsequent fighting success in wild meerkats. Anim. Behav. 69, 1023 – 1029.

Sheppard, G.; D. Mills (2002): The Development of a Psychometric Scale for the Evaluation of the Emotional Predispositions of Pet Dogs. In: International Journal of Comparative Psychology, 15, 201 – 222.

Shettleworth, S.L.; P.J. Reid; C.M.S. Plowright (1993): „The Psychology of Diet Selection". Diet selection, an interdisciplinary approach to foraging behaviour, 56 – 77.

Shultz, S.; R. Dunbar (2010): Encephalization is not a universal macroevolutionary phenomenon in mammals but is associated with sociality. Proceedings of the National Academy of Sciences, 107(50), 21582 – 21586.

Silk, J.B.; G.R. Brown (2008): Local resource competition and local resource enhancement shape primate birth sex ratios. Proceedings of the Royal Society of London B: Biological Sciences, 275(1644), 1761 – 1765.

Sillero-Zubiri, C. et al. (2006): Trends, dynamics and resilience of an Ethiopian wolf population. Animal Conservation 9(1):49 – 58.

Siniscalchi, M.; A. Quaranta (2014): Wagging to the right or to the left: Lateralisation and what it tells of the dog's social brain, 373 – 394. In: Kaminski, J.; S. Marshall-Pescini (eds): The Social Dog. Acad. Press Amsterdam.

Siniscalchi, M.; S. d'Ingeo; A. Quaranta (2016): The dog nose KNOWS fear: Asymmetric nostril use during sniffing at canine and human emotional stimuli. Behavioural Brain Research, 304, 34 – 41.

Slotnick, B.M.; A. Kufera; A.M. Silberberg (1991): „Olfactory learning and odor memory in the rat". Physiology & Behavior 50(3), 555 – 561.

Smith, J.E. et al. (2011): Greetings promote cooperation and reinforce social bonds among spotted hyaenas. Animal Behaviour, 81(2), 401 – 415.

Smith, J.E. et al. (2010): Evolutionary forces favoring intragroup coalitions among spotted hyenas and other animals. Behavioral Ecology, 21(2), 284 – 303.

Smith, J.E. et al. (2017): Oxytocin experiments shed light on mechanisms shaping prosocial and antisocial behaviors in non-human mammals. Integrative and comparative biology, 57, 619 – 630.

Sommerfeld-Stur, I. (2016):Rassehundezucht. Müller-Rüschlikon, Stuttgart.

Spinka, M. (2012): Social dimension of emotions and its implication for animal welfare. Applied Animal Behaviour Science 138(3 – 4), 170 – 181.

Snell-Rood E. (2014): An over view of the evolutionary causes and consequences of behavioural plasticity. Ecology, Evolution and Behavior.

Spotte, S. (2012): Societies of wolves and free-ranging dogs. Cambridge University Press.

Staddon, J.E.R. (2016): Adaptive Behavior and Learning. Cambridge University Press.

Stahnke, A. (1983): Zur Sozialisation männlicher Hausmeerschweinchen: der Einfluss ranghoher adulter Männchen. Doctoral dissertation, Universität Bielefeld.

Stamp-Dawkins, M. (2008): The Science of Animal Suffering. Ethology.

Stamps, J. (2003): Behavioural processes affects development: Tinbergens 4th guestion comes of age. Anim. Behav. 66, 1 – 13.

Stamps, J.A.; R.R. Swaisgood (2007): Someplace like home: experience, habitat selection and conservation biology. Applied Animal Behaviour Science, 102(3 – 4), 392 – 409.

Stamps, J.A.; V.V. Krishnan (1999): A learning-based model of territory establishment. The Quarterly review of biology, 74(3), 291 – 318.

Stamps, J.A.; V.V. Krishnan (2001): How territorial animals compete for divisible space: a learning-based model with unequal competitors. The American Naturalist, 157(2), 154 – 169.

Starck, M.; N. Gerth (2012): Leistungsphysiologie von Inuit-Schlittenhunden. 125 – 156. In: Gansloßer, U. (Hrsg.): Hund, Wolf & Co. Filander, Fürth.

Starling, M.J. et al. (2013): Boldness in the Domestic dog differs between breeds and breed groups. Behav. Proc. 97: 53 – 62.

Stenglein, K.; K. Terwort (2015): Beziehungsbildung bei Hunden. 221 – 240. In: Gansloßer, U. (Hrsg.): Kommunikations -und Konfliktmanagement. Filander, Fürth.

Stöhr, U. (2012): Durftmakieren. In: Gansloßer, U. (Hrsg.): Das ist mein Revier. 43 – 66. Filander, Fürth.

Strodtbeck, S.; U. Borchert (2013): Hilfe, mein Hund ist in der Pubertät. GU, Stuttgart.

Strodtbeck, S.; U. Gansloßer (2011): Kastration und Verhalten beim Hund. Müller-Rüschlikon, Stuttgart.

Stuhrmann, S.; J. Pulst (2015): Triadische Beziehungen. 253 – 270. In: Gansloßer, U. (Hrsg.): Kommunikations- und Konfliktmanagement. Filander, Fürth.

Suomi, S.J. et al. (1981): Inherited and experiential factors associated with individual differences in anxious behaviour displayed by rhesus monkeys. 179 – 199. In: D. F. Klein und J. Rabkin: Anxiety. Raven Press, New York.

Suomi S.J. et al. (2006): Neonatal Imitation in Rhesus Macaques. PLoS Biol 4(9): e302.

Svartberg, K. (2002): Shyness-boldness predicts performance in working dogs. In: Applied Animal Behaviour Science 79(2), 20, 157 – 174.

Svartberg, K. (2006): Breed-typical behaviour in dogs – Historical remnants or recent constructs? Appl. Anim. Behav. Sci. 96: 293 – 313.

Takeuchi, T.; A.J. Duszkiewicz; R.G.M. Morris (2014): „The synaptic plasticity and memory hypothesis: encoding, storage and persistence". Philosophical Transactions of the Royal Society B: Biological Sciences 369(1633).

Taylor, A.M.; D. Reby; K. McComb (2011): Cross modal perception of body size in domestic dogs (*Canis familiaris*). PLoS One, 6, 1 – 6.

Tembrock, G. (1982): Spezielle Verhaltensbiologie der Tiere. Bd.: Funktionsweise der Wirbeltiere. G. Fischer, Stuttgart.

Ten Cate, C. (1995): Behavioural Development in Birds and the Implications of Inprinting. 187 – 197. In: Gansloßer, U.; J.K. Hodges; W. Kaumanns: Research and Captive Propagation. Filander, Fürth.

Thyen, Y.; H. Hendrichs (1990): Differences in behavior and social organization of female guinea pigs as a function of the presence of a male. Ethology, 85(1), 25 – 34.

Timmer, M. et al. (2011): Evidence for a role of oxytocin receptors in the long-term establishment of dominance hierarchies. Neuropsychopharmacology, 36(11), 2349.

Tinbergen, N. (1963): On the aims and methods of ethology. Zeitschrift Tierpsychologie 20, 410 – 433.

Tokumaru, R.S.; C. Ades; P.F. Monticelli (2015): Social support does not require attachment: Any conspecific tranquilizes isolated guinea-pig pups. Applied Animal Behaviour Science, 171, 197 – 203.

Tonegawa S. et al. (2017): Engrams and circuits crucial for systems consolidation of a memory. Science. 356(6333):73 – 78.

Tomita, K. et al. (2012): A molecular correlate of ocular dominance columns in the developing mammalian visual cortex. Cerebral Cortex, 23, 2531 – 2541.

Topál, J. et al. (1998): Attachment Behavior in Dogs (*Canis familiaris*): A New Application of Ainsworth's (1969) Strange Situation Test. Loránd Eötvös University, Journal of Comparative Psychology 112(3): 219 – 229.

Toyoizumi, T.; K.D. Miller (2009): Equalization of ocular dominance columns induced by an activity-dependent learning rule and the maturation of inhibition. Journal of Neuroscience, 29, 6514 – 6525.

Trut, L.N. (1999): Early Canid Domestication: The Farm – Fox Experiment. Am. Scient. 87, 160 – 169.

Tschanz, B. (1993): Erkennen und Beurteilen von Verhaltensstörungen, S. 65 – 76. In: Buchholz, C. et al. (eds.): Leiden und Verhaltensstörungen bei Tieren. Birkhäuser, Basel.

Turcsan, B.; E. Kubinyi; Á. Miklósi (2011): Trainability and boldness differ between dog breed duster based on artificial categorization and genetic relatedness. Appl. Anim. Behav. Sci. 132: 61 – 70.

Turcsan, B. et al. (2014): Fetching what the owner prefers. Dogs recognize disgust in humans behaviour. In: Anim. Cog. Doi: 10.1007/s.10071-014-0779-3.

Udell, M.; N. Dorey; C. Wynne (2010): What did domestication do to dogs. Biol. Rev. 85, 327 – 345.

van den Berg, L. (2017): Genetics of dog behavior. Pp. 69 – 92. In: Serpell, J. (ed.): The Domestic Dog. Cambridge University.

Virgin, C.E.; R.M. Sapolsky (1997): Styles of male social behavior and their endocrine correlates among low-ranking baboons. In: American Journal of Primatology, 42(1), 25 – 39.

Vitaterna, M.H. et al. (1994): Mutagenesis and mapping of a mouse gene clock essential for circadial behavior. Science 264, 719 – 725.

van Hooff, J.A.R.A.M.; J.A.B. Wensing (1987): Dominance and its behavioral measures in a captive wolf pack. In: Frank, H. (ed.): Ecology and Behavior of Wolves. Dordrecht, Junk, 219 – 252.

vom Saal, F.S.; F.H. Bronson (1980): Sexual characteristics of adult female mice are correlated with their blood testosterone levels during prenatal development. Science, 208(4444), 597 – 599.

vonHoldt, B.M.; C.A. Driscoll (2016): Genetic insights into dog domestication. 22 – 41. In: Serpell, J. (ed.): The Domestic Dog. Cambridge University.

vonHoldt, B.M. et al. (2017): Structural variants in genes associated with human Williams-Beuren syndrome underlie stereotypical hypersociability in domestic dogs. Science Advances, Vol. 3, No. 7.

von Holst, D. (1986): Psychosocial Stress and Its Pathophysiological Effects in Tree Shrews (*Tupaia belangeri*). In: Biological and Psychological Factors in Cardiovascular Disease, 476 – 490.

von Holst, D. (1987): „Physiologie sozialer Interaktionen – Sozialkontakte und ihre Auswirkungen auf Verhalten sowie Fertilität und Vitalität von Tupajas". Physiologie aktuell 3, 189 – 208.

von Holst, D. (1998): The concept of Stress and its Relevance for Animal Behavior. Adv. Study Behav. 27, 1 – 132.

von Holst, D. (1999): Social Rank, Stress, Fitness and Life Expectancy in wild Rabbits. The science of nature 86(8), 388 – 393.

Wahl, K. (2009): Aggression und Gewalt. Spektrum, Heidelberg.

Walker, S. (1987): An interactive Systems Model of Infant Habituation. J. Cogn. Neuroscience 16, 1352 – 1362.

Wang, X. et al. (2006): Stammesgeschichte, Systematik & Evolutionsökologie der Canidae. 23 – 48. In: Gansloßer, U. (Hrsg.): Wilde Hunde. Filander, Fürth.

Warstat: V. (2015): Futterrangordnung. 209 – 220. In: Gansloßer, U. (Hrsg.): Kommunikation und Konfliktmanagement. Filander, Fürth.

Watters, J.V. (2014): „Searching for behavioral indicators of welfare in zoos: Uncovering anticipatory behavior". Zoo Biology 33(4), 251 – 256.

Wehnelt, S. (2000): Sexual selection in the Mara. Diss. Erlangen.

Wehnelt, S.; P.K. Beyer (2002): Ethologie in der Praxis. Filander, Fürth.

Weinstock, M. (2001): Alterations induced by gestational stress in brain morphology and behaviour of the offspring. Prog Neurobiol. 65(5):427 – 51.

Wells, D.L.;P.G. Hepper (2006): Prenatal of factory learning in the domestic dog. Animal Behav. 72(3), 681 – 686.

Whitehead, H. (2016): Consensus movements by groups of sperm whales. Marine Mammal Science, 32(4), 1402 – 141.

Whiten, A.; R.W. Byrne (1988): „Tactical deception in primates". Behavioral and brain sciences 11(2), 233 – 244.

Wickler, W. (1976): The Ethological Analysis of Attachment. Wiley Online Library.

Wiedenmayer, C. (1997): „Causation of the ontogenetic development of stereotypic digging in gerbils". Animal Behaviour 53(3), 461 – 470.

Williams, S. (2006): Der Äthiopische Wolf (*Canis simensis*). 263 – 288. In: Gansloßer, U., C. Sillero- Zubiri (Hrsg.): Wilde Hunde. Filander Verlag, Fürth.

Wilson, D.S. et al. (1994): Shyness and boldness in humans and other animals. TREE 9, 442 – 444.

Wilsson, E.; P.E. Sundgren (1998): Effects of weight litter size and parity of mother on the behaviour of the behaviour of the puppy and the adult dog. Appl. Anim. Behav. Sci. 56, 245 – 254.

Wörner, K.; C.A. Kaufmann; U. Gansloßer (2017): Sexuelle Belästigung kastrierter Hunderüden – welche Rolle spielt der Kastrationsmonat? Veterinärspiegel, 27, 100 – 105.

Wosegien, A.; J. Lamprecht (1989): Noddiry: An Appeasement Behaviour of Pigeons (*Columbia livia*). Behaviour 108(12), 44 – 56.

Wright, H.F.; D. Mills; P.M.J. Pollux (2011): Development and validation of a psychometric tool for assessing impulsivity in the Domestic dog (*canis familiaris*). Int. J. Comp. Psychol 24, 210 – 225.

Zimen, E. (1987): Ontogeny of approach and flight behavior towards humans in wolves, poodles and wolfpoodle hybrids. 275 – 292. In: Frank, H. (Ed.): Man and wolf. Dordrecht, The Netherlands: W.J. Publishers.

Zimen, E. (1992): Der Hund. Goldmann, München.

Zimen, E. (2003): Der Hund. Kosmos, Stuttgart.

Zimmer, C.; K.A. Spencer (2014): Modifications of glucocorticoid receptors mRNA expression in the hypothalamic-pituitary-adrenal axis in response to early-life stress in female Japanese quail. Journal of neuroendocrinology, 26(12), 853 – 860.

Zimmermann, W. et al. (1998): Przewalski horses in the Hortobagy puszta – a nature and species protection project. Z. Kölner Zoo 41(1).

Zink, M.C. et al. (2014): Evaluation of the risk and age of onset of cancer and behavioural disorders in gonadectomised Vizslas. Am.Vet.Med.Ass. 244:309 – 319.

Zuercher, G. (2006): Der Waldhund. 237 – 244. In: Gansloßer, U. (Hrsg.): Wilde Hunde. Filander, Fürth.

Zupanc, G.K. (2004): Behavioral neurobiology. Oxford University Press.

# REGISTER


## A

Abwanderung 366 ff.
– bei Hundeartigen 368 f.
Adrenalinachse 147
Aggression 289 ff.
–, Funktionen der 300 f.
–, hormonelle Auswirkungen 305 ff.
Aggressionsformen 297 f.
Aggressionskonzepte 290 ff.
Aktivierungsplastizität 111
Akutstressreaktion 153
Allgemeine Anpassungsreaktion 148
Allostase 31
Allostatische Regulierungsvorgänge 31 ff.
Anführer 255
Anführer-Gefolgschafts-Beziehung 254 ff.
Angeborenes Verhalten 43 ff.
Angst 154
–, Entstehung 158
–, epigenetische Komponente 158
–, Therapiemöglichkeiten 160
–, Veränderung von 158
Angstbewältigungsreaktion 156 f.
Angstreaktion 153 ff.
Anpassung an große Höhen 34
Anstupsen 10
Appetenzverhalten 26
Arbeitsgedächtnis 120
Arterhaltung 19
Artgenossen, Wahrnehmung von 242 f.
Artgenossenprägung 351
Artunterschiede 111
A-Typ 166, 280
Aufstellen von Hypothesen 12
Auslösbarkeit von Verhalten 67

## B

Basisemotionssysteme 199
Bedarf 68
Bedarfsdeckungs-Schadens-vermeidungskonzept 69
Bedürfnisse 68
Beschreibung eines Phänomens 9 f.
Besitzrespektierung 266 ff.
Bestimmung von Hormonen 28
Beutefangveralten 293
Bewältigungshypothese 83 f.
Beziehung 216 ff.
– und Wohlbefinden 220
– unter Hundeartigen 216
–, dynamische Veränderungen 218 f.
–, Stabilität einer 220
–, Vorteile einer 211
–, besondere 249 ff.
Beziehungsbildung, Stufen der 215 f.
Bindung 249 ff.
–, Ausbildung einer 253 f.
–, Problematik einer 253
–, Stärke einer 252 f.

Biologische Rhythmen 80 f.
Botenstoffe 38
Bowlby-Ainsworth-Konzept 250 f.
B-Typ 166, 280

## C

Chemische Signale 103
Chemische Systeme 199 ff.
Clicker-Training 125
Contrafreeloading 76, 113
Coping 143
Copingstrategien 143
Cortisol 148 ff.
Cortisolübersättigung 150

## D

Demokratie unter Tieren 259
Depressionen 161 ff.
Diensthunde 148
Dispersal 366
Domänenspezifische Intelligenz 110
Domestikationsversuche 47 f.
Dominanz 271 ff.
Dominanzaktionen 275 ff.
Dominanzbeziehungen 271 ff.
Dominanzsignale 275 ff.
Dopamin 112
Dreiphasiges Modell 12

## E

Effektstärke 16
Egalitäre Beziehungen 269 f.
Egalitäre Systeme 266 ff.
Einsichtiges Lernen 129
Einzelmutationen 46
Elterliche Schutzaggression 298, 307
Emotionalität im Tierreich 189
Emotionen 188 ff.
– und Gefühle 188 ff.
–, Achsenkreuz der 194
–, Einteilung von 194
–, negative 192 f.
–, positive 192 f.
Empathie 197
Endogene Depression 161
Energiebedarf des Tieres 33
Entscheidungsfindung 75
Entwicklungsplastizität 111
Entwicklungsprozesse 43 f.
Epigenetische Landschaft 43 f.
Erblichkeit 50 ff., 175
– von Grundpersönlichkeiten 173 f.
– von Sozialverhaltensmerkmalen 59
– von Verhaltensmerkmalen 54 f.
Erkennen am Geruch 319 f.
Erlernte Hilflosigkeit 124, 163
Erziehungsmethoden 211
Ethologie nach Konrad Lorenz 24 ff.
Ethoramm 10
Evolutionär stabile Strategien 21

## F

Fälschungssichere Signale bei Hunden 102
Fälschungssicherheit von Signalen 101 f.
Fast Mapping 98 f.
Filtermechanismen im Gedächtnis 191
Fitness 20, 315
fMRI-Untersuchungen 22, 28
Folgen eines Verhaltens 74
Formen des Lernens 115 ff.
Fortpflanzung 314 ff.
Fortpflanzungs- und Abwanderungsformen 370
Fortpflanzungsfaktoren 324 ff.
Fortpflanzungsgemeinschaften 230 f.
Fortpflanzungsperiodik 82
Fortpflanzungsunterdrückung 323
Fressfeindlernen 133
Frustration 84
Fünf-Faktoren-Modell 167 f.
Funktionskreise nach Tembrock 10 f.
Furcht 154
Furchtreaktion 153 ff.
Fusions-Fissions-Struktur 225

## G

Gammaaminobuttersäure 306
Gedächtnis 115
– und Schlaf 122
–, Abschnitte 120
–, explizites 117
–, implizites 117
–, Lernkapazität 122
Gehirn 36 f., 146
–, Entwicklung des 44 f.
Gehirngröße 239
Gemeinschaften, Vorteile von 227 f.
Gene und Verhalten 46
Genetische Eigenschaften erkennen 320
Genomweite Suche 56
Geschlechtsabhängigkeiten 62
Geschlechtstypische Verhaltensmerkmale 353 f.
Geselligkeit 236 f.
Gesichtererkennung 90
Gewöhnung 123, 219
Gleichsetzung 320
Glukokortikoide 127
Grundbegriffe der Evolutionsbiologie 20 f.
Grundbegriffe der Verhaltensphysiologie 30 ff.
Grundlagen der klassischen Ethologie 24 ff.
Grundstoffwechsel des Tieres 33
Gruppenbeziehungen 204 ff.
Gruppengröße 224

## H

Habitatprägung 349 f.
Habituation 123
Handicap-Prinzip 219
Handlungsbereitschaft 68 ff.
Handlungsbereitschaftsmodell 70 f.
Handlungskette des Nahrungserwerbs 76 f.
Heritabilität 50 ff.
Hilflosigkeit, erlernte 124, 163
Hippocampus 175
Homologiemethode 18
Homöostase 31
Hormone und Bindungsfähigkeit 37 f.
Hormonelle Einflüsse 239 f.
Hormonveränderungen während der Schwangerschaft 87
Hyperaktivität 83
Hypersexualität 330
Hypophysen-Gonaden-Achse 152
Hypothalamus-Hypophysen-Nebennierenrinden-Achse 148 ff.

## I

IEDs (Immediate Early Genes) 44
Imponierverhalten 64
Individualselektion 18
Individualunterschiede 111
Infantizid 295, 323, 328
Intelligenztests 182
Interaktionen 206
Intersexuelle Selektion 316 f.
Intra-Gilden-Aggression 294 f.
Intrasexuelle Selektion 316 f.
Inzuchtvermeidung 319

## J

Jacobsonsches Organ 92
Jagd bei Hundeartigen 229
Jagderfolg 36
Jungtierentwicklung 333 f.
–, Dynamik der 343
–, Stadien der 340 ff.
Jungtierverteidigung 328

## K

Kampf-Flucht-Reaktion 146
Kandidatengene 57
Kastration 326 ff.
Kognition 39 f., 130 f.
Kognitionsforschung 28
Kognitive Filter 191
Kognitive Landkarten 40, 128
Kommunikation 88 ff., 95 ff., 140
Kommunikationssysteme 96
Komplexe statistische Verfahren 28
Konditionierung, klassische 124 f.
Konditionierung, operante 125 f.
Konditionierungsvorgänge 245
Konflikte 260 ff.
Konfliktmanagement 281 f.
Kontrastverschärfung 93
Kontrastwahrnehmung 93
Kontrollverlustsystem 150
Kosten-Nutzen-Analyse 21
Kreativität 114
Kulturelle Weitergabe 134
Kurzzeitgedächtnis 120

## L

Lagerjungen 340
Landkarte der Angst 133
Langzeitdepression 124
Langzeitgedächtnis 117, 120
Langzeitpotenzierung 124, 154
Latenzzeit für Angriff auf Artgenossen 60
Lebensqualität 203
Lebensraumprägung 349 f.
Leptin 78
Lerndisposition 109
Lernen 88 ff., 106 ff.
Limbisches System 92
Lorenzsches Triebstaumodell 73
Lust- und Sexualsystem 200

## M

Magnetische Felder 94
Magnetresonanztomographie 22, 28, 182
Markieren mit Kot 262
Markieren mit Urin 261
Markierverhalten 103
Mathematische Modelle 28 f.
Mäusesprung 10
Mensch-Hund-Beziehung 254
Mentale Rotation 40
Modell des Marktplatzes 212
Moderne Verhaltensbiologie 8 ff.
Monoaminooxidase 311
Monogamie 322
—, sozial motivierte 355
Morgan-Prinzip 13
Mortonsche Regel 102 f.
Motivation 72 ff., 112
Motivation zur Nahrungssuche 78 f.
—, gemeinsame 68
—, konkurrierende 68
Motivationsanalyse 22
Motivationskonflikte 72 ff.
Motivationszustände 73
Mutter-Kind-Beziehung 210
Mutter-Kind-Bindung 337

## N

Nachahmung 133 f.
Nachlaufprägung 351
Nachtaktivität 81
Nahrungsprägung 348
Nahrungsquellen 229 f.
Natürliche Selektion 19
Nervenzell-Reparatur 86
Neue Forschungsmethoden 28 f.
Neuralleisten-Hypothese 48
Neurobiologische Systeme 199 ff.
Neurogenese 86
Nitritoxidsyntase 310
Noradrenalin 145, 305

## O

Okulare Dominanz 90
Olfaktorische Kontrolle 431
Ontogenetische Nische 23, 342
Ontogenetische Prozesse 83 ff.
Opiatausschüttung 152
Optimierung der Nahrungsaufnahme 34 f.
Optimierungsprozesse 31 f.
Optische Kommunikation 97
Optische Kontrolle 341
Organismische Verhaltensbiologie 26
Ortsgedächtnis 40, 121
Ortszellen 129
Östrogen 308
Oxytocin 38, 93

## P

Paarbindung 233, 249 ff.
Paarung 315 ff.
Paarungssysteme 322 f.
Panik- und Trennungssystem 201
Partnerwahl 319 f.
Persönlichkeit 164 ff.
Persönlichkeitsmuster 181
Persönlichkeitstypen 165 ff.
Persönlichkeitsunterschiede, Entstehung der 175
Phänotyp-Vergleich 320
Pheromone 92
Physiologische Aspekte 287 f.
Plastizität im Erwachsenenstadium 86 f.
Polyandrie 322
Postkopulatorische Selektion 315
Prägung 132, 344 ff.
Prägungsformen 347 ff.
Primäremotionen 195
Prinzip der sparsamsten Erschließung 13 f.
Proaktive Grundpersönlichkeit 172 f.
Progesteron 307
Prolaktin 325
Pubertät 364 ff.

## R

Rangordnung 234, 285 f.
Rasselisten 60
Rasterzellen 129
Räumliche Orientierung 40
Räumliches Lernen 128
Reaktive Grundpersönlichkeit 173
Reizaufnahme 89 ff.
Reize 66 ff.
Reizsummation 74
Reizverarbeitung 66 f., 89 ff.
Reizverstärkung 133, 245
Reizwahrnehmung 66 f.
Revier 261 ff.
—, Etablierung 263 f.
—, Verteidigung 264
Revierbildung 261
Ritualisierung von Signalen 104 f.
Rollenverteilung der Geschlechter 316
Rudelbildung bei Hundeartigen 223

## S

Sachgedächtnis 121
Schutz vor Feinden 227 f.
Seewiesener Modell 212 ff.
Sekundäremotionen 196
Selbsterkennungsfähigkeiten 245
Selbstkontrolle 113
Selbstschutzaggression 297 f., 305 f.
Selbstverteidigungsaggression 297 f., 305 f.
Selektion 315 ff.
Selektive Aufmerksamkeit 90 f.
Senkung des Sexualhormonpegels 152

Sensitivierung 123
Sensorische Filter 191
Sensorischer Speicher 120
Serotonin 48, 86
Serotoninsystem 306
Sexuelle Prägung 351
Sexuelle Selektion 316
Sicherung von Ressourcen 223
Signaleigenschaften 97 f.
Silberfuchsstudie 47 f.
Sinnesorgane 94
Sinneswahrnehmung 66
Sozial Brain 140 f.
Sozialbeziehungen 204 ff.
Soziale Beziehungen 207 f.
Soziale Bindung 250 ff.
Soziale Impulse 233
Soziale Intelligenz 140
Soziale Kognition 41, 137 f., 242
— bei Haushunden 247 f.
Soziale Kommunikation 89 ff.
Soziale Steuerungsmechanismen 239 ff.
Soziale Struktur 224 f.
Soziale Traditionen 338
Soziale Umgebung 170 f.
Soziale Unterstützung 221 f., 235
Sozialer Blick 138
Soziales Gehirn 140 f.
Soziales Lernen 244
Soziales Umfeld 353
Sozialisation 352 ff.
Sozialstatus, veränderter 311 f.
Sozialsystem 205 ff.
Sozialverhalten 236 f.
Sparsamkeitsprinzip 13 f.
Spiel 200, 356
Spiel- und Glückssystem 201
Spiel unter Erwachsenen 361
Spielkriterien 361
Spielverhalten 356 ff.
Sprachverständnis bei Hunden 98 f.
Steigerung des Stoffwechsels 147 f.
Stereotypien 83 f.
—, Linderung von 85
Sterilisation 327
Steroide 38
Strafmaßnahmen 284
Strategien 21
Stress 142 ff., 154
— und Hormonachsen 146 ff.
— und Persönlichkeit 142 ff.
— und Ranghöhe 282
— und Rangposition 163
— und Umweltbelastung 144
Stressabbaue 233
Stressbewältigung 143
Stresserscheinungen 161 ff.
Stressreaktion 153 ff.
Stressüberforderung 147
Studie an Wildmeerschweinchen 49
Such- und Erwartungssystem 199
Superkompensation 119
Sympathicus-Nebennierenmark-Achse 146 f.

## T

Tagesaktivität 81
Tageslichtmenge 324 f.
Tagesrhythmen 80
Täuschung 140
Täuschungsmanöver 246 f.
Temperaturregulation 33
Testosteron 307
Theory of Mind 139
Therapiehund, Eignung zum 181 f.
Thermische Neutralzone 33
Thermotaktile Orientierung 340
Tinbergen und Persönlichkeit 168 ff.
Tinbergens vier Fragen 17 ff.
Tradition 133 f.
Trennungstraumata 162
Triadische Regeln 217
Triebkonzept 65 ff.

## U

Überdrussverhalten 368
Überforderung 156
Überprüfung eines Verhaltens 9 ff.
Umgebungstemperatur 325
Umweltbedingungen, Einfluss von 50
Umweltfaktoren 176
Umweltveränderung 106
Unterforderung 156

## V

Validität 184
Vasopresin 38, 311
Veränderungen von Gehirnstrukturen 126 f.
Verarbeitung des Gesehenen 90 ff.
Vergnügungs- und Leidens-Schmerz-Bestrafungssystem 201 f.
Verhalten 107 f.
—, angeborenes 107 f.
—, erworbenes 107 f.
Verhaltenseigenschaften 183 f.
Verhaltensplastizität 106
Verhaltenstests bei Haushunden 179 ff.
Verlässlichkeit 184
Vermeidung von Krankheiten 36
Versöhnung 283
Versuche und Experimente 14 f.
Vertreibungsverhalten 371
Verwandtschaftsselektion 20
Verwechslung von Verhalten 293 f.
Vorauskoppelung 77
Vorgeburtliche Faktoren 62 f.
Vorgeburtliches Stressniveau 62 f.

## W

Wachstumsfaktor IFG1 127
Wärmedifferenzierung 94
Welpentests 178 ff.
Wettbewerbsaggression 298 f., 307
Wut- und Ärgersystem 200

## Z

Zahlenerkennung 40 f.
Zauneffekt 367
Zentralnervöse Verarbeitung 92
Zufallswahrscheinlichkeit 16
Zwangsstörungen 83 f.
Zwischenartliche Jagdgemeinschaften 230

# BILDNACHWEIS

Farbfotos von

Anna Auerbach/Kosmos (40: S. 17, 58, 69, 81, 105, 106, 107, 112, 113, 123, 125, 136, 138, 150, 168, 190, 195, 201, 202, 203, 206, 207, 252, 304, 305, 314, 322, 337, 342, 350, 354, 362, 363, 376, 400); Carina Bein (5: S. 158, 159, 179, 358, 359); Corinna Buchmann (1: S. 148); Tatjana Drewka/Kosmos (6: S. 108, 160, 346, 352, 353); Daniela Drews/Kosmos (10: S. 91, 95, 126, 155, 157, 255, 277, 278, 288); Armin Hauke/Kosmos (4. S. 102, 103, 139, 188); Laura Herale/Kosmos (1: S. 326); Frank Kauffeldt/Kosmos (1: S. 248); Alina Klüglich-Hinrichs/Kosmos (1: S. 92); Enikő Kubinyi (1: S. 29); Heike Schmidt-Röger/Kosmos (12: S. 114, 128, 129, 172, 173, 196, 240, 241, 281, 290, 291, 336); Shutterstock (133: S. 7, 8, 373, 374/dezy; 14/thak; 19/Derek R. Audette; 20/Erni; 23, 292/Bachkova Natalia; 25/Rudmer Zwerver; 27/Victoria Antonova; 30/Ozerov Alexander; 32/Konstantin Tronin; 33/Bianca Grueneberg; 34/Mathias Möller; 35/DebraG; 38/David Havel; 39/Lovely Bird; 40/Ian Redding; 41/Henner Damke; 42/DragoNika; 45/Yuganov Konstantin; 47/Frank Fichtmueller; 48, 49/Artsiom Petruschenka; 50/unoL; 51/S.Zykov; 53/fontoknak; 54/Lubava; 55/Alla Maistrenko; 56, 145/Evdoha-spb; 57/IvanProtsiuk; 60/Colin robert Varndell; 61/Captivelight; 63/Dennis van de Water; 66/Aleron Val; 70/Sergey Bessudov; 74, 75, 222, 223/Ondrej Prosicky; 76/Peter Gripps; 77/Volodymyr Burdiak; 79/Oksana.perkins; 82/Octavian Burcu; 84/DANAI KHAMPIRANON; 85/O_Medvedeva; 86/Egoreichenkov Evgenii; 87/Na-Me; 88, 89, 368/Grigorita Ko; 94/Pim Leijen; 99/Maui Topical Images; 100/KDamian; 110/Kitch Bain; 119/(Uhr) ecco; 130/Holly Auchincloss; 131/francesco de marco; 132/Piotr Kamionka; 140/Dave Montreuil; 141/DutchPics; 142/Olga Ovcharenko; 147/Kesinee tong; 149/Photo-Vista; 152/Nick Biemans; 162/Independent birds; 163/Mark Dumbleton; 164/plew Koonyosying; 165/Irina Orlova; 166/Catherine Eckert; 169/Ivanova N; 170/John Michael Vosloo; 176/Jeffrey Schwartz; 177/ArgiTech; 180/Dora Zett; 183/Monika Wisniewska; 185/Aleksey Boyko; 193/Tonia Bryk; 198/Weerawat Promchai; 210/David Tadevosian; 213/PV Studio; 214/Wildlife Word; 218/JaklZdenek; 221/Vladimir Wrangel; 225/JONATHAN PLEDGER; 228/viewii; 231/Zania Studio; 232/Pawel Papis; 234/aDam Wildlife; 235/High Simple; 236/a40757; 237/Clare Lusher; 238/Daniel Marian; 243/Sergey Uryadnikov; 244/SuperPapero; 246/AndreAnita; 247/magicinfoto; 257/EverBeauty; 258/hans engbers; 264/Maggy Meyer; 265/Sarah2; 267/Stephen Lew; 268, 269/manushot; 270/Srinuan hirunwat; 273/Nicholas Toh; 274/tratong; 282/Sanford Tong; 284/daseaford; 287/aSuruwataRi; 299/Graeme Snow; 301, 360/Giedriius; 302/Creaturart Images; 306/Dmitry Chulov; 310/Victor Tyakht; 313/Fabio Lotti; 317/ArtMediaFactory; 318/creativex; 321/BushAlex; 325/ElizabethJones; 335/Riccardo Maywald; 338, 339/Tiplyashina Evgeniya; 340/Julitt; 341/Konstantin Tronin; 349/raulbaenacasado; 357/Reva Vera; 365/Gian Sapienza Photography; 367/Kjersti Joergensen; 371/Vijay Kirve); Sabine Stuewer/Kosmos (6: S. 174, 295, 296, 297, 331, 332); Trio Bildarchiv (10: S. 80, 217, 328/Maren Leuker; 186, 345/Nadine Priester; 204/Natalie Grosse; 209/Dana Thimel; 260, 262, 309/Nicole Schick); Vivien Venzke/Kosmos (2: S. 120, 121); VITA Assistenzhunde (1: S. 135); Jana Weichelt/Kosmos (1: S. 226)

Mit Grafiken von Atelier Krohmer, Dettingen/Erms (7: S. 71, 72, 96, 116, 118, 194, 251), Milada Krautmann (3: S. 36, 37, 73), Wolfgang Lang (2: S. 11, 44), Shutterstock (1: S. 146/corbac40).

# IMPRESSUM

Umschlaggestaltung von GRAMISCI Editorialdesign/München unter Verwendung von zwei Farbfotos von Sophie Strodtbeck (Hund) und Shutterstock/Rainer Fuhrmann (Schwein).

Mit 235 Farbfotos und 13 Grafiken.

Alle Angaben in diesem Buch erfolgen nach bestem Wissen und Gewissen. Sorgfalt bei der Umsetzung ist indes dennoch geboten. Der Verlag und der Autor übernehmen keinerlei Haftung für Personen-, Sach- oder Vermögensschäden, die aus der Anwendung der vorgestellten Materialien, Methoden oder Informationen entstehen könnten.

Unser gesamtes Programm finden Sie unter **kosmos.de**.
Über Neuigkeiten informieren Sie regelmäßig unsere Newsletter, einfach anmelden unter **kosmos.de/newsletter**

Gedruckt auf chlorfrei gebleichtem Papier


ISBN 978-3-440-16299-6
Redaktion: Hilke Heinemann
Gestaltungskonzept: Peter Schmidt Group GmbH, Hamburg
Gestaltung und Satz: Atelier Krohmer, Dettingen/Erms
Produktion: Nina Renz
Druck und Bindung: Westermann Druck Zwickau GmbH, Zwickau
Printed in Germany / Imprimé en Allemagne

FSC www.fsc.org MIX Papier | Fördert gute Waldnutzung FSC® C110508